Mamadou Fall

LES TERROIRS DE LA SÉNÉGAMBIE ENTRE L'ÉPÉE ET LE CROISSANT : X^{e}-XXe SIÈCLES

L'Harmattan Sénégal

« Ce livre a été édité grâce au Fonds d'aide à l'édition du ministère de la Culture et de la Communication du Sénégal / Direction du Livre et de la Lecture »

10 VDN, Sicap Amitié 3, Lotissement Cité Police, DAKAR

http://www.harmattansenegal.com

senharmattan@gmail.com
senlibrairie@gmail.com

ISBN : 978-2-343-06184-9
EAN : 9782343061849

IN MEMORIAM

Mbaye Gueye, Omar Kane, Ibnou Diagne, Claude Meillassoux, Mamadou Moustapha Kane, Cheikh Anta Diop, Abdourahmane Ba, Yves Person, Sékéné Mody Cissoko, Joseph Ki-Zerbo, Paul Pélissier, Brahim Diop, Jean Boulègue, Jeam Searing. La conversation se poursuit.

If love is universal nobody should be left out.
Deepak Chopra.

DÉDICACES.

Ce travail est dédié à tous ceux qui de près ou de loin ont aidé à sa maturation.

À ma mère.

À mon père.

À Sokhna Bambi Ndiaye.

À ma famille avec ses branches Fall, Niang, Dieng, Ndiaye, Diagne, Amar, Ly.

À mes enfants Bambi, Ousseynou, Racine, Rama, Lamine, Céllé et leur maman.

À mes frères et sœurs Ass, Was, Bass, Ndeye, Adama, Rama, Gallo, Cheikh, Mor et familles.

À mes amis de toujours Assane, Ibrahima Lo, Ousmane, Tidiane, Aziz, Ibra, Tapha, Diène, Hamady, Hellène, Fly, Lamine Kébé, Ya Khady et Coura.

À « mes grands » Abdourahmane Diop, Alioune Tine, Pape Tam, Lamine Sembène, Daba Fall, Abdou Dieng, Fallou Dieng et Mbacké Fall.

À tous mes voisins de quartier.

À tous mes collègues enseignants de l'Université Cheikh Anta Diop.

À notre Doyen.

À notre Recteur.

Au SAES.

À tout le personnel administratif et technique de l'UCAD.

Au comité de pilotage de l'Histoire générale du Sénégal.

À tous mes étudiants.

Au personnel de l'Institut Confucius.

À tous les collègues qui m'ont généreusement accueilli aux universités Paris 7, Eduardo Mondlane, Salamanca, Bologne, Tor Vergata, Stamford, Thamassat, Ramkanhaeng, Hambourg, Liaoning.

À mes maîtres Abdoulaye Bathily auprès de qui j'ai appris le courage physique pour une idée, Boubacar Barry, Catherine Coquery, Iba Der Thiam, Mouhamed Mbodj, Mamadou Diouf, Babacar Sall, Saliou Mbaye, Aboubacry Lam, Adama Diop et Yoro Fall.

À mon cousin Pape Amadou Fall dit Buur pour avoir accepté de relire le manuscrit avec diligence et générosité.

À tous ceux qui osent encore croire en la fraternité universelle.

PRÉFACE

L'intérêt principal de ce travail porte sur les conditions dans lesquelles il est possible de mener une étude des sociétés non occidentales, dans ce cas-ci, celles de l'Afrique de l'Ouest et du Vietnam, dans la longue durée du temps, hors des contraintes de « l'histoire-monde »[1] *dont les pulsions déroulent un universalisme autoritaire commandé par l'histoire de l'Europe. Une histoire dont la géographie, la périodisation, les inflexions idéologiques, la conception et les interprétations du passé sont exclusivement politiques. Contourner l'universel souverain et autoritaire produite conjointement par le Siècle des Lumières et l'expansion coloniale européenne pour traquer l'expérience première d'un universel « indigène », est le défi que Mamadou Fall prend le risque de relever, dans ce travail. La réflexion sur l'écriture de l'histoire et sa production est documentée et argumentée ; elle identifie les archives exploitées, les sources secondaires lues avec une attention critique et propose, à leur suite, des interprétations hardies.*

La présentation du travail est très soignée avec une liste très précise des nombreux graphiques, illustrations et figures qui participent à l'architecture de l'argumentation et s'intègrent harmonieusement à la réflexion conduite d'une main de maître. La bibliographie indique l'énorme travail abattu. L'effort déployé pour proposer un index – une pratique très peu utilisée dans le monde francophone – mérite d'être souligné. Il offre une possibilité non négligeable de naviguer dans un ouvrage d'une très grande densité aussi bien informative qu'analytique. L'ouvrage est très bien écrit et dévoile une maîtrise sans conteste d'une reconstruction historique, sans jamais négliger la réflexion historiographique. De surcroit, la recherche de la bonne formule et de la bonne interprétation ne dédaigne pas la prise de risque et parfois la provocation. Le style est agréable.

Le concept central mis à l'épreuve est celui de terroir qui est considéré comme « le lieu anthropologique majeur qui a informé depuis des siècles l'histoire de la Sénégambie et au-delà son insertion dans l'histoire globale de l'humanité ». Espace ouvert et lieu de brassage, le terroir a porté, les activités économiques et sociales, les échanges de femmes, l'esclavage domestique, les mouvements des diasporas marchandes, ignorant les frontières. Il signale le profond attachement au sol et à la terre qui supporte des réseaux culturels, politiques sociaux et économiques, mais aussi des récits ciselés par la géographie, la géologie et le climat. Ce qui semble rester en suspens dans cette esquisse de cette première proposition théorique, d'une très grande

[1] Georg Wilhelm Friedrich Hegel, *Lectures on the Philosophy of World History*. Translation H. B. Nisbet. Cambridge, Cambridge University Press, 1975.

richesse, est la nature du terroir comme composition spatiale régie par une identité distincte et exclusive – une topographie produite par un montage subtil de gestes, codes, rites, rythmes, usages, coutumes mis quotidiennement en pratique[2]*. Ne se distingue-t-il pas du territoire défini comme une unité spatiale politiquement définie ? S'apparente-t-il au lieu, constitué par l'ordre selon lequel les éléments sont distribués dans des rapports de coexistence ou à l'espace qui est animé par des vecteurs de direction, des quantités de vitesse et la variable du temps ? Selon de Certeau, l'espace est un croisement de mobile ; « l'espace » dit-il « est un lieu pratiqué »*[3]*. Quels sont les effets du chevauchement ou de la juxtaposition des terroirs dans la constitution du territoire et quelle dynamique le terroir imprime-t-il au territoire ? Est-il possible de considérer le territoire comme un assemblage de terroirs ? Quelles sont les logiques, politiques, religieuses, commerciales qui président à la recomposition qui arriment solidement le terroir au territoire ?*

L'ambition qui anime le travail de Mamadou Fall est présentée avec une remarquable concision dans l'introduction : (a) examiner les figures de la construction et de l'intégration des trajectoires par le bas ; (b) proposer une périodisation autre de l'histoire régionale pour intégrer l'Afrique dans le temps du monde de l'histoire globale, en enjambant les « parenthèses de l'esclavage et de la colonisation » ; (c) interroger le contraste entre la continuité de l'occupation humaine et l'instabilité dynastique de l'ère post-atlantique en interrogeant les frontières politiques, les flux marchands et les dynamiques sociales pour, enfin, (d) déboucher sur le double questionnement, de l'exceptionnalité de l'État territorial européen et de la permanence des logiques de terroirs dans la production des identités en Sénégambie. L'approche soulève des questions très importantes. Il est possible faire querelle à Mamadou Fall en particulier sur les points (c), la question controversée de la « parenthèse de l'esclavage et de la colonisation » et (d), de l'exceptionnalité de l'État territorial européen. Dans ce cadre, il est indispensable de circonscrire avec précision, « l'ère post-atlantique » pour mieux identifier l'émergence et la nature des nouvelles formations politiques qui déplacent ou replacent les logiques de terroirs. La période examinée doit-elle être qualifiée d'atlantique ou de post-atlantique ? S'agissant de la traite atlantique, il est considéré comme un moment fondateur de l'histoire de l'Afrique et de la construction de son identité dans le temps du monde, aussi bien par Abdoulaye Ly[4]*, Walter Rodney*[5] *que par leurs contradicteurs, John*

---

[2] Michel de Certeau, *L'invention du quotidien. 1. arts de faire.* Paris, Gallimard, 1990 [1980].

[3] *Idem.*, p. 173.

[4] *La Compagnie du Sénégal.* Dakar, IFAN, Paris, Karthala, 1993 [1958].

[5] *How Europe Underdeveloped Africa.* Londres, Bogle-L'Ouverture Publications, 1972 ; Washington D. C., Howard University Press, 1974, 1981, 1982.

Thornton[6] *et Randy Sparks*[7]. *Pour la période coloniale, les notions de « parenthèse coloniale » est utilisée par Joseph Ki-Zerbo*[8] *et de la qualification du colonialisme comme un épisode par J. F. Ade Ajayi*[9] *n'ont pas eu un parcours notable dans l'historiographie de la Sénégambie de l'École de Dakar qui, il est vrai, s'est plutôt intéressée à la connexion des mondes, africain, américain et européen, avec la naissance de l'économie-monde atlantique. Pour la seconde question (d), n'est-il pas indispensable de qualifier l'État européen dont les historiens des empires redessinent les trajectoires heurtées et les multiples options qui les ont rythmées jusqu'à la formation de l'État-nation qui clôt, selon Hegel, « l'histoire-monde » ? Une clôture qui réduit impérativement le récit historique à l'histoire politique*[10].

La reconstruction de l'histoire de l'espace régional ouest-africain et de la Sénégambie, identifie un pivot, les terroirs variés (les terres des lamaan et les réseaux commerciaux Dyula), les traditions et répertoires culturels qui leur sont associés et qui en signent les identités et unité, de « l'Adrar mauritanien au vasière du Rio Cacheu », pour déconstruire systématiquement de l'écriture de l'histoire « globale » du monde, de sa modernité européenne et de son universalisme abstrait. Une histoire qui se construit sur les traces de la traite atlantique des esclaves et de l'expansion coloniale. La même démarche est appliquée à l'histoire des « populations vietnamiennes, du sud de la Chine aux terres rizicoles du Delta du Mékong », pour identifier dans les deux cas, « les formes d'identités collectives en terroirs bien distincts et clairement identifiables ». Mamadou Fall circonscrit ainsi un espace « qui chevauche les mines de sel de Téghaza et se prolonge jusqu'au Yunnan, au Sud de la Chine, [où] se sont déployées, depuis des millénaires, les dynamiques sociales majeures de l'Afrique comme de l'Asie ». Il veut en rendre compte en dehors des catégories de la « bibliothèque coloniale »[11].

Pour atteindre les objectifs retenus dans l'introduction méthodologique et programmatique, Mamadou Fall s'aménage une préface et une introduction générale. L'ouvrage est divisé en quatre parties plus ou moins égales : la

---

[6] *Africa and Africans in the Making of the Atlantic World, 1400-1800*. Cambridge, Cambridge University Press, 2nd Edition, 1998.

[7] *Where Negroes Are Masters. An African Port in the Era of the Slave Trade*. Cambridge, Harvard University Press, 2014.

[8] *Histoire de l'Afrique noire*

[9] « Colonialism: An Episode in African History", L. H. Gann & Peter Duigan (eds.), *The History and Politics of Colonialism 1870-1914. Colonialism in Africa 1870-1960*, Volume 1. Cambridge, Cambridge University Press, 1969. Republié dans Toyin Falola (ed.), *Tradition and Change in Africa ». The Essays of J. F. Ade Ajayi*. Trenton, Africa World Press, Inc., 2000.

[10] Ranajit Guha, *History at the Limit of World-History*. New York, Columbia University Press, 2002.

[11] V. Y. Mudimbe, *The Invention of Africa. Gnosis, Philosophy and the Order of Knowledge*. Bloomington, University of Indiana Press, 1988.

première partie couvre seize chapitres ; la seconde, quinze chapitres ; la troisième, quinze chapitres et la quatrième, douze chapitres. Chaque partie comporte une introduction et une conclusion. Une conclusion générale fait le point sur le travail réalisé et la contribution à l'histoire et l'historiographe, de la Sénégambie et de l'Afrique de l'Ouest sahélienne, du Vietnam et de l'histoire globale.

La première partie revient sur l'approche méthodologique retenue et les concepts théoriques mis en œuvre – le terroir comme matrice d'identité collective – et plante le décor, pour examiner l'opposition qui est au cœur de l'étude, entre les itinéraires terrestres – dominés par le commerce, l'Islam et les diasporas – de la découverte de l'Afrique fréquentés par les caravanes et les itinéraires maritimes des caravelles qui, avec la victoire de la caravelle sur la caravane[12] *consacrent l'Atlantique comme espace-monde, celui de la modernité et du récit universel commandés par l'Europe. Elle trace les contours d'une géographie des terroirs qui suit très étroitement la production de la « ceinture du riz », explore leur sociologie et anthropologie pour identifier les processus, les acteurs et les enjeux, dans le mouvement global de l'histoire. Les propositions interprétatives soumises au lecteur insistent sur les manifestations quotidiennes des identités collectives, les réseaux de production et d'échanges de longue distance, les interactions sociales et culturelles. Elles esquissent déjà les critiques majeures que Mamadou Fall retient contre les lectures qui, privilégiant une approche exclusivement politique de l'histoire ouest-africaine, demeurées aveugles à la cohérence sociologique et historique de la « ceinture du riz ». L'analyse de chacune des deux régions, africaine et asiatique, est menée avec dextérité ; les exemples sont bien choisis et pertinents pour illustrer les éléments qui peuvent constituer les motifs de l'unité analytique de la « ceinture du riz ». Leur inscription dans l'environnement, les ressources naturelles et les architectures politiques changeantes, donne une ampleur considérable à l'analyse. Cependant, on aurait aimé une analyse comparative plus serrée de certaines variables qui semblent constituer l'axe d'ordonnancement des terroirs dans les deux régions, en insistant de manière plus explicite sur la région ouest-africaine comme site prioritaire.*

La deuxième partie est le cœur de l'exercice. Il réexamine avec une plus grande attention le rôle central de l'Islam, du commerce et des diasporas dans la constitution des terroirs, pour rétablir la continuité culturelle entre le Sahara et « le système sénégalais ». Une rupture épistémologique dont la fonction principale est d'extraire la Sénégambie du mouvement de l'histoire et de la territorialité atlantique qui a dominé l'historiographie de la région. Elle identifie une trajectoire de la compétition, de la violence, de l'émiettement

---

[12] Victorino Maghales Godihno, *L'économie de l'empire portugais aux XVe et XVIe siècles.* Paris, Sevpen-EHESS, 1969.

politique et de la perte de l'initiative historique. Mamadou Fall s'en prend avec vigueur, parfois ironie à ce récit. A-t-il raison ? Pas toujours, mais il a le mérite de poser des questions importantes, d'ouvrir de nouvelles pistes et des controverses susceptibles de produire des gains épistémologiques considérables.

La troisième partie s'appuie précisément sur cette relecture qui privilégie les itinéraires terrestres pour suivre avec minutie le passage du « lamanat à la royauté » dont l'impact porte plutôt sur les institutions que sur les élites. Une analyse qui interprète l'esclavage comme un « intermède » et qualifie la participation des élites comme « immature ». Paradoxalement « l'intermède » ouvre sur une nouvelle historicité, celle du démantèlement des terroirs, du basculement des réseaux commerciaux terrestres (ou de leur articulation subordonnée) aux réseaux maritimes et de l'émiettement territorial[13]*. L'intermède est-il synonyme de « parenthèse » et opposable aux caractères structurants de la rencontre avec l'Europe, la traite atlantique des esclaves et la colonisation ? C'est tout le sens de la controverse entre les historiens de l'École d'Ibadan et le sociologue Peter Ekeh*[14] *et entre Jan Vansina*[15] *et Valentin Y. Mudimbe*[16] *sur l'influence déterminante du précolonial et du colonial sur les ressources et les figures de l'identité africaine ? Certains historiens analysent « l'immaturité » des élites comme une réponse raisonnée et consciente à une demande économique*[17]*. Une forte tension entre la force de l'argumentation qui vise a remettre l'Atlantique à sa place – seconde et plus ou moins mineure – dans l'histoire de la région ouest-africaine d'une part (1ère et 2ème parties) et, d'autre part, la traite atlantique des esclaves et la colonisation pourtant considérées comme « des moments privilégiés de l'évolution de la Sénégambie », anime cette partie.*

Le parti pris de privilégier les itinéraires africains et de minorer l'impact de l'Atlantique offre une formidable opportunité à Mamadou Fall pour engager le débat avec les historiens de l'École de Dakar. Il reconstitue minutieusement les architectures, les ressources et les acteurs qui animent les terroirs et configurent constamment le pouvoir lamanal dont les modes et formules d'exercice et d'acceptation répondent à des formes culturelles et sociales spécifiques. Une archéologie de l'unité lamanale, autant dans sa

---

[13] Voir la préface de Samir Amin au livre, « Sous-développement et dépendance en Afrique noire. "Les origines historiques et les formes contemporaines » de Boubacar Barry, *Le royaume du Waalo. Le Sénégal avant la conquête*. Paris, Maspero, 1972 ; B. Barry, La Sénégambie du XVe au XIXe siècle. Traite négrière, Islam, conquête coloniale. Paris, L'Harmattan, 1988 ; A. Ly, *op. cit.* ; W. Rodney, *op. cit.* ; J. Thornton, *op. cit.*

[14] « Colonialism and the Two Publics in Africa : A Theoretical Statement », *Comparative Studies in Society and History*, 17, 1, Jan. 1975.

[15] *Living with Africa.* Madison, University of Wisconsin Press, 1994.

[16] *Op. cit.*

[17] Sur cette question, se reporter aux ouvrages déjà cités de J. Thornton et Randy J. Sparks.

géographie, ses formules et imaginaires politiques, et de légitimation, met en évidence leur diversité à l'échelle de la Sénégambie contre la systématisation théorique adoptée par Mamadou Fall. En revanche, il analyse avec finesse, l'éclatement de l'empire du Jolof, la transition du lamanat aux royautés du Waalo, du Kajoor, du Bawal et du Siin, et les réaménagements du patriarcat et du matriarcat et leur mobilisation dans les luttes pour le pouvoir et l'accumulation économique. Autant sur la nature des nouvelles unités politiques, les modes d'inclusion ou de dissolution des terroirs, les transformations des domaines du patriarcat et du matriarcat, Mamadou Fall ouvre de nouvelles pistes, propose des interprétations inédites et somme les historiens de rouvrir le débat. Le souci théorique louable de ne faire aucune concession eu égard à la thèse principale, masque la diversité des formations étatiques et les processus d'assimilation réciproque des élites du lamanat, des nouveaux royaumes et des communautés, ethniques, religieuses et marchandes.

Dans la quatrième partie, Mamadou Fall examine l'ouverture du monde atlantique qui provoque la mise en question, non seulement de la règle aristocratique et des formes de légitimité qui lui sont associées, mais aussi la dissolution progressive de la règle lamanale. Les laman se soumettent ou sont demis et ne peuvent résister dans un environnement caractérisé principalement par la violence. S'agissant des bouleversements de cette double règle, la nuance s'impose. En effet, selon les régions et les périodes, les procédures d'assimilation réciproque et de reclassement des élites (garmi, njambuur, ceddo, marabouts enseignants ou guerriers) signalent des itinéraires non linéaires. Ces dernières redessinent l'écologie sociale, le décor et les nouveaux acteurs du théâtre sénégambien, le marabout, l'esclave et les originaires des enclaves atlantiques de la Sénégambie. On aurait aimé lire une section sur les formules d'accommodation pour mieux comprendre quels sont les groupes et les récits qui survivent, et quelles sont les conditions de leur inclusion ou exclusion de l'espace colonial.

L'ouvrage de Mamadou Fall réconcilie avec succès le travail, historique, de reconstitution, avec une variété de sources archivistiques, orales et littéraires, de la trajectoire des sociétés de la « ceinture du riz » sur dix siècles et historiographique, avec un engagement rigoureusement critique avec, aussi bien l'École de Dakar que les écoles historiques, coloniale et impériale. Il revendique une histoire par le « bas », hors des élites et des cercles de pouvoirs, qui exige de suivre à la trace les contours du terroir et des communautés qui l'animent et auxquelles il affecte un imaginaire unique. Le double contraste qu'il établit entre le « terroir » et le « territoire », la règle aristocratique et la règle lamanale, ouvre un champ d'une très grande richesse à l'entreprise historiographique autant de la Sénégambie que de l'Afrique de l'Ouest sahélienne et de leur inscription dans l'histoire globale. Le travail de Mamadou Fall est une contribution à cette entreprise en particulier par le travail minutieux consacré aux acteurs des périphéries atlantiques. Un travail ambitieux qui mérite d'être discuté.

Mamadou Diouf
Leitner Family Professor of African Studies and History
Director, Institute of African Studies
MESAAS-HISTORY
Columbia University

AVANT-PROPOS

"Research into the history of Africa in isolation from the history of the rest of the world, it is true avoids the danger of seeing the problem from a European point of view, but it leads to a dangerous narrowing of our investigation of the historical problems presented"[18]

Découverte, exploration civilisation, conquête, colonisation, dépendance, indépendance, développement, mondialisation, ajustement ; on peut voir comment ces catégories que nous utilisons tous les jours suggèrent déjà une hiérarchie du monde acceptée comme fait établi depuis des siècles. Les rôles semblent être distribués entre un nord et un sud, un haut et un bas, un pôle actif et un pôle passif. Cette vision donne le vertige pour qui cherche à produire du sens et à décrire la trajectoire des cultures dans la longue durée. Ce vertige se transforme en malaise lorsqu'on envisage les instruments méthodologiques généralement utilisés. Les récits de voyage, les représentations graphiques, les archives coloniales qui, lorsque pris au premier degré, imposent toujours une vision eurocentriste ou étroitement administrative centrée sur le littoral ou le territoire colonial. Les sociétés africaines et asiatiques, considérées hors de leur terroir et de leur dynamique sociale propre, deviennent des communautés réduites à cette trilogie : le producteur corvéable ou payeur d'impôt, le commis subalterne servant de relais et le bandit objet de répression.

On retrouve une vision toute différente lorsqu'on remet littéralement l'histoire à l'endroit et que l'on s'évertue à retracer les itinéraires sociaux et les identités collectives à travers les modes de configuration et de représentation de l'espace, les modalités *sui generis* d'adaptation et d'appropriation collectives de l'espace, les formes d'échange et de réciprocité ou les destins individuels illustrés par des récits de vie tirés des traditions orales ou écrites.

Nous n'avons pas non plus adopté la périodisation et tous les paradigmes qui renvoient toujours à une trame, un projet et des procédures propres à l'Europe occidentale. La trajectoire de l'Europe perçue toujours comme le modèle universel qui ne donne droit à l'histoire aux sociétés africaines et asiatiques que lorsqu'elles sont sollicitées par l'Europe.

Pourtant, le piège de l'altérité subalterne pouvait bien être identifié dès les balbutiements de la modernité occidentale en Asie et en Afrique.

Entre le marquage rituel des mers, les cosmogonies Dogons ou confucéennes et la rationalisation de l'espace à partir du XVe siècle, s'opérait un hiatus majeur qui informera toute l'histoire moderne.

---

[18] Malowist M. *The western Sudan in the middle Ages, Underdevelopment in the Empires of the western Sudan: Rejoinder Past and Present*, Oxford University Press, no 37 july 1967 p. 157-162.

Dès le XVe siècle, la coïncidence entre les progrès de la cartographie et de la représentation graphique avec la naissance de la perspective linéaire permettait, pour la première fois dans l'histoire de l'humanité, le passage du monde mythique des représentations à la reproduction graphique de la réalité telle qu'elle se présente en trois dimensions. Sur la base des progrès cumulés de la navigation, des mesures et des techniques, l'Europe s'érigeait en matrice des normes, procédures et symboles. L'accumulation primitive des signes et symboles connaissait sa première asymétrie dans l'espace du monde.

Il semble que c'est en ce moment décisif que s'est jouée la première dérive des continents du temps et de l'espace du monde, ce lieu où les sociétés africaines et asiatiques se joignaient au concert des autres sociétés du monde, dans ce dialogue permanent entre soi-même et le monde extérieur.

Dans ce travail, nous avons été en permanence habité par cette question presque existentielle : d'où est venu ce vertige moderne de l'exclusion, du confinement et de l'altérité qui, des siècles durant, met l'Afrique, comme l'Asie, en position de toujours se définir vis-à-vis de et jamais par cette expérience première de l'universel, l'universel indigène, ce degré zéro qui relie au temps du monde et non à un destin singulier, marginal ou subalterne ?

L'africanisme du dedans comme l'africanisme du dehors (Georges Balandier) n'ont pu échapper à ce vertige. L'ethnophilosophie,[19] « la colonistique », l'idéologie du développement et toute la « mythologie blanche »[20] ont mis du plomb, pendant des décennies, à la production du sens ; et voilà l'Afrique comme l'Asie obligées, des siècles durant, de subir le monde au lieu de vivre en son sein.

L'historiographie sénégalaise, comptable de travaux majeurs et de haute facture, a peiné de longues décennies à sortir d'un grand dilemme. Comment légitimer une perspective dynastique de l'historiographie dans le contexte d'un pouvoir toujours allogène et en rupture avec les communautés paysannes ?

L'opposition récurrente entre lignées Garmi et lamanes ; souverains légitimistes et marabouts ou communautés réfractaires de la périphérie et capitales royales ; reste la meilleure illustration de ce dilemme.

Bruno de Chavane avait bien observé la nécessaire distinction entre l'histoire des états et l'histoire des populations. Cette distinction, il l'avait circonscrite à la zone soudanaise où, « hormis le tribut à verser, la livraison d'otages, la présence d'un représentant militaire du lointain conquérant peu de choses changent dans la vie sociale et culturelle du groupe vaincu ».[21]

---

[19] Lucien Levy Bruhl in *La Mentalité primitive*, Paris Alcan, 1922.

[20] Derrida, Jacques. « La mythologie blanche : La métaphore dans le texte philosophique. » *Marges de la philosophie*. Paris: Minuit, 1972 : 247-324.

[21] Bruno de Chavane, 1985 *op. cit.* page 26.

Par ailleurs, commentant le « recueil sur la vie des Damel [22]», Becker et Martin regrettaient une trop grande insistance sur les chefferies, rois, princes, familles Garmi et les nombreux conflits qui ont marqué cette histoire dynastique. Dès 1974, nos deux pionniers regrettaient le peu de place réservé à l'histoire des peuplements et des régions, les migrations, création ou abandon de villages, organisation socioéconomique des provinces. Des pans entiers de l'historiographie qui ne seront pris en charge que de façon incidente dans les brillantes monographies ou synthèses de « l'école de Dakar ».

C'est l'une des raisons qui nous a amené à identifier le terroir, qui se révèle être le lieu anthropologique majeur qui a informé depuis des siècles l'histoire de la Sénégambie, et au-delà son insertion dans l'histoire globale de l'humanité.

Ces espaces de vie et de cultures, à ma connaissance, ne se sont jamais identifiés comme territoires fermés. Le commerce, le nomadisme, les migrations, les alliances matrimoniales, l'esclavage domestique, le paiement des tributs et redevances, les prédations à une vaste échelle, comme la mobilité des diasporas marchandes ont toujours permis un brassage culturel ignorant des frontières établies et permanentes.

Ce travail fait le pari d'établir une continuité de l'espace des terroirs et des communautés humaines depuis l'Adrar mauritanien jusqu'au cœur de la nébuleuse mandingue qui a traversé le Rio Grande.

Ma quête m'a amené à interroger le rôle des diasporas marchandes soninké, arabo-berbère, fulbé, mandingue et mulâtre en tant que groupes-relais et véhicules transculturels qui ont soudé et intégré de vastes communautés que l'historiographie politique a jusque-là divisées.

Les mots-clés de ce travail sont : terroirs, territoires, diasporas marchandes, lamanes, rois, espace, frontières, identités collectives, État, royaumes, réciprocité, construction nationale, modernisation, colonisation, déterritorialisation, intégration et mondialisation.

---

[22] Tanor Latsoucabé Fall « Recueil sur la vie des Damel » *Bulletin de l'Ifan*, TXXXVI, série B, N° 1, 1974.

Figure 1 : La Grande Sénégambie

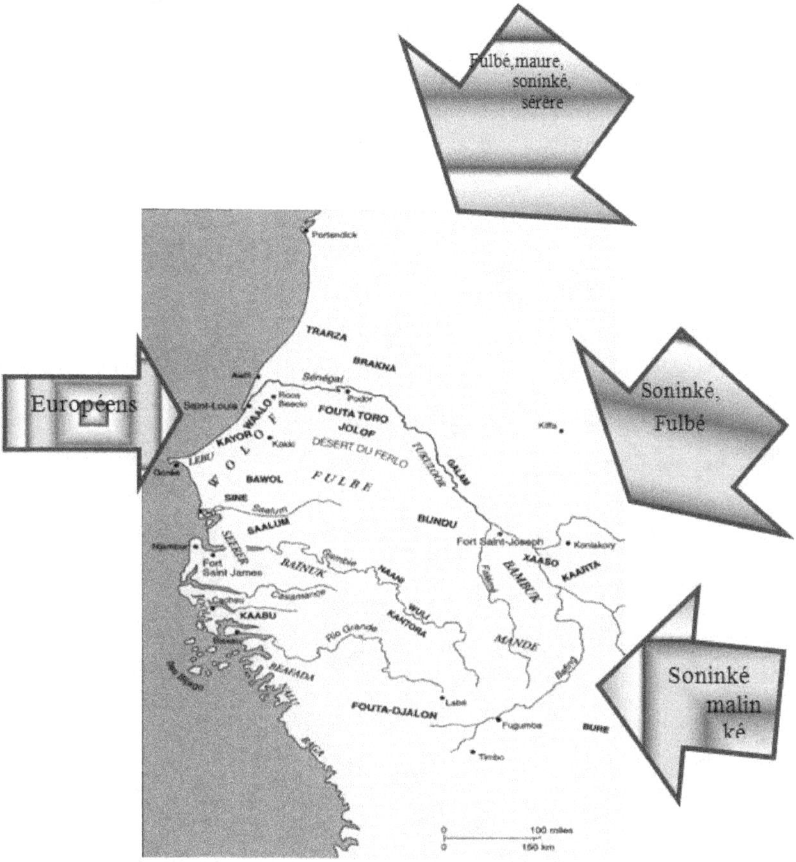

INTRODUCTION GÉNÉRALE

Ce travail présente, à la fois, une dimension du « temps long » et une perspective d'histoire comparée entre la Sénégambie l'Asie du Sud-est et incidemment l'Europe occidentale. Il s'agit des champs d'études que nous avons arpentés depuis déjà plusieurs décennies.

Le thème « terroirs, territoires dans la formation de l'espace régional Ouest-africain ; La Sénégambie, dynamiques sociales et construction par le bas du Xe au XXe siècle », est en fait un vaste sujet qui nous a amené à visiter tous les registres de l'historiographie et des disciplines annexes.

Les objectifs sont nourris par des ambitions à la fois théoriques et méthodologiques et il s'agit, sans grande prétention, de proposer une lecture d'historien à travers des jalons identifiés et documentés.

1. Montrer comment les terroirs définissent des trajectoires de construction et d'intégration par le bas.

2. Décloisonner les périodes historiques par une histoire globale qui intègre l'Afrique au cœur du temps du monde et non dans ses marges.

3. Montrer les cohérences, la continuité et la congruence de l'histoire mondiale, malgré les parenthèses de l'esclavage et de la colonisation.

4. Montrer la continuité de l'occupation humaine depuis le Xe siècle par contraste avec l'instabilité dynastique de l'ère post-atlantique.

5. Établir l'inconsistance et la porosité des frontières politiques face aux flux mercantiles et dynamiques sociales.

6. Montrer le caractère exceptionnel et non universel de l'État territorial européen.

7. Établir la récurrence des logiques de terroir dans la définition des identités collectives en Sénégambie. Un rapprochement restait à faire entre le lamanat des Ouolofs, Sérères et Fulbés, le Tengsoba des Mossis, le Dugutigi des Mandingues. Toutes ces langues du Sahel semblant identifier une forme commune d'organisation sociale autour des terroirs.

La force des logiques de terroir est bien mise en exergue par Cheikh Anta Diop dans *Civilisation et barbarie.*

Il propose une approche bien féconde pour l'étude des relations interculturelles. Dans cette approche il identifie les limitations imposées par les conditions historico-géographiques. Ces conditions qui définissent une aire culturelle avec son climat, sa faune, sa flore spécifique, son histoire, ses structures sociales et politiques, ses mœurs et coutumes. Ces conditions définissent une « superposabilité » des champs sémantiques des concepts dans les langues d'une région à une autre. Il donne l'exemple des langues européennes comme l'anglais, l'allemand, l'espagnol, le français, le portugais ou le russe, qui à partir d'un même foyer ont produit les mêmes représentations, les mêmes expressions, les mêmes images poétiques inspirées du même milieu ; forgées par les mêmes éléments du réel que sont le chêne, le cipres, le sapin, perce-neige, primevère, lierre, rose, loup, renard et neige, autant de catégories du terroir qui entrent dans la fabrique des représentations de l'espace d'une culture.[23]

8. Montrer la force des légitimismes locaux face à ce que Baudrillard appelait la « violence du global »[24]. Ce discours fort qui impose un isolement sclérosant des groupes sociaux, irrémédiablement marginalisés dans leur spécificité et leur retard.

9. Enfin établir comment la terre des lamanes, le fer des numu, le glaive des rois et les réseaux des Dioulas ont informé l'espace régional ouest-africain depuis des siècles.

La dichotomie entre tradition et modernité a semblé être le révélateur d'une lecture de l'histoire coloniale qui mettait dos à dos une modernité coloniale qui s'opposerait à des traditions asiatiques ou africaines. Mais nous ne nous sommes point laissé berner par cette trompeuse dichotomie.[25]

Si nous considérons la tradition en tant qu'ensemble de formes ataviques de légitimation basé sur des religions, mythes, catégories et objets symboliques contre la modernité se fondant sur la rationalité dans la définition des buts et le recours aux sciences et techniques dans la gestion des moyens ; aucune ligne de démarcation entre les colonies et la métropole ou entre sociétés évoluées et sociétés primitives, n'a semblé recouper une telle dichotomie dans l'histoire moderne.

Le présupposé pragmatique de gouverner à peu de frais et une rhétorique de cabinet sans base doctrinale semblent ouvrir l'ère coloniale. Successivement « mission civilisatrice », « mise en valeur » ; « développe-ment » deviennent autant de prophéties laïques condamnées à échouer devant le protectionnisme et l'eurocentrisme.

Le messianisme laïc

Après la restauration des Bourbons (1830), le commerce, l'esclavage, la rivalité internationale et l'exploitation économique allaient rester les seules manifestations d'un universalisme abstrait, une simple construction intellectuelle rappelant les promesses de la Révolution française.

---

[23] Cheikh Anta Diop *Civilization or Barabarism: an authentic Anthropology*, Chicago Review press. 1991. 464 pages ; *Civilisation ou barbarie*. Paris, Présence africaine 1981, p. 283.

[24] Jean Baudrillard, in *La violence du global, La violence du monde* ; conférence, Paris: Le Félin : Institut du monde arabe, 2003.

[25] Habermas Jürgen, *La technique et la science comme idéologie*, Gallimard, Paris 1974, pp. 29-30.

On retrouvait déjà la matrice de cette ambiguïté fondamentale dans le discours des acteurs majeurs de la Révolution française.

La république, clamait Saint Just, ne peut par aucun traité, aliéner les droits de son commerce et de ses colonies. Bonaparte renchérissait dans la même veine, le 26 avril 1802, par ce crédo qui restera au centre de l'histoire coloniale de la France : « cimenter la paix dans l'intérieur par tout ce qui peut rallier les Français, tranquilliser les familles »[26].

Lorsque le colonialisme et l'expansion économique auront atteint leur summum à la fin du XIXe siècle, la construction intellectuelle de l'universalisme devenait une idéologie euro-centriste du développement avec des versions françaises et allemandes : « mission civilisatrice » et le concept hégélo-marxiste de « sens de l'histoire » les deux versions dérivant du positivisme[27] du XIXe siècle et du paradigme darwinien.

Le credo darwinien d'une évolution biologique linéaire de toute l'espèce humaine faisait écho à l'idéologie du développement nourrie par les trois stades de l'évolution de Auguste Comte ; de même Saint Simon et sa foi exagérée dans le pouvoir des sciences et techniques ; enfin l'idéologie allemande incarnée par Hegel. Durkheim fort judicieusement nous rappelait que les étapes successives de l'évolution de l'humanité n'ont jamais accouché les unes les autres.

En 1880, quand l'expansion coloniale atteignait déjà son paroxysme, Sumners résumait bien le darwinisme social à l'œuvre et qui canonisera l'eurocentrisme par l'affirmation selon laquelle la civilisation était la survie du plus apte. Sumners, à n'en pas douter, se faisait l'écho des fausses certitudes[28] et dérives tenaces de l'Europe de la fin du XIXe siècle qui étendait la théorie de la sélection naturelle au domaine social et politique.

Le darwinisme social prenait un singulier ressort aux Usa à la fin de la guerre civile. La réception du darwinisme par les intellectuels américains induisait un profond changement de paradigme.

Richard Hofstader[29] notait l'attrait du darwinisme chez les économistes et sociologues, par contraste avec la répugnance qu'il inspirait aux théologiens. Le darwinisme était popularisé à un moment où l'autorité des économistes classiques était sur le déclin en même temps que la législation sociale se développait avec force. Un conservatisme frileux trouvait dans le darwinisme la confirmation d'un vieux crédo. La lutte pour l'existence qui est l'essence du

---

[26] Albert Soboul ; *Précis d'histoire de la Révolution française* ; Paris ; Editions Sociales, 1975, page 518.

[27] Gusdorf G in La perspective occidentale du développement ; C A O Van Nieuwenhiujze Eds ; Mouton ; Paris La Haye ; 1992 : 39-91.

[28] Emile Durkheim *Les règles de la méthode sociologique* ; Paris, PUF 1963, p. 116.

[29] William Graham Sumner, *Social darwinistm* in Richard Hofstader, The New England Quaterly, vol 14, n°3, September 1941, pp. 457-477.

darwinisme semblait donner ainsi une nouvelle sanction à la compétition économique et la survie du plus adapté, un nouvel argument contre l'aide de l'État aux plus faibles.[30]

Darwinisme social, eurocentrisme et mission civilisatrice sont des catégories qui domineront longtemps encore une littérature coloniale et postcoloniale qui semblait postuler la marginalité irréversible des populations d'Afrique et celle de leur dynamique propre d'évolution.

Par-delà les écoles historiques, les certitudes méthodologiques et les engagements politiques des historiens, nous nous trouvons bien dans la confortable posture de pouvoir embrasser en même temps deux ordres du discours et de la pratique historiographique. L'un circonstancié, sui generis, bien constitutif d'une représentation spatiale et d'un vécu culturel local. L'autre, par le biais des mesures, graphismes et textes intégrant une pratique éditoriale et un discours qui comptabilisent déjà plusieurs siècles. Les concepts de terroir et de territoire qui en font écho, constituent bien deux approches, deux perspectives pour définir l'espace social.

Le premier est constitutif d'un vécu culturel local dont rendent compte les traditions orales ou écrites, les récits et les vestiges matériels. L'autre un outil cognitif qui, au travers de schémas, mesures et nomenclatures,[31] définit d'emblée une hiérarchie entre l'espace vécu des communautés culturelles africaines et asiatiques et leur organisation graphique à distance par le prince et son géographe.

Ainsi, différentes traditions se partagent l'espace sénégambien et ont informé la production de schémas spatiaux et, à terme, leur représentation comme constructions politiques.

La tradition européenne, qui privilégie le territoire et les traditions locales, indigènes qui elles définissent le terroir sous différentes formes.

Le nomadisme berbère, fulbé et soninké, les formes précaires ou durables de sédentarisation restent autant de formes de gestion de l'espace qui ne sont point le fait du prince.

Il n'y a là aucune préséance d'une forme sur une autre, les communautés humaines se donnant toujours des réponses propres à leur relation au monde et à leur environnement spécifiques au travers de signes, symboles, énoncés, inscriptions ou surtout représentations.

Chacune des traditions a ses acteurs, ses procédés et formes, mais aussi sa destination. Chacune d'elles part d'un présupposé pragmatique immédiat et circonstancié qui lui confère une légitimité et une historicité propre.

---

[30] « Social Darwinism », *American journal of sociology* XII (March 1907) : 695-716.

[31] Ogborn, Miles (1680-1780), *Spaces of modernity*. London's geographies New york, The Guilforf Press.

Unité de l'espace et nomenclature des cultures historiques

La forêt des nomenclatures et des répertoires de cultures, pays ou ethnies a caché l'unité d'ensembles que le discours du géographe a divisée. Pourtant le vécu des hommes comme leurs interrelations les ont agrégés depuis des siècles.

Vu de la savane du Cayor, des caravelles et villes-comptoirs des côtes de l'Atlantique, ou à partir des pistes caravanières, on a du mal à admettre que toutes les approches renvoient à un même temps du monde que les perspectives ont différencié.

J'ai essayé de mettre à contribution les ressources de l'archéologie et de l'anthropologie pour repérer la mise en place du peuplement et la formation des communautés humaines protohistoriques et historiques.

Depuis l'Adrar mauritanien jusqu'aux terres de vasière du Rio Cacheu, nous avons pu dépister la trajectoire des diasporas, groupes relais et communautés trans-ethniques de la Sénégambie. Dans la même veine, j'avais suivi les populations Viet, depuis le sud de la Chine jusque vers les terres rizicoles du delta du Mékong. J'ai entrepris de définir l'espace de la Sénégambie comme de l'Indochine, par-delà la simple succession ou juxtaposition d'États dynastiques par des guerres territoriales. J'ai ainsi tenté de décrire les différentes dynamiques sociales et les formes de configuration et de représentations de ces ensembles. Une configuration géographique et humaine leur donne unité et cohérence bien au-delà des schémas administratifs coloniaux. Cette approche permet d'identifier les premières formes d'identités collectives en terroirs bien distincts et clairement identifiables.

Il s'agit en fait des unités et des formes d'identités collectives les plus fondamentales, les plus irréductibles avec une étonnante continuité, dans des aires culturelles qu'un même pouvoir colonial a cherché à intégrer dans son giron.

Beaucoup plus que de simples objets à décrire et à figer dans une passive marginalité, il s'agit de donner corps et vie à des réalités historiques majeures dont la description et l'analyse gardent une valeur heuristique que l'anthropologie de l'ethnie comme l'histoire postcoloniale peinaient à formuler depuis des décennies.

En Sénégambie, ma quête m'a amené à interroger le rôle des diasporas marchandes soninké, arabo-berbère, fulbé, mandingue et mulâtre en tant que groupes-relais et véhicules transculturels qui ont soudé et intégré de vastes communautés que l'historiographie politique a jusque-là divisées. J'ai interrogé la validité de l'approche ethnique comme la pertinence des contours administratifs de l'État territorial avec le fait colonial qui a ouvert une territorialité côtière et urbaine qui se révèlera une excroissance factice des États européens.

En Indochine, à titre d'exemple; la place centrale de la commune a été revisitée pour donner corps et formes à un travailleur collectif qui, depuis des millénaires, défie le pouvoir central des souverains de différentes dynasties et structure les terroirs rizicoles des deltas du Sông Hông et du Mékong.

L'illusion d'immobilité que la commune imprime à l'histoire de l'Asie du Sud-est semble jurer d'avec l'émiettement et le caractère factice que la traite négrière semble donner aux institutions et structures communautaires en Sénégambie. Une tradition de « Haut commandement économique » semble avoir survécu en Indochine à la conquête coloniale et fait pièce à une démission politique de souverains légitimistes traditionnellement ancrés dans une économie de violence en Sénégambie. Cette économie de violence semble avoir réduit l'horizon du développement de la Sénégambie alors que l'Indochine sortait de l'impasse confucéenne pour négocier sa modernisation par la voie révolutionnaire.

Le champ que j'envisage dans ce travail nous situe au cœur d'un locus identifié depuis des siècles comme la ceinture du riz entre le tropique du Cancer et l'Équateur. Dans cette ligne qui chevauche les mines de sel de Téghaza et se prolonge jusqu'au Yunnan au Sud de la Chine, se sont déployées, depuis des millénaires, les dynamiques sociales majeures de l'Afrique comme de l'Asie.

Deux modèles de peuplement, deux formes d'occupation de l'espace et d'adaptation à l'environnement. Deux mouvements des hommes et des cultures avec le corollaire de leurs systèmes de production, leurs réseaux d'échange et d'organisation sociale, semblent défier la longue durée, sur plusieurs millénaires.

Ces mouvements ont établi une continuité historique très peu soupçonnée.

On a du mal à admettre la récurrence de ces deux mouvements de fond, au vu des soubresauts dynastiques, guerres nationales, ou turbulences politiques et sociales. La rémanence des guerres dynastiques dans l'histoire du Vietnam, la permanence des luttes entre seigneurs de la guerre en Sénégambie et la longue traite atlantique, ont une telle force suggestive qu'elles laissent très peu de place à la recherche des tenaces invariants historiques.

Pourtant, le Nam Tien en Asie du Sud-est et la poussée sahélienne en Afrique de l'Ouest semblent avoir défini, tous les deux, un récurrent mouvement nord-sud des nations, des hommes, des flores, des faunes et des terroirs. Ce trait fondamental et sa prégnance dans l'ordonnancement des sociétés et des cultures permettent une réécriture de l'histoire post-atlantique en dehors des catégories de la Bibliothèque coloniale.

Dynamiques locales par le bas, configuration de l'espace et formation de l'État et des identités collectives restent donc le cœur de ce travail qui se propose de comparer à grands traits les trajectoires de la Sénégambie et de l'Asie du Sud-est. Deux formes de méridionalisation, deux formes de gestion de l'espace, deux civilisations agraires avec des environnements différents et, au plan géopolitique, des formes opposées de centralisation du pouvoir. Tels semblent se présenter les enjeux de cette étude que nous envisageons en quatre séquences.

Une première partie présente les terroirs comme matrice d'identité collective. Les terroirs sont présentés, non pas de manière descriptive, irrémédiablement figée par la géographie rurale, mais plutôt comme lieux anthropologiques dans leur dynamique d'évolution. Ce souffle premier que la terre, selon Barres, donne aux hommes. Ce moment du temps historique où la symphonie majeure se met en œuvre dans l'espace et son environnement. Les hommes adaptent leurs formes de production et de socialisation à leur environnement et à l'environnement international.

On abordera successivement les modèles du Nam tien et la poussée sahélienne pour montrer la place centrale des logiques de terroirs avant l'incursion européenne. Ces deux mouvements ayant tous les deux tourné le dos aux mers du Pacifique et de l'Atlantique et qui depuis des siècles ont dessiné le vrai visage des cultures et des peuples. Le cœur de l'histoire mondiale, gardant son locus entre le tropique du Cancer et l'équateur.

Ensuite nous reviendrons sur la découverte terrestre de l'Afrique de l'Ouest ou les itinéraires du Sahel dans la formation des terroirs sénégambiens. La place du commerce, de l'islam et des diasporas reste centrale dans cette partie qui rétablit une continuité culturelle entre le Sahara et le « système sénégalais »[32]. La césure atlantique sera ainsi ramenée à ses justes proportions.

Une troisième partie décrira la transition du lamanat à la royauté. Une transition inaboutie dont on peut relever l'impact dans la nature des institutions et la non-cohésion des élites. Cette partie retrace l'originalité de la trajectoire d'une région que l'intermède de l'esclavage et l'immaturité, voire la démission historique de ses élites, allaient faire manquer les rendez-vous du XIXe siècle.

Nous aborderons dans une dernière partie la place de l'accumulation primitive des signes dont l'Atlantique est le théâtre. Depuis des siècles, cette « mer des ténèbres » des Grecs et des Arabes a servi de paravent et de miroir aux alouettes sur le champ mondial. Il s'agit de décrire les ressorts de l'évolution culturelle et sociale en privilégiant les facteurs primordiaux. Nous présenterons les facteurs spécifiques internes comme les facteurs communs qui ont informé le statut des populations comme le destin des États.

[32] I. Hrbek et J. Devisse, *Histoire générale de l'Afrique*. Volume III : *L'Afrique du VIIe au XIe siècle*. Paris, 1990, UNESCO / NEA, chapitre 13, p. 385.

L'ouverture de l'atlantique et le fait colonial constituant des moments privilégiés de cette évolution en Sénégambie.

Il s'agit en somme de réévaluer les héritages pré et postcoloniaux pour montrer les permanences et les ruptures de l'ordre social et les forces qui en ont été les vecteurs. Une bonne place est laissée aux communautés locales et aux élites civiles indigènes. L'État colonial et post colonial ne seront plus les seules matrices de normes et procédures. Des trajectoires sui generis et leurs lieux anthropologiques doivent être décrits et documentés.

L'histoire coloniale comptabilise déjà des travaux de nombreux historiens de divers horizons qui ont, pour ainsi dire, balisé notre champ d'étude. Mais le poids politique et idéologique du nationalisme postcolonial a eu pour effet d'exagérer les enjeux politiques et stratégiques au point de minimiser les dynamiques sociales qui leur donnent une base et un sens dans la longue durée. Ces travaux, dans une écrasante majorité, ont pour objet principal la dimension politique du fait colonial et surtout les mutations institutionnelles et administratives qu'il a introduites en Asie et en Afrique. L'historiographie coloniale de l'A.-O.F., garde ainsi une dimension régionale bien prononcée dans les synthèses classiques des auteurs comme Hubert Deschamps, Michael Crowder ou Catherine Coquery. Ce caractère régional accompagne un provincialisme de monographies bien fécondes. C'est ce même provincialisme qu'on retrouvait dans l'œuvre magistrale de Pierre Brocheux [33] consacrée au delta du Mékong ou le Cambodge colonial étudié par Alain Forest et Roland Thomas; les uns insistant davantage sur les armatures politiques et institutionnelles, les autres sur le cadre économique de telle ou telle région administrative.

John Murray a fait une étude d'ensemble sur l'Indochine coloniale. Sa démarche dans un contexte post mai 1968, reprenait les paradigmes marxistes de l'époque notamment celui de Lénine dans le développement du capitalisme en Russie.[34] L'étude est intéressante à bien des égards ; la démonstration historique y est bien présente, mais elle est davantage un essai global sur l'histoire du processus de mise en place du capitalisme en Indochine et son évolution suivant ce qu'il appelait, après Trotski le « développement inégal et combiné. » Cette formule alors galvaudée par la vulgate gauchiste contenait pourtant la féconde intuition d'un enchevêtrement des processus sociaux et économiques locaux et extérieurs, même dans des périodes d'un colonialisme triomphant.

L'historiographie marxiste avait repéré un système de forces productives et de rapports de productions caractéristiques de l'Orient préindustriel et constitutifs du « mode de production asiatique ». Les observations de Marx et

---

[33] Pierre Brocheux, The Mekong Delta , *ecology, economy, and revolution*, University of Wisconsin-Madison center for South Asian Studies; 1995.

[34] *Le développement du capitalisme en Russie; processus de formation du marché intérieur pour la grande industrie* ; Editions en langues étrangères, Moscou ; 1907, 758 p.

Engels avaient concerné essentiellement l'Inde[35] et plus tard la Russie. Leur problématique s'est nourrie de trois thèmes majeurs : le système villageois indien et la commune russe, le « despotisme » du pouvoir central, et la domination du capitalisme anglais comme vecteur de profondes mutations des formations économiques et sociales asiatiques. Cette problématique qui a fourni les outils conceptuels et un cadre théorique à l'histoire des sociétés précapitalistes s'était malheureusement figée dans les limites d'une information incomplète sur lesdites sociétés. Ce qui appelait de nouvelles formulations qui tiennent compte du niveau actuel des connaissances notamment sur l'aire culturelle de l'Asie du Sud-est et l'Afrique au sud du Sahara.

Beaucoup d'auteurs avaient pourtant pu établir contre la force des crédos euro-centristes que le colonialisme n'avait pas évolué sur une sorte de table rase, un no man's land historique. L'Asie du Sud-est et l'Afrique de l'Ouest sont les berceaux de constructions politiques et de formations économiques et sociales ayant atteint un très haut niveau de complexité.

En Indochine, la tradition confucéenne semblait ossifier le corps social dans les quatre ordres lettrés-paysans-artisans et marchands. La force du modèle a pendant des siècles, donné l'image d'une société immobile et sans dissidence majeure.

Pourtant la persistance des révoltes paysannes, la multiplication des dissidences religieuses et la force des minorités ethniques traduisaient bien la grande complexité du champ social vietnamien. Cette complexité n'avait pas manqué, du reste, d'intriguer les observateurs coloniaux. Il leur est apparu que les fondements des sociétés précoloniales en Indochine reposaient sur la commune villageoise : Lang ou Xa. Dans leur quête pour percer le mystère de son fonctionnement, ils n'avaient pour modèle de référence que *La cité antique* de Fustel de Coulanges[36] paru en 1864. Un administrateur, H. Sylvestre, a raconté combien il eut le plaisir en lisant le célèbre ouvrage de Fustel de Coulanges à retrouver un certain nombre de caractéristiques de la vie sociale annamite[37], rapportait en 1907 Pierre Pasquier alors administrateur des services civils de l'Indochine.

Mais les études sur la commune vietnamienne, en particulier celles des chercheurs vietnamiens, nous permettent d'avoir une meilleure connaissance de cette institution et une meilleure appréhension de son évolution dans la situation précoloniale et au-delà.

---

[35] Articles du *New York Daily Tribune* 1853, Idem « Lettre à Vera Zassoulitch 1881 », in *Sur les sociétés précapitalistes* ; CERM , Paris, Editions Sociales ; 1975.

[36] « Caractères généraux de l'œuvre de Fustel de Coulanges » conférence faite à la Société des Etudes Indochinoises le 21 mai 1950 par Marcel Ner agrégé de philosophie chargé de mission par l'École Française d'Extrême-Orient.

[37] in Pierre Pasquier *L'Annam d'Autrefois* Paris Augustin Challamel 1907, p. 21.

Dans l'histoire de la colonisation, il nous semble qu'on a trop souvent pris à la lettre la domination politique du pouvoir colonial sur les structures du pouvoir traditionnel. On en est venu à négliger la part réelle que les structures et institutions traditionnelles ont dans la politique coloniale et le vécu des populations indigènes.

Le concept d'administration indirecte dans son acception la plus large, telle que retenue à travers la pratique coloniale britannique, nous fait soupçonner cette dimension fondamentale du fait colonial: "the methods of rule wich shall give the widest possible scope to chiefs and people to manage their own affairs under the guidance of the controlling power".[38]

La dynastie des N'guyen avait fait rédiger entre 1856 et 1884 " le kham dinh viet-su thong-giam cuong-muc" ("textes et explications formant le miroir complet de l'histoire des Viet"). Ces annales connues sous le nom de "cuong muc" sont établies par ordre impérial et donnent des renseignements sur l'Administration Nguyen[39]. Ils s'ajoutaient à l'œuvre de l'historien Phan Huy Chu qui dans les années 1820 écrit le "lich trieu hien chuong loai-chi". Les seules traductions dont nous disposons sont celles faites par Raymond Deloustal, interprète en chef du service judiciaire de l'Indochine. Ces traductions annotées sont regroupées sous le titre : « Ressources financières et économiques de l'État dans l'ancien Annam » et publiées dans la *revue indochinoise* en 1924 et le *Bulletin des amis* du vieux Hué en 1932.

Une confrontation avec d'autres sources vietnamiennes s'est avérée nécessaire pour faire la part de l'influence coloniale dans la description des institutions vietnamiennes.

Pour ce qui concerne le pouvoir colonial en A.-O.F., nous privilégions les sources officielles, notamment en matière d'administration territoriale, de statistique ou de législation. Un accent particulier est mis sur les archives des cercles de l'A.-O.F. Ces sources ont l'avantage de constituer des données homogènes et continues qui permettent de saisir le « temps court » et le vécu local dans un cadre chronologique continu. Elles concernent les actes, délibérations et enregistrements des communes, cercles ou provinces, faits sous les auspices des pouvoirs publics, même si leur caractère officiel n'est point une caution de fiabilité.

Les rapports d'inspection constituent une source souvent contradictoire et jettent un éclairage plus nuancé sur tel ou tel aspect de la politique coloniale. Il en est de même des rapports des fonds des colonies surtout le fonds C6; ceux

---

[38] Sir F.D.Lugard : The Dual mandate in *British Tropical Africa*; William Blackwood and sons Edinburgh and London 1922, p. 58.

[39] Le Than Khoï , *Le Vietnam Histoire et civilisation*, Paris Edition de Minuit, 1955; p. 4.

des commissions parlementaires, surtout ceux de la commission Guernut[40] en 1937 dont certaines enquêtes couvrent la période antérieure à 1937.

Enfin, une masse très abondante de sources bibliographiques dont les auteurs sont souvent des fonctionnaires de l'Administration coloniale ou ses partenaires. Ces sources sont souvent contradictoires dans la vision qu'elles présentent de la politique coloniale.[41] Mais elles sont presque toutes marquées par la « compromission de leurs auteurs aux exigences de la politique et de la propagande coloniale française »[42]. Elles constituent la matrice de ce que Mudimbé appelait « la Bibliothèque coloniale ». Cependant ces textes renferment d'importantes enquêtes faites par des spécialistes, des techniciens[43] qui, malgré le coefficient idéologique dont leurs travaux sont affectés, présentent « les éléments d'une connaissance approfondie » de tel ou tel domaine de l'économie et de l'Administration coloniale.

Au lendemain de la Première Guerre mondiale, le colonialisme semble se présenter comme un enjeu évident et massif. Les formations économiques locales en Afrique comme en Asie expérimentent à plein régime les limites et paradoxes des proclamations universalistes européennes des XVIIIe et XIXe siècles.

Jacques Marseille situait bien dans les années 30, d'une part, l'amorce de la rupture d'avec le courant passéiste d'un colonialisme mercantiliste et protectionniste et d'autre part, l'émergence et l'affirmation d'un courant soutenu par le pôle le plus avancé du capitalisme français, plus soucieux d'élargir son espace de déploiement, dans un cadre économique international. Un capital qui se veut plus compétitif, voulant conquérir de solides positions sur le marché mondial lorsque la Seconde Guerre aura ouvert le « chemin des temps nouveaux ».

Jacques Marseille situait ainsi dans les années 50 le moment du triomphe de cette fraction « moderniste » du capitalisme français qui voit dans un dégagement politique le moyen de faire l'économie des faux frais d'une domination politique directe et le préalable à une restructuration et à un redéploiement du capitalisme français.[44]

À la fin de l'ère coloniale, le pragmatisme et quelques vues modernistes dans la doctrine coloniale, un nationalisme légitimiste de lettrés musulmans et des élites civiles indigènes modernistes dans les colonies, essayaient en vain

---

[40] La commission Guernut fut instituée par la loi du 30 janvier 1937 du premier gouvernement du front populaire, elle avait trois sous-commissions dont une pour l'Indochine.

[41] Notamment dans les moments de crise comme en 1907 ou 1930.

[42] Joseph Buttinger : *The smaller dragon A political history of Vietnam,* Atlantic books, New York, London, 1958, p. 7.

[43] Yves Henry *Economie agricole de l'Indochine,* Hanoï, 1932, page 17. On peut citer entre autres les travaux de Gourou et Pouyanne.

[44] Jacques Marseille, *Empire colonial et Capitalisme Français Histoire d' un divorce*, Paris Albin Michel, 1984 ; p. 570.

de résoudre le dilemme de la modernisation et du développement par une réflexion qui fournira les bases théoriques du « non-alignement ».

Mais il existe une source, un point de vue qui a une importance bien singulière pour nous. C'est la manière dont les populations indigènes ont vécu et réagi devant les sollicitations de l'Europe. C'est certainement sous ce rapport que nous avons pu valoriser l'apport de nos aînés Oumar Kane, Mbaye Guèye, Boubacar Barry, Iba Der Thiam, Mamadou Diouf et Abdoulaye Bathily qui ont magistralement décrit les contours de l'espace politique sénégambien. Ils ont constitué le noyau dur de l'histoire politique en gardant tous l'œil rivé sur l'héritage dynastique de la Sénégambie. Pour ma part, j'ai privilégié les dynamiques sociales, culturelles et économiques des terroirs. L'histoire sociale reprend ainsi ses droits pour redonner aux dynamiques locales leur place et leur importance dans l'historiographie.

Ce travail se situe donc au cœur de la discipline historique que nous n'avons jamais désertée pour emprunter les marges à la mode ou les conformismes scolaires.

Des faits avérés, repérables sur un chronotope[45], sont attestés par une abondante documentation qui semble rompre l'image eschatologique d'un 17e et d'un 18e siècle marqués par une économie de la violence qui aurait définitivement causé la crise des institutions et des régimes politiques en Sénégambie.

Les sources écrites portugaises, néerlandaises, anglaises et françaises restent des documents incontournables pour la période qui nous occupe. Elles ont jusqu'à ce jour, constitué la base de notre historiographie. Cependant, nous avons pris le parti de privilégier d'autres sources qui, pour la plupart, ont nourri l'hagiographie des élites ou, pour certaines, sont restées très partiellement exploitées.

Les traditions orales, les mythes fondateurs et légendes des communautés historiques et des dynasties. La légende de Wagadou par exemple garde une valeur incommensurable pour la description des trajectoires et itinéraires méridionaux des peuples. De même l'épopée de Makka[46], la capitale de l'État Guedj dont le symbolisme islamique semble jurer d'avec les oripeaux païens des pouvoirs ouolofs. Il en existe plusieurs versions[47] qui sont d'une grande richesse informative. Les traditions consolidées par des descendants des

---

[45] Un chronotope constitue une unité d'analyse pour l'étude d'un texte en fonction des données spacio-temporelles, et des forces à l'œuvre dans le système culturel à partir duquel il a été élaboré. « Un lieu d'intersections des séries spatiales et temporelles de condensation des traces de la marche du temps dans l'espace », in Mikhail Bakhtin 1978 : 388 ; Bakhtin, Mikhail (1981): *The dialogic imagination*, ed. et trad. Micchael Holquist, Austin University of Texas Press, p. 426.

[46] Que l'imaginaire ouolof associe à la Mecque.

[47] Dieng, Bassirou (1993) : *L'épopée du Cayor*, Editions Khoudia, ACCT, p. 81-127.

aristocraties légitimistes du Cayor, du Walo, du Ngabou ou du Djolof avec les épigones que sont Yoro Diaw et Amadou Wade.

Le corpus scriptural et cartographique très riche, du 17e siècle entre esquisses, tableaux, fresques, dessins, croquis et cartes, fonctionne, pour nous, comme un texte qui définit les contours d'un chronotope qui peut remettre à l'endroit la géopolitique sénégambienne et son univers sociologique. Ces documents iconographiques, composés à l'aube de la cartographie sont beaucoup plus parlants que bien des sources scripturales classiques.

Enfin, les récits de vie trouvés au hasard du dépouillement systématique des fonds d'archives qui, bien avant l'avènement du roman, ont décrit les itinéraires de héros solitaires dans un espace historique et un univers sociologique dont aucun autre document administratif ne pouvait rendre compte. Leur dimension narrative exceptionnelle suggère un triangle virtuel entre le scribe, généralement lettré musulman ou auxiliaire de justice, un destin individuel et tout un environnement social. Ces trois dimensions donnant au récit toute sa portée historique et toute la valeur suggestive d'un « texte sympathique » permettent de relativiser les catégories et concepts dont l'histoire assigne et expose les modalités et processus qui construisent et distribuent le sujet.[48]

L'ère du tout numérique a enfin ouvert un registre tout nouveau qui, par la richesse et surtout la disponibilité des récits de voyage, permet de disposer pratiquement d'un « journal historique » continu sur des siècles. Tout le spectre de la diversité de l'environnement et des cultures peut ainsi être reproduit dans le menu détail, en Sénégambie.

Nous ne pouvons passer sous silence les sources arabes et surtout le genre narratif qu'elles ont induit.

La Rihla.

La tradition arabe restant indissociable du fait marchand et de la pratique religieuse. Elle reflète, à la fois, le nomadisme du Bédouin et du Dioula comme l'héritage marchand valorisé par le Coran qui lui donne un plan universel et un cadre cosmique à travers la cosmogonie des sept firmaments.

Sa justification principale procède d'une volonté d'acquérir des informations en vue de la conquête pour ensuite développer le commerce et organiser la fiscalité. C'est une approche essentiellement descriptive, avec un usage fréquent des données de l'astronomie et des mathématiques.

Dans ce genre, la qualité historiographique est très inégale. On passe du récit sec et direct à une narration émaillée d'anecdotes. Le souci du détail

---

[48] Spivak, gayatric. (1987): *other worlds, essay in cultural politics*. New york routledge 1987, page 241.

permet une précision sur les dates et même l'heure des événements. Les itinéraires sont décrits avec force précisions sur les étapes, les noms de lieux et les faits marquants comme moments principaux.

La valeur d'une Rihla se traduit aussi par les moments de recul de l'auteur. Au détour d'une étape, le narrateur marque une pause ; il tronque volontiers le style direct du narrateur par une réflexion plus sereine et un discours plus synthétique qui analyse et précise les contours de son décor. Ainsi nous parle-t-il des structures comme de l'environnement des sites ; les villes sont décrites, la position des cours d'eau précisée ; un ensemble de données démographiques et linguistiques recueillies pendant l'étape.

Le nombre d'habitants, les mentalités et coutumes, de même que leur moralité, leur niveau de religiosité et de culture sont mis en évidence.

Mais c'est surtout les informations mercantiles, sur les activités marchandes, les réseaux, les produits et les marchés de la région, qui leur donnent leur force.

Les descriptions produites ont une valeur inestimable, du fait qu'il s'agit de visions du dedans et du vécu, quand il ne s'agit pas de pur plagiat d'un auteur antérieur[49].

Ce type de description rend compte des distances, de la qualité des eaux comme des rigueurs des climats.

Séjournant chez les princes, en contact régulier avec les gens de toutes conditions, ils font une description personnelle de leur quotidien et de leurs traits dominants.

La *Rihla* est par excellence la relation du vécu des peuples et de leur trajectoire, le rythme du temps, le quotidien, les activités comme l'imagerie qu'il décrit en font le reflet le plus complet des itinéraires sociaux.

La caravane qui en constitue le véhicule est, suivant le mot de Salgado, une véritable société en marche. Il s'agit du mouvement d'une société multiculturelle mais plus souvent confinée aux seuls musulmans, partageant un espace et un temps singulier, celui du Dar el islam qui a sa propre durée marquée par le rituel des cinq prières.

C'est ce temps religieux, jalousement juxtaposé au calendrier grégorien comme pour marquer une identité, qui sert de trame de longue durée comme au quotidien des événements.

Ainsi les diasporas marchandes, les princes, comme le commun qui est acheteur, producteur, ou coreligionnaire est objet historique identifiable dans

---

[49] Le cas le plus probant est certainement la reprise de nombreux passages de Ibn Yûbayr par Ibn battuta, *cf.* Salgado in introduction à la traduction de « A Traves del Oriente » Editions del Serbal, Barcelona 1988 ; pages 32, 33 et 34.

un corpus de textes qui traversent les séquences historiques du VIIIe siècle à nos jours.

La Rihla a ses épigones, d'Ibn Al Arabi (1076-1148) à Ibn Khaldoun, en passant par l'emblématique Ibn Yubayr (1145-1217) qui a fait école dans le genre.[50]

La *Rihla* connut ses grands moments de gloire sous l'impulsion des Abbassides et par la suite des Omeyyades qui firent de la géographie un des ressorts de leur splendeur. C'est Ibn Hawqal qui présenta la première description du Soudan occidental au Xe siècle.[51]

Cette géographie connaîtra avec Ibn Khaldoun une épaisseur sociale par la description de communautés tribales dynamiques qui ont su, entre l'Andalousie et le Maghreb, définir des terroirs ruraux et urbains avec une forte conscience identitaire.

Ibn Khaldoun a, le premier, présenté cette dynamique sociologique qui se décline en Civilisations rurales ou bédouines (umran badawi) et urbaines ('umran hadari).[52]

Khaldoun a ainsi ouvert la science du changement social (ilm al-umran) qui intègre les dimensions sociales, culturelles et matérielles de la dynamique des peuples.

Pourtant, durant de nombreux siècles, la production arabe restera difficile d'accès pour l'historiographie occidentale. Le livre de Roger de Idrisi, par exemple, complété depuis 1154 à la cour du roi Roger de Sicile, ne sera disponible qu'à partir du XVIIe siècle en Europe. Les sections de cette œuvre concernant l'Afrique ne seront publiées qu'en 1619. Elles seront publiées, à Paris, en latin et en arabe; ce qui ne les rendait pas encore accessibles pour la grande communauté intellectuelle.

Les plus grands auteurs arabes comme El Bekri, Ibn Batouta ou même Ibn Khaldoun restèrent, pendant longtemps, dans le cercle restreint de quelques rares initiés en arabe.[53]

Il faudra attendre le XVIe siècle pour voir la littérature arabe sur l'Afrique se vulgariser à travers la *Description de l'Afrique* de Léon l'Africain et Luis del Marmol Carvajal.[54]

---

[50] Ibn Yûbayr A traves del Oriente, el siglo XII ante los ojos, Traduction de Felipe Maillo Salgado, Barcelona, 1988.

[51] Bowil E W The Golden trade of the moors london 1958, PP60-65, et Kimble G H T, Geography in The middle ages London 1938, p. 44-68

[52] Ibn Khaldoun Muqaddima, trad F Rosenthal New York 3 vols, Princeton,1958.

[53] Curtin Ph D, *The Image of Africa* Wisconsin Press Madison, 1964, p. 10.

[54] Jean Léon l'Africain *Description de l'Afrique* trad. A. Epaulard 2 vols paris 1957 ;
Luis del marmol Carvajal, *La descripcion general de Africa con todos los successos de guerras que a avido* ; 3 vols Granada, Malaga, 1573-1599.trad par Nicolas Perrot Sieur D'Ablancourt, Paris MDCLXVII.

Ainsi, toute l'ère pré et post-atlantique du Xe au XIXe siècles peut être décrite. Une histoire globale est possible dans tous ses contours politiques, sociologiques et culturels comme un processus sui generis porté par des dynamiques locales et internationales qui sont partout les préconditions de la réalité historique.

Ainsi, les formes de réciprocité du travail et des biens, les terroirs de riz ou de céréales ; les élites maraboutiques ou, les dynasties formées en dehors de l'ordre Garmi régnant, les diasporas marchandes du commerce non administré; toutes ces forces et tous ces ressorts prennent une nouvelle signification et une nouvelle visibilité qui leur confèrent le droit à l'histoire, c'est-à-dire la possibilité de se raconter avec des documents, des preuves et des témoignages.

PREMIÈRE PARTIE

TERROIRS ET TERRITOIRES : UNE PERSPECTIVE D'HISTOIRE GLOBALE

CHAPITRE PREMIER

LES TERROIRS HISTORIQUES ENTRE ITINÉRAIRES SOCIAUX, IDENTITÉS COLLECTIVES ET RÉCIPROCITÉ

Le terroir, dans la tradition historiographique française,[55] se réfère à une étendue spécifique de terre cultivée ; mais dans une acception plus ouverte, il est l'expression spatiale d'une civilisation rurale[56] dynamique qui, de façon durable, a façonné l'environnement et le vécu d'une population. La formation de communautés transculturelles de souche maure, socé, soninké, ouolof, luso-africaine est le meilleur témoin de la force de la culture sédentaire que le terroir exprime, malgré les migrations et les métissages.

D'une manière plus générale, l'analyse de l'espace renvoie toujours aux relations entre groupes, lieux, segments de réseaux, régions et autres entités dotées d'une distribution territoriale. Par exemple, comment des populations réparties selon des modes spécifiques dans l'espace, opèrent collectivement avec leurs technologies, attitudes et formes d'organisations et interagissent entre eux sur leur environnement.[57]

Il nous a semblé possible d'adopter un paradigme qui part du vécu des peuples, dans le quotidien de leur identité collective, leur vie de relation, leur parenté linguistique, les réseaux sociaux de production et d'échange de longue durée, toutes ces catégories qui définissent le terroir. Ce paradigme place les communautés humaines au cœur d'un espace international dans lequel ils n'ont jamais cessé d'être des acteurs et des sujets forgeant au quotidien leur propre identité et leur propre destin par migration, adaptation à un milieu, métissage et conservation d'un héritage linguistique et anthropologique commun. Cette démarche a une valeur heuristique évidente et sans aucun doute nous permet de voir, au-delà des stéréotypes et des nomenclatures imposés du dehors. Ainsi, bien des cloisonnements disparaissent et cèdent le pas à une cohérence sociologique et culturelle que l'histoire politique ne pouvait laisser apparaître.

---

[55] Phillip Aries, Georges Duby, General Editors. *A History of private life, Revelations of the medieval world.* Arthur Goldhammer translator, Vol 2, Harward university press, Cambridge, Massachussets, London, 1987; p. 57.

[56] Le Roy Ladurie E. « La civilization rurale » Allia, *Revue Etudes rurales,* n° 189, éditions EHESS, 2012.

[57] Allen M. Howard « The relevance of spatatial analysis for African Economic history: The Sierra Leone-Guinnea system » in *Journal of African History* XVII; 3 1976 p. 365-388; voir aussi pour cette approche dynamique de l'espace J. F. Kolars and J. D. Nystuen, The Geography: The study of location; culture and environment New York 1974.

Ce travail fait le pari d'établir une continuité de l'espace des terroirs et des communautés humaines depuis l'Adrar mauritanien jusqu'au cœur de la nébuleuse mandingue qui a traversé le Rio Grande. Il se risque à établir en comparaison la même continuité depuis le Yunnan au sud de la Chine jusqu'à la pointe de Camau qui est le finistère du delta du Mékong.

Entre le tropique du cancer et l'équateur, les mêmes latitudes, depuis des millénaires définissent la ceinture du riz, abritent les grands mouvements d'échanges et de circulations des hommes, des marchandises et des idées. Il reste le creuset des religions et doctrines universalistes ; mais surtout, il reste le théâtre des grandes dynamiques de longue durée des communautés humaines et des États.

Tout le long cheminement que nous avons adopté s'inscrit dans ce locus qui dépasse les cloisonnements régionaux. Il annonce un temps du monde prémoderne et moderne. Il s'inscrit aussi dans un champ plus global où les peuples et nations rejoignent ce degré zéro de l'universalité, ce moment où chaque peuple dans ces latitudes s'est vu debout et négociait en permanence avec son environnement et le monde extérieur comme élément de cet environnement. Les hégémonies chinoise, mongole, arabe ou ottomane qui ont traversé ces latitudes semblent laisser invariables les contours majeurs des communautés humaines. Faute d'un autre vocable plus opératoire, nous essayons de partir de l'unité d'espace la plus homogène, la mieux localisable et la mieux identifiable, car bien conforme au vécu qui se raconte et l'histoire qui se transmet par l'écrit la parole ou les vestiges matériels.

Loin de suggérer une hiérarchie des espaces entre terroir et territoire, il s'agit donc de définir le terroir comme l'espace d'une culture dans son mode d'appropriation du sol, ses formes d'habitat, la disposition de ses communautés, leur système d'échange et l'ordre symbolique et politique y afférent. Le terroir est ainsi l'espace d'une communauté culturelle dans son évolution propre, sans insertion dans une quelconque hiérarchie du monde.

En Sénégambie comme en Indochine, aucune tradition ne peut être convoquée pour établir avec certitude des formes et contours politiques permanents, des identités collectives en dehors des terroirs et communes villageois. Les relevés visibles de territorialité, les vagues contours des États sont restés perméables à ces lames de fond portées par les populations dans leur identité et leurs formes de réciprocité à la base.

Il semble bien que les formes de l'État territorial définies, avec une durée qui leur donne la légitimité d'une frontière politique, restent bien une exception avant le XIXe siècle. Depuis des millénaires l'autorité des empereurs « s'arrêtait à la haie de bambou du village ».

Pourtant les premières ébauches de graphiques, de représentations de l'espace semblent consubstantielles d'une nomenclature qui, à la fois, suggère une hiérarchie du monde et la définition d'un espace politique subalterne.

C'est pourquoi nous nous sommes arrêté un moment pour interroger notre habitude de penser l'espace en Afrique comme en Asie qu'en le rattachant à un centre du monde connu. Bien vite l'évidence revient avec le mot de Braudel,[58] rappelant encore comment chaque peuple négocie, au quotidien, son rapport avec son environnement et le monde extérieur comme élément de cet environnement.

La terra incognita a été, depuis des siècles, identifiée comme dépendances grecques, romaines et enfin européennes quand l'Europe se lança à la conquête des mers au XVe siècle. Ainsi, la force suggestive du récit écrit et de la projection cartographique, sans crier gare, a installé l'habitude de morceler et hiérarchiser un espace que la culture avait déjà intégré.

Émiettement politique et identité de seconde main

Par un de ces singuliers détours, on peut noter que, lorsqu'en Europe la royauté a été dépouillée de son aura, dans le même temps on assistait en Sénégambie à un divorce entre les aristocraties et les peuples. C'est dans ces moments que vont naître et prospérer, une imagerie géopolitique qui, bien avant Berlin, allait balkaniser la Sénégambie.

Le Vietnam par contre, malgré les guerres dynastiques, allait bâtir son unité nationale sous la férule de Gia Long dès 1802.

En suivant l'évolution des représentations cartographiques en Afrique de l'Ouest, depuis les premières esquisses jusqu'aux formes les plus élaborées, on peut noter comment le moindre potentat local, le moindre chef de bande ou seigneur de la guerre, pouvait être affublé du titre de roi et territorialisé ; et par ce jeu bien factice de la chose dessinée et de la chose écrite, l'historiographie du dedans comme du dehors s'empressera à ériger ces identités de seconde main en royaumes, empires ou nations.

Il ne s'agit ici ni du Ghana ni du Mali, encore moins du Songhay ou du Djolof, mais de toute cette myriade de royaumes que l'ordre Garmi, la cartographie et l'imagerie coloniale ont créée.

Imaginez dans l'espace ouolof par exemple ; dans le triangle Yang-Yang-Keur-Amadou Yella-Lambaye d'une distance moyenne de 50 km, 3 royaumes se dessinent et eux-mêmes se subdivisent en apanages pour les reines mères ou des communautés maraboutiques autonomes.

Ce n'est point du reste une particularité de l'Afrique de l'Ouest post-atlantique.

---

58 Fernand Braudel « Histoire des Civilisations : le passé explique le présent » publié en 1959 dans L'encyclopédie française et repris en 1997 dans *Les Ambitions de l'Histoire* (Paris, Éditions de Fallois, 1997).

En Afrique orientale par exemple le royaume des Shangamire est identifié avec son espace et son État comme nation Shangamire alors que la seule identité avérée de ce groupe est d'avoir été les suivants de l'émir de Shanga qui a donné Shangamire.

De façon massive, le discours comme les représentations graphiques se sont mis à forger une imagerie qui allait perdurer. Les identités collectives définies en ethnies, nations, État-nations forcés de se singulariser, de s'émietter, même lorsque les réseaux d'échange, la culture matérielle, les formes de peuplement et les références symboliques leur donnent une cohérence et une évidente homogénéité.

Que l'on ne nous fasse surtout pas la fausse querelle du complexe d'infériorité qui pousserait à minimiser les constructions politiques traditionnelles. Si les constructions politiques post-atlantiques avaient l'envergure qu'on leur attribue dans l'imaginaire collectif cela se saurait. Elles auraient développé des formes institutionnelles viables et durables ; elles auraient une rationalité productrice et non prédatrice et vivraient d'autres choses que de butin ; et surtout le champ sociologique ne serait pas si durablement occupé par les marabouts depuis le XVIIIe siècle. Elles auraient durablement marqué le XIXe siècle, au lieu de le traverser à larges chevauchées épiques. Malgré l'esclavage elles auraient porté les mouvements sociaux et politiques autrement que par leur héroïsme suicidaire de la fin du XIXe siècle.

C'est peut-être la grande leçon de l'Asie au monde colonisé sous les tropiques.

La validité du concept de terroir

La notion de terroir, telle que nous l'envisageons, n'est point un cadre conceptuel de plus pour imposer une uniformité à un ordre social déjà bien complexe.

Du reste, le mot lui-même a une tradition scolaire bien connue depuis les travaux de l'École des Annales.

Mais cette notion, aucune tradition historique ne peut valablement la récuser car, au moins, elle permet une lecture du particulier dans l'universel. Le terroir identifié comme espace d'une culture peut décliner plusieurs formes d'identités collectives intégrant les communes villageoises des terres chaudes du Pacifique à la savane atlantique à l'image des terroirs du Sahel aux confins du désert et de la savane.

Ces espaces de vie et de cultures, à ma connaissance, ne se sont jamais identifiés comme territoire fermé. Le commerce, le nomadisme, les migrations, l'échange des femmes, l'esclavage domestique, le paiement des tributs et redevances, les travaux à une vaste échelle, comme la mobilité des diasporas musulmanes ou chinoises ont toujours permis un brassage culturel ignorant des frontières établies et permanentes.

Terroirs et aires culturelles socé, fulbé maure, sérère et ouolofs

« Any account of the pre-nineteenth century political traditions of the wolofs must of course, be accompanied by similar accounts of the Serers, Peuls, Maninka, Socé, etc ». C'est par ces mots que Victoria Bomba terminait son "pre-nineteenth century political tradition of the Wolof"[59] il y a déjà plus de trente ans. Depuis lors, bien des tentatives ont été menées pour donner une cohérence à des constructions politiques que la récurrence des guerres dynastiques et la lourdeur des étiquettes aristocratiques présentaient comme irrémédiablement cloisonnées.

J'ai voulu étudier les aires culturelles de la Sénégambie du Xe au XIXe. Du point de vue de leur dynamique interne, il s'agit de voir la corrélation entre les diverses communautés humaines, les diasporas, les systèmes d'échange, les groupes relais et les réseaux sociaux dans une perspective de longue durée. Par habitude, je me suis souvent employé à reprendre à mon compte, les concepts d'ethnie empruntés à l'anthropologie ou aux réseaux transculturels[60]. J'ai ainsi une grande dette envers l'anthropologie car j'ai mis à profit l'une des grandes leçons que les historiens ont retenues des anthropologues en dehors de la description des structures du vécu à travers les itinéraires sociaux et les ressorts de l'imaginaire collectif.

Il s'agit de constater que lorsqu'on étudie l'espace social à partir de l'observation directe, la cohérence des groupes sociaux mis en scène par les optiques et les modèles classiques semble se dissiper.[61] Il s'agit pour nous d'identifier une autre cohérence par le vécu historique, par l'espace des terroirs et territoires qui définissent des formes ouvertes ou fermées de gestion de l'espace par les communautés humaines elles-mêmes. J'ai surtout fait le parti pris de l'économie d'une histoire centrée sur les dynasties qui ont si durablement occupé la conscience historique en Afrique.

Dans notre démarche, la configuration de l'espace comme le vécu des communautés paysannes et différentes diasporas sont dépistés pour identifier la configuration des terroirs et des territoires et le rôle des différents groupes relais dans leur intégration à une plus vaste échelle. Cela induit un fait majeur qu'on a trop rapidement attribué aux seules sociétés dites modernes.

Il s'agit de l'intégration précoce et l'insertion durable dans un espace international que les concepts de l'ethnologie coloniale ne pouvaient penser. Les catégories traditionnelles comme le clan, la tribu ou même l'ethnie

---

[59] Victoria Bomba « Pre-nineteenth century political tradition of the Wolof », *Bulletin de l'Ifan*, Tome XXXVI, série B, n°1, 1974.

[60] Qui est la traduction de ce que Curtin appelait « cross-cultural » network.

[61] Maurizo Gribaudi, *Espaces, Temporalités, Stratifications, exercices sur les réseaux sociaux.* Éditions de l'École des Hautes études en sciences sociales. Paris, 1998, p. 6.

semblaient présupposer un isolement sclérosant des groupes sociaux, irrémédiablement marginalisés dans leur spécificité et leur retard. L'ethnographie avait déjà catégorisé les sociétés en en faisant des objets singuliers d'étude. Cette catégorisation avait déjà isolé les sociétés suivant les critères figés comme le nom, l'organisation, la langue, le milieu, la proximité géographique et la structure communautaire de base. Ces différents traits induisant une nomenclature variée sans aucune cohérence historique.

C'est la marque du genre humain de pouvoir donner cohérence et unité à la diversité des paysages et des écosystèmes par les projets hégémoniques d'envergure, la parenté de souche et de langue et par les réseaux d'échanges internationaux.

Pourtant, l'espace retrouve une cohérence dans des représentations et des affinités qui survivent à bien des cloisonnements de l'horizon des princes.

Un détour obligé par la géographie rurale, l'archéologie, le nécessaire recours à la tradition orale, aux récits des voyageurs arabes ou européens nous conduisent vers l'interdisciplinarité comme méthodologie d'approche de l'histoire de la Sénégambie. Cela nous conduit à prendre une distance critique avec toutes les catégories fermées de l'analyse sociale, tous les concepts qui figent les communautés dans la nomenclature descriptive empruntée et trop facilement surimposée à une réalité qui restait à décrire. C'est pourquoi nous nous sommes efforcé de privilégier un objet qui se définit comme le degré zéro des communautés historiques.

Le terroir et l'impasse de l'anthropologie de l'ethnie : Des terrains de l'anthropologie aux terroirs de l'historien

Jean loup Anselme s'interrogeait, il y a quelques années,[62] sur les difficultés d'une anthropologie qui refusait à son objet une trajectoire historique et peinait à circonscrire dans l'ethnicité les identités collectives en Afrique noire. Il mettait à nu l'impossible compromis entre l'héritage colonialiste et euro-centriste d'une discipline et ses prétentions heuristiques dans la définition et la description des communautés humaines en Afrique.

Tour à tour la tradition structuraliste et la tradition fonctionnaliste de l'anthropologie ont, entre l'étude du sens et du symbole, c'est-à-dire ce que les sociétés disent d'elles-mêmes d'une part, et de l'autre, l'analyse de la fonction, renoncé à décrire par l'ethnie la base mouvante des sociétés centralisées ou segmentaires de l'Afrique précoloniale.

---

[62] Amselle J-L., « Ethnies et espaces, pour une anthropologie topologique », in *Au cœur de l'Ethnie*. Ethnies, tribalisme, et État en Afrique. Paris, éditions La Découverte, 1999.

Le degré zéro du changement social

Le postulat de Malinovski, d'un degré zéro du changement social à partir des sociétés paysannes africaines, garde une grande valeur heuristique pour l'historien[63] qui ne saurait se satisfaire de la saisie empiriste de l'imagerie ethnique héritée de la bibliothèque coloniale.[64] Il ne s'agit point donc d'isoler une ethnie et d'en faire un objet singulier d'analyse. Il s'agit encore moins d'identifier arbitrairement un espace et, en fonction des catégories géopolitiques européennes, de les ériger en nations, royaumes ou empires, informés par le corpus des récits de voyages ou des fonds d'archives disponibles.

Cette dernière démarche est, sans doute, à l'origine du primat du cadre politique que partagent bon nombre d'anthropologues[65] avec l'historiographie nationaliste de la première génération de l'*École de Dakar*.

L'adoption du concept d'ethnie reste sans doute une grande avancée théorique dans la nomenclature coloniale. Et, sans aucun doute à partir des années 70, une rupture majeure dans les sciences sociales et leurs implications s'est opérée. Le passage de l'usage de la catégorie de tribu à celle d'ethnie reste un grand moment. Il marque la rupture entre la référence à une unité, isolée, fermée, atavique et dans tous les cas non européenne, et une unité non isolée qui elle, se définit par rapport aux autres avec une intelligibilité contemporaine universelle et des critères spécifiques à la fois objectifs et subjectifs.[66] Mais l'impasse résidait dans l'isolement d'une unité que la simple observation empirique voyait déborder des frontières artificielles, des espaces circonscrits ou des communautés identifiées. Ainsi, aux frontières de l'histoire et de l'anthropologie, les identités collectives restaient des processus dynamiques et non des entités figées que seul le discours pouvait isoler et circonscrire.

La marginalité et le concept d'ethnie

Le concept d'ethnie restait alors négativement chargé par l'altérité marginale qu'il induit lorsqu'il s'agit de caractériser des sociétés non européennes. Le fait colonial avait pérennisé cette vision d'une Afrique différente et subalterne, située hors du champ de l'universalisme de la

---

[63] Malinowski, B, *The dynamics of culture change. An inquiry into race relations in Africa*, New heaven, Yale University press, 1961, page 27.

[64] Anselme *op. cit.* p. 13.

[65] Anselme Range G. Balandier, P. Mercier, J. Lombard, G. Nicolas, et J. Copans dans cette catégorie très proche du marxisme.

[66] Ronald Cohen « Ethnicity: Problem and focus in Anthropology », *Annual Review of anthropology*, vol. 7, 1978, p. 384.

condition humaine.[67] L'anthropologie de l'ethnie comme l'historiographie des États précoloniaux ont partagé ce même terrain avec des perspectives différentes. L'une comme l'autre isole un élément d'un ensemble géographique qu'elle fige dans l'ordre du discours de la discipline pour en faire un objet singulier d'analyse.

L'histoire politique et ses objets singuliers d'analyse

Le Cayor des Ouolofs, le Fouta des fulbé, le Gajaaga des Soninké ; le Sine des Sérères ; le Ngabou des Mandingues ; devenaient chacun un objet singulier d'analyse. Ils ont, il est vrai, trouvé leur glorieux héraut pour baliser non sans bonheur le terrain de l'histoire de la Sénégambie par le haut.

D'excellents travaux ont déjà ouvert l'horizon historiographique du Sahel. Les recherches de Yoro Fall, Brahim Diop et plus récemment Idrissa Ba ont bien rattaché l'histoire de la Sénégambie à un continuum culturel et géographique bien au-delà du « système sénégalais » et son lamanat tardif.

Une histoire majeure avec ses paradigmes et son minimum de certitudes méthodologiques a pris forme avec une remarquable fécondité.

Nous reconnaissons aussi la valeur inestimable des monographies faites sur les différentes unités politiques de la Sénégambie. Le Walo de Boubacar Barry, le Baol de Rokhaya Fall, le Cayor de Mamadou Diouf, le Fouta de Omar Kane ou le Gajaaga de Abdoulaye Bathily restent de puissants jalons. Le caractère pionnier de ces travaux, et leur érudition restaient cependant circonscrits, dans l'optique d'un espace morcelé, en unités irrémédiablement isolées, des unités politiques adjacentes. Il a manqué une dimension essentielle de la perspective historique : l'intégration du particulier dans le global.

Le contexte des indépendances, les impératifs du nationalisme mais aussi les sirènes de l'hagiographie dynastiques expliquent sans doute ce parti pris ; et il fallait bien poser des balises. La brillante synthèse de Boubacar Barry s'est évertuée à décrire l'impossible unité politique, alors que la vie de relation, les mouvements de populations, des idées et des biens avaient, depuis des siècles, établi les passerelles d'intégration qui ont fait l'unité d'un espace intégré dans son histoire et sa culture. Un espace très tôt ouvert sur un espace marchand international qui le plaçait au cœur de l'histoire universelle et non dans ses marges obscures. Il s'agit pour nous de redonner cette cohérence aux sociétés et communautés humaines de tout l'espace intertropical de l'Atlantique au pacifique et établir la continuité et les ruptures dans le temps comme dans l'espace.

[67] Les sociétés de culture grecque mais auxquelles manquait l'organisation en cités-États étaient des ethné (pluriel de ethnos. *cf.* Anselme page 15).

Comme l'organisation en cités-États restait la seule différence entre ethnos et polis, l'anthropologie de l'ethnie et l'historiographie politique semblent avoir laissé le même dilemme et les mêmes questions non résolues.

Comment évaluer et étudier les contours de sociétés africaines dites segmentaires ou primitives en rapport avec les villes et États précoloniaux ?

Comment identifier les instances de pouvoir et définir les identités collectives à partir d'un vocabulaire géopolitique allogène. À quoi correspond le royaume ? Quelle est sa congruence avec les groupements unitaires revendiquant une identité commune, une proximité spatiale, une vie de relation commune, un même rapport à la terre, et une communauté de rites et de rituels sanctionnée par la langue et la culture ? Quel est le statut d'une aire de paix, de production et d'échange entre collectivités à parentèles réelles ou fictives[68] ou l'appréciation à donner à « la coïncidence d'un groupe quelque hétérogène qu'il soit mais ayant réalisé au moins l'unité linguistique avec un espace »[69]. Comment prendre en compte la non-coïncidence entre les référents de l'ethnie que sont le nom, les coutumes, l'ancêtre commun et la langue par rapport au paysage et à l'ordre politique. [70]

L'anthropologie de l'ethnie a au moins atteint un consensus que Barth résume bien : « Le terme groupe ethnique sert, en général, dans la littérature anthropologique à désigner une population qui :

1) a une grande autonomie de reproduction biologique,

2) partage des valeurs culturelles fondamentales qui s'actualisent dans des formes culturelles possédant une unité patente,

3) constitue un champ de communication et d'interaction,

4) a un mode d'appartenance qui le distingue lui-même et qui est distingué par les autres en tant qu'il constitue une catégorie distincte d'autres catégories de mêmes sortes… »

Une attribution catégorielle, concluait Barthes, est une attribution ethnique si elle classe une personne dans les termes de son identité la plus fondamentale et la plus générale, identité qu'on peut présumer être déterminée par son origine et son environnement. Dans la mesure où les acteurs utilisent des identités ethniques pour se catégoriser eux-mêmes et les autres dans des buts d'interaction. [71]

---

[68] Richard Molard J. « Groupements ethniques et civilisations nègres d'Afrique » in *Les Cahiers d'outre-mer* n°17 p. 5-25.

[69] Mercier P., *Tradition changement, histoire, les Sombas du Dahomey septentrional*, Paris Anthropos 1968, p. 421.

[70] Nicolas G. « Faits ethniques et usages du concept d'ethnie » in *cahiers internationaux de sociologie* vol. LIV, p. 95 126.

[71] Barth F., Ethnic groups and boundaries. The social organization of culture difference, Bergen Oslo Universitet Forlaget; London, George Allen and Unwin 1969, p. 10-14.

Ainsi la coïncidence de l'origine, l'espace, l'environnement, la langue, les coutumes et valeurs, une appellation et une commune conscience identitaire, qui définit l'ethnie s'apparente bien curieusement à une indigénisation de l'État territorial européen. L'ethnie serait une correspondance honteuse de l'État territorial européen sans le territoire. Une définition aussi atavique ne saurait convaincre un historien.

Sous les tropiques donc, l'anthropologie de l'ethnie avait introduit une hiérarchie du discours qui servait de relais et faisait écho à la hiérarchie du monde que suggérait l'ordre colonial. Le défi de l'historien consistait à déconstruire cette double hiérarchie. L'enjeu se nouait dans la capacité à trouver un appareil conceptuel qui permette de penser le local et le global de l'évolution des populations, leurs modalités d'insertion dans l'ordre des ensembles politiques comme dans l'espace international. Le terrain de l'anthropologue devient ainsi le terroir du vécu historique que nous nous proposons de décrire.

Le terroir entre espace international et territoire

Pour un historien, la notion de terroir ouvre, pour la seconde fois, une rupture entre la référence à une unité, isolée fermée, atavique et dans tous les cas non européens, et une unité non isolée qui elle se définit par rapport aux autres avec une intelligibilité contemporaine universelle.

Braudel et Marshal Sahlins sont les véritables annonciateurs de cette rupture. Ils expriment parfaitement la jonction entre l'histoire et l'anthropologie pour une vision dynamique et pragmatique des sociétés humaines, en ce degré zéro de l'expérience de l'universel d'un espace international. « ... sans le vouloir, du fait de réalités très anciennes et résistantes parce qu'elles sont sa structure même, chacune se trouve placée dans une position particulière. C'est du conflit ou de l'accord entre attitudes anciennes et nécessités nouvelles, que chaque peuple fait journellement son destin, son "actualité". »

Comme en écho à Braudel,[72] Sahlins renchérit : "The people's cultural asumption of external condition that they do not create and cannot escape is the very principle of their action...constructed in relation to the forces of nature and typically also in relation to pressures of their societies"[73]

---

[72] Fernand Braudel « Histoire des Civilisations: le passé explique le présent » publié en 1959 dans L'encyclopédie française et repris en 1997 dans *Les Ambitions de l'Histoire* (Paris, Éditions de Fallois, 1997).

[73] Marshall Sahlins,"Cosmologies of capitalism: the transpacific sector of the world system" in Culture, power, history, Nicholas B Dirks, ed. Princeton University press, Princeton, New Jersey,1994, p. 413.

Il s'agit pour nous de restituer la continuité des communautés humaines en Sénégambie comme en Indochine dans cette jonction entre la géographie et l'histoire que représente le terroir des communautés de base.

Le terrain de l'historien

Dans son acception courante, le terroir représente la terre considérée sous l'angle de la production ou d'une production agricole caractéristique, espace exploité par un village, une communauté rurale. Il suggère ensuite un composé du sol et du climat correspondant à un espace sans limite autre que la spécificité d'un produit, ou un trait de culture. Province, campagne considérée sous le rapport de certaines habitudes spécifiques, ainsi que de la relation au passé, aux morts[74].

Plus précisément, le terroir se présente comme « un espace géographique délimité défini à partir d'une communauté humaine qui construit au cours de son histoire un ensemble de traits culturels distinctifs, de savoirs, et de pratiques fondés sur un système d'interactions entre le milieu naturel et les facteurs humains. Les savoir-faire mis en jeu révèlent une originalité, confèrent une typicité et permettent une reconnaissance pour les produits ou services originaires de cet espace et donc pour les hommes qui y vivent »[75].

Ces définitions plus ouvertes nous semblent bien appropriées pour caractériser une configuration de l'espace qui ne saurait se résoudre à un ensemble politique contrôlé par un prince avec des limites politiques non établies, encore moins à une province qui en serait le démembrement.

Le terroir berbère, le terroir soninké, le terroir ouolof, le terroir fulbé, le terroir mandingue, le terroir sérère sont autant d'ensembles historiques identifiables, depuis des siècles, par un jeu complexe de la terre, du mode de culture dominant, du type de l'habitat, de la communauté linguistique et de la vie de relation. C'est ce que l'observation directe à partir du vécu historique, des langues et des réseaux locaux d'échanges, nous permet de retenir comme identité collective avérée et non une identité prédéfinie à partir d'un modèle théorique surimposé.

Le terroir nous apparaît comme le seul lieu anthropologique, le seul vestige social qui ait traversé la longue durée comme identité collective. Les langues par-delà leur diversité et leurs nuances dialectales gardent cette commune référence à cette communauté du sol et des échanges de biens, services et symboles qui identifient un terroir. De nos jours encore, en plein jacobinisme postcolonial, et malgré la force des creusets urbains, c'est la référence aux terroirs du Walo, du Cayor, du Fuladou, du Sine, du Pakao, du Ganar ou du Gajaaga qui persiste dans les consciences individuelles. Ces

[74] Le *Petit Larousse*.
[75] Groupe de travail INRA/INAO. Rencontres internationales de l'UNESCO – 10 novembre 2005.

références renvoyant à un vécu historique qui ne saurait se résoudre à une quelconque construction politique.

Ainsi, le terroir, tel que nous l'entendons, n'est pas seulement l'aire de diffusion d'une langue, encore moins un simple ensemble défini par les conditions géographiques. De fait les terroirs ont survécu les tribulations politiques comme les flux et reflux des échanges de longue distance parce qu'ils ont une vie de relation propre et des acteurs qui se reconnaissent entre eux par la langue et les mœurs. Le commerce de longue distance et les relations entre éleveurs nomades et agriculteurs sédentaires, de même que les diasporas, groupes-relais et leur lingua franca, sont aussi les éléments fédérateurs des terroirs ; mais ils ne suffisent pas pour en définir leurs contours et leurs spécificités.

L'élément constitutif du terroir reste : la spécialisation sur un produit dont une communauté assure la production, la préparation et l'échange local en amont de l'intervention des diasporas marchandes spécialisées que sont les Dioulas, les Maures ou Niominkas comme les Chinois ou les Chettys indiens. L'aire de la réciprocité autour du lait ; de la viande et des cuirs des Fulbé, les espaces production du fer autour du Fleuve Sénégal, le pays du mil de l'espace, ouolof et sérère, les placers du sel saharien, les pêcheries du fleuve, la civilisation du riz des Mandingues du sud ou la ceinture de la cola en Haute-Guinée sont autant de terroirs très tôt identifiables et qui ont, avec des fortunes diverses, traversé les périodes historiques avec les mêmes communautés de langue et de vie de relation. C'est à partir de ces noyaux que se définissait le premier système d'échange des produits naturels, de produits agricoles ou artisanaux dans un système de partage, d'emprunt, de dons réciproques et d'entraide. C'est ce système qui prolonge les familles élargies dans un réseau complexe de relations de proximité qui définissent le terroir. C'est là sans aucun doute ce que les anthropologues ont identifié, sans pouvoir le nommer ou le définir objectivement, comme l'assise d'une communauté de langue. La convergence linguistique dans un terroir, en plus de la forme collective d'adaptation au milieu, se fonde sur un système local d'échange et de solidarité suffisamment généralisé pour amener les membres d'une communauté à vouloir s'identifier collectivement.[76] Le terroir apparaît donc comme une communauté qui, sur un espace continu, partage la même langue, les mêmes cultures, les mêmes formes d'habitat, mais surtout entre dans un même réseau local de réciprocité, de partage des produits, des informations et des rites. L'espace dans lequel s'exprime un réseau local d'échange généralisé des produits de la terre et du milieu, où la solidarité ethnique et la communauté de langue sont une réalité perceptible pour tout observateur contemporain. Tel nous apparaît le terroir que nous avons clairement identifié dans toute l'aire

[76] Daniel Nettle "langage diversity in West Africa an Ecological approach" in *Journal of Anthropological archeology*, 15, 1996, p. 412, 413.

entre les fleuves Sénégal, Gambie et au-delà. Le lamanat que nous avons décrit plus bas en est la forme politique. Si les noms locaux de ces formes peuvent varier, elles restent sans doute la plus représentative que nous ayons identifiée chez la plupart des peuples de la Sénégambie atlantique.

Sans renoncer à la description du milieu physique qui définit le cadre sans s'y résoudre, il convient de retracer les dynamiques qui ont marqué les communautés humaines dans leurs interactions avec leur environnement et leur culture. Abdoulaye Bathily a eu bien raison d'insister sur la place des logiques de terroirs des communautés humaines, notamment dans les mutations de l'environnement. Il souligne, concernant le haut Fleuve Sénégal : « de nombreuses pratiques propres à la civilisation urbaine séculaire de cette région du Haut-Sénégal ont conduit à la dégradation du milieu. On peut citer à titre d'exemple : l'extension continue des terroirs agraires au détriment des terres vierges et le raccourcissement du cycle des jachères sous l'effet d'une pression démographique permanente, aussi bien que la coupe excessive de bois, soit pour l'industrie domestique (métallurgie du fer, fabrication d'acide et de colorants pour la teinturerie), soit pour la construction (bâtiments à terrasse). »[77]

De façon récurrente, il nous semble que les communautés rurales ont bien gardé une autonomie et un impact dans leur environnement naturel, dans la configuration de leur espace comme de leur société.

Le terroir a donc gardé un impact beaucoup plus durable que l'habitude de la pensée et la force de l'écrit n'ont donné aux princes et à leurs institutions politiques.

Il s'agit donc de revenir à cet espace [78] qui donnait une cohérence universelle à des sociétés marquées par un continuum culturel avant le paradigme de l'État territorial européen.

L'apport de l'archéologie protohistorique et la géographie rurale reste déterminant sous ce rapport lorsqu'elles nous permettent, au-delà du simple tableau géographique, des nomenclatures ou la typologie des vestiges, de définir des strates culturelles et leurs cultures matérielles spécifiques, mais surtout les enjeux de pouvoir, la division du travail, la dynamique des échanges, les formes de l'habitat, les supports du sacré, de l'esthétique et surtout la cohérence de l'espace.

Ainsi la redécouverte d'un champ social dynamique dans des sociétés dites primitives, la découverte de l'évidence du caractère multi-ethnique de l'autorité, l'insistance sur la structure complexe des sociétés et la description

---

[77] Abdoulaye Bathily.- 1985, Guerriers marchand et tributaires.- Thèse d'Etat : Université de Dakar.- p. 67.

[78] Copans J, « Ethnies et régions dans une formation sociale dominée. Hypothèses à propos du cas sénégalais », *Anthropologie et Sociétés*, 1978,vol 2, n° 1, p. 95-115.

empirique de leurs traits culturels et ethniques,[79] restent sans doute le meilleur legs de l'anthropologie pour les historiens.

C'est, du reste, un juste retour des choses, car l'aversion pour l'histoire d'un Malinovski ou un Radclife Brown rompait en fait d'avec la tradition établie par les pères fondateurs de l'anthropologie que sont Morgan, Marx, Tylor ou Maine. On retrouve chez ces auteurs la même frénésie à chercher les antécédents et l'évolution des systèmes sociaux dans le temps.[80] Le recours systématique à un corpus documentaire de première main sur les peuples indigènes, rédigé par des voyageurs, explorateurs ou missionnaires, constituait déjà un moment de jonction entre historiens et anthropologues. Ce moment de jonction se trouve dans ce que Kroeber appelait « the descriptive integration »[81] qu'il a défini comme l'essence de la démarche historique et que Braudel et Marshal Sahlins ont bien valorisé.

C'est au cœur de cette tradition que nous nous sommes inscrits.

La coïncidence sur un espace géographique identifié, d'une appellation commune, d'une vie de relation, et d'une langue commune ont suffi à définir le terroir que nous voulons remettre au cœur de l'histoire mondiale.

---

[79] Ronald Cohen, Ethnicity : "Problem and focus in Anthropology", *Annual Review of anthropology*, vol. 7, 1978, p. 380;

[80] Robert M Carnack, "Ethnohistory: A review of its development, definitions, methods, and aims.", Annual review of anthropology, vol.1, 1972, p. 227-246.

[81] Kroeber A. L., *History and sciences in anthropology*, 1935, et "An Anthropologist looks at History " Berkeley, University of California, 1963 , cf Carmack *op cite* p. 228.

CHAPITRE 2

LE NAM TIEN OU LA LONGUE MARCHE D'UNE CIVILISATION HYDRAULIQUE

Il semble possible d'identifier un modèle de développement commun, avec quelques variables, à toutes les latitudes de la ceinture du riz durant les périodes préhistoriques et prémodernes. Indo-européens, Bantous ou les groupes austro-asiatiques (vietnamien, khmer) sont réputés avoir investi des territoires de cueillette et de chasse après avoir adopté des techniques et méthodes agricoles plus élaborées.[82]

L'économie agricole qui s'est développée du sud de la Chine et au nord des terres fermes de l'Asie du Sud-est pour se répandre en direction des régions intertropicales restait une agriculture de céréales comme le riz, le vulpin, le mil ou l'igname (dionscorea alata).[83]

Mais, l'une des singularités de l'histoire de l'Empire d'Annam, se retrouve dans l'organisation économique et sociale. Elle se révèle indissociable d'un corpus administratif centralisé, qui reprend dans ses grandes lignes le modèle chinois.

La sinisation du Vietnam

La vallée du Fleuve rouge au nord du Vietnam actuel fut conquise par les troupes chinoises Han dès le premier siècle de notre ère. Vers le troisième siècle, une entité politique relativement autonome s'était formée au gré de la force de la mainmise chinoise.

C'est véritablement au VIIe siècle que les Tang établirent le protectorat de l'Annam comme royaume tampon à la frontière d'avec les populations non chinoises du sud. Les aristocraties locales furent de fait intégrées à la classe dirigeante de l'Empire du milieu. Une ère de stabilité et de pacification allait perdurer jusqu'au IXe lorsque la lointaine mainmise Tang ne se manifestait plus que par des expéditions sporadiques pour confirmer une domination de plus en plus lâche. Cette période est marquée par l'émergence de Hanoï comme capitale des Viets.[84]

---

[82] *The Cambridge History of South-east Asia* ; vol 1 ; Cambridge University press; Singapore 1994; p. 91.

[83] Cambridge History of South-east Asia , *Ibid.* p. 93-94.

[84] Ngo si Lien; Dai Viet su ky toan thu;Tokyo 1884-6, ban ky 2 p. 207-208, *cf. Cambridge history of Southeast Asia*, vol., 1994 *op cité* p. 137.

Au Xe siècle, au détour de la chute des Tang, la mise en place d'une monarchie vietnamienne tardait à se réaliser, malgré les succès militaires des groupes dirigeants face à une expédition de la dynastie Han à Canton en 939.

À partir de 960 des groupes de paysans en arme imposaient leur leader Dinh Bo Linh à partir de Hoa-Lu sur les rives méridionales du fleuve rouge. Hoa-Lu devenait le siège d'une autorité en transition sous suzeraineté chinoise, entre 960 et 1009.

Mais c'est au début du XIe siècle que des familles aristocratiques alliées à des moines bouddhistes s'établissaient à Thang-long, l'actuel Hanoï jetant les bases de la dynastie des Ly avec le royaume Dai Viet.

Dans la formation de l'État vietnamien, il convient de noter un fait singulier qui n'est pas une tradition établie en Asie du Sud-Est. Il s'agit de la réalité d'une frontière politique dessinée et défendue de part et d'autre par la récurrence des affrontements entre troupes Viets et chinoises. La frontière, comme ligne de défense, front militaire et espace de négociation s'est vite installée dans l'horizon du pouvoir de Than-Long.[85]

La longue présence chinoise a marqué de façon notoire l'organisation administrative et politique du Vietnam ancien. Le modèle d'administration centralisée qui s'est imposé en Chine depuis l'avènement de la dynastie des Tang a inspiré la dynastie des Ly au Vietnam à partir du début du XIe siècle. Cependant, il faut se garder de trouver là le résultat d'un simple mimétisme. En fait l'émergence d'un pouvoir centralisé répondait à des sollicitations locales qui tenaient à une double nécessité : la construction de grands ouvrages d'hydrauliques, notamment en matière de digues et de canaux pour l'agriculture et la défense du pays contre les armées de « l'Empire du milieu ».

Il ne faut surtout pas minimiser la part du commerce et de la vie de relation entre la Chine et sa dépendance rebelle du Sud. De multiples corridors d'influence ont jalonné depuis des siècles la poreuse frontière entre le Vietnam et son puissant voisin. Il s'agit essentiellement d'un commerce de luxe autour de produits comme les perles, l'encens, les médicaments, l'ivoire, les cornes de rhinocéros, les carapaces de tortue, les perroquets, les paons et autres oiseaux.

Marchandises, techniques et idées ont trouvé, depuis des siècles, leurs chemins par la frontière entre le Bac Bo (Nord Vietnam) et les régions du Yunnan et du Guangxi. De même que par le couloir maritime entre le Trung Bo (centre Vietnam) et les villes portuaires chinoises du Beihai, de Macao et Hongkong et l'île de Hainan. Il faut aussi compter avec la frontière itinérante

---

[85] Hanoï.

interne composée par les diasporas marchandes chinoises (Hoa Kieu) et leurs multiples réseaux à travers l'Asie du Sud-Est.[86]

Le confucianisme

Le pouvoir vietnamien s'exprime à travers un capital symbolique qui trouve ses fondements dans la tradition confucéenne. Le confucianisme ici est beaucoup plus un terme générique que l'appellation donnée à la pensée propre, à l'apport personnel du sage ministre du royaume des Ly qui vécut au Ve siècle avant Jésus Christ. Il s'agit en fait d'un corps de morale politique et philosophique perpétué par des générations de sages Chinois, qui a intégré plusieurs apports.

Sur cette base, les penseurs vietnamiens comme l'imagerie populaire ont construit leur propre modèle, leur propre représentation du pouvoir et des institutions.

Le souverain vietnamien à l'instar de son congénère chinois, se porte garant de l'équilibre cosmique fondé sur le dualisme entre le principe mâle : Lai-Duong et le principe femelle : Dai Am ; le cours des choses est réglé par le mouvement du Grand Absolu : Dai Kiec (Le Dai Kiec rappelle le « Dao » (la voie) du système confucéen) qui régit l'alternance entre le Lai-Duong et le Dai-Am.

« L'équilibre de ces énergies opposées correspondait aux périodes d'harmonie et de bonheur. L'altération du mouvement provoquée par la prédominance d'une énergie sur l'autre entraînant par contre la dysharmonie et le chaos ».[87]

Le statut de médiateur entre ces puissances est symbolisé par le caractère chinois « Wang » qui désigne le roi représenté par un trait vertical qui part du ciel pour atteindre la terre, traversant l'homme au passage.

Nous sommes là au cœur du système confucéen du Yin et du Yang dont les empereurs chinois détenteurs du mandat céleste se devaient de garantir l'harmonie. En contrepartie de ce rôle de dépositaire du "mandat du ciel", de garant de l'ordre cosmique, le souverain avait toutes qualités de recevoir les fruits des trois puissances cosmiques : le ciel, la terre et l'homme. Ainsi pouvait-on lire dans une proclamation impériale : « le sol est ma propriété mais j'en remets à chacun autant qu'il en peut fructifier... mais en retour du don que je fais, le donataire devra sans interruption cultiver, produire et me remettre une part du fruit obtenu. »[88]

---

[86] Christopher E. Goscha "The borders of Vietnam's early wartime trade with Southern China: A contemporary perspective" *Asian Survey* vol. 40, n° 6 , Nov-Dec 2000 : 987-1018.

[87] Marcel Gaultier *Minh Mang* Paris Larose 1935 ; p. 278.

[88] Proclamation non datée in Guernut B o II ;1937.

Ainsi le souverain du haut de la hiérarchie mandarinale, par son statut de médiateur entre le ciel, la terre et l'homme, peut « prélever en bas ce qui doit servir en haut ».

Le Nam tien ou la méridionalisation des terroirs

Sur le littoral méridional du fleuve Yang Tsé, les historiens chinois avaient reconnu très tôt des populations qu'ils désignaient sous le nom de Bach Viet. Et c'est l'étroite bande côtière allongée du sud de la Chine à l'Est indien qui a vu naître et se développer, sur le modèle chinois, depuis des siècles, la civilisation vietnamienne.

Du delta du Tonkin dans le sud de la Chine au delta du Mékong, prospérait ainsi, depuis des siècles, une civilisation du riz, le Nam yue, que le colonialisme allait transformer en Indochine.

En Indochine, un récurrent mouvement de méridionalisation du peuplement atteignait, dès 1780, le delta du Mékong pour réinventer la solution millénaire à la course effrénée population contre production[89].

Colons, paysans, artisans, marchands et lettrés de l'aristocratie Han fuyant l'usurpation de Wang Mang entre l'an 9 et 23 du premier siècle de notre ère, se sont installés dans le Kiao chi (Tonkin), en Chine méridionale, avec les techniques agricoles et pastorales chinoises.

Ce processus ouvre une longue transition d'une aristocratie de familles Viets vers une administration centralisée copiée sur le modèle chinois. La nature du modèle et les conditions du milieu semblaient imposer les formes et contours de l'État Viet. Édification d'un réseau de digues pour contenir les crues des fleuves coulant sur des remblais d'alluvions surplombant les plaines. Ces remblais pouvant atteindre 100 à 200 mètres[90].Il s'y ajoute le creusement de canaux déversoirs pour évacuer les eaux des pluies vers la mer, et la construction de routes, de ponts et de canaux d'irrigation. Tous ces ouvrages ne sont réalisables qu'à une vaste échelle au-delà de l'horizon des villages ; d'où la nécessité d'un appareil d'État centralisé. Le mimétisme du modèle chinois se retrouve aussi dans la littérature, la calligraphie, la législation, la pharmacopée et la médecine, et même dans le système de parenté.

Les premiers siècles de l'ère chrétienne voyaient la pénétration progressive du confucianisme et du taôisme au Giao chi, et plus tardivement le bouddhisme, en même temps que se formait l'espace national du Vietnam. Cette constitution de l'espace est consubstantielle d'une méridionalisation des populations et des terroirs rizicoles. Cette dynamique Nam tien s'est manifestée le long de la plaine centrale entre le XIe siècle et 1471 qui marque la prise de Vijaya[91] la capitale de l'État des Champa. Renforcé au XVIIe siècle, le mouvement se

---

[89] René Dumont ; *Finis les lendemains qui chantent... La chine décollectivise. Paris*, Seuil 1984, page 323.

[90] « Monographies des provinces » de Long-xuyen, Cantho et Chau-doc in *La Revue Indochinoise* ; Saigon 1907.

[91] Binh-Dinh.

nourrit des guerres dynastiques entre Trinh du Nord et Nguyen du Sud. Les Viets se sont d'abord installés au nord du delta du Mékong alors très lâchement peuplé par des Khmers. En 1757 le bas Mékong que les Khmers ont traditionnellement appelé Bassac est atteint ; et dès 1780 l'intégralité du delta du Mékong à l'ouest de Ha tien et Chau doc est sous le giron des Nguyen. Prey Nokor la capitale du royaume khmer devenait Saigon ; [92] et, n'eût été l'intervention française, tout le Cambodge aurait été annexé au Vietnam.

---

[92] Joseph R. Pouvatchy; *Cambodian-Vietnamese relations*, Asian survey, vol. 26; n° 4, avril 1986 : 440-451.

CHAPITRE 3

TERROIRS RIZICOLES ET COMMUNES ; LA COMMUNE, STRUCTURE DE BASE DES SOCIÉTÉS INDOCHINOISES

Héritage commun aux civilisations chinoises et vietnamiennes, la commune villageoise se définit comme la cellule de base des sociétés sino-vietnamiennes préindustrielles. Elle est caractérisée par une certaine permanence dans ses formes, mais a aussi évolué de façon complexe en une multitude de composantes suivant les époques et les régions considérées. Les différences d'appellations rendent compte d'autant de hiérarchies, de combinaisons et de modes de fonctionnement qui attestent de l'évolution complexe de cette entité. Les expressions Lang ou Xa utilisées indifféremment - dans le langage courant pour désigner la commune vietnamienne désignent en fait un système hiérarchisé.

Lang mot vietnamien désigne la cellule sociale autre que la famille. Xa mot sino-vietnamien désigne l'unité administrative à la base pouvant comprendre un ou plusieurs Lang. Le Lang est l'équivalent d'un village. Cependant une même Commune porte souvent deux noms, un nom chinois et un nom vietnamien. Par exemple le village de Mê dam est appelé aussi Bich tri. Le premier est un nom vietnamien le second chinois.[93]

Le terroir communal

Le modèle qui s'est ainsi établi, suggère, dès le départ, une production avec un potentiel de croissance plus rapide que la population dans des terroirs de forte pression démographique[94]et une faiblesse relative des ressources en terre. Une tenure foncière marquée par un émiettement bien souvent extrême, malgré la persistance de formes collectives de l'organisation sociale. En somme une dynamique sociale marquée par une utilisation maximale de la main-d'œuvre humaine dans un minimum d'espace à coloniser et à aménager. Les terres rizicoles sont constituées d'un sol riche, en humus et matières organiques, qui se recharge facilement en nitrogène, grâce aux pluies et aux crues, en fait un sol très riche en potassium.

[93] Ory (P.) *La commune annamite au Tonkin*, Paris; Augustin Challamel ,1894, page 9.
[94] Pierre Brocheux, *The Mekong Delta , ecology, economy, and revolution*, University of Wisconsin-Madison center for South Asian Studies; 1995.

Le terroir rizicole, un travailleur collectif

Il s'agissait d'un vrai havre de productivité qui demande en permanence la préparation, le plantage, l'irrigation, la réparation des routes et canaux et l'organisation des récoltes. Il s'agit d'une forme de travail dure, répétitive et intense qui exige un équilibre permanent entre les sols, les semences, l'eau, le soleil, les fertilisants et l'outillage. Ces exigences ont semblé imposer une tradition de correspondance entre mode de culture et réseaux sociaux caractéristiques du terroir rizicole.

C'est sans aucun doute la clé de la récurrence et de la force des relations entre gentry, fermiers, artisans, meuniers et commerçants si durablement cimentées par le confucianisme.

C'est tout ce mouvement par le bas qui a été encouragé par l'État avec le support de l'armée.

Les colons aménagent et préparent les terres alentours pour la culture du riz et quand le nouvel établissement devient autosuffisant il gagne le statut de Xa (commune) en recevant un nom de l'empereur. L'empereur nomme également un esprit protecteur pour veiller sur le village et pour assurer la paix et la prospérité. Le village est tenu de construire un temple communal (dinh) qui abrite le document qui nomme l'esprit protecteur. Le dinh est également le siège de l'autel honorant l'esprit protecteur qui devient le lien symbolique entre le village et l'empereur.

Cependant, le Lang lui-même est composé d'autres sous catégories qu'on ne retrouve pas de manière uniforme dans tout le pays, mais qui sont identifiables en fonction de trois grands paramètres : l'habitat, la parenté, et l'âge. Trois paramètres qui constituent des critères de classification à l'intérieur de chaque Lang.

Terroir et habitat

Il s'agit d'une subdivision en Xôm (hameaux) et en Ngo (allées). Nous sommes ici en présence d'un comportement collectif fondé sur le voisinage. L'organisation de l'espace rural caractéristique de ce système montre, dans certaines régions, quatre types d'habitat.[95]

– en longues et étroites bandes au bord de la route surtout le long des rivières et au pied des digues ;

– en masse compacte au sein de laquelle les xôm sont disposés en cases d'échiquier ;

[95] NGuyn Tu Chi « Le Lang traditionnel au Bac Bo, sa structure organanisationnelle ses problèmes » in : *Études Vietnamiennes,* n° 61, 1980.

– en « plis de turban » s'étageant sur le flanc d'une colline ;

– en îlots dispersés, chaque Xôm étant séparé des autres par les champs.

La configuration de ces types d'organisation traduit un comportement grégaire qui semble découler des sollicitations du travail collectif et du culte de la terre que traduit bien le dicton populaire. « Troquer des parents éloignés contre des voisins proches ».[96]

Terroir et parenté

La petite famille Hô en tant qu'unité de production et de reproduction sociale s'est révélée être la forme par laquelle la société vietnamienne - surtout dans les zones deltaïques - a répondu aux sollicitations combinées d'un fort peuplement et d'un système d'agriculture intensive du riz aquatique. « Le mari laboure, la femme repique, le buffle traîne la herse ». L'imagerie populaire décrit ainsi l'unité de peuplement et l'unité de production la plus petite, la plus compacte et la plus adaptée aux conditions d'autosubsistance de certaines régions du Vietnam, surtout dans le Delta du Tonkin.[97] Cette famille nucléaire est reliée à d'autres par une sorte de parentèle fondée sur la référence à un ancêtre commun. Ce lien fondé sur la communion est à la base du Hô. Le Hô s'identifie dans ce sens au clan dont il reprend le lien naturel constitutif.

Terroir et organisation en fonction de l'âge: le Giap

Dans le cadre du Lang, les Giap regroupent exclusivement ses membres de sexe masculin.

Le statut de membre d'un Giap est héréditaire mais la condition de chaque membre au sein du Giap ne dépend point de sa position dans la généalogie du Hô, mais uniquement de son âge.

L'organisation du Giap rappelle le système des classes d'âge de certaines sociétés africaines ou mélanésiennes précoloniales. La promotion à l'intérieur de ce cadre ne dépend ni de la richesse ni de la naissance encore moins de titres honorifiques. Le langage populaire vietnamien rend bien compte de cet état de chose en désignant les fonctions que chaque individu assume au sein de son Giap sous le vocable Xi Tuoc qui veut dire littéralement titre de dentition.

Le Giap en Chine avait un rôle essentiellement militaire[98] et de police locale mais il semble qu'au Vietnam c'est le village tout entier qui organise la défense et la police. Le Giap quant à lui est resté dans son rôle de cadre

[96] Nguyen Tu chi *op. cit.* « Lang gieng gàn hon ho hang xa » (Nos voisins nous sont plus chers que les parents loin de nous) cité in : *Nguyen Huu Khang*.

[97] Pierre Gourou *Les paysans du delta tonkinois* ; Paris; Editions d'Art et d'histoire ; 1956.

[98] N'Guyen Huu Khang *op cité*, page 77.

d'assistance mutuelle et de culte. Le Giap est divisé en cinq sections appelées « ban »[99], composées chacune de quatre membres. La première table, qui est la plus respectée est recrutée parmi les plus anciens appelés Quan - Lao" (Vieillards vénérables), exemptés de toutes charges et de toute cotisation. La deuxième appelée Quan-Linh est aussi composée de quatre membres qui jouent le rôle d'administrateurs du Giap. Les trois autres tables appelées ba ban forment un conseil de douze membres qui assistent les Quan - Linh dans leurs tâches.[100] Les ban, en fait, constituent les étapes d'avancement par lesquelles tous les membres du Giap doivent passer avant d'atteindre la vieillesse couronnée par le statut de représentant du Giap qui n'est cependant assorti d'aucun privilège ou prérogative. À l'intérieur du Lang, le Giap joue comme cadre de repérage du contribuable. Ce qui est rendu par l'appellation Dinh Trang [101] qui désigne les membres du Giap à partir de 18 ans qui, une fois devenus dinh (contribuable), deviennent des Dan Lang (citoyen du village.)

Cette coupe synchronique du Lang qui dénote bien des lacunes et les limites de l'information sur l'histoire de la commune vietnamienne en montre cependant toute la complexité et toute la diversité institutionnelle. Le Lang traditionnel a intégré l'héritage de plusieurs formes institutionnelles qu'il nous est encore difficile de fixer dans un cadre chronologique suivi. Mais avant la mainmise coloniale, la commune est traversée par des lignes de rupture qui, à terme, en menaçaient déjà la stabilité.

---

[99] Ban = table

[100] Ibidem N'Guyen Huu khang, page 78.

[101] Dinh contribuable ; Trang = jeune homme.

CHAPITRE 4

LES LIGNES DE FRACTURES DE LA SOCIÉTÉ VIETNAMIENNE

L'accaparement des terres comme facteurs de déstructuration de la commune.

Xa s'écrit en caractère chinois par un mot composé de deux idéogrammes :

Thi 示 (esprit) et

Tho 示 (terre).

Ce qu'on peut traduire par « esprit de la terre ».

C'est dire que la terre et le culte de la terre sont au cœur de la vie de la commune. Pour autant qu'il nous soit permis de le percevoir à travers les annales qui demeurent très allusifs, le régime foncier du Vietnam traditionnel est fondé, dans le principe, sur un seul droit de propriété : celui du souverain. Mais, dans la réalité, la structure foncière est assez complexe. Le régime de la terre se divise en terres publiques relevant directement de l'État, terres privées exploitées et gérées par des particuliers et enfin des terres communales relevant de la commune villageoise. Sous l'influence de multiples facteurs : changements dynastiques, révoltes paysannes, accaparement des terres par les notables, la distribution des terres entre ces trois catégories a évolué de façon différente dans l'histoire du Vietnam traditionnel. (Il s'agissait des terres mandarinales : "les Quan Diên, des terres d'apanage : Tôc Diên et terres du trésor national : Quoc Khô Diên).

Cependant, un fait demeure constant, c'est la permanence de la propriété collective de la terre au niveau du Lang malgré les assauts du pouvoir central, des épigones de la famille royale et de la gentry qui bénéficiaient de larges libéralités sur les terres publiques.

D'après l'historien Truong Huu Quyn, tous les anciens textes en Han d'avant le début du XVe siècle utilisaient un seul et même terme : Quan diên pour désigner les terres publiques : celles relevant de la propriété de l'État et celle relevant de la propriété collective du village. Toujours selon le même auteur, le terme Quan diên a complètement disparu au XIXe siècle sous la dynastie des N'Guyen.[102] Ceci porte à croire que les terres communales ont gardé leur prépondérance dans la structure foncière vietnamienne. Les terres mandarinales proviennent surtout des terres confisquées aux dignitaires des dynasties déchues et des terres laissées en friche. Les terres d'apanage désignent celles données par le roi aux membres de sa famille aux dames de la cour et autres dignitaires tandis que les terres du trésor national englobaient les terres emblavées que l'État gérait directement et dont il utilisait l'usufruit pour ses propres besoins. Les temples dédiés aux cultes des génies se voyaient également attribuer des terres par la cour. Ces terres étaient appelées Tê Diên.

Les terres communales étaient l'objet de redistributions périodiques aux membres des communes. En tant que propriété collective de la communauté villageoise, elles sont exploitées et gérées par la commune. Mais l'État se réserve le droit de contrôle sur cette exploitation et cette gestion. Les paysans qui exploitent ces terres communales doivent, soit donner à l'État un certain nombre de jours de travail, soit lui verser une partie du produit de ces terres appelées tantôt tô (fermages) tantôt Thuê (impôt.). La réglementation des rizières, en 1481 sous Hong Duc, stipulait : "les mandarins au-dessus de la 4e classe qui exploitent les terres communales sont exemptés de fermages. Tous les autres doivent les payer comme il est établi dans cette réglementation. [103]

En somme, l'accès à la jouissance des terres communales implique des obligations comme les fermages, les corvées ou la conscription. Les hauts dignitaires, outre le fait d'être exemptés, avaient aussi le droit de collecter les fermages et impôts personnels pour leur usage personnel sur les terres qui leur sont allouées.[104]

Mais, par-delà les libéralités accordées aux hauts dignitaires, la distribution des terres communales traduisait la réalité inégalitaire de la commune. Les terres communales sous la dynastie des Lê devaient être redistribuées tous les six ans. Mais l'évolution de cette pratique semble ne pas être uniforme pour toutes les communes. Les coutumes locales, l'état de la structure foncière (degré d'accaparement des terres) ont souvent joué sur la périodicité de la redistribution. Au XIXe siècle, par exemple, comme les terres communales étaient devenues trop réduites, la redistribution devait s'effectuer tous les trois ans, sur instruction de la monarchie N'Guyen.

Les chefs de Phu de Huyen et de Xa étaient responsables de l'attribution des terres communales.

---

[102] Tô Lan in « sur les terres communales d'un village Vietnamien traditionnel ». *Études Vietnamiennes* n° 61, 1980.

[103] In tô Lan *op cité* page 172 et 173.

[104] Lê Quy Don cité par To lan page *ibid.*, page 174.

Chaque membre inscrit dans une commune a droit à une part de rizières appelée Ruong Khan Phân (rizières de rationnement). Cette part variait pour les notables suivant leur grade mandarinal et leurs titres respectifs.

En dehors de ces Ruong Khan Phân, les couches privilégiées : notables, lauréats de concours mandarinaux, fonctionnaires de villages et de cantons recevaient des lots de rizières supplémentaires. Ce qui accentuait davantage la disparité des parts attribuées. Ceci ouvrait la voie à l'accaparement des bonnes terres par le pôle dominant de la commune villageoise.

Les paysans pauvres et sans protection, n'ayant pas de quoi soudoyer les autorités, se voyaient attribuer des rizières inférieures à leur part : des rizières de qualité inférieure et situées loin de leur demeure. La fréquence de la réglementation interdisant l'accaparement des terres reflète largement cet état de chose. (En cas d'accaparement des terres par des gens influents, ou de refus par les autorités des Phu et de Huyen de distribuer des terres aux pauvres, les autorités communales doivent en rendre compte au Hien Ly qui prendra des mesures de sanction adéquate).

En somme, les terres communales à grands traits, restent divisées en deux catégories[105]:

– terres sur lesquelles le pouvoir central exerce un contrôle effectif : le Cang diên ;

– terres sur lesquelles l'autorité du commun reste prépondérante: les Tu dan diên.

Cette dernière catégorie servant le plus souvent à assurer les frais de culte et autres célébrations.

Mais la structure foncière inégalitaire a ouvert une tendance à l'accaparement des terres qui atteint un degré qui amènera Ming Mang à ordonner aux riches de restituer à la commune les 3/10 de leurs terres privées.[106] Le successeur de Gia Long dans son élan réformateur était animé du dessein de freiner les velléités de constitution d'une classe de Land lords ayant une solide base économique et qui, à terme, risquait de remettre en cause la stabilité de son pouvoir. Il fit reprendre par l'État toutes les terres d'origine domaniale occupées sans autorisation du souverain. Et, en 1838, le cadastre et l'immatriculation des terres étaient achevés.[107] La politique de Ming Mang rejoignait ainsi la pratique des redistributions périodiques des terres qui, avec les bouleversements qui suivaient les changements de dynasties, ont joué comme éléments de régulation de la propriété foncière dans le Vietnam traditionnel.

---

105 John Adam and Nancy Hancock « Land and Economy in traditional Vietnam » in *Journal of South east Asian studies* 1970.

106 Jean Chesneaux. *Contribution à l'histoire de la nation vietnamienne* ; Paris éditions sociales 1955 page 71.

107 Marcel Gaultier op cite page 256/257.

CHAPITRE 5

UNE ROYAUTÉ CÉLESTE AVEC UN HAUT COMMANDEMENT ÉCONOMIQUE ET SOCIAL : UN DÉVELOPPEMENT PRÉMODERNE

Les responsabilités de l'État, par-delà celles liées à l'entretien de l'Administration, répondaient essentiellement à des besoins militaires. Mais c'est la corvée ou prestation qui restait le recours primordial pour la réalisation des grands travaux, surtout en matière de constructions de digues et canaux ou des murailles de citadelles. Les ouvrages réalisés étaient souvent de grande envergure. La citadelle de Hué, au début du siècle, avait une longueur de 9 kilomètres. La réalisation de ces travaux se faisait par le moyen d'une véritable division du travail prestataire.

Les villages de briquetiers fournissaient l'impôt en nature et livraient aux sampaniers leur contingent de briques. Les sampaniers à leur tour exécutaient comme prestation le transport de ces matériaux jusqu'à pied d'œuvre, là où les corvées de la population rurale servaient à venir en aide aux maçons de profession qui exécutaient les plans dressés par un mandarin et approuvés par la cour.[108] Dans la ligne de son père Gia Long qui fit construire la route mandarine pour joindre Saigon au nord du Tonkin, Minh Mang se faisait distinguer par le zèle mis à construire des monuments et ouvrages de qualité. C'est ainsi qu'en 1822 on voyait l'érection des murailles ouest et sud de Hué. L'année suivante c'était au tour de Quang-Tri de voir la construction de sa citadelle de même que les digues de Khan-Hoa[109]. Les charges de l'État étaient estimées aux environs de 8 millions de sapèques par an[110] ; chiffre qui au taux de 600 sapèques pour une ligature équivaut à environ 1700 piastres. Ce qui contraste bien avec l'importance de l'éventail des ressources mobilisées par l'État vietnamien traditionnel et son administration.

État, pouvoirs confucéens et hiérarchie mandarinale

C'est à la 14e année Vinh Thinh (1718) de Du Tan que l'empereur Trin-Cuong créa les six palais (phien). À ces six palais furent rattachés les services antérieurement destinés à l'administration des recettes et perceptions. Il s'agit en quelque sorte de départements ministériels ayant une localisation

---

[108] Pierre Pasquier *l'Annam d'autrefois*, Paris, challamel, 1907.

[109] Marcel Gaulthier *op cité* page 168.

[110] En 1896 il fallait 7,50 à 8 ligatures pour une piastre d'après Henri Brenier in Essai *d'Atlas statistique de l'Indochine*

géographique suivant les points cardinaux.[111] Les "Palais" étaient situés au centre gauche, au centre droit, à l'Est, à l'ouest, au sud et au nord. Chaque département avait la direction et le contrôle des rôles et des impôts personnels et des registres fonciers de la trésorerie relevant de son service. Les six départements regroupaient ceux des fonctionnaires, des familles, des rites, de l'armée, de la justice et des travaux.[112]

Ainsi, aux trois départements de l'armée, des familles et de la marine préexistants, Trinh-Cuong substitua ces six départements qui absorbèrent tous les pouvoirs administratifs." The six boards (Lin pu Luc bô) of appointments, finances, rites, war, justice and publics works are collectively an outstanding feature. "The six boards were not secretarial organs. Rather they crowned the administrative hierarchy".[113] Le service financier dès lors se voit devenir un rouage des six phien et non plus un service indépendant.

L'historien Phan Huy Chu qui vivait au XIXe siècle, dans la description des six départements du Hien Chuong, dit pour le département des fonctionnaires, des rites et certains autres qu'ils avaient la charge et le contrôle des rôles et registres fonciers de leur trésorerie ainsi que l'ordonnancement de certaines dépenses. Il n'est pas question d'autres attributions.[114] On peut, d'après ce témoignage, émettre l'hypothèse qu'à l'origine les fonctions financières étaient prédominantes ce qui cadre bien avec le rôle de ponction de l'État impérial. Mais les institutions ont atteint un degré de complexité tel que l'appareil administratif a intégré à son actif des tâches de contrôle dans des domaines très divers de la vie sociale qui vont du rituel religieux à la conduite des travaux. Ceci est parfaitement concevable pour une société qui, dans sa réalité quotidienne, allie aussi étroitement le temporel et le sacré comme l'attestent les attributions des mandarins.

La bureaucratie des mandarins

À la tête de chaque département étaient nommés des Fu Fhien choisis parmi les dignitaires de l'ordre civil avec comme adjoints des Pho Tri Phien et des Thien-Su. Au niveau local Tri Phu et Tri Huyen administrent chacun sa subdivision territoriale.[115] Ils accomplissent les cérémonies rituelles, encouragent l'instruction publique, aident au recrutement, entretiennent les

---

[111] Albert Duchtist *Histoire des Finances coloniales de la France* Parise des Finance.

[112] Pour ce passage nous sommes essentiellement redevable des traductions du Lich Chien Hien Chuong Loai Chi de Raymond De.974. se

[113] A. B. Woodside *Vietnam and the chinese model* a comparative study of Nguyen and ching civil Government in the first half of the nineteenth century.Harvard university Press Cambridge Massachussettes 1971, p. 67.

[114] Deloustal In *Bulletin des Amis du Vieux* Hué 1932, p. 204.

[115] Albert Schreiner *Les institutions annamites en Basse Cochinchine avant la conquête coloniale* claude & Cie Saigon 1900, 3 volumes tome I, p. 309.

voies de communication, provoquent et transmettent les nominations et mutations du personnel, surveillent la conduite de leurs sous-ordres, assurent la sécurité du pays et rendent la justice ; mais surtout ils s'occupent de la répartition et de la rentrée des impôts et vérifient les dégrèvements.

Les recensements

Tous les ans, au début du printemps, les fonctionnaires des villages faisaient les déclarations de recensement de leurs administrés appelés Don Su qui servaient à dresser les rôles définitifs. On y distinguait les catégories suivantes : parents du souverain, mandarins civils titulaires de grades militaires employés dans l'administration civile, hommes aux armées, classes diverses jeunes, vieillards, infirmes, habitants rattachés, absents.[116]

C'est à la première année Trung-Hung (1285), après la retraite des armées mongoles, qu'un recensement général des habitants du royaume fut ordonné. L'entreprise fut reprise en 1400 par Ho Han Huong qui fit dresser un rôle général de tous les habitants du royaume. En 1419 les Chinois instituent en Annam la carte des familles.

Les ly et Giap ou l'encadrement social des familles

Les familles sont groupées en Ly et Giap. Un Ly regroupant 110 familles avec un Ly Truong à sa tête. Un Giap regroupe 10 familles, il est dirigé par un Giap Thu. Sous la restauration la dynastie des Lê (1428 - 1527 ; 1590 - 1787), il fut décidé, à la première année Hông-Duc (1470), de procéder tous les ans à une révision du rôle des familles et, tous les six ans, à un recensement général. La troisième année Vinh-Tho (1660) de Than-Tôn, un décret ordonne l'établissement des rôles des familles. Tous les chefs de villages reçoivent l'ordre de déclarer tous les membres des deux sexes à partir de l'âge de 10 ans, des familles de leurs villages. Les contribuables étaient ainsi décomptés par familles. [117] Il semble que c'est à cette même dynastie des Lè qu'on doit l'établissement d'un système monétaire.

La monnaie sous les lê

L'occupation chinoise a provoqué une grande hémorragie de la monnaie de cuivre qui amena le Souverain Lè Thai Tà en 1429 à ouvrir une grande consultation sur la question monétaire.[118] Il s'agissait de savoir s'il fallait ou non remplacer la monnaie de cuivre par les bons de monnaie dit Hoï Sao introduits pour la première fois en 1396.

---

[116] Raymond Deloustal in *Revue Indochinoise* Tome : III Juillet - Décembre 1924 Nlle serie.

[117] D'après le Cuong Muc Trad. R. Deloustal *op cité*.

[118] Phan Huy Chu cit Muc Trad. R. Delou *Revue Indochinoise* Janvier Fochinoise pa

À la première année Thieu Binh (1434) de Thai - Ton on promulgue une défense prohibant le choix ou le refus des sapèques en cuivre. Cette dernière mesure semble traduire une volonté de remettre en circulation, la monnaie de cuivre dégradée que les populations dédaignaient dans les transactions.

En 1439 on fixait la valeur de la ligature et du Tien. Le tien est fixé à 60 sapèques. Le cours de l'argent ne fut réglé qu'à la première année Canh - Hung (1740).[119]

Un arrêté fixait la valeur de l'argent à 2 ligatures ancienne monnaie le Taël et 2 tien de sapèques (le tien = 1/10 du Taël) d'argent. Lê Qui Don reprenant le Cuong Muc[120], distingue le tien composé de 36 sapèques qui est celui de la monnaie dite (courante (Su Tien) et le tien composé de 60 sapèques qui est celui de la monnaie dite ancienne (cô Tien). Dix tien de la monnaie courante équivalent à 6 tien de la monnaie ancienne, formant une ligature de monnaie courante. Dix tien c'est-à-dire une ligature de la monnaie ancienne valaient une ligature, 6 tien, 40 sapèques de monnaie courante. Cependant, la valeur de la monnaie se dépréciait de plus en plus. En 1896 la ligature était de 600 sapèques et il fallait 7,5 à 8 ligatures pour une piastre.[121]

Le régime des redevances et contributions

À la quatrième année Thuan-Thien (1013) de Ly Thai To on fixait le régime des impôts en 6 catégories :

1.- étangs, rizières et terres de jardins ;

2.- terrains à muriers, terrains d'alluvions ;

3.- produits naturels des marchés ;

4.- droits des postes frontières et postes de surveillance intérieure et sel ;

5.- articles provenant des dépouilles de rhinocéros et éléphants et produits odoriférants des « tribus sauvages » ;

6.- produits forestiers, fleurs et fruits provenant des régions des sources des cours d'eau.

La lle année Thien Ung - Chinh Binh (1242) de Tran Thai Ton on fixa le régime des impositions des rizières.

Les individus propriétaires des terres et de rizières payaient un impôt en argent et en grains. Ceux qui ne possédaient pas de terre étaient totalement exemptés d'impôts.

---

[119] À l'époque où le Gouvernement faisait de grandes levées de troupes on se servait beaucoup de l'argent pour payer les soldes des militaires.

[120] *Revue Indochinoise* Janvier-Février 1925 Trad Raymond Deloustal.

[121] Henri Brenier *Essai d'Atlas statistique de l'Indochine*, Hanoï IDEO 1944.

L'impôt en argent était fixé comme suit. Pour un mau[122] jusqu'à deux mau inclusivement une ligature ; pour 3 mau, jusqu'à 4 mau inclusivement 2 ligatures ; pour 5 mau et au-dessus 3 ligatures.

La redevance en grains était fixée à cents mesures Thang par mau. Il s'agit en fait, d'une part, d'un impôt personnel payable en monnaie et, d'autre part, d'un impôt foncier fondamental payable en grains. Mais, dans le contexte des campagnes militaires, sous la dynastie des Tran, une réforme de l'impôt fut introduite à la 2e année Xuong Phu (1378) de Phê - dê. Le Cuon muc rapporte l'événement comme suit : "Le mandarin Dô Tu Binh proposa, après délibération, d'appliquer une taxe similaire à l'impôt personnel "Dung" du temps des Duong et de décider que tout inscrit paierait une contribution annuelle de 3 ligatures".

À la 4e année Bao Thai (1723), on commença à appliquer l'impôt foncier Tô et l'impôt personnel Dung. D'après ce régime, les rizières communales étaient divisées en deux catégories : rizières à une récolte et rizières à deux récoltes et payaient une redevance différente en grain et en monnaie selon la classe à laquelle elles appartenaient. La redevance en monnaie était fixée pour les 2 classes à 8 tien. Les rizières à deux récoltes acquittaient les deux tiers de cette redevance en grains et celles à une récolte en acquittaient le tiers en grains. Les terrains d'alluvions domaniaux étaient divisés en 2 catégories selon l'état de leur culture. Ils étaient imposés à raison de 1 ligature 2 tien par mau. Ceux qui plantaient des muriers acquittaient la moitié de l'impôt en soie. Ceux qui ne plantaient pas de mûriers pouvaient remplacer le solde par des versements en monnaie. Les rizières particulières étaient également divisées en ces 2 catégories.

Les sauniers étaient exemptés des charges et contributions personnelles.

L'impôt sur le sel fut institué en 1720. Les charges étaient fonction des distances. À l'intérieur du chân l'impôt était de 1 tien les 100 livres. En dehors de la province l'impôt était de 3 tien les 100 livres. L'État prélevait 2/10 de la fabrication. Supprimé en 1732 pour cause de spéculation sur les prix, l'impôt sur le sel fut rétabli en 1746. [123]

En somme l'État tirait ses principales ressources de l'impôt personnel, du revenu des douanes et les redevances provenant de l'affermage de certains monopoles comme la vente de la cannelle, du bois, du fer et des mines en général. L'affermage de ces produits était surtout réservé aux Chinois.

---

[122] 1 mau Chinois : environ 600 mtatistique de l'*Revue indochinoise juridique et tistique devenue* Indoc

[123] In *Bulletin des Amis du Vieux Hué*,1932 Trad. R. Deloustal.

Les groupe-relais chinois

L'existence des monopoles royaux et des fermes jouait comme bouclier contre la constitution d'une élite civile commerçante bien à même de contrôler le commerce local et international.

Cela a suffi pour faire des Chinois une couche-relais du pouvoir qui, bien que groupée en congrégations, n'en jouait pas moins un rôle important dans la « Société économique ». Les Chinois usurpaient, de la sorte, la place des commerçants autochtones. Ceci explique, sans doute, le ralliement des commerçants aux mouvements de subversion de l'ordre mandarinal, à l'image de l'insurrection des Tay Son à la fin du XVIIIe siècle.

Les ressources traditionnelles de l'État

Le revenu global annuel des 25 provinces de l'Empire, suivant l'estimation de Luro en 1878, serait d'environ 40 millions de francs.[124] Marcel Gaultier dans son étude consacrée à Minh Mang avance le chiffre de 30 millions de francs.[125]

En fait, il est difficile, voire impossible, de déterminer le chiffre exact des revenus de l'État.

Mais, tout au plus, ces estimations donnent-elles un ordre de grandeur qui dénote l'importance de la marge disponible de numéraire, surtout au regard de la modicité des dépenses publiques.

Cette marge disponible était consacrée aux fastes de la maison impériale et au fonds de réserve.

Cependant, à côté des contributions directes et indirectes, on note une forme particulière mais non de moindre importance d'obligation par rapport à l'État vietnamien traditionnel. Il s'agit des prestations liées au travail ou à la corvée. Cette forme de contribution n'était ni annuelle dans sa périodicité, ni fixe dans sa quotité. Les prestations étaient très variables en fonction des époques et des besoins de la circonscription.

La loi ne fixe pas le nombre des jours de corvée. Elle se borne à interdire aux mandarins de les requérir sans utilité ou de les employer pour leur service personnel. Elle défend de même de les exiger aux époques où tous les bras sont nécessaires à l'agriculture. Du reste le code annamite interdit formellement aux fonctionnaires ou employés des services supérieurs ou inférieurs

---

[124] E. Luro *Le Pays d'Annam étude sur l'organisation politique et sociale des annamites.* Paris Ernest Leroux 1878, p. 195.

[125] Marcel Gaulthier *op. cité*, page 266.

d'obliger les gens du peuple à transporter des fardeaux, ni faire aucune réquisition ou causer aucun trouble non prévu par le décret" [126]

Le système des inscrits : Hiérarchie sociale et assiette fiscale

En règle générale, les "Trang Hang (catégorie des hommes robustes) seuls supportaient les corvées. En étaient exemptées les autres catégories figurant au Bô-Dinh (rôle d'impôt personnel), les Chinois, les Minh Huong (métis sino-vietnamien) et les lauréats des examens semestriels[127].

Sous la dynastie des Ly (1009-1224), il fut décidé l'établissement du rôle des inscrits.

À l'âge de 18 ans les habitants étaient portés sur les registres jaunes sous l'appellation de Hoang Nam (les Jaunes). À partir de l'âge de 20 ans on les appelait "Dai Nam (les majeurs). Seules les personnes pourvues de grades dans le mandarinat ou de titres et celles bénéficiant de grades ou titres en vertu des mérites de leur père, ou de leur aïeul, pouvaient prétendre aux fonctions publiques. Tous les autres habitants, riches et robustes, dépourvus de titres, constituaient les inscrits militaires et étaient pris comme soldat de père en fils.

À la 4e année Bao Thai (1723) quand l'impôt personnel Dung fut institué, les vieillards de plus de 60 ans étaient exemptés d'impôt.

En règle générale l'assiette fiscale laisse apparaître un rôle de l'impôt personnel divisé en 3 catégories.

Les hommes âgés de 20 à 55 ans qui supportaient toutes les charges publiques, impôt, service militaire, corvée et formaient ce que les annamites appelaient les Trang Hang (classes des hommes robustes).

– Les hommes exemptés du service militaire et de la corvée, mais astreints

à la demi-taxe personnelle,[128] c'est-à-dire les jeunes gens de 18 à 20 ans, les courriers et satellites des préfets et sous-préfets, les gardiens des monuments et les hommes âgés de 55 à 60 ans qui formaient la classe des vieux (ou Lao Hang) ou atteints d'infirmité récente ou non, reconnue incurable.

– Les habitants exemptés de la contribution personnelle, par suite d'indigence, d'infirmité permanente ou en vertu de leur fonction (dignitaire de la noblesse, fonctionnaire et employé de l'État) et les vieillards au-dessus de 60 ans (classe des bénéficiaires de la vieillesse ou Lao Nhien Hang).[129]

---

[126] Philastre : *Le code annamite*. Tome 2 1875. Article CCCXCVI.

[127] Fhuong Than Taï in Guernut Carton 31 B u.

[128] Sous la dynastie des Lrnut Carton 31 B u.iale des annamite *Bulletin des Amis du Vieux Hua* (1932).

[129] Phuong Thuan Tai in Guernut Carton 31 B.u.

Cependant, la contribution due par les inscrits n'était pas homogène au niveau des Phu et Huyen. On appliquait souvent « la règle de la stabilisation » qui consistait à répartir des taxes personnelles proportionnellement à la situation économique de chaque village. Le Cuong Muc fixe à la 7e année Canh Tri de Huyen Tôn (1669), la mise en vigueur du système de la stabilisation. On accordait des diminutions jugées équitables qui, en retour, étaient réparties sur les autres villages du Huyen.[130]

Il s'avère ainsi que l'unité de perception des contributions était la commune villageoise. La contribution fiscale apparaît comme un impôt de répartition dû par les inscrits de chaque village.

La règle de la stabilisation semble jouer un rôle régulateur quant au poids de l'impôt sur les populations. Au même titre que l'utilisation de la force de travail non agricole pour les prestations, elle participe des forces de conservation de l'ordre social dont le souverain est garant.

On notera pour la même période le contraste saisissant avec le régime des souverains post-atlantique de la Sénégambie. Le hiatus dont Kothie Barma se fait l'écho était déjà à l'œuvre entre le pouvoir et les badolo paysans.

Cependant, le système reste fondamentalement inégalitaire au profit d'une gentry parasitaire seule grande bénéficiaire de l'ordre confucéen. C'est à ce système et à cet ordre que la France devait faire face après la conquête et l'occupation de l'Indochine.

La colonisation française trouvera au Vietnam une commune villageoise fortement évoluée. Les formes communautaires subsistaient mais les structures contenaient les germes de leur éclatement qui vont éclore avec le fait colonial. Ce sont, du reste, les formes institutionnelles de la commune vietnamienne surtout en ce qu'elle représente une unité de perception fiscale et un travailleur collectif, que la politique coloniale allait intégrer.

---

130 R. Deloustal in Revue Indochinoise Tome XL, II, 1924.

CHAPITRE 6

COLONISTIQUE ET TRANSITION COLONIALE[131]

“La législation annamite a pourvu les communes d’une organisation forte et rationnelle qui est un gage excellent de sécurité intérieure et de bonne administration. Aussi vous vous garderez d’y apporter le moindre changement ; vous vous préoccuperez au contraire d’en assurer le fonctionnement régulier en vous mettant en communication avec les conseils des notables dont vous fortifierez ainsi l’autorité morale".[132] C’est dans cette voie faite de pragmatisme et de prudence que vont se lancer les décideurs de la politique coloniale en Indochine.

Fallait-il changer les institutions annamites ou les conserver telles qu’elles sont héritées d’un passé millénaire.

Politique d’association ou politique d’assimilation ? Quelles ont été les options en matière de politique économique et financière ?

Colonistique est un terme hybride forgé au début du siècle et dont la consonance résume bien le contexte de sa gestation. Il reflète l’ambiguïté fondamentale des relations entre l’Europe et ses colonies. C’est un mélange du positivisme scientifique et de la politique coloniale qui rend compte du dilemme majeur du colonialisme belge et français. Ce dilemme inspira une discipline qui se proposait un ensemble de formes institutionnelles, de système de vues politiques et d’options économiques destinées à atténuer les écarts et dérives du colonialisme. C’est une doctrine qui se situe au cœur de l’héritage républicain visant à humaniser le système colonial.

L’un des épigones de cette discipline fut Charles de Lannoy.

Lannoy était professeur d’Université à Gand et fut le mentor de plusieurs auteurs de la mouvance colonistique comme J. L. Delanessan, Jules Harmand, Gustave Lebon. [133] J. L. Delanessan en 1897, Jules Harmand en 1910 et Gustave Lebon se faisaient les champions d’une « politique indigène » dite « politique d’association » visant une sorte d’autonomie dans l’armature institutionnelle, l’éducation et un respect particulier pour les langues et les cultures autochtones.

---

[131] Charles de Lannoy, in La Colonistique. DéCharles de Lannoy, in La Colonistique. D.ale des a

[132] Circulaire de Paul Bert aux r, Haye, 1913, p. 23. nnamites. Paris : Ernest Leroux 1878 ; p. 195. g Loai Chi de Raymond De.974. se⊃t du Tonkin 2e Paul Bert aux

[133] J L Delanessan, in *Principes de colonisation*, Felix Alcan, Paris 1897 ; Jules Harmand in *Domination et colonisation*, Ernest Flamarion, Paris, Bibliothèque de philosophie scientifique, 1910 ; G. Le Bon. *Psychologie politique et défense sociale*, (1re edition 1911), Paris, Les amis de G. Le Bon, 1984.

L'un des premiers à avoir formulé avec clarté la « politique d'association » fut Jules Ferry.

S'opposant aux termes du traité de 1883 qui se révélait être une sorte de compromis entre l'annexion et le protectorat, Ferry affirmait devant les chambres: « Pour le succès même de l'œuvre entreprise en Indochine il faut que l'Annam ne soit pas une pure fiction et que cette partie de l'Empire continue à former un État subordonné, mais distinct, capable de trouver sur son territoire des ressources qui lui permettent de vivre sans lui créer d'embarras et de s'administrer sous notre haute direction. »[134] C'est là une conception qui s'oppose ouvertement à celle développée par Harmand. Ce dernier voulait la conquête et l'annexion de 1 'Indochine. Il fut le principal inspirateur du Traité de 1883.

En juin 1864, le traité instituant le protectorat en Annam est signé.

Un membre du cabinet de Ferry écrivait au résident Général Lemaire : « Pénétrez-vous bien de cette idée, qu'il ne s'agit ni d'annexer ou d'assimiler. Il faut vous servir de la cour de Hué, le tenir à la gorge et l'amener à faire marcher les mandarins dans notre sens. C'est ainsi que les Anglais procèdent dans l'Inde. C'est ce que Gambon fait avec succès en Tunisie. »[135] Jules Ferry dans ses Instructions à Lemaire affirme : « nous avons entendu que le royaume annamite conservât assez d'étendue et assez d'indépendance pour avoir son existence propre, et nous avons voulu limiter notre rôle à celui de surveillant et de contrôleur sans nous insérer directement dans l'administration du pays. Vous devez donc, tout en exerçant pleine et entière l'autorité qui vous a été confiée par le Traité, ne rien faire qui risquerait de trop affaiblir le gouvernement annamite et de nous obliger, par suite à une intervention plus profonde dans les rouages de l'Administration ». Cette conception trouvera sa pleine expression dans la politique de Paul Bert dans la courte période où il occupera les fonctions de Résident Général de l'Annam-Tonkin et celle de Lanessan.

Arrivé en avril 1886, Paul Bert devait compter avec l'hostilité latente des mandarins annamites inquiets pour le maintien de leur prérogative après la « soumission » de la cour de Hué au protectorat français. Ne comptant sur aucun crédit supplémentaire de la métropole pour le Tonkin, Paul Bert sut se ménager l'appui des commerçants et entreprit son action avec seulement une disponibilité de 6 millions de Francs.[136] Conscient du fait que les lettrés étaient les véritables administrateurs en Annam, Paul Bert confinait le souverain dans son rôle d'apparat et se soumettait les lettrés à qui il laissait leur statut de dignitaires locaux.

---

[134] Exposé des motifs aux Chambres le 12 juillet 1884.
[135] A Neton; *L'Indochine et son avenir économique*, Paris Penin et Cie, p. 55-56.
[136] Stephen Robert History of French colonial policy page 411.

Au Tonkin où la gentry était essentiellement composée d'annamites, il favorisa le recrutement de lettrés issus des classes moyennes pour occuper les postes de Chef de canton ou de Huyen. Il s'agissait là d'un moyen de faciliter l'émergence d'une nouvelle classe de lettrés totalement dévouée à la cause française. Dans cette même lancée, Paul Bert mit sur pied un conseil consultatif composé de notables élus dans toutes les provinces par les chefs et les sous-chefs de canton.

L'article 2 de l'arrêté du 30 avril 1885 stipule : « Dans chaque province, il sera élu autant de notables qu'il existe de phu ou préfectures. Ce conseil est appelé à se prononcer sur les grandes questions comme l'impôt, la reconstruction des régions dévastées, la police ou les travaux publics. Une circulaire du 30 août 1886 destinée aux Résidents résume la politique de Paul Bert en Annam Tonkin.[137] (En Annam) vous n'aurez donc à vous immiscer ni dans le service des impôts directs, ni dans l'administration intérieure du territoire : vous vous bornerez en ces matières à vous tenir informés des actes de l'autorité indigène ».

Rappelant les termes de la circulaire du 16 avril 1886 Paul Bert continue :

« Votre rôle politique consiste à encourager, conseiller et diriger les fonctionnaires annamites afin qu'ils remplissent très exactement les obligations contractées par leur gouvernement envers la France. Ils continueront à exercer dans l'Administration générale, la justice indigène, la collecte des impôts les fonctions qui leur sont dévolues par les lois du pays... »

En 1889, le congrès colonial recommandait l'application universelle de la politique d'assimilation.[138] Déjà le Myrs de Villers, gouverneur de la Cochinchine, dans un rapport au ministre de la Marine et des colonies en 1880 écrivait : « Nous sommes à la veille d'une révolution sociale dont l'origine remonte à la conquête... (Substituer) au collectivisme familial de la civilisation chinoise dont l'autorité exagérée entraîne fatalement la tyrannie, l'individualisme de la civilisation européenne, avec ses droits et ses garanties... (Le) but que nous nous proposons c'est l'assimilation progressive »[139].

Pourtant, dans un arrêté du gouverneur de la Cochinchine daté du 17 novembre 1880, le même Myrs de Villers stipulait à l'article 3 que : « l'impôt des inscrits à payer par village et à répartir entre les habitants suivant leur capacité est fixée à raison de 3 francs par homme valide ». C'est dire que, même en Cochinchine, pourtant colonie française et de loin la plus « assimilée », le pouvoir colonial a dû reprendre les formes traditionnelles de ponction fiscale. Même De Lanessan, à qui le décret d'avril 1891 donnait

---

[137] *Moniteur du protectorat de l'Annam et du Tonkin* 1886 2e partie. Circulaire du Résident général de la République Française en Annam et au Tonkin aux résidents et vice-résidents chef de poste.

[138] In Stephen Robert *op. cit.*, page 436.

[139] Carton 213 AF Indochine DK 73 (2).

pratiquement les pleins pouvoirs en tant que Gouverneur Général de l'Indochine, s'en était remis à l'Administration annamite pour le recouvrement des impôts..." La cour d'Annam elle-même est intervenue, dans ses derniers temps, d'une manière toute spontanée, pour activer le zèle des contribuables. Un édit impérial adressé par l'intermédiaire du Kinh Luoc à tous les Gouverneurs provinciaux du Tonkin invite ces derniers à mettre plus de zèle que dans le passé au recouvrement des impôts et engage le peuple lui-même à remplir ses devoirs envers le protectorat français... Il appartient aux mandarins provinciaux aux Phu et aux Huyens de veiller à ce que les populations paient l'impôt...[140].

Ainsi, par-delà les soubresauts politiques, dans cette période de gestation qui a suivi la conquête et la mise en place du protectorat français, la politique coloniale a reposé sur le pivot de l'administration traditionnelle vietnamienne : la commune villageoise et ses terroirs.

[140] *Affaires politiques* Indochine Carton 7 A 20 (38) Rapport De Lanessan 17 janvier 1893.

CHAPITRE 7

LA SÉNÉGAMBIE DES TERROIRS : UN CONTINUUM DE L'ADRAR MAURITANIEN À LA MANGROVE GUINÉENNE

À l'image de l'Indochine qui, des millénaires durant, semble être traversée par les courants de méridionalisation, sinisation et indianisation, l'histoire des peuples de la Sénégambie est nourrie de la même méridionalisation mais avec, cette fois, à ses flancs, deux courants culturels majeurs : celui du Sahara mauritanien et celui d'Atlantique.[141]

Le premier courant ouvre une perspective sahélienne à partir des marges méridionales du Sahara. Du Ve au XVe siècle, à partir des épicentres de Koumbi Saleh, Kangaba ou Gao, se déclinait le spectre des grands empires du Ghana, du Mali et du Songhay sur leurs lointaines marges occidentales ou méridionales.

Le second ouvre une perspective de la mer qui s'est forgée à partir des houles de l'Atlantique, des siècles durant. Une puissante déferlante forge un destin historique atlantique pour des peuples qui semblaient jusqu'alors tourner le dos à la mer. Un destin tragique qui ouvre une période de dépendance et de tourments qui a dégénéré dans la traite atlantique.

Tous ces deux courants ont accompagné et façonné des processus sociaux et des initiatives historiques majeurs. Tour à tour, les peuples entre le Sénégal et la Gambie apparaissent comme sujets historiques, relais ou acteurs de projets hégémoniques extérieurs. Ils apparaissent comme provinces lointaines attestant de l'étendue d'un grand Empire africain ou deviennent des peuples de comptoirs disséminés sur ce balcon atlantique érigé à partir du XVe siècle.

Ces deux courants sont l'objet de deux approches qui ont, jusqu'ici, fait le bonheur de l'historiographie de cette région, en gardant chacune une autonomie des méthodes et des sources.

Le XVe siècle reste la grande césure où les deux approches se tournent le dos sans solution de continuité. C'est comme si ce que Barry appelait le front historique du Sahara avait trouvé son épilogue dans le destin du Ngabou qui achève la longue marche des peuples du Soudan vers ce finistère occidental. C'est comme si un front historique de l'Atlantique avait pris le relais au XVe siècle sur les berges de la mer comme pour célébrer la « victoire de la caravelle sur la caravane ». Toutes les deux perspectives semblent accompagner, entre le désert et la mer, la civilisation sédentaire qui donne un

---

[141] Philip D. Curtin, *Economic Change in precolonial Africa*, The University of Wisconsin press, Madisson, 1975, page 3.

corps et une vie à cette région dans la longue durée de son histoire. Aucun groupe nomade, aucun groupe de négociants ou de marchands européens n'a exclusivement marqué de son empreinte la terre et les hommes. Nomades arabo-berbères, comme les gens de la mer, ont formé avec les peuples sédentaires des communautés historiques assises sur des terroirs.

La poussée sahélienne

Pour chacun des groupes nomades berbères Sanhadja, pasteurs peuls, agriculteurs toucouleur, soninké, ouolof, bambara, mossi; le milieu écologique, les réseaux d'échange, le dynamisme des diasporas méditerranéennes se sont conjugués dans l'érection de formes politiques à travers des lignées familiales à la fois matrilinéaires et patrilinéaires. Ainsi de l'Adrar mauritanien, au fleuve Sénégal et la boucle du Niger et au-delà par d'innombrables excroissances yarsé, diakhanké, diawambe, dioula, azer, laobé, la même déferlante sahélienne a imprimé sa marque dans toute la Sénégambie.

Il existe, du reste, une frappante homogénéité culturelle qu'on retrouve dans la proximité linguistique, la communauté des traditions et des formes politiques.

Du désert saharien à la boucle du Niger; dans l'espace politique occupé par le Wagadou, le Mali et le Ngabou, nomades et groupes sédentaires ont pu créer une communauté transculturelle dénommée Sénégambie que le fait colonial allait transformer en A.-O.F.[142] à la fin du XIXe siècle.

La poussée méridionale au Sahel

Depuis des siècles, des populations de culture céréalière, bousculées par les nomades se sont installées dans des berceaux et terroirs agricoles qui semblaient avoir été préparés pour eux. On peut ainsi résumer la séquence qui, fondamentalement, informe depuis des siècles les dynamiques sociales prémodernes en Sénégambie.

Berbères-Soninkés, Touaregs-Mandingues ; Floups-Bainouks-Diolas, pêcheurs bozo et riziculteurs marka (nono) ; pasteurs touaregs et fermiers rimaibe ; négociants songhays et pêcheurs ou courtiers somono ; pasteurs fulbé et fermiers bambaras ; marka avec les dogon ; maures avec les Ouolofs ; sont autant de séquences qui par récurrences, ruptures et continuité ; ont fini par définir le paysage des terroirs et communautés historiques en Sénégambie. Ces mouvements, du reste, recoupent les mêmes contours d'une ligne verte qui, depuis des millénaires, couvrent le haut Niger et le bassin du haut et moyen Nil jusqu'à la vallée du rift en Afrique orientale.

---

[142] Afrique Occidentale française.

La ceinture verte du Sahel

L'Afrique au sud du Sahara semble ainsi définir un foyer de production entre une récurrente ceinture verte du Haut Niger au Moyen Nil et au-delà vers le bassin du Haut Nil et le Rift Valley de l'Afrique orientale entre le 9e et le 7e millénaire AJC.

C'est le mouvement nord-sud cité plus haut qui s'y est greffé à partir du second millénaire qui a donné la géographie des terroirs de la quasi-totalité de l'Afrique sub-saharienne.[143]

Méridionalisation des terroirs céréaliers et communautés transculturelles

Terroirs céréaliers et communautés transculturelles ont défini un mouvement nord-sud depuis le deuxième millénaire apportant des civilisations pastorales et agricoles. L'écosystème de la savane avec ses 400 millimètres de précipitation, son sol fertile et ses eaux de surface, se sont déplacés vers le sud avec la faune, la flore, les gens et leur système agraire, en somme avec leur terroir et leurs identités fondamentales.

Tout l'imaginaire sahélien associe ce mouvement à la trajectoire de l'hippopotame ou du serpent. L'hippopotame que les Fulbé désigne du nom de Ngabou restant associé à l'eau ; un élément clé de cet écosystème. Bien des communautés du Sahel ont associé leur nom et leur trajectoire au totem de l'hippopotame.[144]

Les effets combinés de la dessiccation du sol et de la diminution des précipitations dues à l'affaiblissement du front intertropical ont abouti à l'adaptation, la domestication des animaux et des plantes dans les vallées du Sénégal et du Niger et au-delà jusque dans les forêts.

À leur entrée dans la forêt, ne sachant que faire de l'héritage ancestral et de leur capacité d'agriculteurs des steppes et contraint par le destin à rester pour des siècles dans la forêt équatoriale où les céréales qu'elles ont créées ne peuvent croître, elles se trouvent dans l'obligation de recourir à la cueillette et au ramassage, puis de tenter des mises en culture de plantes à réserves amylacées souterraines.[145] Ce scénario décrit deux aires de production:

---

[143] Lech krzyzaniak journal of african history, xix, 2 (1978) : 159-172 new light on early food-production in the central sudan.

[144] Babacar Diop Buuba « le pays d'Agysymba chainon clair-obscur » *Cahiers caribéens d'egyptologie* nos 7-8 février-mars 2005, page 94.

[145] Berceaux agricoles primaires sur le continent africain.

Roland Porteres *The Journal ofAfrican History*, Vol. 3, No.2, Third Conference on African History and Archaeology: School of Oriental and African Studies, University of London, 3-7 July 1961. (1962), p. 195-210.

(a) type de Savanes tropicales à agriculture steppique ne produisant que des céréales (Sorghos, Digitaires, Mils Pénicillines, Éleusine) et des graines de légumineuses ;

(b) type forestier équatorial à agriculture de fouissage et de buttage, ne produisant que des fécules, des fruits, de tubercules, de rhizomes et de racines, que complète un apport important de feuilles comestibles.[146]

C'est ce double mouvement qui a donné deux berceaux de la domestication du riz en Afrique :

– la boucle du Niger entre 3500 /2800 AJC. Ce foyer nigérien de primovariation se situe au sein de l'aire occupée par O. breoiligulata ;

– la Sénégambie 2800 AJC. De part et d'autre de la Gambie, une région limitée au Nord par le cours du Sine et au Sud par celui de la Casamance, est le domaine d'oryza glaberrina.[147]

En Sénégambie on peut ainsi distinguer quatre aires culturelles de la Mauritanie au Rio Cacheu. Le domaine du chameau, l'aire culturelle du mil, la civilisation du riz et celle de l'igname qui se prolonge dans les aires de la forêt.

[146] Portères *op cité*.
[147] *Ibidem*.

CHAPITRE 9

LES TERROIRS NATURELS DE L'AIRE SÉNÉGAMBIENNE

L'un des textes majeurs qui a informé depuis des siècles l'historiographie de la Sénégambie, reste l'œuvre d'Alvarez De Almada. L'auteur, natif de l'île de Santiago du Cap-Vert et bien au fait des institutions et formes politiques des pays de la côte ouest-africaine, nous a présenté à la fin du XVIe siècle un tableau fort suggestif du paysage politique de la Sénégambie. Dans chaque espace de moins de vingt lieues,[148] écrit-il, on trouve deux ou trois nations, toutes intégrées et dont les royaumes, tantôt petits tantôt grands, sont sujets, les uns aux autres, à une grande uniformité par-delà la diversité des mœurs et des coutumes.[149]

En fait, les pratiques marchandes comme le fait politique restent bien marquées ethniquement, depuis des siècles, en Sénégambie. Mais ils gardent bien une congruence avec un espace que les diasporas ont très tôt intégré en servant de relais aux groupes autochtones, aux communautés sédentaires, et aux pouvoirs. Même dans la période coloniale et postcoloniale elles ont gardé leurs logiques propres, leurs réseaux d'insertion, leurs réseaux d'information, leur système logistique et leur propre durée.

Dans la période protohistorique, les groupes marchands ont surtout joué le rôle de relais et de liens pour assurer une cohérence et une continuité à un espace social composite et riche de sa diversité ethnique.

En utilisant le concept d'ethnie, comme rappelé plus haut, je n'ai gardé que sa dimension heuristique en gommant le coefficient idéologique qui lui est souvent affecté. J'ai le plus souvent utilisé les termes de terroirs, groupe relais ou diaspora marchande, plus dynamiques et plus opératoires.

En faisant cela, j'ai délibérément pris une distance par rapport aux démarches qui sont établies comme la mode dans l'étude des communautés humaines en Afrique : l'historiographie du tout politique et les cloisonnements factices des entités nationales.

---

148 Une lieue de France équivaut à 2 milles géographiques et 64 selon les commentaires du Major Rennel sur les observations de Mungo Park in Mungo Park, *Voyage à l'intérieur de l'Afrique* fait en 1795,1796,1797, trad j Castera, tome 2,Paris Tavernier, Dentu, Carteret, An VIII, page 235.

149 André Alvares De Almada. Tratado Breve Dos rios de Guiné Do Cabo Verde, Editorial L.I.A.M, Lisboa 1964m page 2.

L'espace physique et sa cohérence historique

La Sénégambie apparaît implicitement dans les descriptions européennes des XVIe et XVIIe siècles comme un ensemble de royaumes situé entre les fleuves Sénégal et Gambie. Elle présente une unité physique marquée par une interpénétration de savanes et de forêts sur les terres planes du bassin sénégalo-mauritanien.

Elle est surtout l'espace de convergence au XVe siècle de l'ouverture du mur séculaire de l'atlantique et d'une redistribution des peuples de la savane à partir des centres historiques des fleuves Sénégal et Niger.

Du bassin du Sénégal à celui de la Gambie, entre les Xe et XIIIe siècles, la platitude du relief a défini une région dans laquelle nomades peuls et maures ont historiquement coexisté avec des sédentaires ouolofs et sérères dans un voisinage complexe avec des populations de souches soninké et mandingue.

L'absence de la mouche Tsé-Tsé comme une pluviométrie saisonnière entre juin et octobre, semble avoir défini une économie rurale basée sur la culture de céréales et un élevage transhumant «... quelque bétail comme vaches, chèvres, avec des légumages, millets... »[150]. Le terroir ouolof-type semble recouper cette description de Ça da Mosto par une combinaison d'une agriculture céréalière et un élevage de bétail. Près du village se cultivait le petit mil suna. Sur un rayon plus éloigné, c'est le domaine du sanio, du sorgho sur les parcelles disséminées de terres argileuses. Près des concessions des cultures de manioc, d'arachide ou de coton étaient entretenues, de même qu'un élevage de chèvres et de moutons. Les Ouolofs confiaient aussi leur bétail à des éleveurs peuls ou sérères durant les cycles de transhumance.[151]Il s'agit là d'un trait qui différencie le terroir ouolof du terroir sérère. Même si tous les deux systèmes sont fondés sur une culture extensive du mil, à la différence des Ouolofs, les Sérères ont un élevage intégré aux espaces de cultures qui, avec le concours de l'acacia albida, permet une culture renouvelée pendant plusieurs saisons sur un même sol. Ce dernier trait suggère une plus grande productivité agricole mais surtout un réseau social plus solidaire et plus autosuffisant.[152]

Il apparaît une nette corrélation entre les différents groupes humains et leurs formes d'implantation qui définissent autant de terroirs historiques.

Si l'archéologie, la linguistique et les traditions populaires convergent pour faire de la vallée du Sénégal le berceau du peuplement de l'espace du

---

[150] Alvisse de Cadamosto, *Relation des voyages à la côte d'Afrique 1455-1457*, Sheffer, Paris, Ernest Leroux, 1895, p. 76

[151] Curtin Ph D, 1975, *op. cite*, page 25.

[152] Curtin *Ibidem*, page 27.

Sahel atlantique, la géographie a très tôt affiché des terroirs ethniques bien visibles à partir du XVᵉ siècle.

Le désert des Maures Sanhaja, la savane arborée des Ouolofs, Peuls et Mandingues, comme la forêt des Sérères, tel semble se définir une distribution humaine de l'environnement perceptible dans tous les textes des XVᵉ et XVIᵉ siècles. Le contraste est saisissant entre « La difficulté de leur pais », « tout ens boys, lacs et marécages qui les tient en grande sûreté et inexpugnables » suivant les mots de Ça da Mosto, et l'étendue de la savane des Wouolofs.

De ce contraste bien marqué entre zone de cultures et zone de refuge s'ajoutent des aires de pâturages que les Wouolofs partagent avec les Peuls.

C'est sur ce fonds écologique primaire que vont s'ouvrir des corridors migratoires du fait du commerce, de l'islamisation et de la recherche de pâturages ou des guerres et razzias. Ces corridors ont, très tôt, à partir du XIᵉ siècle, redéfini le paysage ethnique et politique du Sahel atlantique.[153]

Terroirs sahéliens protohistoriques X-XVᵉ siècles

Le milieu physique définit toujours l'espace d'une communauté historique qui y trouve son environnement naturel mais surtout le lieu de ses défis et avantages immédiats face à une nature clémente ou hostile.

Les populations, comme pour tourner le dos au désert et à une mer réservée aux liturgies de la houle, ont depuis des millénaires engagé une dynamique d'occupation de l'espace sénégambien, dès l'an mil.

La méridionalisation de l'isohyète 400 mm semble s'accompagner d'une dynamique d'occupation de l'espace Atlantique qui allait définir les contours des communautés humaines de la baie d'Arguin au Rio Grande. Divers niveaux de l'isohyète, divers scénarios géologiques, et climatiques, bien des variantes de l'écosystème ont vu une adaptation des communautés humaines constitutives de la formation des terroirs de la Sénégambie.

Une question reste encore ouverte, avec beaucoup de zones d'ombre, celle de la chronologie dans l'histoire de la Sénégambie. La chronologie absolue nous laissera toujours sur notre faim, au vu de l'échelle de nos problématiques d'historiens. Si le temps du monde reste la toile de fond de notre démarche, la trajectoire d'une planète à travers de simples séquences géologiques n'est pas suffisante pour définir la trame de notre objet d'étude. Cependant, la rigueur descriptive des géographes et géologues a établi les traits d'une évolution du milieu marquée par la lente homogénéisation de l'espace causée par la désertification. Cependant, entre le Sahara et la forêt, du nord au sud, l'espace sahélien présente tout le spectre dégradé du couvert

[153] James F Searing, *West African Slavery and Atlantic Commerce* Cambridge University Press, 1993, page 4.

végétal, de la pluviométrie et de la fertilité des sols. Tout le spectre de la diversité de l'écosystème se décline du Nord au Sud depuis l'Adrar mauritanien jusqu'aux rivages du Rio Grande.

Scénario écologique et séquences de l'occupation humaine en Sénégambie

L'espace sénégambien qui est l'objet de notre étude n'est pas considéré comme un simple espace physique entre les fleuves Sénégal et Gambie, mais plutôt un espace transculturel intégrant à la fois le Sahara mauritanien depuis l'Adrar, la vallée du fleuve Sénégal, les plaines du bassin ouest-atlantique, et l'espace du plateau mandingue entre le fleuve Casamance et la Falémé. Ainsi, depuis des siècles, un brassage de populations diverses a pu s'opérer grâce à des dynamiques démographiques facilitées par un réseau hydrographique très cohérent et dense. Les fleuves Sénégal, Ferlo, Sine-Saloum, Gambie, Casamance, se ramifient par de nombreux affluents comme le Kolombine, le Gorgol, le Xaraxoro et la Falémé.

Les mutations climatiques

L'histoire de l'environnement présente, depuis des millénaires, des scénarii culturels qui traduisent des formes d'adaptation des communautés humaines aux conditions de la nature. La période Holocène, entre 5000 et 2000 BP, décline des épisodes d'aridification dans plusieurs parties du globe.[154] Durant ces épisodes, la faune et la flore subirent d'importants changements et les groupements humains se virent contraints d'adopter de nouvelles stratégies de survie. Les formes prises par cette adaptation varient de la baisse de la densité du peuplement, aux migrations ou aux changements dans le régime alimentaire. Les témoins de ces bouleversements écologiques se retrouvent dans les vestiges archéologiques comme la concentration de débris lithiques dans des abris rochers ou les rives de fleuves, ou l'accumulation d'amas coquilliers le long des côtes marines.

Le paysage actuel de la Sénégambie trahit à l'évidence les péripéties des mutations climatiques.

Les dunes de sable de coloration rouge, près de l'embouchure du fleuve Sénégal, en dessous du niveau actuel de la mer, suggèrent une aridification et un mouvement de vent, pendant la baisse du niveau de la mer de l'époque glaciaire. Aussi, la présence de grandes dunes de sable dans des endroits humides comme le Walo, de même que la présence de dépression asséchées

---

[154] Betty J. Meggers, *Archeological and ethnograghic evidence compatible with the model of forest fragmentation*, in Ghillean T Prance, Biological Diversification in the tropics, New York, Columbia University press, 1982, p. 489-490.

ou la baisse du niveau d'anciens lacs, constituent les meilleurs témoins de ces changements climatiques.[155]

Dans les périodes d'aridité, le niveau de la côte se relève de un à deux mètres de leur niveau, créant probablement des conditions plus favorables à la multiplication des mollusques et leur disponibilité pour la consommation en période de pénurie de denrées terrestres. Ainsi il apparaît une corrélation entre l'aridification et la baisse des denrées continentales et la consommation des fruits de mer et leur dépôt sous forme d'amas coquilliers. Il convient aussi de voir la corrélation entre la baisse de fréquence des amas coquilliers et le retour des périodes humides et l'introduction de l'agriculture au néolithique en Sénégambie.

L'épicentre des terroirs protohistoriques reste la moyenne vallée du Sénégal qui présente une plaine alluviale fertile découpée par les méandres du Fleuve. Large de 10 à 25 km, inondée en partie pendant la crue annuelle. Elle présente une homogénéité au plan de la morphologie, du climat et de la géologie[156]. La texture du sol dans cette région atteste la formation de gisements ferrugineux et un processus récurrent d'assèchement des sols.

« La moyenne vallée du Sénégal s'est établie sur des formations sédimentaires ou continentales de l'Éocène moyen. Les faciès calcaires dominent avec des sédiments de phosphates de chaux et des intrusions de grès. La série marine se termine par un niveau de grès argileux de couleur variant du jaune à l'ocre rouge... »

Au-dessus des niveaux de l'Éocène, des matériaux sablo-argileux se sont sédimentés par épandages successifs, recouvrant les séries marines : ce sont des dépôts de grès du continental terminal qui affleurent sur des buttes témoins. Ces dépôts argileux contiennent aussi des lentilles de sables et des bancs de gravillons ferrugineux.

La période humide, établie à la fin du Pliocène, a altéré la composition chimique des roches : le fer s'est concentré et forme des cuirasses ferrugineuses qui coiffent les grès du continental.

La transgression marine de l'époque quaternaire est aussi un facteur écologique majeur dans l'évolution de l'environnement de la vallée du Sénégal. Le relèvement du niveau de la mer aboutit à la transgression nouakchottienne au cours de laquelle la mer occupait la basse vallée, le lac de Guiers et le lac Rkiz. « Au maximum de la transgression (5500 ans BP), la mer occupait la vallée du fleuve Sénégal jusqu'aux environs de Bogé ». Les témoins les plus éloquents de cette transgression restent la présence de certains pollens et sable coquillé et la formation d'un cordon littoral de

---

[155] D. A. Livingstone, *Late quaternary climatic change* in *Africain Annual review of ecology and systematics*, 6, 1975, p. 271,272.

[156] Chavane *op. cit.*, page 15.

dunes.[157] À la faveur des crues du Sénégal, les dunes de ce littoral se retrouvaient recouvertes de dépôts limoneux qui donnèrent des levées. Il semble établi, si l'on en croit H. Bocoum, que vers 1800 BP les levées post nouakchottiennes n'étaient plus submergées par les eaux, devenant ainsi le siège d'une intense occupation humaine.

Lorsque le climat devenait plus sec, la végétation raréfiée ne pouvait plus protéger les terrains. L'érosion mécanique prédomine alors et les cours d'eau creusent leur lit ; puis le climat évoluant vers l'humide, le couvert végétal recouvre à nouveau le sol. Les eaux s'infiltrent et l'altération biochimique prend le pas sur l'érosion mécanique. Les roches se décomposent en profondeur, tandis que le fer se concentre pour former des cuirasses »[158]

Une autre constante reste le changement du régime pluviométrique, évoluant vers une aridification constante mais non uniforme depuis plus de 5000 ans. Cette détérioration de l'environnement allait ouvrir une ère de migrations vers le sud. La faune, la flore et les hommes se méridionalisent dans l'espace sénégambien.[159] Le sort de certaines espèces végétales comme le palmier à huile, des animaux comme l'hippopotame, atteste de bouleversements inexorables dans l'environnement de la moyenne vallée du Sénégal. Bruno de Chavane note la présence de bourrelets de berges dont les parties hautes ne sont plus inondées par les crues actuelles et aussi la présence de pollens d'Elaeis guieensis (palmier à huile) dans ces bourrelets. Il cite aussi le témoignage de L. M. de Chambronneau qui a parcouru en 1677 la vallée du Sénégal de Saint-Louis à l'Île à Morfil et atteste que la mangrove est épaisse et que les palmiers à huile poussaient sur les rives du fleuve. Il faut noter cependant quelques périodes de répit dans le régime pluviométrique au XIe siècle et au XVIe siècle. Ce répit sera accompagné par une nouvelle géopolitique qui polarise sur l'atlantique à partir des XVe-XVIe siècles les communautés humaines et leur terroir.

---

[157] Michel P., *Les bassins des fleuves Sénégal et Gambie, études géomorphologique*. Dakar – ORSTOM, 1973, page 581.

[158] Bocoum H. *Ibid.*, page 18.

[159] Bruno A. Chavane, *Village de l'ancien Tekrour*, Karthala, 1985.

CHAPITRE 9

LES TERROIRS HISTORIQUES ET LA POUSSÉE SONINKÉ

Les séquences pédologiques et climatiques citées plus haut, se retrouvent en écho dans les traditions orales soninké où le thème de l'eau est récurrent pour cette diaspora qui se définit un horizon occidental et méridional après le déclin du Wagadou. L'itinéraire du mythique Dina reste assez significatif sous ce rapport. « Après son passage à Suti, Dina continua sa marche vers l'ouest.., de là, il vint camper à Fantandaru-Khare (la mare aux gros crapauds) où il se battit avec des blancs, dont il tua le chef nommé Funkhulle Tunke… De cette mare, il se rendit à Djenné puis à Jaaxaba dans le delta central du Niger qui symbolise l'abondance en eau. De Jaaxaba du Masina, Dina se rendit à Biru dans la contrée appelée Darega »[160].

Le moment de la vallée du Sénégal

La vallée du Fleuve Sénégal se présente comme le berceau du peuplement et de la formation des terroirs de la Sénégambie. Le travail de Martin et Becker en 1974[161] offre un échantillon de villages anciens du Lac de Guiers jusqu'au sud de Kanel. Il s'agit de vestiges anthropiques représentant « des contextes archéologiques dans lesquels la production métallurgique n'est qu'un des aspects de la culture matérielle en association avec des activités aussi diverses que la céramique, la filature, la chasse, etc. »[162] À défaut d'une typologie complète, les itinéraires et tableaux établis à la lumière des traditions orales nous permettent au moins d'établir un type de terroir, un modèle de cohabitation durable de populations sérère, peul, ouolof, toucouleur, lébou, sarakholé. « La moyenne vallée du Sénégal a connu un important peuplement villageois à l'âge des métaux ».[163] Ce peuplement villageois se présente sous la forme d'un brassage ethnique qui ne saurait se satisfaire du cloisonnement que suggère une rapide typologie. Comme le fait remarquer Yoro Fall : « l'histoire des villages, des toponymes, des anthroponymes, combinée à la généalogie, voire l'histoire dynastique, donne à l'histoire du peuplement et des mouvements de population une envergure autrement plus grande que l'attribution des sites archéologiques. Sérère, Fulbé, Wouolof, Soninké,

---

[160] A. Bathily *op. cité*, page 69.

[161] Martin(V), Becker (C) *Répertoire des sites protohistoriques du Sénégal et de la Gambie*, Kaolack document ronéotypé 93 p., 1974.

[162] Hamady Bocoum, *L'âge du fer au Sénégal*, Dakar, Nouakchott, Ifan, CRIAA, 2000, page 29.

[163] Bruno A. Chavane, *Village de l'ancien Tekrour*, Karthala, 1985, page 11

Berbères, ont constitué à différentes époques, des éléments importants de la population ancienne de la vallée du fleuve Sénégal. »[164]

Les Traditions du Sahel dont les corpus berbères[165], soninkés, peuls, diawambés[166], présentent de saisissantes similitudes, témoignent au moins d'une certitude : un très fort brassage de ces populations entre les XIe et XIIIe siècles.

Un fait semble bien établi ici, c'est la sédentarité des populations de ces terroirs soninkés et toucouleurs en étroites relations d´échange avec des diasporas arabo-berbères. Déjà, pouvait-on distinguer dans ce trafic: d'une part, l´or, les esclaves et le mil des populations sédentaires et, de l´autre, le sel du Sahara, les chevaux, le cuivre et les tissus du Maghreb.

L'axe Sidjilmasa-Awdaghost identifié par Al Bakri restait déjà au IXe siècle le domaine des marchands berbères connus sous le nom de Sanhadja avec certaines places fortes dans le sud de la Mauritanie et, au-delà, vers le fleuve Sénégal où le sel d'Awlil transitait en direction de la basse et moyenne vallée du Sénégal avec leurs chargement de gomme, d'ambre et surtout de mil en provenance du Fouta, Al Bakri en fait largement écho.

La descente vers le Niger

Le déclin du Ghana et la dispersion des peuples soninkés qui s'en suivit devait aboutir à la formation d´un autre terroir, plus au sud vers le fleuve Niger, où ils constituèrent rapidement une population trans-éthnique. Ainsi les Soninkés vivant parmi les Berbères devinrent les Azer. Avec les Bambaras ils formèrent le groupe Marka, avec les Mossi : les Yarsé. Sur le Niger, dans la localité de Ja, les Soninkés formèrent le peuple jaxanké fortement islamisé au bord du Bafing.

Mais, c'est autour de Kingi, Nema, Jahunu et Gijume sur le haut bassin oriental du Sénégal et le Gidimaxa et le Gajaaga, de part et d´autre du haut fleuve Sénégal, que les diasporas soninkés vont essaimer.

Les traditions soninkés établissent une évidente proximité ethnique entre Soninké, Peul et Diawambé.

Diabé, roi soninké de Koumbi Sala de Ghana donna sa fille en mariage à un étranger du nom d'Oukhbatou Boun Yacer[167]. De ce mariage naquirent

---

[164] Yoro Fall, Silla, *problématique d'un site de la vallée du Sénégal*, ASAD, 46,2, page 200.

[165] Norris H. T. 1962,1967,1972, 1975.

[166] Siré Abbas Soh 1913, Bathily, I. 1936 et oulofs (Yoro Diaw 1912, Amadou Wade, 1966).

[167] Les traditions peules, par un effet cumulatif assez courant, confondent dans la même geste la vie et la trajectoire de deux figures historiques de l´Islam: Uqba ben Amir, réputé compagnon du Prophète Mohamed et Uqba ben Nafi al-Fihri, fondateur de la ville tunisienne de Qayrawan, grand conquérant du Maghreb et du Fezzan. *Cf.* Norris H. T. The Tuaregs, Their Islamic legacy and its diffusion in the Sahel; Warminster, Wilts, 1975, England p. 17-19.

quatre fils qui seront les ancêtres des Peuls. D'un second mariage avec un esclave de son premier mari, Djiabé eut une fille qui à son tour eut un fils, Dabi, qui sera le père de Mal Dabi ouvrant ainsi la lignée des Diawambé.[168]

Le premier terroir Peul, Diawambé

Le premier terroir important des Peuls et Diawambé est identifié dans la région entre Walata et le fleuve Sénégal, correspondant au Fouta Toro[169] où ils intègrent, non sans heurts, l'aire hégémonique du Djolof. Ils furent contraints de devoir, comme tout sujet valide, transporter du sable blanc de mer [170] à étaler sur le sol marécageux du Walo servant de pâturages aux chevaux de la garde royale du Djolof.[171]

Ce raccourci de la tradition soninké présente de singulières similitudes avec les traditions ouolofs notamment sur l'origine de Ndiadiane Ndiaye, l'ancêtre commun des royaumes ouolofs.

La légende de Ndiadiane Ndiaye illustre bien la prégnance des terroirs ethniques en Sénégambie. En effet, derrière les statuts politiques qui s'expriment dans l'ordre institutionnel, on distingue facilement, de par les patronymes, l'origine ethnique de chaque segment du pouvoir. Ainsi, pouvait-on voir la filiation mandingue, peul, maure ou sérère des grands électeurs au Walo, au Cayor ou au Djolof.[172] Entre le XIe et le XIIIe siècle, un processus de jonction entre lignées d'origine ethnique différente est opéré, ouvrant la voie à des alliances ou souvent à la formation de nouveaux groupes ethniques.[173]

Entre le XIe et le XIIIe siècle semble se définir un espace transculturel où se sont constitués les terroirs maures parfaitement intégrés à des communautés ouolof, soninké et peul. Les traditions orales mettent en scène, sur ces terroirs, les chefs lamtuna, berbères, les ardo des Peuls Wadabe du Dimat et du Walo, des chefs Ururbé de Guédé, le Lam Toro installé dans sa capitale Gallat, village de la rive gauche du Fleuve Sénégal près de Bakel.[174]

---

[168]Arrnaud Robert « La singulière légende des sonynkés in *l'Islam et la politique musulmane française en Afrique Occidentale française*, Paris 1912.

[169]Pageaud Robert « Notes sur les Diawambés ou Diokoramé » *Journal de la Société des Africanistes*, Paris, 1959 XXIX, fasc II, p. 243-245.

[170]De même que du bois de chauffe comme signe d'allégeance qu'il partage du reste avec les gens de la province atlantique du Djolof que fut le Cayor.

[171]Bathily Ibrahima, *Les Diawandos ou Diogorames*, Traditions orales recueillies à Djenné, Corientzé, Ségou et Nioro, *L'Education Africaine*, XXV, n°94 ,1936 : 173-193.

[172]Victoria Bomba « The pre-nineteenth century political tradition of the wolof » *Bulletin de L'IFAN* T.XXXVI, serie B, n°1, 1974, p. 8.

[173]Victoria Bomba « Traditions about Ndiadiane Ndiaye, first Buurba Djolof », in *Bulletin de L 'IFAN* T. 39, série B, N°1, 1977, p. 13.

[174] Yoro Dyao, « Légendes et coutumes sénégalaises » publiées et annotées par H. Gaden, *Revue d'Ethnographie et de sociologie*, Paris, 1912 3-4, p. 127-129.

Ainsi, il apparaît bien que Berbères, Ouolofs, Soninkés et Peuls ont participé d'une communauté historique dont la cohérence et l'homogénéité semblent plus visibles à travers les terroirs identifiés avant le XVe siècle que les constructions politiques définies par la cartographie et la géopolitique européenne.

La formation du Walo originel

Avant d'être le premier État ouolof, le Walo est d'abord un terroir que définit la zone inondée par la crue annuelle du fleuve Sénégal, par opposition aux terres sèches du haut-pays le dyeeri ou Shamâma chez les maures. La tradition attribue aux Sérères la constitution des premières formes politiques à partir du Xe siècle, les lamanes qui seront suivis des Dya-Ogo[175]

De part et d'autre du fleuve Sénégal, un même ensemble géo climatique a défini, depuis des millénaires, un régime des terres variant suivant les latitudes et la distribution des communautés humaines.

Ce foyer originel du peuplement de la Sénégambie décline un environnement contrasté le long du fleuve Sénégal qui constitue à la fois un lien et une réserve en produits vitaux pour la survie des populations. Entre l'embouchure et la région de Richard-Toll, en passant par la moyenne vallée qu'on peut limiter à l'est par Bakel, le fleuve définit ainsi trois modes de contrastes dont l'interconnexion a, depuis des millénaires, défini la distribution des foyers humains et le régime des migrations.

La désertification engagée depuis plus de 5 millénaires, la baisse du régime du fleuve, et son corollaire, la remontée de la langue salée jusqu'aux environs de Richard-Toll pendant l'étiage, ont défini les paysages écologiques comme les communautés historiques.

En effet, en aval de Richard-Toll, la région marécageuse du Delta est encore moins favorable à la sédentarisation des populations : « le micro-relief s'aplatit rapidement et les terrains lagunaires gorgés d'eau sont parcourus en tous sens, par de nombreux chenaux salés. »[176] C'est là un des facteurs décisifs dans l'implantation humaine au bord du Sénégal qui traduit bien l'originalité de la moyenne vallée. Cette dernière contraste avec le haut bassin en amont de Bakel. « Les bassins du haut Sénégal et de la Falémé sont, en effet, constitués d'une série de plateaux granitiques ou dolérites dont les versants sont en bien des endroits, abrupts. Les cours d'eau traversent une suite de petits rapides dus à des seuils rocheux. »[177]

---

[175] Vincent Monteil « Chronique du Wâlo Sénégalais de Amadou wade » *Bulletin de l'Ifan*, Tome XXVI série B, n°3-4,1964, page 445.

[176] Bruno de Chavanne *op. cit.*, page 15.

[177] *Idem.*

Le Ferlo

Le Haut Sénégal, en amont de Bakel, définit les terroirs du Ferlo qui se ferment sur Dagana à l'ouest et s'ouvrent vers le sud avec le réseau de vallées fossiles qui découpe des cuirasses ferrugineuses qui ne supportent guère qu'une savane arbustive et arborée très dégradée, terrains de parcours pour le bétail en saison sèche.[178]

Les formes de l'implantation humaine ont suivi les méandres des cours d'eau. On constate dans le Ferlo, note Bocoum, une forte concentration le long des bourrelets de berges et des levées jouxtant la vallée morte, tandis que dans la moyenne vallée, les fortes densités s'observent, non pas en rapport avec le cours du fleuve, mais sur les pourtours de la vallée alluviale. C'est dire que l'implantation humaine s'est toujours adaptée aux conditions définies par le régime des eaux entre Waalo et Jerri.

Après la grande phase d'alluvionnement post-nouakchottien et à la faveur d'une période d'assèchement, la diminution des crues du Sénégal qui en est le corollaire aboutissait à la constitution des bourrelets notés plus haut. « Pendant cette période aride, la déflation éolienne engendre la formation de petits bouchons que le fleuve ne parvient plus à percer ; Il s'en suit une fermeture progressive des embouchures »[179] Le Sénégal quittait ainsi son ancien delta pour s'avancer jusqu'à la région de Saint-Louis. « L'île de Ndar sur laquelle le poste militaire de Saint-Louis sera construit en 1659, semble être un fragment de cordon littoral »[180] Dans le même temps l'assèchement libérait les riches terres du Waalo de l'emprise des eaux, « les marécages s'assèchent et il s'en suivra une colonisation du secteur par les populations qui vivaient déjà sur ses marges ».[181]

Le Ferlo connaîtra une fortune différente par le jeu combiné de la baisse de la pluviométrie, une augmentation de l'évaporation et une baisse des niveaux de la nappe phréatique.[182]

Ainsi le mouvement des crues et son impact sur le régime des terres ont défini des formes particulières d'occupation du sol et d'implantation de l'habitat. Les sites privilégiés par l'occupation humaine restent les levées post nouakchottiennes souvent hors d'atteinte des crues du fleuve que les toucouleurs appellent Fondé. Ils intègrent aussi le domaine des terres hautes indépendantes du régime des crues qui bordent le fleuve. C'est le Jeeri

[178] Bocoum, *op. cit.*, page 163.
[179] Bocoum, page 166.
[180] P Michel, *op. cit.* page 602.
[181] Bocoum H., *ibid.*, page 166.
[182] Monteillet J. Faure, H., Pirazzoli P., A, « L'invasion saline du ferlo à L'holocène supérieur (1900 BP) » in *Palaeecology of Africa and the surrounding islands*, Vol. 13, 1981, p. 212.

constitué de dunes et de cuirasses souvent masquées par des épandages de sables légèrement argileux. « Il est formé en aval de Kaédi, par un liseré de dunes et, en amont par le bas glacis du continental terminal… »[183] Cet ensemble enserre la vallée alluviale composée des terres régulièrement enrichies par les eaux des crues. Ces terres dénommées Walo sont par excellence des espaces de culture et de pêche.

---

[183] Giffard P.L., *L'arbre dans le paysage sénégalais*. Dakar CTFT 452 P, page 90.

CHAPITRE 10

DYNASTIES FAMILIALES ET COMMUNAUTÉS LOCALES DANS LA GÉOPOLITIQUE DU SOUDAN OCCIDENTALE

Bruno de Chavane avait bien observé la nécessaire distinction entre l'histoire des États et l'histoire des populations. Cette distinction, il l'avait circonscrite à la zone soudanaise où, « hormis le tribut à verser, la livraison d'otages, la présence d'un représentant militaire du lointain conquérant peu de choses changent dans la vie sociale et culturelle du groupe vaincu. »[184]

Par ailleurs, commentant le « recueil sur la vie des Damel [185]», Becker et Martin regrettaient une trop grande insistance sur les chefferies, rois, princes, familles Garmi et les nombreux conflits qui ont marqué cette histoire dynastique. Dès 1974, nos deux pionniers regrettaient le peu de place réservé à l'histoire des peuplements et des régions, aux migrations, création ou abandon de villages, organisations socioéconomiques des provinces. Des pans entiers de l'historiographie qui ne seront pris en charge que de façons incidentes dans les brillantes monographies ou synthèses de « l'école de Dakar ».

En revanche, par-delà les facteurs politiques et militaires de grands bouleversements historiques ont été le fait de facteurs économiques, de changements climatiques, de pressions démographiques ou de facteurs sociologiques comme le refus de l'islam.[186]

Sans revenir sur le vieux débat des facteurs déterminants dans l'évolution des sociétés humaines, il convient de souligner que cette distinction est opératoire pour toute l'histoire universelle. Elle en est même une évidence.

Cependant, le modèle social sénégambien donne l'exemple d'un corps social très stratifié qui a fini par établir un hiatus historique entre les communautés paysannes et une aristocratie servie par des esclaves qui deviendront des arbitres du jeu politique. Dans un tel cadre le fait politique et la geste militaire semblent prendre le dessus dans l'espace public comme dans l'imagerie sociale que ces groupes spécifiques ont occupée pendant des siècles. L'historiographie a ainsi saturé la conscience historique en marginalisant le vécu et la culture des larges communautés humaines déniées de tout rôle historique propre. L'étude des villages, terroirs, diasporas et communautés transculturelles semble laisser apparaître d'autres sujets historiques en dehors des destins individuels des princes, seigneurs de la

---

[184] Bruno de Chavane, 1985 *op. cit.*, page 26.

[185] Tanor Latsoucabé Fall, *Recueil sur la vie des Damel*, *Bulletin de l'Ifan*, TXXXVI série B, N°1, 1974.

[186] Chavane, *ibid.*, page 26.

guerre, esclaves ou gens de castes dont la fonction traditionnelle a imposé la prégnance et la rémanence dans l'historiographie.

Il convient cependant de fixer quelques repères pour mieux situer la trajectoire des terroirs ethniques et leur importance dans l'histoire de la Sénégambie.

Les facteurs de longue durée

Les facteurs de longue durée qui ont marqué tout le Soudan occidental restent : la péjoration du climat et surtout l'aridification du sahel, le commerce, les grandes migrations, l'islamisation, la diffusion des techniques métallurgiques, l'introduction de nouvelles cultures, autant de facteurs structurelles qui, dans leur déroulement comme dans leurs enjeux, supposent un personnel bureaucratique constitutif d'un État organisé. Les analyses historiques dominantes du reste tendent à privilégier les acteurs qui se recrutent dans le personnel dynastique et les protagonistes des relations de longue distance qui, dès le VIIIe siècle se cristallisaient autour du Ghana en un ensemble intégrant un véritable empire du Tagant au Haut Niger et du Sénégal à Tombouctou. Cette construction politique se prolonge entre le Haut Sénégal et la Falémé par le royaume de Gajaaga gouverné au Xe siècle par des familles soninké émigrées du Ghana. Ces familles ont trouvé sur place des groupes Dya Ogo du clan Diaw que les Soninké appellent les Jawonko. Selon Bathily se fondant sur la chronique de Siré Abbas Soh, ces Jawonké seraient des nomades venus du Termès qui ont successivement occupé la moyenne vallée du Sénégal et le pays appelé Ñamandirou dans le haut bassin du Ferlo avant de se sédentariser.[187]

La dynastie peule des Dya Ogo établissait une hégémonie au Fouta dans la moyenne vallée du Sénégal jetant les bases du Tékrour, avant de péricliter sous les coups de boutoir des Manna du Royaume soninké de Diara au XIe siècle.

Géopolitique du Soudan entre empires, lamanat et terroirs

La ruine du Ghana au XIe siècle ouvre une nouvelle géopolitique au Soudan occidental avec l'émergence de plusieurs entités dynastiques : le Sosso, le Diara, le Gajaaga, le Mali, le Djolof, le Tékrour. Deux dynasties domineront la région entre le XIIe et le XIIIe siècle: Manna du Royaume de Diarra, Soninké contre les Dya Ogo du Tekrour.

« Au Diarra, chaque province était administrée par un gouverneur qui portait le nom de faren ».[188] Yoro Dyao confirme ce trait des migrations des Manna : « elle peupla les vastes contrées du Fouta qu'elle trouva désert et

---

[187] Abdoulaye Bathily.- Guerriers tributaires et marchands.- Thèse pour le Doctorat d'Etat.- Université de Dakar, 1985, page 106.

[188] Chavane, 1985, page 30.

ses chefs portèrent le titre de fari. »[189] Ce titre de fari qui signifie chef ou gouverneur militaire présente les mêmes variantes chez plusieurs communautés du Soudan occidental. Fara, farba fariba, fagan restent l'écho d'une prépondérance soninké chez des populations peule, ouolof, sérer dans un même cadre géopolitique tour à tour dominé par les dynasties soninké et mandingues relayées par les hordes Ton dyon qui ont éclipsé les Fari.[190]

La Hiérarchie tripartite : nobles, gens de caste, esclaves

Au Mali selon la tradition « 30 clans furent constitués dont cinq d'artisans, quatre de guerriers, cinq de marabouts et seize d'hommes libres, dits cependant esclaves de la collectivité : Ton Dion » [191]

La prépondérance du Diarra et du Mali, par-delà ses péripéties politiques bien connues, ouvre une nouvelle distribution des sociétés de la Sénégambie.

Dans tout l'espace soudanais, la méridionalisation des sociétés emprunte les contours d'une superposition entre une hiérarchie dynastique qui est politique et une recomposition de terroirs ethniques avec une durée et une logique à la fois sociale, économique et culturelle.

Dans toute l'aire ouest-africaine, dans l'espace couvert par les entités politiques du Ghana et du Mali, semble se dégager une ligne de rupture entre groupes socio-professionnels et détenteurs du pouvoir cherchant à le conserver dans des familles patrilinéaires ou matrilinéaires. On peut sans doute voir là le sens de la hiérarchie mandingue en trois ordres représentés par les nobles, les gens de castes et les esclaves, qu'on retrouve largement dans l'aire d'influence du Ghana et du Mali.

Manding, Wouolof, Tukulor, Dogon, Sénoufo comme les Songhay, Peul, Sérères, Touaregs ou Maures partagent la même configuration sociologique.

L'épicentre de l'aire de développement des castes se retrouve dans l'espace mandingue, soninké et ouolof[192]. La proximité phonétique de la désignation des castes atteste de cette communauté des identités collectives en Afrique de l'Ouest. Nyamakala chez les Mandingues, ñaxamala chez les Soninkés, nyaamakala chez les Fulfulbé ; de même le terme ñeeño chez les Wouolof et les Fulfulbé, le géwel des Wouolof, qui devient gawlo chez les Fulfulbé, gawulo chez les Mandingues gàwlà chez les Songhay, attestent

---

[189] Yorro Dyao in Sire Abbas Soh, Delafosse M., Gaden, H., *Chronique du Fouta sénégalais*. Paris : Larose 328 p., 1913.

[190] Le titre de satigi qui semble être du même niveau dans la hiérarchie politique témoigne plutôt de l'influence mandingue à partir du XIIIe siècle. La tradition du Fouta fait durer le régne des Tondyon à 100 ans au XIVe siècle.

[191] Chavane *ibid.*, page 30.

[192] Tal Tamari "linguistic evidence for the history of West African castes" in *Status and identity in West Africa*, David C. Conrad and Barbara E. Frank, Indiana University press , 1995, page 61.

bien cette communauté historique et des échanges interculturels qui l'ont marqués. [193] Le vocabulaire des castes traduit une chaîne de transmission qui dénote bien l'influence respective des différentes communautés dans le développement des castes. L'influence extérieure dans la formation des castes est manifeste chez les Fulfulbé. Mais c'est par leur intermédiaire que se sont constitués les gàwlà et maabe des Songhays, des gawulo des Bambaras. Les Fulfulbé sont aussi à l'origine de l'expansion du groupe des Lawbé boisseliers dans toute l'Afrique de l'Ouest. La caste des cordonniers chez les Peuls et Tukuleur provient d'une souche soninké qui s'est probablement étendue chez les Mandingues. Les Wouolof auraient aussi fourni en griot (gawlo) les Peuls, les Tukuleurs, les Mandingues, Songhay, Maures et Touaregs.[194]

Tal Tamari décrit une frontière nord de l'aire d'expansion des castes en considérant les Maures dont la frange méridionale n'aurait atteint le sud du Sahara qu'à partir du XVe siècle alors que les Maures du Nord seraient généralement sans système de castes endogamiques.

Islamisation et préséance sociale

Il semble qu'il y ait un rapport entre l'islamisation et l'origine des castes inférieures dans la hiérarchie tripartite. Le premier roi du Mandé serait Sumanguru Kanté rattaché à une origine forgeron. De même, dans la majorité des entités politiques du Soudan occidental, les premiers tenants du pouvoir, ceux autour de qui s'est forgée la symbolique du pouvoir et de son origine, nous voyons toujours une culture associée au travail du fer à l'image des Dya Ogo. L'existence de groupes de forgerons détenteurs du pouvoir est une donnée largement répandue en Afrique de l'Ouest, mais la référence à ces groupes comme éléments subalternes et associés à une image de dépit et de mépris serait une particularité de l'aire du Ghana et du Mali. La formation de la caste des griots (Jaliya) reste invariablement liée à l'islamisation et conséquemment un ordre de préséance qui serait à l'origine de castes réputées inférieures. L'islamisation aurait ainsi ouvert une compétition, entre forgerons et marabouts, arbitrée par les griots dont l'alliance avec les marabouts (Mori) a définitivement scellé la subordination des castes et le mépris qui leur est associé.[195]

Du reste, la profusion de titre Fari, Tondyon, Lam Termes, Lam Taga, Lam Toro, dans un même espace culturel, témoigne d'une instabilité des instances dirigeantes au XVe siècle.

---

[193] Tal Tamari *op. cite*, page 74.

[194] Tal Tamari, *ibid.*, page 76.

[195] Charles S. Bird, Martha B., Kendall, and Kalilou Tera, Ethymologies of Niamakala. In S*tatus and identity in west Africa*, Bloomington and Indianopolis, Indiana University Press, 1995, p. 33-34.

Dès la première moitié du XVème siècle, la poussée des Touareg et des Songhay, à partir du nord, devait aboutir à une méridionalisation de l'influence mandingue vers ses provinces atlantiques.

En 1435 Tombouctou et Oualata étaient conquis par les Touareg.

En 1468, Sonni Ali reprenait Tombouctou aux Touareg avant d'entrer vers 1473 à Djenné. Une bonne partie du Macina était retranchée de l'autorité du Mali.

Un autre facteur de recomposition allait germer dans cette partie de l'empire où des Peuls originaires du Termes, sous la direction d'un chef de la famille Diallo, s'étaient installés au début du XVe siècle, avec l'autorisation du gouverneur mandingue du Bagana.[196] La geste de Tenguella s'annonçait.

En 1499, Askia Mouhamed s'emparait du Bagana et, en 1501, d'une partie du Diara qui lui ouvrait la voie en direction du Galam.

La perte d'influence des souverains du Mali était aussi sanctionnée par l'attentisme de la couronne portugaise dont l'empire au large de l'île Santiago restait encore dans le registre du virtuel.

Devant les nombreuses sollicitations du Sultan du Mali Mahmoudou, le Portugal se contentera d'envoyer des ambassades. Il en sera ainsi sous Jean II comme sous Jean III, entre 1481 et 1534. « Mamoudou II avait imploré l'aide du Roi Jean III de Portugal contre les empiètements de Tenguella sur ce qu'il considérait encore comme une partie de ses États. Mais Jean III s'était contenté d'envoyer à Mamoudou II, en 1534, au lieu d'une armée, un simple ambassadeur nommé Peros Fernandez.[197]

En 1545, les armées songhays, sous la conduite de l'Askia Daoud, mirent à sac la capitale du Mali et poussèrent le Mansa à la fuite, scellant ainsi le destin de l'empire des Mandé et le contraignant à se replier dans son réduit du bas Niger et ses provinces occidentales. La rive droite du Niger cessait ainsi de compter parmi les places fortes du Mali et tombera, plus tard, entre les mains des Bambaras de Ségou dirigés par Biton Koulibali vers 1660.[198]

Patrimonialisation du pouvoir

Les bouleversements dans la géopolitique du Soudan occidental ouvraient la voie à une patrimonialisation du pouvoir à l'échelon local dans les terroirs de l'espace Atlantique jusque-là dans le giron du Mali. Cette patrimonialisation ouvre une ère de querelles de préséance chez les héritiers

---

[196] Maurice Delafosse, *Les Noirs de l'Afrique*, Paris Payot, 1941, page 71.

[197] Delafosse, *Les Noirs d'Afrique*, *op. cit.*, page 76-82.

[198] En 1599, Le Mansa Mamoudou III aidé des Peuls du Macina tentera en vain de s'emparer de Djenné et fut retourné par le feu nourri des armées du pacha Ammar.

des titres et attributs de l'ère mandingue, ouvrant une instabilité politique qui perdurera durant des siècles encore.

L'ère dynastique s'ouvrait en Sénégambie.

Omar Kane nous propose un tableau général de la dynamique des dynasties qui se sont succédé dans l'espace sénégambien depuis la moyenne vallée du Sénégal. « Les Jaa Oogo seraient des Wouolofs mélangés aux Soosé, les Tonjong seraient des Sereer du clan Ngom, les Manna des Soninké du clan Soumaré, les Laam-Taaga des Berbères d'ascendance almoravide, les Laam – Termess et les Deniyanke sont des Fulbé qui ont exercé le pouvoir sans interruption notable, de la fin du XIe siècle à nos jours, la conquête du Fuuta par le Jolof et son administration par les farba du Buurba Jolof ayant duré à peu près un demi-siècle ».[199]

Ces dynasties se définissent au travers d'une nomenclature politique qui s'est établie entre le XIe et le XVe siècle. On y retrouve : Fara, Farba, Fari, Faren, Fare, Silatigi, Saltigue, Satigi, Mansa, Maîssa, Massa, Damel, Dummel, Teen, Teeñ, Jarno, Maalaw, Malo, Jaagaraf, Jaraaf, Jagodin, Jawdin, Jogodo, Kamalinku, Daali, Bijjeew, Jaalaw, Jogomay, Laam, Laamido, Laaman.

Ces fonctions qui correspondent toutes à des charges politiques au sein de communautés paysannes différenciées, attestent d'un niveau particulier de formation des instances politiques entre le XIe et le XVe siècle. Elles suggèrent toutes un moment de transition entre le déclin du Ghana, la lointaine autorité du Mali que Valentin Fernandes plaçait à 700 lieux dans l'intérieur sur les bords du Haut-Niger[200] et les recompositions du Tekrur, du Jolof et du Gabu.

En somme, il semble bien que l'évolution dynastique peine à rendre compte de l'invariant du substrat des terroirs et communautés culturelles qui ont de puissants ressorts dans la dynamique des communautés. Ainsi le commerce transsaharien a gardé une forte prégnance dans la géopolitique sénégambienne. Il sert de champ international avec ses groupes-relais et diasporas qui organisent de véritables réseaux qui transcendent les constructions politiques.

Les constructions politiques ont été accompagnées par des desseins mercantiles qui se traduisent par le souci de contrôler marchés et routes de commerce mais aussi leur volonté de nouer des alliances et assurer une collaboration avec l'islam.

C'est sans doute le lieu de nuancer une des thèses centrales de Abdoulaye Bathily qui, en prenant le contrepied des théories diffusionnistes et de l'idéologie hamitique, semble introduire une autre dérive. On ne lui fera sans doute pas la fausse querelle d'un révisionnisme ceddo pour nourrir un

---

[199] Omar Kane « Les raciness d'une nation » in Moustapha Tambadou, *Les convergences culturelles au sein de la Nation sénégalaise*, Ministère de la Culture, Dakar 1996.

[200] Valentin Fernandes, Descripçao, *op. cité*, page 75.

légitimisme soninké prompt à redorer le blason des Tunka. Mais il bouscule bien des faits établis par l'historiographie. « L'islam n'a été ni le facteur d'intégration politique ni le principal ferment de la croissance économique et du développement social au Soudan occidental. » L'expansion musulmane aurait même conduit, selon lui, à la fragmentation politique tout au moins pour le Sahel soudanais. « En se greffant au réseau d'échange ancien qui, pour l'essentiel, était orienté suivant la ligne des méridiens, le commerce transsaharien impulsé par les musulmans fut une source de déséquilibre pour les formations sociales soudanaises et le Gajaaga en particulier, où la guerre prit le caractère d'un fléau permanent. L'islam et le commerce transsaharien contribuèrent à distendre, d'une certaine manière, les relations économiques et sociales, voire l'intégration politique entre le monde saharien et le Soudan qui semblent avoir été beaucoup plus étroites dans l'Antiquité. »[201] On reconnaîtra à notre auteur le mérite de bien distinguer islamisation et commerce transsaharien dont la prégnance et l'impact vont au-delà du VIIIe siècle. L'apport de l'archéologie a été décisif, sous ce rapport. Elle a permis d'établir que la participation au commerce régional et de longue distance a été, pour beaucoup, dans le développement d'un tissu urbain local avant le VIIIe siècle. Il en est de même du développement des constructions politiques comme du progrès économique. Les fouilles sur les sites de Djenné Djenno attestent de l'implantation d'immigrants porteurs d'une métallurgie du fer qui a été décisive dans les transformations du Soudan occidental avant l'islamisation. La construction d'une muraille longue de 2 kms, l'apparition du cuivre vers 400 AD, et de l'or autour de 800 AD, sont les meilleurs témoins du développement d'un commerce de longue distance autour de Djenné.[202]

On peut admettre avec lui, sans hésiter, que le développement des activités comme la pêche, l'élevage, l'agriculture et l'émergence d'une métallurgie du fer ont créé les conditions d'une plus grande complexification du tissu social et politique au sein des groupes Gaja et Malinké Binu, voire au-delà, les populations protohistoriques de la moyenne vallée du Sénégal. Des formes d'autorité de type religieux, foncier ou fonctionnel, semblent se traduire dans des titres comme, Nyinya-Gumu (maître du sol), Ji- Gumu (maître de l'eau) qui peuvent être rattachés à ceux de Diogomaye ou de Lamane du monde sérère et fulbé.

L'effet islamique

Il nous semble difficile de minimiser, comme le fait Bathily, l'impact des diasporas musulmanes dans la formation et la pérennisation d'un état

---

[201] Bathily 1985, *op. cite*, page 131.

[202] Susan Keech McIntosh and Roderick J. MacIntos h ; *Recent Archeological research and dates from West Africa*. JAH, 27, 1986, page 428.

centralisé au Soudan occidental. Il serait plus approprié de parler d'une méridionalisation des flux économiques par leur expansion de la vallée du Sénégal à la boucle du Niger.

Le développement des relations avec l'Afrique du Nord islamique dont les meilleurs témoins sont les perles de verre trouvées sur les sites de Djenné Djéno, de même que l'adoption de plans rectilignes pour les maisons, semblent contemporains d'un rayonnement marchand attesté par l'aire de diffusion, entre Djenné Djenno et la boucle du Niger, d'une céramique avec des figurines géométriques peintes en blanc.[203] Il nous semble, du reste, que Bathily s'est lui-même très vite employé à nuancer son propos en admettant que l'expansion musulmane au Soudan occidental à partir de la deuxième moitié du VIIIe siècle apporta d'importants changements dans l'organisation économique sociale et politique du Gajaaga, voire même de révolution.[204]

---

[203] *Idem* McIntosh 1986.

[204] Bathily, *op. cité*, page 133 et 135.

CHAPITRE 11

SÉQUENCES CHRONOLOGIQUES ET MÉRIDIONALISATION

Figure 2 : Chronologie des dynasties de la moyenne vallée205

800-1000. Dynastie peule des Dya Ogo. Apogée du Ghana et tutelle sur le Tekrour.
1000-1100. Dynastie des Djabi, islamisation du Tekrour Poussée almoravide et indépendance du Tékrour
1100-1300. Dynastie soninké des Manna. Le Tékrour passe sous la Souveraineté du Diarra (dynastie des Nyakhaté)
1300-1400. Dynastie serer des Tondyon Le Tékrour devient une province du Mali
1400-1450. Règne de Lam Termes (invasion peule et soninké Dislocation du Mali

Le tableau qui précède semble corroborer celui qu'Ibn Khaldoun a vulgarisé et qui présente une succession de différentes entités politiques. « Le royaume de Ghana s'était affaibli et sa puissance était tombée en décadence quand commença à s'affirmer la puissance des Mulaththamun, leurs voisins du Nord, du côté des Berbères...Les Mulaththamun envahirent alors les Sudan, s'emparèrent de leurs défenses et de leur pays, imposant tribut et capitation. Ils en amenèrent un grand nombre à embrasser l'Islam comme religion. Le pouvoir des souverains de Ghana se défit ; ils furent vaincus par les Susu, leurs voisins également des Sudan, qui réduisirent toute la population à l'esclavage.

Puis se manifestèrent les gens de Mali. Les tribus des Sudan s'étaient alors accrues dans ces parages et avaient soumis les tribus environnantes. Elles vainquirent les Susu et s'emparèrent de toutes les possessions de ces derniers, de leur ancien royaume de Ghana jusqu'à l'océan. »[206] Ainsi, dans une logique dynastique exclusive qui laisse entière la question du mouvement des populations et des communautés historiques, l'auteur du *Mukhadimat* semble

---

205 D'après Bruno de Chavane, *Les villages de l'ancien Tekrour*, 1985, page 34.

206 Ibn Khaldun kitab al Ibar in Cuoq cité in Bathily 1985, p. 212-213.

installer une histoire à séquences qui privilégie la seule trajectoire des dynasties au pouvoir ou celles dont la postérité a retenu les hauts faits.

La difficulté avait été judicieusement notée par Abdourahmane Ba, à la suite de Madina Ly Tall et Bruno de Chavane : « la relative stabilité du peuplement dont atteste l'archéologie et d'autre part l'impression d'instabilité que laissent les sources orales... lorsqu'une dynastie arrive au pouvoir, on a l'impression d'assister à tout un bouleversement national. »[207] Ces change-ments dynastiques ont gardé une prégnance beaucoup plus forte dans la mémoire que dans l'effet des dynamiques de fond par la stabilité des terroirs et de leurs communautés humaines.

L'effet des dynamiques par le bas

C'est sans doute sous ce dernier rapport qu'il faut relever avec plus de force l'impact de la méridionalisation du commerce transsaharien en direction de la vallée du Sénégal et la boucle du Niger. La péjoration de l'environnement a beaucoup exacerbé les rivalités entre Berbères et Arabes dont le mouvement almoravide sert de toile de fond. Tout le commerce transsaharien et les mouvements migratoires des Sanhaja comme des Soninkés suivront cette dynamique méridionale. Beaucoup plus qu'une influence délétère du commerce transsaharien comme l'affirme Bathily, il s'agit plutôt d'une adaptation des populations à une nouvelle conjoncture qui traduit un dynamisme des groupes sociaux marchands, groupes professionnels et élites religieuses, par opposition à l'inertie des élites dynastiques en place au Wagadou. C'est, du reste, le sens qu'on peut donner aux propres conclusions de Bathily. « Le centre de gravité de l'activité marchande se déplaça peu à peu vers le sud et l'ouest de l'empire, c'est-à-dire les vallées du Sénégal et du Niger qui constituaient les principaux centres de production des métaux et des produits agricoles. Cette réorientation du circuit des échanges a dû renforcer la position des États vassaux et affaiblir graduellement l'autorité du pouvoir central. L'œuvre d'Al Bakri, et celle d'Al Zuhri et d'Al Idrissi montrent assez clairement le conflit d'autorité qui minait l'empire entre le XIe et le XIIe siècle ». C'est paradoxalement l'une des conclusions les plus fécondes du travail de Bathily qui semble lesté par le présupposé d'un État du Wagadou fort et centralisé que le commerce transsaharien et l'islam auraient affaibli. Ce présupposé tenace dans son approche semble lui avoir interdit la possibilité de reconnaître les forces à l'œuvre. S'il décrit ces forces, c'est pour leur attribuer une influence négative quand les dynamiques sociales et les progrès techniques empruntaient l'horizon des vallées du Sénégal et du Niger. « Le commerce, en s'étendant en largeur et en profondeur, a très certainement,

[207] Abdourahmane Ba *Le Takrour, des origines à la conquête par le Mali*, CRIAA, Dakar, IFAN/UCAD 2002, p. 53.

comme au Sahara occidental, accentué les clivages sociaux dans les villes comme dans le milieu rural. La conversion progressive de groupes de plus en plus importants de la population, voire de membres de l'aristocratie elle-même, créa, à la longue, les conditions d'une crise idéologique qui affecta le régime dans son ensemble. [208] Ce que Bathily présente, non sans nostalgie, comme des courants de fond qui commandent le mouvement général de déclin nous semblent, au contraire, des éléments de progrès social et de cohérence culturelle, face à l'adversité de la nature et du prosélytisme militaire almoravide et almohade. Du reste, une hypothèse formulée par Abdourahmane Ba que semble corroborer l'anthropologie culturelle, établit une continuité et une cohérence historique avec les terroirs de la moyenne vallée qui serviront de modèle au peuplement de toute la Sénégambie, à partir du XIIe siècle, alors que le Sosso et le Mali avaient déjà pris le relais du Wagadou et du Tekrour.

Les lignes de force de l'implantation humaine (X-XVe siècles)

La poussée almoravide au XIe siècle exacerbe les dynamiques ethniques. La dispersion des Soninké, les migrations ouolof et sérères vers le sud en direction des plateaux et corridors atlantiques, l'implantation des groupes peuls au Macina et sur les hauteurs du Fouta Djallon, tel nous semble campé, le décor des logiques de terroirs qui garderont leur prégnance du XIIe au XVe siècle.

Ainsi s'ouvrent avec l'horizon méridional des plateaux et plaines de l'Ouest soudanais, l'histoire de la vie quotidienne des populations, dans l'épaisseur vivante qui toujours définit l'originalité de la trajectoire d'un peuple. Les relations sociales, les identités collectives, et ethniques, les formes culturelles propres, autant de traits fondamentaux qui ne sauraient se suffire des macroanalyses et synthèses de l'histoire dynastique.

L'analyse des terroirs gardera ainsi ses données structurelles qui leur donnent une cohérence et une durée qui ne sauraient se suffire d'un tableau factice hors du temps et de l'espace, à la manière d'une moyenne historique construite suivant une simple catégorie de l'analyse politique.

Terroirs sénégambiens et complexe sociologique

La formation des royaumes sénégambiens, à partir du XIe siècle, semble se réaliser sur un substrat sociologique constitué par des populations de pasteurs nomades, commerçants, agriculteurs et pêcheurs. C'est un fait qui reste établi par les sources orales et l'anthropologie culturelle. Mais déjà la description des institutions politiques, les toutes premières instances de pouvoirs dans l'espace sénégambien suggèrent la nature du complexe sociologique et culturel à la base de la formation des identités collectives en Sénégambie.

---

[208] Bathily 1985, page 216 et 217. .

Sociologie des instances d'un pouvoir en transition

Omar Kane fait observer que : « La formation de l'État Wouolof, analysée sous l'angle de la dévolution du pouvoir entre les familles (meen) Garmi révèle qu'elle résulte d'un compromis entre familles d'origine ethnique et géographique diverse. Les Gelowar sont d'origine Sérère, les Doroobe viennent du Fouta (marabout) les jaafuñ du Jafunu... Les titres des trois dignitaires qui forment le Sebag baor [au Walo] sont à n'en pas douter peul ; Jogodo ou Jawdin, Jogomaay ou Joom maayo, Maalo ou Malaw titre de dignité des Laobé... Il symbolise la communauté nationale des agriculteurs, des pêcheurs et des pasteurs et commerçants. »[209]

Un fait massivement corroboré par les traditions berbères, soninké, et ouolof établit dès le VIIIe siècle de notre ère, une cohabitation entre Peuls, Soninkés, Berbères, Sérères, Ouolofs depuis l'Adrar mauritanien avec des épicentres comme le Hohd, l'Aouker ou le Tagant.

La poussée berbère et arabe au VIIIe siècle et la dispersion des Soninkés qui en sont le corollaire ont créé des dynamiques locales entre populations nomades et sédentaires, dont l'histoire dynastique ne rend point compte.

L'évolution des facteurs climatiques, surtout la distribution des pluies, garde un impact décisif dans la formation et l'évolution des groupements humains en Sénégambie. C'est ainsi qu'on peut distinguer plusieurs séquences d'alternance de périodes humides et d'aridification.[210]

Figure 3 : Les séquences écologiques de l'histoire de la Sénégambie

Jusqu'à 300 Av JC	Période d'aridification
De 300 Av JC à 300	Période de transition, marquée par une amélioration des conditions écologiques, propice au commerce transsaharien
De 300 à 700	Une nette amélioration de la pluviométrie
De 700 à 1100	Période d'abondante pluviométrie
1100 à 1500	Longue période d'aridité
De 1500 à 1630	Période humide
1630 à 1860	Longue période de sécheresse
1860 à 1900	Brève période de reprise pluviométrique
1900 à 1930	Période sèche
1930 à 1960	Une pluviométrie modérée qui a soutenu le boom arachidier.

209 Omar Kane in Tambadou *Les convergences culturelles au sein de la Nation sénégalaise*. Dakar, Ministère de la culture 1996, page 64, 65.

210 Geoges E. Brooks, Landlords and strangers : *Ecology, Society, and trade in Western Africa*, 1000-1630, Westview Press, Boulder, San Francisco, Oxford, p. 8-9.

Nonobstant certains facteurs comme la direction des vents, la pédologie ou la distribution des cours d'eau et lacs, la Sénégambie décline plusieurs zones écologiques qui définissent des terroirs ethniques différents. Il s'agit du désert saharien, du sahel, de la savane, des plateaux et de la forêt. Des groupes maures, ouolofs, foulbés et mandingues sont restés les grandes communautés qui se sont adaptées à ces milieux et ont gardé une remarquable continuité depuis des siècles.

CHAPITRE 12

ENSEMBLES ANTHROPOLOGIQUES ET OCCUPATION DE L'ESPACE

Tableau diachronique des terroirs

Le mouvement nord-sud défini plus haut a, depuis l'Adrar mauritanien, donné forme à un paysage humain qui va durablement marquer l'histoire de la Sénégambie. Ce mouvement a induit une double poussée, celle des Berbères des groupes Sanhaja et Zenata et celle des soninkés depuis l'est.

Il est remarquable que l'historiographie ait pu définir un tableau humain qui, sur plusieurs siècles, allait définir le paysage de la Sénégambie.

Prolongeant l'aire berbère ce paysage s'ouvre sur le pays ouolof à partir du Walo au Bas Sénégal et s'étend jusqu'au Cap-Vert et au cœur du Djolof.

Les Sérères s'établissent entre le Cap-Vert et le Saloum. Les Peuls à partir du berceau de la moyenne vallée du Sénégal présentent une aire de sédentaires le long de cette vallée qui se prolonge dans des aires de pâturage du Ferlo. Ainsi le Fouta Toro était limité à l'ouest par le Djolof et le Walo ; le fleuve Sénégal séparant le Fouta et le pays maure. Le Boundou à l'est et le Wouli au sud[211] fermaient la Sénégambie dans les méandres de la Falémé. Le tableau se complète au sud et à l'est par les aires d'expansion mandingues et foulbés sur des fonds de populations bainouk en Casamance.

Continuité des terroirs versus ruptures dynastiques

Aussi surprenant que cela puisse paraître, la multiplicité des royaumes et des familles dynastiques en Sénégambie, les nombreuses ruptures dans leur histoire, cachent mal une continuité des terroirs et des ensembles humains qui les composent.

Sur un fond soninké, un terroir berbère, un terroir ouolof et sérère, un terroir fulbé, et un terroir mandingue sont clairement identifiables dans une remarquable continuité depuis des siècles. Ces terroirs jamais cloisonnés sont restés soudés par des groupes relais, des diasporas marchandes et une vie de relation qui défient le temps et l'instabilité des sphères politiques.

La langue, la localisation géographique et les identités collectives sont restées paradoxalement vivaces, bravant le temps, les guerres et les querelles dynastiques qui ont souvent donné une image chaotique à l'histoire de la

---

[211] Mollien G. *Voyage à l'intérieur de l'Afrique. Aux sources du Sénégal et de la Gambie*, Paris : Arthus Bernard, 1822 ; T1[er].

Sénégambie. La terre et les hommes semblent restituer un décor et une trajectoire qui donnent plus de sens et de consistance à une histoire jusque-là confinée dans les tumultes des guerres, des ruptures politiques ou gestes dynastiques.

Nous avons adopté volontiers la démarche de Hair [212] en notant cette continuité depuis le XVe siècle des noms de groupes, leur localisation géographique et leur langue pour définir ces identités. Les noms, malgré leur mauvaise transcription ou corruption, peuvent être des indicateurs d'identités que d'autres sources peuvent corroborer. Même l'anthropologie moderne atteste cette continuité en constatant dans la période postcoloniale, un spectre linguistique composé du ouolof, du mandingue, du pulaar, du sérère, du diola, et du soninké. Ce spectre linguistique reste le meilleur témoin des terroirs historiques que les différents projets de construction nationale peinent toujours à effacer ou recomposer.[213]

Dès le XVe et XVIe siècles, les localisations géographiques à travers la toponymie de la découverte sont associées à des repères géographiques comme les fleuves, les caps ou des plateaux qui sont d'abord des repères de navigation qui ne peuvent tenir lieu de limites politiques mais permettent au moins une approximation de la distribution spatiale des communautés. Enfin les langues auxquelles les sources se réfèrent, comparées aux langues actuelles, peuvent servir de moyens d'identification des communautés et ainsi permettre d'établir leur continuité malgré leur évolution ou l'élargissement de leurs locuteurs.

C'est sur cette base qu'on peut distinguer les trois champs historiques qui ont enserré tous les terroirs de la Sénégambie depuis l'Adrar mauritanien jusqu'au Rio Grande. L'espace berbère, l'espace ouolof-foulbé, l'espace foulbé-mandingue.

L'espace berbère part des marges sud du désert depuis l'Adrar mauritanien jusqu'au fleuve Sénégal.

L'espace ouolof-foulbé part du Fleuve Sénégal à la Gambie avec des enclaves sérères, lébous, niominka. Cet espace présente une configuration dont rend bien compte le Tariq el Fettach comme les différents récits de voyages européens depuis Diego Gomez, Cadamosto, Duarte Pachecho Pereira ou Valentin Fernandes et Alvares De Almada.

Enfin, l'espace mandingue Foulbé qui commence avec les deux rives de la Gambie et traverse le cœur de l'espace guinéen jusqu'au-delà du Rio

---

[212] Hair P.E.H "Ethnolinguistic continuity of the Guinnea Coast" *Journal of African History*,VIII, 2, 1967, p. 247-268.

[213] Donal Cruise O'Brien "The Shadow-politics of wolofisation" *The Journal of modern African Studies*, vol 36, n°1, March 1998, page 31.

Grande. Cet espace comporte plusieurs terroirs de refuges de bainouks, floups, nalou, landoumans…

Les relais maures : du désert aux terroirs berbères

L'isohyète 100 définit au sud-ouest du Sahara une zone périodiquement et irrégulièrement arrosée pour permettre le maintien de communautés humaines de culture arabo-berbère. Ces populations nomades se distinguent par la pratique de l'élevage de chameaux, de moutons, de chèvres, d'ânes et de quelques chevaux. La recherche de pâturages, points d'eau et oasis a défini depuis des millénaires l'horizon vers le sud en direction des pâturages du Sahel et sa végétation d'épineux, de gommiers et d'acacias. La fourchette de 100 à 400 mm des précipitations offre un refuge récurrent pour ces nomades et leurs troupeaux et caravanes. Ce mouvement prend une forme récurrente surtout à la faveur de la longue période de sécheresse entre octobre et juillet durant laquelle les rares pâturages sahariens sont anéantis.

Les terroirs berbères ne peuvent être raisonnablement exclus de l'aire sénégambienne. Plus qu'une limite du monde méditerranéen qu'ils semblent isoler dans les immenses corridors de sable, ils paraissent plutôt servir de relais dans une vie de relation qui, depuis des millénaires intègre, l'espace du Sahel et celui du Sahara. Le fleuve Sénégal, jadis identifié au Nil, a été la plus importante des voies de liaison. La géographie arabe, du reste, a bien restitué cette impression d'un espace intégré par le commerce et une urbanisation précoce dont l'histoire politique ne rend pas compte. Al Idrissi donne une image bien vivante de cet espace de commerce et de vie de relation. « De la ville de Barissa sur le Nil (dans la direction) de l'est, il y a 11 étapes. La ville de Barissa est une ville petite sans muraille. C'est cependant un bourg à population sédentaire ; les habitants sont des commerçants qui circulent ; ils sont sous la dépendance du Takruri. Au sud de Barissa, il y a le territoire de Lam-Lam. Entre les deux il y'a environ 10 jours (de marche). Les habitants de Barissa, Silla, Takrur et Ghana razzient le pays des Lam-Lam et y font des captifs qu'ils amènent dans leurs pays pour les vendre aux marchands qui se rendent chez eux. Ce sont ces marchands qui font passer les esclaves dans les autres contrées.[214] D'autres localités comme Ghiyaru (Kayes ?)[215] ou Gunjuro partagent ce statut de relais du commerce transsaharien le long du fleuve Sénégal enlevant ainsi toute pertinence à une idée de limite d'un espace fermé sur le pays des noirs.

---

[214] Al Idrissi in Cuoc, page 131.

[215] Bathily estime que Le Ghiyaru des géographes arabes serait une transcription fautive de Gunjuru.

Entre dispersion et sédentarisation des berbères : L'héritage almoravide

Si l'environnement du désert induisait un mode de peuplement et d'occupation du sol très dynamique, des facteurs politiques liés à la geste almoravide ont travaillé à la construction d'entités politiques et culturelles dont l'histoire laissera des marques dans tout le Sahel. Des traditions berbères citées par Bomba suggèrent une continuité du pouvoir bien après la mort du chef almoravide Abu Bakr en 1087. L'héritage almoravide semble avoir survécu pendant plus de 6 générations de calife avant de se diviser en quatre branches. La première suivait Billag, la seconde, Ibn Al Amir Amar, la troisième Al- Alawi un lettré d'ascendance chérifienne qui selon Norris et Bomba serait l'ancêtre des Idaoul hadj et la quatrième, Muhamadh Al Bambra al-Lamtuni de souche soninké comme le suggère son nom. Cette division devait selon Bomba affaiblir les berbères lamtuna et précipiter leur défaite au XVe siècle face aux Kunta alliés au guerriers Hassan d'origine arabe.[216]

Les traditions berbères comme celles des populations soudaniennes se rattachent toutes à cet héritage commun avec les références arabo-berbères qui ont survécu bien après la période almoravide. Mais ce que le XIe siècle a ouvert garde une incidence sociologique et culturelle qui a définitivement scellé le destin historique des populations du Sahel sénégalo-mauritanien. Plus que l'héritage politique émietté, la descendance de Abu Bakr telle que présentée par les traditions, rend compte d'un bouillonnement culturel qui rend justice à une communauté de culture qui transcende bien des barrières colorées de l'ethnicité. Dans ce lointain siècle des ruptures, malinké et arabo-berbère semblent se fondre dans un fonds culturel sérère, peul pour dessiner les premiers terroirs et les premiers groupes transculturels de la Sénégambie au XIIIe siècle.

Les populations berbères, suivant le mouvement récurrent nord-sud, ont fini de se fixer au Gannar qui, selon Norris, renvoie à un terroir de dunes fixes appelées Ad-Draa où les populations Sanhaja allaient essaimer en autant de groupes bien différenciés des guerriers Hassan de souche arabe, mais en contact direct avec les populations noires.

La culture maure

La culture maure a, au fil des siècles, intégré le moule des communautés sénégambiennes. C'est une culture marchande, et nomade. Certaines communautés maures sont les véritables vecteurs de la culture arabo-musulmane qui s'est diffusée dans toute la Sénégambie. L'exemple des Idaoul

---

[216] Victoria Bomba, "Traditions about Ndiadiane Ndiaye, first Buurba Djolof", in *Bulletin de l'Ifan*, Tome 39, série B, n° 1, 1977, pages7-8.

Hadj reste le modèle qui a eu le plus d'impact par la formation des communautés transculturelles Naru Kadior au Cayor et aussi la multiplication des écoles coraniques.

Dans l'imagerie populaire sénégambienne, le fait maure est aussi une interférence belliqueuse par des pillages sur les bords du Sénégal et du Niger. Ils ont été les pourvoyeurs d'esclaves noirs sur les rivages de la Méditerranée. Les Maures ont aussi été les vecteurs du sel jusqu'aux placers du Galam et du Bambouk d'où ils tiraient l'or qui alimentait les marchés du Maroc, d'Alger et de Tripoli jusqu'en Mer rouge en intégrant aussi la Mecque dans l'horizon spatiale sénégambienne depuis des siècles. Ils ont surtout porté le cheval et les bœufs jusqu'à la lisière des forêts méridionales comme Sutouko sur la Gambie, d'où ils passeront le relais aux Foulbés et aux Mandingues. Golberry en 1787 les décrit traversant la Gambie avec les troupeaux de bœufs, par Albréda ; « Le troupeau fut rassemblé sur le rivage au sud d'Albréda ; là les Maures le firent reposer quelques heures sans lui donner aucune pâture ; les conducteurs de ce troupeau étaient au nombre de cent vingt, bien armés de fusils, de zagaies, de sabres et de poignards. »[217]

La poussée arabo-berbère et la méridionalisation de l'occupation humaine semblent ainsi indissociables des mouvements qui ont produit depuis le XIe siècle la configuration des terroirs de la Sénégambie.

Une même communauté historique ouolof-foulbé avec un fond socé semble se dégager entre le fleuve Sénégal, la côte et la Gambie et même au-delà.

[217] Golberry, Tome 1, *op. cité*, page 328-329.

CHAPITRE 13

L'HÉRITAGE SOCÉ DANS L'ESPACE DES TERROIRS OUOLOF-FOULBES

La première colonisation socé et les relais malinké

La filiation à différentes familles aristocratiques ou groupes professionnels constitue un élément de différenciation culturelle, mais les populations malinké se répartissent sur des terroirs bien identifiables dans l'espace sahélien entre le Niger, le Fleuve Sénégal et la Gambie.

Leurs marques se retrouvent dans les localités comme le Bambouk, le Bafing, le Bouré, le Fouladougou, Nourou, Farimboula, Kangaba, le Dialonkadougou.

Une identité mandingue apparaît dès le XVIe siècle comme l'épicentre d'une communauté historique connue sous le nom de malinké qui semble être une déformation de mandingue kié (homme du mandingue). Un passage de Mage situe bien la Jonction des Soninkés et des Malinkés au niveau du haut Fleuve Sénégal après le déclin du Wagadu. « Lorsque les gens de Diabé s'avançant vers l'ouest arrivèrent au Sénégal, ils y trouvèrent les Malinkés qui habitaient alors le Galam ; il les en chassèrent par force… »[218]

Les Bambaras ou Bamanas quant à eux se regroupent dans les plateaux du Kaarta et du Bakhounou.

Il y a très peu de témoins physiques du peuplement ancien de cet ensemble. Certains auteurs ont mentionné l'existence de puits identifiés à Ndande, Diokoul, Sagata, Yadakhène et Ndiorène qui seraient la marque d'un peuplement mandingue primitif antérieur à l'implantation ouolof et sérère au Jolof, au Cayor, au Bawol et au Sine.

Rokhaya Fall rapporte des traditions villageoises qui identifient bien des sites de puits socé. C'est le cas de Sanjara, celui de Cenjeng à Mboyenne et de Ndafe Naan dans la province du Ndaden.[219]

Les Mandingues étant assimilés aux Sossé, dont l'étymologie ouolof Sos (fonder) traduit bien selon Birahim Diop la primauté de cette occupation humaine.[220]Selon Delafosse, le mot Sossé désigne les communautés Mandé en général et surtout les Soninké.[221] Mais Abdoulaye Bathily associe plus

---

[218] Eugène Mage « Voyage », page 161.

[219] Rokhaya Fall, Thèse pour le Doctorat de Troisième cycle Université de Paris 1,1983, p. 15.

[220] Brahim Diop « Habitat et occupation du sol dans l'espace sénégambien » *Revue sénégalaise d'histoire*, n°2-3,1996-1998, page 49.

[221] Maurice Delafosse *Le Haut Sénégal-Niger*, Paris : Larose 1912, p. 121, note 2.

précisément ce nom au Sosso. Suite à l'effondrement du Sosso, un exode massif de populations s'en suivit du Haut Sénégal vers la Sénégambie. « Le fait que dans les traditions orales ouolof et sérère tous les immigrants mandingues soient confondus avec les Sosso (Sossé) témoigne de l'ampleur de ce phénomène ».[222]

Il y a cependant un scénario de peuplement mandé avec des séquences difficiles à démêler avec des vagues de populations malinké et soninké. Mais l'aire de diffusion semble généralement se situer entre le fleuve Sénégal et la boucle du Niger.

Abdoulaye Bathily[223] propose trois phases du peuplement mandé pour le Gajaaga.

Une première phase marquée par la coexistence de plusieurs groupes de culture malinké ou à dominante malinké.

Une deuxième phase qui s'est affirmée vers la fin du Xe siècle durant laquelle des groupes d'origine sahélienne dominés par les Soninkés se sont progressivement greffés au noyau primitif mandé.

Une troisième phase qui aurait suivi l'expansion islamique et l'essor du commerce transsaharien à partir du VIIIe siècle ; avec comme corollaire un afflux massif de populations sahéliennes vers les centres du Haut Fleuve Sénégal.

Certain de ces Malinka binnu du Gajaaga réputés hostiles à l'islam auraient émigré vers le 'couchant' tandis que d'autres auraient investi le Bambuxu sous la pression des vagues d'immigrants soninké. Selon des traditions soninké que rapporte Bathily, les membres de l'aristocratie nanco du Ngabou, Niani et Wouli seraient originaires du Haut–Fleuve Sénégal et non du Haut Niger comme généralement accepté. Bathily du reste, rattache tous les groupes socé au Haut-Fleuve Sénégal plutôt à la geste mandingue du Haut-Niger.

L'hypothèse de Bathily a au moins le mérite de sortir cette question de l'origine du peuplement mandingue de l'héritage exclusif de Soundiata et de ses généraux. Ce qui aurait réduit l'expansion mandingue à des facteurs exclusivement militaires à partir du XIIIe siècle. Aucun argument factuel ou historiographique n'a pu à ce jour conforter cette hypothèse. Tout au plus elle confirme les pièges du cantonnement des aires culturelles et leur réduction à une seule région contrôlée par une seule dynastie. On continuera à mettre dos à dos traditions de Kangaba et de Kansala d'un côté et tradition du Gajaaga de l'autre, sans réussir la cohérence historique que suggèrent l'anthropologie, la linguistique, comme les vestiges matériels des terroirs protohistoriques qui se sont développés dans toute l'aire d'expansion socé du fleuve Sénégal à la Boucle du Niger. C'est, du reste, le sens qu'il faut donner au passage de

---

[222] Bathily *op. cité*, page 328.
[223] Abdoulaye Bathily, Thèse d'Etat, 1985, *op. cité*, page 98-99.

Sékéné Mody Cissoko que Bathily a cité : [bien avant le XIIIe siècle]... « Il existait des Malinkés établis dans la région à une période beaucoup plus ancienne. Ce premier noyau fut donc renforcé avec la conquête par une immigration plus importante de paysans attirés par les terres fertiles de la vallée du Fleuve et aussi par des guerriers; des marchands et des marabouts malinké ».[224]

Il nous semble dès lors possible de décrire une période protohistorique socé à l'échelle de toute la Sénégambie du Xe au XVe siècle.

La période socé

Bathily rattache bien le peuplement du « Gajaaga primitif » à l'ensemble du fleuve Sénégal identifié comme le berceau des populations de « l'aire Sénégalo-Atlantique. Une unanimité semble établie de la moyenne vallée du Sénégal au Haut-Sénégal-Niger, sur la cohabitation de populations sérère, malinké, peul et les groupes Tenda (Bassari, Koniagui, Bajanranké), les Bainouk, les Sussu, les Landuma et Baga. Ces populations ont constitué un fonds protohistorique à l'origine des différents terroirs identifiés entre le fleuve Sénégal et le Rio Grande.

Le cas du Ngabou offre un bon exemple de ce type de trajectoire. Le père Gravrand[225] distingue trois périodes de l'histoire du Ngabou qui illustrent bien la réalité de cette cohabitation et ses ressorts historiques. Une première période dite Ngabou Bainouk qui précède l'épopée de Soundiata, au cours de laquelle les populations autochtones comme les Bainouk gardent une forte préséance anthropologique dont rend compte la force du matriarcat.

La seconde période dite période mandingue après Soundiata et au cours de laquelle le Ngabou reste une province de l'empire du Mali. Enfin la période du Royaume du Ngabou qui s'ouvre avec l'atlantique à partir du XVIe siècle avec les aristocraties Naanco.

Émigration et reproduction des terroirs

Quand les communautés humaines émigrent, elles ont une tendance naturelle à chercher des régions qui leur rappellent leur terroir d'origine.[226] Il semble aussi en être de même dans la gestion de l'espace qui semble reproduire un modèle d'habitat et d'occupation du sol qui privilégie la proximité de l'eau, et celle des terres de cultures mais aussi suivant les

---

[224] Sékéné Mody Cissoko, « La royauté mansaya chez les mandingues occidentaux d'après leurs traditions orales » *Bulletin de l'Ifan*, série B, octobre 1969, pp,325-338.

[225] R. P., Gravrand « Le Gabou dans les traditions orales séreer et gelwar » *Ethiopiques*, n° 28, 1981.

[226] Betty J Meggers "Archeological and ethnograghic evidence compatible with the model of forest fragmentation" in Ghillean T Prance, *Biological Diversification in the tropics*, New York, Columbia University press, 1982, p 495.

contextes, la nécessité de défense. Le modèle qui a semblé prévaloir durant toute la période protohistorique et qui a perduré est un habitat de type précaire et factice, très peu susceptible de laisser des vestiges matériels ; « des paillotes à plan circulaire, à soubassement soit de pierre ou d'argile ou même entièrement en éléments végétaux. »[227]

Un héritage commun soninké et malinké

La légende de Wagadou donne un raccourci de la trajectoire des Soninké comme héritiers du Ghana mais surtout comme communauté transculturelle qui a formé une diaspora qui a essaimé dans toute la Sénégambie. La légende suggère une communauté culturelle entre Soninké et Malinké attestée par une proximité historique depuis leur lointaine souche entre l'Adrar mauritanien et Tombouctou. La légende du serpent Bida dont la mort ouvrait une période de sécheresse et de disette au Wagadou, donne écho au plan symbolique à la descente de l'isohyète 400, et son corollaire la dispersion des populations soninké. « Ils restèrent après sept ans, aucune pluie n'était tombée sur eux ; les vivres et les fortunes s'épuisèrent ; les puits et les sources tarirent ; nous nous dispersâmes ». Par-delà le symbolisme du discours, on peut y trouver les repères essentiels de la ruine du Wagadou et la formation des premières diasporas soninké avant leur intégration dans l'aire et la culture malinké.

Par-delà les péripéties spécifiques à chaque groupe, leurs itinéraires et la marque principale de leur trajectoire, les diasporas soninkés semblent épouser les dynamiques majeures de l'espace entre le fleuve Sénégal et la boucle du Niger : la recherche de nouveaux terroirs agricoles, l'attrait de l'or du Bouré et du Bambuk, le fer du Haut-Fleuve, les marchés d'esclaves du Haut-Niger et de la Haute-Gambie.

Ces diasporas sont identifiées par les éponymes qu'on retrouvera à l'échelle de tout le Soudan occidental comme autant de témoins de la portée des migrations soninké. Il s'agit des noms : Sokhuna, Diaabi, Cissé, Dramé, Diaguraga, Gandega, Dyabira, Khomma, Samassa, Sylla, Dyamané, Tandya, Gassama, Dyâri So, Bereté, Bathily, Wakkané, Sakho, Dyâni, Sêmega, Yatabéré, Makkaddyi, Tunkara, Fisuru, Nyakhaté, Fofana, Baygillé, Baradyi, Bouré.[228]

Ils se rattachent tous au lointain Wagadou dont ils réclament l'héritage et réaffirment leur identité dès la fin du XVe siècle devant les incursions des

---

[227] Raymond Mauny « Tableau Géographique de l'ouest africain » *Memoire de l'Ifan*, 1961, page 190.

[228] L'itinéraire des Bacili décrit une suite d'immigrants du Wagadu composée de guerriers, de forgerons et de marabouts montés sur des boueufs porteur (*cf.* Bathily, 1985 : 189-90).

Askias. Entre 1501 et 1508 le royaume de Diara ouvre le monde soninké jusqu'au Galam.[229]

Soninké, Bambara et Malinkés semblent originaires du même fonds mandingue [230] qu'ils semblent partager par une grande affinité linguistique.

L'espace foulbé-soninké-malinké ou la mandinguisation

Un des corridors d'immigration prolonge l'espace foulbé et soninké le long du fleuve Sénégal et retrouve le pays malinké autour de la Falémé. C'est cet espace qui regroupe le Boundou, le Galam et le Khasso.

Les Soninké dans l'espace mandingue

Abdoulaye Bathily rapporte la tradition soninké qui établit trois groupes soninké originels correspondant à trois terroirs. Les Wago qui peuplaient le Wagadu, les Karo, le Kaarta et les Gaja ou Gajoo qui occupaient le Gajaaga. L'hégémonie du Wagadu précise Bathily aboutit à une redistribution des rôles et statuts, un ordre de préséance entre une aristocratie Wago, une horde de guerriers païens et brutaux, les Gaja et les barbares incultes ou Karo.[231]

Bathily suggère cinq foyers de peuplement soninké à partir du Ve siècle AD, à cheval sur le XVe parallèle : le Wagadou le pays des Wage, le Karta, le pays des Kagoro, le Gajaaga, pays des Gaja et le Gidimaxa qui se réfère aux hautes terres de l'Assaba, du Tagant du Hodh et de l'Adrar mauritanien.[232]

Le modèle Soninké

Un trait caractéristique de l'héritage soninké se retrouve dans la configuration de l'espace dont les contours sont bien décrits par Abdoulaye Bathily.

À l'intérieur des villages écrit-il, les premiers occupants s'installent au centre tout autour d'une place publique reconnaissable par une population d'arbres bien spécifiques comme le Dinde (ficus sycomorus), le Waaye ou Gawaa (Celtis integrifolia, le Turo (variété de figuier) ou le bantine (criendendron anfractuosum). Ces espèces seraient des marqueurs des premiers peuplements soninkés. Il s'en suit une hiérarchisation de l'espace à

---

[229] Maurice Delafosse, *Les Noirs de l'Afrique*. Paris Payot, 1941, page 75.

[230] Tautain (L), Ethnologie des peuples du Sénégal in *Revue d'ethnographie*, Paris Ernest Leroux 1885, page 11.

[231] Abdoulaye Bathily.- Guerriers, tributaires et marchands.-Thèse de Doctorat Es Lettres : Université de Dakar, février, 1985, page 49.

[232] Bathily *op. cité*, page 117.

partir de ce noyau central, en fonction du statut social ; les esclaves, en véritable bouclier humain, étant toujours confinés à l'entrée des villages.[233]

L'habitat toujours groupé y garde une marque sécuritaire bien prononcée. Dans les grandes agglomérations, on retrouve d'une part, le Tata qui est la demeure du chef entourée d'une muraille de boue mêlée de paille, à l'intérieur de laquelle se regroupent ses esclaves et ses troupeaux. Le reste des villages est réparti en groupes socio-professionnels : cultivateurs, tisserands, forgerons, et les pasteurs avec leurs captifs.[234] Le décor est toujours complété par une mosquée, le cimetière et les puits.

Figure 4 Le terroir soninké

Habitat groupé autour d'une place publique	Hiérarchisation de l'occupation de l'espace: esclaves installés à l'entrée des villages.
Un horizon ouvert : Recherche de nouveaux terroirs agricoles, Attrait de l'or du Bouré et du Bambuk, le fer du Haut- Fleuve, les marchés d'esclaves du haut-Niger et de la Haute-Gambie. Une culture du voyage	

Les Soninkés sont associés à une culture du voyage qui les voit essaimer partout en Sénégambie. Jusque dans la boucle du Niger, le terme Ouangarbé désigne les Soninké et Dioula qui sont, en général, de confession musulmane. Ce dernier nom rappelle celui de Wangara que la géographie arabe associe à toute l'aire culturelle mandé du Soudan occidental.[235]

233 Bathily Abdoulaye, *op. cité*, page 83.

234 Anne Raffenel, *Nouveau voyage dans le pays des nègres*, Paris, Librairies centrales des chemins de fer, 1856, page 45.

235 Maurice De Lafosse, *Le haut-Sénégal Niger , le pays , les peuples, les langues, l'histoire, les civilisations*, Tome I, Paris ,Larose, 1912, pages 123-125.

CHAPITRE 14

LE CREUSET OUOLOF

Walo, Cayor, Baol, Fouta, et Djolof, constituent par-delà leur statut de berceaux des premières constructions politiques, les véritables terroirs où l'occupation humaine offre le premier modèle d'habitat et d'occupation du sol en Sénégambie. Ici dans une étonnante homogénéité, c'est le sable des formations nouakchottiennes du quaternaire qui donnent le ton. C'est ce tapis de dunes qui donne sa marque partout lorsqu'il ne s'estompe en une plaine généreuse clairsemée par des espèces résiduelles comme le Baobab, des épineux et autres acacias, pommiers du Cayor et rônier témoins d'une forêt sèche qui s'est dégradée inexorablement depuis des siècles.

C'est sur ce tapis de sable que des communautés socé, sérère et ouolof ont installé les terroirs primitifs depuis la vallée du Sénégal pour suivre les avatars de l'isohyète 400 et la saga des migrations protohistoriques.

Les puits anciens comme les vestiges funéraires en amas coquilliers et autres tumuli sont autant de témoins de l'occupation primitive du sol. L'espace de la Sénégambie septentrionale porte bien ces vestiges qui témoignent d'une séquence socé, sérère avant la constitution autour du XIIIe siècle d'une véritable communauté transculturelle ouolof qui se traduit par l'hétérogénéité de l'origine des éponymes ouolofs. Mbengue, Cissé, Diakhaté, Ndiaye s'identifiant à une origine mandingue, tandis que Fall, Wade et Diagne se rattachent à une ascendance maure entre l'Adrar et le Tagant mauritanien.

La Grande côte entre migrations et sédentarisation

L'histoire de Ndiadiane Ndiaye, par-delà ses zones d'ombre et ses scories, marque bien le moment de cette rencontre généralement situé vers la fin du XIIIe siècle. On trouve de saisissantes similitudes entre traditions ouolof, soninké, peul et djawambé pour rendre compte d'une cohabitation entre ces populations. Comme dans le cas de Ndiadiane Ndiaye, les traditions Soninké décrivent l'histoire de Djiabé roi soninké du Wagadou qui maria sa fille à un étranger du nom de Oukbatou Boun Yacer. De ce mariage naquirent quatre fils qui seraient les ancêtres des Peuls. D'un second mariage avec un captif de son premier mari naissait une fille qui à son tour mit au monde Dabi. Dabi serait le père de Mal Dabi qui serait l'ancêtre des Diawambé.[236] On ne peut manquer aussi de faire le parallèle entre Fatoumata Sall la mère de

---

[236] Arnaud Robert « la singulière légende des soninké » in *L'islam et la politique musulmane française en Afrique occidentale française*, Paris 1912 cité in Bomba *op. cité*, page 14.

Ndiadiane Ndiaye des traditions ouolof et Diouma Sall des traditions Diawambé. De même dans les deux traditions on retrouve les demi-sœurs des pères fondateurs comme respectivement à l'origine des lignées dirigeantes au Walo et chez les Diawambé. Les généalogies Diawambé établissent une première division en quatre branches à partir d'Ali Yeya vers l'an 1000-1050. L'une des branches donnera la famille des Ndiaye Diawambé ; les trois autres étant les Bocoum, les Daffe et les La.[237] Même si aucun argument solide ne permet d'établir une relation directe entre les Ndiaye diawambé et Ndiadiane Ndiaye de nombreux recoupements dans l'itinéraire des migrations diawambé permettent d'établir une forte proximité historique. Ils sont successivement identifiés à Kingui alors sous le contrôle du Ghana et la région de Walata au Fouta en direction de Kong avant de remonter au Nord vers le Djolof. La trajectoire est bien décrite par Siré Abbas Soh qui les fait partir du village de Guidi Bînne pour le Mali d'où ils émigrèrent au Fouta à Dyaynga où ils se heurtèrent avec un chef local (le Bourba Djolof ?). Un autre groupe devait prendre la direction du Macina.[238]

La vallée du Sénégal un creuset de peuplement : le berceau des communautés transculturelles

Bonnel de Mézières en 1916, J. Joire en 1941 et Bessac en 1944, ont tour à tour identifié des vestiges céramiques et métallurgiques, des tumuli, et buttes à ordures attestant de la récurrence de l'occupation humaine dans la vallée du Sénégal.[239]En 1954, J. Vittart identifie quelques « anciens villages sérères » entre Podor et Bakel. Il distinguait bien deux types d'établissements humains : les villages de forgerons et les sites d'habitat permanent du Djeeri dont la plupart sont sur levées.[240]

La vallée du Fleuve Sénégal prend dans ce contexte une importance singulière en tant qu'axe de communication, lieu de pêche et surtout terroir agricole.

La migration de l'isohyète 400 mm en direction du sud induit ce déplacement des terroirs agricoles et son corollaire la méridionalisation de l'occupation humaine. L'agriculture n'étant possible dans les zones recevant moins de 400 mm que lorsque le sol est laissé au repos durant quelques

---

[237] Pageard Robert Notes sur les Diawambé ou Diokoramé ; Journal de la Société des Africanistes, Paris, XXIX, fasc II,p 239-260. cité in Bomba page 17.

[238] Delafosse, Maurice, *Chronique du Fouta Sénégalais, traduites de deux manuscrits arabes inédits de Siré Abbas Soh*, Paris,1913, p 147-148.

[239] Bonnel de Mézières A,Recherches sur l'emplacement de Ghana(fouilles à Koumbi et Settah et sur le site de Tékrour Paris Imprimerie nationale, 49 p., 1920. ; Joire J., « Découvertes archéologiques dans la région de Rao » *Bulletin de l'Ifan*, Tome XVII, n°2-4, 1955, Bessac H., « Fragments de poterie archéologiques du Fouta », *Notes africaines*,103, 1964.

[240] Cité in Brahim Diop *op. cité*, page 48.

saisons[241], on comprend alors comment s'est opéré le processus de sédentarisation autour de la moyenne vallée du Sénégal où les terres de Walo et de Djerri offrent la possibilité de plusieurs récoltes de sorgho et de mil. C'est ce processus millénaire qui a sédentarisé des populations peules, sérères, berbères et soninkés dans l'aire des villages de la vallée du Sénégal. C'est le lieu d'un échange transculturel. Les pasteurs peuls pratiquant un élevage transhumant en direction du nord du Sahel au début de la saison des pluies, et au sud en direction des vallées du Sénégal et du Niger et la savane qu'elles enserrent après le temps des récoltes. Les troupeaux broutant les herbes et plantes résiduelles des champs tout en fertilisant le sol pour les prochaines cultures. Il s'établit ainsi une complémentarité entre nomades et sédentaires qui se traduit par un système d'échange de produits et de services. Le lait et le bétail s'échangeant contre les produits du cru comme le mil, des produits artisanaux et la garde du bétail des sédentaires ouolofs, toucouleurs ou sérères.

La savane définit l'aire des 400 à 1000 mm de précipitations. C'est par excellence le terroir du baobab et de l'huile de palme. Les sols sont ferrugineux et laissent souvent apparaître une croûte latéritique avec une végétation dispersée. La savane ouest-africaine est le terroir du mil et du coton, produit d'une agriculture extensive qui laisse des terres au repos pendant des années pour leur redonner une fertilité entamée par le ruissellement et l'exposition au soleil.

Dans ce réseau hydrographique, le fleuve Sénégal se singularise par la marque qu'il a définie dans la configuration de toute la Sénégambie.

Le fleuve Sénégal

En tant que terroir de peuplement ancien, le fleuve Sénégal débouche sur la houle océane sur une barre difficile d'accès pour la navigation mais surtout constituant un bouclier défiant la poussée des populations.

Le fleuve Sénégal semble ainsi présenter les contours d'un foyer originel de peuplement qui s'est constitué à partir de 2000 A JC.

La prudente hypothèse de Bocoum [242] nous permettait déjà de fixer une lointaine limite supérieure pour souligner la récurrence d'un phénomène décisif dans la dynamique de formations des terroirs en Sénégambie. Mais, tout au plus, pouvons-nous retenir à partir de cette date une dynamique récurrente de méridionalisation des terroirs, de la moyenne vallée du Sénégal

---

[241] Brooks *op. cit*, page 11.

[242] « Les évidences géomorphologiques et paléo écologique permettent de supposer que l'occupation humaine de la vallée alluviale du Fleuve Sénégal proprement dite était théoriquement impossible avant 1800 BP. Il en résulte si ces données se confirment une datation relative de l'ensemble des sites de l'Ile à Morphil et des levées à une période postérieure à 2000 ou 1000 BP selon le type de levée. » Bocoum H., *op. cit*, page 166.

en direction des terres formées par les systèmes dunaires de l'ogolien, entre le delta du fleuve Sénégal, les Mamelles du Cap-Vert et le bas pays des vallées du Saloum, de la Gambie et de la Casamance qui enserrent les dépressions engorgées d'eau des Niayes et les vasières marécageuses.[243] L'écologie nous offre ici une grille qui nous permet de comprendre la nature des enjeux politiques pour des communautés dont l'activité de base est principalement l'agriculture, l'élevage et la pêche.

Boubacar Barry, dès 1969, avant de se lancer dans la grande chevauchée épique de l'histoire dynastique, soupçonnait la relation décisive de ce facteur avec les querelles hégémoniques du Cayor et du Walo, la pression du Fouta Toro comme celle des maures de la rive droite du Fleuve Sénégal. «...Il importait peu au Walo de s'étendre au nord désertique, en dehors de la mince bande inondée de la rive droite, tandis que la conservation des terres fertiles autour du lac de Guiers et des eaux poissonneuses du sud amphibie, était vitale à cette population de cultivateurs sédentaires »[244]. L'annexion des localités de Gandiole, Ndyol, Mouit et Djélène par le Cayor à la faveur du règne du Brak Ndiak Aram Bacar (1703-1736) témoigne de l'importance de ces enjeux dans toute l'histoire de la Sénégambie.

Même l'horizon du système colonial s'est dessiné très tôt à partir de Saint-Louis. Les méandres du fleuve Sénégal ont défini des îles et des terres fertiles et peuplées qui s'offrent volontiers à une colonisation agricole et politique qui dégageraient les populations de la récurrente pression des groupes maures en provenance de la rive droite.[245]

La matrice de l'occupation humaine

Les Sérères, les Lébou et les Subbalbe sont des éléments des groupes de sédentaires (agriculteurs et pêcheurs) qui, chassés par la migration de l'isohyète 400, glissent vers la moyenne vallée où ils vont constituer le substrat humain à partir duquel s'élève la civilisation du Tékrur"[246]. La continuité semble perdurer à une échelle plus vaste où on retrouve l'héritage dans les premiers statuts politiques des peuplements ouolof. Ainsi, le Malo du Seb ak Baor comme d'autres notables du Fouta ou des populations sérères, se rattachent à une ascendance Wagadu ou Dya Ogo qu'on retrouve dans les références dynastiques au Walo, Cayor ou au Baol, et dans les noms claniques Diak, Diao, Dia ou Thiaw. Il en est de même des premiers Diawdine et

---

[243] Bocoum *op. cit*, page 11.

[244] Boubacr Barry, Le royaume du Wâlo du traité de Ngio en 1819 à la conquête en 1855. *Bulletin de l'Ifan*, série B, Tome XXXI, n°2 avril 1969, page 345.

[245] Xavier Golberry Fragment d'un voyage en Afrique fait pendant les années 1785 et 1787 dans les contrées occidentales du continent. Paris, Trentel et Wurtz 1802 , vol 1,page 188.

[246] Ba 2002, page 59.

Diogomaye du Walo réputés appartenir au lignage Diao.[247] Ainsi, au travers de l'institution du Seb ak Baor, on retrouve bien la matrice du premier peuplement. Les Sérères du clan Ngom, les Peuls avec l'éponyme Diao. L'ordre de préséance des dignitaires semble indiquer une chronologie de l'implantation humaine comme de l'évolution politique. Le plus ancien serait le Dyogomaye, le maître des eaux de souche sérère ; ensuite le Dyawdin, maître de la terre de souche peule, et enfin plus tardivement le Malo, d'origine peule aussi descendant des Diao et réputé tributaires des Siratigi (siratique) mandingues du Fouta.[248]

Des toponymies comme Mouit, Cas Cas, Lebudo, Ndioum ou Thilogne sont réputées de souche lébou. De même soutiendra Abdourahmane Bâ, l'archéologie semble confirmer la présence et l'ancienneté des Sérères dans la vallée. Le site de Guédé présentant la particularité d'avoir autour de lui une légende encore vivace selon laquelle le village fut occupé par les Sérères avant l'arrivée du Lam Toro que Delafosse situe à la date de 1450.

L'aire d'implantation de ces populations protohistoriques dépasse aussi la moyenne vallée du Sénégal. L'ascendance sérère du lignage matrilinéaire Dyoos au Walo, corrobore l'étendue de l'aire d'implantation des terroirs sérères. Dans cette même optique Bruno Chavane notait des similitudes entre la céramique des sites de la moyenne vallée et la céramique actuelle des populations sérères du Sine-Saloum.[249]

Il semble que les Lam Termes, à l'image des Lamanes des terroirs ouolofs, constituent l'une des formes transitoires du passage des communautés villageoises aux premières formes de pouvoir centralisé. Law, Ebyabe, Irlabe, Bosea constituant les premières formes dynastiques à dépasser les terroirs locaux.[250]

C'est dire le caractère factice de la configuration politique qui est de facto traversée par des lignes de convergences familiales et linguistiques. Aucune limite politique ne semble établir de césure dans les mêmes ensembles anthropologiques et culturels.

Proximité spatiale et parentèle politique

Entre le Walo, le Fouta comme avec le Djolof et le Gadiaga l'unité et la proximité des terroirs semblent se renforcer par une parentèle entre familles qui a fini d'établir une profonde unité attestée très tôt par la tradition. Un

---

[247] Yoro Dyao in Henri Gaden, « légendes et coutumes sénégalises » *Revue d'ethnographie et de sociologie* 1912, p. 191-192.

[248] Vincent Monteil in « Chronique du walo Sénégalais », *Bulletin de l'Ifan* tome XXVI, série B, n°3-4, 1964, page 453.

[249] Bruno Chavane « Recherche arche du walo Sénégalais » *Bulletin de l'Ifan* t. , 1980 , Thne, Recherche arche du walo Sénégalais, bulletin

[250] Ba A *op. cit*, page 85.

passage d'Amadou Wade établit une filiation directe entre les Waad du Walo et les Wane du Fouta qui initieront l'almamiat au Fouta vers 1771-78 qui correspond au règne du Brak Yêrime Mbagnyik Ndoye Demba du matrilignage Dyoos[251]. Les Waad de la famille mène Têêdyek, ainsi que les Gaye, les Mbodj et les Dyaw furent accueillis à Walaldé au Fouta par le farba Walaldé Dyasali Biram Mbanyk. Les Gaye selon Amadou Wade se fixèrent à Dumgel dans le Lao près de Kaskas. L'aîné des Waad, le Bey-Lawar Bira Waad, se convertit à l'islam. « Il changea plus tard son nom qui de Waad devint Wan, en souvenir de la termitière (Wan en toucouleur) près de laquelle son maître coranique tenait école. »[252]

Une remarque de Bathily citant Mpaali Wan ancien cadi de Bakel, élargit la perspective en plaçant les Wane parmi les premiers occupants de Bakel sur le haut Fleuve. « … Les ancêtres des Wan de Bakel avant que de devenir marabouts étaient pêcheurs… Ils vivaient de campement (daaxa) en campement le long du fleuve entre le Fuuta et le Gajaaga. »[253]

Il en est de même des Gueye du Gadiaga qui seraient des pêcheurs originaires du Walo et sont considérés comme maîtres du sol et de l'eau (ji-gumu) réputés aussi pour leur rôle dans les cultes dévoués au fleuve. Ce statut de maître du sol, des eaux et chefs de cultes font des « proto ouolof et lébou » les témoins d'une communauté transculturelle primitive qui constitue le fonds originel du peuplement de la Sénégambie avant l'expansion socé.

Amadou Wade fait dériver de la même souche les ancêtres d'El hadj Omar Tall. Cependant, quelques réserves que l'on puisse avoir avec cette filiation aristocratique, elle a au moins le mérite d'établir l'une des premières formes de recomposition sociale générée par l'islamisation. Par l'exil, la conversion et/ou l'alliance matrimoniale. L'islam semble historiquement se présenter comme un dérivatif et un nouveau ressort pour tous les éléments que la légitimité du moment où le rapport de force, excluaient de l'ordre de préséance politique naissant.[254]

Le Walo, terroir et modèle de gestion de l'espace politique

Le Walo, identifié d'abord comme terroir, a évolué en une forme politique qui rend bien compte de l'émergence des premières institutions politiques au sein de communautés paysannes sérère et peule, d'où émergera, à partir du XIIIe siècle, le groupe transculturel ouolof. Amadou Wade décrit bien cette transition qui voit la formation de statuts différenciés qui identifient

---

[251] Les matrilignages Dyoos sont d'origine sérère, les Loggar ont ine origine arabo-berbère, et les Têêdyek de souche mandingue.

[252] Amadou wade page 468.

[253] Bathily, 1985, *op. cité*, page 107.

[254] Ce phénomène sera particulièrement notable au XVIIe et XVIIIe siècles.

des instances de pouvoir dans des villages, provinces et un échelon central occupé par le Brack.

L'aire de l'influence politique du Brak s'étendait dans un espace délimité par le pays maure, le Fouta, le Cayor et le Djolof. Amadou Wade fixe à Galanka, petit fleuve près de Fanay, la limite entre le Walo et le Fouta. Avec le pays maure, la démarcation passait à Butréfia et Ngornad, tandis qu'avec le Cayor et le Djolof le Walo confinait à Tassinère au niveau de la barre du Sénégal et les villages peuls de Seringê, Arona et Mbafar.[255] L'influence du Brak était relayée par les Kangam et autres dignitaires qui constituaient l'aristocratie qui se réunissait chaque année à Ndyurbel, la première capitale à l'occasion de la cérémonie du Gamou.

Amadou Wade identifie trois Kangam appelés Samba Linguère appartenant à la famille du Brak et légitimes prétendants au trône. Ils semblent correspondre à la première couronne de légitimité et de sécurité qui formait le noyau du royaume. Il s'agit du Baryuk, du Badé et du Kady. Le Kady contrôlait la région entre Bêpar Ndekh, près de Kër Masen (Ndyadyer) jusqu'à la barre, à l'embouchure du fleuve Sénégal.

Le Baryuk lui contrôlait la région de Sanent à Alségou avec une première résidence à Maka. Quant au Badé son domaine s'étendait de Sen Baowal à Siringê près du Djolof.

Ensuite, venait le deuxième cercle concentrique alloué aux frères paternels : Le Maaroso et le Bethyo ; le Maaroso résidant à Rosso, contrôlait la région du lac Taouey à la rivière de Goram entre Ronkh et Khon. Le Bethyo quant à lui, de sa résidence de Ros-Bethyo, supervisait la région de Goram à Tyangaldé.

À la périphérie de ce second cercle venaient les régions aux confins des royaumes voisins sur lesquels le contrôle reste incertain. C'est le domaine des Kangam de second ordre comme le Rikê qui commandait le Lac Cayar, le Bey lawa, le Börlof, le Binyor, Dyêbô, Botal Ndyay, Bar Gandiol, Dyawdin Ngangonnê, le Bôrtyi et le Mangas officiant sur la rive droite face au pays maure.

Enfin, reflétant le compromis entre les premiers lamanes et le pouvoir du Brak, les dignitaires du Seb Ak Baor gardaient une haute main sur leur domaine traditionnel. Ainsi le Dyawdin conservait la région de Ndyugar à Ndyaw, le Malo entre Marmayal et Ndyugar sur la rive droite. Enfin, le Dyogomaye restait dans l'épicentre du royaume à Ndyurbel dans son réduit du village de Tungen où il secondait le Brak dans la gestion au quotidien des affaires du pays et la marche de la cour. Cette cour comprenait le Böknêg Ndyurbel chef des captifs de la couronne qui était le bras armé du Brack, le

---

[255] Amadou Wade in Vincent Monteil « Chronique du Walo sénégalais » *Bulletin de l'Ifan*, Tome XXVI, série B, n° 3-4, 1964, page 462.

Badyè chef des Doomu Diambours, le Farba Ndyurbel chefs des forgerons, bijoutiers et cordonniers et le Farba Dyundyun chef des griots.[256]

Ainsi les structures politiques du Walo et leur marque sur l'espace de la vallée du Sénégal, offre le modèle de construction politique et de configuration de l'espace qu'on retrouvera dans bien des terroirs de la Sénégambie.

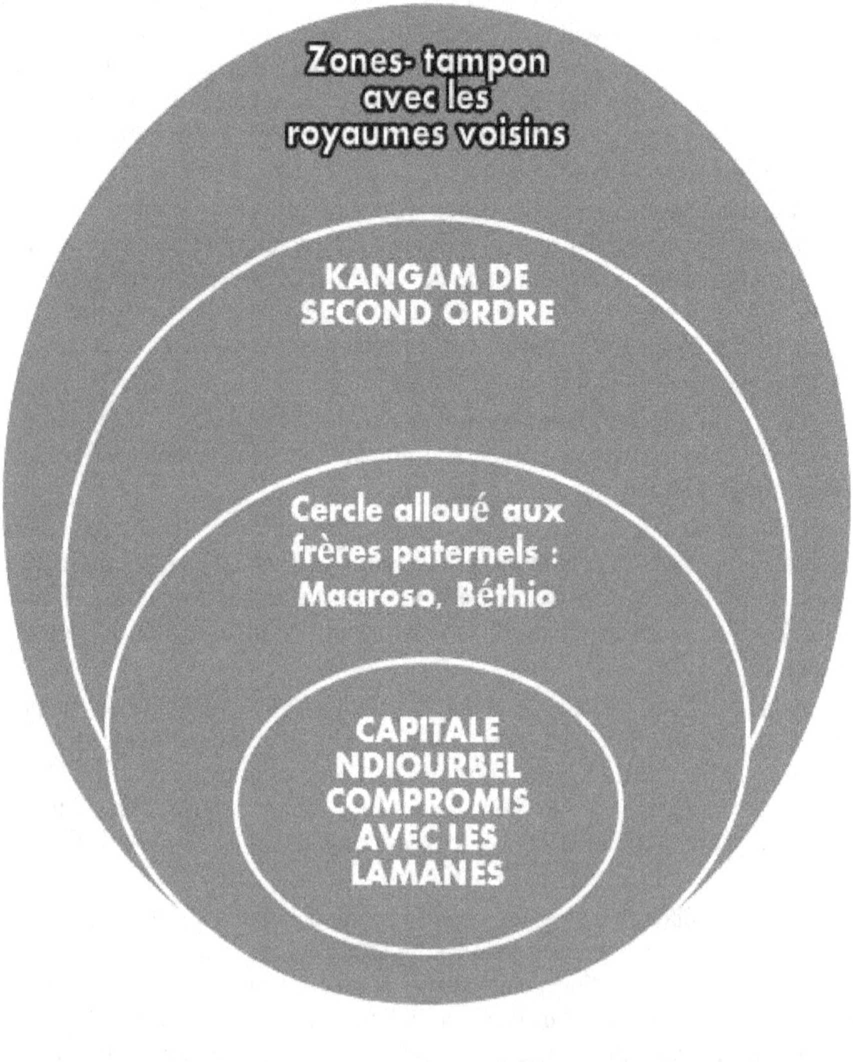

Figure 5 : Espace politique et cercles concentriques

[256] Amadou Wade *op. cité*, p. 463-464.

Habitat du Walo

La distribution de l'habitat comme des terres de cultures reste dépendant d'une hiérarchie de la terre tout au long du tracé du Fleuve Sénégal.

On distingue dans les terroirs originels de la moyenne Vallée cinq variétés de sol dans le Jeeri et 8 types de sols limoneux et très fertiles du Waalo.

Il s'agit du Falo, terrains sableux et limoneux généralement en pente, longeant le lit du Fleuve. Immergés pendant plusieurs mois, ils reçoivent les dépôts limoneux des crues. Ils sont propices à des cultures comme le maïs, les haricots, les courges, les patates douces, les tomates et le tabac. C'est une zone très peu boisée et la grande majorité des terres est contrôlée par les pêcheurs.

Le Holalde terrains argilo-limoneux, inondables et constituant la majorité des terres du Waalo.

Wakadjiju et Holawaka marquent la limite de l'espace inondable ; ce sont des terres peu convoitées.

En bordure des cuvettes et dans les brèches des bourrelets, le Wallere et les Itite plus en hauteur sont constitués de terrains sablonneux où les courants charrient d'importants dépôts limoneux.

Les toggere, sont des terrains plus en hauteur, boisés et pierreux, réputés peu fertiles.

Les Poonde et les Jakre sont des bourrelets et des levées subactuelles, qui ne sont inondés que par les fortes crues ; c'est le domaine habitable parsemé d'arbustes.

Le Jeejengol fait de terrasses de remblaiement marque la transition vers l'espace pierreux et souvent sableux du Jeeri plus propice à l'élevage où la cuirasse continentale admet certaines cultures comme le petit mil, le maïs et les haricots avec souvent une végétation d'épineux.[257]

Les terroirs ouolofs un espace ouvert, une aire de relations dans l'espace Atlantique

La nature même de la société ouolof, son essence tripartite et hiérarchisée en castes et ordres en font une héritière directe de la culture socé. Cependant, sa mobilité dans un espace largement ouvert, donnait à son paysage rural un type d'habitat dans lequel chaque village était une agglomération groupée au milieu d'une clairière cernée de poches de forêt qui sert de rempart naturel dans un pays dépourvu de montagnes.

---

[257] Ba Abdourahmane 2002, *op. cit.*, page 88.

Almada décrivait le terroir ouolof comme une terre sablonneuse, avec peu d'arbres et peu d'eau, sinon dans des puits profonds.[258]

Deux facteurs apparemment contradictoires semblent avoir guidé les formes d'occupation du sol. La sociologie des castes qui fait que chaque établissement permanent se devait d'abriter ses propres artisans, le besoin de sécurité et les nécessités d'une agriculture peu encline à se faire sur de larges surfaces sont autant de facteurs qui ont induit ce type d'habitat groupé. Mais l'environnement pédologique rendant aisé le creusement de puits aboutissait à la multiplication de villages d'une importance limitée avec une densité des plus faibles. « Dans le cadre des ressources limitées de ce milieu subaride, l'erg du Cayor offre presque partout à l'habitat humain aussi bien la possibilité de la dispersion que celle de l'agglomération. »[259] C'est ce mouvement pendulaire de regroupement et de dispersion qui a depuis des siècles, imprimé sa marque à un paysage agraire bien intégré et dont le dynamisme sociologique a toujours traversé les sphères des lignages dynastiques. L'uniformité de l'environnement a induit un type d'habitat organisé le long des sentiers et pistes (Khale). Ainsi le village ouolof se présente comme une série d'installations familiales contigües, identiques dans leurs matériaux de constructions faites de végétaux.

Doumet au XVIIIe siècle décrivait le terroir ouolof sous les traits d'un espace où les villages sont distants de deux lieues les uns des autres et « les grands n'y sont logés que dans des cases en paille. Il n'y a point de marais dans son intérieur mais des puits très profonds dont l'eau est très bonne. Les chemins y sont praticables et beaux pour les gens à cheval. Doumet précise que « presque tout le terrain est d'un sable fin et gras qui produit abondamment de mil. Il y a aussi quelques collines.[260]

Théodore Mollien décrivait les cases ouolof comme simples et solidement bâties, construites seulement avec du jonc. Leur forme, écrivait-il, est ronde et, en apercevant de loin les cases des villages du Cayor, on les prendrait pour des ruches. Seule la résidence des rois gardait une configuration particulière qui est restée de même facture depuis des siècles, même si le matériau reste de la paille et des roseaux comme pour le commun des sujets. La description qu'en fait Théodore Mollien en 1817 ressemble bien à celle faite par Ça da Mosto au XVe siècle. Il s'agit d'une grande enceinte carrée, entourée d'un mur en paille avec plusieurs cases à l'intérieur. Les unes servaient d'antichambre, les autres d'écurie, et certaines tour à tour de chambre personnel au roi. On atteignait la case royale après avoir traversé

---

[258] Alvares De Almada, Tatado Breve *op. cité*, page 5.
[259] Pélissier *op. cité*, page 142.
[260] *Mémoire historique sur la partie de la côte d'Afrique. Depuis la rivière du Sénégal jusqu'à celle de Gambie*, Ministère des colonies archives coloniales, daté vers 1764, Par M. Doumet fonds C6.

plusieurs cours où stationnait la garde personnelle du roi ou qui, éventuellement, servaient d'écurie pour le roi. C'est une case de forme ovale avec une porte tellement basse qu'on était obligé de se mettre sur le ventre pour y entrer.[261]

Il y a là un modèle d'habitation royale qui semble généralisé à l'échelle de toute la Sénégambie. Il s'agit bien d'une habitation que l'on retrouve dans plusieurs descriptions européennes ce qui suggère un héritage politique commun.

Jean Baptiste Durand décrit un dispositif similaire aux confins de la Gambie en plein univers mandingue et Diola. Il décrit le petit État à un quart de lieue d'une localité dénommée Gérèges. « Le roi... ses cases, celles de ses femmes, de ses officiers et de ses esclaves font un gros village bâti sans ordre et sans régularité: il est placé sur un terrain uni et planté de très beaux arbres. L'enceinte des cases est défendue par plusieurs palissades de gros pieux de dix à douze pieds de hauteur. La porte est, suivant l'usage très basse et très étroite. »[262]

Figure 6 : Terroir ouolof

Habitat groupé en bordure de sentier	*Quartier des castes et esclaves (ngallo)*	*Puits profonds*
Plaines de sable fin propice au mil. Constructions en végétaux, laissant peu de vestiges.	Clairière cernée de poches de forêt pour prévenir les incursions maures	Multiplication des chemins adaptés au cheval

La permanence de ce décor semble avoir défini un processus millénaire qui a sédentarisé des populations peules, berbères et soninkés dans l'aire des villages de la vallée du Sénégal et au-delà en de multiples groupes transculturels.

---

[261] Gaspard Théodore Mollien *Voyage dans l'intérieur de L'Afrique, aux sources du Sénégal et de la Gambie*, tome premier 2e édition, Paris Arthus Bertrand 1822 ; pages 86-87 et 172.

[262] Jean Baptiste Durand, *Voyage au Sénégal*, 1802, *op. cité*, page 87.

CHAPITRE 15

LE RAYONNEMENT SONINKÉ

Les diasporas soninké ont d'abord essaimé dans le Haut-Niger où on retrouve leur trace dans le rayonnement de Djéné au XIIIe siècle. Les Soninkés ont alors subi une influence mandingue très nette à la faveur de l'expansion de l'empire du Mali qui accompagne la geste de ses généraux avec une forte influence culturelle renforçant la mandinguisation des Soninkés comme de bon nombre de populations autochtones.[263]

Vers le XVe siècle ils atteignirent le Bafing aux débouchés des mines d'or du Bambouk. Maurice Delafosse dans son Haut-Sénégal-Niger présente un tableau des populations Soninké qui rend bien compte de leur intégration précoce dans le paysage humain de toute la Sénégambie. Les Maures selon Delafosse ont donné aux Soninkés le nom d'Azer ou Adjer ; les Ouolofs les appellent Sarakhollé… Les Peuls les appellent Sébé (sing Tièdo) ou parfois Nononkobé, Sillabé, Sossobé ou Sossébé ou Ouangarbé. Il précise en outre que le terme Nononkobé s'applique à la tribu soninké qui fonda la ville de Djénné, celui de Sillabé du clan des Silla, celui de Sossobé ou Sossébé aux Soninké du Sénégal et de la Gambie notamment ceux restés païens et mélangés de Malinkés. Diaganka (Diakhanké), Marka et Maraga sont aussi d'autres désignations des Soninké au sein de populations Foulanké, Malinké, Bamana, Dioula et Mossi.

Le rayonnement des Soninkés se retrouve chez les Haoussa sous l'appellation de Ouangaraoua, OuaouKoréi chez les Songhai, Yarsé chez les Mossi, de Ouagadougou, Kambossé chez les Mossi du Yatenga, Sakersé chez les Nankana, Yourou chez les Samo, Sorko chez les Koulango, Tiorbo chez les Sénoufo, Nzoko chez les Agni.

La généralisation du terme Sarakhollé serait le fait des Ouolofs principaux informateurs des Européens au moment de l'ouverture de l'Atlantique. Dans la littérature de la découverte le terme Sarakhollé est décliné sous plusieurs formes à partir du XVe siècle. Bathily émet une hypothèse selon laquelle le mot Sarakhollé serait le dérivé d'une onomatopée en langue ouolof : « crier en faisant claquer la langue dans la bouche » pour désigner les Soninkés dont la langue leur paraissait rude.[264]

---

[263] B. Marie Perinbam, "Notes on dyula origins and nomenclature" *Bulletin de l'Ifan*, Tome XXXVI, n° 1974, page 682.

[264] Bathily 1985, *op. cité*, page 52 fait un rapprochement avec l'étymologie du mot barbare que Raoul Lonis assimile à une onomatopée imitant un son inintelligible, proférée par un animal ou un homme et par extension l'étranger, celui qui parle une langue incompréhensible.

La fondation de Bono vers la fin du XIIIe siècle s'inscrit aussi dans cette tradition qui fait écho aux mouvements de populations de cette période depuis Djenné en direction de l'est sur le Niger et du sud vers la Côte de l'or[265].

Il semble qu'à partir du XIVe siècle les migrations soninké ont atteint la Volta noire et les mines d'or Akan tandis que d'autres vagues de marchands et de forgerons suivront les guerriers du Mandé vers la Haute Guinée où elles s'établirent en Kafu.

Il semble même très probable que les Akan, les Fanti et les Ashanti proviennent du même fonds migratoire à partir de la dispersion des populations du Ghana. La fréquence chez certaines de ces populations de la référence à Walata ou Dia, atteste d'un probable rattachement de larges segments des populations de la Côte de l'or à l'empire soninké. [266]

Les différents relais malinké

Les Soninkés que les Ouolofs et Peuls appellent les Sarakhollé sont répartis dans la région du haut fleuve dans les régions du Guoy, du Kamera et du Guidimakha.[267]Un des informateurs cités par Bathily attribue l'extension des terroirs soninké vers le Pakao, suite au sac perpétré par les Bambaras du Xasso de la fameuse métropole Gunjuru qui, selon Bathily, serait mal transcrit par Ibn Hawkal dès la fin du Xe siècle sous le vocable de Ghiyaru.[268] En tout état de cause, ce serait à partir de Gunjuru que fut occupée la brousse qui séparait le haut fleuve du Sénégal et la Gambie et le Pakao. Ainsi huit agglomérations auraient été fondées à partir de Gunjuru comme Janikunda au Bundu, Gunjuru dans le Kombo, et un autre Gunjuru dans le Wulli et le Niani.[269]

La rémanence et persistance des terroirs soninké : un espace sécuritaire

Figure 7 : Modèle soninké de gestion de l'espace

Tata avec muraille	En dehors du tata : zones occupées par les groupes socioprofessionnels : cultivateurs, tisserands, forgerons, pasteurs
Habitat groupé	Zone tampon occupée par les esclaves libérés et les pauvres
Mosquée,	cimetière, puits

[265] Meyerowitz E L, The sacred state of the Akan, London, Faber and Faber, 1951.
Voir aussi: The divine kingship in Ghana and ancient Egypt, London, Faber and Faber, page 23.
[266] Balmer W T, A history of the Akan peoples of the Gold coast, London, Atlantis, 1925.
[267] Tautain (L) *op. cité*, page 11.
[268] Les Tarikhs soninkés que cite Bathily font remonter la fondation de Gunjuru entre 1233 et 1271.
[269] Mallan Sakho rapporté par Abdoulaye Bathily *op. cite*, page 155-156.

Le Tata

L'entrée des tatas, d'après la mission Raffenel, est fermée par une série de portes distantes d'environ 10 mètres les unes des autres en autant de vestibules destinées aux corps de gardes. Le dispositif de sécurité était souvent doublé d'une muraille continue dans les zones plus vulnérables aux incursions étrangères. À l'image du village de Boulébané une zone tampon était aménagée et occupée par les gens les plus pauvres et les troupeaux qui, à la première alerte, pouvaient se réfugier dans l'enceinte du village. Anne Raffenel mentionne aussi une configuration courante dans laquelle les cases sans alignement sont disposées autour d'une cour centrale avec un grand arbre réputé être planté par un aïeul. Le tata et les murailles semblent être des particularités de ces régions réputées instables et insécures. Ces régions sont à la fois les sources principales de l'offre en esclaves de la Sénégambie et en même temps l'aire d'implantation des « Fergos » foulbés du XVIIIe siècle. Les terroirs ouolofs, quant à eux, semblent plus ouverts et plus adaptés à la vie de relation.

On mesure l'importance du foyer originel soninké dans le zèle mis par les Français pour en assurer le contrôle par le fort Saint Joseph. La position de cet édifice, selon la description du major Rennel commentant le voyage de Mungo Park en 1795, met bien en relief la place du pays soninké dans la géopolitique de la Sénégambie. « C'est le point de démarcation entre le haut et le bas du fleuve Sénégal ; c'est-à-dire entre la route des Français au-dessous, et celle des Anglais dans l'intérieur de l'Afrique. » [270]

L'extension soninké au Pakao en haute Casamance, devait se heurter à la puissance mandingue. Vers 1830 la prépondérance mandingue était manifeste avec des constructions politiques comme le Yacine, le Balmadou, le Souna et le Boudhié. Dans cette région l'autorité mandingue se réduisait à un conseil des notables « choisi dans l'ensemble de l'État et chaque village est dirigé par deux chefs : l'alcaty, chef de la guerre et l'almamy, chef religieux. »[271] C'est en 1861 que ces entités politiques se soumettaient à l'autorité française après la conquête dirigée par Pinet Laprade.

[270] Mungo Park, Voyage à l'intérieur de l'Afrique fait en 1795, 1796, 1797, trad J. Castera, tome 2, Paris : Tavernier, Dentu, Carteret, An VIII, page 237.

[271] Brosselard-Faidherbe, Casamance et Mellacorée, *op. cite*, page 42.

CHAPITRE 16

LE CORRIDOR CÔTIER ENTRE FINISTÈRE ET REFUGES

La côte de la Sénégambie se présente en deux grands ensembles. L'un du Cap blanc au Cap-Vert déclinant un arc de cercle rentrant avec ses deux ports Portendick et Saint-Louis qui ouvrent un littoral fait de dunes de sable. L'autre ensemble part du Cap-Vert aux rivières du Sud. Dans cette partie, les dunes de sable cèdent la place à des collines avec une végétation de palétuviers avec de nombreux fleuves qui, de la Gambie au Rio Grande, définissent un monde amphibie qui est resté un refuge pour de nombreuses populations.[272]

La Grande côte ou le monde ouolof lébou et les relais nones

La grande côte entre le delta du Sénégal et la presqu'île du Cap-Vert. C'est le terroir ouolof et lébou qui s'étend du Cayor au Djander, de la région des Niayes jusqu'au plateau de Thiès. Il s'agit d'un espace composé de plusieurs complexes dunaires d'orientation NNE - SSW et NNW-SSE. Ces dunes enserrent des dépressions gorgées d'eau bien propices à l'agriculture. Doumet en a fait une description assez précise au XVIIIe siècle. Se fondant sur le critère de la langue, il distingue trois ensembles ouolof, lébou et none. Les Lébous occupent un espace qui va du village de Bargny qu'il identifie comme la limite entre le Cayor et le Baol, aux petites mamelles sur une étendue de 5 à 6 lieues dans les terres.[273]

Les Ouolofs occupaient la majorité du pays entre les Mamelles et le fleuve Sénégal et le village qu'il identifie comme Makalgaf qu'il considère comme la frontière entre le Baol, le Djolof et le Cayor et que Becker situe au nord du marigot de Bounoum qui prolonge le lac de Guiers au sud-est.

Les Nones sont dans l'intérieur des terres entre les Lébous et les Ouolofs.

La navigabilité de cette grande côte a posé un problème récurrent tant aux étrangers qu'aux autochtones. Ces difficultés expliquent l'importance du trafic terrestre dans l'hinterland de cette région. À la fin du XVIIIe siècle, il fallait vingt-quatre heures pour faire le voyage en mer du fleuve Sénégal à Gorée. À l'inverse du fait des courants et des vents il fallait au moins un mois entier pour faire le trajet retour entre Gorée et le Sénégal.[274]

---

[272] Paul Gafarel, *Le Sénégal et le Soudan français*, Paris Delagrave, 1893, page 16.

[273] *Mémoire historique sur la partie de la côte D'Afrique. Depuis la rivière du Sénégal jusqu'à celle de Gambie*, Ministère des colonies archives coloniales, datées vers 1764, Par M. Doumet fonds C6.

[274] Jean Baptiste Durand *Voyage au Sénégal*, Paris, Henri Agasse 1802, page 37.

La petite côte

La Petite côte et son hinterland de la presqu'île du Cap-Vert à l'estuaire du Saloum se distinguent par la configuration en courbe de la côte qui en fera un abri naturel pour la navigation. Mais c'est aussi le lieu d'un ancien volcanisme représenté par les Mamelles et le massif de Ndiass qui dessinent, avec la forêt, des aires de refuges caractéristiques des terroirs sérères.

La petite côte : le Baol ou la porte du monde sérère

Le Baol présente le même type de configuration politique avec le noyau central organisé autour de Lambaye, Kaba, Ndadeen, Wokaan et Laa et une périphérie occidentale et méridionale généralement peuplée de Sérères sur lesquels l'emprise de l'autorité centrale demeure très lâche. L'ouest étant le domaine des Safeene et Diobaass où le pouvoir central n'avait aucune prise. Le sud déclinait un premier cercle constitué par les provinces de Ngoy, Mbayaar, Gaat et Jaak où le pouvoir central était représenté et un autre cercle Mbadaan, Sandog et Jeggem un pays none hors du giron du Tègne du Baol.

Rokhaya Fall fait une description assez complète de cette configuration. « Au nord et au centre, réelle autorité du pouvoir central ; au Sud-ouest, à la frontière du Baol avec le Siin, le pouvoir central n'est pas reconnu par les Sérères de la région ce qui traduit une quasi-indépendance des pays jegem, Mbadan et sandog ; au Sud, dans les provinces du Mbayaar, Ngoy Gaat et Jaak, on note une reconnaissance du pouvoir central, mais avec cependant une forte autonomie locale. À l'ouest, région Saafen et Joobaas, se manifeste une indépendance réelle des populations vis-à-vis du pouvoir central. »[275] L'indépendance des terroirs sérères semble être un fait bien établi. Malgré la proximité de Portudal et les permanentes sollicitations de la traite, ces Sérères ont su résister et consolider de véritables enclaves de refuge contres les assauts des princes du Baol comme du Cayor. La configuration même de certains villages safeen les rendait inexpugnables entre les récifs de la côte et les forêts de l'intérieur. L'abri était tout trouvé contre les razzias.

Les terroirs sérères

Le fond primitif socé

Par-delà certains vestiges matériels comme les puits que la tradition ouolof attribue aux Socé, bien des facteurs témoignent de la présence d'un peuplement primitif mandingue dans tout l'espace de la Sénégambie

[275] Rokhaya Fall *op. cité*, page 256.

atlantique. La fréquence du préfixe Fa dans la toponymie des villages sérères les plus anciens témoigne de l'antécédence du peuplement mandingue en pays sérère. Les villages de Fayil, Fa Sakhor, Fa Nguessin, Fa Lir, Fa Yako, Fa Diouth suggèrent tous, ce premier peuplement socé. Cela permet au Père Gravrand d'esquisser un schéma de peuplement en trois phases dans les terroirs sérères. Une première séquence à partir du Xe siècle avec les premières vagues de populations mandingues qui intégraient les couches autochtones de la côte et de la forêt. Cette vague sera suivie au XIIe siècle par l'exode des Sérères de la vallée du Sénégal et enfin au XIVe siècle les princes Guelwar parachèvent le tableau du peuplement en installant une aristocratie mandingue symbolisée par le personnage de Meissa Waly Dione.[276] Le Père Gravrand définit ainsi les contours d'une civilisation sérère du Baol au Sine et du Diéghem au Saloum avec une composante socé restée bien vivace selon une enquête réalisée dans la région de Nakhar.[277] Selon Westerman et Baumann que cite le Père Gravrand, des peuples mandingues ont ainsi pénétré la forêt en direction du sud jusqu'au Sénégal, donnant naissance au peuple mandé-fu dont la langue est restée proche du mandé mais dont la civilisation est « ouest-atlantique ». En pénétrant dans cette forêt remarque-t-il, ces groupes perdaient plusieurs traits de civilisation mandé, l'élevage du bétail et l'organisation étatique qui laissent la place à un paysage social plus égalitaire et plus autonome à l'image des villages Fa et des pays nones. Le culte des Pangols, dans sa langue comme dans son rituel, a gardé cet héritage mandingue. On voit ainsi à l'œuvre les ressorts du lamanat qui se présente comme l'une des premières formes politiques nées dans l'espace ouest-Atlantique. Des vagues de migrations ont transplanté des populations de pasteurs et de cultivateurs dans un monde de forêts, de savanes et de vasières. C'est ce substrat qui a façonné un nouveau paysage intégrant des communautés guerrières adossées sur une civilisation du riz et du mil.

Au XVe siècle ils se présentent entre le pays ouolof, du Cap-Vert au port de Joal, un pays couvert par une épaisse forêt qui le rend impénétrable. Ce pays leur sert de sanctuaire autour de Jakhao, le siège du souverain, qui apparaît surtout sous les traits d'un chef d'expédition. Ce chef semble dévoué à répondre aux demandes des habitants de l'île de Santiago dont plusieurs représentants portugais résidaient à Joal.

Les Sérères cependant ont une forte identité marquée par la langue comme par les cultes préislamiques et autres rituels. « Quand leur roi médite quelque expédition, il réunit son conseil autour d'un trou de trois palmes de profondeur, creusé exprès au milieu des forêts : chacun se place sur le ventre, la figure au-dessus de la fosse, et donne ainsi son avis ; et quand la décision est

---

[276] RP Gavrand, *Ethiopiques*, *ibid.*, page 43.

[277] RP Gravrand *op. cite*, page 45.

prise, on la remplit de nouveau de terre afin dit-on, que le secret des délibérations y soit enseveli. »[278]

Ce témoignage nous donne une idée des mœurs belliqueuses de l'époque mais surtout la nature aventurière et groupusculaire de ces mœurs qui sont le fait de petites entités politiques comme du reste le souligne Almada. En parlant d'« un royaume peu considérable ».

À vrai dire, le confinement dans les forêts suggère aussi une position de refuge et de recherche d'indépendance vis-à-vis des représentants des Mandingues du sud et des vecteurs d'islamisation ou encore pour se protéger des raids pour la recherche d'esclaves du nord.

La forêt que bon nombre d'observateurs, tels Ça da Mosto et Almada, présentaient comme dense et impénétrable semble être le terroir sérère par excellence par opposition au terroir de savane des Wouolofs.

L'épicentre du terroir sérère est situé selon la tradition autour de Mbissel qui polarisa les trois lamanats originels du Lam Sango résidant à Palmarin, le Dièmé fadial à Fadial et le Wal Satim Ndok à Ndok. Ce fonds originel semble provenir de la grande migration sérère qui, parti de Séro, devait transiter par le Tékrour, Saldé et le Djolof avant de s'installer dans la région de Lambaye, au Sine et au Saloum avec ses excroissances léboue et sérère none.[279]

La deuxième vague migratoire qui a alimenté le peuplement sérère est attribuée aux conquérants Guelwar et de Maissa Waly Mané. Cette vague d'origine méridionale a gardé une grande proximité culturelle avec les diolas de Casamance.

Cependant la proximité du peuplement sérère avec le Cap-Vert et leur confinement dans les forêts « peuple farouche… pays couvert de fourrés épineux »[280] semble s'appliquer plus aux Sérères Safen et Dieghem.[281]

Les ports de Joal où réside un représentant du Bour Sine, Palmarin, Gomar et de Guindin donnent aux Sérères une ouverture sur l'Atlantique qui leur donne un approvisionnement en chevaux et autres produits fournis par les Européens.

La description qu'Alvares De Almada a donnée du pays sérère au XVIe siècle nous offre une image de la configuration qui porte déjà la marque de l'ouverture de l'Atlantique. La côte et les bras de mer du Sine et du Saloum et le commerce côtier redéfinissent un espace et lui donnent une cohérence

---

278 Alvares de Almada page Traité succinct *op. cit*, page 93.

279 Niokhobaye Diouf « Chronique du Royaume du Sine » In Charles Becker et Victor Martin, *Bulletin de L'Ifan*, Tome XXXIV, série B, n° 4, 1972, page 705.

280 Donhela André, Description de la Serra Leoa et des rios de Guiné et Cabo verde 1625, Lisboa 1977, page 125.

281 Boulègue Jean.- La Sénégambie du milieu du XVe siècle au début du XVIIe.- Thèse université Paris I, 1968.

politique. Almada y décrit deux royaumes. L'un portant le nom d'Ale limité par le Cayor au Nord et s'étend par la côte jusqu'au port de Joal où résident des lançados et des Portugais sous la protection d'un Alcaide nommé par le Roi. Almada parle d'une région fertile et riche traversée par une rivière qui draine les produits de l'intérieur que les lançados acheminent sur leurs barques en concurrence avec les Portugais et les habitants des îles du Cap-Vert. Cette rivière, indique Almada, peut recevoir des navires de fort tonnage durant les hautes eaux.

Le second royaume partait de Joal à la rivière des Barbacins vers le sud. Dans ce petit espace se tenait un royaume belliqueux. Il s'agit du Sine installé dans une forêt dense et épaisse avec un groupe dirigeant fortement militarisé et régulièrement approvisionné en chevaux par les habitants du Cap-Vert. Les ports de Palmarin, Gomar et Guidim qui servent de débouchés au fleuve Sine proche de la capitale Diakhao. Il y a là autant d'éléments constitutifs d'un ensemble géopolitique ouvert. Les limites ne sont pas étanches et c'est la côte qui désormais polarise le pouvoir politique du Teigne du Baol, du Buur Sine et du Saloum. La description d'Almada[282]présente bien les éléments d'une configuration politique qui suggère les ressorts d'un pouvoir politique central dans un ensemble encore inséré dans des logiques de terroirs ouolof et sérères.

Le mode d'occupation du sol témoigne d'un dynamisme de la population ouolof encouragé par les souverains ; un dynamisme qui s'est surtout exprimé au détriment des Sérères du sud du Cayor et de l'ouest du Baol. Suivant les corridors du Ferlo, les populations ouolofs se sont installées au cœur du Baol central et au Saloum dès le XVIIe siècle. Ainsi le dynamisme ouolof a fini de briser la frontière naturelle entre la savane et la forêt qui séparaient Ouolofs et Sérères.

Les relais lébous nones et Niominka. Ou le monde Atlantique des pêcheurs et le commerce de cabotage

La force des vents du large de direction nord-sud conjuguée avec le courant marin des Canaries, crée au niveau de l'embouchure du Fleuve Sénégal une étroite langue de sable (la langue de Barbarie) qui, avec les dépôts nouakchottiens, constitue un bouclier de sable que le fleuve Sénégal entame périodiquement par des percées qui deviennent de multiples canaux qui inondent l'embouchure en période de hautes eaux. (Une fois cette barre franchie la navigabilité du Sénégal s'ouvrira suivant les tirants des moyens de navigation jusqu'aux chutes du Félou et au-delà le long des défluents du haut fleuve).

La côte sénégambienne, depuis le Cap Blanc, définit un ensemble marqué par la présence du courant marin des Canaries qui adoucit le climat de la côte

---

282 Alvares de Almada, Tratado Breve, Lisboa, edition 1964, p. 28-29.

et, dans le même temps, favorise la présence de bancs de poissons et son corollaire l'implantation de populations de pêcheurs. Ainsi, de la côte mauritanienne à l'estuaire du Sine-Saloum, des villages de pêcheurs sont érigés. L'activité de ces communautés est rythmée par les conditions écologiques et climatiques de la côte. Durant le jour, la terre de la côte chauffe plus vite que la mer, créant ainsi un vent de direction ouest du continent vers la mer.[283] Le soir un phénomène inverse se produit. Le continent se rafraîchit plus vite que la mer et s'en suit un vent d'ouest en est, de la mer vers le continent. Ce mouvement pendulaire entre la mer et le continent, associé à la présence des bancs de poissons le long des côtes, définit une culture de la mer et un terroir atlantique rythmé par des départs le matin et des retours dans la nuit pour des activités millénaires de pêche et de commerce de cabotage qui sont le fait des Lébous, des Niominka et des Baynouk tout le long de la côte ouest-africaine.

Cependant, entre le fleuve Sénégal et le Cap-Vert, en plus des courants marins et des vents nord-sud, la transgression nouakchottienne a défini une ceinture de dunes de sable et de marécages peu propice à l'installation humaine. L'activité marchande entre le nord du Cap-Vert et le sud restait principalement confinée dans des échanges terrestres avec les caravanes maures.

Terroir Lébou

Figure 8 : Le terroir lébou

La mer avec de nombreux sanctuaires La grande côte = attributs masculins La petite côte = attributs féminins.	Villages avec habitat groupé au bord de la mer Champs de culture du riz et du Mil.
Ceinture de dunes de sables et marécages	Échanges terrestres avec les Maures
Mouvements pendulaires des hommes suivant la direction des vents et des bancs de poissons	

[283] Brooks Georges E., *Landlords and strangers*, *op. cit.*, page 19.

Les relais Niominka

L'avènement des voiles portugaises au XVe semble ouvrir le rayon d'activité des communautés de pêcheurs du fleuve Sénégal en direction du sud. Les voiles leur permirent de retourner vers les villages d'implantation du fleuve, en mettant à profit les vents Sud/Sud-est de la saison des pluies et les relais du Djander.

La configuration de la presqu'île du Cap-Vert offrait un abri naturel le long de la Petite Côte entre le Cap-Vert et les estuaires du Saloum. Le Cap-Vert et l'île de Gorée constituaient un bouclier naturel pour la navigation comme pour l'implantation humaine le long de la Petite Côte. Les vents du nord et la houle atlantique se résorbaient dans ce sanctuaire naturel avec une configuration escarpée qui crée de nombreux abris et gîtes. L'imagerie lébou du reste rend bien compte de cette configuration en attribuant un statut masculin à la Grande côte entre le Cap-Vert et le Fleuve Sénégal, et des attributs féminins à la Petite Côte.

La Petite côte, par ses abris marins, les possibilités d'exploitation traditionnelle du sel, la présence des contre-courants équatoriaux qui entretiennent un milieu marin très riche, et surtout les dépôts alluvionnaires des fleuves Sine, Saloum et Gambie, renferme autant de conditions favorables à l'implantation humaine. Cet environnement a favorisé le développement d'une vie de relations très intense que les observateurs étrangers ont décrite très tôt. « Les habitants de ce bord de mer sont subtils et fins dans leur négoce. Ils parlent diverses langues car ils trafiquent avec tout un chacun... »[284]

C'est ainsi que la Petite Côte définit le terroir Niominka et Sérère. Ces populations ont très tôt adopté la culture intensive du riz mais elles se sont surtout distinguées par une intense activité autour du sel, du poisson séché et autres fruits de mer. Elles sont les protagonistes d'un commerce de cabotage entre le Cap-Vert et la Gambie. Le groupe Niominka sérère constitue le relais entre l'aire des terroirs ouolof, peul et les groupes mandingues de la côte guinéenne.

Le réseau Niominka

Les Niominka constituent un groupe-relais formé des deux souches sérère et mandingue ; ce sont des « Sérères mandinguisés »[285]

---

[284] Le Lion-Noir 1623-24, in Dencha Four, souverain du Baol (XVIIe siècle) in G Thilmans et N I de Moraes, *Bulletin de l'Ifan* TXXXVI série B, N°4, 1974, page 691.

[285] Van chi Bonnardel, Exemple de migrations multiformes intégrées:les Niominka, Îles du bas Saloum *Bulletin de l'Ifan*, T XXXIX série B, n°4, octobre 1977.

Le réseau niominka le long de la basse Gambie et ses tributaires intègrent le giron des marchands Baynun qui relayent vers le nord, le poivre et la cola du Rio Cacheu et les caravanes des Dioula Manding qui apportent l'or en échange du sel, du poivre malaguette et de la cola.[286] Les marins niominka et les intermédiaires Baynun sont restés les maîtres du commerce le long de la Gambie avant l'arrivée des Européens. Leur activité marchande dominait les bassins des fleuves Gambie, Casamance, Cacheu et Geba. Mais la prévalence des courants guinéens et des vents du nord pendant la saison sèche semble avoir limité le rayon d'action des marins niominka au sud de la Casamance. La difficulté du retour pour les Niominka laissait le relais au Baynun par le portage et l'usage de pirogues entre nombreux marigots, rivières et canaux entre les fleuves Casamance, Cacheu et Geba. Les fleuves Geba et Mansoa marquaient la limite septentrionale du réseau Biafata et Sapi qui, depuis la Haute Guinée, drainait les produits de la forêt comme la cola et le poivre en échange des produits de la savane et du Sahara.

L'estuaire du Saloum ouvre ainsi sur l'Atlantique l'espace guinéen qui continue jusqu'au nord du Libéria. Dans cet espace on retrouve un scénario géologique bien différent de la séquence nouakchottienne du nord du Cap-Vert. Il s'agit d'une activité géologique qui submergea la côte depuis le sud de l'estuaire du Saloum et permit l'envahissement par la houle océane et sa remontée vers le lit des fleuves et leurs tributaires. Les fleuves Sine, Saloum, Gambie, Casamance, Rio Grande, Rio Geba sont les protagonistes de la formation d'un espace singulier dans la sous-région. Ils enserrent une succession d'estuaires inondés, de marécages et de petites îles à peine au-dessus du niveau de la mer.

Les butes témoins d'un ancien volcanisme ont, au fil du temps, aggloméré des dépôts alluvionnaires sans cesse drainés par les cours d'eau recevant de plein fouet les pluies de mousson. Il se forma alors des îles envahies par la mangrove et des estuaires souvent obstrués par la barre rendant l'accès difficile à la navigation.

Les fortes pluies de cet espace et les marées ont surtout provoqué la formation de terres alluvionnaires qui définissent une civilisation du riz avec de nombreuses variétés de paddy.

L'isohyète 1000 mm décline vers le sud en direction du Fouta Djallon, la ceinture de la cola et du riz. Ce terroir est celui de la savane arborée qui ferme l'aire naturelle d'expansion du chameau, des chevaux, ânes et moutons que la mouche tsé-tsé confine à l'orée de la forêt et ses 1500 mm de précipitation.

Le fleuve Gambie marque une nette démarcation entre les terroirs de la savane et celle de la savane arborée. Il marque la ceinture de la mouche tsé-tsé

[286] Brooks, Landlords and strangers, *op. cit*, page 21.

et décline une ligne de séparation entre sociétés centralisées au nord et au nord-est et sociétés acéphales au sud le long de la côte guinéenne.

Cette région est aussi le terroir d'origine des commerçants Dioula mandings qui depuis des millénaires ont servi d'intermédiaires entre les terroirs de la savane et les produits de la forêt que sont la cola, le poivre Malaguette, l'indigo et le sel de la côte de Guinée. Ces échanges mettaient à profit les nombreux cours d'eau émanant du massif du Fouta Djallon pour définir un espace commercial bien intégré avant l'ouverture de l'Atlantique au commerce européen.

CHAPITRE 17

DU SALOUM AU RIO GRANDE : L'ESPACE MANDINGUE ATLANTIQUE

L'estuaire du Saloum ouvre le monde des vasières et des marécages souvent gagné par la mangrove. Il définit une côte faite de rias et de chenaux témoins d'un ancien engagement du continent dans l'océan. C'est le monde mandingue du riz et des produits halieutiques qui se prolonge jusqu'au-delà du Rio Grande.

C'est au bout du compte l'espace qui présente le paysage ethnique le plus complexe de la Sénégambie. Les migrations et le brassage ethnique ont fini de transformer significativement la distribution des groupements humains.

Almada vers la fin du XV^{Ie} siècle, parlant des « Banhuns », les présente confinant par le sud aux « Bouramos » et par les trois côtés aux « Casangas ». Toutes ces nations, écrivait Almada, parlent la même langue avec les mêmes coutumes. Au sud du Cap rouge, qui est situé par le 12e de latitude commence le royaume de Faloupos qui s'étend jusqu'à celui des Bouramos. Cette dernière nation occupe un territoire très considérable sur les deux rives du Rio do Santo Domingo. Leur premier village est à huit lieues de l'embouchure de ce fleuve qu'on appelle aussi Rio do Farim.[287]

Plusieurs groupes identifiés comme peuples ou races dès le XVIe et XVIIe siècle ont fini par se fondre en une identité collective sise sur un espace géographique et politique plus étendu.

C'est le cas des provinces de Bati ou Batimansa et Cassa ou Casamansa véritable fenêtre des Mandingues sur l'Atlantique, qui prolonge le Djallon Mansa. Il s'agit de régions de peuplement malinké dépendantes du Mandé Mansa et organisées autour de peuples plus ou moins autonomes de Feloupes, Bainouks, Balantes ou Beafares. Almada décrit l'organisation politique en précisant : « quoique le roi soit très puissant, il est soumis à son farin, qui est comme l'empereur chez les nègres. Celui-ci l'est à un autre, et ainsi de suite, en remontant jusqu'au Mandinmança »[288]. Cette configuration allait perdurer des siècles encore attestant d'une continuité de l'occupation humaine et de la distribution des terroirs ethniques.

Un observateur de la fin du XVIIIe siècle décrivait encore le pays mandingue depuis les sources de la Gambie en direction de la mer avec plusieurs petits royaumes dont Barra, Kollar, Badibou, ou Niani. Sur la rive

---

[287] Alvares de Almada in Nouvelles annales des voyages, juin 1842, TOME II, Relation des rivières de Guinée deuxième partie, page 362 ,366.

[288] Almada *ibid.*,page 361.

gauche cependant, il observait que « les établissements mandingues sont plus rares et plus séparés et l'on y trouve un mélange, de hordes de différentes races. »[289]

Almada à la fin du XVe siècle décrit l'arrière-pays de Santo Domingo comme le terroir des « Balantas, Banhuns, Bouramas, Casangas, Jabundos, Faloupos, Arriatas »[290].

Au début du XVIe siècle, Donelha les présente sous l'autorité de Farin, à l'image des gouverneurs de provinces de l'Empire du Mali. Ils semblent avoir une autonomie qui leur confère le titre de roi aux yeux des Portugais.

Le premier dénommé Farin Cabo qui correspond au Ngabou se trouve « à cent vingt lieues de la mer, là où est le port de Cantor où se fait un grand trafic d'or, de cire et d'ivoire. Ce rio de Gambea…depuis l'embouchure, est entièrement peuplé de mandingas sur l'une et l'autre rive… »[291]

« Le second Farin s'appelle Farin Braso ; il habite dans l'intérieur du Rio Grande de Bonabo. Il est lui aussi de nation mandinga. Ce farin est le seigneur de diverses nations- Casangas, Banhus, Bramos, Balantes, Beafares et autres – encore que certains ne lui gardent pas obéissance parce qu'il est loin »[292].

Le troisième Farin nommé Cocali déjà mentionné par Valentin Fernandes comme Pacheco Pereira, seraient une branche septentrionale des landoumans [293] que Arcin présente comme une confédération dans le nord-ouest du Fouta Djallon, composée de populations bagas et sérères venus du nord et qui recevront une greffe mandingue par la geste de Koli pour donner naissance aux populations dénommées Thiapy par les Peuls.[294]

Le Farin Sosso, lui, est assimilé au Grand Concho[295] et est présenté comme le chef des Sosso comme des Conchos et serait le chef de la famille Kondé, Kanté ou Kanouté des Soussous qui occupaient le Sankharan au sud de la région aurifère du Bouré.[296]

---

289 Xavier Golberry, *Fragments d'un voyage en Afrique*, Tome 2, *op. cité*, page 152.

290 Almada Alvares, Tratado Breve *op. cit.*, page 367.

291 Donelha, André, Description de la Serra Leoa et des rios de Guiné du Cabo Verde, Junta des incestigaçoes cientificas do ultramar lisboa 1977, page 119

292 Donelha *ibidem.*

293 Texeira da Mota, notes in Donelha *op cité*, page 271..

294 In André Arcin, Histoire de la Guinée française, Rivières du sud-fouta dialo-région du sud soudan, editions challamel 1911

295 La petite côte d'après Francisco de Lemos Coelho par Nize Isabel de Moraes *Bulletin de l'Ifan* Txxxv série B, n° 2, 1973

296 Arcin cité par Texeira da Mota *op. cit.*, page 271.

Les terroirs sous domination mandingue se poursuivent au-delà du pays des Bagas vers le Fouta Djalon où Diallonké - Sosso se trouvent sous la houlette d'un farin caputa.[297]

Almada résume bien les contours de l'espace mandingue qu'il commence bien au Nord de la Gambie jusqu'aux confins du pays Ouolofs avec un fort métissage qui fait sans doute référence à l'estuaire du Saloum et le pays sérère. Vers le nord-est

Les terroirs de la civilisation du riz

Une civilisation du riz, portée par l'écosystème est un fait avéré massif que les premiers Portugais à avoir foulé le sol ouest-atlantique guinéen ont rapporté avec force.

Gomes Eanes de Azurara rapporte la référence par Stevam Alfonso en 1446 à un grand fleuve à six lieues au-delà des îles du Cap-Vert. Ce fleuve qui est probablement la Gambie est une zone où la riziculture est largement développée sur les terres inondables. C'est une image de marais avec de larges superficies cultivées en riz qui apparaissait à leurs yeux une fois leurs bateaux engagés dans l'embouchure de ce fleuve[298]. En 1455 Alvise de Ça da Mosto renforçait cette image en mentionnant la variété des riz cultivés et consommés dans cette région. Par rapport au fleuve Sénégal. Eustache de la Fosse, lors d'un séjour en 1479-1480, observait l'importance de la culture du riz le long des estuaires de la côte et l'intensité du commerce de cette denrée avec les vaisseaux portugais. Et en 1505-1508, Duarte Pacheco Pereira et Valentin Fernandes, en 1506-1510, confirmaient l'abondance du riz et le trafic dont il était l'objet sur la côte de Guinée-Bissau avec d'autres produits comme le mil, la viande ou l'huile de palme.

André Donelha, plus tard en 1625, soulignera le rôle particulièrement important joué par les femmes dans la commercialisation du riz sur les ports de la côte. Lui même un natif de Santiago insistera sur l'importance du trafic avec le Cap-Vert avec des produits comme l'or, l'ivoire, le coton, le miel, le bois, le poivre et la noix de cola.

L'écosystème favorable aux poissons a aussi fait de ces populations de riziculteurs de grands producteurs de poissons fumés ou séchés que les marchands traditionnels redistribuent à l'échelle sous-régionale.

---

[297] Ce farin caputa serait le même que le farin Putas que Alvares dit de la tribu des putasses qui sont presque des Soussos, que Hair assimile aux Futazes habitants du Fouta Djallon. In Texeira da mota notes in Donelha page 271.

[298] Carney (Judith A) Black rice.The African origins of rice cultivation in the Americas, Harvard University press

La culture mandingue

C'est un monde amphibie qui décline un réseau de fleuves et leurs affluents qui tissent une toile hydrique avec la Gambie au nord, la Casamance et son affluent le Sungrugu au centre, le sud est parcouru par le réseau des trois fleuves guinéens : le Rio Cacheu, le Rio Geba et le Rio Corubal. Ces fleuves ont creusé leurs vallées dans une région de plateaux couverts par la forêt soudanienne.

Le Rio Grande ouvre vers l'Atlantique les contreforts des plateaux du Fouta Djallon et semble annoncer une transition pour l'aire sénégambienne. Progressivement dans les méandres de la côte guinéenne, l'espace de la savane cède le pas à l'espace de la forêt.

L'espace mandingue se prolonge par vagues migratoires suivies par les communautés nomades peules[299] au cœur de la forêt et l'espace Akan, la civilisation du riz y rejoint celle de la cola et de l'igname.

L'aire culturelle mandingue du couchant entre migrations et colonisation

Entre le fleuve Sénégal et le Fouta Djallon la période aride entre 1100 et 1500 a vu des vagues successives de populations mandingues investir l'aire sénégambienne. C'est le fait de marchands, d'agriculteurs, et de forgerons avant la horde des cavaliers de l'empire du Mali.

Les traditions font remonter au XIIIe siècle les conquêtes de Tiramagan qui rattachait politiquement cet ensemble à l'empire du Mali.[300]

À partir de son épicentre Kangaba, le monde Mandé avait, selon Delafosse, étendu son aire d'implantation dès le XIIIe siècle dans le Bouré, le Sangaran jusqu'à la rive droite du Niger ainsi que le nord du Fouta Djallon.[301]

Les traditions mandingues rattachent l'itinéraire des Mandingues à la fondation de Koumbi Salé, par des hommes qui seraient venus d'Éthiopie. La pauvreté des lieux amena les populations à s'installer au Wagadou.

Ces traditions se confondent avec celles du peuple Soninké avec lequel les Mandingues partagent la même référence à un serpent à plusieurs têtes vaincu par un héroïque jeune homme qui portait le nom de Madi. C'est une sécheresse de 7 ans qui s'abattit sur Wagadou sous la houlette du premier Mansa dont le territoire s'étendait des sources du Fleuve Sénégal à celles du Fleuve Niger[302].

---

[299] Brooks *op cit,* page31.

[300] Mamadou Mané « Contribution à l'histoire du Kaaabu, des origines au XIXe siècle », *Bulletin de l'Ifan* série B, Tome 40, numéro 1, 1978, page 100.

[301] Maurice Delafosse, Haut-Sénégal-Niger, Paris Maisonneuve et Larose, 1912, page 291.

[302] Nambala kanté, *Forgerons d'Afrique noire*, L'Haramatan, 1993, page 48.

L'odyssée mandingue commençait ainsi dans un décor sahélien où la sécheresse apparaît comme le premier ressort de la mobilité comme de l'implantation des groupes humains. La tradition fait partir de Wagadou la même poussée qui aboutit à la formation du Ghana, de Kirikourou et Kourroukan les premières implantations mandingues qui aboutirent à la fondation de Niani et du Sosso.

Entre le XIIIe et le XIVe siècle, s'est petit à petit dégagée une construction politique sur les flancs du royaume de Sosso. C'est à Soundiata qu'on attribue la fondation du Mali après la bataille de Kirina en 1235. Départi de la tutelle Sosso, Soundiata fixa sa capitale à Kangaba. À sa mort en 1255, les successeurs de Soundiata dont Sakoura jetaient les bases d'un empire allant de la boucle du Niger à l'Atlantique.

La colonisation mandingue de l'Atlantique

Une première vague d'influence mandingue avait atteint le Bas-Sénégal jusqu'au Saloum avant la vague des XIIIe et XIVe siècles.[303] Une série de puits attribuée au Socé par la tradition aurait été identifiée à Ndande et Sagatta entre autres.[304]

Si les puits que la tradition attribue aux Mandingues dans l'espace ouolof sont bien les vestiges matériels d'une première occupation humaine, la référence socé qu'on retrouve dans les panthéons lébou et niominka reste sans doute un marqueur symbolique qui situe bien la trajectoire de la culture mandingue en Sénégambie.

Les terroirs mandingues de l'espace guinéen

L'espace guinéen se présente ainsi comme une excroissance de l'empire du Mali avec une subdivision territoriale identique qui met les Farin à la tête des provinces. Il n'y a point, nous semble-t-il, de solutions de continuité de part et d'autre de la Gambie. Le jeu des alliances et des conquêtes ayant vite intégré un substrat culturel commun qui s'est surtout affirmé au XVe siècle. C'est ainsi que prolongeant le Sine et le Saloum des Guelwar de Meissa Wali Dione, entre le Saloum et le Rio Cacheu pouvait-on distinguer : Le Sankolla gouverné par un Farinsankolla que Mamadou Mané propose d'identifier au Farin-sangole de Ça da Mosto, le Kantora avec le Farincantora, Le Birasu avec son Farinbirasu et le Kaabu dirigé par un Farin Kabou installé dans la capitale Kansala que les Portugais appellent Farincabo[305].

---

303 Felix Brigaud « Histoire traditionnelle du Sénégal », *Etudes Sénégalaises* n° 9, CRDS, Saint-Louis, 1962, 355 p.

304 Paul Pélissier *Les paysans du Sénégal, op. cité*, page 103.

305 Mamadou Mané *op. cite*, page 101.

La configuration politique caractéristique de cette région est donc un dérivatif de la géopolitique de l'empire du Mali. Un cadre informe avec une assise territoriale très restreinte qui regroupe généralement une dizaine de villages. Si on voulait leur trouver des limites, il faudrait considérer un ensemble de villages qu'un cavalier peut parcourir en une journée, un ensemble de villages dont la portée des roulements des tambours royaux pouvait définir le rayon.

On mesure les limites géopolitiques par comparaison avec d'autres environnements politiques dans lesquels les princes semblent avoir une plus grande maîtrise de l'espace.

Dans ses commentaires du texte de Mungo Park, le major Rennel notait : « La journée d'un voyageur ordinaire est d'environ dix-sept milles géographiques. Dans l'Inde, les messagers font vingt-cinq milles géographiques par jour, c'est-à-dire cent milles anglais dans trois jours. »[306] On retrouve là sans doute l'importance du cheval comme attribut de pouvoir, car son rôle apparaît décisif dans la maîtrise de l'espace politique et économique. Mais cela ne débouche jamais sur la hantise d'une maîtrise de l'espace comme le suggère l'exemple européen. C'est surtout avéré durant les périodes d'instabilité politique comme les XVIIe et XVIIIe siècles. Cette période donne une durée singulière à toute chevauchée du fait de l'insécurité qui selon Labat[307], oblige le voyageur à prendre des détours pour éviter la rencontre de certains groupes vivant de rapines ; ou simplement contourner le paiement de taxes ou coutumes du fait de l'émiettement politique. L'espace mesuré semble inexistant pour délimiter l'espace politique.

Une mosaïque de royaumes

La référence à plusieurs petits royaumes comme Cassan, Cantor, Wolly, Borsalo et Gambea traduit l'image d'un émiettement politique des « Mandingues occidentaux » de l'espace Atlantique.[308] Le père Barreira décrivait en 1606 un tableau très suggestif de l'espace mandingue « Le peuple Mandingas voisins des Berbecins, constitue plusieurs royaumes qui tous ont mêmes langue, loi et coutumes… s'étend de part et d'autre du fleuve Gambie sur plus de 200 lieues et dans l'intérieur, beaucoup d'autres peuples se répartissent le long de la rive sud. Chez les Mandingas se trouvent des farins, titre de grande dignité, auxquels les rois payent tribut. Ils suivent la secte de

---

306 Mungo Park, *Voyage à l'intérieur de l'Afrique fait en 1795, 1796, 1797*, trad. J. Castera, tome 2, Paris Tavernier, Dentu, Carteret, An VIII, page 205.

307 JB Labat *Nouvelle relation de l'Afrique occidentale* ; tome IV op cité, page 260.

308 Dapper *op. cité*, page 238.

Mohamet,...possèdent des mosquées, des écoles où l'on apprend à lire et à écrire ainsi que de nombreux cacizes ».[309]

L'originalité des terroirs mandingues, la singulière identité qu'ils déroulent de part et d'autre du fleuve Gambie, contraste bien d'avec l'émiettement politique qui caractérise le pays mandingue occidental. Plusieurs observateurs européens on décrit cet émiettement.

Labat à la fin du XVIIe siècle nous faisait une description assez complète des formations politiques situées de part et d'autre de la Gambie et qui formaient le cœur du pays mandingue occidental. Il décrit d'abord ceux qui sont situés au Nord comme le royaume de Barre qui couvre selon lui dix-huit lieues le long de la côte. Suivaient le royaume dit de Guiaconda avec 5 lieues et le Badibu qui fait 20 lieues. Le Saloum qui fait 10 lieues dans la description de Labat, formait un coude sur la Gambie qui insérait les trois royaumes précités. « Gniania » avec ses deux lieues ; « Couhau » avec 4 lieues, Niani crédité de 30 lieues se prolongeaient par le Ouli sur 90 lieues vers les chutes Baracouda.

C'est le même nombre de royaumes que Labat décompte sur la rive méridionale de la Gambie. Il s'agit du Coumbo entre la pointe Sainte Marie et la rivière de Combe sur une distance de 10 lieues. Le Fogni réputé prospère et influent s'étendait entre la rivière de Combe et celle de Bintan. Venait ensuite le royaume de Gereges qui associe son nom au village situé à 7 lieues de Bintan et qui tenait lieu de comptoirs de cire pour les Anglais et les Français. « Le royaume de Kiam commence au bord oriental de la rivière de Bintan et il a vingt lieues d'étendue le long de la rivière de Gambie. Celui de Geagra qui suit n'en a que dix ; celui de Gnamena quinze. Celui de Kianconda quarante ; celui de Toumana autant ; et celui de Cantor, du moins autant qu'on en connaît l'étendue, vingt ».[310]

La description de Labat se termine ici sur une approximation qui rend bien compte de l'imprécision des contours politiques.

La nébuleuse de l'espace politique

L'espace connu semble se résoudre à un espace marchand centré sur des comptoirs qui polarisent des chefs politiques, des produits et des groupes humains. L'horizon politique est un horizon juxtaposé et construit sur un espace qu'on devine et qu'on présume faute de l'explorer et le mesurer. Pourtant c'est bien ce type de description qui va informer une imagerie politique que bien des auteurs vont reprendre.

---

[309] Nize Isabel de Moraes, À la découverte de la petite côte au XVIIe siècle (Sénégal et Gambie) Tome 1, *Initiations et Etudes Africaines* n° 37, Université de Dakar, Ifan, 1993, p.119.

[310] J. B. Labat *op. cité*, tome IV, page 273.

Jean baptiste Durand décrivait à la fin du XVIIIe siècle un pays sous la domination d'une multitude de petits princes qui tous prennent le titre de roi, un trait qu'ils partagent avec les autres populations de l'aire atlantique sénégambienne. Sur la rive nord de la Gambie notre auteur note le royaume de Barre qui a une longueur de dix-huit lieues sur la côte, celui de Guicanda qui suit sur une étendue de cinq lieues de côte. Vient ensuite le royaume dit de Badisson (Badibu) sur vingt lieues ; le royaume de Saloum qui enserre celui de Barre, du Badibou et « Guiocanda » et occupe dix lieues sur les berges de la Gambie. Viennent ensuite le royaume que Durand dénomme Gniania, réduit à deux lieues de côtes, Coular avec quatre lieues d'étendues sur la Gambie annonce les trente lieues du Niani que prolongent, au-delà des chutes Baraconda, les 90 lieues du Ouli.

Ainsi sur la seule rive droite de la Gambie, sur une étendue de moins de deux cents lieues selon l'estimation de Durand, huit entités politiques se disputent l'axe Gambie et le trafic dont il est le réceptacle.

On retrouve la même configuration en huit entités sur la rive gauche de la Gambie avec les royaumes de « Combe », avec 18 lieues à partir de l'embouchure, Fogny avec ses onze lieues jusqu'à la rivière Bintan, Gérèges qui commence avec la rivière de Bintam sur 7 lieues, viennent ensuite les royaumes de Kiam avec ses vingt lieues ; Geagra : 10 lieues de côtes ; Niamina : 15, Jacounda et Toumana : 40 et enfin à l'extrême oriental, Cantor couvre une vingtaine de lieues sur la haute Gambie.[311]

Il est à noter comment la Gambie, comme axe commercial, polarise les constructions politiques à l'instar de toute l'Atlantique. C'est la côte et le commerce atlantique qui semblent fonder la légitimité politique. Les contours politiques semblent se définir à partir des pôles qui commandent la vie de relation et les réseaux marchands.

Habitat et terroir mandingue

L'espace des terroirs demeure un champ du vécu que marquent les lieux sacrés, le cours des fleuves, les formes de productions rurales ou les lieux d'échange.

Face à la précarité des balises spatiales, il semble aussi que nous ayons un modèle d'occupation du sol qui a gardé une pérennité dans ses formes, malgré la précarité de ses matériaux de construction qui ont laissé très peu de traces matérielles.

L'espace a ses marqueurs d'identité comme les bordures de plateaux et vallées alluviales, les voisinages des confluences de marigots permanents ou saisonniers. Ces marqueurs sont restés les sites récurrents que les nouvelles

[311] J. B. Durand, *Voyage au Sénégal*, *op. cité*, page 68.

implantations se contenteront de reproduire. La remarque de Pélissier concernant l'aire mandingue, ces peuples de guerriers et de marchands, garde toute sa pertinence. « Plus soucieux d'annexer des terroirs déjà construits et de les faire exploiter par une main-d'œuvre servile que d'entreprendre eux –même défrichement et conquête du sol… il lui a suffi de compléter ultérieurement les rizières baïnouk par l'ouverture de champs à l'arrière des villages sur les lisières de la forêt de plateau, dont le cœur est resté inentamé »[312].

Le cadre est amphibie avec plusieurs îles et canaux que dessinent les méandres du Saloum, de la Gambie, de la Casamance, du Sungrungu, du Rio Cacheu et au-delà le Geba et le Rio Corubal. De fortes pluies en ajoutent à une intense humidité entre juillet et août. Ces caractéristiques définissent un terroir que Dapper décrit comme un pays où on sème « que deux sortes de grain ; le millet et le riz, on y recueille beaucoup de coton… les deux côtés de la rivière (Gambie) sont bordés de grands arbres qui croissent dans un fond marécageux… »[313]

Figure 9 : Terroir mandingue

Habitat groupé le long des vallées, adossé aux plateaux.	Rizières héritées des baïnouks
Champs de mil et riz à l'arrière des villages sur les lisières de forêts	

On peut bien, à la suite de Pélissier, identifier un modèle mandingue d'occupation du sol avec des villages alignés en bordure de la vallée principale par contraste avec les hameaux peuls isolés sur le plateau au cœur de discrètes clairières ouvertes dans la forêt sèche au voisinage de petits marigots saisonniers.[314]

Labat fait une description assez complète du terroir des Mandingues « qui laissent presque toujours les bords de la mer et des rivières des endroits où ils sont établis garnis d'arbres, après lesquels on trouve des terres bien cultivées, couvertes de gros et de petits mil de différentes espèces, de pois et de riz dans tous les endroits bas et aquatiques. Ils cultivent quantité de palmiers, de bananiers, de figuiers, de lataniers… »[315]

---

[312] Paul Pélissier, *Les paysans du Sénégal, Les civilisations agraires du Cayor à la Casamance*, Saint-Yriex, Fabrègue 1966, page 552.

[313] Dapper *op. cité*, page 239.

[314] Pélissier *op. cit.*, page 579.

[315] J. B. Labat ; Tome IV *op. cité*, page 360.

Dans une perspective diachronique, le modèle décrit par Labat et repris par Pélissier présente différents grands moments. Un premier type d'habitat en nébuleuses très distendues le long des vallées et qui coïncide avec l'aire de réoccupation des villages et rizières à la suite du repli des Baïnouk. Il se présente à la jonction des plateaux et des vallées, de manière discontinue des liserés étroits du fait d'un ancien défrichement. Nous tenons de Labat une bonne description du terroir bainouk tel qu'il sera hérité par les Mandingues.

Il s'agit des terres basses inondables par le ruissellement ordinaire des fortes pluies ou par les ruisseaux ou torrents venant des zones élevées. Ces terres « étaient toutes en riz. Ils coupent toutes ces terres par de petites levées qui retiennent les eaux afin que leur riz soit toujours baigné, car il veut être dans l'eau, il croit à proportion que l'eau augmente et plus il en a, plus il devient beau, fort et bien nourri…les endroits moins bas étaient remplis de gros et petit mil… »[316]

Durand nous décrit le village mandingue de la fin du XVIIIe siècle entre la Gambie et la Sierra Leone sur une large aire géographique qui donne la mesure de l'impact de la culture mandingue. C'est en général, écrit-il, sur le bord d'une rivière ou d'une crique que les villages sont bâtis. On les reconnaît aux pullams dont ils sont entourés, ce sont de grands arbres, dont la présence annonce toujours un pays aride. Notre auteur note ensuite que les populations ne se donnaient pas la peine de défricher plus de terrain qu'il ne leur en fallait pour bâtir leurs maisons. Leurs rues ne sont jamais droites : chacun choisit le lieu qui lui convient davantage et y élève autant de petites maisons qu'il a de femmes et de monde à loger. « Toutes les huttes décrivent un cercle. Elles sont entourées d'une clôture de pieux enfoncés en terre. Ces pieux en quelques mois, tant la végétation est active, deviennent une haie vive… La réunion de plusieurs de ces habitations forme une ville qui couvre souvent beaucoup de terrain, et qui est ordinairement close par un mur de terre ou par une forte palissade. »[317]Le tableau se complète par l'inévitable mosquée qui marque les villes mandingues.

Un habitat groupé, installé à la périphérie des plateaux, adossé à la forêt et face à de vastes rizières que les femmes mandingues ont hérité des Baynouk. Dans les versants reliant le plateau à la vallée la marque des hommes laisse s'épanouir un rideau continu de palmiers à huile et de rôniers. Ce type répondant sans doute à un souci de défense dans le contexte de bouillonnement politique. Des maisons collectives, généralement construites en terre et végétaux, s'organisent en couronne et abritent sous un même toit hommes, animaux et récoltes. La description de Pélissier se réfère à un modèle décrit par plusieurs observateurs. Ce modèle dépeint un village mandingue type qui a semblé résister aux vicissitudes du temps depuis des

---

[316] J. B. Labat Tome V *op. cité*, page 23.
[317] Jean Baptiste Durand, *Voyage au Sénégal*, 1802, *op. cité*, page 191.

siècles. « Toutes les concessions familiales sont étroitement accolées les unes aux autres ou séparées par d'étroites ruelles qui serpentent entre les clôtures enserrant chacune d'elles. En bordure des axes de circulation qui traversent le village et des principales pistes qui en rayonnent, les enclos familiaux strictement alignés délimitent de véritables rues.

Comme un grand nombre de villages sont situés en lisière de plateau, leur dessin épouse en général celle-ci de sorte que la plupart des concessions s'échelonnent de part et d'autre d'un axe conforme aux courbes de niveau. De plus, il n'est pas de village mandingue sans centre de gravité, une place centrale, généralement une place ombragée sous un arbre touffu à l'abri duquel se tiennent les palabres. Si le village est assez riche pour avoir bâti une mosquée, c'est en principe en bordure de la place centrale qu'elle a été édifiée... »[318]

La récurrence de cette forme d'occupation de l'espace qui juxtapose des concessions familiales autour d'une place centrale semble avoir laissé ses traces dans le paysage forestier. La marque d'un ancien village mandingue semble identifiable lorsque le paysage forestier dégage selon Pélissier « une plaque de brousse chétive, établie sur un sol squelettique et accidenté de gros tumuli surmontés d'énormes baobabs. »

Enfin se formait un habitat dispersé de formation plus récente sans doute lié au retour d'un environnement pacifié. Sécurité et essor démographique favorisent l'extension des foyers originels d'habitation le long des terrains de culture. Le terroir est alors marqué par l'émiettement des rizières, la prépondérance des cultures sèches et surtout la multiplication de villages de faibles dimensions qui caractérisent le Saloum méridional comme la haute Casamance.

Les ensembles politiques du Niomi ou Bara sur l'embouchure de la Gambie, du Badibu, du Niani et du Wouli témoignent surtout de l'aire d'influence culturelle mandingue sur toute la rive nord de la Gambie jusqu'aux chutes Barokunda dans le Wouli.

La colonisation mandingue

Figure 10 : La colonisation mandingue

Migrant musulman en famille, habitat groupé le long d'un cours d'eau.	Activités : Commerce, prosélytisme, artisanat (tissage, forge, cordonnerie.
Une mosquée	Un marché
rizières prises sur des populations autochtones	

---

[318] Pélissier *op. cité*, page 559.

Le terroir mandingue se prolonge aussi depuis des siècles par les caravanes, véritables villages ambulants qui donnent vie et étendent l'influence de la culture mandingue dans tout l'espace ouest-atlantique.

En 1795 Mungo Park nous décrit, de l'intérieur, une caravane qui est un véritable microcosme de la société mandingue en marche. « Nous marchâmes vers la ville, formant une procession… En avant étaient cinq à six chanteurs, tous appartenant à la caravane : ils étaient suivis par les autres personnes de conditions libres. Venaient ensuite les esclaves attachés à la manière ordinaire, par une corde passée autour de leur cou, quatre tenaient à la même corde ; et il y avait entre chaque groupe de quatre, un homme avec une lance. Après eux venaient les esclaves domestiques, et en dernier lieu les femmes libres, épouses des slatées, et autres. »[319]

Cette description nous présente une société mandingue en miniature dans sa hiérarchie tripartite mais surtout avec une forme d'organisation qui la rend bien adaptée au commerce des esclaves et aux échanges de longue distance.

L'espace mandingue Atlantique : Le grenier de l'Atlantique et le trafic régional

C'est une image d'abondance et de prospérité que découvrent les premiers observateurs de la côte guinéenne. Almada parle de l'abondance en mil, riz et autres légumes avec une abondante population le long de la côte. Une population avec un habitat groupé, bien structuré.[320]

Il s'agit de terroirs de riz et de mil qui sont occupés par des populations sédentaires mandingues ; de même que le coton qui était l'objet d'une intense activité de tissage en Casamance.

Selon Valentin Fernandes, « il y a de grands élevages de vaches et aussi des ânes et des moutons sans laine »[321]. Le coton était aussi destiné à l'exportation vers la côte et vers l'intérieur.

Les deux provinces étaient reliées par un intense cabotage, mais leur trafic était surtout tourné vers l'intérieur.

« Ils n'ont pas de fer, sauf que les marchands qui viennent du haut de la rivière de Gambie apportent du fer et par ces marchands s'approvisionne la plus grande partie du Gyloffa, et ce fer arrive de l'intérieur de Sierra Lyoa, transporté de l'intérieur. »

---

[319] Mungo Park, *Voyage à l'intérieur de l'Afrique fait en 1795,1796, 1797*, trad. J. Castera, tome 2, Paris Tavernier, Dentu, Carteret, An VIII, page 105.

[320] Almada, Lisboa 1964, *op. cité*, page 45.

[321] Valentin Fernandes, in description de la côte d'Afrique de Ceuta au Sénégal, 1506-1507, *Bulletin du comité d'études historiques et scientifiques de l'A.-O.F.*, Paris Larose 1938.

Dans l'ensemble, par-delà ses richesses agricoles, le pays mandingue de l'ouest reste le grand entrepôt de cette région ; il est, selon Donelha, riche en or, en fer, en cire, en ivoire en plus du bétail et du coton.[322]

Almada ajoute au décor la multiplicité des villages fulbé avec leurs nombreux troupeaux. De même un gibier abondant et de riches pêcheries.[323]

Le trafic sur la Gambie garde une intensité et une diversité que ne manquera pas de noter Dapper. Du Cap-Vert à Portudal et Joal, le cabotage drainait un intense échange de peaux, de riz, de guinées, d'esclaves et d'or. Dapper souligne l'importance des foires comme lieux d'échange des produits du cru comme le bétail, le coton, le sel, de même que des produits artisanaux.

Le sel gardait encore au XVIIIe siècle une place centrale dans ce trafic. Durand notait d'importantes salines à Joal et Faquiou (Fatick). Les commerçants mandingues en chargeaient des canots, et remontaient la Gambie jusqu'à Baracounda. Ils y échangeaient leur sel contre du maïs, des étoffes, du coton, du morfil, de la poudre d'or entre autres produits. C'est ce trafic qui a donné au roi du Niomi sa principale base matérielle. « Le grand nombre de canots et d'hommes employés à ce commerce donne au roi de Barre, de la force et de la considération : c'est le plus puissant et le plus redoutable des rois de la rivière de Gambie. Il a imposé des droits considérables sur les bâtiments de toutes les nations : chaque navire, de quelque grandeur qu'il soit, est obligé de lui payer, à l'entrée de la rivière, à peu près 500 livres tournois : le gouverneur de Gillifrie est chargé de percevoir ces droits, et il ne manque pas d'avoir à sa suite un grand nombre d'employés qui sont toujours très importuns et très exigeants… »[324]

Les groupes lusophones aussi avaient leurs réseaux avec l'envoi de leurs esclaves chargés de barres de fer et de coraux qu'ils allaient négocier en Haute-Gambie avec de l'ivoire et des peaux. Avant de revenir avec leur cargaison à la fin de la saison des pluies.[325]Ces lusophones remontaient la Gambie avec des canots le plus souvent comme intermédiaires pour les Français ou les Anglais.

Le trafic intègre aussi les marchands arabes dont les chameaux bravaient cette lisière de la forêt jusqu'à une localité que Dapper dénomme Saye qui serait le lieu d'un commerce muet de l'or échangé surtout contre du sel. Une autre localité dénommée « Munkbacr » serait aussi une place maure qui, avec Sétuko, étendaient leur rayon au Saloum.

---

[322] Donelha *op. cité*, page 121.
[323] Almada Lisboa 1964, page 46.
[324] Jean Baptiste Durand, *op. cité*, page 71.
[325] O. Dapper *op. cité*, page 241.

Cet espace marchand guinéen avait un pôle atlantique qui s'étendait de la Gambie à la Sierra Leone. En fait, il s'agit d'un espace international qui a progressivement pris le pas sur l'exclusivité portugaise du XVIe siècle.

Farim et Cacheu sur le Rio Cacheu, Guinala sur le Rio Geba et Ziguinchor sur la Casamance restaient les points de traite des Portugais, tandis que Français et Anglais assuraient leur prééminence respective sur les comptoirs de Albreda et de James Island.

Ce monde mandingue contrastait bien avec le pays ouolof au plan démographique. Golberry à la fin du XVIIIe siècle montrait le contraste de l'occupation humaine entre la région de Saint-Louis et de la Gambie. Sur une superficie de 18 lieues autour de l'île notre auteur dénombrait 28 000 individus ; tandis que la même superficie autour d'Albréda pouvait contenir 36 000 personnes.[326]

L'importance de la population est sans doute un témoin de l'intensité de la vie de relation dans cette région marquée aussi par une grande diversité politique. C'est la marque des États post-atlantiques qu'on retrouve à une échelle plus large au-delà de la Gambie au nord. Mais dans cette partie méridionale toutes les constructions politiques semblent dériver d'un lointain épicentre Gabunké.

[326] Golberry, tome 2, *op. cité*, page 360.

CHAPITRE 18

L'ESPACE MANDINGUE ATLANTIQUE ET LA MOSAÏQUE BAINOUK, FLOUP ET BALANTE

Soninké, Malinké, Bambara, Soussou, Dioulas, semblent provenir d'un même fonds culturel. L'aire d'implantation mandingue a couvert toute la région entre le Sénégal et le moyen Niger. Elle se prolonge par les Soussou qui très tôt se sont installés sur la rive gauche du Haut Niger. C'est ce large rayonnement qui a donné à l'influence mandingue un ancrage aussi profond et aussi durable en Sénégambie.

Par-delà les élites politiques de souche mandingue, soninké ou peule, un espace guinéen a pris forme entre le Fouta Djallon et le Rio Grande. Cet espace présente la plus grande diversité ethnique de la Sénégambie comme pour justifier son statut de finistère des mouvements nord-sud et est-ouest des populations de la Sénégambie depuis des siècles.

Le Ngabou ou la lointaine autorité du Mali sur l'Atlantique

La descendance de Tiramakhan Traoré le conquérant de la région située entre la Gambie et la rivière Corubal, a établi un pouvoir centralisé sur des communautés autochtones Bainouk ou Diola.

La configuration du Ngabou nous paraît intéressante à mettre en relief car il illustre parfaitement le caractère factice d'une hiérarchie politique qui divise en royaumes indépendants ce que la réalité homogénéise en une communauté historique bien complexe.

Comme le Djolof avec lequel il partage une lointaine suzeraineté malinké, le Ngabou est divisé en provinces assimilées en royaumes. Le pays présente historiquement une multiplicité politique sur un fonds économique bien cohérent.

La tradition, selon Mamadou Mané, répertorie 32 royaumes dans l'ensemble gabunké. Les traditions recueillies par Sékéné M. Cissosko parlent de trente-sept Tata. Entre autres, nous pouvons citer Sama, Jimara, Pacana, Mana, Sankolla, Cana, Kantora, Nampayo, Kolla,Tumana, les 12 Bajar et le Propana qui abrite la capitale Kansala siège du pouvoir central.

Ces unités sont hiérarchisées entre provinces ñaanco et provinces korin. Les provinces ñaanco regroupant celles de Sama, Jimara et Pacana qui, successivement, devaient élire le Mansa Kabou. Le Sama et le Jimara étaient régis par les clans Mané alors que le Pacana restait le domaine des Sané. Le souverain choisi avait l'obligation de quitter son domaine familial pour s'installer dans la Propana. Ce modus vivendi semble traduire un accord entre groupes prééminents qui assurent ainsi la pérennité du pouvoir en leur sein au détriment de leurs pairs de l'aristocratie. Ces derniers restent confinés dans la prise en charge des provinces Korin de la périphérie et qui sont toutes sous le contrôle de l'une ou l'autre des unités ñaanco avec lesquelles elles doivent partager le butin de guerre.[327]

En moyenne Casamance, dans le Pakao, l'autorité centrale se relâche et reste le fait des kanda à la tête de villages Baïnouk qu'ils régentent de façon autonome bravant la lointaine autorité des princes ñaanco.

L'ordre ñaanco nous semble bien proche d'une territorialisation de la légitimité traditionnelle que l'on retrouve aussi dans l'ordre Garmi des Ouolofs. Il reprend la hiérarchie mandingue des trois ordres : l'aristocratie, les castes endogamiques et les esclaves.

Cependant, pour bien marquer leur ancrage Atlantique, les Mandingues occidentaux ont gardé un système matrilinéaire de dévolution du pouvoir au sein de l'aristocratie ñaanco. Le matriarcat semble être un héritage des populations autochtones Baynouk que les ñaanco ont valorisé à la faveur de la recomposition de la royauté que suggère la configuration de l'aristocratie.

Les lignages Mané et Sané ont pris le dessus sur le patronyme Traoré du conquérant Tiranmakhan. L'adoption du matriarcat chez les Mandingues occidentaux semble bien dater, un processus sui generis de recomposition du pouvoir par des lignées alliées, qui s'emploient à conserver l'autorité jalousement retransmise par lignée utérine.

Les lignées Sonko, Manjaan, Jaasi et Sañaan sont de ce fait ravalées au statut de chefs de provinces ou Korin, sans possibilité d'accéder au pouvoir central. Elles partagent cette fonction avec les Mansaring qui sont des princes de sang royal par leur père et qui, de fait, ne peuvent prétendre à la royauté. Les provinces périphériques sont dirigées par des Kanta Mansa chargés de la surveillance des frontières. Les principales provinces étaient : Fagandin, Sansankoto, Kaberoun, Païnkoum, Toukouta, Soumacounda, Djoumanami.

Un régime foncier post-atlantique

De fait, les ñaanco gardent une primauté de statut et le privilège de la propriété de la terre. Toutes les terres du royaume seraient la propriété du souverain, de même que tous les palmiers à huile ou rôniers qui y poussent.[328] Les revenus récurrents et permanents du royaume se résument aux esclaves, aux champs et aux coutumes levées dans la province d'origine. Les autres ressources comme les dîmes sur les récoltes n'étaient pas régulières et

---

[327] Mamadou Mané *op. cit.*, page 107.

[328] Moore Francis, Travels into the inland parts of AFRICA, in société anglaise d'Afrique trad. Lallemant A J N, Paris 1804, cite in Mamadou Mané *op. cite*, page113.

subissaient la convoitise ou l'indélicatesse des Kanta Mansa ou autres messagers du roi.

L'autorité provinciale sise dans le Tata qui est, de fait, un centre militaire et politique est un mandant du souverain. Il vit du pays et lève un impôt généralement en nature ; il est aussi un Farin Mansa ayant autorité de chef d'expédition militaire avec le pouvoir de mener des rezzous chez des populations tributaires ou un autre Kanta Mansa. Il est alors chef de guerre ou Diawara Mansa « roi fauve » vivant de rapines et de raids.

La frange la plus importante de cette société reste les hommes libres généralement occupés dans les travaux de culture du mil et du riz et qui, à l'occasion, se mettent au service du souverain en cas de guerre. Le tableau se complète par les castes endogamiques d'artisans et de griots. Les esclaves quant à eux constituent la couche la plus basse de l'échelle sociale. On y distingue, comme c'est le cas chez toutes les populations de l'espace atlantique, les esclaves de traite et les esclaves domestiques. Cette deuxième catégorie connaîtra la trajectoire des esclaves de la couronne dans toute l'aire sénégambienne, et se placera au cœur du dispositif de l'État face aux sollicitations de l'Atlantique ; prélevant des taxes et coutumes payées par les marchands européens.

Formation de l'État par alliance

Ce type de royaume selon le mot de Sékéné Mody Cissoko évoque l'image d'une grande famille répartie en concessions.[329]

L'exemple du Niomi, du Badibu et du Diarha présente les contours d'un ensemble de deux à cinq clans qui sont unis par des pactes de sang généralement transmis par des liens utérins. Au Niomi, les clans Diamé, Mané et Sonko ont formé une alliance qu'ils dirigeaient à tour de rôle. Cette alliance semble s'être constituée surtout sous les coups de boutoir du Saloum voisin.

Au Badibou nous avons les clans Diadama, Diammé, Diamboué-Diadiou, Diassi-Marone. Au Diahra ce sont les Sonko et les Danfa qui alternent dans l'exercice de l'autorité.

Au Wouli un seul clan a pu imposer son autorité et la garder en exclusivité, c'est le clan des Walli. On voit bien là comment se met en œuvre la formation d'un pouvoir central exclusif qui annonce une dynastie royale avec ses attributs et ses dignitaires. Les chefs des esclaves ou des castes (niamakala) deviennent les proches conseillers du roi. À l'échelon du village l'autorité est déléguée à un chef dénommé Alcali. Ainsi de chef de clan provisoirement élevé au rang de Mansa, l'autorité prend un cours sacré qui fait

[329] Sékéné Mody Cissoko, « La royauté(Mansaya) chez les Mandingues occidentaux d'après leurs traditions orales », *Bulletin de l'Ifan*, Série B, Tome XXXI n°2, avril 1969, page 329.

du Mansa un Dali désormais revêtu d'une aura qui le rend responsable du cours des choses sous son règne, dans l'ordre social comme dans l'ordre naturel. Sékéné Mody Cissoko qui présente l'autorité mansaya du point de vue de la tradition rend bien la dimension sacrée de cette autorité encore empreinte de légitimité jusqu'au XVIIe siècle. « Le roi est responsable des bonnes et mauvaises récoltes. Dès que les premières pluies de l'hivernage mouillent le sol, il s'enferme dans sa chambre et ne doit en sortir qu'au moment des récoltes. Il est censé entrer en contact avec les forces qui commandent la pluie et la prospérité.[330] » Quand les récoltes sont terminées, poursuit Cissoko, une grande fête a lieu à Kansala, la capitale où tout le peuple se réunit avec des présents pour le roi. Comme dans le récit d'Ibn Batouta, en 1352-1353, lors de la cérémonie, le roi sort de sa retraite, monte sur son cheval richement harnaché et, suivi d'une importante cavalerie de princes venus de tout le royaume pour parader dans les rues de Kansala. Au lieu-dit où se tient la cérémonie, le roi s'installe sur une peau de lion, immobile face à l'orient. Dans une adresse au peuple, le souverain demande l'état des récoltes avant de bénir la foule.

Cette description dépeint bien l'imagerie traditionnelle de l'autorité lorsqu'elle est acceptée et bien assise. Elle rend bien compte des oripeaux du pouvoir et de son étiquette encore marqués par l'héritage ancestral et l'influence de l'islam.

Les vagues d'invasion Mané à partir de 1545 seront le paroxysme d'une implantation mandingue en Haute Guinée. L'aire culturelle mandingue achève de dessiner une hégémonie culturelle dans l'espace sénégambien avec la formation de groupes dirigeants issus des aristocraties guerrières originaires du Ngabou et qui porte les patronymes Mané, Jammé, Sonko, Joon. Ces groupes ont ouvert un modèle de formation d'un État par alliance entre groupes d'origine étrangère qui finirent par installer de véritables dynasties tournantes à la tête des royaumes sénégambiens.

Le cas du Niomi tributaire du Saloum qui fit appel aux groupes Mané et Sonko pour sortir du giron du Saloum reste très édifiant sous ce rapport. Une fois cette alliance victorieuse les Jammé du Niomi établirent avec les Sonko et les Maané une royauté rotative. C'est sur ce modèle que semble s'opérer la transition des terroirs sérères, ouolof, baïnouk… vers des unités hiérarchiques plus centralisées.

Mamadou Mané semble adopter la même hypothèse pour le Badibu avec le clan des Jaasi qui intègre la royauté par un processus identique.

Les similitudes institutionnelles entre le Kaabu, le Birasu, le Woy et le Kassa de souche Baïnouk semblent donner une validité à ce processus qui semble avoir été la règle pour une vaste région. Une région couvrant le Kassa

---

[330] S. M. Cissoko *op. cité*, page 332.

sur une partie de la Moyenne Casamance, vers le sud avec le Birasu et le Woy et vers le nord de la Gambie et du fleuve Saloum en pays sérère avec la formation du Sine de Meissa Waly Dione.

L'impact majeur de cette poussée mandingue, en dehors de l'érection d'États centralisés, reste l'extension d'une hiérarchie sociale tripartite.

Une hiérarchie sociale tripartite

Une élite aristocratique associée aux hommes libres, des groupes de castes endogamiques et le groupe des esclaves sont constitués à la faveur des guerres de conquête ou du commerce. Cette hiérarchie tripartite ainsi que la proximité linguistique et anthropologique entre Sérères, Ouolof, Fulbé s'étendent vers le sud par l'aire malinké qui regroupe différentes populations d'origine mandingue.[331]

Ainsi de multiples guerres, et de récurrents mouvements de populations ont créé des regroupements et différenciations au sein d'une même communauté linguistique mandé.

La haute Casamance présentera à la fin du XIXe siècle, tout le spectre de la culture mandingue qui se décline en plusieurs appellations en plus du nom générique mandingue.

Ceux de la province de Farinko portent le nom de Socé, ceux du Fambatan sont appelés Soninké avec un fort accent péjoratif qui les associe au paganisme et à la beuverie. Socé et Soninké occupent le nord du Farim, le long de la rivière Mamparé et du Rio Cachéo. Ceux de la rive gauche du Farim quant à eux sont désignés sous le nom Veinké, une appellation qui dériverait, selon Macloud, du nom de leur province, le Wèye, enserrée entre les Balantes et les Foulacounda.

La colonisation mandingue s'est progressivement étendue pour pousser les Diolas sur la rive droite de la Casamance.

La prédominance mandingue sur la rive droite de la Gambie a cédé le pas, sinon encouragé le développement d'une mosaïque humaine sur des terroirs de refuge où l'élément Diola se distingue très tôt sous l'appellation de Floups.

C'est la recrudescence de l'influence foulbé depuis le Fouta Djallon qui, à partir des années 1860, limitait la poussée mandingue au sud de la Gambie. Désormais contenus par les Balantes et les Foulbés c'est vers les terroirs Bainouks, et Diolas que l'influence mandingue devait se concentrer au XIXe siècle.

---

[331] Philip D. Curtin, Economic change in Pre-colonial Africa : Senegambia in the era of the slave trade 2 vols Madison, Wisconsin 1975, page 6, T I.

La mosaïque diola, Soussou et les patronymes de terroirs : ghea (montagne) ; fili (plateau) ; kouré (rivière).

Almada identifiait le pays des Beafares et vers l'Est les « Cassangas » et « Banhuns ». Tout le pays mandingue est sous la coupe des Farins qui reçoivent les coutumes des Portugais en contrepartie d'un commerce des plus fructueux.[332]

Golberry plaçait les groupes « Félupps » sur une contrée de vingt-cinq lieues de longueur sur quinze de largeur, sur les bords de la Casamance et sur le cours supérieur de la rivière de Vintam. Leur pays est décrit comme couvert de forêt avec une terre des plus fertiles. Ils entretiennent un élevage qui leur permet une large production de peaux qu'ils vendent aux populations de l'embouchure de la rivière de Wintam qui les revendent aux comptoirs de Gambie. Notre auteur les estime à cinquante mille individus répartis sur une soixantaine de villages. Leur vie de relation semble plus tournée vers le domaine portugais entre la Casamance et le Rio Nunez.[333]

Les Floups ou Feloupes du Fogny allaient se retrouver au XIXe siècle sous le label Diola qui est une invention du vocabulaire moderne probablement le fait des Ouolofs. Peter Mark [334] fait observer l'existence d'une dizaine de sous-groupes Diola partageant tous un fonds de dialecte dénommé Diola Fogny et dans le même temps les populations vivant dans le Fogny dans le sud de la Gambie et le nord du fleuve Casamance, sont aussi dénommées Diola-Fogny. En somme, la majorité, sinon la totalité des Diola ont une origine Floup et la distinction entre Diola et Floup semble traduire une dynamique historique locale beaucoup plus complexe que la différenciation formelle empruntée à la littérature coloniale. On retrouve chez Labat et Jean Baptiste Durand à la fin du XVIIIe siècle, l'écho de ce processus de différenciation formelle à l'œuvre dans la communauté Féloupe qui s'est cristallisée en groupes dénommés Diola. Durand décrit les Feloupes ou Floups avec une langue particulière et adeptes de l'idolâtrie. Il précise, reprenant Labat mot pour mot, que ceux qui demeurent dans les terres ou loin du commerce des Européens, sont presque sauvages ; ils donnent la chasse aux autres nègres qui passent sur leurs terres, mais ils respectent les blancs, et s'avisent jamais de leur faire la moindre insulte. » Ceux de Bintam ou des environs occupés au commerce, sont doux, honnêtes et civilisés ; ils aiment les étrangers, leur rendent services ; ils sont francs et loyaux dans leurs opérations commerciales.[335]». Dans la même lancée, notre auteur décrit les Floups de James comme adroits et civilisés. James est le débouché d'une petite rivière qui se jette à la distance d'une lieue, dans celle de Casamance. Les Portugais ont un fort sur cette rivière, à deux lieues de l'embouchure de celle de James,

---

[332] Alvares de Almada, Tratado Breve, Lisboa 1964, page 55.
[333] Xavier Golberry tome *op. cite*, page 414.
[334] Peter Mark, Portuguese style and luso-African identitity, Indiana University Press, 2002, page 6.
[335] Jean Baptiste Durand *Voyage au Sénégal*, 1802, *op. cité*, page 87, et JB Labat, tome V, page 11.

dans la partie basse, et à la droite de cette embouchure. Nous sommes là au cœur du pays Floups, de part et d'autre de la Casamance occupée sur ses deux rives par des Floups « sauvages et cruels ; ils ne veulent avoir aucune communication avec les blancs, et sont toujours en guerre avec leurs voisins ».

Nos deux auteurs confirment un processus de longue durée qui, depuis l'ouverture de l'Atlantique, a engendré des différenciations ethniques à partir d'influence et de contact des « gens de la mer » et leur négoce. Ainsi, en basse Casamance où l'intrusion européenne s'est très tôt développée avec les Portugais, l'intensité de la vie de relation semble avoir laissé une forte marque dans cette communauté : « leurs mœurs se sont adoucies par le commerce et par leurs rapports avec les étrangers.

Ils ne reconnaissent aucun souverain, et vivent en république sous le gouvernement pacifique de leurs anciens. Leurs terres grasses et arrosées sont bien cultivées ; ils n'ont d'autres outils aratoires que des pelles de bois, garnies d'un fer plat au bout, avec un long manche. »[336] Ce témoignage illustre bien les processus à l'œuvre dans une même communauté. Au gré des influences extérieures ou des dynamiques migratoires, des identités nouvelles sont formellement constituées en un label ethnique répertorié par le regard de l'observateur étranger. C'est sans doute une illustration de l'observation de Carola Lentz : « les processus de formation des identités ethniques sont historiquement et régionalement spécifiques. »[337]

La riziculture est un trait que les Diolas partagent avec bien des populations, depuis les rives du Saloum. Cependant, ils ont adopté une forme d'habitat qui leur donne une spécificité qui traduit bien leur adaptation à l'espace qui définit leur terroir. À la différence des Mandingues qui ont hérité les rizières bainouks et ouvert des clairières dans les forêts, les villages diolas selon Pélissier sont, en général, établis à la périphérie des plateaux « partout où la topographie permet d'opposer nettement dépressions ou vallées inondables et plateaux bien drainés, l'habitat est systématiquement situé à la lisière de ceux-ci ou à l'amont des versants qui les lient aux vallées. Aucun village n'est jamais installé dans les vallées… »[338]

[336] Durand 1802, *op. cité*, page 91.
[337] Carola Lentz cité in Peter Mark *op. cit.*, page 7.
[338] Pélissier l'habitat diola, *op. cité*, page 4.

Le terroir Diola

Figure 11 : Le terroir diola

Habitat en couronne à la lisière des forêts à la périphérie des plateaux. Riziculture Au-dessus des vallées ou des bas-fonds Fixité des villages comme corollaire de l'adaptation des activités au milieu.
La forêt comme refuge, zone de chasse, lieu de pâturage en période d'hivernage, et lieu de culte.

Terroirs de refuges pour les Thiapy, Nalou, Landouman, Tymné

Une mosaïque d'îles et de marigots semble avoir défini un terroir de refuge que Brosselard –Faidherbe a bien décrit à la fin du XIXe siècle. « Les populations les plus anciennes n'ont pu disparaître devant le flot des invasions successives, car ce pays est si boisé et si découpé par des marigots larges et profonds que les populations habitent dans des refuges inexpugnables pour les noirs. »[339]

Figure 12 : Terroirs de refuge

Marécages et îles	Activités défensives vis-à-vis des Soussous, Peuls et Mandingues.
Agriculture et commerce local et régional	Zones d'émigration

L'implantation mandingue s'est poursuivie bien au-delà du Rio Grande avec des groupes Diakhankés installés à Touba sur le Rio Grande et au-delà jusqu'au haut Rio Nunez.

Loin de constituer un terminus de l'influence mandingue, le Rio Grande reste une aire transculturelle où le commerce joue un rôle de premier plan dans le brassage des populations. À la fin du XVIIIe siècle, le Rio Grande apparaissait toujours comme une terre de morfil, de cire, d'or, de riz, de mil et d'esclaves dont le commerce faisait de cet axe une plaque tournante.[340] Dans

339 Brosselard-Faidherbe, Casamance et Mellacorée, page 57.
340 Jean baptiste Durand, 1802, *op. cité*, page 136.

la vallée du Rio Nunez les Soussous ont assimilé les éléments Nalou et Landouman. De même, les vallées des fleuves Pongo, Tafali jusqu'en Sierra Léone restent déjà à la fin du XVIIIe siècle, le pays des Sapes, des Foulbé dits Foulis, des Cocolis et des Nalous. Dans ces ensembles, les populations Sapes restent les champions du commerce du morphil, mais surtout de la cola, selon le témoignage de Durand.

Des groupements Soussou dénommés Diallonké dougououlé (soussou de la terre rouge) se sont implantés au XIXe siècle entre le bas Konkouré, le Rio Pongo, la mer jusqu'au cœur de la Sierra Léone. Ces Soussou se rattachent à des clans Souma, Bangoura, Yattara et se distinguent des Soussou du Fouta Djallon portant les noms Kamara, Konté, Sisséla, Touré qui les rattachent aux terroirs originels soussou dont on retrouve l'écho dans les dénominations géographiques restées en langue Soussou dans le Fouta Djallon : ghea (montagne); fili (plateau); kouré (rivière).[341]

L'exemple des Landoumans, Thiapy ou Tymné suggère une diversité factice dans une même communauté historique de peuples marginalisés par les Mandingues, les Soussous et les Foulbés. Les terroirs décrits dans les zones de refuge ont une identité qui a gardé une remarquable continuité dans l'histoire de ce finistère atlantique.

Les terroirs de populations mandingues ou mandinguisées ont, dans une remarquable continuité, partagé avec les Foulbé les rives de la Gambie en direction du Rio Grande. La distribution de l'espace entre Mandingues et Foulbés d'une part, et minorités Diola, Floups, Bainouks ou Arriatas d'autre part, garde une récurrence attestée par plusieurs sources portugaises.[342]

Valentin Fernandes autour de 1500 parle d'un peuple côtier dénommé Falupos. Almada en 1594 décrit la proximité des populations Falupos et Arriatas entre la Gambie et le Rio Cachéo. Donhelha au début du XVIe siècle citait diverses nations - Casangas, Banhus, Bramos, Balantes, Beafares. En 1669, Coelho désignait sous le vocable de Falupos les populations de la côte dans un espace correspondant au pays Diola.

Dans le texte de Fernandes il est aussi fait mention des Banhiin ou Banhun entre le fleuve Casamance et le Rio Cachéo après les Falupos. Almada aussi se réfère aux Banhun et au Cassangas entre les rivières Vintang et Cachéo. La référence dans Coelho à des royaumes Banhun avec des sujets

---

[341] Macloud *op. cité*, page 25.

[342] Sur cette continuité voir Almada Alvares, Tratado Breve *op. cit.*, page 367.

Donelha, André, Description de la Serra Leoa et des rios de Guiné du Cabo Verde, Junta des investigaçoes cientificas do ultramar lisboa 1977, page 119

Texeira da mota, notes in Donelha *op. cité*, page 271.

André Arcin, Histoire de la guinnée Française, Rivières du sud-fouta dialo-région du sud soudan, editions challamel 1911

falupos, suggère une aire d'implantation bainouk plus large que leur situation marginale de la fin du XIXe siècle. [343]

Entre les deux rives du Rio Cachéo et le Rio Geba, Almada fait référence aux Buramos et Papeis que l'on peut aisément rapprocher au Papel, Brames et Mandiak identifiés du côté de l'embouchure du Rio Geba au XIXe siècle.

[343] Hair P.E.H., "Ethnolinguistic continuity of the Guinea Coast", *Journal of African History*, VIII, 2, 1967, p. 251.

CHAPITRE 19

L'ETHNIFICATION DES TERROIRS DIOLAS ET LES MARGES BAÏNOUKS, NALOUS LANDOUMAN ET TENDA

Les descriptions de la fin du XIXe siècle présentent les Diolas sur les deux rives de la basse Casamance. Entre le Songrougou, le fleuve Gambie et la mer se retrouvaient les Diolas du Fogny autour de Bignona, les Bliss entre le marigot de Diébati et la mer ; les Karouc à l'embouchure et les Diougoute sur le marigot de Thionk.

Un pays Diola est bien identifiable dans la basse Casamance qui, selon la description de Pélissier, se présente en forêts demi-sèches sur les plateaux, palmeraies aérées sur les versants, vallées en couloirs où serpentent marigots et mangroves, vasières et cordons littoraux de l'estuaire. Ce paysage présente une complexité naturelle qui fait écho à une multitude ethnique.[344]

La force et l'originalité du terroir des Diolas s'expriment dans le paysage agraire qu'ils ont su conquérir sur la mangrove. Paul Pélissier décrit cette conquête sur la nature qui a fini de transformer un pays de refuge en un puissant pôle de riziculture. De profonds labours et la pratique du repiquage ont permis, probablement bien avant l'ouverture de l'atlantique, l'établissement de rizières permanentes aménagées dans les terres basses ou conquises sur les vases salées occupées par la mangrove. « Des confins de la palmeraie, à l'amont, jusqu'au cœur des boisements de palétuviers recouverts par la marée haute, à l'aval, s'échelonnent des types de rizières de plus en plus profondes où un quadrillage régulier de diguettes retient les eaux de pluie et favorise l'inondation. Les rizières les plus basses, situées au-dessous du niveau des hautes marées, sont de véritables polders protégés par de puissantes digues, dessalés par un travail associant de multiples labours au lavage du sol par les pluies, et transformés en périmètres de culture où une inondation prolongée et dirigée assure chaque année les plus fécondes récoltes. Ainsi est-ce un terroir non seulement aménagé mais encore souvent créé par l'homme, conquis sur les vasières de l'estuaire et des marigots affluents, qui s'étend autour et surtout à l'aval des villages diola »[345]. Nous avons là un puissant trait d'originalité qui distingue les Diolas des Mandingues, des Fulbé et des Ouolofs, il s'agit d'une véritable colonisation des terres, et la constitution in

---

[344] Les Cahiers d'Outre-Mer, n° 44, 11e année, octobre-décembre 1958, p. 334-388 et Les Diola : étude sur l'habitat des riziculteurs de Basse-Casamance Travaux du Département de Géographie n° 6.

[345] *Ibid.*, pages 2,3.

situ d'une civilisation du riz qui contraste avec la simple occupation des terroirs jadis aménagés par les Baïnouks.

Sur la rive droite du marigot de Cajinolle qui relie la Casamance et le Rio Cachéo à l'Atlantique, on retrouve les Féloupes (Floup) sur les bords des marigots d'Elinkine et de Cajinole autour d'Oussouye. De même que les Diamate depuis l'embouchure du Cachéo au cap Roxo. Sur la rive droite du Rio Camponi on retrouve une population dénommée Yola qui serait des Diolas que la pression des Mandingues et des Nalou aurait poussés dans cette région et au-delà dans les zones marécageuses de la rive méridionale du Rio Grande. Paul Pélissier résume bien la configuration du pays Diola et sa récente constitution en un ensemble ethnique.

Le nom de Floup ou Féloupes que l'on retrouve dans les textes anciens désigne des populations de basse Casamance au sud de l'estuaire. Ce n'est qu'au XIXe siècle écrit-il que le terme d'Yola, utilisé par les Ouolofs, l'emporta et qui devint une référence identitaire adoptée par les diolas eux-mêmes au contact de populations étrangères. « Mais, dans les régions les plus isolées, les habitants de chaque groupe de villages apparentés continuent à se désigner entre eux par leurs noms traditionnels. Ainsi entre la Casamance et la Guinée portugaise, les habitants de Kabrousse sont des Her, ceux d'Oussouye et des villages environnants sont des Floup. Les gens d'Effoc et de Youtou se disent Diamate, ceux des villages situés entre Nyassia et la frontière portugaise, Bayotte, etc. »[346]

Ainsi le pays Diola ne semble point former une homogénéité géographique. Le pays diola renferme un grand nombre de petites colonies étrangères : on y rencontre surtout des Ouolofs (Carabane), des Mandingues (Guimbering) des Manjakes, des Grumètes (Papel), et même des Soussou et des Sierra-léonais. [347]

Les Ouolofs sont dans le voisinage de la côte, les Diolas établis entre le Songrougou et la mer, dans les forêts du Fogny et sur la rive gauche de la basse Casamance. Les Bainouks sont aussi établis sur cette même rive gauche de même que les Balantes.[348]

Ces Balantes viennent des rives du Rio Geba. À l'origine, c'est un peuple de chasseurs bien adaptés aux forêts denses et riches en gibier. Almada les décrivait au XVIe siècle comme des nègres très féroces avec des grandes foires où ils commercent avec les Bouramos et les Beafares. Il ajoute à ce portrait une singulière fierté qui faisait que quand ils deviennent esclaves des chrétiens ils préféraient se donner la mort plutôt que de vivre en captivité. Un intense

---

[346] Pélissier *op. cité*, page 3.

[347] Dr Macloud, *Etude sur ladistribution géographique des races sur la côte occidentale d'Afrique. De la Gambie à La Mellacorée*, Paris Imprimerie nationale, 1906, page 30.

[348] Brosselard-Faidherbe, Casamance et Mellacorée, Paris Librairie Illustrée, page 32.

trafic liait les Balantes aux Mandingues par voie fluviale.[349]Il s'agit du commerce d'étoffes de coton, noires et blanches, des esclaves, mais surtout de la gomme importée de Sierra Léone au Rio Grande. Ainsi un intense trafic balante a très tôt intégré le réseau mandingue. Ce trafic se faisait dans des embarcations très grandes qui pouvaient contenir, selon Almada, cent personnes, sans compter les bestiaux et des marchandises.

À la fin du XVIIIe siècle, on trouve encore les Balantes au nord de l'île de Busi et sur la partie du continent qui lui fait face. Il s'agit encore d'une communauté repliée sur elle-même et réfractaire à toutes unions avec leurs voisins. « Ils sont idolâtres; leur gouvernement est une espèce de république, conduite et administrée par des anciens de chaque canton qui forme un conseil ». Réputés farouches guerriers et volontiers brigands, ils sont alors l'objet de la méfiance tant des Européens que des autochtones. Pourtant, les Balantes sont un maillon important du commerce local. « Ils trafiquent et portent chez leurs voisins, et même aux étrangers qui viennent dans leurs parages du riz, du mil, des légumes, des bœufs, des cabris, des poules, et surtout de l'or. » Ce dernier produit créa une réputation de pays aurifère au pays balante souvent comparé au Galam. Cette réputation provoqua plusieurs vaines expéditions portugaises comme en 1696, qui ne parvinrent point à soumettre ces populations jalouses de leur indépendance et qui ne reconnaîtront que la seule suzeraineté mandingue « Ils doivent un tribut au roi de Casamance, et ils le paient en or ».[350]

Au XIXe siècle ils franchirent le Rio Cachéo pour s'installer dans les forêts de San Domingo où ils durent faire face à la poussée mandingue à partir de 1860.[351] Ils sont restés les principaux fournisseurs d'ivoire des escales de la Casamance.

Le pays balante ou Balantakunda selon l'appellation mandingue, s'étend sur la rive gauche de la Casamance entre les marigots de Singueur et Simbandi et aussi de part et d'autre du Rio Cachéo et au-delà jusqu'au Rio Mansoa. Il s'agit d'une population repliée sur elle-même avant les migrations du caoutchouc vers 1930. Les Balantes sont réputés hostiles aux Mandingues comme aux Manjakes qui eux occupent la rive droite du Rio Geba près de l'embouchure du Rio Mansoa. Hair présente les Balantes comme une exception à la continuité de l'occupation humaine dans cette zone. Se référant à Almada (1594) et Coelho (1669), il situe les royaumes balantes au nord du Rio Geba alors que Valentin Fernandes (1500) qui parlait des Balangas, semblait les situer près de l'embouchure du fleuve Casamance.[352]

---

[349] Almada Annales des Voyayes *op. cité*, page 369.
[350] Durand, 1802, *op. cité*, page 106.
[351] Brosselard-Faidherbe *op. cité*, page 40.
[352] Hair *op. cité*, page 252.

Dans la région boisée entre la rive gauche de la Casamance et le marigot de Guidel se trouve le dernier réduit des Baïnouk à la fin du XIXe siècle. La pression mandingue et celle des Balantes ont ainsi réduit l'aire d'influence de cette population que Almada, à la fin du XVIe siècle, plaçait dans l'arrière-pays de Santo Domingo comme populations autochtones. Les Manjakes quant à eux sont à la fin du XIXe siècle répandus en petit nombre dans la région de Ziguinchor à Adéane et dans le voisinage de Giakin.

Apparentées avec les Bainouks, des populations Kassangues sont identifiées sur les bords marécageux du Rio Cachéo comme témoins d'un ancien peuplement sur une échelle plus large de la rive gauche de la Casamance.

Les Mancagne ou Brames qui se distinguent par la culture du riz et du mil dans des clairières ouvertes sur la forêt, ont pour foyer la boucle nord du Cachéo où ils se sont établis au détriment des Bainouk et des Kassangues. Ils ont étendu leur implantation jusqu'à l'estuaire du Rio Geba.

Le tableau du peuplement de l'espace mandingue à la fin du XIXe siècle se complète par la population guerrière Papel qui occupe le littoral entre le Rio Cachéo et l'embouchure du Rio Mansoa qui les démarque des populations manjakes. On les trouve aussi dans les îles vaseuses qui bordent la rive droite de l'estuaire du Rio Geba comme les îles Bissâo. C'est cette population qui a fourni les groupes relais Gourmètes qui ont servi d'intermédiaires sur toute la côte guinéenne du Rio Cachéo au Rio Nunez avec un rayonnement jusqu'à Gorée.

Les îles Bissagos qui font face aux embouchures du Rio Geba et du Rio Grande sont dès le XVe siècle le refuge des groupes dits Bijagos qu'Almada présentait sous les traits de populations belliqueuses continuellement en guerre avec leurs voisins. « Les villages des Bijagos sont sur le bord de la mer, et c'est de là qu'ils partent, avec de très grandes embarcations pour aller piller de tous côtés, quelquefois à une distance de plus de dix lieues en mer, car ils sont excellents marins, et conduisent leurs canots avec beaucoup d'adresse ; ils pénétraient autrefois jusque dans le Rio Grande et le Rio de Santo Domingo. Ils ne le font plus aujourd'hui par crainte des Portugais, qui y sont établis ; mais ils ravagent continuellement les côtes des Beafares et des Bouramos, qui sont en face de leurs îles ».[353]

Les Biaffatta eux se sont réfugiés vers l'embouchure du Geba devant la pression des Mandingues et des Foulbés. Quant aux Landouman et aux Nalou, comme attesté par Almada et Coelho, ils se sont installés le long des côtes de la rivière Tombali au Rio Nunez[354]. Au XIXe siècle ils sont toujours attestés sur les bords du Rio Grande (Koli) avec le nom de Tiapy et la vallée moyenne du Rio Nunez. La pression foulbé a chassé les Nalou du Haut Géba.

---

[353] Almada, Annales des voyages *op. cité*, page 371.
[354] Hair, *ibidem*.

Des traditions citées par le Dr Macloud suggèrent que Tymné, Tiapy, Landouman habitaient tous dans la vallée de la haute Gambie avant d'être refoulés vers le sud par la pression des Soussou. « Une partie de la famille fut rejetée sur le Rio Grande (Tiapy) et de là sur le Rio Nunez (Londouman), l'autre fut repoussée par l'avant-garde soussou jusqu'à la Mellacoré (Tymné)[355].

Les sources des XVIe et XVIIe siècles semblent corroborer cette idée de récurrence de l'occupation humaine en situant des populations dénommées Beafares sur les côtes au sud du Rio Geba. Leurs royaumes étaient réputés occuper la côte en direction du Rio Corubal avec des colonies le long du Rio Geba. Une mosaïque de populations a ainsi constitué des terroirs de refuge dans des zones insulaires et marécageuses qu'elle a partagées avec des groupes autochtones Baga et Tenda (Bassari, Koniagui, Badiar).

C'est ainsi que, au-delà du Rio Nunez, jusqu'aux îles de Los et le cap Verga, Almada comme Coelho décrivent des groupes Bagas mêlés à des populations Landouman, Temmné et Bullom très probablement en proie à la pression soussou qui les a poussées vers l'estuaire de la Sierra Léone. Cette pression soussou est attestée par la référence au Jaalungas et Conchos dans Almada et Pacheco Pereira pour désigner les groupes de l'arrière-pays enserrant ces groupes de la côte qui depuis des siècles séparent l'espace mandingue de l'espace Akan. Cet arrière-pays gardera une vie de relation très intense à la faveur du XIXe siècle. L'établissement anglais à partir de 1787 mettait à profit le réseau fluvial qui depuis des siècles drainait les produits de l'intérieur comme les esclaves vers la côte.[356] Cet établissement créa une demande régulière de produits de l'intérieur comme le riz, le bétail, les peaux, l'or ou l'ivoire. Le réseau traditionnel entre le Fouta Djallon et le Rio Nunez gardait sa force sous la férule des Almamy qui en assuraient la sécurité. Le réseau guinéen se consolide avec la côte, malgré l'interdiction de la vente des esclaves, avec l'intermédiaire des États soussous et mandingues comme Moria et Bena qui relient non seulement les communautés Bullom, Temné près de la côte mais aussi le Fouta Djallon et les villes du Haut Niger comme Sankaran, Baleya, Kankan et Ségou.[357]

À la fin du XVIIIe siècle, un observateur européen peignait un environnement dans lequel Mandingues et « Suzées » sont les plus puissantes et les plus populeuses nations de la côte, reconnaissant toutefois la suprématie du roi des « Foulhs » qu'ils ne voient et consultent jamais. « Ils en parlent avec respect, et le considèrent comme le potentat du plus vaste empire qui s'étend depuis Gambie jusqu'au cap-Monte. Les Bullams, les Toummanies et les

---

[355] Dr Macloud *op. cité*, page 37.

[356] Xavier Golberry, Fragmens d'un voyage, *op. cite*, tome 2, page 287.

[357] Winston Mc Govan, The establishment of long distance trade between Sierra Leone and its hinterland; 1787-1821, JAH, 31, 1990, page 25.

Bagos ne reconnaissent d'autre autorité que celle du chef de leur tribu. »[358]Ce témoignage reproduit l'image de l'hégémonie partagée entre Mandingues et Foulbés sur des terroirs ethniques qui définit bien la géopolitique de la Sénégambie.

Conclusion : *Terre des lamanes, le fer des numu, le glaive des rois et les réseaux des Dioulas*

Le Rio Grande prolonge les dynamiques séculaires de la Sénégambie au cœur de la civilisation du riz que le Saloum ouvre vers le sud pour justifier la récurrente poussée sahélienne.

C'est un monde de la mangrove et de la culture du riz, parcouru de plusieurs rivières et montagnes, que les Mandingues ont investi. Ce terroir se prolongeait jusqu'en Sierra Leone comme le grenier de l'Afrique de l'Ouest. Dans les zones montagneuses, on cultive le riz sec et dans les terres basses, c'est le domaine du riz gros. Les populations entretiennent aussi la culture du manioc, de l'igname, de la patate douce, de l'arachide, des melons et plusieurs autres arbres fruitiers comme des palmiers, bananiers, papayers, goyaviers, orangers, citronniers.

À partir de 1820, la Sierra Leone devient un pôle économique très attrayant pour le commerce guinéen. L'installation de la colonie avec un nombre croissant d'esclaves libérés créait une demande croissante en bétail auprès des Foulbés. La politique de coopération du Gouverneur Mc Carthy avec l'almami du Fouta Djallon et le Ségou ouvrait une ère d'intenses activités marchandes après la suppression du commerce des esclaves. C'est ainsi que des commerçants foulbés et mandingues s'établissaient dans la banlieue est de Freetown où il créait un quartier dénommé « Foulah Town » qui deviendra le relais des populations de l'hinterland dans la nouvelle colonie devenue un marché pour l'intérieur et un entrepôt des produits européens.

La culture mandingue, reste le double héritage soninké et malinké qui s'est fondu dans le finistère atlantique en un processus multiséculaire de mandinguisation que l'éponyme socé chez les Ouolofs assimile aux premiers occupants qui ont donné la terre des Lamanes, le fer des numu, le glaive des rois et les réseaux des Dioulas.

La colonisation mandingue a aussi développé une civilisation du riz qui a fini d'intégrer une mosaïque de populations aux origines fort diverses. Les terroirs du riz se déclinent ainsi dans les régions basses près de multiples fleuves et marigots. Les vallées inondables adossées à une forêt dense définissent le paysage agraire mandingue qu'on trouve de la Gambie au Rio Grande.

---

[358] Jean baptiste Durand, 1802, *op. cité*, page 180.

À la fin du XIXe siècle, on identifiait encore les contours de ce paysage agraire. Sur les terrains où l'eau est endiguée, les populations de souches mandingues ou autochtones assuraient deux récoltes de riz. Au-delà de ces rizières apparaissent les villages confondus dans une abondante flore. Sur les clairières gagnées sur la forêt les communautés mandingues peules ou autochtones développent les cultures du mil, du maïs, du coton ou de l'indigo que le système colonial va s'employer à encourager et capturer.[359]

À la fin du XIXe siècle prenait corps le dessein colonial pour drainer vers les côtes les produits du réseau guinéen que Mandingues comme Foulbés ont contrôlé depuis des siècles.

« On pourra donc compter sur un nouveau et important courant commercial avec les provinces du sud-est de cette grande confédération, habitée par un million de gens semi-civilisés, très commerçants et volontiers courtiers. Le Fouta Djallon peut être comparé à un immense entrepôt de marchandises et de produits ; car les Foulahs se sont improvisés entrepositaires et transitaires du trafic qui existe actuellement entre les escales de la côte et les régions de l'est. »[360]Il fallait capturer ces courants à partir des ports européens de l'Atlantique.

Figure 13 : Terroir mandingue

Rizières sur les vallées inondables	Villages entourés de bosquets
Clairières gagnées sur la forêt, culture du mil, maïs, coton, indigo et arachide	Un artisanat et un commerce dynamiques pour intégrer les populations autochtones

[359] Brosselard-Faidherbe, Casamance et Mellacorée, page 61.
[360] Brosselard-Faidherbe à propos du Chemin de fer Mellacorée Niger in Casamance Mellacorée *op. cité*, page 98.

DEUXIÈME PARTIE

LA DÉCOUVERTE TERRESTRE DE L'AFRIQUE DE L'OUEST OU LES ITINÉRAIRES DU SAHEL DANS LA FORMATION DES TERROIRS SÉNÉGAMBIENS

INTRODUCTION

Entre nomades et sédentaires : la géographie des itinéraires ou la mémoire du désert dans l'espace sénégambien

Le but de cette partie est de revisiter un espace que l'historiographie a très rapidement classé comme une marge de l'espace atlantique. La boutade de l'historien Portugais Godinho Magallhaes[361] célébrant la victoire de la caravelle sur la caravane a conforté cette image d'Épinal.

Pourtant, le permanent dynamisme des communautés historiques arabes, berbères et noires, au travers de leur mémoire, civilisation matérielle, comme de leurs activités économiques, a fini de donner à tout l'espace du Sahel atlantique son identité et son originalité, bien au-delà du XVe siècle. De marge de l'économie Atlantique ou son lointain hinterland, cette région nous apparaît comme pôle d'intégration et creuset sociologique de tout l'espace de l'Adrar mauritanien à la boucle du Niger.

Au plan strictement géographique, l'espace du désert de dune et de rochers avec de rares oasis que ferme l'Atlantique vers l'ouest, trouve sa frontière naturelle dans le fleuve Sénégal. Pourtant, c'est par cet espace que les peuples de la vallée du Sénégal et au-delà ont négocié les influences les plus durables avec le monde extérieur. Ces influences ont informé, depuis des millénaires, la vie quotidienne, les identités collectives comme les représentations de l'espace. Que ce soit par la forme millénaire du nomadisme agricole, ou les poussées pacifiques des marabouts et des marchands, ou les incursions des tribus bédouines guerrières, aucune société de la Sénégambie septentrionale n'a échappé à l'influence souvent décisive de la déferlante des hordes guerrières, des caravanes et des zawiyas arabo-berbères.

La poussée saharienne dans le peuplement sénégambien

La longue durée des séquences géologiques et climatiques, comme celle des temps historiques, semble établir, depuis des millénaires, des liens puissants entre le Sahara et l'Afrique sahélienne.

Un destin méridional

À l'image du Namtien asiatique, un destin méridional a aussi forgé les lignes de force de l'histoire de l'Afrique de l'Ouest. Tout le spectre de la

[361] Magalhaes - Godinho, Vitorino. *L'Economie de l'Empire portugais aux XVe et XVIe siècles.* Paris, SEVPEN, EPHE – VIe section, CRH (« Ports – Routes – Trafics », 26), 1969; 857 p.

nature, du climat et des migrations humaines a induit une dynamique séculaire qui demeure la force majeure qui a impulsé l'évolution de l'Afrique de l'Ouest.

Depuis des siècles, des populations de culture céréalière, bousculées par les nomades, se sont installées dans des berceaux et terroirs agricoles qui semblaient avoir été préparés pour eux. On peut ainsi résumer la séquence qui, fondamentalement, informe depuis des siècles les dynamiques sociales prémodernes en Sénégambie.

Ainsi, des corridors façonnés par le tracé instable des formations dunaires ont établi des liens récurrents de peuplement, de commerce, d'influence politique et culturelle entre l'Afrique au sud du Sahara et l'Afrique du Nord. Ces corridors se sont formés entre le Sénégal et la boucle du Niger d'une part, au Sous marocain vers l'Atlantique et au Tafilâlet de l'autre ; entre l'Aïr à la vallée du Mzab et du lac Tchad au Mont Nafûsa en direction du Nil.

Ce mouvement nord-sud recoupe à travers le Sahel la ceinture verte qui se prolonge au Sud par la forêt tropicale et qui s'étire de l'Atlantique sénégambien à la région du lac Tchad. Ce système intègre les vallées alluviales ou lacustres que sont le Sénégal, le Niger et le Tchad. De l'Atlantique au Niger s'étend le Soudan occidental, suivi du Soudan central qui rejoint vers l'est la zone de la Rift Valley, le berceau du peuplement africain.

Le modèle de gestion de l'espace qui a traversé les siècles, depuis la révolution almoravide, présente cinq aspects qui définiront l'identité des terroirs du Sahara mauritanien et l'impact de leur culture en Sénégambie.

La défense contre les attaques extérieures, la surveillance des activités productives, la transmission du savoir religieux, la conduite des troupeaux et le commerce resteront les traits distinctifs d'une culture indigène tout à la fois arabe, berbère et bafour. Chacune de ces activités a, du reste, laissé sa marque dans la gestion de l'espace pour définir les terroirs berbères.[362]

Figure 14 : Le terroir berbère

Défense contre les incursions extérieures	Supervision des activités de production
Enseignement religieux	Conduite des troupeaux.
Commerce	Espace du butin

[362] Webb James Lewis Adrian Jr, Shifting sands, an economic history of the Mauritanian Sahara, 1500-1850.
The Johns Hopkins University PHD 1984.UMI, printed in 1987. Page 8.

Un témoignage qui reprend la saga d'Abu Bakr[363] au XIe siècle décrit bien ce paysage, le contexte et la dynamique qui en ont informé l'espace.

Le narrateur raconte qu'un jour, alors que Al-Mukhtâr b. Ahmad b al-Amîn al-Mannûri al-Shamsadî se rendait à Kayhîdi avec une caravane, afin de s'y procurer du mil, il entra en contact avec un vieux Cheikh nègre, qui questionna al-Mukhtâr sur son origine. Celui-ci lui répondit qu'il venait de l'Adrâr et lui posa des questions sur des localités adrârîs comme Akdas, Tujunayn, Yaghraf, Atwayrma, Inzidân et Tinâmsi. Il lui décrivit tout cela, avec une telle acuité, qu'on avait l'impression de voir le pays à travers ses indications. Il dit : « c'était autrefois notre pays et notre patrie. » Nous observons des traces d'habitations de Zûg à Likrab, malgré l'étendue du Tîris en long et en large. La terre de Tirîs était habitée des vestiges d'habitations, de puits, de pierres gravées, de fragments d'os et de poterie. Ceux qui habitaient Tirîs étaient déjà là avant l'arrivée des peuples d'éleveurs. Un informateur digne de foi me raconta qu'un homme avait l'habitude de se rendre avec son bétail de la Sâqiya 'l-Hamrâ' (Seguiet el-Hamra) à Kayhîdi (Kaédi). Il ne passait pas la nuit dans les endroits écartés, si assoiffé que fût son bétail. Cela était dû au grand nombre de Nègres qui s'y trouvaient. »

Ce récit associe bien l'Adrar mauritanien à une méridionalisation de l'occupation humaine en direction de la vallée du Sénégal. Les témoins de cette dynamique se retrouvent dans les marqueurs culturels des diasporas et leurs terres d'expansion. Ces marqueurs sont : les caravanes, le mil, le bétail et les éleveurs ; le tout associé à une culture céramique bien spécifique.

---

363 Abd al-WadHopkins University PHD 1984.UMI, printed in 198«bd al-WadHopkins University P mauritanien et des fils de Shams al-DUMI, p**Trad** H. T. Norris, 1972, p. 129-131.

CHAPITRE PREMIER

L'ECLIPSE DE L'INDE ET DE LA CHINE ET LE RENOUVEAU ISLAMIQUE DU Xe SIÈCLE

La culture arabo-berbère s'affirme surtout à partir du Xe siècle, dans un contexte historique bien précis qui replace son influence dans un contexte international nouveau qui donne tout son sens à la vague d'islamisation du Soudan.

À travers les routes du Sahara l'islam et le commerce semblent avoir reçu un nouveau coup de fouet dès le IXe siècle.

La multiplication des mahdara, l'ouverture de nouvelles pistes caravanières comme le renouveau urbain sont de puissants ressorts qui allaient transformer les relations entre la Méditerranée et le Soudan à travers le Sahara. Le bouillonnement politique que traduisent le mouvement almoravide et les dissidences ibadites, l'érection de pouvoirs d'obédience musulmane comme le Tékrour, la multiplication des villes comme relais du commerce transsaharien sont des signes d'un impact qui va durablement sceller le destin du Bilad el Sudan. C'est une civilisation encore fondamentalement commerçante et urbaine que la crise du IXe siècle allait sommer de négocier des horizons nouveaux.

La redécouverte des voies terrestres

C'est surtout un tournant décisif qui s'annonce lorsque la grande route maritime de l'Inde et de la Chine perdait de son importance, minée par l'anarchie et la misère en Mésopotamie, avec l'affaiblissement de l'économie marchande, la piraterie et surtout les vicissitudes de la Chine au IXe siècle. L'intérêt des marchands se porte alors, au Xe siècle, sur les voies terrestres, et avant tout vers celles de l'or et des esclaves du Soudan, de la Côte orientale de l'Europe centrale et orientale. [364] La géographie des Masalik, écrivait Abdourahmane Ba, est d'abord celle du commerçant. Elle naît à une époque où, même si le syndrome de la Mamlaka persiste avec force, la réalité traduit de profonds déchirements dans l'empire. Siècle de tensions économiques, sociales, religieuses, dynastiques, éthiques, où le mouvement chiite s'amplifie et va donner tout son sens à la confrontation Abbassides-Fatimides.

L'Égypte Fatimide, l'Espagne Umayyade, le Hurâzan Samanide, les multiples principautés locales et Bagdad… brisent l'unité politique. Dans ce

---

[364] Miquel André, *La géographie humaine du monde musulman jusqu'au milieu du XIe s.* Paris, 2 vol, 1975, p. 149.

cadre, la connaissance et la maîtrise des itinéraires conduisant à l'or et aux esclaves deviennent un enjeu de taille[365]. L'œuvre d'Al Massudi (956) dont le titre livre des prairies d'or et des mines de pierres précieuses est l'expression la plus marquante qui traduit tout l'horizon du Dar al Islam.[366]

Les Itinéraires du Sahara

Al Bekri est une figure emblématique de la géographie des itinéraires avec son Kitâb al-masâlik wal mamâlik[367] (livre des itinéraires et des royaumes) (1068). Un corpus de texte est ainsi produit, pour combler un vide narratif que l'imaginaire avait occupé, des siècles durant.

L'image d'un Sahara aride et ardu cloisonnant la Méditerranée et le Soudan, contraste beaucoup avec les récurrentes relations entre les deux rives de cette mer de sable. Par-delà le fait religieux, le commerce des marchandises mais surtout celui des idées et des représentations du monde a créé une communauté intellectuelle qui se reflète dans l'imagerie et les conceptions de l'espace.

L'héritage de Ptolémée et la rupture dans la gestion de l'espace au Xe siècle

La géographie de Ptolémée ainsi que la redécouverte de l'astronomie indienne servaient de base à une perspective arabo-musulmane, en même temps qu'ils lui imposaient ses limites au IXe siècle.

Dans l'héritage de Ptolémée, l'Afrique de l'Ouest restait toujours dans une nébuleuse géographique qu'aucune description conséquente n'arrivait à circonscrire.

La perspective de Ptolémée avait si durablement marqué la géographie arabe que, jusqu'au XIe siècle encore, Al Burini réduisait toujours considérablement l'extension vers l'Est de la masse continentale africaine, au point de faire croire que l'océan Indien couvrait tout l'hémisphère sud.[368]

On retrouve encore l'héritage de Ptolémée dans l'œuvre d'Al-khuwârizm, mais c'est l'école d'Al Balkhi qui jettera les bases d'une géographie terrestre plus complète. Dès la première moitié du Xe siècle[369], les épigones de cette

---

365 Abdourahmane Ba, *Le takrur des origines à la conquête par le Mali [VIe-XIIIe siècles]* CRIAA, IFAN UCAD, Dakar, Nouakchott 2002, page 102.

366 AL-MAS'UDI, Abû l-Hasan 'Alî b. al-Husayn b. 'Alî (m. en 345 / 956).

1962. Trad. Barbier de Meynard et Pavet de Courteille, revue et corrigée par Charles Pellat. Kitâb murûdj al-djahab wa ma'âdin al-djawhar (livre des prairies d'or et des mines de pierres précieuses). Paris, Société asiatique (« collection d'ouvrages orientaux »), ouvrage publié avec le concours du CNRS. 5 tomes, VIII - 1462 p.

367 Al-Bakrad. Barbier de Meynard et Pavet de, p. 172 -174.

368 Harley, J.B., *The History of Cartography*, Vol. Two, p. 112-142,

369 Al Balki est mort en 934.

école établissaient que le continent africain ne se réduisait point à cette étroite bande terrestre au-delà des colonnes d'Hercule, mais s'ouvrait bien d'ouest en est sur une immensité qui complétait l'Okoumène[370] des Grecs.

L'Afrique et sa découverte terrestre

La curiosité géographique s'était déjà diversifiée avec Gahiz (v. 776/77-868/869) ; l'intérêt pour les lieux et les aspects humains de la géographie s'affirme. Ibn Qutayba (828-entre 882 et 889) et Ibn Khordebech (env. 820-912) font découvrir l'utilité que présente la géographie pour l'administration, lorsqu'il s'agit de représenter des itinéraires.

Désormais, ce sont des communautés de culture qui sont décrites et non des entités géopolitiques hiérarchisées et diffuses.

Les itinéraires étant autant de liens dynamiques qui entretiennent les flux d'échanges dans le *Dar al islam*. Désormais, c'est le commerce et l'islam qui donnent une cohérence à toutes ces communautés qui jalonnent l'itinéraire du voyageur.

Il ne s'agit point de les classer et regrouper, à partir d'une hiérarchie du monde, mais bien de les intégrer dans un réseau d'échange, de distribution du savoir et des marchandises.

Beaucoup moins qu'un discours standardisé et uniformisateur, la perspective arabe a produit une forme de représentation de l'espace qui met en scène des ensembles humains comme des destins individuels. C'est un tableau du dedans qui donne à la narration une temporalité, un espace, un contexte et une séquence d'événements, avec surtout, la cinquième dimension qu'est le vécu dont aucune nomenclature ou classification ne pouvait rendre compte sans gommer les spécificités et originalités des communautés humaines.

La perspective arabe donna naissance à un genre littéraire qui occupera une place de choix dans la connaissance du monde. Il s'agit des « récits de voyages » qui ont participé pour beaucoup dans la représentation de l'Afrique au sud du Sahara.

Comme introduit plus haut, le terme arabe « Rihla » qui désigne ce genre signifie à la fois voyage, départ, marche, sortie, émigration, périple, itinéraire, et récits de voyage. Son champ sémantique en lui-même est significatif de la force d'une culture du voyage et de la découverte qui fera les beaux jours de la littérature arabo-musulmane.

---

[370] Le monde connu.

CHAPITRE 2

MIGRATION, COMMERCE ET RAIDS : LA CARAVANE OU DES SOCIÉTÉS EN MARCHE

Entre le VIIIe et le XIVe siècle, des auteurs perses, arabes, soudanais, andalous ou maghrébins développèrent une littérature du voyage terrestre en Orient comme en Occident. Cette littérature a servi de relais à la conception d'un espace international que le commerce et les migrations avaient forgé depuis des siècles.

Il n'est pas superflu de noter que le succès de ce discours s'est fait en une période marquée par un assoupissement intellectuel de l'Europe chrétienne [371] enferrée depuis une longue période dans la gangue scolastique.

Un des grands précurseurs de ce genre fut Ibn Hamza, en 814, dans une relation des avatars de sa mission comme ambassadeur de l'Emir Omeyyade de Cordoue à Byzance.

Pourtant, la tradition musulmane offre bien des antécédents du récit narratif à travers les discours qui relatent les événements passés et que la langue arabe rend par le mot « hadith » qui par, glissement sémantique, a pris successivement le sens de narration et d'événement[372].

Le discours religieux a fini par lui donner une acception confinée dans les récits et faits du prophète de l'Islam mais les hadiths rendaient bien compte de la récurrence d'un discours de la découverte du monde et de sa représentation qui a très tôt ouvert l'horizon de bien des peuples du Soudan.

Il est vrai, on retrouve dans cette tradition le goût du voyage valorisé par le rituel du Haj (pèlerinage) et l'acquisition de connaissances considérée comme un acte méritoire pour le musulman.

Ce discours est surtout le produit d'une élite civile et religieuse marquée par une très grande mobilité géographique. La présence des marabouts maures, dès les premiers jours des formations politiques du Soudan, en est une bonne illustration.

La circulation des marchandises, comme celle de l'information, a défini un itinéraire dont les étapes sont définies par le temps mis par une caravane pour relier des points généralement occupés par un prince musulman.

La géographie des itinéraires et le repli terrestre de l'islam.

---

[371] « Importance des voyages scientifiques entre l'Orient et al-Ándalus », in *Revue de l'Occident musulman et de la Méditerranée*, Paris, 1985, n° 40.

[372] Angelo Arioli: *Islario maravilloso. Periplo árabe medieval*, Julio Ollero Editor, Madrid,1992, page 215.

Il s'agit fondamentalement d'une mesure de l'espace du commerce et de la religion faite par une élite de lettrés au profit d'une élite mercantile ou politique.

Les épigones de la géographie arabe semblent tous venir de l'élite des différentes branches du monde musulman du IXe au XIVe siècle.[373]

Désormais, le Soudan entre dans la représentation des Arabes avec la géographie des « itinéraires et royaumes » qui marque le repli terrestre et décrit les routes et les pays de l'Empire islamique de manière plus administrative.

Dans cette perspective, il est fait l'économie d'une vision fantastique colportée par une littérature du merveilleux qui concernait l'Inde et la Chine, à l'image des « Mille et une nuits ».

L'école de Baghdâd et l'école Al-Balkhi : Formes géométriques et provinces historiques

La conception de l'espace héritée de la tradition arabo-berbère se fait volontiers descriptive et pragmatique au service du prince et du marchand. Les auteurs de l'école irakienne décrivent alors le système routier, la topographie ainsi que la géographie physique, humaine, économique et mathématique du monde en général.

L'école d'Al-Balkhî[374] se limitait, il est vrai, à la description des pays d'Islam mais dépeignait chaque région de façon détaillée et originale. En 920, son précurseur Al-Balkhî lui- même divisait le monde islamique non plus en "*kishwars*" ou en "climats", mais en provinces.

Al Balkhi, Al-Istakhri et Ibn Hawqal peuvent être considérés comme les véritables protagonistes de la perspective arabe dans la gestation d'une forme particulière de représentation de l'espace.

Ibn Hawqal en donne une illustration bien claire qui montre toute l'originalité de cette approche.

« J'ai décrit le monde dans son étendue et sa vie ; j'ai donné une vue des provinces musulmanes, mais je n'ai tenu aucun compte de la division en climats pour éviter des confusions. J'ai illustré chaque région par une carte. J'ai indiqué la place de chacune, par rapport aux autres pays. Les limites de toutes ces terres, leurs villes et cantons, les rivières qui les arrosent, les lacs et étangs qui marquent leur surface, les itinéraires qui les traversent, les commerces qui y prospèrent. J'ai énuméré tout cela – En un mot, j'ai

---

[373] Ibn Hawqal, El Bekri, Al masudi, al-Biruni 1048 , al-Idrisi (1100-1165 , Ibn al-Arabi 1240, Ibn Battuta (1304-1369,Ibn Khaldun (1332-1406).

[374] D'al-Balkhî († 934).

rassemblé tout ce qui a toujours fait l'intérêt de la géographie pour les princes comme pour les gens.[375]

C'est Al Istakhri qui donnera plus de consistance à cette approche en représentant le monde en 3 mers et 17 régions géographiques distinctes correspondant à l'aire d'expansion musulmane. Les mers Méditerranéenne, Perse[376] et Caspienne.

Les provinces sont : l'Arabie, le Maghrib, l'Égypte, la Syrie, al-Jazirah [haute Mésopotamie], Iraq (basse Mésopotamie), Khûzistân, Fars, Kirmân, Sind, Arménie, Arran (Alvan), et Azerbaïdjan, Jibal (Montagnes de la Perse centrale), Daylam et environs (Rayy, Tabaristan), désert de Perse, Sijistan, Khurasan, Transoxiane.

Il est significatif de noter que les provinces citées plus haut ne sont pas représentées par des frontières définies et identifiables sur le terrain. Nous sommes en présence de formes géométriques préconçues et n'ayant aucune cohérence les unes par rapport aux autres. Les cartes de l'école Balkhi ne représentent pas, en fait, le monde musulman mais suggèrent plutôt une islamisation de la carte à partir d'un moule graphique certainement hérité des traditions sassanides.

Chaque carte a une individualité propre, une autonomie géométrique que ne lui confère point la province décrite.

Au contraire, et comme pour confirmer le dessein mercantile de cette géographie, chaque entité de l'empire abbasside se voit décrite et représentée à travers ses villes, ses rivières, ses montagnes et ses habitants avec des itinéraires traversant la « province » [377] avec les étapes des caravanes.

La représentation de l'espace et sa description prennent une place de choix dans les itinéraires marchands sur les pistes sahariennes. La géographie des itinéraires prenait corps et forgeait ainsi un espace qui se confondra à l'espace marchand.

Dans ce genre, la qualité historiographique est très inégale. On passe du récit sec et direct à une narration émaillée d'anecdotes.

Le souci du détail permet une précision sur les dates et même l'heure des événements. Les itinéraires sont décrits avec force précisions sur les étapes, les noms de lieux et les faits marquants comme les étapes principales.

La valeur de ces récits se traduit aussi par les moments de recul de leur auteur qui est au cœur de son objet et non dans une posture de distanciation à la manière de l'observateur de la côte atlantique. Au détour d'une étape, le narrateur marque une pause ; il tronque volontiers le style direct du narrateur

---

[375] Ibn Hawqal II, Bibliothèque nationale, Paris, MS. Arabe 2214, fols. 52v-53.
[376] Océan Indien
[377] Kramers, J.H., "La question Balkhi-Istahri-Ibn Hawkal et l'Atlas de l'Islam", Acta Orientalia 10 (1932) : 9-30.

contre une réflexion plus sereine et un discours plus synthétique qui analyse et précise les contours de son décor. Ainsi nous parle-t-il des structures comme de l'environnement des sites ; les villes sont décrites, la position des cours d'eau précisée ; un ensemble de données démographiques et linguistiques sont recueillies pendant l'étape. Le nombre d'habitants, les mentalités et coutumes de même que leur moralité, leur niveau de religiosité et de culture sont consignés de manière exhaustive.

Mais c'est surtout les informations sur les activités marchandes, les réseaux, les produits et les marchés de la région qui mobilisent l'attention.

Les descriptions produites ont une valeur inestimable du fait qu'il s'agit de visions du dedans et du vécu.

Ce type de description rendait compte des distances, de la qualité des eaux comme des rigueurs des climats qui donnent au vécu des populations une consistance qui les décrit au mieux.

Restituant le séjour du narrateur chez les princes, en contact régulier avec les gens de toutes conditions dont il est fait une description personnelle de leur quotidien et de leurs traits dominants, la rihla est par excellence la relation du vécu des peuples et de leur trajectoire. Le rythme du temps, le quotidien, les activités comme l'imagerie qu'il décrit en font le reflet le plus complet des itinéraires sociaux comme des terroirs. La caravane devient une véritable société en marche. Il s'agit du mouvement d'une société multiculturelle mais confinée aux seuls musulmans, partageant un espace et un temps singulier celui du Dar al Islam qui a sa propre durée marquée par le rituel des cinq prières et l'horizon de la Mecque comme épicentre.

L'itinéraire reste marqué par les mosquées du désert destinées aux voyageurs. Il s'agit, suivant la description de Richardson[378] de quelques marques de pierres sur le sol qui représente l'esquisse des mosquées avec leur khiblah tournée vers la Mecque. Il s'agit en fait de la marque, d'un cachet religieux sur le sol de sable et de pierres du désert.

La Rihla aura ses épigones de Ibn Al Arabi (1076-1148) à Ibn Khaldun, en passant par l'emblématique Ibn Yubayr (1145-1217) qui a fait école dans le genre.[379]

La géographie des itinéraires qui a connu ses moments de gloire sous l'impulsion des Abbassides et par la suite des Omeyyades sera un des puissants ressorts de l'influence arabo-berbère au Soudan. Cette géographie a sans doute ouvert un horizon universel aux princes comme aux marchands du Soudan occidental.

---

378 James Richardson Travels in the Great Desert of Sahara, 1815, 1816, London, Harrison and Co, vol II, page 269.

379 Ibn Yûbayr A traves del Oriente, el siglo XII ante los ojos, Traduction de Felipe Maillo Salgado, Barcelona 1988.

Déjà, entre 813 et 833, la première grande carte du monde était dressée à Bagdad par les savants du *Bayt al-hikma*, la « Maison de la Sagesse ». Cette institution a sans nul doute apporté l'héritage indien, perse et grec dans l'horizon arabe et conséquemment au Bilad es Soudan.

L'expansion de l'islam et le développement du commerce dans l'empire musulman ont fait le reste. Très vite, l'espace du monde connu se diversifiait et s'agrandissait.

Cette géographie des itinéraires connaîtra avec Ibn Khaldun une autre dimension avec une épaisseur sociale par la description de communautés tribales dynamiques qui ont su, entre l'Andalousie et le Maghreb, définir des terroirs ruraux et urbains avec une forte conscience identitaire.[380]

Pourtant durant de nombreux siècles la production arabe restera difficile d'accès pour l'historiographie occidentale. Le livre de Roger de Idrissi par exemple complété depuis 1154 à la cour du roi Roger de Sicile ne sera disponible qu'à partir du XVIIe siècle en Europe. Les sections de cette œuvre concernant l'Afrique ne seront publiées qu'en1619. Elles seront publiées à Paris en latin et en Arabe, ce qui ne les rendait pas encore accessibles pour la grande communauté intellectuelle.

Les plus grands auteurs arabes comme El Bekri, Ibn Batouta ou même Ibn Khaldoun restèrent pendant longtemps dans le cercle restreint de quelques rares initiés en arabe.[381]

Il faudra attendre le XVIe siècle pour voir la littérature arabe sur l'Afrique se vulgariser à travers la *Description de l'Afrique* de Léon l'Africain et Luis del Marmol Carvajal.[382]

C'est Ibn Batouta (1304-v. 1368) et Ibn Khaldun qui tirant parti de la connaissance directe qu'ils ont eue d'une bonne partie de l'Europe, du monde méditerranéen, de la côte d'Afrique jusqu'à Zanzibar, du Moyen-Orient et de l'Asie centrale, qui donneront une description plus cohérente et plus à même de rendre compte de la géopolitique du Soudan nigérien.

Ils exploitèrent aussi des itinéraires et des descriptions de voyages accumulés depuis plusieurs siècles pour faire une synthèse et, pour le cas de Khaldun, un essai d'histoire sociale qui replace le Sahara et le Sahel au cœur de l'histoire universelle.

---

[380] Civilisations rurales ou bédouines (*'umran badawi)* et urbaines (*'umran hadari*).

[381] Curtin Ph. D., *The Image of Africa*, Wisconsin Press Madison 1964, p. 10.

[382] Jean Léon l'Africain, *Description de l'Afrique* trad. A. Epaulard 2vols Paris, 1957.

Luis del marmol Carvajal, La descripcion general de Africa con todos los successos de guerras que a ávido. ; 3vols Granada, Malaga, 1573-1599.trad par Nicolas Perrot Sieur D'Ablancourt, Paris MDCLXVII.

CHAPITRE 3

LES DIASPORAS MARCHANDES ET LES RÉSEAUX MERCANTILES

Le maillage marchand du Sahara. Émiettement politique et intégration sociale et culturelle d'un espace marchand

« Les grands espaces vides qui s'étendent entre deux zones habitées ne sont pas nécessairement un obstacle à des relations entre ces deux zones ; souvent loin de les séparer, ils les unissent. »

Ce propos de Maurice Delafosse nous ramène au cœur de la configuration de l'espace et des cloisonnements factices qui ont souvent abusé les historiens. Il illustre surtout le rôle décisif joué par les diasporas marchandes d'origines diverses dans l'intégration d'un espace marchand que la géopolitique des dynasties et royaumes avait vite fait de diviser.

Dans la Géographie de Yaqut, le réseau transsaharien est bien décrit avec ses relais, du pays berbère au pays de l'or. « Un des pays des Sudan est appelé Bilad al Tibr (le pays de l'or), pour l'or qu'on y trouve. Il se situe au sud du Maghreb. Les marchands, pour s'y rendre, partent de Sidjilmasssa jusqu'à la ville appelée Ghana ». Selon cet auteur, les marchands, en plus des aromates, importaient des perles de verre, des bracelets et des bagues de cuivre chargés sur des chameaux. « Ils emmènent donc de l'eau du pays des Lamtuna pour boire et abreuver leurs chameaux. Aussi, ce n'est qu'après des difficultés considérables que les marchands arrivent à Ghana. Là, ils s'arrêtent, réparent leurs forces, se font accompagner de guides, s'approvisionnent abondamment en eau et prennent avec eux des gens habiles à parler et à discuter d'affaires comme intermédiaires entre eux et les propriétaires de l'or.[383]

La description de Yaqut (1179-1229) n'est pas un simple tableau géographique décrivant un espace physique entre le Sahara et le Sahel. Il s'agit bien plutôt d'un espace de vie et de commerce dans lequel des dynamiques sociales séculaires ont fini de forger de nouvelles identités et de nouvelles communautés transculturelles.

Après la conquête arabe de l'Afrique du Nord, le contrôle des puits, oasis, mines de sel et villes-comptoirs restait l'enjeu principal entre le Mali, le Songhay, le Bornu et leurs vis-à-vis Ibadites en Tunisie, Mérinides ou Hafsides au Maroc.

---

[383] Yakut, Muadjam al-buldan., éd. M. al-Khānidjī, 10 vol. et suppl., Le Caire, 1906-1907.

La montée du Songhay et du Bornou au XVIe siècle soumettait des pans entiers du trafic du Sahara central et oriental sous le giron du Soudan occidental ; et les caravanes en provenance des centres urbains tunisiens, libyens et égyptiens prenaient une direction méridionale via le Touat, Wargla, Murzuk ou Aujila, vers les ports du désert que sont Tombouctou et Djenné.[384]

L'ascendance politique des groupes nomades du Sahara central eut comme corollaire le déclin de villes comme Oualata et Awdaghost mais aussi l'émergence des cités-États Hausa, à l'image de Zamfara, Kebbi et Kano qui polarisaient le commerce du Sahara central au détriment de vieux centres comme Agades et Tadmekkat.[385]

Les réseaux marchands renvoient à une distribution spatiale de pôles d'échanges relativement autonomes, interconnectés par des diasporas marchandes c'est-à-dire des groupes culturellement homogènes de par leur origine ethnique.

Sidjilmasa, Tichit, Walata, Tombouctou, Kayes restent des pôles essentiels entre le Sahara mauritanien et la boucle du Niger depuis des siècles.

Les diasporas marchandes arabo-berbères déclinent ainsi un axe nord-sud reliant Marrakech, Fez, Sidjilmasa aux localités de Tichit et Walata et, au-delà la boucle du Niger, avec Tombouctou et Djenné où d'autres diasporas de souche soninké prenaient le relais en direction des mines du Bambouk et l'espace mandingue.

Un réseau du Sahara central reliait aussi Tlemcen et Wargla au Touat et au-delà Agades, Aïr et Bilma.

La saga yéménite au Soudan

Ces réseaux qui se sont constitués très tôt ont été à l'origine de groupes transculturels de différentes souches, arabo-berbère, soninké, malinké et haoussa. Le Tarikh El Fettach rend bien compte de la formation de ces groupes transculturels en leur donnant une origine commune aux Wakore, Soninké, aux Wangara, Malinké et au Songhay.

L'origine de ces trois groupes se rattache, selon la chronique de Tombouctou, à trois frères nommés Ouakore, Songhay et Ouangara d'un ancêtre commun de souche yéménite du nom de Jaras ben Haroun. À sa mort, ses descendants auraient émigré vers le Soudan occidental. Ouakoré l'aîné aurait fondé le Wagadu ; Songhay aurait donné son nom à la tribu songhay et Ouangara le plus jeune aurait épousé une esclave dont la progéniture serait les

---

[384] Raymond Mauny, *Tableau géographique de l'ouest africain au Moyen-âge* d'après les sources écrites, la tradition et l'archéologie, Dakar, Ifan 1961, p. 348-385.

[385] Marie Perinbam "Trade and society in the western Sahara and the Western Sudan: an overview", *Bulletin de l'Ifan*, Tome XXXIV, série b, n°4, 1972, page 783.

Wangara malinké.[386] Les traditions écrites de Tombouctou résument dans ce raccourci tout le complexe processus de sédentarisation et de méridionalisation des communautés et de leurs élites.

L'Horizon sud du Niger et la proto-urbanisation du Sahel

Dans l'ensemble ouest-africain, le delta du Niger apparaît comme un singulier écosystème dans le contexte semi-aride du Sahel. Les crues du Niger et du Bani ont largement défini un environnement propice à l'agriculture et à l'implantation humaine à l'image de Djenné.

Les données de l'archéologie établissent le Delta intérieur du Niger comme un terroir refuge qui, dès le 3e siècle BC, accueillait des populations originaires du Sahara méridional. Le site de Djenné-Jenno, à la lumière de la culture matérielle révélée par les fouilles, polarisait une intense vie de relation nourrie par d'intenses activités agro-pastorales, de grandes ressources en gibier, pêcheries et matières premières pour l'artisanat. Selon Adria la Violette, analysant les données fournies par les campagnes des McIntosh, une rapide croissance démographique a suivi les premiers établissements de Djenné-Jenno qui passe d'un petit hameau à une ville de 25 hectares autour de 300 AD. Le commerce et une intense vie de relation en seraient les moteurs essentiels.

La présence du cuivre saharien dans les dépôts archéologiques suggère une relation d'échange avec le Sahara au moins avant le Ve siècle AD et se confirme sur les routes transsahariennes au Xe siècle.[387]

Ces données semblent établir un processus d'urbanisation précoce qui relèverait essentiellement d'une dynamique indigène qui aurait précédé une influence systématique de l'Afrique du Nord. Mobilité démographique et établissements urbains précoces semblent être des données massives du delta intérieur du Niger, autour de Djenné.[388]

Une autre localité du nom de Dia située à 80 Km au nord-ouest de Djenné est aussi retenue par certaines traditions comme lieu d'origine de diasporas marchandes qui auraient fondé Djenné. Ce mouvement serait de la même veine que celui qui est parti de Djenné-Jenno vers Djenné et qui atteste d'un large mouvement de population à l'ouest du delta intérieur du Niger.[389]

Abdoulaye Bathily fait corroborer cette trajectoire par le relevé d'expressions soninké se rapportant à l'empire de Gao dans les deux tarikhs

---

[386] Tarikh El fettach, p. 75-78 .

[387] Adria La Violette, Ethno Archéology in Jenné, Mali, Cambridge Monograhs in African Archeology, 49, Bar International Series 838, 2000, page 4.

[388] McIntosh, R., J. and McIntosh, SK,, The Inland Niger Delta before the Empire of Mali: Evidence from Jénné-jeno J.A.H,22, 1891, pp18-19.

[389] Adria La Violette *op. cité*, page 5.

de Tombouctou et les traditions recueillies par Boubou Hama et Jean Rouch au Niger[390] pour établir une continuité de l'itinéraire des populations du sud du Sahara.

Le fonds commun humain du Sahel mauritanien et la boucle du Niger se retrouvent aussi dans la proximité linguistique et anthropologique.

« Les langues qui furent parlées en Mauritanie avant l'Hassania sont l'Azer et le Zénaga, peut-être aussi le Peul. L'Azer n'est autre chose que la langue parlée des Sarakollés. [391]»

De même, une légende soninké décrit les noirs habitant soit dans les cavernes des montagnes, soit dans des cases rondes en pierres. Les villages étaient toujours à flanc de montagnes au voisinage de vallées. [392] » Cet habitat est à rapprocher de l'habitat que les populations maures qualifient de bafour. [393] On ne sera pas étonné non plus de retrouver ce type d'habitat jusqu'au cœur de l'espace mandingue qui en sera l'héritier.

La référence aux Gangari des traditions berbères peut se rapprocher des descendants des hommes du Dhar Tichitt-Walata et Nema qui, selon B. Diallo que cite Idrissa Ba, étaient installés dans leurs terroirs dont les plus septentrionaux se trouvent à la latitude 17°45', d'où ils allaient émigrer pour former le Wagadu au moins au 3e siècle AJC.[394]

La continuité de la culture soninké du Dhar Tichit est plus explicitée par P.-J. Munson.[395] Cet auteur met en avant le type d'habitat et la céramique.

« Each village is entirely encircled by a masonry wall over 2 m high and 1 m thick. Furthermore, each approach to these villages is lined with small defensive structures which take the form of horseshoe-shaped, masonry archer's redoubts. »[396]

"The plans of the masonry villages of the Tichitt Tradition argue for a Sudanic identity of their builders. Towns consisting of circular or irregular conjoined compounds, each containing several dwellings and storehouses and connected by a series of winding streets, are the pattern with the modern Soninke, Manding, Bambara, etc., just to the south... Furthermore, the Diawara, who were Soninke speakers and who presently live just south of the Mauretanian border, build a type of structure by erecting three lines of three posts and then covering them with a mat. These structures, without the mat

[390] Boubou Hama *Histoire des Songhay*, Niamey, 1968.

[391] Tradition des Ahl Barik AllâTradition des Ahl Barik Allnghay, Niamey, 1968.19.r International.

[392] *Ibid.*

[393] R. Mauny (1955, p. 160-1

[394] Diallo, Boubacar.1993. « Les Soninko » dans Devisse, Jean – sous la direction de. - Vallées du Niger. Paris, ERMN, 1993, p. 134 - 142.

[395] Munson, Patrick J.1980. « Archaeology and the prehistoric origins of the Ghana Empire. » *JAH* (21,3), pp. 457 - 466.

[396] P. J. Munson, 1980, p. 460.

roof and substituting up-ended linear stones for the posts, compare very well with some constructions found within the compounds of the Tichit Tradition villages. The ceramics of the final phase of the prehistoric Tichit Tradition, in terms of both vessels shapes and decoration, show striking similarities with pottery still made by modern Soninke (Diawara) potters and with pottery made until recently by the Negro peoples of Dhar Tichitt-Oualata (who were formerly speakers of the Aser dialect of Soninke). »[397]

Le Sahel et l'appropriation ethnique des pratiques marchandes

La distribution géographique des réseaux et la dispersion des agents du commerce comptaient aussi sur des relais monétaires comme le mitqal et les cauris[398]. Mais le rôle des diasporas était rendu incontournable par une série de facteurs dont la réalisation entraînait de facto une sortie vers une échelle qui dépasse les terroirs locaux. Au nombre de ces facteurs, on peut noter la dispersion des ressources et par conséquent la disparité des coûts et des prix ; l'absence d'une référence monétaire commune, la distance et la diversité des écosystèmes et leur corollaire ; la disparité et la difficulté des communications ; les guerres et les difficultés de connexions entre marchés ; le contrôle de l'information mercantile sur les espaces d'opportunités ; les cours et la disponibilité des marchandises ; tous ces facteurs induisant une appropriation ethnique exclusive des pratiques marchandes et des réseaux commerciaux.

Une logistique séculaire et le maillage terrestre du Soudan

La persistance, durant des siècles, de routes commerciales nord-sud atteste de la vivacité du commerce transsaharien et surtout de son impact dans la vie des terroirs entre la savane et la forêt. Tour à tour, suivant la méridionalisation de l'occupation humaine, le mouvement de l'isohyète 400 ou la densification du couvert végétal, chameaux, bœufs porteurs ou ânes se relayaient pour assurer une logistique séculaire. Le chameau, gardant un rôle exclusif dans le désert, retrouvait les bœufs porteurs et les ânes dans l'espace sahélien avant de laisser aux ânes les corridors de la zone forestière entre la Gambie et le Niger.

Le chameau a très tôt intégré l'espace Atlantique et les réseaux transsahariens centrés sur la boucle du Niger. Les diasporas maures pouvaient transporter le sel d'Idjil ou d'Awlil à partir de la côte mauritanienne ou à partir du Gandiole en direction du Gadiaga. Le sel y était échangé contre l'or du

---

[397] P. J. Munson, *ibid.* p. 462-3

[398] Le mitqal avait une valeur approximative de 4,72 grammes d'or et à partir du XVIe siècle équivalait à 3000 à 4000 cauris dans la boucle du Niger. *Cf.* Marion Johnson in « The nineteenth-century Mithqal in West and North Africa », *Journal of African History*, IX, 1968, page 547. Le cours du cauri a certainement été affecté par les importations portugaises à partir de la côte.

Bambouk qui, à son tour, prenait la direction des marchés marocains pour l'achat de produits artisanaux. Par de nombreux relais, ce réseau intégrait l'axe du fleuve Sénégal et les villes de Walata et Tombouctou.

Le second axe traversait la savane, de la vallée du Sénégal jusqu'à son cours supérieur avec le Gadiaga, pour rejoindre le Niger par de nombreuses ramifications et étendre son rayon sur Sansanding ou Ja et, au-delà, vers Tombouctou. C'est l'itinéraire majeur des diasporas soninké, comme noté plus haut.

Le long de la Gambie se dessinait la ceinture de la forêt et de la mouche tsé-tsé où l'âne était roi. C'est le domaine des Dioulas mandingues et Jakhanké qui, par la rive droite de la Gambie, reliaient le Haut- Sénégal au nord à travers le Bundu et avec le Niger.

Ces trois axes majeurs avaient installé, depuis des siècles, un espace intégré entre le Sénégal et la Gambie, avec un maillage terrestre permanent reliant les terroirs du Walo, ceux des Ouolofs, des Sérères, des Bainouks et des Mandingues du Sud. Seules les difficultés du Ferlo entachaient ce maillage. Mais l'est du Djolof retrouvait l'espace marchand qui le rattachait depuis le Guidimakha à travers le Gadjaga, le Bundu jusqu'au Fouta Djalon.[399]

On peut voir à quel point l'espace marchand diffère et dépasse l'espace politique, dans sa durée comme dans sa configuration.

Les limites de l'espace politique

Ghana (c.400-1240), Mali, 1240-1500), Songhay (1460-1600), Jolof, Kanem Bornou, les cités-États hausa comme Kano, Katsina, et Zaria avec leur manufacture de tissage, cordonnerie et métallurgie développaient leur réseau d'échanges par des caravanes passant par Tripoli, Tunis ou Ghadamès, à travers tout le Sahara.

La longue séquence de décadence politique ouvrait une ère de vulnérabilité et de troubles dont Tondibi (1591) reste le tournant majeur.

L'invasion marocaine confinait le Songhay à son réduit du Haut Sénégal et de la boucle du Niger.

Les groupes de souche marocaine formaient une aristocratie hybride avec le symbolique nom de Arma[400] qui annonce le temps du légitimisme par les armes à feu chez des populations jusque-là habituées à des lances et flèches.

Au détour du XVIIe, les Mandingues jusque-là des obligés du Songhay formaient une myriade de petits royaumes dirigés par des seigneurs de la

---

399 Curtin PH D, Economic change in preclonial Africa, University of Wisconsin press, 1975, page 285.

400 Abitbol, Michel… *Tombouctou et les Arma. De la conquête du Soudan nigérien en 1591 à l'hégémonie de l'Empire peulh du Macina en 1833.* Paris, G.-P. Maisonneuve et Larose, 1979.

guerre négociant armes contre des esclaves. Les royaumes de Ségou et du Kaarta en furent les prototypes les plus vivaces.

L'influence mandingue se répandait jusqu'au cœur de l'espace Akan sur la Côte de l'or où populations Yoruba, Gur, Fon et Edo se retrouvaient dans les formations politiques dégénérées de l'héritage haoussa.

L'ère post-atlantique s'ouvrait aussi avec l'hégémonie fulbé qui prendra rapidement un cours islamique.

Le Boundou au Macina, prolongeant le Fouta Toro jusqu'aux confins du Fouta Djallon, au cœur de la boucle du Niger, déroulait la mouvance fulbé jusqu'au XIXe siècle.

Les ressorts d'une intégration

Les diasporas ont bien créé des ressorts structurels d'intégration d'un espace commercial qui a relié, très tôt, les différents terroirs de la Sénégambie.

C'est un courant majeur qui, par le dynamisme de ses agents, rattachait en permanence l'Ouest et l'Est avec le relais d'un autre axe oriental centré sur la cola et le sel et qui reliait Nioro, Kita et Siguiri en direction de Kankan.

Ces axes terrestres étaient complétés par les réseaux fluviaux comme celui des Bainouk ou des Niominka, relayés par le portage humain pour accéder au Fouta Djallon et ses hauts plateaux.

C'est dire que l'espace atlantique et l'espace soudanais qui enserrent la Sénégambie n'ont jamais été cloisonnés. De récurrents liens, et d'importants réseaux marchands ont relié depuis des siècles, les produits, les hommes et leurs terroirs.

L'ouverture de l'Atlantique n'a pas changé ce trait majeur qui est en porte à faux avec l'imagerie de communautés séparées derrière des cloisonnements ethniques figés.

Les Tangomaos, les Dioulas comme les divers groupes-relais ont joué un rôle capital, sous ce rapport. Au début du XVIIe siècle encore, les Tangomaos prenaient les cargos de sel du Cap-Vert pour la Sierra Leone et passaient le relais aux Dioulas pour son acheminement sur le continent en échange de l'or, de l'ivoire ou de la cola. La cola était échangée contre des cotonnades en Gambie, lesquelles s'échangeaient contre des esclaves dans les rivières du sud.[401]

En 1690, Cornelius Hodges décrit la même interconnexion à partir du Bundu où des marchands jakhanké portaient des cotonnades au Bambouk en échange de l'or. Avec cet or, ils rejoignaient la ville sahélienne de Tarra non loin de Jaara dans le Diawarra au cœur de l'espace soninké, où ils vendaient

[401] D. Ruiters in « Flambeau de navigation » *cf.* G.Thilmans, *Bulletin de l'Ifan*, *op. cité*, page 108.

l'or contre des esclaves qu'ils revendaient pour l'essentiel aux Européens sur la côte.[402]

Cet espace est ainsi très tôt inséré dans un champ international dont l'ouverture de l'Atlantique a agrandi l'horizon. On est là au cœur d'un espace international qui est toujours un espace dans lequel les réseaux inter-sociétaux jouent un rôle important d'interaction comme conditions de reproduction des unités qui le composent. Cette interaction pouvant être militaire, politique ou économique sans induire nécessairement une hiérarchie, une relation d'inégalité ou d'exploitation entre un centre et une périphérie.[403]

C'est cet espace intégré depuis des siècles que bien des projets politiques ont voulu contrôler sans vraiment y parvenir de façon durable. L'islam aura une fortune différente en parachevant cette intégration dans la culture, la sociologie et l'appropriation de l'espace.

---

[402] Hodges to RAC, 16 Septembre 1690, in Stone, Journey of Cornelius Hodges, *cf.* Curtin 1975, page 277.

[403] Chase Dunn C, and Hall eds, Core-Periphery relations in pre capitalist worlds, Boulder, Co West view.

CHAPITRE 4

ISLAM, CAPITAL SOCIAL ET HORIZON POLITIQUE

Les diasporas marchandes trouvaient dans l'islam un facteur supplémentaire de cohésion. En plus de donner à un groupe « ethnique » une ouverture sur des réseaux urbains extérieurs dans le *Dar el Islam*, l'islam offrait un corpus de connaissances géographiques et techniques jusque-là inédit. Des unités de mesure, des monnaies de référence et un système de prix auxquels on pouvait immédiatement adhérer. L'islam induisait aussi un code de conduite, des règles et des procédures applicables dans des communautés ouvertes sur l'extérieur et dynamiques. Un corpus de règles qui sert de contrat tacite pour le comportement individuel comme la loyauté envers le groupe.

Mais la marque la plus notable des diasporas marchandes se retrouve dans la gestion durable d'un espace ouvert et urbanisé du Sahara à la Forêt.

L'espace urbanisé du Dar el Islam

Les données croisées de la tradition, des sources arabes confirmées par l'archéologie, dessinent un espace commercial jalonné par des sites urbains qui sont autant de marchés et d'étapes dans l'itinéraire des diasporas marchandes.

Al Bekri présente une description mémorable de Silla comme une ville qui polarise bien des activités et des trafics à la lisière du Sahel. « De silla à Ghana il y a vingt étapes, à travers des terres habitées par diverses tribus de Sudan. Le roi de Silla fait la guerre aux infidèles, dont les plus rapprochés ne sont qu'à une journée de marche : ce sont les gens de la ville de Kalanbu ; le roi de Silla a un vaste royaume, très peuplé ; il peut presque rivaliser avec celui de Ghana.

Les gens de Silla font le commerce du sorgho, du sel, des anneaux de cuivres et de gracieux pagnes de coton appelés shaggiyat. Les bovins abondent chez eux, mais il y a peu de moutons et de chèvres. »[404] Al Bekri et Al Idrisi ont tous deux situé Silla, sur les bords du Fleuve Sénégal alors dénommé Nil, siège d'un important trafic de sel marin en provenance de l'île d'Awlil.

Bathily énumère plusieurs sites actuels pour localiser Silla sur le Fleuve Sénégal : Golmi, Kaedi ou les environs de Podor. À défaut d'une identification effective de Silla, on peut, à coup sûr, l'adopter comme pôle majeur d'un espace marchand intégré qui dépasse l'horizon des espaces politiques des dynasties régnantes. Les 600 km, équivalant à 20 étapes, qui

---

[404] Al Bakri in Cuoq 1975, p. 96-97.

semblent séparer Silla de Ghana ne présentent pas la même portée et la même signification que la journée de marche qui la sépare de la ville soninké de Kalambu que cite Al Bekri. Ici encore l'espace politique se fond dans l'espace commercial et rend inopérant toute tentative de trouver des limites intangibles au rayonnement des princes.

Abdoulaye Bathily pose, du reste, une question centrale relative à la gestion de l'espace qu'on retrouvera aussi à la faveur de l'ouverture de l'Atlantique. Il assimile fort justement Silla, à l'instar des autres cités du Soudan occidental, à une métropole commerciale et religieuse jouissant de franchises de la part d'un ou de plusieurs pouvoirs guerriers locaux auxquels elle était associée. Il montre du doigt le péché originel de la géographie arabe comme celle de la découverte Atlantique que nous avons examinée. (Fall 2000). « Les chroniqueurs arabes avaient tendance à coller indistinctement l'étiquette de « royaume » à toutes les agglomérations urbaines. Ils transposaient, ce faisant, au Soudan les réalités propres au monde méditerranéen et au Sahara où la vie politique était organisée, à l'époque, à partir des cités marchandes et autour d'elles. Dans les villes italiennes du Sud et en Afrique du Nord à l'époque médiévale, le siège du pouvoir politique était le plus souvent confondu avec le marché…, la principale ville était souvent en même temps la capitale politique ».[405]

C'est aussi le sens qu'il faut donner à une des conclusions d'Idrissa Ba qui considère, parlant de Silla, que « dans la géopolitique de la vallée du fleuve Sénégal, les enjeux de l'or et de la traite sont apparemment plus importants que l'islamisation des peuples encore fidèles à leurs croyances traditionnelles »[406]. La suggestion que fait Idrissa BA est plus explicite sous ce rapport lorsqu'il souligne qu'Al Bekri donne plutôt l'impression de décrire un itinéraire qui remonte la vallée du fleuve Sénégal. De Sunghâna et aussitôt après à Takrur. De là, on se rend à Silla, où se trouvent les al - Fâmân. Silla est séparée de Qalanbu par une journée de marche. Qalanbu est voisine de Taranka. De Taranka, le pays est habité sans discontinuité jusqu'au territoire des Zaqfawa (le Jafûnû) et non loin de là est situé le pays des Faruwiyyîn.

Itinéraire, activités marchandes et rayonnement urbain semblent marquer la configuration de l'espace beaucoup plus que le fait politique. L'espace présente alors une cohérence et une continuité plus facile à décrire. C'est sans doute la perspective la plus féconde au lieu de la difficile, voire impossible, quête des limites politiques ou des contours de l'hégémonie d'une métropole abusivement assimilée à un royaume du Sahel.

L'exemple des groupes soninké du Sahel et dioula de la forêt côtière dans l'axe Djenné-Kong – Bouna comme celui des arabo-berbères Idaoulhaj de Ouadane et des Kunta de Tombouctou constituent autant de groupes-relais

[405] Bathily *op. cité*, page 148.
[406] Idrissa Ba Thèse inédite.

qui ont façonné l'espace sahélien et défini un espace marchand international différent d'un espace politique cloisonné et réduit aux centres politiques que contrôleraient les aristocraties.

L'espace du butin, espace de guerre et Dar el Salam

Il nous semble que le temps du nomade qui a nourri la mémoire du désert a défini une singulière conception de l'espace qui s'est cristallisée dans le dualisme Dar al Harb (terre de la guerre, des infidèles et Dar al Salam. Ce dualisme spatial semble une récurrence des civilisations nomades, entre l'espace des razzias et du butin et l'espace pacifié et sous contrôle. Le contraste est bien net entre une conception d'un espace duel et ouvert et les représentations d'un espace fermé et limité que l'Occident allait vulgariser.

À partir du XVIIe siècle le militarisme berbère allait induire une distinction plus nette entre zavouyas religieux pacifiques et guerriers prédateurs Hassan qui intègrent et élargissent l'espace du butin et de la conquête.

La proximité géographique, la péjoration du climat avec l'aridification et les nécessités de l'islamisation faisaient de la Sénégambie septentrionale l'horizon naturel des terroirs berbères.

La forme guerrière de ces communautés, généralement de souche arabe, se distingue par une plus grande mobilité spatiale permettant de faire des raids et se retirer rapidement. C'est pourquoi ces communautés élevaient essentiellement des chameaux et des chevaux. Leur espace de butin était naturellement les terroirs des populations noires de part et d'autre du fleuve Sénégal, mais aussi les communautés mercantiles et maraboutiques berbères. Ces guerriers dénommés Hassan entretenaient des relations de subordination avec les groupes berbères Sanhaja ou Zenaga qui se chargeaient de la conduite des troupeaux. Elles forment de petits groupes avec peu de possessions, comparativement aux communautés maraboutiques.

Les zawiyas ou communautés maraboutiques

Les communautés maraboutiques étaient plus nombreuses avec des campements plus grands. Leur élevage était plutôt domestique ; ce qui les rendait moins mobiles et plus enclines à entrer en relations pacifiques avec les autres populations avec lesquelles elles devaient cohabiter plus durablement. La marque de ces communautés berbères sur l'environnement était plus prononcée du fait de leur plus grand besoin en pâturages, de leurs pratiques agricoles et de la cueillette. Leur autre caractéristique est la Khayma, ou tente, qui est la famille nucléaire regroupée en campement ou Varig sur une base patriarcale. Les campements, dans le but de gérer les pâturages ou les puits, se regroupaient en Fakhadh partageant la même aire de pâturage sur la base d'une affinité ancestrale qui, sur une plus vaste échelle, les identifiait comme tribu. Ce sont ces communautés dirigées par des Cheikh qui étaient les champions de l'enseignement religieux, du commerce local et de longue distance[407] à l'image des Idaoulhadj. Elles tendaient à se sédentariser dans les oasis ou les villes-étapes des caravanes. Les populations, en dehors de la Zawiya mais sous l'obédience de son Cheikh, sont appelées Telamidh ou Tolba, disciples devant volontairement fournir une contribution en travail ou en matériel au Cheikh. Les grands Cheikh des zawiyas berbères recevaient aussi une forme de redevance, en reconnaissance de leur prééminence spirituelle. Cette redevance était appelée Hedaya payée par des notables Hassan ou des marabouts de moindre envergure.

L'existence de ces deux hiérarchies parallèles n'avait rien de figé et de définitif. En fonction du contexte et des rapports de forces, tel ou tel groupe pouvait changer d'allégeance pour bénéficier de la protection d'un cheikh ou d'un chef de tribu Hassan. C'est sans doute ce qui donne une impression d'instabilité et de confusion des communautés avec de multiples réseaux d'alliance, de parentèle et d'allégeance que le nomadisme traditionnel rendait déjà plus complexes.

Pour simplifier le tableau du pays maure, on peut situer géographiquement ses trois composantes que sont les Trarzas, les Braknas et les Idaoul Hadj. Les Trarzas occupent la région entre Arguin, la rivière Saint Jean et le Fleuve Sénégal sur une étendue de 40 lieues qui comprend des forêts de gommiers.

Les Braknas, quant à eux, occupent la partie orientale qui enserre la forêt d'Alfatak. Entre les deux ensembles se trouve le domaine des Idaoul Haj, à l'est et au nord-est du pays Brakna comprenant la forêt de Lébiar.[408]

Vers la fin du XVIIIe siècle, Labarthe résumait bien les traits caractéristiques du pays maure. « Ces tribus sont souvent en guerre. L'objet de ces guerres est la possession de quelques pâturages ou de la récolte de la gomme. Ils se servent d'armes à feu et de poignards. Ils préfèrent les fusils fins à deux coups. Ils choisissent les plus légers. Leurs forces consistent principalement dans leur cavalerie. Il est rare qu'ils rassemblent plus de trois mille hommes. Ils font également des courses sur les États des princes nègres leurs voisins, dont les habitations sédentaires et sans défense les exposent aux irruptions des Maures. Les fruits de leurs victoires consistent dans l'enlèvement des bestiaux et la vente des vaincus faits esclaves. Ces tribus regardent le roi de Maroc comme leur chérif ; mais l'éloignement des États de ce prince assure l'indépendance de ces hordes errantes. »[409] Ce témoignage reprend l'image récurrente des communautés maures dont l'activité prédatrice a durablement marqué le nord du Sénégal.

---

[407] Webb, *op. cité*, p. 11-12.

[408] P. Labarthe, *Voyage au Sénégal pendant les années 1784 et 1785 d'après les mémoires de Lajaille*, Paris, Dentu, 1802, page 34.

[409] Labarthe *Ibid.*, page 35.

Ainsi, nomadisme, commerce, errance et brigandage resteront les formes par lesquelles le pays maure a scellé son destin avec celui des populations de la vallée du Sénégal et forgé un universalisme bien antérieur à l'ouverture de l'Atlantique.

Espace islamique et universalisme

L'espace qui est en gestation est aussi l'espace d'une culture arabo-islamique avec sa propre temporalité.

C'est un temps religieux, jalousement juxtaposé au calendrier grégorien, qui informe l'espace comme pour marquer une identité. L'islam et le commerce allaient servir de trame de longue durée comme de cadre quotidien aux populations.

Les diasporas marchandes, les princes, comme le commun qui est acheteur, producteur, ou coreligionnaire sont objets historiques identifiables dans un corpus de textes qui traversent les séquences historiques du VIIIe siècle à nos jours. C'est pour cette raison qu'il nous paraît difficile, voire impossible, d'étudier les identités collectives en Sénégambie septentrionale sans mesurer l'impact de la culture arabo-berbère via le Sahara mauritanien. Par l'horizon international qu'elle a ouvert à l'espace sahélien, par le dynamisme de ses diasporas marchandes et surtout par le prosélytisme religieux dont il a été le foyer.

CHAPITRE 5

TRADITION ET CULTURE ARABO-BERBÈRE DU SAHEL : MOBILITÉ SPATIALE, PRATIQUE RELIGIEUSE ET COMMERCE

La tradition arabo-berbère dont les Maures sont héritiers reste indissociable de la mobilité dans l'espace, de la pratique marchande et religieuse. Elle reflète à la fois le nomadisme du bédouin comme l'héritage marchand valorisé par le Coran qui lui donne une perspective universelle limitée cependant au seul *Dar el Islam*. Sa justification principale procède d'une volonté d'acquérir des informations en vue de la conquête ensuite développer le commerce et organiser la fiscalité.

La tradition arabo-berbère a produit une approche essentiellement descriptive de l'espace avec un usage fréquent des données de l'astronomie et des mathématiques.[410]

À l'échelle de la Sénégambie, l'influence nomade que véhicule la culture arabo-berbère a très tôt mis en contact le Soudan et le monde méditerranéen dans une récurrente relation d'échange de marchandises, d'idées et de représentations du monde. Les réseaux d'échange, à la lisière du désert et de la savane, la formation des premières entités politiques, comme la communauté intellectuelle scellée par l'islam, sont autant de témoins d'une communauté historique qui ne s'est jamais démentie depuis des siècles.

Le pays des noirs dans l'horizon saharien

Al Fazari qui écrivait vers la fin du VIIIe siècle est sans doute le premier auteur à avoir mentionné « Ghana le pays de l'or ». Mais c'est Al Khwarismi qui fit une adaptation arabe de la géographie de Ptolémée en ajoutant à la carte de Ptolémée des noms comme Zaghawa, Kawkaw et Ghana[411]. Ces noms sont relayés dans l'œuvre de Yaqubi ou Yakhut en 891 avec une précieuse somme d'informations sur le Soudan occidental. Mais c'est certainement Ibn Hawqal qui présenta la première description du Soudan occidental au Xe siècle[412].

Il s'agit d'une description assez complète malgré la réserve formulée par Levitzion quant à une visite effective de cet auteur dans la ville d'Awdaghost.

---

[410] Voir introduction.

[411] Nehemia Levtzion, Ibn-Hawqal, the Cheque, and Awdahost, JAH, Vol 9, n° 2 1968 page 223.

[412] Bowil E W The Golden trade of the moors London 1958, p. 60-65, et Kimble G H T, Geography in The middle ages London 1938, p. 44-68.

Notre auteur nous décrit la fixation, dès le Xe siècle, des tribus berbères sur les marches méridionales du Sahara. Il mentionne tout particulièrement le rôle des tribus berbères Massufa comme guide pour les caravanes entre Sidjilmassa et Awdaghost. Il présente les tribus Sanhadja sous la direction d'un chef réunissant environ 300 000 tentes sous son autorité. Il y ajoute une description des activités marchandes avec un volume de transaction qu'il affirme n'avoir jamais rencontré dans les provinces orientales du monde musulman. Il se réfère notamment à une reconnaissance de dette d'un montant de 42 000 dinars.[413] Ibn Hawqal a surtout mentionné les deux places fortes du commerce transsaharien dès le Xe siècle, à savoir Ghiyaru au sud de Kayes et les salines d'Awlil, qui sont restées des lieux incontournables des relations entre populations nomades arabo-berbères et les noires sédentaires des bords des fleuves Sénégal et Niger.

Le tableau d'Al Idrissi présente bien la configuration du Sahara et ses connexions avec le Soudan malgré ses zones d'ombre.

« La présente section comprend le reste du territoire des Makzara des Sûdân. Peu d'eau chez eux. Peu de mise en valeur. Aussi, rares sont les voyageurs qui passent par là, à cause de la rareté de l'eau, ainsi que nous l'avons dit. La traversée n'est possible que si on emporte avec soi (une provision) d'eau pour traverser ce territoire ainsi que Butinla partie du territoire de Kamnûriyya.

Le territoire de Kamnûriyya est au nord (du territoire des Makzara) et s'étend, à l'ouest, de la mer des Ténèbres, à l'est, au désert de Nîsar. Dans ce désert il y a la route des marchands (qui se rendent) d'Aghmât, Sidjilmâsa, Dar'a et Nul al-Aksâ' à Ghâna et aux régions limitrophes du territoire des Wankâra, le pays de l'or. Entre la Kamnûriyya, Silla et Takrûr il y a une distance de 15 jours ; de Naghîra à Silla, il y a environ 12 jours ; de même, de Naghîra à Azûkî du pays des Lamtûna, il y 12 étapes. …

Dans le pays de Kamnûriyya, il y a la montagne de Mânân, qui touche à l'océan.

C'est une montagne difficile d'accès, au sommet élevé, au sol rouge… Au bas de la

montagne, il y a des sources d'eau douce dont on s'approvisionne et que l'on transporte dans des outres tout alentour. À la suite de la ville de Naghîra, à l'est en tirant vers le sud, il y a la montagne de Banbawân… À ce territoire fait suite le désert de Nîsar… C'est par lui que passent les voyageurs qui se rendent à Awdaghust, Ghâna et autres lieux de cette région… »[414]

[413] Levtzion *op. cité*, page 226.
[414] Al Idrissi In J M Cuoq, 1975, p. 145-148.

La synthèse d'Ibn Batouta nous permettra surtout de voir comment la forme de l'islamisation en cours dans cette région du Soudan a défini un espace religieux et politique qui donnera son identité à la région.

C'est un espace commercial aux confins du désert et de la savane, Sidjilmassa et Gao représentent de significatifs repères. Ibn Batouta en fait une bonne description au XIVe siècle.

« Personne ne vit à Taghaza, excepté les esclaves de la tribu Massufa qui travaillent à son extraction[le sel] ; Ils subsistent de dates importées de Dar'a et Sijilmasa, de la viande de chameau et du mil importés du pays des noirs. Les noirs viennent de leur pays pour prendre le sel. À Iwalatan une charge de sel rapporte huit à dix mithqals ; dans la ville de Malli [Mali] elle se vend pour vingt à trente, et quelquefois quarante mithqals. Les noirs utilisent du sel comme un moyen d'échange, de même que l'or et l'argent sont utilisés [ailleurs]; ils le découpent en morceaux et achètent et vendent avec... il n'y a aucune route ou piste visible dans ces régions, rien que du sable soufflé çà et là par le vent. Vous voyez des collines de sable dans une place, et après vous les verrez se déplacer complètement vers une autre place. Le guide là [sic] est une personne qui a fréquemment fait le voyage dans les deux directions, et est doué d'une vive intelligence. J'ai remarqué, une chose étrange, le guide que nous avions était borgne, et malade de l'autre œil ; cependant il avait la meilleure connaissance de la route que tout autre homme. »[415]

La synthèse d'Ibn Batouta offre un tableau complet du décor historique planté par la multitude de récits arabo-berbères. On ne retrouve point ici de cette singulière destinée de communautés nationales fermées. L'Islam et le commerce ont toujours défini un espace transculturel dont la porosité est entretenue par le pouvoir politique du moment représenté par le farba du Sultan du Mali.

L'espace est balisé par les éléments récurrents du décor qui fixent dans la mémoire le récit du vécu et pérennise le paysage au travers des siècles.

Le guide généralement de la tribu berbère Massufa, les villes étapes et gîte comme Walata, Wadane, Shingitt, lieux de vie cosmopolite et places d'échange, l'aire d'érection du majestueux baobab que décrit avec étonnement Ibn Batouta et le fleuve Niger abusivement assimilé au Nil, voilà les repères d'un espace dont les contours sont définis par le commerce et l'islam, beaucoup plus que par le fait politique.

---

[415] Ibn Battuta, Travels in Asia and Africa 1325-1354, tr. and ed. H. A. R. Gibb (London: Broadway House, 1929) p. 317-323.

L'islamisation du sahel

En 734, à partir du Sous marocain, des Arabes, conduits par Habib ben Ali Ubayd-el Fihri petit fils de Ukka ben Nafi le conquérant du Maghreb, auraient effectué une fructueuse incursion au Soudan. Mais la forme par laquelle le Sahel intégra le *Dar al Islam* reste essentiellement pacifique.

« De Sidjilmassa, nous atteignîmes Iwalatan, après un voyage de deux mois un jour. Iwalatan est la province la plus au nord des noirs, et le représentant du sultan en ce lieu était un certain Farba Husayn," farba" qui signifie l'adjoint [dans leur langage]. »[416]

Mais l'islamisation semble avoir des ressorts indigènes plus marqués et cela bien antérieurement à la geste almoravide ; Il serait aussi le fait des diasporas soninké.[417]

Le complexe soninké-ibadite

Bien des groupes dissidents de l'orthodoxie sunnite se feront les champions de la diffusion de l'islam par des voies pacifiques. C'est le cas des Ibadites qui renonceront à la guerre sainte offensive comme moyen de diffuser leur doctrine et lui substitueront la diffusion du savoir par le système de la scolarisation. Le prosélytisme ibadite plus enclin à se diffuser par la voie pacifique des mahdara et le rite malikite plus élitiste seront un des vecteurs de cette islamisation.

Dès la fin du VIIIe siècle, cette doctrine traverse le Sahara et va développer en Afrique noire la seule version de l'islam qui y sera connue pendant des siècles. Cette mouvance religieuse est aussi marchande comme le fait remarquer Levitzion, depuis le VIIIe siècle.... du sud du Maghreb (Wargla, Tâhert, Sidjilmâsa et d'autres centres) à Tadmekka et Awdaghost, à travers le Sahara, les commerçants ibadites ont aussi atteint Ghâna et Gao.[418]

C'est ce même mouvement qui va accompagner l'expansion de la diaspora soninké, puis malinké, que les arabophones dénomment Wangara et que nous connaissons aujourd'hui sous le nom générique de Dioula. L'un des principaux groupes wangara-dioula islamisateur, les Saghanogho, est d'ailleurs ibadite au milieu du XIVe siècle, selon Ibn Batouta[419]

---

[416] *Ibid.*

[417] Oumar Kane, « la place des Almoravides dans l'islamisation des Noirs du Tékrour : l'état de la question », Actes du Colloque International sur le mouvement almoravide, Nouakchott, du 14 au 17 avril 1996, Université de Nouakchott, 1999, p. 137.

[418] Levitzion, N 1982 *op. cit.*, page 257.

[419] Pierre Philippe Rey Al-Andalus : *Héritage scientifique et pensée européenne* – publication de l'Unesco version Html 2001.

D'autres diasporas participeront à la formation et à la consolidation de ces communautés transculturelles, notamment suite à la poussée almohade au XIIe siècle. C'est le cas des tribus I Daoul hadj qui feront la gloire de Wadane et Shinguetti étroitement liés à la formation des cités musulmanes de l'espace ouolof.

Dans un mouvement récurent d'échanges aux confins du désert et de la savane, nomades et sédentaires ont, depuis des siècles, façonné un modèle culturel universaliste grâce au prosélytisme religieux et à l'échange marchand.

On doit à Ibn Khaldun une description de la région entre le Maghreb et le Soudan qui ne laisse aucun doute sur l'intégration de ces entités par-delà la diversité des langues et des cultures locales.

« À l'extrême sud des deux premières sections se trouve le pays de Qamnûriya suivi à l'est par l'extrême sud du pays de Ghana, puis par le désert des noirs Zaghay.

À l'extrême nord vient le désert de Nisar qui s'étend, sans interruption d'ouest en est, et dont certaines parties désertiques sont traversées par les marchands qui font le commerce entre le Maghreb et le Soudan. Les déserts des (berbères) Sanhâja voilés (mulathtbam) en font partie.

Ceux-ci ont de nombreux groupes (shu ùb): Gugâla, Lamtuna, Massùfa, Lamta et Watrîga. Directement à l'est des déserts se trouve le Fezzan ; puis viennent les déserts de tribus berbères, les Azgâr, qui s'étendent vers l'est, à l'extrême sud de la IIIème section. Ensuite, toujours dans la IIIème section se trouve une partie du pays de Kawar, qui est une nation des noirs (sudàn). Puis vient une partie du pays des Tâjuwin. À l'extrême nord de cette IIIe section, il y a les restes du pays de Wadan flanqué à l'est, des oasis intérieures dites de Santariya (siwa). Le reste du pays des Tajuwin forme la limite sud de la IVe section. »

Cette description des troisième et quatrième sections de la terre annonce sans aucune discontinuité, les contours culturels et sociologiques de cette partie du continent africain que la géopolitique et l'historiographie modernes ont désigné sous le nom de Sénégambie.

CHAPITRE 6

LES RELAIS DES COMMUNAUTÉS MAURES DU SAHEL MAURITANIEN

La Sénégambie s'est définie très tôt comme espace commercial en Afrique noire au sud du Sahara. Espace d'échange et de production aux confins du désert et des terroirs de savane, il illustre le modèle géopolitique décrit par Ibn Khaldun[420] dans son *Mukhadimat* comme dans *L'histoire des Berbères*. Le contrôle sur les oasis, points d'eaux et routes de commerce reste l'enjeu principal des conflits entre tribus nomades elles-mêmes d'une part et de l'autre, entre elles et les populations sédentaires.

Au VIIIe siècle, des pasteurs d'origine berbère dénommés Sanhaja, constituèrent une vaste confédération qui étendit vers 836 leur autorité sur les groupes négro-africains bafour installés autour d'Aoudaghost et d'où ils monopolisent, peu à peu, le trafic caravanier et les échanges commerciaux.[421]

En 1053-1054, le conflit entre tribus Sanhaja et Zenata pour le contrôle de Sidjilmassa participe du même mouvement.[422]

C'est que le XIe siècle reste marqué par une forte pression des Banu Hilal et des Banu Souleymane que le mouvement almoravide allait ensuite cristalliser pour pérenniser une domination des nomades sur les populations sédentaires.[423]

À partir d'un fonds arabe et berbère des communautés Brakna, Trarza Douaich, et Idaoul hadj ont formé des terroirs bien distincts entre l'Adrar mauritanien et le fleuve Sénégal.

Trois grands groupes se sont progressivement constitués à partir de ce fonds culturel commun : les Hassan, tribus guerrières de souche arabe, les Zenata, communautés tributaires, et les communautés maraboutiques comme les Idaoul Hadj qui ont pour principale activité le commerce et qui serviront de relais culturels avec les terroirs ouolofs de la rive gauche du fleuve Sénégal.

---

[420] L'Oeuvre d'Ibn Khaldun connaîtra une grande vulgarisation en Europe à travers le texte de l'Espagnol Louis de Marmol Carvajal , La descripcion general de Africa con todos los successos de guerras que a avido.... hasta el ano del Senor 1571, 3 vols, Granada, Malaga 1573-1599

[421] Bruno de Chavane, *Les village de l'ancien Tékrour*, Paris Khartala, 1985, page 35.

[422] Ibn Khaldun, The Muqaddimah: an introduction to history (translated by Franz Rosenthal, 1969), Princeton University Press, Princeton, New Jersey.

[423] Ibn KHaldoun. *Histoire des Berbères et des dynasties musulmanes de l'Afrique septentrionale.* Paris, Société nouvelle Librairie orientaliste Paul GEUTHNER S. A, Nouvelle édition publiée sous la direction de Paul Casanova,1999.

Les diasporas arabes du Sahel mauritanien

L'ascendance arabe à laquelle on rattache bon nombre de communautés de l'Adrar mauritanien comme du Hodh procède d'une souche qui se réclame d'une origine Khoureichite. Il s'agit d'une branche des Arabes hilaliens descendant d'Adnan qu'Ibn Khaldoun range dans le groupe des Arabes « barbarisants » qui sont des nomades qui passèrent en Afrique vers le début du XIe siècle.

Les Beni hassan dans la mouvance générale de la vague dite hilalienne, après avoir traversé toute l'Afrique du Nord s'établirent dans le Sous marocain et le Draa entre l'Atlantique et le Tafilet.

Vers le XIIIe siècle déjà, on les voyait envoyer leurs troupeaux paître jusqu'aux régions sahariennes habitées par les Berbères Messoufa, Lemtouna et Godala.

Dans ce groupe des Beni hassan on pouvait identifier plusieurs sous-groupes: les Chebanat ou descendants de Chebana frère de Hassan qui comprend les Beni tabet ou Idaou Aïch et les Idaou el hadj et les Oulad Delim.

Au XIVe siècle les terroirs des Beni hassan couvraient toute la région du Sous Marocain à l'Adrar mauritanien. C'est à partir de ce foyer qu'ils allaient se répandre sur les bords du Sénégal, le Tagant et le Hodh qu'ils soumettaient à leur domination.

Les Trarzas ou la hassania guerrière

Le chef de ce mouvement suivant la légende s'appelait Osman Ould Barkani ould Makhtar ; son fils Terrouz serait l'ancêtre des Trarza ; son frère Haroun Ould Barkani, celui des Brakna, et son autre frère Mbarek aurait donné son nom aux Ould Mbarek.[424]

C'est une communauté réputée pour ses pillages en pays ouolof dont elle marque l'horizon septentrionale d'une crainte ancestrale avec de fréquents pillages et rapines sur la rive gauche du fleuve Sénégal. C'est une communauté formée de tribus berbères et arabes descendants de Daman auquel se rattache Ali Chandora qui en sera le chef vers la fin du XVIIe siècle.

C'est à cette même communauté que se rattache Addi un de leur chef dont le nom est associé à Port de Addi qui a été corrompu en Portendik le port du désert sur la côte mauritanienne.

À la fin du XVIIIe siècle, le groupe Trarza est toujours identifié entre Arguin, la rivière Saint Jean et le fleuve Sénégal. Leur chef Ali Khoury est campé sur les terres d'Arguin et de Portendick et promène ses villages

[424] Delafosse Maurice, *Le Haut Sénégal-Niger*, Paris, Larose 1912, Vol. I, page 189.

ambulants, appelés Adouar, au nord de la forêt de Sahel, qui se trouve dans son arrondissement...Voisin de Portendick, il fait presque toujours prendre à la gomme cette direction, il en porte cependant au Coq, escale du désert, qui lui est réservée sur les bords du Sénégal, à quarante-cinq lieues aux environs de l'île Saint Louis... »[425]

Le marquage ethnique de l'espace marchand reste bien une constante. Ce marquage pouvant prendre des formes belliqueuses ou pacifiques suivant la prépondérance de telle ou telle élite maure.

La communauté maure est ainsi formée de plusieurs factions obéissant à un Cheikh, véritable chef militaire qui se recrute dans la tribu qui a le plus fort ascendant : celle des Ouled ben Daman. On dénombre une bonne dizaine de tribus occupant un ordre inférieur mais bien intégrée dans des pratiques prédatrices de collectes de tribut et de butin.

Par ordre de préséance on peut citer : les Hal-Attem, les Ouled-Sasi, les Hal-Abdoulah, les Hal Agmoular, Ouled Bou Alia descendant de Terroug qui a donné naissance aux Trarzas[426]; les Moussat, les Aleb, les Bouidad.

Les fractions précitées ont toutes un statut qui leur confère un droit de lever tribut sur les populations Zenâta ou nègres de part et d'autre du fleuve Sénégal.

Cependant, des factions subalternes moins bien situées dans cette hiérarchie militariste se révèlent les plus rudes et les plus tenaces dans les pillages des communautés les plus faibles du Sahel mauritanien. Leur position dans l'ordre des guerriers Hassan en font de véritables hordes de prédateurs qui installent en permanence leurs cantonnements dans les terroirs ouolofs de la rive gauche.

Il s'agit surtout des Ouled Iguig qui seraient descendants de forgerons, les Azounat, les Ouled Rezg que l'imagerie locale assimile à des rapaces sans loi qui, depuis des siècles, hantent la quiétude des paysans du Walo.[427]

Une multitude de petites communautés maures forme les couches les plus basses de cette société de nomades. Ils sont tributaires des autres groupes de l'aristocratie hassania. Il s'agit des Rhahla, Arouidjad, Sbiaât, Ouled fa'ri, Mradin dont la réputation est ternie par leur responsabilité dans la mort de Nasr el Din, l'épigone du mouvement des marabouts du XVIIe siècle.

Dans cette même fourmilière de tribus se retrouvent les Ouled Aid, les Zoumag, les Ouled Abdel Wahad, Ouled Rahmoun, les Zambouti descendants d'esclaves affranchis de Ouled ben Daman, les Bafor et les Nirzig.

---

425 Jean baptiste Durand, *Voyage au Sénégal*, 1802, *op. cité*, page 265.

426 Faidherbe Louis « Les arabes et les berbères des bords du Sénégal », *Bulletin de la Société de géographie de Paris*, février 1854.

427 Faidherbe, Louis « Les berbères et les arabes des bords du Sénégal », in *Bulletin de la société de géographie de Paris op. cité*, page 104.

En somme, une multitude de groupes relativement indépendants qui trouvent chez les populations de la rive gauche une cible pour leur pillage, la recherche de pâturages et le commerce.

Les Idaoul hadj ou la trajectoire d'une Diaspora transculturelle

La poussée Almohade au XIIe qui aboutit à la fondation des villes de Wadane et Tishìt fait entrer en scène les Zawouya Idaoulhadj[428] originaires du Hidjaz. La tradition rapporte l'implantation de trois pèlerins qui n'étaient pas de la même famille : le premier, Al Hadj Ali, descendait de la puissante tribu des Hamihara et, d'après la tradition, était neveu de Boubakar ben Omar : il fut le chef ; le second, Al Hadj Yakoub, était koreichite ; le troisième, Al Hadj Ousmane, était des Koreich ben Marzoum.[429]

Ces derniers Hadj suivant les traditions berbères auraient fondé la ville de Wadane en 1141 ou 1147. Wadane suivant ces traditions, connut une grande période de prospérité pendant 500 ans : il y avait dans la ville, d'après les écrits d'un marchand, 1.115 maisons habitées chacune par deux familles. On comptait jusqu'à 40 savants dans une même rue.

La même tradition donne l'azer comme la langue de cette communauté qui prospéra alors jusqu'à l'avènement des Kounta. Leur histoire consacrait l´avènement du premier groupe trans-ethnique formé de Berbères Masufa, Lamtuna, Sanhaja et des populations noires connues sous le nom générique de Bafour. Ces différents groupes ethniques de souche noire et berbère allaient constituer la communauté des Hajjinin qui, à partir de l´est de l´Adrar mauritanien, allait essaimer en Sénégambie septentrionale.

Ils sont les vrais tenants du commerce de la gomme dont ils assurent la collecte comme la vente. Ils sont organisés en caravanes que l'on retrouve disséminées sur la rive gauche dans les terroirs ouolofs où ils achètent le mil. Ils ont très tôt fait la jonction entre le Sahara, le fleuve Sénégal et l'Atlantique pour forger le berceau de la Sénégambie.

---

[428]H.T. Norris « The history of Shinguit according to the Idaw Ali Tradition » *Bulletin de l'Ifan* T. XXIV série B n°s 3-4, 1962, p. 406.

[429] Fondation de Wadane et Histoire des Bafours d'après Oueddad le chef des Amgarij. Interprète : du Hassaniya au Français : Dakhmada Ould Bou Fatma instituteur de Wadane. Référence : R. Mauny, 1955, p. 153-4. *Cf.* Idrissa Ba.

CHAPITRE 7

LE BERCEAU SAHÉLIEN DE LA SÉNÉGAMBIE

La tradition adrari comme écho du continuum historique sahélien

L'excellent travail d'Idrissa BA revient par le détour d'un texte majeur, sur la configuration de l'espace du Sahara et la distribution de ses terroirs. Il reprend l'anonyme adrâri,[430] non sans la distance critique que ce texte inspire. Les anachronismes ou exagérations de ce texte n'enlèvent rien à sa valeur heuristique. Au moins le texte publié par Norris campe bien le décor qui nous intéresse ici.

Remontant à la saga d'Abu Bakr, le narrateur cite son père qui racontait comment Abû Bakr arriva dans ce pays, où il trouva que ses habitants se répartissaient en deux groupes distincts. L'un habitait dans des villes et des villages, tandis que l'autre était constitué de nomades et de pasteurs. Le récit du narrateur se fait précis dans la distribution spatiale des communautés nomades et sédentaires, mais non sans y ajouter des détails pour le moins déroutants. Il présente les sédentaires comme des chrétiens. Ce qui semble procéder d'un anachronisme ou une référence aux scories d'une christianisation précoce.

Mais le témoignage se fait plus fécond dans la géopolitique de l'Adrar :

«... Ils étaient répartis en deux groupes qui différaient aussi bien dans l'habillement que dans le langage et chacun des deux groupes avait un dirigeant qui n'avait aucune influence sur l'autre.

L'un des deux groupes avait ses places fortes, son pouvoir et le siège de son gouvernement là où est implanté aujourd'hui Atâr, ou non loin de là. Il est dit que l'autre groupe avait une place forte à Tinigui ou non loin de là. Pour ce qui est du groupe qui habitait dans les vallées d'Atâr [bâtin], il avait ses propres dirigeants et n'était de quelque manière que ce soit en contact direct avec le groupe du plateau [adhar]... L'un des deux groupes avait d'énormes chiens entraînés à se battre. Ces nomades et pasteurs étaient nombreux et connus sous le nom de Bâfûr. Je demandais à mon père ce que signifiait Bâfûr. Il me répondit que c'était un mot non arabe et qu'on lui avait rapporté que ce mot s'appliquait à un peuple qui était dépourvu de religion et qui correspondait aux Majûs dans la langue arabe. Il avait entendu deux histoires à propos d'eux. L'une d'elles disait qu'ils rendaient un culte aux idoles, adoraient les arbres et sanctifiaient les pierres. Ce point de vue est confirmé par la fréquence avec laquelle on trouve des débris de poteries dans leurs

---

[430] Anonyme adr R. Mauny, H. T. Norris., 1972, p. 152-4.

habitations. Ces poteries sont similaires à celles qu'utilisent les Noirs. L'autre histoire soutient qu'ils sont des Berbères venus dans ce pays en provenance du Maroc…

Il est dit qu'il (Abu Bakr) prit avec lui un nombre considérable d'hommes pour le Tagant et il conquit ce pays après avoir divisé les gens de l'Adrâr en classes. Il construisit une zâwiya pour l'un de ces groupes ; zâwiya que l'on dit située dans la ville de Tinîgî. Il choisit ces hommes-là pour être les maîtres des autres aussi bien pour le savoir religieux que pour le savoir profane. C'était là leur seule occupation. Une autre classe fut consacrée aux communs des hommes qui s'occupaient de faire paître le bétail, de labourer les champs et de faire prospérer la terre pour en sortir des richesses. …

Les Bâfûr restèrent, cohabitant dans le pays avec l'armée de l'Imâm Abû Bakr. Ce dernier poursuivit sa conquête vers le Tagânit (Tagant) et il trouva que cette région était habitée par des Nègres. Il les combattit et ils le combattirent et il était prêt de les soumettre. Il mourut en martyr dans une bataille contre eux. Un Nègre le tua. Il était caché. L'Imâm passa à côté de lui, mais ne le vit pas. Que Dieu étende sa miséricorde sur lui.

C'est à cause de cette division en groupes que les Zwâya devinrent les descendants des gens de la Zâwiya susmentionnée ainsi que de ceux qui les rejoignirent dans leur mode de vie. Ainsi les Banû Hassân devinrent les descendants de ceux qui portaient les armes et qui menaient bataille ainsi que de ceux qui firent corps avec eux dans cette activité. C'est aussi pour les mêmes raisons que les lahma (tributaires) sont les descendants des pasteurs, des cultivateurs et de tous ceux qui les rejoignirent dans cette activité. »

Ce document malgré ses limites est d'une portée inestimable dans la description d'une massive cohérence culturelle de part et d'autre du fleuve Sénégal. Le recensement et la description des communautés humaines intègrent le site de leur habitat, leurs mœurs et coutumes et surtout leurs occupations. Ils comportent un indice de culture matérielle de taille dans l'identité culturelle de ces communautés. La référence à la fréquence des débris de poterie permet, selon Idrissa Ba, à la suite de Jean Devisse, d'isoler un « indicateur culturel » pour définir une commune identité entre Bafours et les populations de la vallée du Sénégal.

La culture matérielle du continuum historique sahélien

L'archéologie protohistorique a ainsi ouvert un registre bien fécond pour l'historiographie du Sahel. Elle complète à merveille ce que les témoignages historiques et l'anthropologie suggéraient depuis déjà plusieurs décennies.

Reprenant l'*Histoire générale de l'Afrique*, Idrissa Ba fait le bilan des acquis de l'archéologie du Sahel dans sa quête de retrouver les marqueurs culturels qui définissent l'unité et la cohérence de cette région.

En conclusion de toutes les campagnes de fouille, écrivait Idrissa Ba: « c'est la même aire culturelle qui se serait étendue de part et d'autre du fleuve Sénégal, en gros du Ve au XIe siècle de notre ère, avec comme indicateur culturel essentiel la céramique à cannelures. La question qui se pose est alors de savoir quel est le lien à faire entre d'une part, cette aire culturelle du fleuve Sénégal qu'I. Hrbek et J. Devisse dénomment le «système sénégalais» et d'autre part, l'aire d'expansion des Bafours qui correspond, en gros, à l'Adrâr mauritanien. »

Un bilan provisoire de l'archéologie du Sahel mauritanien peut ainsi établir un continuum à la fois géographique et historique. Des relais décisifs sont ainsi identifiés à l'image de Azuki. « La ville d'Azukî, active, d'après les premiers sondages qui y ont été effectués, entre la fin du IVe/X^{e} et le milieu du VIe/XIIe siècle, avait probablement une fonction de relais très importante par rapport à ce « système sénégalais ».[431]

Il en est de même de Silla, très tôt identifiée par Al Bekri et qui correspondrait « à l'aire de dispersion des sites appartenant à la famille céramique de Sintiou-Bara. L'État de Takrûr pourrait, de son côté, être assimilé à l'aire de dispersion des sites de la famille de Tioubalel. »[432]

Les sites de Sélibaly à Boghé ou Sincu-Bara, Cascas, Matam, Ogo, Bakel, participent de la même aire culturelle, avec la découverte de céramiques à cannelures identiques datant des Ve et VIe siècles de l'ère chrétienne.

Pour le site particulier de Sincu-Bara, G. Thilmans précise « que l'ensemble des datations par le radiocarbone constitue un continuum, et non plusieurs groupes distincts ni un groupe unique. Ce continuum s'étend du Ve au XIe siècle de notre ère ».

Tous les éléments révélés par l'archéologie sur les témoins de ce continuum trouvent un écho bien identifiable dans les traditions orales.

Les écrits de Paul Marty et Yoro Diaw suffisent comme révélateurs des moments majeurs de l'évolution du Sahel mauritanien et son rapport avec les terroirs de la vallée du Sénégal.

On peut beaucoup épiloguer sur les anachronismes et inconsistances des traditions rapportées par nos deux auteurs. Mais tous les deux se réfèrent au même contexte, aux mêmes acteurs et aux mêmes terroirs à la croisée du monde berbère et du "système sénégalais."

Voici comment Paul Marty[433] rapporte la tradition de cet itinéraire croisé.

«... Le pays compris entre le fleuve Sénégal et le nord de l'Adrar était occupé par un peuple qu'on présume noir : les Bafour. Au sud du fleuve,

---

431 I. Hrbek et J. Devisse, 1990, p. 385.

432 G. Thilmans, 1980, Tome II, pp. 175-176.

433 Marty, Paul. 1919. *L'Emirat des Trarzas*. Paris, Editions Ernest LEROUX, (« collection de la revue du monde musulman », 36), p. 1-4.

dans les pays sénégalais, vivait le peuple socé. Le siège du groupement bafour était dans l'Adrar. L'Azougui actuel, à 15 km au nord-ouest d'Atar, en était la capitale ; la province qui en rassortissait s'étendait entre les villes actuelles d'Atar et d'Oujeft, et était la plus florissante de l'empire. Les villes principales étaient, outre Azougui, qui portait jadis le nom de « Ville des Chiens » (Medinat al-klab), mais dont on ignore le nom le plus ancien, celui des Bafour, Fouicht et Ntourfin près d'Oujeft ; In Timlel près d'Atar. Ces dénominations à forme arabo-berbère sont les appellations actuelles de puits et n'étaient vraisemblablement pas celles dont usaient les Bafour. On trouve, dans les parages de ces points d'eau, des traces de murs, des amas de pierres travaillées et des débris divers de construction d'ancien habitat... La tradition rapporte très nettement que les campements noirs atteignaient le Tijirit. Enfin, on trouve encore aujourd'hui dans l'Aoukar des débris de canaris sur lesquels on reconnaît parfaitement des marques de dessins des peuplades noires sénégalaises. À Tin Daouia, on a même trouvé dans le sable un canari fort bien conservé.

C'est chez les Sarakollés que s'est le mieux perpétué le souvenir de leur ancienne domination dans le Tagant. Ils étaient alors connus sous le nom de Gangaris et ils ont conservé cette dénomination à ceux des clans et des familles qui ont dû régresser vers le Sud, sous la pression maure. Leurs anciens villages du Tagant leur sont encore très connus de nom et de fait. Ils en montrent eux-mêmes les vestiges nombreux et très reconnaissables et en citent les noms : Oulo, Diabou, Babou, Nguikon, Nijid. D'ailleurs ces Gangaris de l'Assaba ont conservé des mœurs qui diffèrent de celles de leurs cousins Sarakollés du Sud et se rapprochent des usages montagnards, que leurs pères avaient jadis dans le Tagant.

La région trarza qui fait l'objet spécial de cette étude était une province de cette collectivité noire bafour ; le nom de ce peuple est connu de plusieurs lettrés de la région ; il revit dans une tradition concernant un puits aujourd'hui disparu et qui se trouvait au sud de Khroufa. Il portait chez les Berbères le nom d'Inda Bafour, ce qui signifie, dit M'hammed Youra, qui rapporte la tradition, « le puits des Beni Bafour. C'était un puits dont le forage remonte à des temps très anciens. Il se produisit là (par la suite), une rencontre entre les Beni Dîman (Oulad Dîman) et les Beni Yaqoub (Id Eïqoub). Les Beni Dîman furent mis en déroute ; il n'y eut dans ce combat que des blessés et des contusionnés. »

L'empire bafour, si l'on peut désigner ainsi le peuple bafour qui vivait dans l'indépendance semi-anarchique des sociétés mélaniennes, devait s'écrouler sous la poussée des tribus berbères-çanhadja. Les Lemtouna, qui venaient du versant sud de l'Atlas marocain, et qui depuis plusieurs générations étaient en lutte avec les Bafour, finirent par l'emporter. Une de leurs invasions sous la conduite d'un chef dont on ne connaît que le nom islamisé : Abou Bekr ben Omar, et qui descendait de Tilagaguin fils d'Ourtentak, émir des Lemtouna, chassa définitivement les Bafour de leur pays (XIe siècle). La légende maure rapporte que le seul chérif qui accompagnait la méhalla berbère, Hadrami, voulut contribuer pour sa part à l'écrasement des infidèles. Comme les Bafour avaient des bandes de chiens dressés à la guerre, qui étaient aussi dangereux que leurs soldats (et c'est ce qui avait fait donner à leur capitale le nom de « ville des chiens »), le Chérif offrit à Abou Bekr ben Omar de dompter pour son compte soit les chiens, soit les soldats ennemis. Le chef berbère, qui ne craignait pas les noirs, lui donna les chiens à vaincre. Et aussitôt le Chérif, entrant dans la ville, le chapelet à la main, vit venir à lui tous les chiens qui se couchaient à ses pieds. Pendant ce temps, les guerriers berbères et bafour se heurtaient dans la campagne. Chérif Hadrami fut enterré dans la ville même. On montre encore son tombeau à Azougui.

Fuyant devant l'envahisseur, les Bafour descendirent vers le fleuve Sénégal, le traversèrent, et refoulèrent à leur tour vers le sud les peuples socés des actuelles provinces du Diolof et du Cayor (XIe siècle).

Une dynamique humaine sans commune mesure avec le fait politique

Bien en marge du contrôle direct des constructions politiques du Mali ou du Songhay, le Sahara méridional avait défini un paysage ethnique bien vivant et dynamique, constitué de multiples communautés trans-ethniques[434]. D'autres traditions mauritaniennes suggèrent que les groupes Sanhadja appelés Tiris, Tamguna et Tifrilla ont des noms qui seraient d'origine ouolof. Ils ont fait partie des groupes qui auraient fondé Wadane en 1141.[435] La fondation de Tichit autour de 1153 traduit aussi une méridionalisation de l'influence berbère et son intégration dans l'espace qui s'ouvrait en direction du fleuve Sénégal.

Al Bakri décrivait bien la désolation à l'œuvre dans l'axe Sidjilmassa-Aoudaghost ; ce qui rendait compte des bouleversements du Sahara et le repli vers le Sahel.

« Lorsqu'on part de Sidjilmessa pour se rendre à Ghana dans le pays des noirs, on doit marcher pendant deux mois à travers un désert inhabité. Dans cette vaste région, on rencontre quelques nomades qui ne s'arrêtent nulle part. Tels sont les Beni Messoufa, fraction de la grande tribu des Sanhadja ; ils n'ont pas une seule ville où ils puissent se réfugier à l'exception, toutefois, de Ouadi Dera qui est à cinq journées de Sijilmessa. »[436] Ainsi l'axe Wadane-

[434]James L.A .Webb "The evolution of the Idaw al-Hajj commercial diaspora" in *Cahiers d'études africaines*, 138-139. XXXV-2-3, 1995, p. 457.
[435]Mokhtar wuld Hamidun 1982, cité in Webb *op. cit.*, page 457.
[436] Al Bakri *op. cite*, page 284.

Tischit-Walata prenait le relais de la route traditionnelle de l'Adrar à Aoudaghost qui a fait les beaux jours du commerce transsaharien.

L´axe Sidjilmàsa-Buré, du Sud-est marocain aux confins du Bafing et de la Falémé était désormais à l'honneur.

Le repli méridional

L´axe Sidjilmàsa-Buré définissait un espace commercial dès le temps du commerce muet.

Al Masùdi[437] le décrivait avec force détails dès le milieu du Xe siècle. Les commerçants musulmans échangeaient leurs marchandises avec de l´or sans rencontrer physiquement les populations locales. Les premiers disposaient leurs marchandises sur les rives d´un grand fleuve qu'on peut facilement identifier au fleuve Sénégal. Les populations locales venaient déposer des quantités de métal précieux jugées adéquates et les commerçants repassaient prendre l'or le lendemain ou enlevaient les marchandises s´ils jugeaient la quantité d'or insuffisante.

L´une des places fortes de ce réseau d´échange sera Kayes révélé par les géographes arabes sous le nom de Ghayàro ou Gadiaro. Ibn Hawkal (988) mentionnait l´établissement à Sidjilmasa de commerçants de Basra et de Kufa ainsi que de Baghdadiens très certainement attirés par le rayonnement de cette localité aux "portes de l'or"[438].

D'autres localités reviendront très souvent au XIe siècle sous la plume d'Al Bakri ; il s'agit du Tékrur et de Silli. Ces deux localités sont décrites comme terroirs musulmans de part et d'autre du Fleuve dénommé Nil. Al Bakri décrit aussi un prosélytisme musulman très marqué des gens de Silli. Cependant la description d'Al Bakri donne plus de précisions sur la nature des échanges : « Les gens de Silli font le commerce du mil, du sel, des anneaux de cuivre et de pagnes de fines cotonnades... ils ont beaucoup de bœufs, mais ils n'ont ni moutons ni chèvres... »[439] Plus loin, il donne une description plus explicite du commerce: « Le roi prélève un denier d´or sur chaque âne qui entre chargé de sel dans son pays, et deux deniers à la sortie. Il perçoit cinq mithqâl par charge de cuivre et dix par charge de marchandise. Le meilleur or local vient de Ghiyâru, situé à dix jours de marche de la ville du Roi. Entre les deux villes s'étend une zone ininterrompue, peuplée de tribus de noirs... Il y a douze milles entre Ghiyâru et le Nil : on y trouve

---

[437]Al Masùdi « Murùj adh-dhahab » in Tadeusz Lewicki, Arabic external sources for the history of Africa to the south of Sahara. Polska Akademia nauk oddzial w krakovie prau komistji orientallistyly, n° 9, 1969, p. 40-41.

[438]Cuoq(j) Recueil des sources arabes concernant l´Afrique occidentale du VIIIe au XVIe siècles. CNRS Paris, 1975, p. 71.

[439] Al Bakry « Routier de l'Afrique blanche et noire de Nord-Ouest », Traduction de Vincent Monteil *BIFAN*, série B, XX,1, Dakar 1968, p. 68.

beaucoup de musulmans. »[440] Cette même localité est mentionnée sous le nom de Silâ par Al Idrissi qui la situe sur la rive nord comme faisant partie des États du Tekrour au XIIe siècle.[441]

On trouvera très difficilement une ligne de démarcation entre Berbères et populations noires qui semblent ainsi depuis des siècles vivre les mêmes flux commerciaux et les mêmes dynamiques culturelles et anthropologiques. Al Bakri nous a présenté un tableau fort explicite sur la communauté de l'espace entre populations berbères et noires sur une ligne reliant le désert, la vallée du fleuve Sénégal et l'océan Atlantique. « Les Beni Djoddala, dont le territoire touche à celui des noirs, demeurent sur l'extrême limite du pays où l'on professe l'islamisme. La ville nègre la plus rapprochée de la contrée des Beni Djoddala se nomme Sanghana ; elle en est à 6 journées de distance et se compose de deux villes séparées par le Nil. Le pays des Djodala offre une suite non interrompue de lieux habités jusqu'à l'océan environnant. Immédiatement après Sanghana et dans la direction du sud-ouest se trouve la ville de Tekrour située sur le Nil et habitée par des nègres qui naguère étaient païens comme les autres peuples noirs, et adoraient les dekatir. »[442]

Cette description campe bien le décor où se sont joués les moments majeurs de l'occupation humaine de la Sénégambie. Berbères et populations noires ont, dans un mouvement récurrent nord-sud et est-ouest, imprimé leur marque dans un espace ayant pour épicentre le fleuve Sénégal.

Le fleuve Sénégal apparaît bien comme un lieu de jonction, un creuset d'où se forgeront les identités collectives des populations de toute la Sénégambie.

La tradition rapporte que la fille du roi ou d'un roi du Bafour avait été faite prisonnière dans les luttes contre les Lemtouna. Par la suite, son père demanda à la racheter, ce à quoi l'émir Lemtouna consentit sans difficulté. À son arrivée au sud du fleuve, il se trouva qu'elle était enceinte des œuvres d'un des vainqueurs, dont il ne fut pas possible de connaître le nom. Elle accoucha d'une fille qui reçut le nom de Garmi, et que son grand-père, le chef Bafour, resté sans enfants, maria par la suite à un de ses principaux lieutenants. Telle aurait été l'origine des princes ouolofs (Bourba du Diolof et damel du Cayor). C'est dans la lignée de cette princesse Garmi, et toujours par la voie utérine, que furent choisis les chefs du peuple bafour transformé... »

Toute la trame des scénarios proposés par les traditions ouolof et maure se retrouvent à grands traits dans cette présentation qui intègre à la fois les faits politiques, l'islamisation comme la mise en place du peuplement.

---

[440] *Ibid.*, p. 73.

[441] Vincent Monteil, *op. cit.*, p. 108.

[442] El Bekri *Description de L'Afrique septentrionale* trad. Slane, Alger, Adolphe Jourdan 1918 ; page 324.

CHAPITRE 8

ASCENDANCE BERBÈRE ET GESTATION DES TERROIRS DE LA MOYENNE VALLÉE

L'origine des Garmi que Marty décrit plus haut recoupe mutatis mutandis les traditions ouolof, soninké, berbère et diawambé. Si les personnages, ou leurs ascendants et la chronologie peuvent changer d'une tradition à une autre, le scénario du métissage négro-berbère est resté une constante, comme pour sceller dans le sang des élites la récurrence et la continuité d'une culture forgée par le triple héritage maure, soninké, fulbé et ouolof.

Les traditions ouolofs de Yoro Diao et A. Wade, jointes aux traditions berbères[443], convergent pour donner une filiation berbère à Ndiadiane Ndiaye le fondateur du Djolof en la personne d'Abu Bakr ibn Umar. Ce dernier est présenté comme le sixième calife almoravide [444] avant la dispersion des tribus lamtuna en quatre groupes dirigés respectivement par : Billagg, Muhammadh al-Bambarani al-lamtuni, Ibn al amir Ama´r et Al-alavi[445]. Cet épisode se situerait en 1287-1288 et suggérerait que Ndiadiane NDiaye en fait serait le fils de Muhammad Al Bambarani al-lamtuni. C'est là une hypothèse qui permet d´identifier le père de Ndiadiane comme le successeur du sixième calife almoravide donc descendant aussi du premier calife Abou Bakr Ibn Umar.[446]

La succession d'Abu Bakr fut assurée par son fils Muhammad. Après que Muhammad fut déposé, le pouvoir revint à Al-Khadir al-Lamtuni, fils de Yusuf ben Tashffin. Il régna 60 ans sur tout le Sahara, avant d'être remplacé par son fils Al Bushara qui régna pendant 30 ans. Puis le pouvoir revint durant 20 ans à son fils Badi surnommé Innah. Amar, son fils lui succéda pendant 40 ans, avant de passer le pouvoir à Mouhamed al Bambarani al Lamtuni.

Au bout de 10 ans, ce dernier abdiqua et à la suite de désastres et de guerres, les lamtuna se divisent en quatre factions avec chacune son chef. L'une des factions était dirigée par Ahmad, fils du sixième calif Muhammad al Bambarani.[447]

Ces épisodes de l'histoire politique nous intéressent moins par la chronologie des événements que par les groupes qui sont mis en scène.

---

[443]Norris 1972

[444] Il s´agit donc d´un deuxième Abou bakr Ibn Umar différent du premier calif almoravide portant le même nom, qui lui, mourut en 1087.

[445]Victoria Bomba, « Traditions about Ndiadiane Ndiaye, first Buurba Djolof », in *Bulletin de l'Ifan*, T. 39, série B, N°1, 1977.

[446] V Bomba *ibid.*, p. 9.

[447] Cheikh Muhammad M'Barak al Lamtuni cité in: Norris HT, Saharan myth and Saga, Oxford Clarendon press, 1972, p. 112-114.

Berbères, Ouolofs, Soninkés et Peuls sont bien les protagonistes d'une histoire commune à l'œuvre entre l'Adrar mauritanien et le fleuve Sénégal entre le XIe siècle et le XIIIe siècle. On peut épiloguer sur la chronologie des événements, mais cet espace et la distribution de ses populations offrent le meilleur tableau des identités collectives et du legs saharien en Sénégambie.

L'aire d'influence des Almoravides se situe à l'ouest d'une ligne nord-sud qui passe entre Atar et Shingetti, pour rejoindre le Haut Sénégal à l'est du Gidimaxa avec ses principaux foyers que sont l'ouest de l'Adrar, le Brakna et le Trarza, le Walo mauritanien et le Gidimaxa.

Trois grands groupes se sont ainsi progressivement constitués à partir de ce fonds culturel commun: les Hassan, tribus guerrières de souche arabe, les Zenata, communautés tributaires, et les communautés maraboutiques comme les Idaoulhadj qui ont pour principale activité le commerce et qui serviront de relais culturels avec les terroirs ouolofs de la rive gauche du fleuve Sénégal.

La version de Yoro Diaw qui présente l'optique sénégalaise nous ramène jusqu'au cœur de la constitution de l'aristocratie garmi des Ouolofs. Par ce genre de raccourcis dont la tradition est coutumière, la descendance d'Abu Bakr depuis le XIe siècle se rattache à la geste des Béni Hacen pour fédérer islam et berbérité dans leur réception et leur implantation dans le monde fulbé, soninké et ouolof de la vallée du Sénégal.

"Vers l'an 1200, parut à nos ancêtres sénégalais, au bord de notre fleuve, le Sénégal, un véritable religieux musulman du nom de Boubacar-ebn-Amar appelé aussi Abou Darday. Ce marabout auquel la tradition attribue [d'être] l'auteur de l'introduction et le prêcheur primitif de l'islam dans nos contrées est aussi, d'après elle, descendant direct de son homonyme Boubakar-ebn-Amar, relié au prophète Mouhamed, par une parenté, non trop éloignée, de consanguinité. Il vint de la Mecque, dit la tradition (du Maroc peut-être)..."[448]

"Boubacar-ebn-Amar fit un long séjour à Brane-ou-Gouyar, au milieu des Oulad Rizg qui habitaient alors cette partie du Sahara que le Sénégal limite au sud, avec leurs nombreux Zenaga (tributaires ou Berbères) ; il ne tarda pas à devenir l'objet d'une grande vénération de la part des Maures et des Noirs qui peuplaient les deux rives du Sénégal. De là, le Saint homme se rendait "dans plusieurs pays pas loin de sa résidence, enseignant et prêchant l'Islam chez les Noirs, en ce moment idolâtres."

Pendant un de ses voyages, il convertit le Lam-Tôro Abrann, alors Empereur d'un vaste territoire comprenant le Fouta Tôro, le Gadyaga, le Kaméra, le Guidimakha et le Dyawara. Le Lam-Tôro lui donna en mariage sa fille Fatimata Sal qui le rendit père d'un homme dont le souvenir vivra longtemps en Sénégambie. Cet homme, nommé Ahmadou, fut appelé ensuite Ndyadyane Ndyâye, nom sous lequel il régna 44 ans (1212-1256) sur le grand

[448] Y. Dyao, 1912, p. 126.

Empire qui fut formé... des royaumes de Ouâlo, Cayor, Baol, Djolof, Sâloum et d'une province du Fouta voisine du Ouâlo et appelée aujourd'hui le Dimar. La domination de Ndyadyane Ndyâye s'étendit par le sud, jusque vers le Bambouk.

Les deux familles royales Loggar, du Ouâlo, et Mouyoye du Cayor et du Baol, dans lesquelles les droits au commandement se transmettent par filiation utérine, sont également issues de Boubakar-ebn-Amar."[449]

Les communautés maures seront ainsi les vecteurs d'une culture arabo-musulmane qui a développé un modèle transculturel dont le champ englobe tous les peuples de la vallée du Sénégal jusqu'aux marches septentrionales du Cayor et du Baol. Un modèle dans lequel le fait marchand et le fait maraboutique restèrent intrinsèquement liés. La présence d'influents prosélytes musulmans est attestée dès le XVe siècle en pays ouolof. Ainsi, Da Mosto faisait-il remarquer à propos des seigneurs ouolofs : « Ils ont en permanence avec eux quelques prêtres Azenegi, ou certains Arabes dont pourtant il arrive peu ; et ceux-ci donnent quelques enseignements de la foi mahométane aux dits seigneurs. »[450] Les marabouts Azenegi, véritables auxiliaires des souverains locaux, vont occuper d'importantes fonctions à la cour de ces derniers. La tradition retient le nom de Moctar Mbaye à la cour du Damel Amari Ngoné (1549-1593) et lui attribue la fondation du village de Gaddé N'Yandoul dans le Cayor. Il semblerait même que le nom de la première capitale du Cayor : Mboul serait une reprise d'un toponyme du pays maure en raison du prestige associé à ce nom chez les néophytes de l'élite ouolof du XVe siècle.

Cette présence arabo-berbère a accompagné des échanges séculaires dans ce carrefour du désert et de la savane entre les populations pasteurs nomades au nord et les agriculteurs sédentaires implantés plus au sud le long du fleuve Sénégal. Les conditions écologiques ont ainsi défini un modèle d'échanges entre, d'une part, les produits du désert que sont le sel, le bétail, les chevaux, les peaux et, d'autre part, les grains et les étoffes produits par les agriculteurs sédentaires. Cette complémentarité naturelle a permis le développement d'échanges dont les vecteurs principaux sont la diaspora arabo-berbère que l'on retrouvera après l'émiettement politique du Grand Jolof dans les formations étatiques de la Basse Vallée du Sénégal au Walo et au Cayor[451].

Les chevaux et les esclaves vont rester de puissants ressorts dans la formation de cet espace. Le cheval apparaît comme un moyen logistique et de pouvoir assurant l'hégémonie de l'aristocratie ouolof ; les esclaves non

---

[449] Y. Diao, 1912, p. 127.

[450] Ça da Mosto cité in Jean Boulègue *Le grand Jolof*, p. 97.

[451] Webb (J) Shifting Sands: an economic history of the Mauritanian Sahara. PH D ; John Hopkins University press 1983, p. 52-53. Voir aussi "the evolution of the Idaw al hajj commercial diaspora " in *Cahiers d'études africaines*, 138-139, XXXV, 2-3, 1995 : 455-475.

seulement alimentent le marché Nord-africain, mais servent aussi de moyens logistiques et renforcent les troupes guerrières berbères. C'est sur la base de ces échanges que va s'implanter la diaspora arabo-berbère porteuse du modèle culturel musulman. En dépit de l'ouverture atlantique, cette culture musulmane va rester le véhicule transculturel reliant le pays maure et le pays ouolof[452].

[452] Voir la notion de "cross cultural brokers" in Curtin *op. cit.*, p. 2.

CHAPITRE 9

LES MAURES ET LA JONCTION ENTRE LE SAHARA ET L'ATLANTIQUE AU XVE SIÈCLE

Dès le XVe siècle, Alvisse de Ça da Mosto nous offrait l'un des tout premiers tableaux modernes de l'espace saharien occidental. À partir de la côte mauritanienne, des bans de sables blancs d'Arguin au fleuve Sénégal les terroirs berbères et ouolofs semblaient prendre les contours d'un espace transculturel intégré.

Le cheval apparaît toujours un élément déterminant des échanges avec un ratio pouvant atteindre de 1 à 15 pour les esclaves noirs. [453]

Il s'y ajoute des produits artisanaux en soie en provenance de Grenade et Tunis de même que des draps, de l'argent, du cuivre et du froment. La contrepartie de ces produits était essentiellement les esclaves et l'or en lingot (l'oro Tibar).

Le témoignage de da Mosto nous donne une idée du niveau des échanges entre d'une part, l'axe transsaharien et de l'autre celui de la côte. Il définit bien la localité de Hoden bien avant dans les terres à une distance de six journées à partir du cap Blanc, comme le lieu de retraite des caravanes qui viennent de Tombouctou et de tout le bilad el Soudan.

À partir de Hoden le trafic se divise et une partie depuis les montagnes de Barcha se dirige vers la Sicile et la côte de Tunis ; l'autre partie de ce commerce va vers Arguin sous le contrôle des Portugais. Pour les années 1455-57, rien qu'à partir de cette baie d'Arguin, 700 à 800 esclaves étaient acheminés sur le Portugal.[454]

Une des places fortes de ces terroirs berbères est Tegazza, la riche saline de sel gemme qu'Ibn Batouta décrivait en 1352 comme un bourg sans culture avec très peu de ressources et pullulant de mouches.[455] L'habitat y était marqué par les bâtiments en dalles de sel avec des toitures en peaux de chameaux.

Le rayonnement de Tegazza atteignait cependant plus de 70 journées de cheval en direction de Tombouctou et du Mali où ce sel était très prisé.[456] La ville de Tegazza est presque exclusivement habitée par les esclaves de la tribu

---

[453] Alvise de Cadamosto, *Relations des voyages à la Côte occidentale d'Afrique 1455-57*, Scheffer, paris 1895, Page 48.

[454] Da mosto *op. cit.*, page 48.

[455] Ibn Batouta, *Voyages*, publiés par Defremery et Sanguinetti. Paris 1853-1858, tome 4, p. 377-378.

[456] Damosto, page 55-56.

Messoufa qui se chargeaient de l'extraction du sel.[457] Sa position aux latitudes du Tropique du Cancer en fait le témoin de la méridionalisation de l'activité humaine dont l'Atlantique sera le Finistère.

Le circuit de ces échanges restait essentiellement le domaine des Arabes qui se distinguent nettement des groupes berbères Azanaghes que les témoins présentent sous les traits « basanés mais tirant sur le brun »[458] ou olivâtres[459].

Les Azanaghes partagent avec les Arabes le mode de vie nomade, vivant de dattes, de lait de chameau et d'orge et surtout du mil qu'ils obtiennent des populations noires des bords du fleuve Sénégal. Le mil semble ici relier deux écosystèmes complémentaires : la terre aride et sèche des Sanhaja nomades, et le pays fertile des noirs.

Les structures politiques restent communautaires avec un système hiérarchique essentiellement basé sur le niveau de fortune.

Cavajal nous fait une saisissante description qui fait une synthèse des représentations arabes et européennes et intègre un espace avec ses deux pôles que sont le désert et la côte Atlantique. « ...depuis l'extrémité du couchant, où commence la province de Sus, et, tirant vers le midy, sans rien oublier de ce qui est la terre ferme de la montagne d'Aytuacal, que Ptolémée appelle le Grand Atlas, on va à la ville de Messa dans la province de Sus et de là au cap d'Aguer, et à celui de Non, puis au Fleuve de Sénégal que ceux du pays appellent Cenedec, et les Arabes Huetnichar ou fleuve noir, qui sépare les blancs d'avec les nègres. Après on arrive à la Geneoa dont les premiers habitants le long de la côte sont les Benais plutôt noirs qu'olivâtres. De là l'on entre dans la province des Gelofes qui s'étend bien loin le long de la Côte de l'océan... On passe ensuite dans la terre des Barbacines (?) ou des Berbères comme les auteurs arabes les appellent. Ces peuples habitent la province de Moçala à travers laquelle passe un grand fleuve qui entre dans la mer par deux embouchures par où l'on remonte bien avant dans le pais. On rencontre après, la province de gambea ou gambu, que Ptolémée nomme Estachiris qui est arrosée d'une autre profonde rivière, par où les vaisseaux remontent plus de trois cents lieux jusqu'à la province de Cantor où l'on trafique avec les nègres et d'où l'on apporte de l'or en Portugal. Après la province de Gambea est celle de Casa-mansé...[460]

Le témoignage de Carvajal nous offre une perspective bien originale car, en plus de ses détails et malgré certaines confusions, il intègre bien dans un même espace l'aire Atlantique et les terroirs des nomades berbères Sanhaja. « ... Ils habitent tous dans des tentes comme les arabes et errent, de çà de là, après leurs chameaux. Ceux de Sénéga demeurent sur la côte de

---

457 ibn Batouta *op. cit.*
458 Da mosto p. 49.
459 Carvajal *op. cit.*
460 Marmol de Carvajal *op. cité*, p. 40-41.

l'océan occidental, d'où ils s'étendent vers le Levant jusqu'aux salines de Tegaza et du côté de Septentrion, aux frontières de Sus, de Hacha et de Dara....vers le midy, ils confinent avec le génova où sont les royaumes de Oualata et de Tombut. Les Guanezeris ou Zuezigues, commencent du côté du couchant, à la frontière de tegaza et s'étendent vers le Levant jusqu'au désert de Hair, du côté de la Tramontane aux provinces de Sugulmesse et Tebelbeled et de Benigoray et vers le midy au désert de Guir qui aboutit au Royaume de Guber au quartier des nègres.

Ceux de Terga commencent au désert de Hair et s'étendent vers le levant jusqu'à celui de l'Iguid du côté du Nort à celui de Tuat et aux provinces de Tegorarin et de meszab et du Midy au désert d'Agadez...

Ceux de Lempta commencent au désert d'Iguidy et s'étendent du côté du levant jusqu'à celui de Berdoa, vers la tramontane, aux provinces de Tecort, de Guerquelan et de Gadamis et du côté du midy, aux déserts de Cano qui est un Royaume des nègres..

Ceux de Berdoa sont à leur Orient et s'étendent jusqu'aux frontières d'Augela; et du côté du Septentrion, ils confinent avec les déserts de Fez et de Barca et vers le Midy avec ceux de Borno qui est aussi un royaume des nègres ».

Augela, Sirte et Algueqed sont d'autres habitations plus orientales et voisines de l'Egypte.[461]

Témoignage ne pouvait être plus explicite sur la réalité de cet espace intégré par le commerce et la vie de relation. Pas la moindre trace de la plus petite ligne de démarcation politique. Au contraire, malgré la mauvaise toponymie, les groupes maures, ouolof, sérères et mandingues apparaissent bien dans une géographie humaine qui ne se démentira point des siècles durant.

Vers 1670, les Zawaya berbères contrôlaient encore le trafic du sel du Gandiole à travers le N'diambour et l'ensemble du Cayor et du Walo méridional. Ils recevaient en échange des produits vivriers et des étoffes en provenance de la région du Cap-Vert[462]. Mais c'est l'élite Brakna et Trarza du XVIIe siècle qui allait donner toute la mesure de cette intégration.

Les émirats Trarza et Braknas dans la jonction entre l'Atlantique et le Sahara

Même si l'héritage semble différent, l'espace mauritanien semble lui aussi épouser les mêmes formes politiques qui puisaient leurs ressorts des

[461] Carvajal *op. cit.*, pages 73-74.
[462] Ogilby (J) *Africa being an accurate description of the region of Egypt*, Barbary, Libya. London Thomas Johnson 1670, p. 346.

ressources de l'économie atlantique. Il convient de noter que c'est à partir de l'ouest et du sud-ouest que se sont développés les émirats du Trarza et du Brakna.

À noter aussi la pression marocaine sur le Sahara, suite à l'ascension du Sultan Mulay Ismaïl, surtout dans la période 1720-1730, qui constitue un élément décisif d'impulsion d'un expansionnisme Trarza sur les pays de la vallée du Sénégal.

Le renforcement de ces émirats, courant début du XVIIIe siècle, reste significatif de la prégnance d'un modèle politique qui fera la réputation d'Ali Shandora.

Ali Shandora, Émir du Trarza (1703-1727) reçut l'appui marocain dans sa lutte contre le Brakna. Dans une démarche stratégique bien calculée, il épousera la sœur du Brack du Walo. Il réussira en outre à négocier son influence auprès des Français comme des Anglais et ainsi affirmer son autorité qui sera reconnue par l'empereur du Maroc Moulay Ismail.

Entre 1703 et 1727, le commerce de la gomme et des esclaves a fini de renforcer un pouvoir politico-militaire qui a entretenu le double héritage du commerce transsaharien et l'économie atlantique.

Le Trarza devenait notamment sous la houlette d'Ali Kouri entre 1759 et 1786, un interlocuteur redouté de tous les États ouolof, soninké ou peul de la rive gauche du Sénégal.[463]

Les Maures sont restés les pièces maîtresses de cette jonction entre les réseaux sahariens et atlantiques.

Les caravanes des Maures joignent de facto les capitales des différents royaumes, les escales du fleuve et les comptoirs de la côte. À la fin du XVIIIe siècle encore tout le commerce intérieur des royaumes ouolofs était sous leur contrôle. Du commerce de la gomme, ils tirent une large palette de produits destinés aux souverains et à la population.

Les chevaux occupent toujours une place de choix dans ce trafic. Doumet parle du nombre de 30 captifs en échange d'un cheval. Les esclaves obtenus par les Maures étaient généralement transportés sur la rive droite du fleuve Sénégal pour servir à la culture des céréales ou à la garde des troupeaux. Les maures « achètent péniblement tout le mil de l'intérieur de ces pays conduit jusqu'aux villages sur la côte vis-à-vis de Gorée, y échangent le mil pour du poisson sec qu'ensuite ils vont vendre dans les parties les plus éloignées du bord de la mer. »[464]

---

463 Paul Marty, *L'Emirat des Trarza*, Paris, Leroux 1919, p. 68-75.

464 *Mémoire historique sur la partie de la côte d'Afrique. Depuis la rivière du Sénégal jusqu'à celle de Gambie*, Ministère des colonies archives coloniales, daté vers 1764, Par M. Doumet fonds C6.

Les Anglais et l'expansionnisme Trarza

La prépondérance maure à la faveur des occupations anglaises a nourri et servi de lit à l'expansionnisme Trarza.

À la suite du mouvement maraboutique, la prépondérance du Trarza va être facilitée par la crise politique des royaumes ouolof du Cayor et du Walo dans la deuxième moitié du XVIIIe siècle.

Armés par le Gouverneur anglais O'Hara, les Maures vont submerger les royaumes de la vallée du Sénégal.

L'occupation anglaise a donné un coup de fouet au trafic maure au point de susciter des vocations marchandes chez les habitants de Saint-Louis, qui sous le patronage des Anglais vont intégrer le réseau des Maures.

Les Anglais, selon Doumet, ont laissé aux habitants du Sénégal la liberté de commercer et ces derniers ont saisi cette opportunité pour se mettre à leur propre compte mais aussi pour le compte des négociants anglais. Ainsi, ils achetaient des chevaux chez les Maures de la rive droite du fleuve Sénégal, ainsi que des marchandises de traite, notamment les piastres d'argent, que les autochtones font fondre pour en faire des bracelets.[465]

Les Anglais ont poussé le commerce de la gomme avec une politique d'incitation qui a fait les beaux jours de ce commerce. Ainsi, par une décision du parlement, les droits à l'exportation de cette denrée passaient de 30 à 5% sur chaque quintal de gomme.[466]

Cette politique a ouvert le champ aux groupes maures devenus les négociants et intermédiaires dans tout le Sahel mauritanien.

À la fin du XIXe siècle l'espace du pays maure présentait une configuration en trois aires Trarza, Brakna et Idaoulhadj ou Darmanko.

L'aire Trarza couvrait l'ouest atlantique à partir du marigot de Nder. Depuis les oasis du Hoden, intégrant Portendick. Les Trarza établissaient leurs camps tout le long du fleuve Sénégal. Golberry décrit la tribu et son terroir composé de trois oasis « où elle se retire pendant la saison des pluies, avec tous ses troupeaux, ses chevaux et ses chameaux ; pendant les huit mois de la saison sèche, elle établit quelques camps aux environs du fleuve, et sur les bords du marigot d'Endérer et du lac de Cayar ; la forêt de Sahel et quelques mines de sel se trouvent dans le territoire de cette tribu. »[467] Les forêts de gommier du Sahel restaient une exclusivité des groupes Trarza et alliés.

---

[465] *Ibidem. Mémoire historique sur la partie de la côte d'Afrique. Depuis la rivière du Sénégal jusqu'à celle de Gambie*, Ministère des colonies archives coloniales, daté vers 1764, Par M. Doumet fonds C6.

[466] Mémoire, Compagnie d'Afrique Fonds C6.

[467] Xavier Golberry Tome 1, *op. cité*, page 213.

Jouxtant le domaine Trarza à l'est les tribus Brakna englobaient dans leur giron les forêts d'Al-fatack et d'El Hiebar ou Leybar.

La géographie du commerce maure

S'étant assurés le contrôle des échanges dans l'axe Nord-Sud de part et d'autre du fleuve Sénégal, les Maures ont ainsi développé deux réseaux parallèles dont la configuration semble refléter la géopolitique du Sahara mauritanien.

Les Trarza recevaient leurs grains à partir des régions du Bas Fleuve : le Cayor et le Walo. Dans l'autre sens les Trarza contrôlaient le trafic du bétail et assuraient en même temps la logistique pour le sel du Gandiole et la demande en bétail pour les besoins des sacrifices et fêtes des musulmans ouolofs. Les tribus Trarza contrôlaient le trafic et la production du bétail particulièrement au Ndiambour.

Le même système s'était développé parallèlement entre les Brakna d'une part, le Futa et le Djolof de l'autre.

Cette configuration générale du commerce va connaître des bouleversements avec le développement des troubles politiques.

À la faveur de l'avènement de la dynastie des Geedj avec Latyr Fall Sucabé, une période de guerre civile allait s'ouvrir au Cayor à l'occasion de laquelle les Maures vont se poser en arbitres du jeu politique.

Militarisme et interventionnisme maure

L'expansionnisme Trarza témoigne d'une recrudescence militariste dont les Ulad Ahmed Ben Daman sont le prototype le plus puissant.

Les Ulad Ahmed Ben Daman, vers 1750, après avoir aidé Meissa Bigué Ngoné à retrouver le trône du Cayor, [468] vont bénéficier d'ouverture pour piller et razzier des villages du Cayor avec l'assentiment du Damel[469].

Cet épisode coïncide avec une période de famine dans toute la Sénégambie (cf. Curtin) (1747-1758). La sécheresse de 1771-1772 que connut le pays Trarza accentuera la pression maure qui s'étendait au Walo en prise lui aussi à une guerre entre fractions rivales pour le trône.

À la faveur de cette période trouble beaucoup d'esclaves allaient être capturés. Rien que pour la période 1774-1775, les Anglais ont embarqué 5.135 esclaves du Sénégal[470]. Pour le seul royaume du Walo, Boubacar Barry parle de plus de 8.000 captifs en moins de 6 mois en 1775. Au point, rapporte-t-il, qu'on vendait un esclave pour un pagne dans les rues de Saint-Louis.

---

468 Certains auteurs assimilaient l'intervention marocaine aux incursions des Ormans ou Armas

469 Webb *op. cit.*, p. 106.

470 Webb *op cit.*, p. 110.

« Ce qui les a déterminé à faire cette incursion ce sont des avances en fusils et toiles bleues que leur ont fait les Anglais »[471]. Cette pression maure soutenue et entretenue par les Anglais allait du reste propulser la révolution Torodo au Fouta en 1776. Mais par-delà les conséquences politiques de la pression Trarza, il convient de souligner l'influence décisive qu'elle a eue dans l'orientation des flux commerciaux.

Il est intéressant de noter comment la distribution des domaines de la gomme a semblé suivre la tradition successorale berbère qui a fini par cristalliser différentes descendances, en différentes tribus attachées à des terroirs différents.

Ce serait de la descendance d'Amar Abdallah que procéderait la distinction entre Brackna et Darmananko. Ce fut sans doute écrivait Golberry en 1787, par droit d'aînesse que les Brackna se sont attribué la propriété de la forêt d'Al Fattack dans la région de Podor sur le fleuve Sénégal. Il semble bien que, plus qu'une distinction ethnique, ce soit la fonction et le statut entretenus par le militarisme qui auraient imposé la primauté des Brakna sur les Idaoul Hadj.

Ces derniers constituent sans aucun doute, le groupe qui a le plus laissé sa marque dans la structuration de l'espace. Les Darmanko ou Idaoul hadj, sans doute pour sortir du giron Brakna et Trarza devenu très pesant entre 1720-1730[472], ont négocié une singulière proximité avec les populations noires de part et d'autre du fleuve Sénégal et au-delà. Ce groupe qui a longtemps assuré le contrôle des forêts du Leybar allait se replier sur les rives du Sénégal. Ainsi, les Darmankos inauguraient une territorialisation cléricale et marchande qui allait durablement façonner un paysage de communautés maraboutiques du Sénégal.

---

[471] Colonies G6 18, Mémoire date présumée 1783 in B. Barry, *Le Royaume du Walo*, Karthala, 1985, p. 188.

[472] *Cf.* la pression marocaine plus haut.

CHAPITRE 10

DES BUUR JULIT À LA TERRITORIALISATION DES MARABOUTS

Le mouvement initié par Nasir El Din à la fin du XVIIe en pays maure, en réaction contre les conséquences de la traite négrière et de l'ouverture de l'Atlantique trouva son écho dans l'épisode de l'avènement d'un marabout à la tête du Cayor[473], suite à la révolte du marabout Ndiaye Sall. Le mouvement gagna le Walo, le Diolof et le Futa-Toro. Dans ce nouveau contexte, les marabouts apparaissaient comme des modèles, par opposition aux princes pillards. Leur prestige et leur influence survécurent au prosélytisme militant des Buur Julit de la guerre des marabouts. La tradition ouolof retient leurs noms par l'appellation de « Serigne Fac Tal » (littéralement marabout installé autour d'un foyer). C'est en effet, autour d'un feu, que les marabouts s'établissaient avec leurs disciples dans le cadre de concessions exemptées de toutes redevances au titre de la terre. Ces unités d'enseignement sont aussi décrites comme unités de production en vue de nourrir la communauté croissante de fidèles et autres paysans fuyant les exactions des princes pillards[474]. Mais c'est au génie politique de Lat Sucabe Fall qu'on doit la territorialisation des marabouts au Cayor comme pour faire pièce à l'interventionnisme maure.

Le compromis avec les marabouts ou le temps des Serignes

Le fondateur de la dynastie des Geedj qui réunissait les couronnes du Baol et du Cayor a développé sur les frontières du Cayor avec ses voisins du Walo, du Fouta, et du Djolof de véritables marches, sous forme de concessions territoriales à des marabouts avec le titre héréditaire de Serigne. Chaque marabout voyait son titre couplé au toponyme de son domaine. C'est ainsi que furent institués les titres de Serigne M'Pal à M'Pal, Serigne Koki à Koki, Serigne Niomré à Niomré. La fonction politique évidente de telles institutions était d'isoler les marabouts (surtout lorsque ceux-ci, par leur lignage maternel, étaient des défis à l'ordre Garmi qui les excluait du pouvoir) dans ce no man's land réputé le moins fertile et le moins peuplé du Cayor. L'immixtion fréquente des marabouts dans les affaires politiques, à l'image de la geste de Njaay Sall, a sans doute inspiré le fondateur de la dynastie des Geej. La fonction stratégique de ce système est non moins évidente. Les territoires concédés aux marabouts servaient de zones-tampons, une sorte de bouclier politique pour prévenir d'éventuelles incursions de l'ennemi voisin. Il semble

---

[473] Il s'agit de Ma Faali Guèye 1683; au Walo aussi ce fut le cas de Yérim Kodé.
[474] Gaden Henri « Légendes et coutumes sénégalaises » in *Cahiers de Yoro Diao*, 1912.

traduire aussi une sorte de division territoriale de l'activité marchande. Entre, d'une part, un commerce pacifique ouvert sur l'extérieur et essentiellement contrôlé par les Zaouya maures spécialisés comme les Idaou-El Hadj et, d'autre part, un commerce interlope fait de pillages et de rapines dont les tenants sont les princes régnants. L'indépendance accordée à ces provinces septentrionales étant la contrepartie d'une mainmise exclusive sur le trafic en direction des comptoirs du Sud comme Gorée dans le cadre de la traite des nègres. Marabouts et princes semblent établir là une sorte de gentlemen agreement qui trouve son expression politique dans la formation du N'diambour (province de liberté) au nord du Cayor[475].
Le terme générique de Serignu Lamb qui désigne certains marabouts du Ndiambour, en référence au tambour (Lamb) qui leur était donné comme symbole de leur autorité mais aussi comme médium pour donner l'alerte en cas de menace sur les frontières[476], atteste bien de cette fonction. Les marabouts qui, à l'occasion, pouvaient prendre les armes et marcher avec les troupes du Damel sont aussi leurs protecteurs en tant que faiseurs de talismans et de gris-gris.
Le système Lat Sucabé offre l'exemple d'une jonction politique entre princes et marabouts. Elle se prolonge par un système d'alliances matrimoniales qui a définitivement fait des marabouts les arbitres du jeu politique. Mais, par-delà le rôle politique, le fait maraboutique a surtout généré un espace transculturel en Sénégambie septentrionale.

Vers 1715 sous Lat Soucabé, les marabouts du Ndiambour auraient fait appel au roi du Trarza qui envahit le Cayor[477]. Cet épisode, mal connu de l'histoire politique du Cayor, renvoie à l'influence grandissante des Maures en pays ouolofs à la faveur du réveil maraboutique. Toutefois, plusieurs colonies maures ont été fondées au XVIIe siècle sous Lat Soucabé.
Les plus importantes sont celles des Darmancos ou Idaou El Hadj tribu maraboutique dont le foyer originel est Ouadane comme établi plus haut... Mais la tribu s'est surtout développée dans la région qui s'étend du Sud au nord du Chemana à Timich dans la région de Mederma et d'est en ouest d'Eychaya à al Orch non loin de l'Aftout[478]. On retrouve aussi les Tadjakant, tribu berbère originaire de l'Adrar mauritanien. Les premières cités vont, en souvenir de leur pays d'origine, fonder le village de Ouadane au Sud de

---

475 On retrouve un système similaire dans les hauts plateaux éthiopiens du XIXe siècle où des marchands musulmans étaient contraints de s'installer dans des villages marchands nommés « Mandar » dans un environnement dominé par les princes chrétiens. Cf. Curtin Cross cultural trade... *op. cit.*, p. 40.
476 Kumba Mbayar Fall, fille du damel Samba Laobé et Thierno Diop descendant de Lat Dior In Lucie Colvin 1972.
477 Diop (B MB) *Lat Dior et l'islam.* Bruxelles p. 26 ; Becker, *Essai de chronologie du Cayor et du Baol au cours du XVIIIe siècle texte inédit.*
478 Gaden *op. cit.*, p. 20.

Nguik. La présence maure va être, du reste, à l'origine de la formation au Cayor d'une véritable population métisse connue sous le nom de Naru Kajoor (maures du Cayor) et dont les principaux patronymes sont : les Sougoufara qui sont les Ulad M'Hamed Uld Uthman, Les Diakhoumpo, Brahim Uld, les Touré, les Tandiné, Sadi qui sont des Teftil, les Goumbala.[479] Paul Marty dresse une nomenclature qui établit la correspondance entre les noms maure et l'onomastique ouolof.[480]

Figure 15 : Les Maures du Cayor

Les Tendgha sont dits aussi…	Fal
Les Oulad Diman sont dits…	Dieuq [Dieng]
Les Medlich et N'Taba…	Tabane
Les Tachedbit…	Kirsa
Les Tadjakant…	Hemmer
Id.	Babou
Les Ida Ou Al Hadj…	Darmankou
Id.	Diakhoumpa
Id.	Sougoufara
Les Koumleïlen…	Diop
Les Oulad Biri…	Diakhaté
Les Chorfa…	Haïdara

D'autres marabouts originaires du Fouta, ou du pays soninké, vont s'implanter dans le Cayor. C'est le cas des Lô qui seront à l'origine de la fondation de Louga, des Diop fondateur de Koki avec Matar N'dumbé[481] ou les patronymes soninké comme Jaxaté, Cissé ou Kébé et plus tardivement les Fall de N'Diaby et les Mbacké.

En somme, l'implantation des marabouts dans les provinces du nord du Cayor a fait de cette région une véritable zone franche où leur mode de vie a forgé bien de destins individuels avec un horizon culturel dépassant le cadre étroit des unités politiques du moment. La pratique des échanges de disciples entre écoles coraniques, non seulement entre le Cayor et ses voisins ouolofs ou toucouleurs mais même avec les Maures, induisait une dynamique qui a beaucoup nourri les échanges et informé l'espace social.

La territorialisation des marabouts au XVIIe et XVIIIe siècle a semblé être un facteur décisif de mobilité sociale. La formation d'enclaves de liberté, à l'image du Ndiambour, a ouvert pour les marabouts, non seulement la possibilité d'accéder à une partie du surplus agricole par la pratique de l'asaka qui est une sorte de dîme payée à cette autorité morale, mais aussi la formation

---

479 Mohamed Saïd ould Ahmedou, texte inédit.

480 Marty, Paul. 1919. *L'Emirat des Trarzas*. Paris, Ernest Leroux (« collection de la revue du monde musulman », 36), p. 474.

481 Rawane M'Baye, *L'Islam au Sénégal*, thèse, Université de Dakar, 1976.

d'une élite civile et d'intégrer un espace culturel dans lequel s'est formé un capital symbolique marchand.

CHAPITRE 11

LE MARABOUT, LE SEIGNEUR DE LA GUERRE ET LE MARCHAND : LA NOUVELLE SOCIOLOGIE POST-ATLANTIQUE DE L'ESPACE SAHÉLIEN

Les élites de souches coutumières (Lamanes, Lam toro, Ardo, Silatigui) n'ont pas durablement survécu à l'odyssée atlantique. Elles se sont fondues dans un modèle corrompu de pouvoir décrit plus haut en une plèbe de chefs de bande dont la seule base restait la force.

À interroger la fin du XVIIIe siècle et tout le XIXe siècle, on se rend compte que le champ des sociétés de la Sénégambie semble mettre en avant de nouvelles élites avec de nouvelles sources de légitimité.

L'islam, le commerce ou l'économie de violence semblent servir une nouvelle légitimité qui bouleverse l'ordre aristocratique traditionnel.

À y regarder de plus près, on peut bien parler de revanche des terroirs sahéliens dont l'impact est resté plus durable dans l'imaginaire social, comme dans la composition sociologique des populations de la Sénégambie. Le duo marabout- marchand, a traversé deux siècles de turbulences politiques. Les seigneurs de la guerre et leur légitimisme thiédo se sont, par contre, disqualifiés pour inventer un quelconque horizon, en dehors d'un héroïsme suicidaire qui précipitera leur défaite politique.

Le face à face entre la logique des comptoirs européens et les souverains légitimistes traditionnels allait aboutir à l'exil ou à leur élimination physique. Par contraste, le XVIIIe et le XIXe siècle resteront marqués par une adaptation durable des marabouts, d'anciens esclaves ou des marchands pour négocier de nouvelles positions qui allaient survivre jusqu'à l'ordre colonial.

Les marabouts: une nouvelle élite civile en Sénégambie

Le statut des marabouts fait écho à un bouleversement sociologique que la conjoncture du XVIIe et XVIIIe siècle allait mettre en relief dans toute la Sénégambie. Les marabouts, forts de leur légitimité, se présentent comme les nouvelles élites et les nouveaux protagonistes du jeu politique. Un des ressorts de ce bouleversement sociologique est à chercher dans la formation des « léou » qui consacre un nouveau droit foncier qui, désormais, permet aux potentats locaux de céder une partie du domaine traditionnel à leurs alliés maraboutiques du NDiambour et au-delà.

Cette politique foncière, comme noté plus haut, avait ouvert une ère d'hostilité avec les Lamanes surtout au Baol.

L'exemple du Cayor ne nous semble guère une trajectoire isolée. Il est établi que bon nombre des terroirs ethniques de l'espace Atlantique ont connu un processus de transition vers la forme dévoyée des royautés post-Atlantiques. Les marabouts par contre, apparaissent comme nouveaux relais sociologiques suivant un modèle qui allait prospérer à l'échelle de toute la Sénégambie.

L'alliance avec des marabouts que Ça da Mosto révélait, dès le début de la formation des premières aristocraties, devenait aux XVII-XVIII et XIXe siècles, une politique systématique qui plaçait les marabouts au cœur du jeu politique et de l'administration des royaumes de toute la Sénégambie.

Jusqu'aux confins de la Gambie, Alvares de Almada nous décrivait une forte prégnance des communautés maraboutiques avec une multiplicité de centres religieux et des itinérants qui vont de royaumes en royaumes. Almada identifiait déjà trois centres religieux sur la rive nord de la Gambie.

Un premier situé sur l'embouchure de la Gambie, le second à soixante lieues sur la même rive, en un endroit où les méandres du fleuve forment une île, l'endroit est appelé Malor selon Almada. Le troisième centre est Sutuko, à 50 lieues plus haut; il est aussi une plaque tournante du trafic de l'or sous le contrôle des Dioulas musulmans, avec un rayonnement international bien marqué. Almada parle d'une grande importation d'anneaux de cuivre échangés avec l'or sur un rayon qui, au-delà de Tombouctou, intègre la région de Sofala en Afrique orientale.[482]

En pays ouolof, Rokhaya Fall fait référence à la province du Ndogal que le tègne du Baol aurait attribuée au marabout Abdala Buri à son retour de Mauritanie. Cette province devenait un centre religieux à partir de la seconde moitié du XVIIe siècle. Notre auteur fait remonter la constitution de la catégorie de Serignu lamb à cette période et semble fixer pour cette date la distinction très nette entre les fonctions de Serignu lamb et Serignu faak tall.

Toute la littérature des XVI et XVIIe siècles décrit les « Bixirin » sous les traits de scribes itinérants qui, à la tombée de la nuit, aménagent leur école autour d'un foyer. D'où l'expression ouolof « faak tall ». Leur sédentarisation et leurs attributs défensifs dans les provinces frontalières constituent un trait d'évolution qui est le fait du prince que toutes les traditions attribuent à Lat Soucabé.

Il est significatif de noter que l'aire d'implantation des Serignu lamb reste le Ndiambour, le Mbaakol et Sañokhor que cite Rokhaya Fall. Toutes ces régions renvoient à des zones tampons que les souverains avaient du mal à contrôler et que le génie politique de Lat Soucabe à très habilement placées sous le contrôle des marabouts, scellant ainsi un gentleman agreement qui a fait le succès de Lat Soucabé et sa descendance.

---

[482] Almada, 1964, *op. cité*, page 49.

Le serignu Lamb nous est apparu comme un marabout avec une fonction défensive et un statut politique dans l'appareil des États post atlantiques. Rokhaya Fall ne dit pas autre chose lorsqu'elle écrit que « les marabouts de ndogal sont des « seriñ Lamb » liés à une famille princière du Mbaakol-frontière du Kayor et du Baol : les Jeng qui occupent la fonction de Jawriñ Njingen au Kayor. C'est le Teeñ qui nommait le Seriñ Ndogal et c'est lui qui avait donné à Abdallah Buri fall Jeng, l'autorisation de s'installer dans la province. »[483] Cette description cadre bien avec les faits établis d'une politique de concessions aux marabouts qui remonte à Amari Ngoné à l'image de la concession de Gade Niandoul faite à Matar Mbaye. De même, l'ancrage des familles maraboutiques dans des familles Diambour est bien attesté. Les marabouts de Koki, Niomré, Louga ou du Sañokhor ont ce double ancrage confessionnel et sociologique qui justifie la distinction entre Serigne faak taal lorsqu'ils sont confinés dans leur vocation pédagogique et religieuse, ou Serignu lamb lorsque renouant avec leur ascendance tieddo ils se sont ligués avec le pouvoir.

L'exemple de Pire Saniokhor sur les flancs nord du Cayor est significatif de l'antériorité de la dissidence maraboutique sur leur inféodation dans le dispositif militaire des royaumes.

C'est l'inféodation des marabouts dans un dispositif militaire et un appareil politique qui fonde le statut de serignu Lamb à l'image du dispositif territorial de Lat Soucabé. Il nous semble difficile de suggérer une antécédence des Serignu Lamb dans la tradition antérieurement à la politique de Lat Soucabé. Rokhaya Fall du reste formule avec prudence l'hypothèse d'un ralliement des Serignu lamb à la classe dirigeante lors du mouvement maraboutique de 1673. Cette hypothèse semble faire justice à une des lignes de force du XVIIème siècle qui voit se constituer, sur les flancs des élites aristocratiques, des aires maraboutiques dans tous les terroirs de la Sénégambie du Fouta au Bundou en passant par le Cayor. Mais, il s'agit, nous semble-t-il, d'une alliance structurelle et non conjoncturelle. Les points d'orgue de cette alliance étant tout à la fois l'importance de leurs réseaux marchands et l'influence politique et culturelle des marabouts, par contraste avec l'immaturité des élites aristocratiques post-atlantiques. Il s'agit bien d'une tendance de fond qui s'est traduite par la territorialisation des marabouts devenus massivement les représentants d'une nouvelle élite civile avec laquelle il fallait compter. Il est vrai que la guerre des marabouts et l'interventionnisme Trarza seront de puissants révélateurs du rôle décisif des marabouts.

Qui d'autre que Lat Soucabé pouvait trouver un gentleman agreement avec les marabouts ?

---

[483] Rokhaya Fall *op. cité*, page 200.

De par son ascendance Diambour, c'est tout naturellement qu'il devait nouer alliance avec des marabouts que l'ordre Garmi traditionnel écartait d'un champ politique et administratif qu'il contrôlait exclusivement. Seul un pouvoir en quête d'une nouvelle légitimité et soucieux de se forger une nouvelle assise sociologique et territoriale pouvait introduire cette rupture. L'institution d'un corps de commandements territoriaux, le long des frontières, confiés aux Serignu Lamb est une nouveauté du régime de Lat Soucabé. Ce que, du reste, Rokhaya Fall semble admettre en reconnaissant que l'intégration des Serignu Lamb et leur participation effective au pouvoir politique remontent à l'époque du fondateur de la dynastie des Gedj [484] qui a ainsi créé un nouvel État sur un modèle qui balayait les oripeaux de l'ordre Garmi traditionnel.

C'est que la base sociale du personnel politique a changé, c'est le temps des Diambours devenus marabouts et des Diami Buur, deux groupes qui marqueront durablement l'espace politique de la Sénégambie.

L'épisode de l'assassinat du marabout Malamine Saar suite à la mort du Fara Kaba du Damel Amari Ngoné Ndela vers la fin du XVIIIe siècle, l'alliance avec l'Almamy Abdel Kader du Fouta avec les marabouts du Ndiambour coalisés et l'avènement d'un État musulman au Cap-Vert sont autant de révélateurs de cette nouvelle configuration de l'espace public sénégambien.

L'affirmation des élites civiles maraboutiques semble aussi servir d'écho à la multiplication des querelles et rivalités au sein des familles régnantes. L'exemple qui est le plus significatif, est sans doute, la crise ouverte par la mort de Lat Soucabé en 1722.

Un des premiers moments de l'affirmation du statut maraboutique comme dérivatif et alternative au pouvoir post-atlantique s'était déjà révélé à la mort de Déthié Fou Ndiougo et son corollaire la fondation de Pire Saniokhor.

La mort de Lat Soucabé prolongea le Cayor et le Baol dans une âpre querelle de succession.

Les différentes lignées paternelles se polarisent en fractions pour se positionner et restaurer un ordre Garmi que Lat Soucabé avait bouleversé. Les corps politiques qui exprimaient la voix des Diambours et autres notables n'ayant plus prise dans le jeu politique, le temps était à la préséance du fusil. L'opposition entre le Damel Meissa Tend Wedj et son neveu Makodu Kumba Jarigne illustre bien cette crise institutionnelle. Meissa Tende voulant conserver les deux trônes du Cayor et du Baol dans sa famille paternelle, « Ce Yassin » au détriment de Kumba Jarigne de la branche paternelle, « Ce Ndella » bien que de mène Geej. Finalement c'est Meissa Tend qui prit le dessus au prix de plusieurs guerres qui installèrent pour une longue période l'insécurité et la désolation. La querelle de préséance prit aussi la forme d'une

---

[484] Rokhaya Fall *op. idem*, page 202.

rivalité entre familles maternelles geedj et Dorobé qui se prolongera jusqu'en 1756 avec le soutien de Maawa Mbacci Samb de *mène* dorobé, soutenant Makodu Kumba Diarigne contre son propre frère Meissa Tend.

L'instabilité prit une autre tournure à la faveur de l'occupation de Saint-Louis par les Anglais en 1758. Ainsi le Brak Natago Aram se retrouvait à la tête d'une large coalition contre le Cayor. Le mémoire de Doumet en fait écho en parlant de sept puissances unies pour défaire le Cayor : « Celles de Bourbayolof, Brac, les maures, le prétendant des siratiques, deux prétendants détrônés du Baol et un de Cayor aussi détrônés. Tous attaquèrent dammel qui se retira sur les frontières de Tin, (son allié) dans les états duquel il fit retirer les femmes, les vieillards et les enfants et les bestiaux »[485]

La composition de cette coalition donne une idée de la configuration géopolitique de la Sénégambie au XVIIIe siècle, surtout de la précarité des pouvoirs établis sur une scène où le bénéfice des coutumes payées par les Européens, le pillage des biens de la population restaient la fin des fins du jeu politique.

Geedj et Dorobé auront marqué cette charnière entre le XVII et le XVIIIe siècle. Il s'agit de branches nouvelles dans l'espace politique du Cayor et du Baol promptes à mettre à profit la nouvelle conjoncture atlantique. Ils allaient secouer l'ordre de légitimité traditionnelle et instaurer la nouvelle légitimité de par les armes incarnée par les Geej jusqu'au début du XIXe siècle.

---

[485] Mémoire inédit de Doumet in Martin et Becker *Bulletin de l'Ifan*, série B, n°1, 1974, p. 37.

CHAPITRE 12

LA CULTURE MUSULMANE DU SAHEL ET LES ITINÉRAIRES MARCHANDS EN SÉNÉGAMBIE

Les communautés maraboutiques du Cayor, du Fouta, du Walo, du Jolof et du pays maure étaient constamment en communication par l'envoi réciproque de disciples pour compléter le cursus de l'enseignement coranique. Cet enseignement consistait d'abord par l'apprentissage de la lecture et de l'écriture du Coran par les disciples venus de plusieurs pays. Parlant de l'organisation de ces structures d'enseignement, Francisco de Lemos Coelho écrivait, dans la seconde moitié du XVIIe siècle. Les jeunes gens ont pour rituel, aussi longtemps qu'ils font leurs études de bexerin, de subsister d'aumône. Il n'y a pas de bexerin qui n'ait avec lui dix ou douze jeunes gens à qui il enseigne à lire et à écrire, faisant tout cela sur des planchettes et apprenant de nuit à voix bien haute à la clarté des feux. Durant la journée, ils quêtent au nom de Dieu [486]

Jean Baptiste Durand, à la fin du XVIIIe siècle, nous fait une description assez similaire de ces unités pédagogiques qui sont restées de puissants ressorts de l'islamisation du Soudan. Il décrit le marabout comme à la fois prêtre et maître d'école ; « ses écoliers s'assemblent tous les soirs devant sa tente, et à la clarté d'un grand feu, il leur apprend quelques sentences du Koran ; il les initie dans les principes de leur religion. »[487]

L'institution du Dara est restée avec le commerce, le levier le plus puissant de la culture arabo-musulmane. Bien des mobilités sociales et des itinéraires se sont constitués à travers cette institution qui a traversé les siècles dans tout l'espace du Sahel.

Ainsi le disciple apparaît comme un itinérant, habitué à aller de village en village, souvent sur des rayons de plusieurs kilomètres colportant sa quête mais aussi l'information au-delà des villages. Il a vite fait de constituer un élément inclassable socialement que la sociologie coloniale s'empressera de désigner sous la catégorie de "vagabond".[488]

Les niveaux supérieurs de l'enseignement étaient : la théologie (tawhid) ou l'enseignement religieux (fiqh). Ce corpus pédagogique concerne aussi des traités de droit commercial à l'image de la *Risâla* de Al Qayrawani, auteur tunisien du Xe siècle. Ce traité et celui de Khalil ont été les références des

---

[486] Lemos coelho (F De) Descripçao da costa de guinée, in Rawane Mbaye *op. cit.*, p. 238.

[487] Jean Baptiste Durand, Voyages au Sénégal, 1802, *op. cité*, page 260.

[488] ANS dossier 2d 9-21 rapport du 16 mai 1912.

cadis des différentes juridictions musulmanes du Sénégal[489].
Il semble ainsi que les marabouts musulmans ont façonné un espace culturel qui est aussi et surtout un espace commercial. En effet, cette région qui fut visitée en février 1818 par Théodore Mollien présentait l'image d'un grand carrefour commercial. Parlant de Coki par exemple, Mollien écrivait « Ce village peut renfermer cinq mille âmes. Placé près de la frontière des Iolofs, il est le passage continuel des caravanes des maures qui vont chercher la gomme dans ce pays, et un grand nombre d'hommes de cette nation est établi à Coqué. Les rues sont encombrées par leurs chameaux et leurs bœufs porteurs »[490]. Parlant des marabouts chefs de village Mollien leur donne un profil tout particulier. « Ils ont une figure plus distinguée que celle des autres nègres; leur manière ne manque pas de dignité ; leur éducation est plus soignée que celle de la classe inférieure de leurs compatriotes ; leur supériorité en tout sur ces derniers est réelle; ils savent l'adoucir par une grande affabilité; quant à l'hospitalité qu'ils exercent envers tous les étrangers, elle est sans bornes ».

Le marabout et le marchand apparaissent comme des éléments distingués dans le corps social. Ceci constitue un fait massif dans ces régions au Nord du Cayor où le couple Islam-commerce est un facteur structurant majeur de la vie sociale à l'image de Niomré en 1818. « Ce village peut contenir trois mille âmes. L'activité qui y règne, l'aisance qu'on y remarque, la foule qui circule dans les rues, lui donnent l'aspect d'une ville. Sur la place publique se trouve un grand carré, formé de nattes de paille. C'est l'endroit où les habitants se rassemblent pour faire leur prière »[491]. Les marabouts, sous ce rapport, semblent être les premiers éléments de la société ouolof à avoir conquis un destin individuel. Les seuls qui par l'influence, le charisme et le prestige, vont être les porteurs de réseaux sociaux transculturels. Ils ont développé un esprit pionnier, un dynamisme sociologique qui trouvera sa pleine expression dans la crise du commerce sénégalais, du début du XIXe siècle.

L'échange des disciples, le déplacement fréquent des marabouts trouvant asile et hospitalité pour eux-mêmes et leurs disciples chez des congénères font des lettrés musulmans les vecteurs par excellence de l'information en pays ouolof. Le pèlerinage à la Mecque ouvrait l'horizon surtout vers l'Est qui s'impose à l'imagerie populaire comme frontière ouverte aux plus entreprenants. Ainsi s'est développé un courant récurrent de flux d'informations concernant les marchés réputés prospères, les routes, la logistique, les prix, les problèmes politiques... L'importance des flux d'informations est déjà attestée dans le cadre du commerce transsaharien par de nombreux récits de voyage écrits par des auteurs arabes de la période précoloniale. Un jugement rendu par le cadi supérieur du Ndiambour, le 21 mai 1900, nous donne une idée de cette circu-

---

489 ANS, Dossier 2D 9-20.
490 Mollien (G Th) *L'Afrique occidentale en 1818*. Paris Calman Levy, 1967, p. 59.
491 *Ibid.*, p. 57.

lation de l'information en pays ouolof. "Samba Ndiaye qui suivant sa déposition devant le cadi de Louga, est un disciple de Serigne Niomré a dit qu'un certain Babacar SALY l'avait trouvé un jour à Taïba Moustapha (Baol) en 1896 ; il y vendait sa jument et désirait en échange une vache et son veau. Babakar lui dit « Je vais t'apprendre une autre affaire plus avantageuse que la tienne ». Samba dit avoir répondu : « Si je connaissais cette affaire, je laisserais celle-ci et même le marché que mon oncle Balla DIOP de Taïba aurait pu arrêter pour moi". Babakar lui dit que cette affaire était de l'accompagner, de l'aider en route jusqu'au Logo (royaume de Samory) »[492].

Nous avons là un instantané de cette diffusion de l'information mercantile qui redéfinit surtout l'horizon récurrent du commerce sénégalais : la frontière soudano-guinéenne.

---

[492] *Ibid.* Dossier 2D 9-20 ANS.

CHAPITRE 13

LE DOS TOURNE À LA MER ET L'HORIZON ORIENTAL DU COMMERCE SAHÉLIEN

La crise du XIXe siècle et la formation d'une élite marchande indigène

La fin du XVIIIe et le début du XIXe couvrent une période de récession dans le réseau intégré atlantique et sahélien de la Sénégambie. Les principaux indicateurs de cette crise sont l'expansionnisme Trarza mentionné plus haut, mais surtout l'inflation des billets de banque du désert que sont les guinées.

Les conséquences de l'expansionnisme Trarza en Sénégambie.

Suite à l'insécurité du Bas Fleuve qui, à terme, menaçait le commerce, les tribus marchandes maures, vont être les premières à réagir à l'image des Idaou El Hadj. Ces derniers vont manifester leur défiance vis-à-vis des Trarza en s'orientant vers l'est sur les marchés de la gomme des Bracknas "In the years following the trarza devastation of Walo, the Idaou El Hadj themselves come under cut from the trarza warriors. They moved the site of their gum marketing from the Trarza region to the Brakna, and they invented fictive kingship ties to the Braknas Emiral lineage to legitimate the change of allegiance[493]."

Le dynamisme du commerce maure et l'étendue de son rayonnement s'accommodaient difficilement avec le désordre entretenu par les guerriers trarza. Le dynamisme est attesté par le témoignage de Lamiral en 1787. « Ils sont extrêmement actifs pour le commerce ; leur commerce s'étend sur toutes les productions du pays, la gomme, les esclaves, l'or, l'ivoire, les chevaux et le millet. Ils vont chercher des esclaves et l'or dans les contrées les plus éloignées, à cinq ou six cents lieux avec quelques bêtes de somme qui sont des bourriques et des chameaux qui portent du sel, de la poudre à canon, de l'écarlate, du girofle, etc… produits de leurs échanges du Sénégal jusque dans le royaume de Tombut et plus loin encore pour y vendre les articles avec de très grands avantages avec 300% de profits »[494].

Le commerce saint-louisien aussi s'accommodait mal de cet expansionnisme trarza. Par la multiplication des coutumes à payer par les traitants, l'onéreux intermédiaire maure devenait un obstacle surtout quand la conjoncture s'est détériorée à Saint-Louis.

---

[493] Webb, *op cit.*, p. 113.

[494] Lamiral, *L'Afrique et les peuples africains considérés sous tous leurs rapports avec notre commerce et nos colonies*. Paris, 1789, p. 109.

Les Français, une fois la colonie reprise en 1817, vont s'employer à faire le blocus du trafic de produits vivriers entre les pays ouolofs et les pays Trarza, notamment avec l'avènement des bateaux à vapeur à partir de 1819.

La surabondance des billets du désert sur le marché sahélien

La concurrence anglaise a jeté sur le marché sénégalais notamment à Saint-Louis, les pièces de guinées en abondante quantité et à un prix de revient moins élevé.

La structure de la demande en guinées a considérablement évolué depuis la seconde moitié du XVIIIe siècle.

Il semble que la progression de l'islam, mais surtout la territorialisation des marabouts par le fait du mimétisme dont le genre de vie et le style vestimentaire des marabouts sont l'objet, avait abouti à une adoption plus large des guinées dans l'habillement. Cela a suscité une extension de la demande non seulement en pays maure, mais aussi dans le Walo, le Fouta et le Cayor.

Dès lors, les guinées avaient supplanté les autres produits comme l'ambre, les coraux et autres types de tissus dans la demande locale.

Parallèlement à cette extension de la demande en guinées, on assiste à la fin du XVIIIe début XIXe à une augmentation de la demande européenne en gomme en rapport avec l'industrialisation du continent. Les exportations de gomme mauritanienne passent de 500 à 600 tonnes par an au XVIIe à environ le double vers 1780 pour atteindre les 2.000 tonnes par an dans les années 1820.

L'évolution positive des exportations de gomme dans la longue durée, donne une idée de l'appel en guinées du marché sénégalo-mauritanien où elles servaient de principal moyen d'échange.

À ces tendances structurelles de la demande en guinées, tendances grosses de phénomènes inflationnistes, s'ajoutait la part de la conjoncture.

Les commandes en guinées étant faite en Inde, mettaient environ deux ans pour arriver dans la Colonie et, vu l'instabilité du marché de la gomme, en rapport avec les troubles politiques, il arrivait souvent qu'il y ait une distorsion entre les commandes en guinées et les récoltes de gomme. Cette distorsion amenait souvent une surabondance de guinées sur le marché sénégalais ; ce qui provoquait une chute du prix de la guinée à Saint-Louis. Ces tendances inflationnistes rendaient les spéculations très ardues de la part des négociants comme des traitants.

Devant le risque d'une mévente ou d'une baisse brutale des prix à la faveur de l'arrivée d'un cargo de guinées, les négociants s'employaient à dispenser un crédit facile avec un minimum de garantie ou envoyaient leurs propres agents pour faire du dumping au détriment des traitants. Les traitants les plus riches pouvaient constituer des stocks de guinées avec le risque de les revendre à perte, ou plutôt à un prix plus rémunérateur, en période faste ou à l'intérieur du pays dans des marchés nouveaux, c'est-à-dire moins concurrentiels.

Le cas s'est présenté en 1823, pendant la grande traite, un bateau arrivé de Bordeaux avec un chargement supplémentaire de 13.000 pièces de guinées. Les négociants se sont empressés d'acheter la marchandise à vil prix pour, ensuite, la confier à leurs propres agents qui devaient la porter aux Maures dans les escales, pour 50 à 55 livres de gomme l'unité. Cependant qu'au début de la saison, le négociant avait cédé les guinées aux traitants à un prix moyen de 50 à 60 livres de gomme payable à la fin de la saison. Ce cas dénote une concurrence déloyale dont étaient victimes les traitants indépendants qui avaient un coût social plus élevé et devaient en sus supporter les faux frais liés à l'entretien par des cadeaux de la clientèle maure. Les traitants victimes de cette concurrence déloyale n'ont pu éviter la banqueroute lors de la campagne de 1823 que par l'achat à bas prix de guinées provenant d'un navire échoué au large de Saint-Louis.

Cependant dans les années 1830, sans doute à la faveur de la paix avec les Maures intervenue en 1836, une succession de bonnes récoltes de gomme, soutenue par le maintien d'une forte demande européenne, amena entre 1837 et 1840, une entrée successive de 138.000, 240.000, 138.000 et 109.000 pièces de guinées. Cette surabondance de guinées aboutit à une crise dont l'indicateur est la chute du prix de la guinée qui en 1838 passe de 10 francs en début de saison pour tomber à 6 francs en septembre. En 1840, le prix du bétail mesuré en guinée a triplé dans la même année.

L'ambiance concurrentielle caractéristique de cette période a amené une opposition sur les marchés du Fleuve entre traitants indépendants qui achètent à crédit les marchandises européennes auprès des négociants importateurs-exportateurs d'une part, et les traitants salariés qui sont des employés des maisons de commerce saint-louisiennes, d'autre part. Les derniers assurés de recevoir un salaire pouvaient prendre le risque de vendre à un prix plus compétitif sur les marchés du Fleuve.

Ils ont un net avantage sur les traitants indépendants qui sont souvent contraints de vendre à perte les marchandises qu'ils ont empruntées à un prix fort auprès des négociants. Cette situation aboutissait à un endettement chronique des traitants indépendants. En 1839, Webb avance le chiffre de 2.237.000 francs de dette des traitants indépendants auprès des négociants.

La crise ouverte en 1837 annonce le crépuscule des traitants indépendants mais elle est surtout marquée par l'intervention de l'autorité administrative pour réguler et mettre de l'ordre dans une activité qui était devenue selon le mot de Georges Hardy le « palladium de l'industrie et du commerce sénégalais ».

L'ordonnance royale du 5 novembre 1842 ouvre la voie aux tentatives de régulation et de réforme du commerce saint-louisien.

La politique de compromis consistant à déterminer une valeur minimale en gomme pour chaque guinée et celle dite « d'association privilégiée » consistant à regrouper les gros traitants pour « assainir » la profession et limiter la concurrence ruineuse des petits traitants, sont les deux aspects de la politique de l'administration entre 1832 et 1842.

Cependant des lignes de rupture avaient déjà entamé la prépondérance des traitants libres à dominante métisse et catholique pour céder la place à une culture et une sociologie musulmane sur la côte atlantique.

CHAPITRE 14

LE TEMPS DES MARABOUTS OU L'ISLAMISATION DE L'ESPACE URBAIN ATLANTIQUE

La prépondérance des habitants métis aux XVIIe et XVIIIe siècles sur les marchés du Fleuve allait recevoir de sérieux coups de boutoirs au début du XIXe siècle. Entamée par les troubles politiques liés à l'expansionnisme Trarza, et la surabondance des guinées, elle allait subir les contrecoups de bouleversements sociologiques qui vont redéfinir le paysage socio-professionnel de la Colonie. L'avènement des négociants et la vague émancipatrice des esclaves ont semblé constituer les ressorts essentiels de ce bouillonnement sociologique qui va être à l'origine de la formation d'une diaspora musulmane. L'évolution de la catégorie d'habitants rend, du reste, bien compte des bouleversements introduits dans la société coloniale au début du XIXe siècle.

Elle acquiert une acception la plus large, et recouvre désormais dans cette période des signares et leur descendance métisse, des autochtones originaires des pays limitrophes comme le Nord du Cayor, le Walo ou le Fouta, population généralement musulmane avec une minorité catholique appelée Gourmets.

Comme décrit plus haut, Les habitants gagnant leur vie comme marchands à l'intérieur, c'est-à-dire ceux qui s'adonnaient à la traite dans les escales du Fleuve sont appelés traitants.

La notion « d'habitant » semble ainsi recouvrir un contenu territorial (les enfants du pays, les résidents permanents), un contenu ethno-racial (métis, ouolof, toucouleur), un contenu religieux (catholiques, musulmans, animistes). La catégorie de traitant quant à elle recouvre une notion essentiellement professionnelle.

L'activité de traite a d'abord été le fait des métis et des signares. Mais les nouvelles données du début du XIXe siècle et la crise qui s'était installée, allaient ouvrir la profession et susciter dans le même temps de douloureuses reconversions. Le début du XIXe siècle annonce un renouveau démographique à Saint-Louis qui s'exprime tant dans l'accroissement de la population que dans la distribution de l'espace urbain.

La famine de 1747-1758 avait déjà drainé vers Saint-Louis une bonne partie des populations du Cayor. La guerre civile au Walo et au Cayor a aussi alimenté le même flux migratoire. Mais c'est surtout l'appât du gain qui a servi d'appel aux populations riveraines.

L'urbanisation du fait maraboutique

Les marabouts eux-mêmes ont joué un rôle de premier plan dans ce mouvement. Saint-Louis a été pour eux un lieu de refuge pendant la période trouble de la défaite du parti islamique dès la fin du XVIIe siècle. La réaction anti-islamique de l'aristocratie notamment au Walo où la chasse aux marabouts fut ouverte après l'odyssée des Buur Julit, est attestée. Le Maire nous le confirmait en 1682, parlant du Walo: « ... Ils n'ont plus présentement de marabouts dans leur pays tous ceux qu'ils peuvent attraper ils les font esclaves »[495]. Cependant, par-delà l'appel sécuritaire de l'espace urbain, les marabouts trouvaient dans la communauté signare et métis des villes, un important marché magico-religieux. Par l'achat de toute sorte d'amulettes, de gris-gris ou des consultations pour des affaires du Fleuve, les marabouts de l'intérieur trouvaient là un marché très prospère. L'Abbé Boilat le confirme encore au milieu du XIXe siècle. « Les signares et quelques habitants ont encore un certain faible pour cette sorte de superstition ».

La fin du XVIIIe siècle et le début du XIXe avaient vu arriver à Saint-Louis une vague d'hommes libres fuyant l'expansionnisme trarza. Dans cette vague apparaissent des marabouts foutanké nourris des préceptes de la révolution torodo de 1776. Ces derniers seront les vecteurs d'un islam plus rigoriste et moins tolérant à l'égard de la culture métisse. Ils vont être à l'origine du développement de la communauté musulmane à Saint-Louis, sur une base relativement autonome, avec un juge musulman propre et un chef appelé Tamsir. L'influence de cette communauté musulmane est telle que bon nombre de descendants catholiques d'habitants ouolofs vont se convertir à l'islam.[496]

De même les Ouolofs qui immigraient à Saint-Louis en provenance du nord du Cayor ou du Walo avaient tendance à intégrer les communautés musulmanes, plutôt que celles des habitants métis.[497] Cette communauté d'immigrants musulmans va d'abord occuper à Saint-Louis de petits métiers en marge du commerce encore sous le contrôle de la population d'origine européenne. On les retrouve comme laptots charpentiers, bouchers, tailleurs, maçons, menuisiers ou traitants dans le cadre de la petite traite. Cette vague migratoire amena le doublement de la population. De 6.000 environ en 1780 selon l'estimation de Golbery[498], Saint-Louis comptait environ 13.000 individus

---

[495] Le Maire, *Les voyages du Sieur le Maire aux îles canaries, Cap-Vert, Sénégal et Gambie*. Paris 1695, p. 92.

[496] Abbé Boilat *op. cit.*, p. 303-304.

[497] Marcson (M) European- African interactions in the precolonial period Saint-Louis... PHD University of Princeton 1976, p. 7.

[498] Golberry (X) Fragment d'un voyage en Afrique fait pendant les années 1785 -86 et 1787 dans les contrées occidentales de ce continent. Paris Trentel et Wurtz An X.

dans les années 1830. De la reprise de possession française de 1817 à 1837 le nombre d'habitations bâties passait d'environ une cinquantaine à 1.500 unités.

Dans le style architectural de l'époque, le paysage urbain de Saint-Louis affichait plus de 300 maisons. Nous sommes loin de la description faite en 1789 par Lamiral. « Il y a aux environs du Fort quelques maisons de briques, fort simples et peu considérables appartenant à quelques riches habitants, mais en général, ils sont logés dans des cases de paille ou de roseaux ».

Ce changement dans le paysage urbain saint-louisien, outre l'option foncière des riches habitants, traduit un accroissement du tissu urbain significatif d'un dynamisme démographique.

Un autre corollaire de cet essor démographique, c'est l'accroissement du volume des affaires à la faveur du boom de la gomme. Le volume annuel des affaires passe entre 1818 et 1873 de deux millions à 12 millions de francs.

Cette conjoncture est à l'origine de deux phénomènes sociologiques majeurs: l'apparition de la catégorie de négociants et une ouverture plus grande du métier de traitant aux populations autochtones. Ces derniers vont profiter de la vague du crédit facile qui va marquer les décennies qui suivirent la reprise de possession.

Les négociants commencent à apparaître comme catégorie socio-professionnelle à partir des années 1820. Ils se distinguent par leur prépondérance dans l'exportation de la gomme et l'importation des produits manufacturés. Ils participent à la collecte de la gomme au Sénégal, à son transport vers la France où ils la négocient sur place et participent même à l'achat et au transport des guinées en provenance de Pondichéry en Inde.

De quatre à cinq en 1818, le groupe des négociants passe à une trentaine en 1837. Certains gros traitants métis comme Guillaume Foy Durand-Valentin ou Gaspard Devès intégreront l'import-export mais n'auront pas les mêmes ouvertures sur le marché financier métropolitain que les négociants. Le groupe des traitants quant à lui va connaître un accroissement fulgurant.

De 1818 à 1837, le nombre des traitants passe de 40 à 150. L'accroissement se maintient avec l'intégration des affranchis, notamment à la faveur du système des engagés à temps. Mais c'est surtout le décret abolitionniste de 1848 qui va grossir les rangs des traitants et intégrer les musulmans dans la culture marchande urbaine de la côte atlantique.

Une nouvelle élite civile musulmane à Saint- Louis

La période était marquée par l'ambiance du crédit facile. Sur la base d'un simple contrat de confiance, entretenu par la certitude d'un remboursement en gomme plus rémunérateur, les traitants ne disposant pas généralement d'un capital initial contractaient, souvent à perte, un emprunt en guinées pour un remboursement différé en gomme à la fin de la saison. La facilité du crédit en guinées dans une pareille conjoncture se justifie aussi par la crainte d'une mévente ou d'une perte en cas de stockage de guinées pour une longue durée sur un marché très aléatoire et très instable.

Les nouveaux arrivants sont essentiellement, comme noté plus haut, des musulmans originaires du Cayor ou du Walo ou des esclaves affranchis.

La prédominance musulmane se justifie par le fait que les immigrants proviennent généralement des pays déjà islamisés comme le Ndiambour ou le Fouta. Mais aussi et surtout par le fait que les esclaves affranchis sont dans leur majorité, sinon dans leur intégralité, de confession musulmane. C'est un témoignage de l'Abbé Boilat qui nous conforte dans cette hypothèse. En effet, contrairement à Gorée, il n'était pas dans les habitudes des Saint-louisiens de garder un chrétien en esclavage. Parlant des captifs libérés, Boilat écrivait: « Cette classe d'hommes, tous mahométans, est la plus heureuse en ce moment. Comme ils avaient été exercés dès leur jeunesse par leurs maîtres aux états de charpentiers, calfats, menuisiers, forgerons, orfèvres, tisserands, laptots et traitants, et comme ils sont habitués aux travaux les plus rudes, ils continuent leurs professions, et gagnent, pour eux-mêmes en totalité, l'argent qu'ils étaient obligés de partager avec leurs maîtres. Un grand nombre d'entre eux s'étaient rachetés avant l'abolition de l'esclavage. J'ai dit qu'ils étaient tous mahométans et c'est ce qui les distingue de ceux de Gorée. Les habitants de Saint-Louis ont toujours cru qu'il n'était pas permis de garder en esclavage un chrétien. Aussi dès qu'un esclave ou captif était jugé digne de recevoir le baptême, il recevait avec ce sacrement, son acte de liberté. Tandis qu'à Gorée, les habitants, persuadés du contraire, faisaient baptiser tous les esclaves qui désiraient être chrétiens sans aucune condition »[499].

Une élite civile musulmane se constituait ainsi à Saint-Louis par apport de l'immigration et par affranchissement le décret abolitionniste amena plus de 400 traitants sur les marchés du fleuve Sénégal.[500]

Le déclin de la culture catholique à Saint-Louis

L'affirmation de l'élite marchande musulmane se fait surtout au détriment des habitants métis catholiques. Ces derniers sont desservis par la baisse des cours de la gomme et l'ambiance spéculative du marché saint-louisien contrôlé par les négociants. L'endettement chronique, la mévente ou la vente à perte, annoncent leur banqueroute. Boilat dépeint très bien cette atmosphère de gêne chez les habitants métis. « ... Depuis quelques années les gommes sont plus rares et se vendent à bas prix en France. De là, la ruine de la majeure partie des habitants qui font de vains efforts pour se relever, comptant

---

[499] Boilat *op. cit.*, p. 213.

[500] Barrows(L) General Faidherbe, the Maurel and Prom company and French expansion in Senegal tome I, PHD 1974 University of California, Los Angeles, p. 56.

sur de meilleures traites, ils se reportent à l'année suivante et reviennent plus grevés. Le retour de la traite n'est plus un sujet de joie pour la famille, mais de chagrin et de douleur : ce sont des ventes de maisons ou de terrains par autorité de justice et de prise d'hypothèques sur ce qui leur reste »[501].

[501] Boilat *op. cit.*, p. 210.

CHAPITRE 15

LE RETOUR A L'ÉCONOMIE DE TERROIR ET LES ESPACES NON ADMINISTRÉS DU SAHEL 1849-1886

Le circuit traditionnel des échanges de part et d'autre du fleuve Sénégal, fondé essentiellement sur l'échange de produits vivriers, va connaître un renouveau paradoxal au XIXe siècle.

L'économie de terroir perdure pour alimenter des circuits locaux et régionaux, malgré l'ouverture ou la fermeture de l'espace colonial.

Jadis contrôlé par les Maures, le commerce du mil produit dans le nord du Cayor et à l'ouest du Fouta et le sel du Gandiole, allait connaître un essor particulier dans le cadre des échanges régionaux de janvier à juillet, période dite de la petite traite.

On peut repérer deux ressorts fondamentaux à l'importance de cette petite traite fondée sur les produits vivriers. C'est que, par-delà le rythme saisonnier naturel de la navigabilité du Fleuve et le caractère exclusif du commerce de traite sur le Haut Fleuve, l'essor démographique à Saint-Louis et l'accroissement de la demande en gomme sur le marché mondial, avaient donné une importance particulière au commerce vivrier. On voit de plus en plus de traitants et des laptots, souvent commandités par des commerçants européens de Saint-Louis, s'adonner au commerce du mil à partir des années 1830. Barrows le confirme, quand il remarque : "Increasingly, independent traitants and European owned trading firm were handling the shipment of millet from Cayor to Saint-Louis, which by the 1840's had a population of 20,000 mainly Africans, to Mauritania, Galam and even sometimes to Fouta Toro, during its periods of shortage" [502].

L'accroissement de la demande en gomme sur le marché européen, face aux difficultés de la collecte dans l'espace mauritanien, avait amené une diversification des sources d'approvisionnement en direction de la rive gauche, notamment dans les forêts du Djolof.

Théodore Mollien, nous renseignait sur ce trafic dès 1818 en parlant de Koki capitale du Ndiambour. « Placé près de la frontière des Iolofs, il est le passage continuel des caravanes des Maures qui vont chercher la gomme dans ce pays »[503].

Cette gomme de la rive gauche, bien qu'étant de quantité plus modeste par rapport à la traite des escales, induisait un important trafic de mil dans

---

[502] Barrows, *op. cit.*, p. 68-69.

[503] Mollien (G.T.) : *L'Afrique Occidentale en 1818* - Calmam Levy 1967, p. 59.

lequel les Maures rencontraient la concurrence des Saint-louisiens. Les autorités émirales trarza essaieront du reste de limiter ce trafic qui échappait à leur contrôle du fait qu'il se déroulait en dehors des escales officiellement reconnues comme point de traite. À partir de 1835, ce trafic de la gomme pendant la petite traite devient dangereuse voire, illégale aux yeux des traités signés entre Saint-Louis et les autorités trarzas et bracknas. Ces dernières cherchant à maintenir leur contrôle sur les flux de gomme avec les taxes y afférentes. Les Trarza vont même jusqu'à imposer un blocus pour la traite de la gomme produite en dehors de l'aire mauritanienne. Le Fort de Mérinaghen construit en 1843 pour drainer la gomme du Djolof restera inefficace pour ce dessein.

Du fait de la forte demande en grains à Saint-Louis et en Mauritanie, le mil du Cayor, du Fouta et de la région du Haut Fleuve continuait d'alimenter le marché de la petite traite avec d'autres produits en provenance de Saint-Louis comme le thé, le sucre, le riz et des tissus[504]. Ce commerce restait surtout le fait de la diaspora musulmane. En effet, la distance avec Saint-Louis, le caractère saisonnier de la navigation fluviale, l'hostilité de certaines popula-tions du Fouta contre les Français, l'insécurité pour les blancs dont l'assassinat en 1831 du traitant Malivois fut le révélateur, sont autant d'éléments qui font de la période de janvier à avril, une période de relative liberté du commerce.

Des restrictions juridiques confinaient aussi les petits traitants dans cette petite traite. Du système des concessions à l'image de la société de Galam, aux dispositions de l'ordonnance royale du 5 novembre 1842 imposant l'inscription sur une liste générale limitative, au Décret présidentiel du 5 mai 1849 interdisant le commerce des escales aux traitants illettrés en français, tout un arsenal juridique rendait difficile, pour la diaspora musulmane en gestation, l'accès aux escales de la grande traite. Les conditions même de cette traite dans la seconde moitié du XIXe siècle vont sceller le destin de cette diaspora musulmane.

L'espace colonial où les traitants de la gomme avaient fait faillite finissait de montrer les limites de l'économie administrée qui constituait un défi pour le marchand musulman.

Les frontières de l'économie atlantique et l'économie de frontière du Sahel soudanais. La rémanence de l'économie sahélienne.

Le projet colonial semblait précaire tant que les produits du cru restaient sous le contrôle des producteurs eux-mêmes ou des Maures qui en déterminaient les lieux et les modalités d'échange.

Dès le début des années 1850, sous le gouvernement de Protet, le projet colonial prenait corps nourri par le commerce bordelais. Il vise la suppression

---

504 - Webb, *op. cit.*, p. 214.

des escales maures pour le commerce de la gomme, la création d'établissements fortifiés notamment à Podor et à Maxana, la concession de terrain autour de ces établissements pour les commerçants et les cultivateurs qui en feraient la demande, la liberté pour tous d'acheter sur des points désignés la gomme et les autres produits pendant toute l'année, le maintien de la liberté du commerce à Galam, comme étant le seul moyen de donner de l'extension à la culture de l'arachide.

Ainsi, assurer la protection, faire pièce à l'emprise maure, étendre les champs de la production d'arachide et autres produits alternatifs à la gomme et enfin multiplier les points de vente, tel est pour le commerce français le programme à suivre et que Faidherbe s'emploiera à réaliser à partir de 1855.

Le gouvernorat de Faidherbe a ouvert l'ère de la conquête qui aboutit à l'établissement, le long du fleuve Sénégal d'un chapelet d'escales protégées. Ainsi, Dagana, Podor, Saldé, Matam, Bakel et Médine vont devenir les lieux des transactions commerciales et des têtes de pont de l'Administration coloniale.

À la faveur de la conquête de l'espace, la Colonie affiche une dualité qui se manifeste par la coexistence de deux modèles d'échange, de deux systèmes économiques qui attestent de la force des deux courants économiques. Il s'agit d'une part, de l'économie de place et l'économie de frontière, de l'autre.

L'économie de place s'organise à Saint-Louis et dans sa banlieue, c'est le domaine des négociants, commerçants et armateurs pour l'essentiel d'origine bordelaise ou marseillaise en relation avec le marché financier métropolitain et la Banque du Sénégal dispensatrice de crédit à long terme pour les négociants et commerçants. L'économie de frontière est, quant à elle, le domaine des traitants musulmans et dioula qui rencontrent la concurrence des agents des maisons saint-louisiennes. Les protagonistes de ce système d'échange sont : les traitants musulmans travaillant pour leur propre compte. La pacification du fleuve jusqu'à Médine et la liberté du commerce pour tous les sujets français, leur ont permis de s'installer dans les escales où ils habitent et qu'ils ne quittent que pour aller à Saint-Louis vendre les produits du cru et acheter les produits européens.

Les représentants des maisons de commerce saint-louisiennes à qui la « liberté pour tous d'acheter la gomme et les autres produits en tout lieu et durant toute l'année », telle qu'elle fut adoptée à partir de 1855, vont se poser comme intermédiaires salariés des négociants. Dans les listes nominatives des traitants des escales on retrouve les employés des maisons Buhan et Teissere, Maurel & Prom, Rabaud et Cie, Devès & Chaumet, Pellegrin Frères, Teissere et Descemet, Gradis et Frères, Izard Frères.

En somme la concurrence oppose les traitants employés des maisons saint-louisiennes entre eux et aussi avec ceux établis à leur propre compte qui reçoivent eux aussi des crédits en marchandises de ces mêmes maisons. S'y ajoutent les marchands ambulants : dioulas vendeurs de bétail et de cola en provenance du Fouta Jalon, les Maures vendeurs de gomme et de sel. En prenant l'exemple de Médine, on peut retenir la typologie des agents du commerce établie en octobre 1885 par le commandant par intérim du Haut Sénégal. Dans son rapport[505], il distingue trois catégories d'agents de commerce à Médine :

1) Les indigènes qui le font pour leur propre compte les uns ne sont que des marchands ambulants, d'autres au contraire habitent Médine.

2) Les indigènes représentants des maisons de commerce.

Dans ces deux premières catégories on pouvait dénombrer une quarantaine de vrais traitants, selon l'opinion du commandant. Et, parmi eux, trois traitants émergent et totalisent à eux seuls autant d'affaires que tous les autres réunis.

3) La troisième catégorie est constituée par les Maures dits chérifs qui font surtout le commerce des denrées précieuses, or, ivoire, plumes.

La description que nous avons de cette économie, du point de vue des transactions, présente une double facette. Il y a lieu de distinguer : « le commerce réel qui consiste dans l'échange de produits de fabrication européenne (étoffes, cotonnades, sel, poudre, armes, fer, ambre, verroteries) contre des produits du pays (gomme, esclaves, or naturel, ivoire, plumes d'autruche, arachide...) ; et d'autre part « le commerce factice qui consiste dans l'échange de produits de fabrication européenne contre de l'argent monnayé car l'argent monnayé sort en entier des caisses de l'État, les commerçants n'en apportent pas et le pays n'en produit pas »[506]. Il semble, sous ce rapport, que l'argent monnayé sorti « tout entier des caisses de l'État » a plutôt servi de moyen de réalisation en capital argent de bénéfices accumulés dans le cadre du « commerce réel ».

Les profits des traitants proviennent de la différence des niveaux de prix des marchandises européennes comme les guinées entre Saint-Louis et les marchés du Fleuve en général plus rémunérateurs. Cependant le traitant, qui doit séjourner pendant une longue période dans les escales, doit faire face à des dépenses récurrentes et à des faux frais. Car il doit payer l'entretien de sa flottille, des taxes ou coutumes aux chefs locaux et faire de cadeaux aux fournisseurs de gomme pour les attirer vers lui. Webb évalue au 1/4 ou au 1/3 du prix de Saint-Louis, le montant de ces dépenses. Ainsi si la pièce de guinée vaut 15 kg de gomme à Saint-Louis, le traitant pour couvrir ses dépenses de fonctionnement doit vendre sa pièce de guinée sur le Fleuve à 20 ou 22 kg de gomme. Les conditions de la concurrence dans les escales rendent difficiles la

---

[505] ANS-Kayes 18 octobre 1885 - *Le Commandant par intérim du Haut Sénégal au Gouverneur-Q25.*

[506] *Ibidem.*

réalisation de bénéfices substantiels. Surtout lorsque, comme c'est souvent le cas, les négociants surévaluent les produits donnés à crédit aux traitants. Newburry, reprenant Georges Charles Émile Colin,[507] décrit le processus qui a abouti à l'endettement récurrent des traitants en gomme. "The sixty or so mandinka, wolof and serer traders in the Medina and Bakel gum markets in the late seventies for example, all had goods on credit from importers at Saint-Louis. - With these goods, gum was purchased at 50 - 80 centimes a kilo ; and a trader who left with £ 6,000 of cloth from Saint-Louis might return with only £ 4,000 of produce - but the cloth he earned had been marked up by at least 100 per cent, leaving the importer with a gross profit of about £ 1.000 on this transaction". Cependant, s'il est avéré que le négociant s'assure une large marge bénéficiaire, les traitants quant à eux pouvaient se réaliser sur d'autres produits comme le mil entre le prix au producteur et le prix soumissionné à l'Administration. Sous ce rapport, la route de l'Est ne semble pas totalement tributaire des aléas de la conjoncture coloniale ou internationale. Le niveau de la demande et les cours de la gomme ne fonctionnent pas comme uniques variables exogènes déterminant exclusivement l'économie de frontière. Elle a ses ressorts propres et ses déterminants spécifiques qui lui donnent un ancrage bien sahélien.

Les commerçants du Haut Fleuve, devant les incertitudes du marché de la gomme, font un repli sur le commerce vivrier plus rémunérateur. Le mil et le sel sont particulièrement révélateurs de ce repli, surtout dans cette conjoncture particulière des années 1880 marquée par le boom de la gomme sur le marché mondial suite au soulèvement mahdiste. En 1889 le prix du mil au producteur est de 13,33 francs les 100 kg en guinée. Ces mêmes 100 kg de mil soumissionnés au poste de Bakel reviennent à 25 francs ce qui fait un ratio brut d'exploitation de l'ordre de 93% (le RBE résultat brut d'exploitation étant de 12 francs pour les 100 kg de mil). Le commandant du poste de Bakel confirme que pour la même année « les magasins des traitants regorgent de mil » [508], attendant d'être soumissionné. Parallèlement pour la gomme malgré les demandes « plus considérables venues d'Europe [509], le prix d'achat du kilogramme qui, en 1889, était de 3 francs et 3,20 francs est fixé à Saint-Louis à 1,25 francs [510]. » le plus faible sombrant et les autres ne se tirent d'affaires que grâce à quelques opérations heureuses sur le sel, le mil ou encore en consentant des prêts aux sahéliens à des taux usuraires[511].

---

507 - Colin (G. Ch. E.) : « Le commerce sur le Haut Sénégal condition de son développement », *Société de Géographie Commerciale*, Paris, Bulletin 1882 - 3 in: COLIN W. Newbury "Trade and Authority in West Africa 1850 to 1880 Colonialism in Africa 1870-1960". Vol.I - Gann and Duigan edit. Cambridge University Press 1969, pp.66-99, p.81.

508 - 13G189 Bakel - correspondance départ ANS 1889.

509 Le Commandant Supérieur PI du Haut Sénégal, Kayes 18 Octobre 1885 - Q25 A.N.S.

510 13-6-189 A.N.S. 1889.

511 Q51 A.-O.F. - *Sénégambie Niger, Cercle de Nioro* - Rapport commercial, 1904.

La gêne va toucher les Maures en raison de la « baisse continue des gommes sur le marché de Bordeaux » à la fin du siècle(1902). « Les Maures voyant que leurs gommes étaient prises à Nioro à des prix peu rémunérateurs se sont rabattus sur le sel la seule denrée qui leur restait à importer... »[512]

Il apparaît ainsi que par-delà les soubresauts du marché de la gomme, les commerçants sénégalais trouvaient dans cette frontière orientale un îlot de rentabilité où des « opérations heureuses » pouvaient encore se réaliser.

Le repli vivrier, le commerce du bétail, de la cola, des cordes, du tabac et surtout du sel et des esclaves étaient, une fois encore, les marchés de la diaspora musulmane qui valorise toujours ainsi les itinéraires du Sahel.

La crise de l'économie de place centrée sur Saint-Louis et ses escales ouvre de nouvelles perspectives aux commerçants musulmans. Ils ont désormais leurs propres circuits et leurs propres marchés intégrant un espace qui va de Saint-Louis par le Ndiambour, le Djolof à Nioro et Tombouctou, le Logo, la Gambie, la région de Timbo et le Saloum.

Ils sont plusieurs centaines au marché de Louga en août 1899 d'après le rapport du commandant de cercle. Leurs opérations consistent à acheter par exemple des captifs dans le Haut-fleuve Sénégal, avec des guinées et les revendre dans le Djolof pour quatre vaches ou quatre grands taureaux valant à Saint-Louis 500 à 800 francs. Dans ce circuit, les protagonistes jouent sur la durée et les distances pour augmenter le stock de marchandises et de biens. Cette durée qui fait qu'une campagne pouvait durer des années donne une idée de la place des relations sociales et politiques, de la protection mystique et de l'hospitalité dans les transactions. Par exemple, en 1896 un Dioulo ouolof parti du Ndiambour avec 2000 francs de marchandises, au bout d'un an passé entre Timbo où il reçut l'hospitalité de l'Almami et Bathurst où il a une femme et le Saloum où il compte un ami, se retrouvait à la fin de sa campagne avec 33 captifs qui pouvaient s'échanger avec 132 vaches et taureaux, d'après le *Journal du cercle de Yang Yang au Djolof*.

Cette activité a servi de lit aux nouvelles diasporas et au commerce africain indépendant à l'ère de l'arachide. Leur rayon d'action a intégré bien avant la naissance de l'A.-O.F., les deux réseaux séculaires du commerce sénégalais : le réseau sénégalo-mauritanien et le réseau soudano-guinéen.

Le Dioulo ouolof et le téfanké vendeur de bétail ont pris le relais des Maures. Ils ont fait la fortune du marbat de Louga à partir de 1904. Ils ont redonné au commerce itinérant interrégional un nouveau souffle malgré les tentatives de l'administration de les contrôler ou de les taxer. « Les indigènes qui viennent vendre leurs denrées à Louga ont à subir les vexations des agents placés sous les ordres du commissaire de police. Ils sont traqués et pourchassés dans les rues et vendeurs ou pas vendeurs tous ceux qui portent une

[512] *Ibidem* - Rapport commercial 1903.

calebasse, un sac, ou tout autre article sont soumis à la taxe même par la force. »[513]

[513] Louga 22 avril 1906, Dossier 11D/9 2.

CHAPITRE 16

L'HORIZON D'UN ESPACE COLONIAL DU COUCHANT

Le XIXe siècle reste bien le moment décisif qui marque la fin de l'ordre aristocratique et l'émergence de nouvelles élites civiles religieuses et mercantiles. Par leurs activités agricoles, par les réseaux sociaux et mercantiles, les marabouts et les marchands ont continué à donner vie à des terroirs ruraux intégrés depuis des siècles dans les réseaux internationaux du commerce transsaharien.

L'espace et la culture du Sahara continuaient la vie de relation au cœur de toute la Sénégambie au moment où l'espace colonial de la côte devenait une excroissance politique des territoires métropolitains.

La fin du XIXe siècle marque bien un tournant dans la configuration de l'espace sénégambien. La conquête semble consolider la prégnance d'un espace international où prospèrent désormais les logiques du capital et de l'échange administré des marchandises. Une économie de place prend forme sur la côte Atlantique qui, en organisant l'hinterland dans une logique extravertie, en fait un espace appendice de l'espace métropolitain.

Le projet de Samory Touré, construit sur l'héritage des dioulas mandingues se heurtait, à un nouveau, rapport de force au profit des territoires de la côte et leurs postes avancés de l'intérieur. L'empire de Samory « moulé sur les routes du commerce »[514] succombait ainsi dans la dernière décennie du XIXe siècle et avec lui disparaissait l'une des dernières formations politiques du Soudan occidental.

L'ère coloniale qui s'ouvre marque le temps de la domination politique comme corollaire de l'intégration de la Sénégambie au système international de production et de distribution. Cette intégration est constitutive d'un marché qui ouvre de facto sa seconde mondialisation après l'ère mercantiliste qui a suivi l'ouverture de l'Atlantique.

L'épisode de Samory marque bien la disqualification des élites traditionnelles à négocier un passage vers la nouvelle modernité internationale. La fin des destinées singulières que marque la défaite des légitimistes guerriers semble ouvrir la voie à des logiques de compromis que bien des élites économiques et religieuses vont adopter.

Le système colonial qui s'annonce, même avec une économie parasitaire basée sur la traite, imprime sa marque dans la configuration de l'espace qui

---

[514] Catherine Coquery Vidrovitch et Henri Moniot, *L'Afrique de 1800 à jours* ; PUF, Nouvelle Clio, 1974, 462 pages.

concentre sur les côtes une économie de place qui organise un hinterland pourvoyeur de main-d'œuvre et de matières premières.

La territorialité de vaisseau et de comptoirs se mue en un espace politique urbain avec ses institutions, ses entreprises commerciales et financières.

Un territoire colonial prend forme et décline ses limites autour d'un espace qui s'urbanise en organisant l'exclusion et la marginalisation des populations locales et leurs réseaux.

La côte un pôle financier et administratif

Après l'abolition de l'esclavage en 1848, une indemnité fut attribuée aux propriétaires d'esclaves. La loi du 30 avril 1849 posait le principe de la création de banque de Prêt et d'escompte avec pour capital une partie de cette indemnité. Un décret du 22 décembre 1853 créait la Banque du Sénégal.[515]

Cette institution marque un saut décisif dans le champ de la distribution des biens et services. Elle symbolise une césure dans un espace qui se polarise de plus en plus entre la côte et l'hinterland entre une place économique et institutionnelle atlantique et le pays profond de l'intérieur.

Les institutions financières apparaissent comme des organismes dont l'activité consiste à fournir des services financiers. Il s'agit d'un registre nouveau dans le paysage sénégambien jusque-là dominé par le crédit marchandise. Il s'agit de moyens de diffusion du crédit à court, moyen et long terme qui servent à aiguillonner l'activité économique par les nouveaux moyens de paiement qu'elles fournissent à l'activité économique ; mais aussi servent au drainage des disponibilités financières à travers le système de dépôt.

Désormais produire, vendre et gagner sortent de l'horizon limité de la réciprocité des terroirs locaux et de l'économie régionale pour intégrer les flux internationaux organisés par la métropole. La polarisation autour des comptoirs prend désormais un nouveau trait : celui de la constitution d'un marché financier qui se révèle un appendice du marché métropolitain. Dans les territoires de l'A.-O.F., il serait hasardeux de parler d'un marché autonome du fait de la nature extravertie des activités économiques. Cependant la même tendance qui, en métropole, marquait le changement du capitalisme familial vers le marché ouvert des sociétés anonymes, amenait en Afrique de l'Ouest la transformation des vieilles maisons de commerce en sociétés anonymes.[516]

---

[515] Mireaux (Emile) *L'organisation du cri Moniot, L'Afrique de 18 d'outre-mer.* Recueil Sirey-Paris ; 1954.

[516] Jean S. Canale. *Afrique noire. L'Ere coloniale 1900-1945.* Paris-Editions sociales 1977 - p. 214.

Ainsi, en 1907 les établissements Ryff et Roth deviennent la *Société commerciale de l'Ouest Africain* (SCOA. En 1908, la société Peyrissac de Bordeaux devient société anonyme.

En 1917 ce fut la création de la société commerciale et industrielle de la côte d'Afrique (ClAC) qui prend la suite de la maison Armandon. En 1919 c'est le tour de la maison *Maurel et Prom.* En 1921 on note la création de la société : "Le commerce africain" et la transformation en holding des établissements Gradis de Bordeaux. Mais cette intégration s'est traduite aussi au lendemain de la Grande Guerre par la création de holding ou de sociétés de financement.

En 1920 déjà c'était la création de la Compagnie générale des Colonies, par un consortium de banques et d'entreprises de constructions, au sein duquel on notait : La Banque de Paris et des Pays-Bas, le Crédit Lyonnais, le Crédit Foncier d'Algérie et Tunisie, La Société Générale, La Marseillaise de crédit. La composition de son conseil de 1923 rendait déjà compte de l'imbrication des intérêts économiques et des milieux politiques.

En effet on y relève les noms de Fougerolle (travaux publics), Delmas, l'ancien ministre des Colonies Messiny et du Gouverneur général Angoulvant. La présidence étant assurée par l'ancien ministre des Colonies André Lebon remplacé ensuite par Émile Moreau président de Paribas. Notons que c'est à la Compagnie générale des Colonies que fut concédée, en 1926, la construction du Port de Dakar.

La "haute banque" aussi était présente dans ce nouvel espace financier par ses liens avec le groupe bordelais à l'exemple des Établissements David Gradis et fils qui en 1921 s'associait avec la Haute Banque protestante (Parunion) dans un holding (La nouvelle Société française pour le commerce avec les colonies et l'étranger).

De même, le Baron Jean Davillier qui deviendra, après la Seconde Guerre mondiale, président du Crédit commercial de France, siège au Crédit Foncier de l'Ouest africain et aux Eaux et Électricité de l'Ouest africain. On le retrouve aussi au conseil de Peyrissac.[517]

Cependant l'espace financier trouvait une dimension internationale plus grande avec l'implantation de holdings internationaux.

Ainsi de la fusion en 1928 d'un trust britannique de la savonnerie, Lever brothers, et d'un trust néerlandais de la margarine, Jurgens Van Den Bergh-Schicht, Unilever s'implantait au Sénégal avec la Nosoco, en Guinée, au Soudan et au Niger avec la Compagnie du Niger français ; et en Côte d'Ivoire avec la Compagnie française de la Côte d'Ivoire.

Ces noms et ces structures ont ajouté des repères nouveaux au décor.

---

[517] Suret Canale, *Ibid.*, pages 222 et suivantes .

Il s'agit de registres inédits dans la configuration de l'espace atlantique brusquement propulsé au rang de relais du commerce et de la finance internationale. Ces nouveaux noms et ces nouvelles enseignes couronnent l'édification d'un espace colonial le long de la côte comme pour structurer et donner corps à ce qui, jusqu'au milieu du XIXe siècle, n'était encore qu'une territorialité de vaisseaux et de comptoirs.

TROISIÈME PARTIE

LA TRANSITION DU LAMANAT À LA ROYAUTÉ XVIe-XIXe SIECLES

INTRODUCTION

La question des ensembles politiques et la rupture post-atlantique

L'histoire du Djolof reste une énigme pour les historiens prompts à utiliser des canons et des modèles de l'Europe dans une phase de cristallisation nationale et de rivalités internationales. La coïncidence du moment de la découverte avec la naissance de l'État moderne européen y est sans aucun doute pour quelque chose. Le modèle s'étant imposé dans des circonstances qui sommaient l'Europe occidentale de compter terres et contribuables dans un territoire jalousement limité par des frontières politiques.

On a trop vite oublié qu'il n'existe pas un modèle universel d'empire ou d'État avec des formes identiques d'extension d'un pouvoir central sur des communautés, dans un espace défini. La règle semble plutôt être une discontinuité territoriale, avec un contrôle plus ou moins effectif sur des régions stratégiquement ou économiquement importantes. La nature du pouvoir central, son assise dans l'espace ou le site de sa capitale, dépendant de variables politiques, économiques ou idéologiques. Un espace périphérique faiblement contrôlé pouvant ou non comprendre des régions avec une forte présence impériale sous forme de garnisons ou de forteresses.[518]De même, un pouvoir central pouvait se réduire en une capitale érigée en place forte.

C'est dire que la frontière reste une forme de marquage territorial qui n'a aucune réalité universelle. Seul le contexte de vie ou de mort des États européens tel que décrit avec Tilly[519], justifie cette hantise de la frontière dans l'histoire européenne. Cette hantise sera relayée dans le fait colonial qui lui est fondé sur la prédéfinition des frontières comme matrice de l'organisation de l'espace entre un centre qui polarise une périphérie au plan militaire, fiscal et même culturel.

La définition coloniale de la frontière se réfère à des marqueurs territoriaux qui séparent les limites de l'expansion coloniale, délimitant de facto les centres coloniaux, les espaces effectivement occupés, leurs périphéries immédiates et les « autres », généralement les indigènes de l'hinterland. C'est ce modèle qui a informé abusivement la description et la représentation de l'espace de toute la période précoloniale. [520]

---

518 Carla M Sinopoli, The Archeology of Empires, Annual review of Anthropology, 1994, p. 169.

519 Tilly, Charles, *The Formation of national States in Western Europe (1975)* Tilly, Charles; Ardant, Gabriel. Princeton, N. J. Princeton University Press. 1975

520 Kent G Lightfoot, Antoinette Martinez « Frontiers and boundaries in Archeological perspectives », *Annual review of Anthropology*, vol. 24, 1995, p. 472-492, p. 473.

Cependant, pour toute la période qui occupe cette étude, entre le Xe et les XIXe siècles, pour tout l'espace envisagé de l'Adrar mauritanien au nord au Rio Grande au sud, aucune référence, aucune évidence, aucune balise ne définissaient une ligne de démarcation politique qui puisse représenter un territoire cloisonné. Au contraire, les fleuves, les rivières, les formations dunaires ou même les forêts apparaissent comme des lieux de convergence où, depuis des siècles, se mettaient à l'œuvre le brassage culturel, l'intégration économique et la fusion sociologique qui suggèrent un espace déjà intégré. Avec les présupposés les plus tenaces pour hiérarchiser et cloisonner l'espace, on a eu du mal à trouver autre chose que des lieux d'interférence où le commerce et ses diasporas et négociants, les migrations, l'islamisation ou la proximité linguistique, rituelle et culturelle ont depuis des siècles créé une communauté historique dans un espace intégré sans aucune discontinuité durable. On est même frappé par le chevauchement et l'empiètement des communautés dans l'espace et le temps qui définissent cette séquence historique. On est surtout frappé par le caractère souvent factice de l'autorité publique réduite à une lointaine cour qui se rappelle à ses sujets par des redevances annuelles souvent symboliques ou une messagerie de cavaliers que les distances rendaient lâche et sporadique.

La récurrence des titres comme Fara, Farba, Fari, Faren, Fare, Silatigi, Saltigué, Satigi, Maîssa, Massa, Damel, Dummel, Teeñ, Jarno, Maalaw, Malo, Jaagaraf, Jaraaf, Jagodin, Jawdin, Jogodo, Kamalinku, Daali, Bijjeew, Jaalaw,Jogomay, Laam, Laamido, Laaman, reste le meilleur témoin du caractère local, voire terrien, du pouvoir. Un pouvoir à l'échelle des provinces qui recoupent les différents terroirs. Le pouvoir central semble rester une lointaine et distante autorité simplement reconnue mais dépourvue des moyens coercitifs et de la logistique pour organiser et étendre son influence quotidienne sur les populations.

C'est sans doute le lit du rôle historique des diasporas marchandes soninkés, maures ou européennes. Ces dernières ont capturé les zones d'interférence entre les terroirs pour ériger des espaces urbains. Le long des axes du commerce transsaharien, des escales du désert et des comptoirs de la côte ; les capitales dynastiques ont, depuis des siècles, essayé de contrôler ces flux commerciaux.

L'entrepôt de marchandises pondéreuses, comme le sel sur la côte, a aussi donné lieu à une intervention de l'autorité politique. De même, dans la relation entre les terroirs ruraux et ces villes, toute la littérature arabe d'Al Bakri à Ibn Saïd témoigne de la récurrence de ce rôle. Mais ce rôle intégrateur que les dynasties musulmanes ont pleinement joué, dans l'espace marocain par exemple[521], semble moins évident pour les dynasties régnantes de la

[521] James L. Boone, Nancy L. Benco, "Islamic Settlement in north Africa and the Iberian Peninsula", *Annual review of Anthropology*, Vol. 28, (1999), page 54.

Sénégambie. L'interface ville-campagne, le contrôle des routes du commerce et la gestion d'entrepôts de produits négociables semblent laissés aux diasporas marchandes. Les dynasties royales elles se résoudront bien vite au rôle d'État caboteur avec ses élites de prédateurs.

La rupture post-atlantique

Les catégories politiques et les paradigmes véhiculés au moment de l'ouverture de l'Atlantique semblent cacher un processus de transition qui a été très peu relevé. La présence européenne sur les côtes et tout son corollaire symbolique, le lointain héritage de l'État centralisé mandingue, et l'affirmation des lignages de Lamanes héréditaires concurrents, tels nous apparaissent les ressorts politiques majeurs de la Sénégambie à partir du XVIe siècle.

Les catégories utilisées par les premiers navigateurs comme Da Mosto pour désigner les communautés humaines de la côte nous semblent, dès le départ, entachées d'une hiérarchisation de l'espace.

« ...Ce royaume de Sénéga confine du côté de levant avec un pais nommé Tuchusor, devers midy, avec le royaume de Gambra... »[522]

Le vocabulaire géographique semble bien établir une hiérarchie de l'espace selon qu'il s'agit d'une étendue occupée par des populations organisées politiquement ou suivant une disposition naturelle en terroirs dans un espace connu ou peu connu.

Les seules entités désignées du nom de Royaume sont le Senega des oulofs ou le Gambra « qui ne partage ce statut qu'avec le Portugal ».[523]

Pour désigner l'espace non encore circonscrit politiquement notre auteur fait invariablement recours à des expressions comme « terre des noirs » ou « pais des basanés », « pais nommé Tuchusor ».[524]

Seul le Melli est élevé au rang d'un Empire[525] qui dans sa période d'apogée englobait : le royaume Songhay de Gao, celui de Ghana réduit à la seule province de Baghana avec Oualata et Aoudaghost. À l'ouest le Diara avec lequel était rattaché le Tékrour sous la dynastie des Diakité et ensuite celle des Diawara. Et enfin le Diolof qui couvrait la boucle du Sénégal.[526]

---

[522] Ça da Mosto, page 74.
[523] Ça da Mosto, page 49, et 73-74.
[524] Ça da Mosto, pages 48, 67, 74.
[525] *Idem.*, page 55.
[526] Djibril Tamsir Niane « Recherhe sur L'empire du Mali au moyen-âge. », *Recherches africaines*, n°1 janvier 1959, p. 6-56.

Cette configuration semble détacher un duo historique Jolof- Kaabu qui, au XVe siècle, se présente bien comme démembrement d'un empire du Mali.

Dès l'entame de la seconde moitié de ce siècle la cohérence s'était lézardée en une multitude d'entités politiques.

L'espace du Sahel atlantique

Sur les ruines des ensembles du Ghana, du Mali et du Songhaï allait se définir le nouveau tableau de l'espace du Sahel atlantique et la formation des États post-atlantiques.

Le Repli Malinké

L'empire du Mali menacé à l'est par les Touaregs et les Mossi, trouve dans ses provinces occidentales un puissant réduit autour de la Gambie et de la Casamance. Dans le même temps, tandis que le Tékrour et le Djolof se dégageaient de la tutelle du Mali, d'autres groupements de provinces et de petits royaumes côtiers restaient encore, au XVe siècle, sous le giron mandingue. Il s'agit des Balantes, des Féloupes, le Farin, et la vaste entité de Djallon Mansa.[527]

Une longue séquence de décadence ouvrait une ère de vulnérabilité et de troubles dont la bataille de Tondibi (1591) reste le tournant majeur.

L'invasion marocaine confinait le Songhay à son réduit du Haut-Sénégal et de la boucle du Niger. Les groupes de souche marocaine formaient alors une aristocratie hybride avec le symptomatique nom de "Arma" qui annonce le temps du légitimisme par les armes à feu chez des populations jusque-là habituées à des lances et flèches.

Au détour du XVIIe, les Mandingues jusque-là des obligés du Songhay formaient une myriade de petits royaumes dirigés par des seigneurs de la guerre négociant armes contre esclaves.

L'espace ouolof se distingue le long de la côte entre le Sénégal et la Gambie avec les centres politiques de Mboul, Maka et Lambaye. L'intervention de Koli avait redéfini le paysage politique sénégambien en polarisant un espace ouolof et un espace fulbé. Une polarisation que les familles Fall du Cayor ont mise à profit à la faveur de l'ouverture atlantique pour étendre leur influence sur le Cayor et le Baol.

Le Kabu depuis le Finistère atlantique faisait écho à une dégénérescence malinké dont les royaumes bambara de Ségou et du Kaarta, seront les prototypes les plus belliqueux.

---

[527] Djibril Tamsir Niane, *Recherches africaines*. N° 2, Conakry, avril 1960, p. 40-53.

Le modèle mandingue se répandait jusqu'au cœur de l'espace Akan sur la côte de l'or où populations Yoruba, Gur, Fon et Edo se retrouvaient dans les formations politiques dégénérées de l'héritage Haoussa. L'ère post-atlantique s'ouvrait aussi avec l'hégémonie fulbé qui prendra rapidement un cours islamique. Du Boundou au Macina, prolongeant le Fouta Toro jusqu'aux confins du Fouta Djallon au cœur de la boucle du Niger, la mouvance fulbé se déroulait jusqu'au XIXe siècle.

CHAPITRE PREMIER

LE LAMANAT OU LA FORME POLITIQUE DES TERROIRS DU SAHEL

L'institution du lamanat semble avoir une origine sérère qui remonte aux premiers peuplements de l'aire sénégambienne. Elle présente un complexe de droit de défrichement et de propriété de la terre entre les mains des premiers occupants de la terre. Un rapprochement est certainement à faire entre le lamanat des Ouolofs Sérères et Fulbés, le tengsoba des Mossis, et le Dugutigi des Mandingues. Toutes ces langues du Sahel semblent identifier une forme commune d'organisation sociale autour des terroirs.

Le lamanat ou l'organisation des terroirs

Les Lamanes ou maîtres de la terre gardaient en patrimoine les terres les plus anciennement occupées et concédaient un « droit de hache » sur des terres en friche moyennant une redevance en nature. Ce type de redevance a induit une relation de dépendance et une forme de hiérarchie qui a fini par faire du Lamane un maître de terre et un chef politique.
Le droit sur la terre a appartenu au Fouta aux premiers occupants qui ont défriché la terre ou, s'il s'agit du Dierri, à celui qui a creusé le premier puits. Le droit de feu ou Jom Jengol ou le droit de hache (Jom Levre), constitue un droit originel auquel devait s'ajouter un droit sur la terre pour un maître de la terre (Jom Leedi) à mesure que se développait un appareil politique.
À peu de nuances près, c'est le régime des terres que le lamanat a développé dans les différents terroirs de la Sénégambie.

Le lamanat du Cayor ou la première transition atlantique

Tanor Latsoukabé Fall décrivait le lamanat au Cayor comme à la fois un système de pouvoir et une forme de tenure foncière dans lesquels chaque lamane sur son domaine rendait la justice et distribuait les terres aux cultivateurs moyennant une redevance coutumière annuelle. Sa description du modèle cayorien s'applique bien aux autres formes de lamanat de l'aire sénégambien. « Les lamanes avaient un chef ou grand Lamane élu par les notables. Celui-ci devait tous les ans, accompagné de tous les lamanes ou de leurs représentants et de nombreux prestataires, apporter un important tribut au Bourba Djolof : bœufs, vaches, esclaves, tissus, boissons, denrées alimentaires, chevaux, miel, fruits délicieux, écorces de baobab servant à la fabrication des cordes pour attacher les chevaux et sable fin pour embellir la cour du roi. Au Cayor, le Grand Lamane était toujours choisi dans la famille des Fall qui habitaient le village de Palène Dède. Le dernier Lamane dont le fils obtint par les armes l'indépendance du Cayor, fut Déthiéfou Ndiougou Fall »[528].

L'historiographie a surtout retenu le lamanat de Palène Dède dans les traditions du Cayor du fait de son statut de résidence du Grand Lamane et lieu d'origine du fondateur de la monarchie. Cependant les sols dior qui prolongent le complexe Walo-diéri dans l'espace ouolof ont vu la fondation de bien de villages devenus résidence de Lamane. C'est le cas de Taby, Massar, Khoupoye, Ndande, Gatègne, Ndat, Palène Pone, Palméou, Ndiouki, Risso, Ndew, Mbelgor dont les traditions attribuent la fondation à Mak Diambal ancêtre de Déthiéfou Ndiougou. La descendance de Mak Diambal ou Nioukh Fam aurait essaimé la famille Fam dans la région qui deviendra l'épicentre du terroir ouolof. Ces Lamanes ancrent bien une ascendance mandingue (Soocé) dont les puits que la tradition attribue aux Soocé, constituent les témoins les plus récurrents.

Lamanat et matriarcat

Yoro Diaw établit une correspondance entre le peuplement du Cayor et l'avènement de Ndiadiane Ndiaye et fournit des indications très utiles sous ce rapport. Il fait coïncider l'arrivée de Ndiadiane Ndiaye avec l'avènement du fils et successeur du premier lamane Cayor : Fam. Il formule une hypothèse majeure qui nous renseigne sur les vagues de peuplement et leur contexte géopolitique.

En effet souligne-t-il, le premier lamane-Cayor aurait été parent et contemporain de Oualy, empereur du Mali. Et que sa succession se serait transmise par les hommes jusqu'au premier Damel Déthié Fou Ndiogou.

À l'inverse poursuivait Yoro Diaw, « dans un pays où les droits se transmettaient en ligne masculine sont arrivées des populations chez lesquelles ces droits se transmettaient par les femmes, et la seconde coutume s'est implantée là où les circonstances ont été favorables, probablement surtout par suite du très petit nombre des anciens habitants tandis qu'en d'autres lieux les coutumes se sont additionnées. Le désir de se faire bien voir du suzerain en suivant les mêmes règles de succession que lui a pu intervenir, et le démembrement de l'empire du Djolof aurait fait disparaître cette raison permettant dès lors le mélange, y poussant même, comme un symbole de l'indépendance reconquise ».[529]

La primauté du socle mandingue semble établie dans tout l'espace du Sahel atlantique, on en retrouve des traits bien vivaces au Saloum comme au Sine.

---

[528] Tanor Latsoucabé Fall, « Recueil sur la vie des Damel », *Bulletin de l'Ifan*, TXXXVI ,série B, N°1, 1974, Page 99.

[529] Rousseau, R. « Le Sénégal d'autrefois, tirés des manuscrits de Yoro Dyâo », in *Bulletin du comité d'Études historiques et scientifiques de l'A.-O.F.*, 1933, 6, p. 237-298.

Si la succession patrilinéaire semble procéder d'un héritage du Nord et de l'Est par une filiation mandingue et arabo-berbère, l'ordre matrilinéaire semble plutôt procéder de formes postérieures difficilement datables mais bien conformes à la trajectoire des populations ouolofs et sérères depuis leur foyer primitif du bas Sénégal.

La filiation de Ndiadiane Ndiaye et la formation des lignées matrilinéaires : la thèse de Yoro Diaw

La tradition que rapporte Yoro Diaw présente un moment décisif pour notre intelligence du processus de transition. Elle offre une explication lumineuse sur le développement du matriarcat en Sénégambie. Mais elle suggère surtout la rencontre de l'institution du lamanat en la personne du Lamane Diaw et l'héritage de Ndiadiane Ndiaye avec une filiation berbère-mandingue et fulbé.

Dans le discours et la trame de la tradition, se détachent bien les personnages clé que sont : le lamane Diaw, Ndiadiane Ndiaye, Fatimata Sall, Mbarik Bo et Maysa Waly Dione. Les souches berbères, fulbé, mandingue et sérère se détachent bien pour montrer l'apport de chaque segment du peuplement et leur statut.

Les méandres et parfois même les anachronismes des traditions révèlent une trame majeure qui peut servir l'intelligence des processus sociaux et politiques.

Une transition et une double tradition successorale étaient en œuvre et recevra la sanction symbolique de Maysa Waly Dione le fondateur des lignées Gelwar du Sine originaires du Gabou.

Comment la tradition se fait l'écho de l'éclipse du lamanat ?

« Malgré sa grande intelligence, le Lamane Dyâo ne trouva aucun moyen de conserver son indépendance ; il fit sa soumission à Ahmadou [Njajaan Njaay]… Il lui [le laamaan Diaw) restait cependant un pouvoir suffisant pour qu'il pût conclure avec le nouveau souverain une convention qui lui garantissait, ainsi qu'à son fils Ntanye, des droits importants. »[530]

Maysa Waaly Dione « s'empressa de réunir tous les magiciens sérères et mandingues de son royaume et tint conseil avec eux dans les lieux sacrés où se tiennent les Dyane (nom sérère des Ntambe).

Le résultat des oracles confirma l'exclamation d'étonnement et d'admiration émise par Maysa Waaly Jon. Une fois épuisées les ressources des sciences augurales, le roi du Sîne fit appeler les envoyés et, s'adressant à

[530] Y. Dyao, 1912, p. 132.

Ntanye, lui dit : "Dis à ton père que celui qui est entre ses mains est un homme surnaturel, guidé par le Ntambe, suivant l'itinéraire que leur trace Dieu, pour venir à Mboy-ou-Gar que lui choisit l'unique maître pour capitale des nombreux pays dont le Sine et le Ouâlo, son propre royaume, fait partie. Qu'il l'élise Mâd (roi en Sérère) et se soumette sans hésitations à son autorité suprême. »[531]

Selon cette même tradition, Maysa Waaly Jon joignit sur ce, le geste à la parole et fit sa soumission à Njajaan Njaay.

« Cependant Ahmadou ne lui [Lamane Diaw] fut complètement substitué que trois jours après le retour de Ntanye Diaw. Alors, en effet, arriva une ambassade plus importante, envoyée par le roi du Sîne...

Les envoyés étaient chargés d'annoncer à Ahmadou la soumission à son autorité suprême du Manseya Ouali Dyone et de lui remettre en hommage 300 paires de pagnes, un beau cheval, un jeune garçon et une jeune fille pour son service particulier.

Depuis, et jusqu'à la dislocation de l'Empire Dyolof, le tribut payé au Bour-Ba par le roi du Sîne fut égal au cadeau fait par Manseya Ouali Dione. »[532]

À la suite de Maysa Waaly Dione de nombreux souverains locaux firent leur acte de soumission à Njajaan Njaay.

« Dyolof Mbing, mandingue, premier habitant sédentaire et fondateur du premier village du Dyolof, devenu pour cette raison Laman de ce pays, nommé d'après lui, suivit les conseils de Manseysa Ouali Dione, et apporta lui-même à Ndyadyane Ndyâye un cadeau de soumission égal à celui du roi du Sîne. En résumé, le nouveau roi reçut les soumissions accompagnées d'un tribut égal, des chefs des différents pays qui formèrent l'Empire Djolof et qui sont : le Ouâlo, le Djolof, le Cayor, le Baol, le Sine, le Saloum, la province du Fouta, limitrophe du Ouâlo, et appelée aujourd'hui Dimar et les provinces du Bambouk voisines du grand désert de Ferlo, qui sépare ce pays du Dyolof. »[533]

Comment la tradition se fait l'écho de la double légitimité et la prépondérance du matriarcat ?

Huit ans après la mort de Boubakar-Ebn-Amar, Fatimata Sal appela son fils Ahmadou.

Elle lui rappela, raconte Yoro Diao, les recommandations dernières de son père et lui fit part d'un projet qu'elle tenait secret depuis longtemps. Elle ne pouvait rester sans mari ; et ne voyant que Mbarik Bô, captif bambara de

---

531 Y. Diao, 1912, p. 132.
532 Y. Diao, 1912, p. 132.
533 Y. Diao, 1912, p. 133.

Boubakar-ebn-Amar qui se conformât aux dernières volontés du défunt, elle avait décidé de lui offrir sa main.

Pour toute réponse, Ahmadou qui ne savait pas nager, gagna précipitamment le fleuve Sénégal, et s'y jeta pour y mourir asphyxié. Il ne reparut point à la surface de l'eau et toutes les recherches faites pour le retrouver furent vaines.

La tradition résout ici au plan symbolique l'impasse de la filiation paternelle propre au lamanat. Avec le suicide d'Ahmadou la tradition marque bien l'annonce d'une dévolution utérine qui désormais allait définir l'horizon politique.

La narration de Yoro Diaw suggère ainsi que le mariage de Fatimata Sal et de Mbarik Bô n'eut lieu que longtemps après la disparition d'Ahmadou qui avait plongé sa mère dans la plus grande tristesse. Ce mariage annonce et symbolise bien la double filiation qui allait jeter les nouvelles bases de la légitimité du pouvoir et la naissance d'un ordre Garmi.

Les lignées Garmi

De l'union entre Fatimata Sal et MBarik Bo, naquit un fils unique, Barka Bô d'où est issue la famille Mbodye, famille guényo des Brak du Ouâlo.[534]

"Les deux familles royales Loggar, du Ouâlo, et Mouyoye du Cayor et du Baol, dans lesquelles les droits au commandement se transmettent par filiation utérine, sont également issues de Boubakar-ebn-Amar. Ses filles se nommaient Fâdouma Youmeyga et Fragna Youmeyga.

Fadouma Youmeyga épousa en premières noces le prince peul Isma, Ardo des Peuls Ouodâbé. De cette union naquit une fille, Tako Salgouf, qui est la souche de la famille mène Mouyoye. En secondes noces, Fadouma Youmeyga épousa Barka, frère utérin de Ndyadyane, à qui il succéda sur le trône du Ouâlo, et qui fut le premier souverain de ce pays à porter le titre de Brâk. Elle en eut une fille, Déguène Mbodye, qui fut une des souches de la famille mène Loggar, du Ouâlo, Tyaka-Mbar et Amadou Fadouma, qui furent tous deux Brak après la mort de leur père."[535]

La référence à Zucholin (Chukly Ñinglane) chez Ça da Mosto renvoie au chef du Djolof, et nous place bien dans une période d'hégémonie formelle des descendants de Ndiadiane Ndiaye, le premier de cette lignée à avoir occupé ce statut prééminent au-dessus des Lamanes.

---

[534] Y. Diao, 1912, pp. 128-129.
[535] Y. Diao, 1912, p. 127.

Une nomenclature d'emprunt

C'est le lieu de souligner, l'inauguration par Yoro Diaw d'une nomenclature d'emprunt qui a installé une assimilation des titres que l'historiographie reprendra sans distance critique. Parlant du Djolof, Yoro Diaw précise que « tous ces lamanes étaient nommés chacun dans son pays, suivant un usage dont on ne se souvient plus du commencement, par les assemblées… avec l'assentiment des Empereurs ». [536]

La nomenclature Roi, Vice-roi et Empereur que Yoro Diaw utilise est certainement destinée à l'intelligibilité de ses supérieurs du Gouvernorat français, Faidherbe et Roume à qui son travail est dédié.

Pourtant, c'est aussi à Yoro Diaw que l'on doit une description précise du nouveau statut des potentats locaux. Il donne leurs attributs et prérogatives qui les confondent dans une forme plus évoluée d'un lamanat qui sort de l'horizon foncier pour décliner la formation d'une souveraineté familiale avec ses critères de légitimité.

Les Lamanes, selon Yoro Diaw, devaient aux empereurs du Djolof « pour toutes prérogatives » en signe de soumission, des redevances versées à l'occasion des fêtes musulmanes de Tabaski, Korité, Gamou et Tamkharit. Ces redevances étaient présentées solennellement à Thiengg alors capitale du Djolof. Il s'agissait pour chaque lamane de verser deux cents « têtes de pagnes » deux beaux chevaux, un captif servant de palefrenier et une jeune captive comme cuisinière.

Ces mêmes Lamanes avaient la prérogative de nommer de nouveaux lamanes comme chefs de nouvelles localités, ouvrant ainsi la voie à une redistribution des charges et des titres à l'échelle des terroirs. Le Lamane-Cayor devait envoyer chaque année du sable blanc du Cayor pour embellir la cour du Bourba et des écorces de baobab destinées à la confection de cordes pour ses chevaux. Le Tèegne du Baol était astreint à cette même dernière redevance. Le Lamane Saloum quant à lui devait fournir une paille odoriférante.[537]

La rupture dans la chaîne de transmission du lamanat

La transmission du titre de lamane se faisait par patrilignage jusqu'au XVIe siècle qui marque une transition grosse de plusieurs ruptures. C'est avec Dethie Fou Ndiogou au XVIe siècle que commence la transmission du titre de

---

[536] Yoro Diaw in Rousseau, *Le Sénégal d'autrefois, cahiers de Yoro Dyao.*

[537] Rousseau, R. « Le Sénégal d'autrefois, Seconde étude sur le Cayor compléments tirés des manuscrits de Yoro Dyâo », in *Bulletin du comité d'Etudes de l'A.-O.F.*, 1933, 6 , p. 243-244.

Lamane par la voie matrilinéaire. Ce qui semble ouvrir une période de cristallisation du pouvoir entre des familles jalouses de garder l'exercice du pouvoir dans une seule lignée et ses alliées.

C'est sans doute cette rupture qui, entre autres, explique l'antériorité du titre de Damel par rapport à la date supposée de la bataille de Danki. Le titre de damel marquant une rupture par une dévolution désormais utérine du pouvoir.

C'est là un autre témoin de cette transition. Le Djolof avec un système de succession par la voie patrilinéaire cédait le pas à une transmission matrilinéaire au Cayor comme au Baol. Un fait significatif du renouvellement à l'œuvre car, à l'échelon local, d'autres dynasties se profilent pour faire pièce aux Ndiaye du Djolof. Il s'agit de donner un corps politique et une légitimité à un ensemble bien constitué dans l'espace Atlantique.

De fait, avant même l'épisode de Danki et le déclin du Djolof, l'espace atlantique semble prendre corps et consistance au travers du Cayor et du Baol. C'est tout le sens qu'on peut donner à la description de Ça da Mosto en 1455 qui nous présente un espace avec beaucoup d'autonomie dans son partenariat avec l'Atlantique. L'espace atlantique semblait déjà tourner le dos à l'hégémonie du Djolof.

Le Cayor a sans aucun doute profité de la nouvelle économie atlantique dans laquelle il est déjà intégré comme le Baol.

Ces derniers pays de lamanes, fournissant abris, esclaves et provisions aux Portugais et recevaient, en retour, chevaux, barres de fer et armes qui apparaissaient comme autant de nouveaux attributs dans la symbolique et la logistique du pouvoir.

Ces attributs sont dans tous les cas au détriment du Djolof car le nouvel horizon atlantique a plus de relais dans le Cayor et le Baol que l'embouchure du fleuve Sénégal ne pouvait en offrir au Djolof. Du reste l'intégration des Lébous dans le giron du Cayor témoigne d'un dynamisme et d'une vitalité que le Djolof semble avoir perdu bien avant 1549.

La configuration de l'espace semble avoir complété et renforcé un processus politique déjà à l'œuvre par l'avènement d'une nouvelle branche qui s'impose et se consolide en une lignée matrilinéaire dans un contexte où la tradition patrilinéaire prédominante battait de l'aile.

Le texte de Yoro Diaw reste un texte majeur, sous ce rapport. Par-delà les données qu'il livre sur la chronologie des règnes et les hauts faits de l'histoire du Cayor, il marque bien l'ancrage du discours géopolitique sénégambien, dès ses débuts dans des catégories politiques empruntées à l'Europe. Cet ancrage s'est fait sans la précaution critique nécessaire pour en interroger la validité et l'adaptation aux réalités du lamanat en transition.

La quête d'une nouvelle légitimité

La tradition décrit bien le lamanat comme un pouvoir terrien, au sein de communautés paysannes reconnaissant une forme de tutelle personnelle plus symbolique que réelle. La terre était encore l'assise du pouvoir chez les Lamanes à un moment où l'horizon de la royauté en Europe comme au Mali ou au Songhay en était sorti pour adopter des oripeaux du sacré et du légitimisme politique.

C'est dire avec quelle facilité on a, d'après Yoro Dyao, érigé en monarchie achevée ce qui pour les cas du Cayor, du Baol, du Sine comme du Saloum, n'était tout au plus qu'une autorité terrienne locale en transition vers une autorité centrale que des familles matrilinéaires allaient accaparer.

L'ouverture de l'Atlantique semble donc s'accompagner de l'invention d'une nouvelle forme de légitimité politique qui ne peut s'asseoir que sur la force et la ruse au détriment du légitimisme traditionnel. La légitimité politique repose désormais sur la force des armes et des chevaux, mais surtout sur la ruse des stratégies d'alliance et les intrigues pour contrôler l'exercice du pouvoir.

Stratégie matrimoniale et alliance politique

L'alliance de Amari Ngoné Sobel avec son oncle Niokhor Ndiaye du Baol de même que la ruse dont il a fait montre selon la tradition en amenant son fils à concevoir un enfant avec sa tante maternelle pour que ce neveu hérite du pouvoir, sont autant de ressorts qui traduisent l'avènement d'une nouvelle dynastie en quête de légitimation.

La création d'une nouvelle capitale à Mboul et la nomination d'un Djawrigne Mboul à la tête du Conseil des grands électeurs au détriment du Lamane Diamatil participent aussi du même dessein politique. Ce dessein se confirme aussi dans le rapprochement avec les marabouts à qui on attribuait des terres à l'image de Makhtar Mbaye à Gade Niandoul.

Ainsi les nouveaux ressorts du pouvoir se précisent bien par l'affirmation d'une lignée maternelle et le jeu des alliances avec de nouveaux groupes comme les marabouts. La monarchie s'affirme et se consolide par un jeu permanent de légitimation et de refondation qui trouvera sa pleine expression avec le règne de Lat Soucabé.

CHAPITRE 2

ITINÉRAIRES DE LAMANES ET DYNASTIES GARMI

Le XVIe siècle présentera dès son abord une nomenclature politique complexe dont le discours européen et les traditions locales rendent compte par une hiérarchie hybride entre Grand, Rois, Alcalde et Lamanes.

L'édifice traditionnel du lamanat se lézarde ainsi par cette diversification des titres, fonctions et autorités publiques.

Les Lamanes ont vite évolué de simples chefs de terre vers des positions plus éminentes de relais d'une lointaine autorité de l'intérieur ou d'au-delà des mers. Ils deviennent des rouages essentiels du système atlantique.

L'exemple du Lamane de Palène Dedd est significatif de cette évolution qui aboutira à la formation d'une nouvelle royauté par un geste de désobéissance et de rupture qui débouchera sur son indépendance vis-à-vis du Grand Djolof.

Le Lamane de Palène Dedd se devait en signe de soumission au souverain du Djolof, d'assurer le paiement d'un tribut en grains, bétail et esclaves et surtout d'apporter du sable blanc du Cayor pour embellir la cour royale du Djolof. C'est là un acte d'allégeance qui, en même temps qu'il marquait la prééminence du souverain du Grand Djolof, intégrait aussi les lamanes dans un ordre aristocratique qui allait connaître des bouleversements au XVIe siècle.

L'exemple du Cayor semble ainsi offrir le parfait modèle de l'évolution du lamanat d'une aristocratie de la terre vers une aristocratie militaire à la faveur de la nouvelle conjoncture du XVIe siècle.

L'étiquette Garmi

Le passage du lamanat à la royauté reste aussi marqué par l'évolution de l'étiquette et de la symbolique du pouvoir. On passe de la maîtrise de la terre et de ses fondements sacrés vers des rites d'intronisation qui privilégient une nouvelle légitimité du sang.

Les "Détails historiques" de Le Brasseur résument bien l'étiquette et une nouvelle symbolique du pouvoir qui annoncent un ordre Garmi. Ainsi au Cayor, quatre grands électeurs sont désignés pour présider l'intronisation du Roi à proximité de Mboul devenue capitale du Royaume.

Sur une butte de sable de quelques mètres, le nouveau roi prenait place sur une natte. Le peuple en signe de soumission apportait aux pieds du roi tous les fruits que le pays produisait. Une couronne en corail mêlé de feuilles de palmier fut déposée sur sa tête, de même un bracelet d'argent à son poignet. « On le descend ensuite de la montagne sur un bouclier d'airain et on le reconduit en triomphe jusqu'à son palais. Le cheval qui l'avait porté jusqu'au lieu du couronnement est attaché à un piquet et y reste sans aucune subsistance ; à l'instant qu'il expire, on porte au roi dans son lit une jeune fille qui reçoit de lui vingt gros d'or, vingt gros d'argent, un présent de dix captifs et un autre de cent bœufs » Du vivant du roi cette fille est condamnée à la chasteté.

C'est à Gade Nyandoul, un symbole de l'islamisation, que le rituel du Bain Khulikhuli devait se tenir. Ce rituel consacrait l'avènement du nouveau roi devant lequel les sujets devaient se prosterner et se couvrir le front de sable en signe de soumission à l'image de ce qu'Ibn Batouta rapportait de l'Empereur du Mali en 1352.

« Lorsque le roi sort pour aller à ses lougans il est toujours accompagné de trois cents hommes qui doivent être nus ; le Roi dans cette circonstance est le seul qui ait droit d'être habillé. »[538] Cette description qui corrobore beaucoup de versions transmises par la tradition orale rend bien compte de nouveaux attributs qui dépassent le cadre des simples maîtres de la terre dont les prérogatives se réduisaient à des cadeaux que l'abondance des terres de cultures donnait relativement peu de valeur.

La symbolique du pouvoir sortait ainsi des rites des religions du terroir centrées sur la vénération de pangols et autres « tuur » dédiés aux esprits et aux ancêtres. Ces rituels de terroir entretenus par les Lamanes et les Saltigués marquent leur hiatus avec la symbolique des nouvelles aristocraties qui empruntent bien des références à l'islam et/ou à la symbolique guerrière des Malinkés. L'importance du cheval, la référence à l'or et l'évidente préséance par rapport au peuple, rendent compte d'un ordre nouveau dont l'horizon va au-delà des terroirs de lamanes.

Ce lamanat en transition semble être la forme politique par laquelle toutes les sociétés de l'espace sahélien ont évolué. Ouolof, Sérères, et Peuls connaîtront cette forme primaire de gouvernement.

Il nous semble que le trait le plus marquant de l'évolution du lamanat a été le développement d'une compétition militaire entre différents matrilignages à la faveur du relâchement de la souveraineté du Mali et de l'ouverture de l'Atlantique qui favorisera surtout le Cayor et le Baol des Ouolofs.

Ces derniers, dès le début du XVIe siècle, avaient commencé à intégrer dans leur giron des populations lébous et sérères. Les sources portugaises de Ça da Mosto à Almada attestent bien d'une prépondérance du Cayor comme

---

[538] Le Brasseur J.A, « Détails historiques et politiques, mémoires inédit (1778) » in Becker et Martin, *Bulletin de l'Ifan*, Tome 39, série B,n°3, 1977, p. 98.

du Baol qui mettaient bien à profit la nouvelle conjoncture atlantique pour asseoir une indépendance vis-à-vis du Djolof. Les noms de Niokhor Ndiaye qu'Almada rend par « Nhogor » resteront associés à celui d'Amari Ngoné Sobel son neveu dans une trajectoire commune au Cayor et au Baol.

Le matriarcat et l'établissement des lignées Garmi

Dethié fou Ndiogou que la tradition rattache à une ascendance mandingue est le dernier Lamane du Cayor dans le giron du Djolof. Son ancêtre Mbouloum Fam serait le fils du Roi du Mali Oualy qui régna au milieu du XIIIe siècle.[539] Mbouloum Fam d'après Yoro Dyâo serait contemporain de Ndiadiane Ndiaye ; ce qui semble établir une commune origine malinké aux Ndiaye comme aux Fall. Le titre de Lamane qui se transmettait par voie patrilinéaire au Cayor adoptera la filiation matrilinéaire avec Déthié Fou Ndiogou.

La filiation maternelle allait ouvrir très tôt un ordre Garmi limité à sept familles utérines : Mouyoye qui est celle de Déthiè Fou Ndiougou de la descendance de Fadouma Youmeyga de la progéniture d'Abu Bakr Ibn Omar, qui avait épousé en premières noces le prince peul Isma, Ardo des Peuls Ouodâbé. C'est de cette union que naquit Tako Salgouf, qui est la souche de la famille mêne Mouyoye.

Les Ouagadou constituent une lignée ouverte par Ngoné Ndiaye (sœur de Niokhor Ndiaye Lamane au Baol) à partir de 1549 avec l'avènement d'Amari Ngoné Sobel.

Les Sogno complètent la liste avec Khourédia Kouly mère de Makhourédia Kouly Damel à partir de 1600.

Les Guélwar avec Diodio Diouf mère de Makhourédia Diodio Diouf qui régnera à partir de 1684.

Les Dorobé avec MBeïnda Thilor mère de Biram Mbeïenda Thilor ; les Bèye avec Bassine Soure mère de Dé Thialao qui occupa le trône du Cayor en 1693 et les Guèdj de la descendance de Ngoné Dièye qui ouvrait avec Lat Soucabé le Mène qui restera au pouvoir avec de rares intermèdes de 1697 à 1809.

Ces Mènes sont les seuls habilités à fournir des Damels choisis dans le patrilignage Fall qui constitue une véritable aristocratie (Seugthêff et Tagne).

Il en est de même des Guelwar qui partageaient une même ascendance mandingue pour constituer l'aristocratie du Sine et du Saloum, qui supplanta progressivement le pouvoir des Lamanes.

---

539 Charles Monteil « Les Empereurs du Mali », in *Bulletin du comité d'études de l'A.-O.F.*, 1929, n°s III-IV, pages 818, 865. Cité in Rousseau, *Le Sénégal d'autrefois, Cahiers de Yoro Dyâo*, page 244.

Un épisode que relate Yoro Dyâo reste particulièrement édifiant sur le passage du Lamanat à la royauté. Un ordre nouveau prend forme et bouleverse la légitimité traditionnelle des Lamanes. C'est au détour de la mort de Déthié Fou Ndiogou, lorsque son fils aîné Ma Ndessite fut déclaré Damel. Cependant la charge fut destinée au cadet Amari Ngoné Sobel rentré tout auréolé de sa victoire sur le Bourba Djolof à Danki. Ma Ndessite devait se retirer au village de Palméou où sa postérité perpétuera le titre de Lamane – Palméou qui lui était échu.[540]

Le grand bouleversement dans l'ordre politique semble donc procéder de la transformation des lamanes en relais et substitut d'une autorité lointaine dont ils reconnaissent la suzeraineté par le paiement de tributs symboliques.

L'épisode de la rébellion du Lamane Cayor est bien significatif de cette transition qui conforte les Lamanes dans une position de pouvoir au cœur de constructions politiques en perdition à l'image du Djolof et du Kaabu, deux héritiers du régime de Kangaba.

Le système atlantique a ainsi renforcé certains Lamanes et ouvert une nouvelle légitimité. Il ne s'agit pas du remplacement ou d'une révolution, mais bien de la refondation politique d'un groupe que les circonstances allaient transformer en une aristocratie militaire en plus de ses prérogatives foncières traditionnelles.

C'est sans aucun doute le sens de cette ambiance de coalition et d'alliance qui entoure la saga d'Amari Ngoné Sobel. L'alliance avec les princes du Baol traduit bien une communauté de destin scellée dans le sang et le jeu politique. Toute la littérature orale fait ressortir le cachet militaire et politique bien marqué qui montre comment le lamanat a progressivement dépassé les limbes des pangols et du foncier pour épouser les oripeaux d'une véritable aristocratie militaire.

La résistance des lamanes du Baol

Baouane, l'étymologie à laquelle la tradition rattache le mot Baol se rapporte à la lointaine souche socé que partagent tous les terroirs de la Sénégambie. Ce mot qui signifie fleuve en mandingue rappelle la proximité de l'élément fluvial que l'imagerie traditionnelle tend à reproduire en souvenir du terroir originel de la vallée du Sénégal. En l'occurrence c'est le fleuve Sine qui semble servir de lit à la formation du Baol comme pour rappeler la cohabitation socé et sérére dans la naissance de cette entité.

Des populations sérères originaires de la vallée du Sénégal, mélangées avec un proto-peuplement socé auraient convergé à partir du XIe siècle pour

[540] Yoro Diaw in Rousseau *op. cité*, page 257-258.

jeter les bases de la dynastie Wagadou qui se rattache à un ancêtre portant le nom de Kaya Maghan qui rappelle un titre de la royauté soninké du Ghana.

Le Baol semble bien suivre le modèle du Cayor dans une commune transition du lamanat vers la monarchie. Ce processus de transition se retrouve comme un écho dans ce passage de Valentin Fernandes qui, parlant des Sérères de la côte au début du XVIe siècle, les présente comme communauté n'ayant « ni roi, ni seigneur particulier, honorent l'un d'entre eux plus que l'autre, selon les qualités et les conditions des hommes entre eux. »[541]

Cette description peut sans doute se référer comme l'affirme Jean Boulègue aux groupes Safen et Dieghem de la côte[542] qui, selon Fernandes, « ne veulent pas consentir à accepter un seigneur ». Mais la référence peut bien s'appliquer aux autres lamanats des terroirs sérères où la prééminence avérée d'un grand lamane n'a jamais réduit leur tendance autonome.

Fernandes du reste parle des sérère et des Barbeciis[543].

Du Grand Lamane

« Le plus ancien Lamane connu appartient à la famille des Diata. On en retrouve ensuite dans la famille des Ngom, des Thiaw, enfin des Diouf. »[544]

Le principal lamane selon Becker et Martin, était celui de Nderep du patrilignage Séne qui aurait accordé par la suite le droit de feu aux Lamanes de Gandial,Thèpe, Dioung, Kombelan, Nianiar, Ndiakalak et Parar.[545]

La désignation du Lamane de Nderep jette un éclairage particulier sur la transition du lamanat à la royauté que partagent toutes les formations politiques de l'espace atlantique.

Rokhaya Fall fait remarquer à ce sujet qu'Amari Ngoné a créé de toute pièce le grand lamanat de Nderep, village de la province de Lambaye. En lui attribuant le droit de défricher un large domaine qui va jusqu'à Tuukaar et jusqu'au Djolof. Il lui donnait une assise foncière qui lui conférait une prééminence sur les autres Lamanes et dans le même temps l'attribut de gardien des rites d'intronisation. Il gardait ainsi l'habillage institutionnel du lamanat tout en veillant à consolider son pouvoir dans sa double lignée

---

[541] Valentin Fernandes, *Description de la côte occidentale d'Afrique 1506-1510.* Trad Theodore Monod, Raymond Mauny, A, T Da Mota, Bissau 1951, page 87.

[542] Jean Boulègue.- *La Sénégambie du milieu du XVIe siècle.*- Thèse de troisième cycle : Paris 1968, page 40.

[543] Fernandes, *op. cité*, page 87.

[544] Archive du Sénégal, document non classé cité in Victor Martin et Charles Becker « Les Teeñ du Baol : Essai de chronologie » *Bulletin de l'Ifan*, Tome 38, série B, n° 3, 1976, page 452.

[545] Les lamanes de lignages paternels résidaient à Toul (famille Diouf), gandial (Thiaw), Kombelan (Faye), Pougnar (Faye), Ndorong(Ndong), Nianiar (Diouf), Réfan (Thiaw), Gayan (Diouf), Gandal (Ngom), Baridiam (Diouf), Péo Fall (Fall), Ndiatak (Ngom), Ndiet (Ndiaye), Tiandigué (Ndiaye), Loa (Diouf).

paternelle et maternelle.[546] Cette consolidation sera parachevée par l'attribution du titre de Jaraaf Baol à la famille Juuf avec son cousin Manguinak Catta Diouf parlant désormais au nom des Diambours du Baol. C'est par ce procédé qu'Amari Ngoné réussit à sceller l'alliance entre les Ouolofs du Cayor et les Sérères du Baol.

Le biais du lamanat semble bien être la trajectoire de toutes les communautés ouolof et sérère de l'espace atlantique. Le contrôle de la redistribution des terres que nous avons décrit au Cayor semble être la voie royale pour l'érection d´une autorité centrale. C'est ce que Rokhaya Fall confirme bien en parlant à propos du Baol de la création d'un seul lamanat dans tout le Baol central : le lamanat de Nderep de l'autorité duquel relèvent tous les autres maîtres de terre du Baol central.

Comme au Cayor où le Grand lamane s'est approprié le droit de nommer de nouveaux lamanes et de concéder de nouvelles terres, le lamane de Nderep devient le seul habilité à distribuer les terres sous l'autorité directe du Tègne du Baol. C'est le même sens qu'on peut donner à la nomination de nouveau lamane : « lamane peey » ou « lamane de dog » dédoublant ainsi les anciens lamanes qui virent leurs prérogatives traditionnelles entamées.

C'est dans la même veine que se situe la création des titres de Calaaw et de Barjaak comme héritiers présomptifs avec le commandement de la province de Géoul pour le Calaaw et celle du Jaak pour le Barjaak. « Ce début de centralisation, avec la création de nouveaux commandements territoriaux, ne pouvait se poursuivre dans tout le Baol, sans la réaction des lamanes sérères dont les intérêts aussi bien politiques qu'économiques étaient alors menacés ».[547]

D'autres Lamanes de lignées maternelles habitaient à Thiakar (Gêt), Tioutioum (Patik), Parar (Jaafun), Sésèn (Tombas), et Sasakh (Tiégandum). Une royauté prenait ainsi le pas sur le lamanat.

En somme c'est une dynastie Socé qui avait ouvert l'autorité centralisée avec le titre sérère de Teigne avant de passer le relais aux Ouolof. De nombreux princes ou princesses de la famille Wagadou naquirent de père sérère ou de filiation mandingue ou ouolof.[548] Les tumuli ou mbanar disséminés dans l'espace du Baol entre Gninguène, Thieulber, Ndiakalak et Ndatou, sont les vestiges matériels de ce lointain pouvoir protohistorique. Rokhaya Fall identifie les provinces du Gewul, du Salaw, du Ndaden et du Laa comme aires du premier peuplement Socé. Il s'agit là des provinces septentrionales et orientales qui ont rejoint le front historique mandé qui a colonisé l'espace entre le fleuve Niger et la vallée du Sénégal.

---

[546] Rokhaya Fall, 1983, page 59.
[547] Rokhaya Fall, *ibidem*, page 94.
[548] Martin et Becker *op. cité*, page 455.

Une dynastie Wagadou montrant la prééminence des familles socé semble marquer une première période suivie par l'intermède de princes sérères de par leur filiation paternelle avant la prépondérance ouolof consécutive à la formation du Djolof.

Rokhaya Fall fait coïncider le terme Tègne avec l'émergence du pouvoir politique ouolof au XIIIe et début XIVe siècle. Ainsi, selon les traditions qu'elle rapporte, le premier Tègne du Baol serait Demba Gueye dont l'avènement atteste le double héritage du lamanat et de la suzeraineté du Djolof sur le Baol.

« Demba Gueye aurait donc été le premier Teeñ ouolof du Bawol. Dans le récit de Yoro Jaw, Demba Gueye serait originaire du Walo où son père faisait partie des six intendants du Laman Dyao. Plus tard le même Demba Gueye deviendra le beau-frère du Buurba Jolof Njajan Njaay. Ce dernier aurait épousé sa sœur Maram Doyé Gueye » et ce serait Njajan Ndiaye qui aurait placé Teeñ Demba Gueye à la tête du Baol. Notre auteur rattache Demba Gueye à la famille maternelle Wegej. Maram Doyé Gueye sœur de Demba, eut trois enfants avec le Bourba: Saré jajan, tyukli Njajan et une fille nommée Geet Njajan qui fut la souche de la famille mène princière Oueguedye, du Cayor et Du Baol.[549]

Faute de données suffisantes, il est difficile d'établir une ascendance fiable à Demba Gueye que la tradition associe à la formation de la royauté au Baol. On peut tout au plus le classer dans la liste des lamanes d'origine Wagadou. Une origine qui, du reste, n'est pas sans rappeler le patronyme Gueye que Bathily a relevé au niveau du Haut-fleuve avec la même origine pêcheur du Walo. Ce patronyme Gueye se référant à un groupe réputé maître du sol et des eaux et dont le nom Ji Gumu pourrait être rapproché de Jogomay le titre d'un des principaux membres du Seb Ak Baor du Walo. Faute d'une filiation directe difficile à établir, il est possible d'identifier une proximité de statut social et une appartenance au fonds anthropologique commun de la basse et moyenne vallée du Sénégal de la période protohistorique.

Le Baol offre l'exemple type de l'évolution du pouvoir du lamanat à la royauté. Ce modèle et cette trajectoire se démultiplieront à l'échelle de toute la Sénégambie.

À défaut d'un compromis durable scellé au travers d'alliances matrimoniales, la légitimité traditionnelle des lamanes s'accommodait difficilement avec l'ordre fermé des Garmi que les Fall ont instauré au Baol comme au Cayor.

---

[549] Rokhaya Fall *op. cité*, page 39.

La fin du Lamanat et l'instauration des lignées

À l'occasion du passage du lamanat à la monarchie, il s'est opéré progressivement un glissement d'un mode de gestion patrimoniale de la terre vers des formes plus complexes qui ont fini par affaiblir les Lamanes au profit de la royauté.

Le roi, à la différence du Lamane, devient désormais le seul propriétaire des terres, des mers, des rivières, des fleuves, en général, de toutes eaux et de toutes végétations. Lui seul a le droit d'expulser un malfaiteur du pays. Il nomme ou révoque les chefs de régions ou Kangam.

Les Lamanes restent de simples gardiens des terres, pouvant toujours distribuer des terres moyennant une redevance annuelle en grains ou en bétail. Même si le titre reste héréditaire, le nouveau Lamane se doit de donner au roi un droit appelé Dyèk composé d'un cheval, de bœufs ou de parures.[550]

Les Damel, Teigne, Brak ou Bourba se sont arrogés un droit éminent sur les terres non encore partagées entre Lamanes. Aux nouveaux immigrants était conféré le droit de hache et des terres vierges leur étaient directement attribuées.

Paul Pélissier reprenant la tradition orale fait une description très complète de ce nouveau type de tenure. « ...Les terres Gormone (gormome ?), soumises à redevances seigneuriales (et non plus patrimoniales comme pour les terres relevant des lamanes) versées au roi ou son représentant local. Mais dans les régions les plus densément peuplées, les surfaces susceptibles de former des gormome furent rapidement épuisées. C'est alors que commencèrent les empiètements sur les domaines des lamanes, non point au bénéfice de paysans nouveaux venus, mais en vue de doter des familles princières et des notabilités religieuses... ce type de « propriété » porte le nom de léou et peut couvrir le territoire de plusieurs villages. »[551] Quant aux concessions faites aux notabilités religieuses, elles portent le nom de sarakh dont la généralisation dans certaines régions du Nord-ouest comme le Ndiambour, jetait les bases de la territorialisation des marabouts, caractéristique des XVIIe et XVIIIe siècles. Cette territorialisation reste le témoin le plus vivace des oripeaux d'une monarchie inachevée. L'ordre Garmi étant contraint de négocier un gentleman agreement avec une élite maraboutique généralement issue de ses flancs.

Le léou délimité par l'espace parcouru par un cavalier en une journée donne la mesure de cette négociation et des stratégies de consolidation d'un

---

[550] Tanor Lat Soucabé *op. cité*, p. 104-105.

[551] Paul Pélissier, *Les paysans du Sénégal, Les civilisations agraires du cayor à la Casamance*, Saint-Yriex, Fabrègue 1966, page125-126.

pouvoir politique. Le rapport à la terre qui semblait définir l'ordre du lamanat cède petit à petit le pas à une complexification du jeu politique qui fait entrer en scène de nouveaux statuts et de nouveaux attributs.

La pression démographique et l'impact des migrations, le cheval comme les armes à feu, semblent être des nouveaux facteurs de rupture qui trouveront leur paroxysme dans l'ouverture de l'Atlantique.

C'est ce tableau que semble présenter l'espace sahélien du XVe à la fin du XVIe siècle.

Dans la multitude des lignages, dans les terroirs ouolof, sérére, foulbé, maures et mandingues émergeront quelques entités qui marqueront l'histoire politique de la région et définiront la configuration du paysage politique comme la redéfinition des itinéraires sociaux.

CHAPITRE 3

LA QUESTION DE LA DISLOCATION DU DJOLOF : ÉMIETTEMENT DYNASTIQUE ET RECOMPOSITION POLITIQUE

L'héritage du Djolof

Le Djolof ne semble point s'identifier à un empire territorial continu et centralisé, d'envergure régionale comme le Mali dont il dépendait. Ni le contrôle des terres où la gestion de redevances impériales ne semblent déterminants dans l'histoire de cet ensemble. La nature des tributs, (sable, cordes, etc.) témoigne d'un pouvoir plutôt symbolique sur de lointaines communautés et terroirs dirigés par des aristocraties intégrées dans un réseau d'alliance ou de parentèle. Plus qu'un pouvoir conquis, il s'agit d'une autorité héritée du Mali par le Djolof Mansa à qui les Lamanes et les familles aristocratiques ont porté allégeance sans nécessairement incorporer les populations et leurs terroirs dans un maillage territorial et un contrôle miliaire effectifs. C'est sans doute le sens que la tradition suggère de la consécration par Meissa Waly Dione du Sine du pouvoir de Ndiadiane Ndiaye le premier Bourba du Djolof. C'est dans la même veine qu'on peut expliquer l'antériorité d'un lamane-Cayor autonome telle que suggérée par le témoignage de Cadamosto en 1455 bien avant l'épisode de la bataille de Danki.

Ainsi il y a bien une question du Djolof qui reste à élucider, après la brillante synthèse de Jean Boulègue.

Le paradigme de la dislocation du Djolof suggère le démembrement d'un État centralisé et de ses institutions. Cela présuppose le relâchement des relations de contrôle effectif, d'extension territoriale et de dépendance entre un pouvoir central et des territoires soumis. Elle présuppose aussi le tarissement d'un tribut qui, jusque-là, servait de contrepartie pour résorber le coût d'une conquête ou l'entretien d'une administration ou d'une élite.

Dans quelle mesure l'hégémonie fulbé a freiné les desseins expansionnistes du Djolof et annihilé toute prétention sur l'espace atlantique et permettre l'émergence du Cayor ?

Ya-t-il eu un repli délibéré des Bourba sur les réduits de Thieung, Yang-Yang et dépendances directes, lorsque l'arrivée des Portugais a ouvert la possibilité pour des démembrements de l'aristocratie d'accéder aux chevaux et aux armes des Portugais à l'image des prétentions de Bumi Gelèn (Le Bemoy des sources portugaises). Il y a là autant de questions dont une réponse satisfaisante et documentée reste à fournir pour nous permettre de mieux définir les contours de l'héritage post-Atlantique.

L'ensemble Sénéga

Dans les témoignages du XVᵉ siècle, une entité ouolof dénommée Sénéga était bien identifiée avec des limites bien marquées. À l'est nous avons le Tekrur, au sud le royaume de Gambra qui correspond au Gati Mansa des Mandingues occidentaux que dans son second voyage de 1457 Ça da Mosto confirme comme une dépendance du souverain de Mali au même titre que le Casa Mansa. À l'ouest : l'océan Atlantique et au nord le fleuve Sénégal qui le sépare des terroirs maures.[552] Le fleuve Sénégal apparaît comme un carrefour et non une limite. Nous nous trouvons là en face de limites factices, un domaine « instable » avec « aucune cité fermée » suivant les mots de Ça da Mosto. L'étendue de l'influence formelle du Bourba Djolof est sans commune mesure d'avec ce que nous savons du Mali ou du Sonhgay qui ont gardé un horizon régional incontestable. Le royaume du Djolof semble être la dernière construction politique d'envergure avant l'ouverture de l'Atlantique.

La prépondérance du Djolof devait, comme au Walo et au Cayor, se heurter aux velléités d'indépendance d'une aristocratie en gestation. Les témoignages d'Eanes de Zurrara en 1447[553] et de Ça da Mosto en 1456, confirment la récurrence de ces velléités bien avant 1549.

La geste de Koli et la bipolarisation de la Sénégambie

L'occupation du Fouta par les hordes de Koli et l'établissement de la dynastie Denianke vers 1510 a provoqué le tarissement de l'approvisionnement en cheval à partir du Sahara mauritanien. Du coup, les provinces occidentales ont capté à leur profit l'accès aux chevaux et par conséquent sécuriser un facteur décisif dans les projets hégémoniques de la Sénégambie aux XVᵉ et XVIᵉ siècles.

C'est le *Tarikh es Soudan*[554] qui suggère la césure décisive qui a scellé le destin du Baol, du Cayor, du Walo comme de beaucoup de formations politiques de la Sénégambie. *La chronique de Tombouctou* fait référence à Tayenda le père de Koli Tenguella dont la mort en 1511-1512, amena ce dernier à se réfugier au Fouta où il fomenta une révolte contre le Bourba Djolof qui fut tué. Le pays de Djolof fut, par la suite, divisé en deux entités, l'une pour Koli, l'autre pour le Damel du Cayor.

L'effet fulbé semble ainsi avoir beaucoup joué sur l'indépendance du Cayor et le démembrement du Djolof.

---

[552] Ça da Mosto *op. cit* ., page 74.
[553] Gomes Eanes de Zurara « Chronique du Guinée » traduction L. Bourdon, *Mémoire de l'Ifan*, n° 60, Dakar, 1960, page 259.
[554] Es Sadi, *Tarikh Es-Soudan*, O, Houdas, Paris, Maisonneuve, 1964, pages 127-128.

C'est sans doute cet épisode qui donne plus de cohérence à la géopolitique et même la chronologie de la Sénégambie au XVIe siècle.

Il permet aussi de résoudre le paradoxe de la mention de Budomel chez Ça da Mosto, bien avant le moment de Danki en 1549. Sans doute la geste fulbé avait des épisodes antérieurs à l'irruption de Koli Tenguella sur la scène régionale.

On trouve l'écho de la fin de la prépondérance du Djolof dans le témoignage d'Alvarez de Almada daté de 1594. Cette date semble marquer l'avènement d'une hégémonie fulbé qui a été déterminante dans le relâchement de l'autorité du Djolof sur les lignées lamanales de l'espace ouest-atlantique. « Ce royaume des jolofes était très considérable autrefois et soumis à un souverain que nous appelions le grand Jolofe, auquel d'autres rois payaient un tribut. Il est quelquefois désigné sous le nom de Burba-Jolof, parce que Bur signifie roi dans la langue du pays. Mais avec le temps ce prince déchu de son ancienne grandeur, est devenu vassal du roi de Galalho, qu'on appelle grand Foulo. »[555]

La note de Almada suggère que ce processus est bien antérieur avec l'usage des termes comme « autrefois » ou « avec le temps ». Mais l'absence de toute référence à ce bouleversement dans le texte de Ça da Mosto nous autorise à porter la césure dans la seconde moitié du XVe siècle ou au début du XVIe siècle.

Raymond Mauny place la geste de Tenguella entre 1481-1495[556]. Cette date correspond bien au texte d'Almada qui décrit une résistance victorieuse des Beafares sur les Fulbé 80 à 90 ans avant la rédaction du « Tratado Breve ».

Adossées sur les puissants ressorts du Gabou, les hordes de Koli avaient permis une recomposition du paysage politique en Sénégambie septentrionale. C'est ce contexte que les familles Fall du Cayor ont mis à profit pour étendre leur influence sur le Cayor et le Baol.

Le bouleversement post-atlantique

Le XVe siècle semble ouvrir ainsi une ère d'instabilité que suggère ce passage de Ça da Mosto « ...en iceluy se trouvent plusieurs seigneurs, lesquels quelquefoys eguillonés par jalousie de leur domaines, se rangent troys ou quatre ensemble, et creent un roy selon leur fantaisie, l'élisans de noble race, entre les mains duquel le gouvernement demeure tant qu'il plait à iceux seigneurs l'y maintenir, et selon le bon traitement qu'il use à leur endroit ; mais le plus souvent ils l'expulsent et chassent par force. Combien qu'ils s'ent trouve d'aucuns, qui après avoyr été constitués roys, augmentent tellement

[555] Almada *ibid.*, page 80.
[556] Esmeraldo de sitiu orbis de Duarte Pacheco Pereira, traduction de Mauny et Texeira 1953.

leurs forces et se rendent si puissans, qu'ils ont le moyen d'eux defendre contre tous ceux qui se déclarent autres que leurs amis… »[557]

Un ordre Garmi local

La seconde moitié du XVe siècle semble bien marquée par un relâchement de l'autorité centrale du Djolof. On assiste plutôt à l'affirmation d'un ordre garmi localisé. Un système de clientèle familiale s'affirme surtout dans les lignées directement en contact avec les vaisseaux atlantiques. Le pouvoir s'atomise dans une multitude de lignées familiales héritières des attributs des pouvoirs lointains du Djolof et du Mali.

Le Cayor semble la première unité significative de cette patrimonialisation du pouvoir et son corollaire, l'émiettement de l'ordre garmi, dans les terroirs ouolofs au sud du fleuve Sénégal. « Le seigneur Budomel tient ordinairement deux cens noirs en sa maison, qui n'abandonnent jamais sa personne ; mais avec tel ordre que quand l'un va l'autre demeure. Et outre ceux-cy, il n'a faute de gens, qui luy font la cour, le venant visiter de divers lieux. À l'entrée de sa maison, avant qu'on parvienne jusques au lieu, là où il demeure et repose, il fault passer sept grandes cours toutes fermées dont au milieu de chacune y a un grand arbre, afin que soyent à couvert et ombre ceux qui demeurent en l'atendant. Outre ce, en icelles sa famille est compartie, selon les degrés et dignités des personnes, car en la première demeure la basse famille, et plus avant ceux, qui davantage reverés : si que plus on s'approche de la résidence de ce seigneur et plus va en croissant la dignité de ceux qui y sont parqués ; ainsi de degré à autre, tant qu'en fin, on parvient à la demeurance et maison d'iceluy seigneur duquel bien peu s'osent hazarder d'approcher, hors les chrétiens qu'on y laisse passer franchement et les Azanaghes, lequelles deux seules nations ont plus grande faveur à l'entrée que nulle autre. »[558]

C'est une vie de cour bien marquée qui est décrite ici ; mais aussi la place réservée aux Européens et aux Maures dans une étiquette qui rend bien compte des jeux d'alliance.

Ce dont rend bien compte le témoignage de Ça da Mosto est un espace politique bien marqué par la préséance des familles de lignées garmi bien assises sur leurs propres terroirs et rivalisant dans la quête des produits européens et des chevaux qu'elles obtiennent en échange des esclaves. L'espace public semble occupé par des instances de pouvoir qui se transmettent dans des groupes de familles bien identifiables selon les terroirs. La prédominance de la transmission patrilinéaire ou matrilinéaire semble s'associer à l'héritage mandingue ou aux modalités du peuplement de l'espace

---

[557] Da mosto *op. cit.*, page 76.
[558] Da mosto *ibid.*, page 94-95.

atlantique à partir du XIVe siècle. Au niveau des villages il y a le Jagodim ou Jaorin qui est le représentant du chef à l'échelon le plus bas.[559] Cette situation semble bien dénoter un relâchement d'une lointaine autorité centrale attribuée au Djolof ou au Mali qui a connu son ère de grandeur au XIVe siècle.[560]

Il apparaît très tôt que la légitimité de par le statut familial qui était de rigueur jusqu'au milieu du XVe siècle dans l'espace ouolof, a vite évolué à la faveur de la nouvelle conjoncture atlantique. Les esclaves de la couronne apparaissent comme un corps de nature à redéfinir le jeu politique : « Profitant de l'éloignement de son souverain, il sut se faire des partisans par des dons et par des promesses, et manœuvrer si bien que le grand Jolofe ne fut informé de ses menées que quand il fut trop tard pour s'y opposer. Il mit dans une déroute complète l'armée que Bumain Gilem son maître, envoya contre lui et le força à se retirer sur le territoire du Grand Foulo. »[561]

Le témoignage d'Almada, malgré ses limites, semble redéfinir les ressorts géopolitiques qui servent de toile de fond. On voit bien la part décisive des sollicitations du commerce atlantique dans la configuration de l'espace politique. Le domaine atlantique devient un enjeu pour les différentes familles Garmi. C'est tout le sens qu'il faut donner aux desseins d'Amari Ngoné en nommant son petit-fils et neveu Mamalik Thioro comme héritier présomptif du Baol. Nous sommes là au cœur de l'élaboration des premières formes politiques locales qui transcendent les limites du lamanat. La Royauté se construit par la concentration du pouvoir et des domaines dans une seule famille ou une alliance de familles Garmi. La crise de succession ouverte au Cayor est un bon épilogue à la dislocation du Djolof et la recomposition de la royauté qui sera ouverte au XVIIe siècle. Cette crise traduit bien la prégnance de l'économie saharienne face au défi atlantique.

Mama Malik et Massamba Tako polarisent bien les factions en compétition.

L'adhésion au réseau maraboutique, pour l'un, et la proximité avec les négociants de la côte que Almada décrit, pour l'autre, traduisent bien la césure du XVIe siècle dans la formation des États post-atlantique. La préséance est désormais aux familles et groupes qui réussiront à intégrer l'Atlantique et son système mercantile dans leur domaine à l'image des Ouolofs d'Amari Ngoné Sobel à Lat Soucabé et des Fulbé.

Une royauté en gestation

Richard Rainolds en 1591 confirme la nouvelle configuration en présentant le Cayor et le Baol sur un espace continu de la rive sud du fleuve

---

[559] Almada, page 93.

[560] Ibn Battuta, Travels in Asia and Africa 1325-1354, tr. and ed. H. A. R. Gibb (London: Broadway House, 1929) p. 339.

[561] Almada *ibid.*, page 81.

Sénégal sur la côte jusqu'à Palmarin et au-delà la rade de Portudal sous le contrôle de deux descendants directs de Amari Ngoné Sobel, Malick Samba (Massamba Tako) et Amar Malick son fils. [562]

En 1594 Alvares De Almada présente une image émiettée du Grand Jolof sous les coups de boutoir du Grand Fulo qui lui imposa son hégémonie. Il décrit ensuite comment le Cayor a gagné son indépendance en passant du statut de vassal à celui de roi en mettant à profit l'éloignement du Grand Jalofo et une alliance avec des princes locaux pour étendre son influence jusqu'aux confins des terres du Grand Fulo.

Almada confirme bien la bipolarisation de la Sénégambie dont fait écho le *Tarikh de Tombouctou.* Il présente le Cayor comme le cœur du pays ouolof ayant sous sa tutelle une part du Grand Djolof qui devenait tributaire du Grand Fulo.[563] Le témoignage d'Almada est important en ce qu'il marque les débuts d'une forme politique à mi-chemin entre le lamanat et la monarchie héréditaire des familles Garmi.

Le premier Teigne ouolof fut Amari Ngoné Sobel Fall qui nomma son neveu et petit-fils, Thialaw c'est-à-dire héritier présomptif du Baol, ce qui ouvrit au Baol comme au Cayor la querelle de succession entre Massamba Tako le fils de Amari et Mamalik (Mamalik Thioro Njigen, fils de Massamba). Cette crise de succession aboutit à une division de fait entre le Cayor et le Baol qui deviennent deux entités politiques distinctes qui entraient dans l'ère atlantique du XVIe siècle sous les oripeaux factices de deux États que seules les querelles de préséance entre familles aristocratiques séparaient. Alvarez De Almada se fait l'écho de cette division factice en présentant Mamalik (Amad Malique) comme un Damel pieux et proche des marabouts et des Maures tandis que Massamba Tako (Chilao) se chargeait davantage des ports atlantiques et avec une plus grande proximité avec les négociants portugais. Rokhaya Fall fait bien de préciser que : le roi du Cayor fils d'Amari était en fait Massamba et Mamalik était le Chilao roi du Baol.[564].Yoro Diaw décrit bien ce processus : Amari avait pour fils et héritier normal Massamba Tako qui réunissait les conditions d'être Sëgtëf (patrilignage royal) et Garmi (clan matrilinéaire royal), mais son meen Garmi était celui des Muyoy tandis que son père était Wagadou. Amari eut recours à un subterfuge en faisant procéder à une substitution entre l'épouse de son fils et sa propre sœur, qui était donc Wagadou comme lui. Massamba Tako eut donc à son insu, un fils, Mamamalik

---

[562] Boulègue J et Marquet R. « Le voyage de Richards Rainolds en Sénégambie, 1591 » *Bulletin de l'Ifan*, série B, n°1, 1971, p. 1-13.

[563] « Fica hoje este reino do Gran-Jalofo por cima de Encalhor, que é coraçao daqueles Reinos dos Jalofos, e dà a obediencia ao Gran-Fulo.E quando entra algum no Reino por Rei lhe manda o Fulo o barrete, que é como coroa ; ficou o mais do Reino sujeito ao Budomel e aos seus descendentes, o qual se fez um grande Rei, sehoreando muitas terras. » in Alvares De Almada Tratado breve, 1964, page 7.

[564] Rokhaya Fall *op. cité*, page 63-70.

Coro, de meen Wagadou comme son grand-père. Mamalik fut élevé en secret puis nommé à la tête du Baol, au nom d'Amari, avec le titre de Calaw (thialao), dévolu en général à l'héritier présomptif. À la mort d'Amari, il hérita en effet du Baol, mais Masamba Tako fut élu au Kajoor. Mamalik attaqua alors son père et le fit tuer. Mais les trois autres fils de Massamba (nés d'une autre mère) refoulèrent Mamalik dans le Baol et l'un d'eux Maxureja Kulli, fut reconnu Damel. Cet épisode bien résumé par Jean Boulègue[565] et qui est rapporté par bien des chroniqueurs européens est bien significatif des enjeux du pouvoir entre les familles matrilinéaires et patrilinéaires en compétition pour l'exercice exclusif du pouvoir, une royauté.

---

[565] Jean Boulègue, *Le Grand Djolof*, Édition Façades, Blois 1987, page 179.

CHAPITRE 4

L'ÉMIETTEMENT FACTICE EN PETITS ROYAUMES

À partir du XVIe siècle, les limites territoriales des ensembles politiques se montraient bien factices. La prééminence des titres mandingues comme celui de Farin rend bien compte du nouvel ordre des choses. Le défi de la côte semble redéfinir toute la géopolitique du Soudan occidental. L'émiettement et la polarisation occidentale semblent devenir la règle. Vers 1764 encore, Doumet estimait pour le Cayor que « la plus grande longueur de ce royaume au bord de la mer dans les terres est de 30 lieues environ et sa plus grande largeur de 35. »[566] Malgré cette approximation, les données de Doumet confirment cette impression d'émiettement en petites bandes côtières, surplombant l'atlantique comme un large comptoir qui reste le seul horizon des souverains de la côte. L'émiettement politique à l'échelon local qui fera qu'on trouve « un roi tous les vingt lieues » [567] atteste bien de la gestation d'un nouvel ordre politique dans cet espace des terroirs ouolofs, mandingues, sérères, peuls et maures.

En 1786 une mission commanditée par Durand, le directeur de la Compagnie du Sénégal, nous offre un tableau très suggestif de l'émiettement politique caractéristique surtout du XVIIIe siècle.

Parcourant le Cayor, la mission Rubault notait dans chaque village un chef avec des charges héréditaires que le souverain concédait à l'origine à telle ou telle famille. « Le maître reçoit un cens de tous les habitants, pour ses dépenses et son entretien ; il est chargé de faire exécuter les ordres du roi, en ce qui concerne la police, les mœurs et la justice, sauf le recours au souverain dans les cas de condamnation à mort ou à l'esclavage ».[568]Durand notait dans la même lancée que quelques villages étaient donnés par des rois à titre d'apanage, à des princes de leur maison. Ils prenaient alors le titre de gouverneur sans toutefois avoir plus d'autorité ni plus de prérogatives que les maîtres de village. Ils percevaient toutefois des redevances plus importantes du fait de leur ascendance Garmi. Ce dernier statut leur conférait la possibilité d'entretenir une cavalerie et de s'armer de fusils, à l'image des princes Masset et Youssoufat que Rubault a rencontrés.

Nous avons là le nouveau maillage politique et social qui voit s'imposer une nouvelle nomenclature sur les vestiges du pouvoir des Lamanes.

---

[566]*Mémoire historique sur la partie de la côte d'Afrique. Depuis la rivière du Sénégal jusqu'à celle de Gambie*, Ministère des colonies archives coloniales, daté vers 1764, par M. Doumet fonds C6.

[567] Almada traité succint *op. cité*, page 100.

[568] Durand, *Voyage au Sénégal*, 1802, *op. cite*, page 274.

Ainsi, il apparaît que les seules constances à partir desquelles on pourrait suivre la trajectoire d'un État sur ces terroirs demeurent le contrôle des droits et revenus de l'espace atlantique, par une lignée familiale.

La lignée comme seule matrice de l'État

Pathé Diagne avait beaucoup insisté sur l'importance de la lignée comme sujet majeur de l'évolution politique au Sénégal. La lignée étant le dépositaire de la souveraineté reste la référence dans la définition de la légitimité et dans le système de dévolution du pouvoir. Ce n'est point l'individu, « ce sont les communautés familiales matrilinéaires ou patrilinéaires qui ont été dépositaires de statut social et de statut politique. » [569]

L'État semble se confondre ici à une lignée familiale qui se forge un personnel politique très volatile sans correspondance avec une bureaucratie de profession et un espace défini et circonscrit. Les « royaumes » se déclinaient ainsi au gré des rapports de forces ou des sollicitations de l'économie atlantique.

Les aznagues ne sont pas caractérisés comme royaume parce qu'« ils n'ont aucun seigneur entre eux »[570]. Cette remarque de Da Mosto au XVe siècle ouvre une lecture singulière de l'espace public. C'est le statut politique de Seigneur emprunté à l'imagerie médiévale européenne qui semble définir le pouvoir. Les groupements humains dans ce cadre gardent l'appellation de royaume sans se référer à un territoire, une bureaucratie ou une armée de métier. Tradition, charisme, et procédures cèdent ici le pas à la nucléarisation de la force caractéristique de cette période.

L'assimilation à une imagerie politique métropolitaine est manifeste. Au détour des tout premiers contacts avec la Sénégambie, la référence qui s'offre à l'observateur européen reste l'ordre seigneurial auquel il est habitué. Il s'y ajoute un processus de parcellisation du pouvoir et une inflation du personnel politique significatifs d'une transition politique qui laisse pourtant intacte la configuration des terroirs.

La description de la configuration politique de la côte faite par Almada à la fin du XVIe siècle illustre bien la géopolitique née de l'ouverture de l'Atlantique. Parlant du pays mandingue entre le Saloum et la Gambie, Almada parle d'un roi pour chaque espace de vingt lieues ; et ces rois sont les sujets d'une autorité supérieure dénommée « Faroes ». La prolifération de ce titre semble être le fait de l'observateur étranger qui décrit une région peuplée de « beaucoup de nègres et beaucoup de Rois ». Parlant du Buur Saloum par exemple, il identifie sur un espace de plusieurs lieues, une multitude de rois, ses vassaux qui lui payent tribut.[571] Le Lamane se fait roi ;

---

[569] Pathé Diagne 1970 : 55.

[570] Ça da Mosto *ibid.*, page 50.

[571] Alvares De Almada, Lisboa 1964, page 43.

le Kangam se fait roi ; le Jaraf, le Farba ou même l'Alkati se transforment en entités politiques répertoriées dans le discours et la nomenclature côtière comme des souverains locaux.

La préoccupation de hiérarchiser et fixer un ordre social dans toutes les contrées qui s'offraient au regard de l'observateur étranger reste une constante jusqu'au XVIIe siècle. L'invention de la catégorie de « Grand » que nous retrouvons dans le vocabulaire politique pour marquer l'hégémonie des Ouolofs, des Mandingues occidentaux, comme celle des Fulbé est significative, sous ce rapport.[572]

Une nébuleuse géopolitique

Les XVe et XVIe siècles restent bien marqués par cette nébuleuse géopolitique qui traduit une situation de transition. Dans cette phase de transition, les lignées familiales, en quête de légitimité et d'une nouvelle assise matérielle, se retrouvent à l'étroit dans le lamanat. L'autorité politique à peine sortie des limbes du lamanat se cherche et impose à l'observateur européen une image d'émiettement et de précarité qui lui restera collée pour des siècles encore. C'est sans doute ce qui explique l'assimilation abusive à des royaumes des lieux-dits par de simple « construction de l'idée » selon le mot de Doumet.

Toponymie et terminologie de la Découverte

L'un des premiers tableaux de la Sénégambie à partir de la côte atlantique nous vient du Vénitien Alvisse de Ça da Mosto. Son ouvrage de pionnier a informé toute l'imagerie européenne des faits et formes politiques de la Sénégambie

Ça da Mosto, en 1455, mentionnait trois toponymes : Barbazini, Cabo Verde, Gambra.

Chez Diogo Gomes (1456-1460) on retrouve Cabo Verde, Gambia, Nuno Tristan, Zaza.

Duarte Pacheco Pereira, au début du XVIe siècle, énumère, Andam, Bezeguiche, Barabaciis, Cabo Verde, Cabo Dos matos, Gibandor, Guambea, Palma, Porto d'Ale.

Valentin Fernandes, à la même période, mentionnait : Barbacij sr. Borjoniq, Borçalo, Cabo Verde, Cabo dos matos, Gambia, Gebandor, Joala, Lagos, Palma.

Dans son Tratado Breve, Almada citait lui aussi : Barbacins, Biziguiche, Cabo Verde, Gambia, Guindim, Gomar, Jagao, Joala, Lambaia, Lagos Dos Matos, Sereno, Palmeriinha et Porto d'Ale.

---

[572] « Le petite côte d'après Francisco de Lemos Coelho » par Nize Isabel de Moraes, *Bulletin de l'Ifan*, T. XXXV, serie B, n° 2, 1973.

En 1635, Francisco Pirez de Cravalho mentionnait Arecif, Bacamgamar, Borçalo, Brezigixhe, Cabo Verde, Cabo Dos Matos, Cozalo, Ioale, Gambia, Palmerinha, PortoDale.

Pierre Davity en 1660 citait Ale, Barbacene, Barbezin, Besecher, Borsalo, Cap verd, dallia, Doxala, Gambea, Palma, Tubacutum.

Francisco Coelho énumère lui ausi Berzeguiche, Borçallo, Cabo Dos Matos, Cabo verde i ; de Felam, r. de felam, r ; de Gambea, Gaspar, Guré, Joalha, Palmerinha, Porto dalle, Porto Novo, Reachinho, Recife.

C'est Dapper qui complète le tableau avec 49 toponymes : Baleine, Barra, Bassagamar, Beer, Besecher, Behourte, r. Borsalo, Borsalo (ville), Cabo Verde, Embar, Embamma, Emboul, Emdoen, Emduto, Endir, Endukura, Eutan, r. Gambea, Gambayar, r. de la Grace, Geroep, Gimiheri, Goeree, lamesil, Jandos, Jongoo, Juala, Kabo Maste, Kamino, Kampaen, Kandima, Lambaye, Licherins, Magar,r ; des Ostros, r. Picena, Porto D'Ale, Porto novo, Punto Lugar, punto sereno, Punto de PortoAle, Refrisko, Sangay, Sanyeng, Tapa, Tubakatum, Yaray[573]

Ainsi, la description qui nous a semblé la plus complète reste celle de 0. Dapper[574]. Elle fait une bonne compilation des descriptions antérieures de Ça da Mosto à Davity.[575]

Les données de Dapper se rapportent surtout à la première moitié du XVII, si l'on considère ses sources.

Le plus puissant monarque s'appelle le Grand Jolof Souverain de 13 ou 14 royaumes. Baol, Cayor, Juala et D'Ale « étant des vassaux et la domination s'étendant depuis le Cap-Vert jusqu'à Cassan. Sa longueur d'Ouest en Est est de 76 lieues[576] et une côte qui s'étend du Sénégal avec comme points principaux le Cap-Vert situé à la latitude de 14°21' au Cap Roxo à 12°15'.

Les principaux points de la côte étaient, depuis le XVe siècle, intégrés dans l'espace atlantique avec une toponymie reprise par tous les auteurs européens comme les langues locales ; ce qui leur confère le statut d'un espace ouvert de jonction et de négoce. Cap-Vert, Gorée, Rufisque, Bargny (Kamino), Ndukura, Guereo, Somone, Portudal, Joal, que Palmerinha divise entre le Sine et le Saloum, Pointe Sarène (Punto Sereno), Gambie, Cap Sainte Marie, la rivière des Huitres et la rivière Casamance.

---

[573] Thilmans G. « Le Sénégal dans l'œuvre d'Olfried Dapper », *Bulletin de l'Ifan*, T. XXXIII, série B, n°3, 1971, page 516.

[574] Dapper, O, *Description de l'Afrique traduit du flamand*, Amsterdam, Wolfgang, Waesberge, Boom &Van Someren, 1686.

[575] Thilmans G. « Le Sénégal dans l'œuvre d'Olfried Dapper », *Bulletin de l'Ifan*, T. XXXIII, série B, n°3 1971, page 513.

[576] À la fin du XVIe la référence est de 6 ,329 KM selon Thilmans, page 545.

Toponymie et polarisation atlantique de l'espace politique

La toponymie de la Sénégambie, à partir des sources européennes, présente à la fois une grande richesse et une grande confusion où, pêle-mêle, se confondent les noms de lieux, ou de fleuves, les catégories humaines ou les titres politiques. De prime abord, il n'est pas évident de pouvoir établir une hiérarchie de l'espace et sa configuration pour discerner la nature des entités décrites et les populations qui les composent.

La description qui nous semble la plus complète est celle de Francisco de Lemos Coelho au XVIIe siècle. « Il y a trente-trois lieues de ce Cabo Verde au Fleuve Sanaga à celui de Gambia et l'ensemble de ce district constitue la région du Grand Jalofo où il y a cinq royaumes, à savoir : celui du Grand Jalofo qui s'étend dudit Fleuve Sanaga vers l'intérieur et va continuer avec le reste des royaumes des Jalofos. Ceux- ci étaient tous ses vassaux autrefois, car il n'y avait chez ce peuple pas d'autres rois souverains que celui du Grand Jalofo, mais tous se rebellèrent contre lui et devinrent seigneurs souverains, en sorte qu'aujourd'hui il ne possède pas plus de pouvoir que les autres rois de ce peuple. »

Toujours selon Coelho, le Djolof a eu à partager cette prééminence avec trois autres royaumes qui ont porté le titre de Grand, Le Grand Fullo, Le Grand Concho et le Grand Limbu.[577]

L'auteur note l'identité des institutions des différents royaumes « jalofos » qui tous les quatre reconnaissaient une autorité sacrée au Grand Jalofo tout en se faisant la guerre en permanence entre eux-mêmes notamment à la faveur des successions[578]. Les royaumes en question étant celui D'Encalhor, celui du Port de Aly avec pour nom Baol, celui de Joalla habité par les Brebecis et celui de Borcallo.

Le Djolof est présenté ici comme un ensemble qui, du fleuve Sénégal en direction du sud, a 40 lieues de côtes. « Le prince Bumugelleme qui était le seigneur de ce pays se rendit au Portugal du temps du roi Dom Joao, deuxième du nom… »[579]

Nous assistons ici à l'élaboration d'un discours qui porte bien la marque de son contexte. Ce qui donne corps et forme aux ensembles décrits reste bien la côte et, par extension, la métropole qui définit un ordre et une hiérarchie politique empruntés aux traditions monarchiques européennes.

---

[577] La Petite Côte d'après Francisco de Lemos Coelho par Nize Isabel de Moraes Bulletin de l'Ifan Txxxv série B, n° 2, 1973.
[578] *Ibid.*
[579] *Ibid.*, page 247.

Un passage de D'Olfried Dapper donne une saisissante illustration de l'élaboration de ce discours et sa chaîne de transmission éditoriale. « Par miracle arrivèrent alors ici certains écrits d'un certain Samuel Blomert, recueillis par lui, il y a quelques années, tant par expériences et notes personnelles (car il avait séjourné en cette région un long moment) que par informations des habitants et gens expérimentés en ces contrées, et qui me furent remis par le très savant Sieur Isaak Vossius écrivain d'Histoire d'État : à savoir que dans [ces écrits] se trouvait un nombre considérable de royaumes, provinces, villes et villages jamais soupçonnés auparavant par aucun écrivain (ou à peine connu par ouï-dire) à côté de leurs végétaux, animaux, mœurs des habitants, commerce réciproque entre blanc et noirs, religions développées au large, quoique à l'état brut, et sans y avoir mis la dernière main »[580]

La Royauté de seconde main

Le Baol apparaît bien comme un démembrement du Djolof où règne selon Dapper un fils naturel du Grand Jolof portant le nom de Louchi Four. En 1689 Coelho parlait d'un roi appelé Denchafour réputé méchant et qui vécut de nombreuses années.

Le Baol de Camino ou Bargny identifié comme la limite entre le Cayor et le Baol à Portudale couvre un espace de 25 lieues ; le roi réside à Lambaye à deux journées de la côte ou à Sangay et il porte le titre de Tain (Tèegne).

Le Cayor demeure aussi à 2 lieues de la côte. « Le pays de Cayor et celui de Borsalo s'étendent vers le nord autour des royaumes d'Ale et de Juala, et ont deux extrémités du côté de la terre ferme, deux villages, dont l'un qui s'appelle Taray est des dépendances de Cayor, et l'autre nommé Banguisea est du ressort de Borsala : ces deux places étant séparées par une forêt de 12 ou 15 lieues d'étendue »[581].

Le royaume de Juala est séparé par celui d'Ale par la Rivière de la Grace. Ainsi il semble établi que la limite entre le Baol et le Sine soit située aux environs de la pointe Sarène identifiée par plusieurs auteurs entre le nord de Joal ou à 4 lieues de Portudal.[582]

Avec 30 lieues d'étendue, le roi s'appelle Walla Silla qu'on peut rapprocher au nom du 33e Bour Sine Wassila Coumba Sandiane[583] demeurant

---

[580] « Le Senegal dans l'œuvre d'Olfried Dapper » par G. Thilmans *Bulletin de l Ifan*, T. XXXIII, Serie B, n° 3, 1971.

[581] O. Dapper Dapper, O., *Description de l'Afrique traduit du flamand*, Amsterdam, Wolfgang, Waesberge, Boom &Van Someren, 1686, page 229.

[582] Cultru P., *Premier voyage du Sieur de Lacourbe fait à la coste d'Afrique en 1685*, Paris, 1913, page 189.

[583] Brigaud Felix, *Histoire traditionnelle du Sénégal*, Saint-Louis 1962, cité pat Thilmans ,197. La tradition sérère rapportée par Niokhobaye Diouf se réfèrent à Wagane Koumba

à deux journées de la côte et que Dapper présente comme une entité de peu d'envergure (« n'est pas fort considérable »). Nous retrouvons la même configuration des terroirs sérères que présentait Alvares D'Almada qui décrit le Borçalo dominant la rive de la Gambie sur au moins quarante lieues et intégrant dans son giron les Barbacins, les Jalofos et les Mandingues.[584]

Le royaume d'Ale joint à celui de Brocallo, qui est plus grand et qui confine à la rivière de Gambea, sert de demeure aux Barbacins.

Il semble difficile d'établir une délimitation entre ces ensembles qui sont inextricablement confondus.

Aucune autorité politique commune ne semble fédérer en ensemble politique ce qui relève plus d'une nomenclature élaborée sans consistance à partir d'une distante côte.

L'image rendue est une distorsion involontaire d'une réalité politique qu'on veut décrire sans en connaître les contours.

La description du père Barreira en 1606-1608, nous édifie bien sous ce rapport.

À ces Jalofos écrit-il, confinent les Berbecins, peuple dont fait partie le royaume d'Ale, lequel s'étend sur quarante lieues de côte et se termine au fleuve Berbecin dont ils tirent leur nom. Il y a encore celui de Borçalo, bien plus vaste que celui d'Ale et qui commence à la rive sud de ce même fleuve Berbecin, pour se terminer au fleuve Gambie[585]

La capitale où le roi des Barabecins a sa cour est nommée Jongoo ou Yagoa (Diakhao). Les habitants de la ville de Jongoo ont beaucoup de chevaux et ces lieux sont unis, plats et riches en bois.[586]

La description de Dapper se complète par un monde insulaire avec beaucoup de grands et beaux arbres et une gent ailée inconnue et une mer avec beaucoup de grands et excellents poissons.

Coelho fait une description assez précise des terres du Bour Saloum entre la rivière Palmeryrinha et la Gambie jusqu'à hauteur de Nanhigega qui intégre l'espace des tributaires mandingues de Barra, Badibu et Manjagar.[587]

Le point de vue du narrateur est toujours distant, voire lointain, à partir d'un vaisseau, d'un comptoir ou bien souvent d'une lointaine métropole

---

Sandiane à qui on attribue un règne de 100 ans de 1534 à 1634, cf. Martin et Becker « Chronique du Royaume du Sine » In *Bulletin de l'Ifan*, T. XXXIV, série B, n°4, 1972.

[584] Almada in L, Silveira 1946, pages 21, 22, 34, cité par Nize Isabel De Moraes page 117, Tome 1.

[585] Nize Izabel de Moraes, lettre du père Balthasar Barreira au père Joao Alvares in À la découverte de la petite côte, Initiations et Etudes africaines, n° 17, Université de Dakar, Ifan, 1993, page 117.

[586] Thilmans *op. cité*, page 544.

[587] Nize Izabel de Moraes « La petite côte d'après Francisco de Lemos Coelho (XVIIe siècle) » *Bulletin de l'Ifan*, T. XXXV, série B, n°2, 1973, p. 266-267.

européenne d'où on construit une image nécessairement tronquée avec la compilation de sources de seconde main. Les contours restent de vagues approximations avec des limites qui relèvent de la seule imagination des auteurs.

CHAPITRE 5

LES NOUVEAUX RESSORTS DES MONARCHIES ATLANTIQUES

Dès les premiers témoignages européens sur les royaumes de la côte, on perçoit bien la difficulté pour les Européens à trouver une assise territoriale aux pouvoirs identifiés sur la côte. L'espace est surtout un espace rural sans édifices urbains. Tout au plus selon Ça da Mosto, Almada ou Donelha, un habitat factice de huttes de paille, les attributs de pouvoir se déclinent en termes de privilèges de statut mais jamais sous la forme d'une assise territoriale jalousement entretenue et défendue par une armée de métier, des forteresses ou des garnisons.

Une tradition bien française établit une primauté normande dans l'ouverture de la côte occidentale d'Afrique. Elle fait remonter au début du quatorzième siècle des expéditions de Dieppois qui s'établirent sur le Sénégal et le long de la côte jusqu'en Sierra Léone. En septembre 1365, des négociants de Rouen furent associés à cette entreprise qui déboucha sur l'établissement de comptoirs au Sénégal, à Rufisque, Gorée, en Sierra Léone et sur la côte dite de la Malaguette avec des établissements comme le petit Paris et le petit Dieppe qui se prolongeaient en 1382 par des forts à la Mine d'or sur la côte de Guinée, à Accra et à Cormentin.[588]

La guerre civile en France suite à la maladie de Charles VI mit fin à cette entreprise. Mais, c'est sans doute les forces d'inertie d'une noblesse essentiellement terrienne et rurale qui ont limité l'horizon marchand de la France, à un moment où les vents du large annonçaient le monde du renouveau du quattrocento sur l'Europe.

Ce premier jalon européen qui mêle inextricablement la légende et la frénésie nationaliste européenne, annonce un mouvement pour lequel le Portugal se montrera un grand champion sur toute la côte occidentale africaine et, au-delà, sur toutes les mers du monde.

L'influence portugaise fut un moment compromise par la présence hollandaise centrée sur Gorée.

En 1677 les Français prenaient Gorée sous la houlette du Vice-Amiral d'Estrées, s'assurant ainsi une plate-forme de commerce et d'influence politique du Fort de Saint-Louis à la Gambie. Fort de cette nouvelle position, le commerce français s'arrogeait le monopole du commerce entre les deux fleuves et s'employa à imposer ses règles par un cours forcé sur les esclaves et

[588] Jean Baptiste leonard Durand, *Voyage au Sénégal*, Henri Agasse, Paris 1802, page VII.

une exclusivité dans l'approvisionnement en peaux, ivoire, cire et surtout en esclaves, marchandise devenue le principal objet du commerce côtier.

La signature en 1679 d'un traité entre Ducasse et le Tègne, qui consacra la cession à la France d'une bande côtière de six lieues, annonçait l'immixtion européenne dans le paysage politique.[589] Les termes de ce traité tels que rapportés par Labat ouvraient une véritable territorialité française sur la côte. « Primo, que toutes les côtes de la mer du Roiaume de Baol avec six lieues dans les terres appartiendroient pour toujours & en toute proprieté à la compagnie française du Senegal... Les commis de ladite compagnie jouiroient seuls à l'avenir & feroient tout le commerce du Roiaume, à l'exclusion de toute autre nation. Que les français ne paieroient jamais aucun tribut ni coutumes au Roi à présent régnant ni à ses successeurs »

Le quatrième point de ce traité imposait un cours de six cuirs pour une barre de fer et la liberté de la pêche sans le paiement de quelque droit que ce soit. Pour la garantie de ce traité, Ducasse imposait que deux des parents du Tèeñ, au choix du Gouverneur de Gorée, demeurassent comme otages dans la forteresse. Les mêmes dispositions seront étendues au Boursine et au Damel du Cayor ; ce qui, selon Labat, mit dans le giron français 25 lieues de côtes et six lieues de profondeur dans les terres jusqu'aux bouleversements introduits par les guerres de 1688.[590] Les péripéties de cette première territorialité, malgré l'opposition des potentats locaux, annoncent les contours de l'immixtion européenne qui marquera tous les siècles suivants. L'esprit de cette immixtion est bien reflété par les dispositions d'une relation du Sieur Mathelot en 1687 : « … Il faut luy faire entendre qu'ayant apris qu'i avoit guerre avec le roy Dhamel, que nous luy faisons scavoir que s'il a besoin de quelques secours d'armes, poudre, plomb & autres choses que nous luy donnerons & que nou serons bien aise de luy rendre service, que nous voulions bien estre toujours de ses amis ; que nul autre doresnavent que notre compagnie seule quy fera le commerce a Portudal & qui sera fourni toujours de bonnes marchandises, que s'il y va des anglais ou autres nations, que nous les prendrons ; on peut encore luy faire comprendre que dans la victoire que nous souhaitons qu'il remporte contre le ROY Damel, il fera divers captifs qu'il pourra envoyer à Gorée & que nous les traitterons pour de bonnes marchandises & enfin engager ce roy a nous en fournir promptement un nombre considérable parce que nous en avons extrêmement bezoin a Gorée… »[591]

L'esprit de cette relation révèle à la fois les expectatives des négociants européens jouant pleinement la carte de la mésentente entre le Cayor et le Baol

---

[589] Labat *Nouvelle relation de l'Afrique occidentale*, Paris Guillaume cavelier, Tome IV, p. 120-125.

[590] Labat *op. cité*, Tome IV, page 126.

[591] Manuscrit, B.N 21690, f°138 r° et v°, *cf.* Martin et Becker *op. cité*, page 479.

et les dispositions des souverains locaux pour satisfaire une demande en esclaves qui ira croissant surtout au XVIIIe siècle.

Le père Labat résume bien les desseins de cette politique en suggérant de surtout « empêcher que ces deux couronnes ne soient jamais sur une même tête. La compagnie en a ressenti les effets pendant le règne de Latir Fal Soucabé, elle ne doit rien négliger pour maintenir ces peuples dans la liberté qu'ils ont toujours eue d'avoir des rois séparéz, afin que conservant l'équilibre entre ces petits princes, elle soit toujours en état de leur donner la loi, les empêcher d'innover rien ni sur les coutûmes, les tarifs des marchandises, ni les prix des vivres, ni la liberté de faire de l'eau et du bois sur leur terres ».[592]

Si l'on considère les attributs du pouvoir traditionnels et la position d'intermédiaire avec l'hinterland et surtout le régime de cabotage qui les caractérisait, on mesure bien la force des points de traite de la côte. Ces points de traite polarisent l'espace et donnent une cohérence et une consistance qui, plus que toutes autres formes politiques, définissent la véritable configuration des royaumes de la côte. Il y a une correspondance entre les points de traite et la distribution des royaumes qui ne laissent aucun doute sur la corrélation entre comptoirs et pouvoirs. C'est du reste dans la même veine que nous avons suggéré une relation étroite entre la multiplication des points de traite et l'inflation du personnel politique dans tous les royaumes de l'espace Atlantique.

La description de Richards Rainolds en 1591[593] qui présente un tableau complet des comptoirs de la côte nous donne une idée de la force des comptoirs et de leur place dans la nouvelle configuration de l'espace sénégambien.

Dans le tableau de Rainolds, le fleuve Sénégal est le premier point de traite où sont échangés, les peaux, la gomme, les défenses d'éléphants, des grains, des plumes d'autruche, de l'ambre gris et de l'or.

Les lieux dits Beseguiache et Refisca près du Cap-Vert sont des points de vente de peaux et de défenses.

Palmerin à deux lieues plus bas, le long de la côte fournit les mêmes marchandises, tandis que Portudal en plus des peaux et de l'ivoire négociait l'ambre gris et de l'or avec une forte communauté lusophone.

Gandimal qu'on peut rapprocher de Gandigal et un autre Palmerin étendaient le trafic des peaux et de l'ivoire.

Joal la cosmopolite poursuivait le corridor atlantique avec un important commerce de peaux, de cire, d'ivoire, de riz et d'or. Joal se prolongeait sur la Gambie comme pour capturer le réseau traditionnel Niominka avec des produits comme le riz, les peaux, la cire de même l'or et l'ivoire. Entre Joal et

592 Jean Baptiste Labat *op. cité*, page 250-251.

593 Jean Boulègue et R; Marquet « Le voyage de Richard Rainolds en Sénégambie », *Bulletin de l'Ifan*, Tome XXXIII, série B, n°1, 1971, p. 4-5.

la Gambie, l'arrière-plan des terroirs sérères est bien polarisé par les comptoirs qui capturent ainsi les ressources de la civilisation du riz entre le pays ouolof et le monde amphibie des Mandingues et des Diolas.

Ces derniers points de traite s'associent dans l'imagerie de Rainolds à un royaume dont le souverain réside à l'intérieur à deux jours de voyage de Refisca. Il donne aussi une délimitation précise du Cayor de « la rive Sud du fleuve Senega, sur la côte, jusque vers Palmerin [594]». Cette délimitation ne semble correspondre à aucun espace politique, tout au plus une aire commerciale de la côte qui définit une aire de négoce avec un des héritiers du Cayor et du Baol, en l'occurrence Samba Malick.

Il est du reste symptomatique la référence à un alcaide pour désigner l'autorité avec laquelle Rainolds entre en contact. Ce dernier a l'envergure d'un simple chef local avec une large suite et qui serait en conflit avec un autre chef de province. « À cette époque il y avait une grande guerre entre cet Alcaide et un autre gouverneur de la province voisine ». Il s'agit bien de l'épisode de la succession de Amari Ngoné Sobel avec la rivalité entre son neveu Amar Malick et son fils Massamba Tacko. Cet épisode garde sans doute pour toile de fond l'hégémonie foulbé qui couronne un ordonnancement et une hiérarchie politique qui ne correspond manifestement à aucune distribution de l'espace sur la côte.

Un saisissant passage de Rainolds nous conforte dans cette impression de non-correspondance de l'autorité politique à un espace délimité. « Le 13 décembre, nous levâmes l'ancre à la tombée de la nuit et arrivâmes le 14 dans la rade de Porto d'Ally, qui est un autre royaume. Son roi s'appelle Amar Meleck, fils de l'autre roi Meleck Zamba et il habite à un jour et demi de route de Porto d'Ally. Lorsque nous eûmes jeté l'ancre, les parents du roi, qui étaient gouverneurs, montèrent à bord avec tous les officiers de cette ville pour percevoir toutes les taxes dues au roi pour le navire et l'autorisation de trafiquer. Ils eurent l'air très content qu'aucun Portugais ne fût venu d'Angleterre sur notre navire. »[595] Ce témoignage, en plus des données qu'il confirme sur la succession au Cayor et au Baol à la fin du XVIe siècle, nous offre un parfait tableau d'une géopolitique de cabotage à l'œuvre dans l'espace atlantique.

Le système de la côte semble polariser le personnel politique des royaumes dont la seule ligne de démarcation reste les comptoirs de la côte où s'organisent les transactions, où se déploie le personnel politique pour prélever des taxes sur la vente des produits locaux.

C'est cet état de fait qui a donné cette impression de multitudes des entités politiques qu'on retrouve dans la littérature de la côte. Une prolifération

---

[594] Rainolds *ibid.*, page 6.
[595] Rainolds *ibid.*, page 8.

de titres (Alcaide, Condé) qui par le glissement linguistique du portugais au français ou au ouolof, deviennent des titres de rois et par extensions des royaumes qui n'ont pas de consistance territoriale.

Les comptoirs sont à la fois des lieux cosmopolites où Africains et Européens de toutes origines se côtoient et entrent en négoce ; ils polarisent les produits des terroirs environnants et surtout leur définissent la seule originalité politique qui les distingue en royaumes. Le royaume d'Ale qui confond dans un nom de comptoir, le Baol, celui de Joal associé au Sine, Rufisque et Beseguiache pour le Cayor. Ces noms de comptoirs qui dédoublent dans les textes les noms de royaumes associés à des titres Budomel, Barbacin, Borçalo suggèrent toute l'étroitesse de l'horizon atlantique dans la représentation de l'espace sénégambien.

Les Coutumes comme attributs de pouvoir

Les privilèges d'un État, restent le prélèvement de tribut en nature auprès des chefs de provinces, de nombreuses épouses, beaucoup d'esclaves destinés aux services de la cour ou à la vente sur les marchés musulmans du Sahara ou chrétiens de la côte. En contrepartie des esclaves, les chefs locaux recevaient des chevaux et autres produits apportés par les diasporas musulmanes ou les négociants européens de la côte.

Les produits européens tiendront désormais une place centrale comme base matérielle des pouvoirs locaux. Ils prendront la forme de redevances annuelles appelées coutumes. À la fin du XVIIe siècle les différents souverains locaux recevaient entre 500 et 1500 livres[596] de marchandises en fonction du volume des transactions des différentes zones de transit qui correspondaient aux royaumes du Cayor, du Baol, du Walo ou du Fouta Toro.

Curtin [597] donne pour l'année 1786 une estimation globale de 1421 livres sterling correspondant à 41 296 livres tournois représentant le coût global estimé des coutumes et dons destinés aux représentants du Kayor, du Walo, du Fouta Toro, du Gajaaga, des Maures Trarza et Brakna et aux communautés religieuses de Saint-Louis.

Un document non daté de la seconde moitié du XVIIIe siècle répertorie les rois et dignitaires ayant droit aux coutumes, après la reprise de possession de Sain-Louis par les Français. On y trouve une large palette de dignitaires et de notables qui témoigne de l'émiettement du pouvoir et de son corollaire, l'inflation du personnel politique dans les régimes post-atlantiques.

---

596 Joseph Pruneau, *Mémoire sur le commerce de la concession du Sénégal*, cf James Searing West African slavery and atlantic commerce, The Senegal Rriver 1700-1860. Cambridge University press 1993, page 72.

597 Phillip D. Curtin, *Economic Change in precolonial Africa*, University of Wisconsin Press, Wisconsin, 1975, page 291.

La liste comprend : le roi du Cayor, le Bourgandiole ou petit Brac, le valet du Brac, le Diambor, le Camalingo, l'alquier de Siratique, le Tounka et pas moins de 7 dignitaires locaux du Galam. Elle s'étend au Chef du Trarza Aly Khoury et à 6 princes maures, au Roi du Boundou, au Roi du Brakna Hamet Mouktar. Il s'y ajoute, pour le Cayor, la linguère Condama pour la permission de faire du sel, pour faire la chaux ou pour la coupe du bois et enfin le maître de l'île de Sor. Au total, une coutume annuelle de 14 092 livres tournois.[598]

Il est intéressant de noter, à la suite de Curtin, que ces droits et dons représentaient à peine 8, 4 % du coût global du maintien des postes français et à peine le double du salaire annuel du Gouverneur. En 1786 les dépenses totales du gouvernement étaient évaluées à 510 891 livres tournois.[599]

Golberry, durant son séjour en Sierra Léone, s'est employé à mesurer les revenus annuels du souverain local, Forbana. Des cinq îles dont il assurait le contrôle, venaient les coutumes annuelles des sociétés de Sierra Léone et de Bence, celles des Français établis à Gambia, les droits que sont forcés de payer tous les navires qui entrent dans la baie, plusieurs amendes qu'il reçoit ; de même que le produit de la vente des condamnés, les multiples cadeaux des sujets en riz, mil, cire, morfil ou or. De tous ces revenus et redevances le roi tirait un revenu annuel que Golberry évaluait à vingt mille francs par an. Cette liste civile, concluait Golberry, paraîtra modique en Europe, mais elle est considérable pour un roi nègre, dont le royaume n'a que quarante lieues carrés de surface. Et, en peu d'années, un si petit roi deviendrait fort riche en Afrique, s'il ne partageait pas la plus grande partie des présents qu'il reçoit, avec les principaux de sa nation, et avec ses femmes.[600]

Ce tableau des revenus royaux est une bonne illustration du niveau de patrimoine des souverains post-atlantiques dont les revenus procédaient essentiellement du cabotage de l'économie atlantique et des prédations sur les populations.

Il apparaît ainsi que la nouvelle base matérielle qui s'ouvrait sur l'Atlantique restait marginale en termes de coût, mais sa fonction symbolique restait importante comme attribut de souveraineté qui donne la mesure de l'envergure des constructions politiques du moment.

La nouvelle symbolique du pouvoir

L'alcool, les armes, la poudre, des balles et des pacotilles européennes constituaient l'essentiel des produits représentant ces coutumes. La liste des produits composant les coutumes comprenait aussi : des pièces de guinées, de

---

[598] État relatif à la défense du Sénégal et aux dépenses de cet établissement. Archives coloniales, Fonds C6

[599] Jean Baptiste Durand, 1802 *op. cite*, page 221.

[600] Xavier Golberry *op. cite*, tome 2, page 269.

la toile de Silésie, des barres de fer, des pièces de monnaies comme les piastres qui servaient à la confection de bijoux, des clous de girofle et, à l'occasion, des coffres en bois avec cadenas[601]. Les coutumes collectées, par les alcati des rois ou par le souverain lui-même, faisaient l'objet d'une redistribution au sein des dignitaires du régime comme privilèges et attributs de pouvoir.

Le paiement des coutumes semble avoir déplacé le champ de la redistribution sociale des présents et redevances. Ce qui était l'apanage des autorités traditionnelles : Lamanes, marabouts ou rois, se tourne vers la côte devenu le pôle de la redistribution sociale des sociétés sénégambiennes. Ce paiement a souvent emprunté les formes et les modalités du don traditionnel à l'occasion des fêtes musulmanes de Tabaski, Korité ou Gamou.

La valeur des produits européens prenait un autre relief au plan de la symbolique du pouvoir. La pacotille européenne a semblé très tôt acquérir un prestige au sein des populations comme des aristocraties dirigeantes. Les produits fournis par les Européens jouent un rôle de marqueur social pour établir les rangs et l'ordre de préséance. À défaut d'un accaparement des terres, les chefs acquièrent une validation sociale par des produits dont l'accumulation et la redistribution témoignent de la capacité à mobiliser, à l'échelle régionale et locale, des biens de prestige acquis par un commerce exclusif avec des élites d'origine étrangère. C'est ce que Helms[602] soulignait avec force : « Prestige is specially awarded when things acquired are obtained from outside and thereby contain an aura of exceptionality."

Figure de roi ou royauté d'apparat : la symbolique de pacotille

L'Atlantique a ouvert de nouveaux attributs pour le pouvoir il en redéfinit même la symbolique par un apparat de flibustier abondamment décrit par les contemporains ; du reste, chaque article du commerce Atlantique devenait un élément de la symbolique du pouvoir.

Golberry a fait une bonne description de la panoplie royale de la côte sénégambienne où les tenues les plus ridicules définissaient le style vestimentaire de bon nombre de potentats locaux complaisamment affublés du titre de roi ou d'Alquier. Parlant du roi des Tymnés de Forbana sur la rivière de Sierra Léone, il énumérait, non sans condescendance, les habits qui faisaient partie des coutumes annuelles que Golberry devait lui remettre au nom de la France. Dans un royaume où la couronne « n'était qu'un bonnet de toile bleue, et son trône qui n'était qu'une natte de paille », les coutumes qui présentaient une nomenclature assez variée de signes et symboles du commerce et d'un partenariat avec l'extérieur sont devenus des attributs de souveraineté. Les coutumes comprenaient « trois habits complets, qui avaient

---

[601] Xavier Golberry, tome I, *op. cite*, page 275.

[602] Helms, M, W Craft, and the kingly ideal: Art, trade and power, University of Texas press, Austin, 1993, page 101.

été achetés chez les fripiers de Paris, mais ils étaient si frais, qu'il était impossible, qu'un petit roi nègre de la côte occidentale d'Afrique, eût seulement le moindre soupçon, qu'ils ne fussent pas neufs….Le premier assortiment était composé d'un habit d'écarlate, richement brodé en or, sur quatre pouces de largeur ; d'une veste de soie ponceau, brodée plus richement encore ; d'une culotte rouge garnie de jarretières en or ; et de bas ponceau, des souliers à talons rouges, de grandes boucles d'argent, une chemise à longues manchettes à dentelles, une cravate garnie de même, un énorme chapeau à point d'Espagne en or, orné d'un plumet rouge qui débordait de trois doigts, complétaient l'habillement… »[603]

Le journal de voyage de Mr Levens, à la date du 15 février 1731 nous décrit aussi le portrait du Roi du Niomi en tenue d'apparat avec une gestuelle et une mise d'un rare burlesque. « … il voulut que Mr Levens le vit publiquement. On choisit pour cet effet une grande place, ou il se rendit paré avec ce qu'il avait de plus riche, scavoir d'une cazaque et deux écharpes de coutume, un chapeau bordé d'or, avec des bas rouges et des pantoufles de la même couleur, garnies de grelots d'argent et de gros clouds argentés, une canne a la main, une pipe à la bouche. »[604] Il reçut Mr Levens avec beaucoup d'ostentation et de considération ; ce qui effaça sans doute le malaise crée par le refus de Mr Levens de retirer son chapeau en le saluant comme le roi l'exigeait ; une bonne partie de cette audience se passa au rythme des tambours et la danse des femmes. À la fin de la cérémonie le roi confisquait les présents que ses 40 femmes venaient de recevoir des mains de Mr Levens.

Golberry en 1786 décrit une même caricature de la royauté en la personne du roi de Barra. « Le roi était habillé d'un pantalon rouge de drap écarlate, largement galonné d'or. Il avait un gilet de satin jaune, couvert de quatre rangs de boutons d'argent, en forme de grelots. Une robe de chambre de toile peinte, fond jaune à grandes fleurs rouges et doublée de taffetas rouge. Autour du cou, une grande et grosse cravate de mousseline, dont les deux bouts garnis d'une grossière dentelle, pendaient sur sa poitrine…autour de la tête une longue pièce de taffetas violet, de la longueur de dix-huit pouces ; enfin il était chaussé de mules de marroquin jaune. »[605]

Ces deux portraits de rois mandingues, jurent d'avec la sobre finesse et la dignité du port des souverains du *Bilad el Soudan* décrit par Batouta. Ils suggèrent plutôt la dégénérescence d'une fonction à la faveur d'une compromission d'un pouvoir devenu un obligé du système atlantique qui donne désormais une nouvelle assise et une nouvelle légitimité.

Les attributs de souveraineté, plus que le contrôle d'un espace politique, semblent avoir circonscrit des zones d'influence et de représentation au gré

---

[603] Xavier Golberry Fragmens d'un voyage en Afrique, tome 2, page 262.
[604] *Journal historique*, page 267.
[605] Xavier Golberry tome 2, *op. cité*, page 175.

des rapports de force du moment. L'atlantique semble définir des territoires de cabotage qui renseignent sur la véritable nature des unités politiques. Un passage du *Journal historique* donne un témoignage bien significatif de cet état de fait.

En plus des coutumes annuelles, de menus cadeaux étaient donnés aux alcati, aux épouses des rois et autres dignitaires. Il s'y ajoute d'autres formes de privilèges revendiquées par les souverains de la côte comme le droit sur les épaves de bateaux, le droit d'héritage sur la fortune des Européens décédés en dehors des concessions européennes, sur la capture des esclaves en fuite ou sur tout chargement à partir de la côte.

Doumet souligne, à propos du Cayor, que les vaisseaux qui se perdent dans le domaine qui lui est reconnu sur le delta et la côte lui revenaient de droit, de même que les coutumes en marchandises pour avoir la liberté d'amasser du sel sur les terres sous sa domination.[606]

En juillet 1730, le Brack s'arrogeait les mêmes droits que le Damel pour piller systématiquement les bâtiments en dérive sur la côte ; mais cette fois il s'agissait d'une chaloupe qui avait démâté et que les gens de Brack s'empressaient de considérer comme épave.[607]

L'hinterland y ajoutait un autre attribut de souveraineté, celui du pillage des paysans et pasteurs. Le ton indolent avec lequel le *Journal historique* rend compte des pratiques de pillage nous donne une idée de sa fréquence. « Le S. Bataille qui est en traite vis-à-vis Mouit, continue à nous fournir des bœufs en abondance, Jambor, fils du Damel doit encore faire un pillage qui pourra nous en donner quantité, de sorte que l'on ne s'aperçoit pas de notre rupture avec Brak ».[608]

Le recouvrement des taxes et coutumes a aussi suscité un accroissement du personnel représentant des pouvoirs locaux et son corollaire, la multiplication des charges allant du droit de débarquement, à celui de se ravitailler en eau et vivres.

En somme, il y a bien un besoin généralisé pour les produits européens qui répondent à une demande militaire pour le fer par exemple. Mais la plupart des produits européens constitutifs de ces redevances répondaient à des besoins d'apparat ou à ceux des beuveries de cour.

---

[606] *Mémoire historique sur la partie de la côte d'Afrique. Depuis la rivière du Sénégal jusqu'à celle de Gambie*, Ministère des colonies archives coloniales, daté vers 1764, Par M. Doumet fonds C6, *op. cité*.

[607] *Journal historique op. cité*, page 250.

[608] *Idem. Journal Historique*, page 252.

CHAPITRE 6

LA FRONTIÈRE, L'INTROUVABLE CÉSURE D'UN ESPACE HYBRIDE

C'est une vaine tentative que de chercher des limites physiques à des constructions politiques transitoires qui assurément n'avaient pas d'assise territoriale. Il a fallu l'ouverture de l'Atlantique et le développement du commerce côtier pour voir une territorialité de circonstance qui définit des sphères d'influence de tel ou tel potentat local en fonction de la ligne de contact avec les négociants de la côte.

Rokhaya Fall, du reste, en rend compte en mettant en rapport la présence des Européens et une volonté de la part du souverain du Baol « de contrôle et d'intégration de ces populations à l'intérieur du royaume. L'exemple de la pointe Sarène (Sereno) est bien significatif de cette géopolitique côtière dans laquelle le comptoir atlantique redistribue l'espace et définit les configurations comme les limites.

L'héritage de l'appareil institutionnel mandingue apparaît comme un fait massif dans tout l'espace du Sahel atlantique et soudano-guinéen. La persistance des titres de farin, farba en est un saisissant témoin. Les témoignages des auteurs comme Diego Gomez, ou Ça da Mosto l'ont amplement confirmé. Cependant, l'héritage mandingue garde toujours sa prégnance dans la perpétuation d'un moyen de gestion de l'espace bien singulier. En l'absence de frontières nationales fermées et jalousement gardées, les terroirs composent une distribution spatiale de groupes culturellement homogènes avec des relais politiques et économiques.

Le contrôle des frontières est ici remplacé par celui des puits, oasis, marchés ou routes commerciales qui jalonnent un terroir. Sous ce rapport, l'espace public et l'espace immédiat d'une communauté culturelle sont consubstantiels. L'autorité publique s'érige non plus exclusivement sur la terre mais bien sûr la capacité à contrôler exclusivement les nouvelles bases matérielles du pouvoir. C'est toute la place ouverte pour le rôle des diasporas qu'elles soient d'origine soudanienne, arabo-berbère ou européenne.

On remarquera comment l'alliance avec les diasporas marchandes et les marabouts restait fondatrice du fait politique dès le XVe siècle. Il s'agissait surtout d'accéder à des biens et services géographiquement dispersés au travers de terroirs proches ou éloignés avec ou sans une autorité centralisée.

On comprend mieux sous cet angle le rôle récurrent des diasporas arabo-berbères, mandingues, niominka, baïnouk et européennes. Elles ont servi de relais, et ont intégré un espace que l'écologie et l'anthropologie semblaient cloisonner. Leur rôle en tant que négociants leur ouvrait, de facto, une fonction politique. L'homogénéité culturelle de ces diasporas et leur capital symbolique propre renforçait cette fonction politique. « One of this de facto ethnic monopoly however, was that trading relationships were frequently maintained on the basis of inter-ethnic rivalries which brought competing trading communities into conflict over ownership of scarce resources. Frequently the struggle involved political action: trade wars, raids and reprisals which required mass support..."[609] L'espace reste, avant tout un espace marchand intégré, avec de forts liens de réciprocité des communautés humaines à la base. Les observateurs sont unanimes dans le constat qu'il n'a point de ville fermée, les habitations sont toutes ouvertes comme des villages. Il n'y a aucune trace de ce qui pourrait être assimilé à une limite entre les royaumes que tous les observateurs européens décrivent comme petits. Lemaire en 1695 nous assure que le royaume du Sine n'a pas plus de terres que le Baol avec lequel il est souvent en guerre. « Il est fort petit et il n'a pas plus de six ou sept lieues de côtés. Il joint celui des Joloffes, commençant à un village nommé Joualle, situé sur le bord de la mer habité par quelques Mulatres, portugays, et encore un autre petit village qu'on appelle Coringue, qui est plus proche du Cap-Verd, et dépendant de Joualle, c'est là où ils font ordinairement plus de commerce ».[610] Labat, à la fin du XVIIe siècle, nous donne encore une image saisissante de la nature toujours factice des séparations entre royaumes. « Le Royaume de Boursin est... terroir gras, bon et assez bien cultivé, excepté sur les frontières du royaume de Tin où les courses continuelles que les sujets de ces deux princes font les uns sur les autres ont rendu ces endroits déserts.[611] Il semble bien, pour ce contemporain, que les contours d'un territoire soient franchement invisibles et ignorés. L'aristocratie se polarise autour de places de commerce à intégrer à tout prix dans le giron des familles princières. L'enjeu des guerres n'est point un territoire ou des terres réputées disponibles, mais bien les centres d'échange et de négoce. L'importance de ces escales est telle qu'en 1730, à la faveur d'une succession, le premier acte du nouveau Bour Sine a été de demander à la Compagnie le rétablissement du comptoir de Joal dont l'activité avait été compromise par l'hostilité de son prédécesseur.[612] Ce témoignage donne le ton du principal enjeu politique qui trouvera son paroxysme au XVIIIe siècle, lorsque le Bour Sine préférait, avec une bonne moisson de captifs, abandonner sa demeure de Ndiongolor pour venir

---

[609] B. Marie Perinbam "Trade and society in the western Sahara and the western Sudan : an overview", in *Bulletin de l'Ifan*, Tome XXXIV, série B, n°4, 1972.

[610] Lemaire, *Les voyages du Sieur Lemaire aux Îles canaries, Cap-Verd, Sénégal et Gambie*, Paris 1695, p. 182.

[611] Labat, *Nouvelles relation de l'Afrique occidentale*, Papris, Cavelier, Tome IV, page 242.

[612] Journal historique contenant tout ce qui s'est passé au sujet de la concession du Sénégal depuis le 1er septembre 1729 au 1er septembre 1730, anonyme Archive F.O.M, DFC Sénégal pièce 30.

séjourner « dans le village où est situé le comptoir français ».[613] Le commerce et non la politique semblait donc définir l'espace qui se déclinait comme un espace ouvert avec quelques grands axes organisés autour de villes relais et de comptoirs qui seront autant d'enjeux et d'objets de convoitise. L'espace a un tout autre contour qui lui donne désormais sa cohérence. Désormais, marchands, marabouts, personnels de comptoir, négociants et représentants des princes, sont devenus les témoins autour desquels se polarise l'espace public. Deux axes principaux traversent le pays et que la nomenclature européenne reprend à volonté. 1/Un axe Nord-ouest et Nord : Rufisque, Beer, Emdoen qui appartient à un seigneur vassal du roi de Juala, 3 lieues encore Jandos, Lac D'Eutan à 4 lieues de Jandos et à 2 lieues de Jandos le village d'Emduto où une personne de la plus ancienne famille du lieu a toujours le gouvernement entre les mains. « Neuf lieues vers l'est se trouve une bourgade qui est la demeure des Licherins (marabouts) et le pontie Alletrop ; 6 lieues plus loin, le village de Endir où quatre ou cinq familles portugaises vivent avec quelques mulâtres, à une lieue se trouve le village de Sanyeng, une lieue et demie vers le nord-est le village de Magar (Makka ?), où le roi de Cayor demeure quelquefois. Dix lieues vers l'est se trouve la bourgade de Emboul où se trouve le palais du roi du Cayor. À quinze lieues de là est la bourgade d'Embar, où demeurent les princes du sang qui peuvent succéder à la couronne. Cinq ou six lieues plus loin sur les bords du Sénégal est la bourgade de Bey-hourt, où le roi de Cayor tient un fermier pour recevoir les impôts. À 4 lieues de Bey-hourt vers le couchant et à l'embouchure du Fleuve, les Français ont bâti une forteresse pour la sûreté du commerce : cependant ils relèvent du Roi de Cayor et lui payent 16 % des peaux qu'ils achètent »[614]

2/ Le Baol commence à l'est de Camino ; à 23 lieues de ce village se trouve Lambaye la capitale du royaume et à 3 lieues au nord-ouest, le village nommé Sangay où ce prince a aussi un palais. À six lieues de Lambaye vers l'Est est le bourg de Jamefil et à 36 de la côte sur la rivière de Borsalo est une bourgade du même nom ; la capitale du Grand s'appelle Tubacatum.

La nomenclature de Dapper fournit aussi certaines précisions qui permettent de bien circonscrire les centres politiques comme Mboul, Maka et Mbar au Cayor, ou Lambaye et Sangay au Baol. Permettant une définition plus fine de la configuration géopolitique de la Sénégambie. Elle suggère surtout comment le commerce polarise l'espace et met en relief des localités dont la seule fonction reste la localisation d'un partenaire du jeu atlantique, tantôt désigné comme alcalde, tantôt érigé à la dignité de roi.

Dans la terminologie européenne de manière générale, notamment dans les récits de voyage, le pays ouolof se décline en Royaume de Zénéga ou pays

---

[613] Archives France Outre-mer DFC, Gorée, pièce 100. Cité in Martin et Becker « Chronique du Royaume du Sine » In *Bulletin de l'Ifan*, T XXXIV, série B, n°4, 1972, page 768.
[614] Dapper *op. cité*, page 230.

des gelofes entre le Sénégal et la Gambie avec des populations dénommées Barbacins, Tucorons, saragoles, Baganes, habitans de Manienga, et Mosses ; autant de références à des ensembles ethniques bien distincts qui ne correspondent à une quelconque nomenclature politique mais renvoient à des identités collectives qui ont perduré malgré la nouvelle conjoncture atlantique.

Vu de la mer, l'espace sénégambien se réduit plutôt à une étendue ouest-est de 114 lieues le long du fleuve Sénégal et une côte occidentale de 60 lieues que le mémoire de Doumet de 1769 décrit avec plus de détails en ignorant l'hinterland encore accessible à l'exploration et à l'intelligence européenne que par le relais des groupes cités plus haut.

L'imagerie géopolitique avait ainsi réduit la Sénégambie à un balcon sur l'Atlantique servant de vitrines à des terroirs ouolof, sérère, fulbé et mandingue.

C'est ce dont rend compte Coelho lorsqu'il rapporte qu'il y a une rivière séparant ces deux royaumes, qui s'appelle la rivière Sereno et le pays de Séreno, avec des villages sur chaque rive, ceux du nord appartenant au roi du Baol et ceux du sud au roi de Joalla.[615]

La même lecture s'applique, comme nous l'avons vu, à Kamino ou Bargny réputé être la frontière entre le Cayor et le Baol. Ici encore nous nous trouvons en face d'une limite par défaut que seule l'incapacité des pouvoirs locaux à contrôler un espace circonscrit laissait imaginer comme limite politique. « Les habitants du village de Kamino sont des gens combatifs et se tiennent neutres entre les deux royaumes du Baol et du Kajoor, sans souffrir quelque incommodité de l'un ou de l'autre… »[616]

La limite n'est point un attribut de souveraineté mais apparaît bien comme la manifestation d'un espace incontrôlé, auquel l'ouverture de l'Atlantique et son commerce ont donné un nouveau relief et une nouvelle consistance.

Rokhaya Fall a eu la lumineuse intuition notée plus haut mais semble ne pas en tirer toutes les conséquences. Elle se contente d'affirmer que « cette autonomie des populations de la côte… est à l'origine de la multiplication des points de traite ».[617] Cependant il nous semble que l'inflation du personnel politique de la côte et la multiplication des points de traite qui est aussi un corollaire des rivalités entre négociants, interlopes de différentes nationalités ont favorisé les velléités d'autonomie que les potentats locaux avaient du mal à accepter.

---

[615] Coelho *op. cité*, page 252.
[616] Dapper O, in Thilmans *B. Ifan*, Série B, n°3, 1971, page 533.
[617] Rokhaya Fall, 1983, page 106.

Le comptoir attire et suscite des velléités d'indépendance, comme il peut créer un partenariat sur la côte sans recourir à une légitimation traditionnelle. Le contexte atlantique a ainsi vite changé l'assise de la légitimité du pouvoir.

L'impératif de défense contre les vols et rapines de même que la liberté de négocier directement sur la côte semblent être des ressorts plus puissants que la situation des populations dotées d'une autonomie politique.

On trouvera difficilement l'équivalent de la frénésie territoriale caractéristique de la symbolique du pouvoir dans l'histoire européenne.

Le texte de Donelha et sa référence à un royaume de « Guérémèo » offrent un saisissant exemple de la difficulté à donner une configuration territoriale aux royaumes de la Sénégambie. Rokhaya Fall résume bien la nature de cette impasse. « Si l'on considère que les « jolofos » dont il est question sont ceux du Baol et du Kajoor, le royaume de Gérémèo serait alors, comme l'a suggéré Texera Da Mota, la partie orientale du Kajoor, constituée par la province du Gëët ; c'est la province qui sépare le Kajoor du Jolof...

On peut, d'autre part, considérer que les « jalofos » de Donelha sont tous ceux de ces royaumes regroupés autour de la fédération du Djolof. Auquel cas, l'identification du Géréméo au Namandiru faite par Boulègue serait valable d'autant plus que le titre de Borlubo (Bélëb) plaide en faveur de cette identification. »[618]

Il nous semble que, plus qu'une confusion que l'on pourrait attribuer aux textes de la période, il est surtout question d'une difficulté à définir des frontières dans un espace commun a bien des constructions politiques, des zones tampons où convergent suivant les rapports de force du moment les desseins politiques du Bourba Djolof ou du Damel du Cayor. La même province pouvait porter deux ou trois noms selon la perspective du pouvoir. Gëët, Namandiru, ou Géréméo renvoyant au même espace que se disputent l'aristocratie du Djolof et son Bélëp, celle du Cayor et son Bar Gëët, ou celle du Futa comme terre d'abondance et de refuge.

On retrouve la même difficulté au sujet des villages sérères du Baol central.

Les villages cités par Rokhaya Fall : Mbalamson, Ngoxocie, Kaba, Reefan, Sameel Nduur sont tous du terroir sérère du Baol central dont l'origine est attribuée à Mbegane Ndour roi du Saloum à la fin du XVe siècle et au début du XVIe siècle. Ces mêmes villages ont gardé leur indépendance vis-à-vis de l'autorité du Tègne du Baol, même au temps du glorieux règne attribué à Ce Ndella dans la première moitié du XVIIe siècle.

Un terroir, ou une province restée autonome ou réfractaire au pouvoir des aristocraties, telle semble être la règle dans toutes les localités où se

---

618 Rokhaya Fall *op. cité*, page 81.

chevauchent les velléités des différents potentats du moment. C'est du reste ce qui peut expliquer l'anachronisme d'une guerre entre Mbegane Ndour et Tié Yacine rapporté par Rokhaya Fall. C'est comme si l'imagerie de la tradition traduisait dans la symbolique d'une guerre, l'existence de ces litigieuses zone-tampons qui limitent l'horizon de chaque construction politique en l'absence d'une ligne de démarcation permanente qui pourrait tenir lieu de frontière politique. Le champ du pouvoir restant discontinu dans l'espace et sans une véritable assise territoriale circonscrite.

De son réduit de Lambaye qui lui servait de capitale politique, l'espace de la royauté se limitait aux régions attribuées à des relais politiques désignés sur la base d'un réseau de parentèle ou d'alliance. C'est tout le sens qu'on peut donner à cet itinéraire que décrit Issa Nduur, l'un des informateurs de Rokhaya Fall parlant d'un itinéraire royal qui allait de Lambaye, passant par Kaaba, contournant la réfractaire et insoumise région de Reefan, puis Ndengeler, Jaak avant d'aboutir à Mbuur.

De même, le village de Kamino que toute la littérature du XVIIe siècle, de Coelho à Dapper, présente comme la frontière entre le Cayor et le Baol reste en fait une autre de ces zones tampons en dehors du contrôle direct de l'un ou l'autre des potentats du moment. « Les habitants du village de Kamino sont des gens combatifs et se tiennent neutres entre les deux royaumes du Baol et du Cayor, sans souffrir quelques incommodités de l'un ou de l'autre ».[619]

Le village de Makalgaf que Doumet présentait comme la limite entre le Cayor, le Djolof et le Baol et que Becker a situé au nord du marigot de Bounoum qui prolonge le lac de Guiers au Sud-est, semble avoir le même statut de zone tampon plus que d'une ligne de démarcation.

L'immatérialité et l'inconsistance des frontières politiques se retrouvent dans le simple fait de la nature dessinant des limites au pouvoir politique. Dans un espace généralement plat, les limites naturelles semblent suivre le tracé des cours d'eau sinon des forêts. On en retrouve l'écho dans ce témoignage de la mission Rubault en 1786.

« Le village de Beteldiaby est, dans cette direction, le dernier de la domination du royaume de Cayor. Rubault en partit à trois heures de l'après-midi, marcha tout le reste du jour et une partie de la nuit, pour traverser une forêt qui borne cet État. Il y vit une grande quantité de tigres, de lions, de loups et d'autres animaux féroces qui l'approchaient de fort près pendant la nuit, et dont les hurlements étaient épouvantables. Cette forêt est composée de palmiers, de tamariniers, de gommiers… »[620]

On doit aussi à cette même mission Rubault, présentée comme l'une des premières incursions d'un Européen dans l'hinterland du Djolof, la description

---

[619] Thilmans, G, bulletin de l'Ifan série B, n°3, 1971, p. 533.
[620] Durand, *Voyage au Sénégal*, 1802, *op. cité*, page 277.

la plus exacte de la démarcation entre constructions politiques. Cette démarcation est définie dans sa durée comme dans son expression spatiale. Entre le Djolof et le royaume de Barre[621], deux constructions politiques voisines sont séparées par quatre jours de marche durant lesquels aucune habitation n'est rencontrée, juste une vaste forêt, « épaisse et difficile, tous les arbres étant garnis d'épines et fort rapprochés ; il entendit et vit même quelques lions »[622].

Cette description reste le meilleur témoignage sur la configuration de l'espace politique dont les contours restent encore tributaires de l'environnement naturel et surtout des moyens de transport susceptibles ou non de permettre une rapide couverture de l'espace par le prince ou ses représentants. L'aire géographique que la chevauchée d'un prince peut couvrir en une journée semble rester le seul horizon politique des constructions politiques de la Sénégambie avant leur polarisation sur l'Atlantique.

Le mirage territorial

Kamino (Bargny), Gueréméo (Province du Guet), Makalgaf situé au nord du marigot de Bounoum qui prolonge le lac de Guiers au Sud-est, autant de lieux qui reviennent dans les récits de voyages ou les mémoires laissés par des auteurs européens. Tous ces lieux majeurs identifiés comme limites entre royaumes sénégambiens et se sont révélés des zones tampons témoignant de l'inconsistance d'un territoire comme assise majeure de pouvoir en Sénégambie. Cette inconsistance se reflète bien dans les laborieuses tentatives de circonscrire un territoire pour les différents royaumes.

La description faite par Durand reprend cette impression de royaume sans un contrôle effectif sur un espace resté diffus avec une autorité factice généralement confinée à un centre.

« Le royaume de Cayor commence à la province de Toubé en terre ferme ; il avoisine par l'est et à une distance de dix lieues, le Sénégal, dont il n'est séparé que par quelques marigots et par l'île de Sor. Il s'étend le long de la mer jusqu'au village nommé le Grand-Brigny (Bargny) frontière du royaume de Baol. Son continent n'est éloigné de Gorée que d'une petite lieue, et s'étend jusqu'à près de soixante dans l'intérieur des terres ». Le Cayor semble ainsi présenter des contours bien identifiables. La fréquence et l'intensité des échanges entre ce royaume et les Européens, expliquent sans doute la relative précision de ses contours dans la description de Durand. Cette description comme celles qui l'ont précédée répertorient les aires d'échange avec un souverain, un espace du négoce qui ne peut être assimilé à un espace politique. La même impression se dégage de la présentation du Baol. « Le

[621] Il s'agit probablement du Niani.
[622] Durand *op. cité*, page 289.

royaume de Baol, le premier après Cayor, commence au village du Petit-Brigny (Bargny), et finit à la rivière de Sérène ; il est à sept lieues de Gorée, et n'a qu'environ douze lieues de côtes du nord au Sud… Le royaume de Sin… est plus petit encore, et n'a que onze lieues de côte en suivant la même direction… [Le Saloum] dont les états commencent à la rivière de Palmera... et finissent à deux ou trois lieues de la pointe de Barre. Ils remontent dans l'intérieur, jusqu'à l'endroit où la rivière de Gambie se sépare en deux branches dont la plus septentrionale prend le nom de Salum. »[623]

On voit bien comment la côte et ses relais, comme le comptoir de Gorée, polarisent les royaumes et leur donnent leur cohérence géographique.

Vers 1889 encore, le tableau que le gouverneur du Sénégal dresse de l'espace qui sert de démarcation entre le Cayor et le Baol, illustre parfaitement le caractère factice des frontières politiques en Sénégambie.

Parlant des régions du Jegem, du Mbadaan et du Sandog, il décrivait encore une région coupée de forêts épaisses habitées par des Sérères, une population sauvage et d'un caractère énergétique qui s'était rendue petit à petit indépendante des Tègnes. Depuis longtemps, ajoutait-il, non seulement ces populations ne payaient plus aucune sorte de redevance, mais encore les titres de Bour Diéghem, Mbadane et Sakh-Sakh, Sandog étaient portés par des personnages qui n'auraient pu sans danger sérieux, faire acte de présence dans la province soi-disant confiée à leur autorité.[624]

Beaucoup plus qu'une situation exceptionnelle caractéristique du Baol, il nous semble traduire à la fois un héritage du lamanat dans les régions périphériques des épicentres politiques où siègent les rois et le renouvellement du personnel politique caractéristique des XVIIe et XVIIIe siècles. Il traduit aussi une récurrence dans l'existence de zones tampons qui délimitaient l'influence des familles aristocratiques sans définir une frontière étanche qui aurait irrémédiablement cloisonné les constructions politiques de la Sénégambie.

Le même statut peut être attribué aux provinces comme celles du Ngoy et du Mbayaar entre le Baol et le Sine, ou du Ndiambour entre le Cayor, le Walo et le Djolof.[625]

---

[623] J. B. Durand *Voyage au Sénégal op. cité*, page 53 et 63.

[624] ANSOM *Sénégal et dépendances IV* Dossier 102 b cité in Rokhaya Fall 1983, page 87.

[625] Ce que Rokhaya Fall percevait comme un vestige d'une domination économique et politique antérieure nous apparaît plutôt comme la marque d'une peu probable maîtrise de l'espace politique et de sa vocation à se confiner dans les capitales et leurs rayons immédiats.

CHAPITRE 7

PERSONNEL POLITIQUE ET GESTATION D'UN ESPACE PUBLIC CÔTIER

Trois éléments semblent se présenter vers le début du XVIe siècle comme corollaire de l'ouverture de l'Atlantique. La nouvelle donne est constituée par la prééminence du groupe des esclaves de la couronne apparaissant comme agents et moyens de contrôle d'un espace politique qui désormais est un champ convoité pour la nouvelle économie Atlantique.

Le deuxième élément est, sans conteste, l'hégémonie foulbé qui réduira, à partir de 1594, le Diolof à un statut de vassal et redéfinissait la géopolitique sénégambienne. « [Le Grand Jolof] est vassal du Grand Foulo qui, à son avènement au trône, lui envoie, en place de couronne, un bonnet pour l'investir de sa dignité ».[626]

Enfin, un fait non moins important, le Portugal, la Hollande, la France et l'Angleterre entrent désormais dans les projets hégémoniques locaux, à l'image de la saga de Bummi Gelem qui, sous le règne de Don Manuel, se rendit au Portugal et offrit au souverain portugais la possibilité de construire un fort et une factorerie en contrepartie d'un soutien contre les usurpateurs de ses États.

Désormais, jeux d'alliances et querelles de préséance traversent et donnent forme à un espace politique public.

La royauté renégociée de l'espace atlantique

« Nous n'avons eu aucun égard aux importunités de Damel pour nous arracher des prêts. Il s'est désisté enfin de le demander et nous vivons en bonne intelligence avec lui. Il nous a vendu dans le courant de l'année près de 400 captifs et nous n'avons pas connoissance qu'aucun de ses prédécesseurs n'ait jamais fait une traite si abondante. Comme ce roy ne prend presque que des armes et des munitions de guerre pour l'échange de ses captifs, il ne nous reste presque plus de fusils de traite. »[627]

Ce passage rend compte on ne peut plus de la nature des régimes post-atlantique pour lesquels les négociants de la côte constituent un maillon décisif dans l'avènement comme le maintien au pouvoir. La question des coutumes, du reste, alimentait beaucoup les querelles de successions qui sortaient

---

[626] Almada *op. cité*, page 81.

[627] Archives nationales, C6, 14 Lettre journal du Conseil supérieur du Sénégal à la Compagnie, citée in Becker et Martin « La Traite des esclaves au Cayor et au Baol ».

désormais des canons de la légitimité traditionnelle pour ne dépendre que de la force des armes.

La multiplicité des potentats locaux témoigne d'un émiettement politique significatif d'une situation de transition.

La multitude des lignées matrilinéaires et patrilinéaires semble avoir trouvé dans la nouvelle conjoncture de l'ouverture de l'Atlantique, une occasion pour son expression.

L'ouverture de l'Atlantique a semblé dessiner les contours d'un espace public commun aux petits royaumes de la Sénégambie. Désormais, sortant du lamanat et des canons de la légitimité traditionnelle, se dessine autour des rois, un personnel politique constitué de Garmis, d'esclaves et de clients de toutes origines qui tous entrent en relations de dépendance personnelle avec le souverain. L'Atlantique a, pour ainsi dire, cristallisé en les rendant homogènes la relation de dépendance qui traversait l'ordre politique et l'ordre social des castes. Le souverain devient la référence gommant toutes les hiérarchies et toutes les légitimités traditionnelles. Ainsi le paysage politique voit apparaître au détour de chaque terroir par la légitimité de l'héritage des titres et l'opportunité des moyens, des soutiens et des alliances, une multitude de « royaumes » en rivalité ouverte face aux Européens et pour les besoins du commerce atlantique. Des chefs de lignées matrilinéaires ou patrilinéaires, héritiers des anciennes charges des chefs de terre ou « lamanes », des Jogodin, ou Farin, de simples chefs de bande parfois, se posent en interlocuteurs et relais vis-à-vis des « gens de la mer ».

Almada à propos du Saloum fait référence, en plus des Jagarafes et des Jagodims, aux Farbas qui percevaient les revenus royaux, des Bigeos ou écuyers et des Buquinégues ou domestiques. La correspondance de ces titres dans les autres entités politiques semble attester de la communauté de l'héritage institutionnel comme de la trajectoire de ces États en gestation à partir du XVe siècle.

Un passage d'Almada reste particulièrement saisissant sur la réalité de ce processus : « le royaume de Gambie commence à l'embouchure du fleuve du même nom, à cinq lieues de la barre des barbacins, dont le passage est très facile. Les deux rives de la Gambie sont habitées par des Mandingues et à chaque vingt lieues on trouve un autre roi ; mais ils sont tous vassaux d'un souverain appelé Faroens, titre plus élevé chez eux que celui de roi. Cependant celui de Borçalo étend très loin son autorité sur la rive septentrionale, et en compte plusieurs autres parmi ses vassaux. »[628]

[628] Almada traité succint *op. cité*, page 100.

Claude Jannequin en 1639 présente un tableau bien similaire en se limitant au seul bassin du fleuve Sénégal ; il distingue quatre royaumes : « celui des nègres de Lybie commandé par Damel, celui des foules par Brac, celui des Maures de Barbarie par Camalingue, celui des maures et barbares voisins du royaume de Tombuto et par le grand sambalame duquel roy relèvent les trois que j'ai nommés.[629]

Le tableau de Jannequin donne un paysage politique déjà diversifié dans lequel l'exercice du pouvoir sort des terroirs ethniques pour embrasser un espace pluriethnique. Le personnel politique garde souvent un habillage traditionnel mais se démultiplie de manière factice au seul gré des potentats locaux qui nomment des Fara dans le cas des royaumes ouolof, ou Sakh-Sakh chez les Sérères comme pour assurer le contrôle sur une population qui ne leur reconnaît plus l'exclusivité de la légitimité traditionnelle. La nomination des Alcati procède du même dessein. C'est là un trait significatif d'une évolution vers une forme politique plus sophistiquée que le lamanat.

Une autorité publique de type nouveau naissait sur les ruines du lamanat traditionnel. Cette évolution est aussi marquée par la diversification du personnel politique comme des statuts sociaux « Il y a des Alcati qui sont gouverneurs, maîtres de quelques terres, les maîtres des rivières qui sont ceux qui donnent à tous les habitants, les uns après les autres, la permission de pêcher ; les autres sont les maîtres des villages, et les marabouts qui sont ceux qui leur enseignent leur religion »[630] Durand remarquait encore dans l'espace mandingue, vers la fin du XVIIIe siècle, que dans toutes les grandes villes, il y avait un premier magistrat qui porte le nom d'Alkaïd avec un statut héréditaire. Il était chargé du maintien de l'ordre, de la perception des droits imposés aux voyageurs et de présider les séances du tribunal de justice.[631]Les Alcati comme les marabouts apparaissent de plus en plus comme de nouveaux statuts sociaux sui generis qui traduisent une adaptation significative à l'islamisation comme à l'économie atlantique. La réalité d'un appareil politique, d'une instance de pouvoir qui porte le label de Roi est bien avérée, même si on peut encore s'interroger sur le niveau de légitimité qu'il comporte. Un témoignage du Père Barreira en octobre 1608 traduit bien la réalité d'un rapport de force qui illustre bien la nature de cette nouvelle forme de royauté. Le père Barreira s'indignait de la sujétion des Portugais et de la tyrannie dont ils étaient l'objet de la part des rois et des autres dirigeants dans les ports comme celui de Portudal. « Je ne m'arrête pas aux droits qu'ils payent sur les marchandises qu'ils introduisent et font sortir, ni non plus sur la rigueur avec laquelle on fait payer aux uns les dettes des autres, sans autre fondement que

[629] Claude Jannequin, *Voyage de Lybie au Royaume de Senega*, Paris 1639, p. 80-81.
[630] Jannequin *op. cit.*, page 81.
[631] Jean Baptiste Durand *op. cité*, page 69.

d'appartenir à la même nation. »[632] La description du prélat friserait la caricature si d'autres témoignages n'avaient pas confirmé l'autoritarisme des rois de la côte vis-à-vis des Européens dès ce début du XVIIe siècle, ce qui préfigure les pratiques de Lat Soucabé. « Chaque fois que le roi est dans des besoins d'argent, ou qu'il feint de l'être, il le fait signifier, comme j'en fus témoin, par un noble de sa maison. Celui-ci arrive avec une suite considérable et entre dans leurs maisons aussi librement et avec autant d'autorité que si leurs occupants avaient été des esclaves, sans qu'il y ait quelqu'un qui le tienne en bride ou se hasarde à lui refuser ce qu'il demande ou désire, et quoi qu'on lui donne, jamais ils ne se tiennent pour satisfaits. Si quelque navire échoue à la côte, il est aussitôt saisi pour le roi, avec toutes les marchandises qu'ils y trouvent et pour agir de même à l'égard de ceux qui résident dans la localité, il suffit qu'ils simulent quelques fautes que les Portugais auraient commises et qu'ils appellent Chay (faute soumise à ordalie)… »[633]

Ces pratiques rappellent les assises matérielles du pouvoir de la période socé où l'héritage guerrier et l'influence musulmane donnaient une place de choix au butin et aux objets trouvés qui revenaient de droit aux princes du moment. Les tributs appelés Usuru que les princes soninké recevaient des marchands locaux et étrangers et le « sunde » ou droit sur les objets trouvés sont autant de références que les princes de la période atlantique allaient mettre à profit.

L'exemple soninké que Bathily a étudié, offre le modèle d'une aristocratie militaire vivant de butins et de razzias pour la recherche d'esclaves. Le cas des Mangu soninké est le prototype de ces seigneurs de la guerre qui ont fait les beaux jours du pouvoir des Tunka.

Cependant, dans le contexte atlantique, c'est une commune origine servile qui sera le trait commun des seigneurs de la guerre qui se présentent comme les arbitres du jeu politique au XVIIe et XVIIIe siècles à l'image des Tonjon du Royaume de Ségou ou des troupes du Damel-Tègne Lat Soucabé.

Il nous semble ainsi, comme noté plus haut, que l'ouverture de l'Atlantique a abouti à ce fait majeur d'une inflation du personnel politique qui démultiplie l'héritage lamane-Socé. Il s'y ajoute une démultiplication des fonctions qui a amené un dédoublement des charges par la nomination d'un Fara nouveau pour faire pièce aux Kangam et autres chefs traditionnellement issus des familles Garmi. Comme pour répondre à une nouvelle demande bureaucratique en vue de gérer et redistribuer la rente Atlantique.

---

632 Carta annua do anno de 1609 cartorio dos jesuistas maço 68, doc 427., in Monumenta Missionaria Africana, série 2, vol. IV, p. 363-398, Lisboa 1968. Cité in Nize Isabel de Moraes, « A la découverte de la petite côte au XVIIe siècle (Sénégal et Gambie) » Tome 1, *Initiations et études africaines*, n° 37, Université de Dakar, Ifan, 1993, page 123.

633 Père Barreira *op cité*, page 123.

On peut, sans aucun doute, parler d'une impasse institutionnelle qui a fermé l'horizon du lamanat. Devant l'absence d'une question foncière aiguë, le lamanat montrait ses limites à la faveur de l'ouverture de l'Atlantique qui inaugurait un registre inédit dans l'histoire de la Sénégambie. Les attributs moraux et sacrés du Lamane montraient leurs limites face à l'horizon bleu de la mer qui ouvrait une nouvelle frontière comme de nouveaux attributs que conférait le commerce avec les Européens.

CHAPITRE 8

LE SINE ET LE SALOUM, OU LA PORTE DU PAYS MANDINGUE

Le fleuve Sine dénommé « rivière des barbacins » constitue la limite méridionale dudit royaume de Sine et le sépare de celui du Saloum où l'influence mandingue est encore vivace au XVIe siècle.

Donelha présente « le petit royaume de Berbesiis qui a environ dix lieues de large et cinquante de long vers l'intérieur » sous la coupe d'un roi appelé Ale Embissane Jufo.[634]Ce dernier est identifié par certains auteurs comme Waly Mbissane Diouf qui régnait autour de 1566.[635]

L'influence du Bour Saloum s'étend sur un rayon de « quarante lieues » à partir de la côte, sur des communautés ouolofs, sérères et mandingues. Du fleuve Gambie au Sine, le Buur Saloum contrôle des populations mandingues, sérères et ouolofs sur lesquelles il exerce une influence jusqu'aux confins du Djolof, du Baol et du Sine. [636]Ces communautés sont contrôlées par des gouverneurs qui portent le titre de jagarafe qui rappelle le farin de l'empire mandingue dont ils représentent les dernières scories dans cette région.

Almada décrit un personnel politique qui regroupe à la fois l'héritage mandingue, et les sollicitations de l'Atlantique. Ainsi, tous les rois ont des représentants ou Alcaides qui s'occupent des Européens et de leur commerce avec le Roi. Viennent ensuite les Gouverneurs ou Jagarafes et des chefs locaux appelés Jagodins. Les farbas, « Bigeos » et « Buquineges » forment le personnel de la cour.[637]

On retrouve aussi à la tête des villages les mêmes jagodin que chez les Ouolofs ; ce qui semble confirmer l'appartenance antérieure à une même entité géopolitique. Comme au Mali des farins: « quand le roi veut lever une armée, il n'a qu'à prévenir les deux jagarafes qui transmettent ses ordres aux jagodins, et chacun assemble ses gens, de sorte qu'en peu de temps il réunit une nombreuse armée qui compte un grand nombre de cavaliers, montés sur des chevaux achetés des foulos et des maures ».[638]

---

634 Donelha *op. cit.*, page 137.

635 Diouf, Becker et Martin « Chronique du royaume du Sine » par Niokhobaye Diouf, *Bulletin de l'Ifan*, Dakar 34, série B, 1972, p. 702-777

636 Alvares De Almada, Lisboa, 1964, page 32.

637 Almada, 1964, *op. cité*, page 39.

638 Almada Alvares « Traité succint sur les rivières de Guinée du Cap-Vert, depuis le Senegal jusqu'au fleuve Sainte-Anne », publié par Diego Köpke, Porto 1841.in *Nouvelles annales des voyages*, tome II, juin 1842, page 95.

Les pratiques de recrutement semblent s'identifier à celles qui avaient cours dans l'empire du Mali. Comme le rapporte le *Tarikh el Soudan* : « les habitants de ce pays disposaient de forces nombreuses… Le prince avait sous ses ordres deux généraux, l'un pour la partie méridionale, l'autre pour la partie septentrionale ; le premier s'appelait le Sankar Zouma, le deuxième Faran Soura (farin du Nord ?) »[639]. Chacun d'eux avait sous ses ordres un certain nombre de caïds et de nombreuses troupes ; cependant un trait d'évolution notoire peut être relevé dans la nomination de personne d'origine servile aux charges de chef militaire et de Jagodin. Cette pratique semblait exclue du temps des souverains du mandé.[640]

L'aire d'implantation sérère se présente comme une jonction de populations autochtones sérères venues de la vallée du Sénégal et de mandingues en provenance du Gabou.[641].

L'itinéraire des Sérères en Sénégambie est bien décrit par Pinet Laprade recoupant plusieurs traditions. Les Sérères ont successivement occupé tout le pays dépendant des Ouolofs mais alors inhabité, et s'étendant jusqu'à trois lieues environ de la côte, qui forme la baie de Yoff. Cet espace comprenait le Ndieghem, tout le Baol, le Diobas, le Ndout, le Ndiakin, Fanden, le Lekhar, le Ndoich et la région comprise entre la baie de Gorée et lac Tamna.[642]

L'itinéraire des Guelwar mandingues partit de la Haute Casamance pour s'établir dans les plaines vaseuses de la basse Casamance où ils sont identifiés comme les ancêtres des Diolas avant de traverser le Fogny, la Gambie, le pays de Rip et le Saloum avant de fonder leur premier établissement à Mbissel près de Joal.[643]. C'est de ce double mouvement que procéda la jonction lamane-Guelwar qui créa la dynastie ouverte par Meissa Waly Dione.

Aujas suggère que Mbègane Ndour frère d'Ouagana (fils ou neveu de Meissa Wali Dione) aurait pris le pouvoir dans le Saloum en détrônant Eli Bana roi de Cahone, d'origine Toucouleur.[644]Le marabout toucouleur Elibana que Mbégane Ndour aurait détrôné, serait un contemporain de Koli Tengalla. C'est Koli Tenguella qui aurait chassé Elibana du Fouta au début du XVIe siècle.[645]

---

639 Es Sa'adi (Abderrahman ben Amir)*Tarikh es Soudan*, traduction O. Houdas, Paris Leroux 1900, page 20.

640 Djibril Tamsir Niane *Recherches africaines* n° 1, janvier 1959.

641 Le père H. Gravrand suggère l'antériorité d'un fonds Sossé originel qui aurait été repoussé ou absorbé par les Sérères.

642 Pinet Laprade, *Notices sur les Sérères* « Annuaire du Sénégal et Dépendances », 1865, p. 132-134.

643 *Ibid.* Pinet Laprade *op. cité*, page 132 et suivantes.

644 Aujas « La région du Sine-Saloum, le port de Kaolack » *BSEHAOF*, 1931, 3, p. 97-98.

645 Jean Boulègue « Contribution à la chronologie du royaume du Saloum » *Bulletin Ifan*, série B, Tome XXVIII, n° 3-4 p. 660-61.

Une description d'André Donelha datant probablement de 1574 nous donne un parfait exemple de cette territorialisation forcée de l'ordre politique dont on ne trouvera aucun écho dans la tradition orale ou la titulature des rois. « …à partir du Cabo dos Mastros, en suivant la côte vers le Sud, avant d'arriver vers le sud, avant d'arriver à l'embouchure du fleuve de Gambea, il y a un petit royaume de berbecins, pouvant avoir dix lieues de largeur et cinquante de longueur dans le sens de l'intérieur. Il appartient à un roi appelé Ale Embissan Jufo, très vaillant chevalier, qui eut beaucoup de guerres avec le Grâo-Jalofo et sortit toujours victorieux des batailles. Plus au sud, en arrivant au Fleuve de Gambea, il y a un autre royaume plus grand également de Berbecins ; il appartient au roi Borbanam. Passé celui-ci, nous arrivons au beau et grand fleuve Gambea ».[646]

Alvares d'Almada vers 1594 sera plus précis dans la description du royaume du Sine. « [Le royaume d'Ale Embiçan] s'étend sur le fleuve (Rio dos barbacins) du côté nord où il a quelques ports et où il y a des puits et des villages proches, ainsi que le port de Palmeirinha, celui de Gomar, celui de Guindin qui est le dernier de ce roi dans ce fleuve et se trouve près de sa cour qui s'appelle Jagao qui est la localité la plus importante de son royaume. »[647] On notera une fois de plus que les témoins de territorialité restent toujours, une capitale et des points d'escales comme lieux d'échange. Aucune référence à une limite définie si ce n'est l'horizon mouvant que les raids à cheval permettent d'atteindre au gré des rapports de forces avec le potentat voisin. La singulière destinée d'une entité politique semble plus le fait d'une construction a posteriori qui laisse entière l'intégration des populations dans une même communauté historique.

Le père Gravrand a proposé un schéma qui peut nous servir de trame historique au peuplement du pays sérère[648].

Une première colonisation de Socé venus du sud et installés dans le Sine avant le XIIe siècle et qui seraient les constructeurs des tumili de la région de Diakhao et auxquels on pourrait rattacher beaucoup de génies du panthéon de Sangomar.

Une grande migration sérère venus du nord devait fusionner avec le fonds Socé originel aux XIIe et XIIIe siècles.

---

[646] In Texeira Da Mota « Un document nouveau pour l'histoire des Peuls au Sénégal pendant les XVe et XVIe siècles », *Boletin de Guine Portuguesa*, XXIV, oct 1969, p. 17-18.

[647] A. ALvares D'Almada :Tratado Breve … ed. BrasioA, Monumenta Missionaria Africana, Lisboa, 1964,2^{e} série vol. III, p. 229-278, Traduit in jean Boulègue : *La Sénégambie du milieu du XVe siècle au début du XVIIe siècle*, Paris 1968, p. 227-228.

[648] Gravrand, H., *Visage africain de l'Eglise*, Paris, Orante, p. 18-24.

Dignitaires et personnel politique

L'ouverture de l'Atlantique allait aboutir ici aussi, à une inflation du personnel politique déjà démultiplié par le double héritage lamane-guelwar. Comme pour répondre à une demande bureaucratique en vue de gérer et redistribuer la rente Atlantique. Ainsi, pouvait-on répertorier un corps bien complexe et pléthorique de dignitaires. Le roi O Maad Sinig entouré du Diaraf fa Mak représentant des paysans libres et du Farba Fa Mak, chefs des captifs de la couronne, de même que d'autres dignitaires de la Cour. Des détenteurs d'apanage étaient choisis au sein de l'aristocratie Gelwar. Des femmes Gelwar recevaient en apanage les villages de Ndiaye-Ndiaye Fatick (Awo Ndiaye-Ndiaye la première épouse du roi). Les localités de Sanghai, Thioupane et de Sass-Mack. C'est aussi le cas de l'héritier présomptif : le Bummy Somb, le Tjilas, le Loul et le Ndiok, titres renvoyant à leur lieu de résidence. La pléthore de ces dignitaires détenteurs d'apanage se retrouvait surtout dans la nomenclature des fils de rois les Bi No Maad de matrilignage non Gelwar. C'est le cas du Sandigué Ndiob à Ndiob, le Maad Patar à Patar, le Lam Diafadj à Ngayokhène, le Lama Sass à Niakhar, le Maad Diohine à Diohine, le Maad Diarer à Diarer, le Maad Mbadatte à Mbadatte, le Maad Dioral à Dioral, le Maad Ngohé à Ngohé, le Maad Mbouma à Mbouma, le Maad Patar Ngoud à Patar Ngoud, le Maad Diokoul à Diokoul, le Maad Sob à Sob, le Maad Poukham à Poukham, le Maad Ngouye à Ngouye Diafadj.

À cette liste devaient s'ajouter les Sakh-Sakh qui avaient la charge de localités au nom du Maad Sinig. C'est le cas du Sa Maroutte à Maroutte, le Sa Diouroup à Diouroup, le Sa Faoye à Faoye, le Sa Simale à Simale.

Dans la couche des paysans libres se recrutaient aussi d'autres dignitaires comme le Diaraf Boof et le Diaraf Mbellakadiaw.

Le Farba Diaoulé quant à lui, en tant que captif de la couronne, était le chef des Peuls qui cependant conservaient leurs chefs traditionnels, les Ardos.

Cette inflation de titres correspond à une parcellisation du pouvoir significative d'une logique de redistribution du patrimoine au sein d'un groupe dirigeant cherchant à consolider une assise politique. Deux séquences majeures semblent marquer ce processus. Vis-à-vis du lamanat, il s'agissait d'une recomposition du pouvoir et d'une redistribution de la terre entre l'aristocratie Guelwar et les Lamanes dont l'autorité et l'emprise sont ainsi grignotées ou négociées au travers de stratégies matrimoniales. « L'invasion mandingue ne troubla pas le Sérère, pacifique cultivateur. Celui-ci subit le joug avec calme et absorba en quelque sorte les conquérants, par les unions qui se multiplièrent entre les chefs ; entre les chefs guelwars vainqueurs et les femmes du pays… De l'union du chef conquérant mandingue, Maissa Waldione avec une princesse sérère, naquit Ouagana. Ce jeune guerrier détrôna les Bours sérères et transféra la capitale de Mbissel à Diakhao… les

Bours détrônés qu'on nomme encore « Bours ganiek » n'ont jamais essayé de reconquérir leur royauté »[649]. C'est ce scénario qui, selon Becker et Martin, a permis aux Guelwars d'assurer la pérennité de leur pouvoir en faisant, autant que possible coïncider pouvoir politique et droits fonciers, entre les mains des petits rois locaux dépendant du roi du Sine. »[650]

La deuxième séquence a suivi l'ouverture de l'Atlantique, qui génère un nouvel espace d'opportunité. Autour des ports, rades et escales de fleuve se déroulent de nouveaux apanages virtuels comme autant de lieux de perception et de participation à la nouvelle base économique du pouvoir qu'offre l'Atlantique. Le contrôle effectif sur les populations comme la maîtrise des contours d'un royaume reste toujours hors de portée de l'aristocratie guelwar comme celle de ses congénères du Cayor ou du Baol.

---

[649] Idem Aujas, *La région du Sine-saloum*, page 98.

[650] Charles Becker et Victor Martin « Chronique du Royaume du Sine Par Niokhobaye Diouf, suivie de Notes sur les traditions orales et les sources écrites concernant le royaume de Sine », *Bulletin de l'Ifan*, Tome XXXIV, série B, n°4, 1972, page 741.

CHAPITRE 9

LE RÔLE DE TIÉ NDELA ET TIÉ YACINE DANS LA CONSOLIDATION DE L'INSTITUTION MONARCHIQUE

Le règne de Tié Ndela au début du XVIIe siècle marqué par la révolte des Lamanes dirigés par Saltiki Miñam est un moment décisif d'un processus qui rend compte d'une rupture de l'ordre politique.

Une dynastie héréditaire, à la faveur de l'ouverture de l'Atlantique asseyait les bases d'un pouvoir de type nouveau. C'est à Tié Ndela qu'on a attribué l'instauration du Moyal, un droit de pillage accordé à tous les dignitaires et qui deviendra la base matérielle de l'aristocratie au Baol comme dans les autres unités politiques de la Sénégambie. Un passage de Dapper parle de 5 mille bœufs pour le roi du Baol et d'importants troupeaux pour les autres dignitaires. [651]

Le règne de Tié Ndella est identifié au Denchafour des sources européennes ; il porterait sur une longue période, de 1620 à 1665. « Le nom Chafour pourrait désigner le matrilignage Jaafun auquel appartenait Tiè Ndela. Den serait à la place de Teeñ et lu au lieu de Buur. »[652]

L'autorité de Tiè Ndella s'est aussi constituée au détriment de la diaspora portugaise qui servait d'intermédiaire dans le commerce de la Petite Côte. L'élimination de ces intermédiaires portugais semble être un maillon essentiel de la politique de Tiè Ndella souvent dépeint par les sources portugaises sous les traits d'un souverain autoritaire et arbitraire. C'est le sens de la relation de Coelho : « ici également vécurent des juifs portugais dont ils ne reste plus aucun ; il y eut dans ce village de nombreuses maisons de Portugais possédant grandes richesses quoique à l'égard des blancs, les gentils y soient les plus méchants de tous ceux du peuple, et le roi qui régnait de mon temps et vécut plus de soixante-dix ans, appelé Denchafour, était très mauvais et dépouilla nombre de blancs. « Tiè Ndella s'employa systématiquement à garder le monopole des échanges sur la côte en un lieu bien contrôlé par un Alcati chargé de veiller au respect de ce monopole comme à la police des marchés ».

---

[651] Thilmans, G. « Le Sénégal dans l'œuvre d'Olfried Dapper », *Bulletin de l'Ifan*, tome XXXIII, série B, n°3, 1971, p. 529-530.

[652] Martin et Becker « Les Teeñ du Baol : essai de chronologie » *Bulletin de l'Ifan*, Tome 38, série B, n°3,1976, page 476.

L'Atlantique et la monétarisation du fer

L'importance du fer dans les transactions atlantiques comme dans le jeu politique est notée par plusieurs auteurs. Ainsi, note Jean Baptiste Durand, lorsque les Africains commencèrent à traiter avec les Européens, le fer devenait la matière la plus prisée. Il servait à fabriquer à la fois des instruments de guerre et des instruments aratoires. « Le fer devint bientôt la mesure d'après laquelle ils apprécièrent la valeur de tous les autres objets. Ainsi une certaine quantité de marchandises, d'une ou d'autres espèces, paraissant valoir une barre ou plusieurs barres de fer, donna naissance à l'expression mercantile d'une barre de marchandise. »[653] La barre de fer devint ainsi un équivalent général dans les transactions. Ainsi 20 feuilles de tabacs correspondaient à une barre de tabac ; un gallon d'eau de vie équivalait à une barre de fer. À la fin du XVIIIe siècle, la barre de fer valait 4,16 livres tournois et un esclave dont le prix est de cent barres coûtait 490 livres tournois. Le prix de revient de la barre étant très modique pour les Européens, ces termes de l'échange annoncent déjà une asymétrie dans les transactions qui laissait la portion congrue aux Africains enferrés dans un régime commercial très défavorable.

Le fer comme ressort du pouvoir

Un des ressorts du nouvel État post-atlantique reste sans aucun doute la mainmise sur les nouvelles sources du fer et des chevaux.

Tié Ndella s'est particulièrement distingué par une politique systématique d'encouragement de l'industrie du fer par une production à vaste échelle des lances, arcs et flèches qui constituaient l'essentiel de l'armement. C'est tout le sens qu'on peut donner à la nomination du Fara Ndagalma chef des forgerons. Rokhaya Fall rapporte la concession par Tiè Ndella des anciennes terres de Lamane sérère de la région de Ndagalma au profit des forgerons. L'objectif stratégique est d'augmenter les capacités de production en arme et de sceller une alliance avec cette couche sociale en vue de consolider son pouvoir et, en même temps, se doter des outils pour la chasse aux esclaves.

Nous nous trouvons ici face à un trait récurrent de l'histoire de la Sénégambie : l'alliance de la monarchie avec les castes.

Par-delà les liens personnels de dépendance, l'alliance se fonde sur une base stratégique avec la spécialisation des castes dans des corps de métiers vitaux pour la survie de la monarchie. La forte demande en armes, flèches ou lances donnait une importance aux forgerons qui du reste se mettront à l'apprentissage de la réparation des armes vendues par les Européens et la fabrication de balles.

[653] Jean Baptiste Durand, 1802, *op. cité*, page 221, 223.

De même, la fabrication de selles et harnais donnait une grande importance aux cordonniers. Cordonniers et forgerons formaient des légions mobilisables en temps de guerres et des titres et dignités leur étaient réservés à la cour comme dans l'organisation administrative du royaume. Ainsi, par-delà leurs statuts de courtiers et amuseurs de la cour, les différentes castes ont bien marqué l'espace politique et l'espace social des différents royaumes de la Sénégambie. Ces statuts ont sans doute ouvert la voie aux esclaves de la couronne qui deviendront les arbitres du jeu politique à partir de la fin du XVIIe siècle.

Tout le XVIIe siècle semble ainsi marqué par cette stratégie de rupture qui annonce la consécration de Lat Soucabé. Petit à petit la monarchie s'étant dégagée du lamanat, a pu se constituer son personnel, ses alliés comme ses institutions.

L'histoire du Baol voit perdurer l'opposition récurrente entre la famille Fall et les Lamanes dépositaires de la légitimité traditionnelle. Le règne de Tié Yacine est aussi un grand moment de cette opposition. Le point d'orgue du règne de Tiè Yacine reste la guerre qui l'opposa aux trois Lamanes coalisés : Gayan Sène, Kangé Faye, et Asata Birima.[654] Cette guerre fut soldée par la mort de Tié Yacine vers 1690 et ouvrit une période de trouble qui sera mise à profit par Lat Soucabé Fall pour imposer la famille maternelle Gèej au Baol comme au Cayor.

Lat Soucabé, comme Tiè Ndella peuvent être légitimement considérés comme les champions de l'État post-atlantique dont ils ont été les artisans les plus chevronnés.

Les contours du nouvel État et les aires concentriques de pouvoir

Le Tégne du Baol était élu par un collège de cinq Diambours provenant des familles Ndiaye de Teungue, Diouf de Mayoun Gueur, Badiane de keur Badiane, Ndaw de keur Ali Ndaw et Dièye de Toubé. De ces grands électeurs était choisi le Diaraf Baol qui dirigeait ce collège.

La cour était régie par le fara Bir Keur assisté du Diaraf Bountou Keur et des beuknèks. Les marabouts résidaient à Mbousso, Diokan, Mbadian et au Ndogal.

À défaut d'une assise territoriale bien distincte, le pouvoir se cristallisait sur des provinces auxquelles seules la parenté ou l'alliance conféraient une cohérence.

---

[654] Kani Samb, *Baol ack Tègne Tiendella Fall*, document multigraphié sans date 1969, 36 pages, p. 10-11. CF Becker et Martin *op. cité*, page 478.

Ainsi le fils, le frère ou neveu du Tègne contrôlait la province du Géoul, frontalière du Cayor. C'est le domaine des Thialaw ou héritier présomptif de même que le Salao et le Pèg.[655]

Àl'image du Walo et du Cayor, se définissait ici aussi une configuration concentrique dont la proximité avec la capitale restait proportionnelle au degré de parenté utérine ou de loyalisme à la famille régnante. Les titres gardaient toujours la marque de la province dont ils reprenaient très souvent les noms. Les provinces centrales sont le Lambaye, le Kaba. Le Ndaden confié au Lamassas appartenant à la famille Fall ; il s'agit d'un vieux terroir de Lamanes et de Saltigués. Ensuite venaient le Tidiar généralement confié à la famille Ndiaye, le Wokan et le Laa dirigé par la famille Diouf et qui serait une conquête sur le Sine ; le Boursine Lâ qui en avait la charge gardait une haute main sur les groupes peuls du Kontor et du Kael.

Le Fara Kaba chef des captifs de la couronne prenait le relais du Fara Lambaye à partir du XVIIIe siècle dans ce rôle. Il était chargé des provinces sérères du sud et de l'ouest composées des Nones de Fanden, les Sérères-Diobas, les Safen, les Sérères de Mbadan, du Sandock, du Dieghem et les environs de Pout en direction de Portudal le principal port de la côte.

Portudal était sous l'autorité d'un Alkati qui y officie pour le compte du Tègne et sa suite de Tièdo dirigée par le Fara Kaba. Le Nianing était sous l'autorité d'un Bour Nianing, un pays sérère jouxtant la côte et étroitement surveillée.

Le Bardiack était le chef du Diack avec N'Goundiane comme capitale ; il était issu des familles Fall ou Dieng, Baye Bayar, chef du Mbayar-Sam baye Karang, Bour Goye de Ngoye Samba Niane regroupait sous son contrôle le Ngoye, le Mbayar et le Gourgourène, populations sérères qui gardaient souvent leurs chefs traditionnels lamanes et saltigués: Lamassas de la province de Ndadène-Thiakhar, Thiadar, chef de Sambé, Bour Sine de Sinelâ, Fara Lambaye (résidence du Tègne).

Plus excentré on retrouvait, le Dialigué, chefs des Peuls de Kael et Contor ; Fara Thièpe, Bour Badan, de la province de Mbadan-Fissel, à cheval entre le Baol et le Sine, de populations sérères sous la houlette de princes réfractaires aux deux familles régnantes. Bouroup Gathie contrôlant l'est du Diobas et généralement de la famille Fall.

Bour Aw, Bour Dieghem, Sakh Sandock, occupaient les régions peuplées de Sérères généralement hors du contrôle du pouvoir central. Les populations sérères dans ces régions gardent leurs terroirs originels constitués de forêts épaisses avec des villages situés dans des clairières entourées de grands arbres. La configuration de ces terroirs leur a assuré une pérennité de l'organisation villageoise face aux incursions des potentats ouolofs.

---

[655] Kani Samb *op. cité*.

Ainsi le Baol, dans une trajectoire similaire à celle du Cayor, voyait une autorité centrale ouolof prendre la préséance sur des populations sérère et socé avec lesquelles de multiples alliances matrimoniales scellaient le destin dynastique.

Les populations sérères auraient trouvé sur place une souche none avec laquelle elles devaient subir la pression mandingue qui devait les confiner dans les refuges forestiers entre le fleuve Sine et le Cap-Vert

À défaut d'une chronologie fiable on peut admettre des séquences dynastiques où Wagadou d'origine soninké, Sérères et Ouolofs se sont succédé. On peut aussi établir les aires de peuplement, la distribution des hommes, leurs croyances et leur culture façonnées dans des terroirs que le fait politique n'a jamais gommés.

CHAPITRE 10

LES HÉGÉMONIES FULBÉ DES XVIe ET XVIIIe SIÈCLES

À l'image des Ouolofs de Amari Ngoné Sobel à Lat Soucabé usant de l'alliance avec les marabouts, et le système de la côte pour asseoir une hégémonie à l'ouest du Ferlo, les Foulbé ont eux aussi, du XVIe au XIXe siècle, créé un espace hégémonique qui a durablement marqué la Sénégambie du Fleuve Sénégal au Rio Grande.

L'exemple du Koli Tenguella, des Almamis du Bundou et du Fouta Djallon offrent de bonnes illustrations de ces communautés qui ont tenté d'unifier et de mettre à profit le réseau soudano-guinéen qui depuis le moyen Niger et ses relais du commerce transsaharien, intégrait le Bambouk et ses mines d'or, le pays bambara comme sources d'esclaves, le relais du Boundou en direction de la Gambie et du Fouta Djallon. L'islam ou le pastoralisme ont semblé être des marqueurs identitaires pour définir un véritable espace foulbé.

L'ensemble sénégambien sous le giron foulbé

Le témoignage d'Alvares de Almada nous donne la première description d'un ensemble géopolitique, marqué par l'hégémonie d'un groupe sur un espace avec une cohérence optique et géographique quasi mathématique. Il identifie une source commune au Sénégal et à la Gambie qui sur une distance de 70 lieues l'un de l'autre se jettent dans l'océan Atlantique en révélant le Cap-Vert situé à 14° 3 de latitude à distance égale entre le fleuve Gambie baigné par des pluies intenses et un couvert végétal dense et le fleuve Sénégal avec son tapis végétal pauvre et la faiblesse de ses pluies.[656]

L'hégémonie foulbé semble dans tous les cas s'adosser sur les puissantes arrières de forces mandingues occidentales. Elle s'appuie sur une puissante armée avec une taille jamais égalée sous ces contrées. La légende que reprend Almada parle d'une armée dont l'effectif permit le remplissage du fleuve avec des pierres à raison d'une pierre par soldat. Une armée qui selon Almada assujettit les Mandingues, Cassangas, Bainouk et Buramos sur plus de 150 lieues avant d'atteindre le Rio Grande.[657]

Population nomade par excellence, les Peuls ont essaimé dans toute la Sénégambie à partir d'un terroir originel qui comprend le Fouta Toro, le Bundou et le Macina. Ce terroir s'est formé progressivement entre le XIe et le

---

[656] Almada lisboa, 1964, page 17.
[657] Almada, Lisboa, 1964, page 53-54.

début du XVe siècle. Du Fouta Toro, les Peuls sont passés, au Boundou puis en Gambie et au Fouta Djallon.[658]

C'est sans doute la prépondérance avérée des guerriers mandingues de part et d'autre de la Gambie qui justifie la direction nord qu'empruntera le mouvement des Foulbé déjà très fortement liés aux populations mandingues du nord-ouest du Fouta Djallon.

Les Foulbé identifiés très tôt comme populations d'éleveurs nomades vont jouer un rôle décisif dans la transition des chefs de terroir vers des formes monarchiques plus marquées.

L'hégémonie foulbé s'inscrit bien dans le cadre de cette transition en cours dès la fin du XVe siècle dans l'espace sahélien. Il s'agit du passage des terroirs organisés sur une base ethnique avec une forte place donnée à la gestion de l'espace comme aire de culture ou aire de pâturage. Ces formes privilégiant la lignée familiale qui est encore la référence essentielle dans le contrôle de la terre comme du bétail, vers des formes plus centralisées avec notamment l'érection d'une armée composée d'esclaves ou de captifs de guerre, chargée de lever un tribut et qui progressivement se spécialisera dans le pillage et la chasse aux esclaves.

L'épopée de Tenguella semble s'inscrire parfaitement dans ce schéma d'évolution. En tant que chef d'un groupe nomade, il vivait dans la région de Nioro et de Diara. Il entreprit un mouvement de révolte contre l'autorité du Songhay et avec l'aide des mansas du Mali, il réussit à soumettre le royaume de Diara. Situé entre Néma et Nioro. L'armée d'Askia Mouhamed que dirigeait son frère Amar eut raison de lui et c'est en 1512 que Tenguella trouva la mort à Diara.

Suivant la légende, c'est son fils Koli -- de par sa mère descendant des Mansas du Mali -- qui prit la relève. Avec le reste de l'armée de Tenguella, il se réfugia à Badiar, au nord-ouest du Fouta Djallon dans le Bakounou. C'est de là qu'avec une imposante armée composée de Peuls ourourbé, oualarbé, férôbé et de mandingues (Susu) et de forts contingents de Coniagui, Bassari et Badiaranké, il entreprit de conquérir le Fouta. « Tout l'ancien Tékrour obéissait alors à l'empereur du Djolof. Ce Koli, aidé par les Sérères et par le clan toucouleur des Dénianké, aurait réussi à tuer l'empereur du Djolof, à affranchir les Toucouleurs de la suzeraineté des Ouolofs et à fonder au Tékrour un nouvel empire indépendant dont il fut le premier souverain »[659]. Il fonda sur les ruines de l'ancien Tekrur islamisé l'État Dénianké en 1559.[660]Il

---

[658] Sékéné Mody Cissoko, *Histoire de l'Afrique occidentale, Moyen-Age et temps modernes (VIIe s-1850)*, Paris, Présence africaine, page 123-124.

[659] Maurice Delafosse *Le haut Sénégal Niger*, Paris, Larose, 1912, page 230.

[660] Jean Suret Canale "The social and historical significance of the Peul Hegemonies in the Seventeenth, eighteenth and nineteenth centuries". In *Essays on African History: from the slave trade to neocolonialism*, transl Christopher Hurst London p. 25-55.

est symptomatique de noter la forte influence mandingue dans la geste de Koli. Les dignitaires Déniankobé garderont le titre de Silatigui au détriment de celui d'Ardo que Koli lui-même arborait. Cependant, l'hégémonie fulbé laissera des traces vivaces dans toute l'aire sénégambienne notamment au Gabou par la multiplication de « foulakunda » en Haute Gambie et le nom de « Koliba » (fleuve de Koli) donné au Rio Grande par les populations autochtones.

Alvares De Almada nous a laissé un tableau de la prépondérance fulbé du Sénégal au Cantor. Les hordes fulbé couvrent l'espace ouolof, sérère et mandingue le long de la côte où elles s'installent durant l'hivernage et reprennent, en été, le parcours de la savane à la recherche de pâturages et points et cours d'eaux pour leurs troupeaux.[661]

Ainsi au XVIe siècle, du Haut-Niger au Bas-Sénégal, Sérères, Diolas et Ouolofs reconnaissaient une suzeraineté foulbé aux multiples ressorts.

Le cheval et les ressorts de l'hégémonie Fulbé

L'usage du cheval dans les guerres comme dans les parades est une donnée constante relevée par bon nombre d'auteurs arabes depuis Al Umari et Ibn Batouta au XIVe siècle.

La parenté phonétique de l'appellation « fas » en ouolof et « faras » en arabe atteste une relation avec l'Afrique du Nord dans la chaîne de diffusion du cheval en Afrique de l'Ouest. Mais dans la seconde moitié du XVe siècle, les Portugais se présentent comme source alternative pour la région au détriment du Sahara. Ça da Mosto en 1456 apportait au Damel du Cayor un lot de chevaux espagnols qu'il échangea avec 9 voire 14 esclaves par unité.

En 1460 Diego Gomes amena un lot de 10 chevaux au Sine, mais la concurrence de plusieurs bateaux vendant le même produit ramenait le prix moyen d'un cheval à 6 esclaves. Gomes réussit à acheter la cargaison de chevaux de ses concurrents et parvint à échanger ses chevaux contre 14 ou 15 esclaves.[662] Bumi Jellen, dans sa tentative d'asseoir son pouvoir au Djolof, s'engageait auprès des Portugais à payer au prix fort tous les chevaux que ces derniers pouvaient lui délivrer, même ceux morts durant le trajet qu'il s'engagea à rembourser sur la simple présentation de la queue du cheval. Nous retrouvons ici en écho un des motifs de la fin de l'hégémonie du Djolof en Sénégambie.

L'occupation du Fouta par les hordes de Koli et l'établissement de la dynastie Denianke vers 1510 a provoqué le tarissement de l'approvisionnement en cheval à partir du Sahara mauritanien. Comme noté plus haut, les provinces occidentales ont capté à leur profit l'accès aux chevaux et par

---

661 Alvares De Almada, *Tratado Breve*, Lisboa 1964, *op. cite*, page 17.

662 Crone G R.*The voyage of Ça da Mosto and other documents on western Africa in the second half of the fifteenth century*, London, 1937, p. 100-101.

conséquent sécuriser un facteur décisif dans les projets hégémoniques de la Sénégambie aux XVe et XVIe siècles[663].

C'est au XV^{Ie} siècle que le marché du cheval prit un cours singulier en Sénégambie. Comme l'atteste le tableau dépeint par Duarte Pacheco Perreira et Valentin Fernandes en 1505-1507. Sur le fleuve Sénégal, les Portugais continuent de vendre des chevaux à l'aristocratie du Djolof en proie à une âpre crise. Dans un contexte où les forces en présence se comptent, l'heure est à celui qui aligne le plus de chevaux et fait montre de plus d'aisance. Le Burba Jolof selon Pachecho Pereira [664] pouvait aligner 10 000 cavaliers. Durant tout le XVIe siècle, du fleuve Sénégal au Rio Grande, le prix moyen est de 6 ou 7 esclaves par cheval même quand il est en mauvais état. Les îles du Cap-Vert devaient prendre le relais pour un temps avant le développement d'un élevage local de chevaux à partir de Bornou et du Songhay. L'apport de l'élevage local de chevaux semble avoir maintenu le bas niveau du prix du cheval et, à terme, l'arrêt progressif des importations à partir d'Europe au XVIIe siècle[665].

Cependant, la nature du commerce, en cette fin du XVIe siècle, laisse toujours une place de choix aux chevaux. « Les marchandises que les Portugais portent dans ces pays sont des chevaux, du vin, des toiles de Bretagne, des verroteries de diverses espèces ; ces derniers objets sont très estimés parmi les nègres qui les regardent comme trésors ; ils recherchent également beaucoup les pièces de deux réaux que l'on appelle teston, et qu'ils fondent pour en faire des bijoux, ainsi que l'or travaillé, le vermeil, la cochenille, la nacre, les verroteries de Venise, le papier, le corail et certains coquillages (cauris) qui ont cours comme l'argent ».[666]

Donelha comme Almada fixent la fin de l'Odyssée peule sur le Rio Grande. Après avoir traversé victorieusement l'espace mandingue, les Peuls de Doulo Demba devaient se heurter aux lignes de défense des Beafares qui mirent fin à leur chevauchée au sud de la Gambie où ils auraient réussi à aménager une passe avec des remblais de pierres.

En 1581, Donelha se présente lui-même comme un protagoniste de ce commerce de cheval. « On me montra de même des chevaux de la race de ceux que les Fulos avaient amenés, chevaux de petite taille et assez maigres, qu'on apelle là-bas dumbes. »[667].

Ainsi, l'un des premiers ressorts de l'hégémonie foulbé semble être l'offre en chevaux pour alimenter une grande cavalerie. Almada s'en est fait l'écho : « Les Djolofs de l'intérieur nourrissent beaucoup de chèvres et de gros

---

[663] Phillip D. Curtin *Economic Change in pre-colonial Africa: Senegambia in the era of slave trade*, Madison, 1975, p. 11.
[664] Duarte Pacheco Pereira Esmeraldo de situ orbis trans R Mauny Bissau, 1956, p. 71.
[665] Robin, Law *The horse in west African history*, London, oxford University press 1980, p. 53.
[666] Almada page 92.
[667] Donelha *op. cit.*, page159.

bétail, qu'ils échangent contre des chevaux qu'on élève en grand nombre sur les territoires du Grand Foulo, et que l'on vend non seulement aux Jolofes, mais aussi aux Barbacins et aux Mandingues. Le grand Foulo en a toujours un si grand nombre à sa suite, qu'il ne peut pas rester plus de trois jours dans le même endroit, et qu'il voyage toujours d'un lieu à un autre.[668]

L'importance du cheval dans la cour du Grand Fulo est relatée dans une description du Père Balthasar Barreira où il est mentionné que les Fulbés ne sortent jamais de chez eux, ne circulent ni ne commercent sinon à cheval et les femmes ont la même habitude. Ils entourent leurs chevaux de tellement de soins que tous, même le roi, leur rendent visite tous les jours et affectent à chaque cheval un esclave qui s'en occupe exclusivement. « Quand le Grand Fulo est en déplacement, ce qui lui arrive la plus grande partie de l'année, il maintient en permanence devant sa tente cent chevaux choisis avec soin, lesquels demeurent continuellement scellés et harnachés, de façon à pouvoir être montés sur le champ et qu'à cet effet l'on habitue à ne pas se coucher. À côté de ces chevaux et des autres qu'il possède dans ses écuries, on lui en apporte chaque jour beaucoup d'autres, que lui envoient les rois et seigneurs ses vassaux ou qui lui viennent des terres où il les fait élever... »[669]

Les troupeaux de chevaux, de par la recherche permanente de pâturages qu'ils induisent, constituaient en soi une source de mobilité pour les hordes de Koli. Il s'y ajoute que la cavalerie que ces troupeaux alimentaient apparaîtra vite comme un attribut de pouvoir et un élément décisif de la logistique de combat pour toutes les aristocraties militaires alors en gestation et dont l'équipée de Koli offrait le modèle.

Les Foulbé allaient jusqu'au-delà du fleuve Sénégal qu'ils traversaient sur des embarcations pouvant contenir jusqu'à vingt chevaux pour faire des incursions en territoires maures et enlever leurs chameaux et bétails.

Les chevaux, du reste, alimentaient un vaste trafic à l'échelle de toute la région. C'est ainsi qu'à partir de l'île de Santiago des vaisseaux étaient chargés de chevaux et d'autres marchandises en direction de la côte pour répondre à la demande de l'aristocratie du Cayor et du Baol.

Ce trafic était l'objet d'une vive concurrence entre Portugais, Français et Anglais. « Tous les ans, un grand nombre de vaisseaux chargés de chevaux et de marchandises diverses quittaient l'île de Santiago pour aller trafiquer sur cette côte, mais le successeur de Noghor, Boudomel Bixirim, ayant établi son séjour à Cambaya, commença à se quereller avec les Portugais ; il reçut les Français dans ses ports et fit le commerce avec eux ; c'est pourquoi les habitants de Santiago renoncèrent à ce trafic qui est aujourd'hui plutôt dans les

---

[668] Almada *op. cit.*, page 85 .

[669] Nize Isabel de Moraes « A la decouverte de la petite côte au XVIIe siècle (Sénégal et Gambie) » Tome 1, *Initiations et Études africaines* n°37, Université de Dakar, Ifan, 1993, page 111.

mains des Anglais que dans celles des Français qu'ils sont parvenus à évincer. Ces deux nations emploient pour agents un grand nombre de Portugais et quelques étrangers qui sont établis parmi les Barbacins, au port de Joala, dans le royaume d'Alé-Mbiçane. »[670]

Almada qui lui-même est des îles du Cap-Vert voit un trafic aussi important échapper de plus en plus aux Portugais. Comme il en est du reste de même de l'essentiel du commerce de la côte « depuis le Cap-Vert jusqu'à l'embouchure de la Gambie ».

Cet état de fait est confirmé par Donnelha lors de son passage en 1585 : « …tout cet or, cette cire, cet ivoire, ces peaux, les nègres les portent à la costa dos jalofas pour les vendre aux Français, aux Anglais et aux marchands d'autres nations et ceux-ci pénètrent déjà en Gambea pour se livrer à ce trafic avec eux. »[671]

Le témoignage de Donhella nous donne une idée de l'importance du cheval dans des échanges impliquant tout ce que cette région comptait en lignées aristocratiques. Les protagonistes cités dans ce passage vont du Cayor et du Baol en passant par le Sine des Barbacins. On comprend mieux sous ce rapport les alliances négociées ou forcées des Foulbé et des potentats locaux issus du démembrement du Djolof.

La prépondérance Foulbé semble aussi s'appuyer sur un jeu d'alliances avec les chefs mandingues de la côte comme celui qu'Almada appelle le Duc de Casao puissant chef qui habite sur les bords de la Gambie à 60 lieues de son embouchure. Cette alliance était fondée sur des relations d'échanges utilisant souvent des intermédiaires portugais réduits à ce rôle, à l'image de Jean Ferreira qui comme le rapporte Almada avait épousé la fille de Koli, dont il eut un enfant.

---

[670] *Ibid.*, page 90.
[671] Donelha *op. cit.*, page 155.

CHAPITRE 11

LES ÉTATS CABOTEURS ENTRE COMPTOIRS ET TERROIRS

Ce que révèle la configuration de la Sénégambie, reste bien une polarisation des terroirs par des comptoirs. Nous sommes bien loin d'une géopolitique en royaumes contrôlant des territoires.

Doumet apporte du reste un éclairage méthodologique qui rend bien compte de la nature des subdivisions et délimitations politiques relevant plus du construit que d'une dynamique réelle. « Les cartes que l'on a dressées de l'intérieur des terres de ces royaumes ne peuvent être vraies ; elles ne sont qu'un travail de l'idée et non de connoissance car il n'y est jamais venu de géographe et personne ne les a levées. Je me garderai d'induire en erreur en désignant les differens points qui servent de limites à ces roiaumes par des aires ou rhumbs de vent. »[672]

Le texte de Doumet résume bien la conception de l'espace qui a produit l'imagerie politique qui, si durablement, a abstrait et émietté l'espace de la Sénégambie.

Dans sa description du commerce de la côte il précise son horizon en ne parlant dit-il que de ce « qu'au fur et à mesure que nous aurons à vivre quelque chose des productions des royaumes qui sont relatifs à l'île de Gorée, soit pour les comptoirs qu'on a placés sur leurs terres, soit par l'exportation des denrées qu'ils apportent et qu'ils viennent vendre sur cette île. »[673]

Toute l'abondante littérature des XVIIe et XVIIIe siècles semble établir cette légitimité de cabotage qui met en scène le Damel, le Brack, le Siratik du Fouta, le Tègne du Baol comme le Buur du Sine.

Le Cayor couvre la rive droite du fleuve Sénégal du Gandiole où il jouxte le giron du Brak, continuant le long de la mer sans interruption jusqu'à Bargny. Aucune limite intangible n'est identifiée et il faut se contenter de vagues repères qui marquent la portée de l'influence de tel ou tel roi. « Le roiaume de Brac qui possédant une parties des terres du côté de Damel à commencer au four à chaux [Est de Sanar], a ses bornes ainsy que Damel au village de nommé Delehone [Dialakhar ?] et cotoyant toujours ce dernier, va jusqu'au village de Makalgaf [nord du marigot de Bounoum qui prolonge le

---

672 Mémoire inédit de Doumet (1769) « Le Kayor et les pays voisins au cours de la seconde moitié du XVIIe siècle », *Bulletin de l'Ifan*, Tome XXXVI, série B , n° 1, 1974, page 36.

673 *Mémoire historique sur la partie de la côte d'Afrique. Depuis la rivière du Sénégal jusqu'à celle de Gambie*, Ministère des colonies archives coloniales, daté vers 1764, par M. Doumet fonds C6.

lac de guiers au Sud-est] qui sert de limite aux trois états de Damel, Brac et Bourbayalof. Là commence le vaste roiaume de Bourbayalof, toujours limitrophe à celui de Damel jusqu'au village nommé Kangiol ; continuant les limites de ce dernier royaume, on trouve celui de Tin qui s'étend jusques à un village nommé Maka.[674] » Ainsi on ne peut sortir d'une douteuse approximation, qui ne laisse place à aucune précision lorsqu'on se risque à identifier des limites politiques.

Boubacar Barry n'échappe pas à cette aporie se contentant de repères comme le Baobab Gouye Dioula pour délimiter le Walo et le Djolof et d'un tamarinier de la rive droite du marigot de Guiers pour abstraire un territoire du Walo. « …Un territoire de 45 à 50 km de long sur une trentaine de large….Ce territoire finit à un dizaine de kilomètres de Gandyole servant d'abord à l'est de limite entre le Walo et le Djoloff, en laissant au Walo le village de Budi et la province actuelle de Keur Bassine, tandis que le ravin de Gallayèle et ses puits appartenaient au Djoloff. Il sert ensuite de limite entre le Waalo et le Kadyor, laissant au Waalo le village aujourd'hui désert de Mopp, ceux de Ngaye et de Mpal, les provinces de Tuube et de Ngangumaye, le district de Gandyole et le Goblakle (terres salines) et au Kadyor le district de Thiohle dont le chef-lieu était Barale. »[675]

Le Baol au XVIIIe siècle s'ouvre au-delà d'une ligne de Bargny à Maka l'ancienne capitale du Damel Latsoucabé[676] sur une distance de 20 lieues et se poursuit en direction de la côte sur 16 lieux jusqu'aux environs de Pointe Sarène à égale distance des comptoirs de Portudal et de Joal alors sous le giron du Bour Sine.

Cette configuration, une fois de plus, confirme la place des comptoirs européens dans la délimitation des royaumes de la Sénégambie. Beaucoup plus que la proximité ou la juxtaposition de territoires politiques, nous assistons à la polarisation sur la côte de groupes dynastiques qui gravitent, autour des points nouveaux de commerce qui apparaissent comme autant de lieux de convergence et de sources de légitimité. Doumet donne une description qui rend bien compte de cette configuration en présentant le Baol comme fermé d'un côté par les États du Damel, par un vaste désert sur ses arrières et par le royaume du Sine.

Le Sine s'étendait au-delà de la pointe Sarène autour de Joal et du sanctuaire de Sangomar jusqu'à l'estuaire du Saloum.

---

[674] Doumet in Becker *op. cité*, page 35.

[675] Boubacar Barry, *Le royaume du walo*, Paris, Maspéro 1972, page 65.

[676] Becker et Martin situe Maka à un km de Keur Madiop à la limite des arrondissements actuels de Baba Garage et Niakhène. In *Le Cayor et les pays* voisins *op. cité*, page 59.

Cahone et l'axe de la Gambie

Le Saloum quant à lui, de Palmarin au Diombos s'organise autour de Cahone la capitale où siège le roi et Kaolack où mouillent les bateaux français suivant le témoignage daté 1778 de Le Brasseur[677]. Ce dernier affirme en outre que c'est à Cahone que s'arrêtaient les possibilités de navigation sur le bras de mer Saloum avec cependant une exception durant l'hivernage, saison durant laquelle la navigation pouvait atteindre Korki, un village fondé par les Sérères et habité principalement par les esclaves de la couronne du Saloum, devenu la seconde résidence du Buur Saloum.

Le Saloum est dès le XVIIe siècle une région carrefour qui polarise à la fois le réseau atlantique et l'axe soudano-nigérien. Un témoignage de Labat décrit bien l'importance de ce carrefour. « Le village de Cahone se trouve assez près de l'endroit où la Rivière de Gambie forme celle de Saloum (dixit). On en peut faire une escale de fort bon commerce, parce que c'est là que les Mandingues s'arrêtent et se reposent en venant traiter l'or, l'ivoire et les esclaves qu'ils ont achetés au royaume de Tombut, de Bambaracana et autres endroits encore plus à l'est. Le temps le plus propre pour faire le commerce à Cahone est depuis le mois de novembre jusqu'en mai ; en prenant ses mesures pour y arriver au commencement de janvier qui est le temps le plus ordinaire du passage des Marchands mandingues qui amènent presque toutes les années sept à huit cent esclaves, une quantité très considérable de morphil, et souvent jusqu'à quatre cents marcs d'or ».[678] La même description est reprise par Durand lorsqu'il parle de Cahone où s'arrêtent les Mandingues qui viennent des royaumes de Tombut, Bambara et autres royaumes encore plus à l'est. Il fait du reste remarquer que Cahone peut jouer un rôle beaucoup plus important que celui de simple gîte de repos. « Ils seraient aises d'y laisser les esclaves qu'ils conduisent, l'or et l'ivoire dont ils sont chargés, et d'y trouver les marchandises qu'ils viennent chercher en échange. Ils éviteraient ainsi quatre à cinq journées de marche qu'ils ont à faire pour se rendre de là à la rivière de Gambie, et ils seraient de plus affranchis des coutumes qu'ils sont obligés de payer au roi de Barre. »[679]

Le potentiel d'un tel axe mercantile donne au carrefour entre le Saloum et la Gambie, une importance particulière qui justifie la rivalité entre Français et Anglais pour en contrôler le débouché à partir de Cahours et Fort James pour les Anglais ou de Cahone ou Albreda entre autres comptoirs de la côte du Sine et Saloum pour les Français. Cahour est décrit au XVIIIe siècle par Golberry[680]

---

[677] Le Brasseur, *Details historiques*, *op. cité*, page 104.
[678] Labat, J. B. *Nouvelle relation*, Tome IV, *op. cité*, page 248.
[679] Jean Baptiste Durand *Voyage au sénégal*, *op. cité*, page 47
[680] Golberry, *Fragments d'un voyage en Afrique*, tome 2, pages 129-130.

comme un grand village atteignant 7000 âmes, « un des plus fameux marchés de captifs de la partie occidentale d'Afrique occidentale ». Fréquenté par les marchands mandingues dénommés Ghineas venant de l'intérieur avec des caravanes d'esclaves. Un important trafic en captifs, or, morfil, cire et cuirs faisait sa réputation. Ce statut explique aussi l'âpreté des rivalités et querelles de préséance entre princes Guelewar qui selon Le Brasseur prennent tous le nom de rois et « veulent être absolus, même vis-à-vis du Roi et des Alquiers. »

Le Saloum intégré le monde Niominka à l'aire mandingue qui s'ouvre avec le royaume du Niomy et Badibou et au-delà le Gabou. Faute d'un territoire ou de ressources propres les potentats locaux se sont mués en intermédiaires, servant de relais à l'économie atlantique. Tous leurs attributs semblent trouver leur base et leur légitimité dans un cabotage de l'espace atlantique où rois et intermédiaires négocient au quotidien leur partenariat. L'activité productive et son encadrement devient marginal par rapport à la guerre et au pillage devenus les occupations les plus lucratives, les mieux adaptées à l'économie atlantique. La nature du calendrier agricole avec une pluviométrie réduite à quelques mois sur une bonne partie de la Sénégambie, rendait le système productif encore plus vulnérable face aux pillages et razzias fréquents des roitelets et de leurs alliés. De même, la rivalité récurrente entre Européens notamment entre Français et Anglais ajoutée aux querelles de préséances entre familles mènes, servaient de lit à une économie de violence permanente et une instabilité institutionnelle qui a marqué toute la période.

Mboul et Lambaye, les anciennes capitales du Cayor et du Baol ont petit à petit perdu de leur rôle au profit de localités plus méridionales et dans tous les cas plus proches des côtes. L'exemple de Maka pour Lat Soucabé est particulièrement édifiant sous ce rapport.

La côte et ses négociants semblent avoir défini une configuration du politique qui donne aux chefs locaux une légitimité en fonction du type de partenariat commercial, du bénéfice du droit de naufrage et du paiement des coutumes.

Golberry en 1786 avait bien perçu l'importance de la côte dans la distribution de l'espace du pouvoir. Parlant de l'annexion du Baol par le Damel du Cayor, il met en relief sa proximité avec Gorée et la possibilité pour le Damel de contrôler directement les « mouillages » de Toubabé et Portudal. « Ces mouillages voisins de l'île de Gorée sont très fréquentés par les navires français, et par d'autres bâtiments européens, qui vont y faire des vivres qu'on y trouve en abondance et à très bas prix. La conquête du pays de Baol par le Damel, et la résolution qu'il annonçait de venir tous les ans habiter pendant quelques mois cette nouvelle résidence devaient avoir des avantages pour Gorée et le commerce français… »[681]

---

[681] Xavier Golberry, *Fragmens de Voyage en Afrique*, tome 2, *op. cité*, page 106.

Le père Labat nous donne aussi une description du Royaume du Niomi qui illustre bien la nature de cette souveraineté de cabotage. Le Niomi est au Sud du Royaume de Saloum. En vérité, l'aire d'influence Niomi est très limitée, il a 18 lieues d'étendue d'Est en Ouest. Mais ce qui donne consistance et force à ce royaume sont « les endroits de commerce ou escales et entre autres celles d'Albreda et de Gilfrai qui rendent ce prince riche et un des plus considérables de tous les environs. On prétend qu'il a quatre mille écus de revenu fixe, qui proviennent d'une espèce de capitation que lui paient les étrangers établis sur ses terres... Il a une facilité merveilleuse d'avoir des esclaves quand il s'est engagé à en fournir quelques nombres aux Européens qui trafiquent avec lui ; il envoie sans bruit une troupe de satellites environner un village, et y prendre tel nombre de gens qu'il leur ordonne, qui sur le champ sont liés et conduits aux comptoirs ou aux vaisseaux et aussitôt estampés à la marque de l'acheteur… »[682]Le roi du Niomi, à l'instar de ses pairs de l'aire sénégambienne, détient une nouvelle légitimité que lui confère la force et les ressources de l'Atlantique. Les coutumes étaient l'objet d'une redistribution au sein des élites et finiront par devenir la seule source de légitimation et de pérennisation de l'influence politique.

« Les coutumes de Brak, de ses femmes de Membrosse, de Guiodin, de Moustapha, du grand Guiriot et des valets » d'après une nomenclature du *Journal Historique*, traduisent bien une nouvelle logique redistributive. Cette logique dépendait toujours de la rente atlantique, sollicitée à la faveur des grands moments du calendrier local comme le Gamou ou le Ramadan.

Le temps des seigneurs de la guerre

La fin du XVIIe et le début du XVIIIe siècle allait ouvrir l'ère des querelles de préséance entre familles dynastiques dans un contexte où la culture atlantique entrait de plain-pied dans le système de légitimation et de consolidation du Pouvoir.

Le témoignage du Vice-Amiral D'Estrées de 1670 nous donne une idée précise du rapport de force et de la nature de l'environnement politique.

« … Les marchands n'osent rien porter à terre qu'ils n'ayent obtenu la permission du Gouverneur qui impose des droits pour le Roy, et ensuite pour lui. Il n y a rien de règle pour cela, l'on fait sa composition la meilleure que l'on peut. Ils sont d'humeur à demander : car lorsqu'un vaisseau veut faire de l'eau et du bois et qu'il a fait son présent au Commandant, il trouve à l'aiguade un noir qui se dit capitaine de l'eau et un autre du bois, à qui il faut encore donner. Après que l'on est demeuré d'accord et qu'ils vous ont donné leur parole, on peut mettre en toute assurance les marchandises à terre… Ils vivent sous la domination d'un Roy qui met des gouverneurs dans les lieux qui sont

[682] J. B. Labat, *Nouvelle Relation de l'Afrique occidentale*, Paris, Vol. 4, 1728, p. 349-52.

éloignés de lui et lors qu'il a guerre, ses gouverneurs ont ordre de lui envoyer les soldats qu'il leur demande : leurs armes sont des flèches et des lances guayes, ils ont quelques mousquetaires qui sont pour la garde du roi… Ils sont assez soumis à leur couronne et à leurs commandants, témoignant pour eux beaucoup de zèle[683]…

Un autre témoignage de 1668 sous le plume d'Olfried Dapper nous peint le Teigne du Baol sous les traits d'un souverain autoritaire : « Le pays du roi de Baool, appelé Louch Four par les habitants et Four l'Allemand [684]par les gens de mer hollandais, fils illégitime du Grand Jalof commence à l'est du village de Kamino, situé à environ seize lieues de Porto d´Ale ou Port de Ale. Le roi habite à deux grandes journées de marche du bord de mer vers l'intérieur dans certains bourgs ou ville, ville principale du royaume nommée Lambaye ou il tient sa cour, comme aussi au bourg de Sangay et règne avec le titre de tain... Le roi de Baol appelé Louch Four, fait paître plus de cinq mille bœufs et chacun des nobles et d'autres en font paître de même un grand nombre d'après leur richesse et puissance. Les rois de ces lieux principalement Louch Four roi du Baool, ont coutume de prendre pour eux les biens des Portugais et autres gens décédés, au grand enrichissement de leur Trésor et refusent même de payer leurs dettes en prélevant sur les biens des défunts, en sorte que les étrangers qui habitent là et ont gagné quelques fortunes, sont souvent emprisonnés par eux pour la détention de leurs biens[685]…..

Les exemples de Koli Tenguella, des Damel du Cayor, Tègne du Baol et autre Buur du Sine, du Saloum semblent bien illustrer une forme d'exercice du pouvoir de type nouveau. Elle doit beaucoup à la nouvelle conjoncture de l'ouverture de l'Atlantique. Elle est surtout très largement répandue dans l'espace soudanien et tous les terroirs semblent intégrer ce moule politique qu'on retrouve chez les Ouolofs, Sérères et Mandingues mais aussi chez les Maures, les Touaregs Wulliminden et Tadmekki (1680-1770) comme les Bambara de Biton Coulibali (1712-1755). C'est une forme patrimoniale de royauté jalousement entretenue par des formes de dévolution du pouvoir qui limitent encore l'horizon aux familles héritières de titres et de charges. Cette forme politique a démultiplié les instances de pouvoir laissant aux Européens l'impression d'une multitude de royaumes sans grande assise territoriale. Le Brasseur parcourant l'embouchure de la Casamance confirme cette fausse impression qui a fini par s'imposer comme imagerie politique. « À une lieue au-dessus est un autre village dont le chef se nomme Ouanqueran (Elinkin ?);

---

[683] « Le passage à la petite cote du Vice-amiral d'Estrees (1670) » par G. Thilmans et N. I. de Moraes, *Bulletin de l'Ifan*, Tome 39, serie B , n° 1, 1977.

[684] Thilmans fait remarquer avec justesse qu'il s'agit d'une erreur provenant d'une confusion entre deuch et louch.

[685] Dencha Four souverain du baol (XVIIe siecle)
Thilmans et Moraes, in *Bulletin de l'Ifan* Tome XXXVI, serie B, n° 4, 1974.

il est presque toujours en discussion avec Quenioumas ce qui fait croire qu'il y a autant de chefs que de villages qui sont en assez grand nombre ».[686]

Une nouvelle bureaucratie de cabotage se développe avec la création de nouveaux postes pour contrôler l'économie atlantique. C'est le cas de « l'Alquier » qui dans tous les royaumes de la côte est chargé de l'inspection des embarquements et débarquements, du maintien de la police des ports comme de la protection des Européens.687

La nature de ce pouvoir et son instabilité chronique au gré des rapports de force du moment nous sont présentées dans un saisissant passage du *Journal Historique*. « Damel n'est pas plustost rendu chez lui, au retour de la guerre qu'il avait porté en Guiolof, que celui qu'il avait placé sur le trône par la fuite du Bourbaguiolof, vint le retrouver en Cayor, heureux encore d'avoir évité de tomber entre les mains de l'autre Roy qui fut remis dans son royaume par le roy thim qui luy fournit des troupes à cet effet. Il faut scavoir que le prétendant à cette couronne ne se sentant pas assez de force pour la disputer à celuy qui est aujourd'huy en place, s'était réfugié chez Damel depuis plusieurs années ; celui cy foisait esperer tous les ans qu'il l'aideroit de ses forces pour rentrer en Guiolof, ce qu'il n'exécuta que dernièrement avec peu de succés, puisqu'il se contenta de laisser ce nouveau Roy avec le peu de Guiliof qui luy estoient restés affectionnés. Aussi l'ancien Roy aidé de quelques troupes que Thin luy envoya, n'eût pas grande peine à se remettre sur son trône ; cette affaire a brouillé Damel avec Thim ».[688]

Cet épisode qui met en scène les deux frères paternels Mayisa Tend Weej du Cayor et Mali Coumba Jariñ au Baol, tous descendants de Lat Soucabé, présente les mêmes contours politiques que les rivalités entre Bumusa et Samba Gélaajo pour le contrôle du Fouta.

Bathily mentionne pour la période 1724-1725, l'alliance entre Samba Géladjo et les Ormans ou Armas marocains, mercenaires à la solde des différents prétendants au trône qui mettaient à sac le pays du Haut-Fleuve, installant l'insécurité et la désolation durant toute la première moitié du XVIIIe siècle[689].

En février – mars 1730, Samba Geladjo chassé du Fouta se réfugie chez le Brack du Walo, laissant le contrôle du pays entre les mains de Bumusa bénéficiant de l'appui des Maures et des Français du Fort de Saint-Louis. Mais au bout de quelques mois, en mai 1731, Samba Geladjo reprenait le pouvoir ;

---

[686] Le Brasseur « Détails historiques et politiques », 1778, in *Bulletin de l'Ifan*, Tome 39, série B, n°1, 1977, page 81-133.

[687] *Ibid.*, page 110.

[688] « Journal historique et Suite du Journal historique » (1729-1731) in Becker et Martin, *Bulletin de l'Ifan*, Tome 39, série B, n° 2, 1977, page 242.

[689] Abdoulaye Bathily, Thèse d'Etat, Université de Dakar, 1985, *op. cité*, page 78.

ce qui vit le Fouta s'installer dans la grande instabilité de l'époque sur fond de trafic d'esclaves et de querelles familiales.[690]

L'instabilité politique trouve aussi un écho dans la pratique récurrente du Fergo.

Le Fergo

Le Fergo est une sorte d'exil forcé dont des pans entiers de l'aristocratie et leurs suivants étaient l'objet. Généralement, le groupe banni se réfugiait dans le Galam ou le Bundu. Mais les suivants qui pouvaient atteindre 500 personnes se voyaient souvent confinés dans les marges inoccupées de ces régions.

C'est ainsi qu'une véritable colonisation peule se développait dans le courant du XVIIIe siècle. « Le plus souvent, sur la frontière dans un village qu'il dresse 4 à 5 jours luy suffisans, leur maisons, consistant... qu'en quelques perches et de la paille. De ce village par courses il pille son propre pays et souvens les voisins indifféremment pour subsister; dans le pays de Fouta des intelligences lorsqu'elles ont eu l'effet qu'il s'est proposé, il y rentre en chassant le possesseur qui a son tour va tenir Fergo ». C'est ce cycle de violence décrit par un observateur européen[691] qui installa le Fouta entre 1740 et 1749 dans une véritable guerre civile avec comme protagonistes Samba Gueladjo, Conco Bumusa et leur descendance.

On peut bien parler d'une atmosphère de guerre civile qui sert de lit à une instabilité sociale qu'aucun régime politique ne pouvait durablement endurer. L'État dès lors allait se réduire à une saga de seigneurs de la guerre qui entretient un appareil militaire qui se nourrit de pillage et de rapines.

La nature guerrière de cette forme politique a fini par en faire un instrument de l'économie de violence développée par le commerce Atlantique.

Le rôle des comptoirs de la côte était manifeste dans ce jeu politique entretenu pour servir au mieux les besoins du commerce Atlantique. Il est question dans le *Journal Historique* d'interdire le commerce au Damel du Cayor pour quelque temps en un moment où Gorée regorgeait de mil fourni par le comptoir de Portudal contrôlé par le Tègne du Baol.[692]C'est ce contexte général avéré à l'échelle de toute la Sénégambie qui a donné au règne de Lat Soucabé Fall son exemplarité.

---

[690] Becker et martin *op. cité*, page 279, Voir aussi Omar Kane, « Essai de chronologie des satigis du XVIIIe siècle », *Bulletin de l'Ifan*, Série B, Tome XXXII, n°3, p. 755-765.

[691] Manucrit sans date, seconde moitié du XVIII 7e siécle, fonds C6.

[692] *Journal Historique*, *op. cité*, page 244.

CHAPITRE 12

LES GEDJ ET LA RECONSTRUCTION DE L'ESPACE POLITIQUE À PARTIR DES COTES

En ce début de la seconde moitié du XVIIIe, déjà plus de deux siècles ont installé cette image qui tourne le dos à l'histoire locale dans sa continuité et ses ruptures. Il s'agit d'une image forte qui construit l'espace à partir de la mer et le réduit à ce qui sert l'économie atlantique. Dans cette optique, comment s'étonner de voir la présentation d'un espace émietté dans lequel chaque partenaire important de l'économie atlantique est présenté sous les traits d'un roi. Nul compte n'est tenu de la légitimité traditionnelle encore moins d'un ancrage dans les terroirs de l'hinterland. Les régimes post-atlantiques prenaient ainsi corps. Les cinq royaumes de la côte que sont le Cayor, le Baol, le Sine, le Saloum et le royaume de Bar des Mandingues, se présentent comme des vitrines des terroirs ouolofs, sérères et mandingues qui jalonnent l'espace atlantique entre le fleuve Sénégal et la Gambie. Ces cinq États sont les seuls, écrit Doumet, avec lesquels l'Île de Gorée ait quelque commerce et à qui aussi on puisse donner une connaissance plus parfaite par rapport à ceux qui sont plus éloignés dans l'intérieur des terres. Il ne s'agit non point d'une géographie politique d'entités politiques que l'on peut identifier sur un espace, avec ses limites et ses contours, mais plutôt d'une imagerie construite, à partir d'un modèle imaginé. Le tout dans une totale approximation qui durera des siècles encore.

Doumet avertissait bien que « les points et limites de ces cinq différents états… que j'ai rédigé sur les lieux le mieux qu'il m'a été possible suivant les éclaircissements que j'ai pu prendre, et le jour que j'ai pu me faire dans une confusion qu'il n'est point aisé de percer et de dissiper. »[693]

La singularité du marquage spatial des Gedj

Le royaume de Damel sous les Gedj que présente Doumet, commence au fleuve Sénégal et comprend la moitié de la barre, les vaisseaux qui se perdent dans le fleuve du côté du Damel lui appartient. Le droit de naufrage en usage lui est dévolu et les Anglais en possession de l'Île du Sénégal lui payent actuellement un droit ou coutume d'une certaine quantité de barres de fer pour avoir la liberté d'amasser du sel sur les terres en sa domination. Ses terres s'étendent de ce côté à quatre lieues du bord de la mer. Il y a même poursuit-il

[693] Doumet *op. cité*, *Mémoire historique sur la partie de la côte d'Afrique. Depuis la rivière du Sénégal jusqu'à celle de Gambie*, Ministère des colonies archives coloniales, daté vers 1764, par M. Doumet fonds C6.

en cet endroit un grand four à chaux et le côté opposé de la rivière appartient au roi de Brack ce qu'on appelle côte de Barbarie. Le royaume de Damel continue sans interruption le long de la mer jusqu'au village nommé Bargny à 4 lieues de l'Île de Gorée. La configuration de l'espace du Cayor n'a pas une meilleure fortune sous la plume de Golberry en 1787. Les distances sont affinées, les pays voisins sont identifiés, mais on a toujours du mal à circonscrire un espace politique, régenté et contrôlé exclusivement par un souverain. Il se dégage toujours un espace commercial que polarisent des zones d'influences attribuées à tels ou tels souverains qui se neutralisent mutuellement par leur capacité à négocier avec les Européens. Ainsi selon Golberry, le royaume du Cayor a pour limites occidentales les cinq dernières lieues de la rive gauche du Sénégal. « Joignant l'embouchure de ce fleuve et toute l'étendue des côtes comprises, entre la barre et la pointe Sérène qui se trouve située par quatorze degrés quarante-quatre minutes, latitude nord, ce qui forme un développement de soixante et douze lieues. Ses limites au nord, s'arrêtent aux États de Wal ou Brak ; à l'Orient aux états du Burba Jolof, et au sud aux frontières septentrionales du petit état du Sin ou Bur-Sin, et du royaume de Saloum. Le royaume de Cayor, a cinquante lieues de longueur du Nord au Sud, sur quarante lieues de largeur moyenne du couchant au Levant ; sa surface est donc de deux mille lieues carrées. »[694]

Nous avons ici l'une des descriptions les plus complètes de l'espace du Cayor. Golberry nous donne une superficie, des limites qui suggèrent la portée de l'hégémonie des Gedj au Cayor et au Baol. C'est sans doute ce qui fait la singularité de cette description qui décline une prééminence commerciale et même militaire qui a fait la réputation des Guedj depuis la fin du XVIIe siècle. L'hégémonie Guedj, à l'image de celle des Foulbé garde ce caractère exceptionnel d'une extension spatiale de l'autorité politique dans la durée de plus d'un siècle. Une longue période à la faveur de laquelle par un effet de récurrence, un territoire peut être associé à une autorité politique et ses alliés. Cette singularité marque nettement la différence d'avec les autres constructions politiques comme le Walo, le Sine ou le Saloum.

Le royaume de Brac possédait une partie des terres du côté de Damel au village de « Delohone » (Ndialakhar ?) jusqu'au village de Makalgaf qui sert de limite aux trois États de Damel, Brak et Bourbayolof et que Becker situe au nord du marigot de Bounoum qui prolonge le lac de Guiers au sud-est.

Labarthe en 1784 décrivait les limites du royaume du Walo en y incluant l'Île de Saint-Louis, l'île de Babagué, Sor, Bouksar, « l'île aux bois » et de Bifeche. Mais ce dont rend compte la description de Labarthe c'est moins un contrôle territorial effectif sur des populations administrées qu'une relation de type personnel basée sur des privilèges de statut. « Il est censé propriétaire de toutes les terres. Il les oblige de cultiver toutes celles dont il se réserve la

[694] Xavier Golberry, *Fragmens d'un voyage en Afrique*, *op. cité*, tome 2, page 102.

jouissance… Quand il voyage, il est nourri et défrayé aux dépens de son peuple. En cas de guerre, tous prennent les armes. Les chefs de chaque village, à la tête de cette milice indisciplinée, se réunissent auprès du prince. Leur plus grande force consiste dans leur cavalerie. »[695]

Le témoignage de Labarthe est important à plus d'un titre. Il est vrai qu'il n'est pas exempt des préjugés de l'époque et garde une forme de condescendance vis-à-vis des populations locales et de leur institutions. Mais malgré ces préjugés, l'auteur donne une bonne mesure de la réalité politique des royaumes de cette période que l'on retrouve dans la littérature de l'époque. La présentation de cette première formation politique observée à partir de la côte tient lieu d'un modèle qui reste un prototype d'une formation politique de la période post-Atlantique. « Ce tableau démontre l'extrême faiblesse du Brac, et fait voir combien il est absurde de donner le titre de roi à un misérable chef d'une petite nation barbare… quoique notre principal établissement soit dans l'état de ce prince, bien loin que nous ayons quelque motif de le craindre, sa consistance politique dépend de la protection que nous lui accordons ».[696]Cette description dégagée de son fond européocentriste garde une indéniable valeur historique parce qu'elle décrit à la fois le faible niveau d'extension spatiale de ce royaume, sa réduction à un lointain centre et surtout la prééminence du comptoir de Saint-Louis dans la configuration d'un espace politique et commercial.

Le Fouta à cheval sur le Fleuve Sénégal s'étire sur une longueur approximative de 140 lieues. Le fort de Podor sur l'île à morphil en polarise l'espace. Le pouvoir y est détenu par le Siratique dotée d'une puissante cavalerie. Le Fouta n'échappe pas à la règle avec une démultiplication du personnel politique avec des chefs de province qui, à la faveur du contexte du XVIIIe siècle, deviennent des seigneurs de la Guerre exerçant une forte pression sur les populations. La multiplication de ces chefs de guerres nourrissait une situation permanente de guerre civile qui alimentait le fergo en direction des terres du Ferlo.

Le royaume de Djolof toujours limitrophe à celui de Damel jusqu'au village nommé Kouquié (Koki ?). Confinant les limites de ce dernier royaume on trouve celui de Tin qui s'étend jusqu'au village nommé Maka et de ce village à celui de Bargny au bord de la mer.

Le royaume de Baol quant à lui commence au village de Bargny sur le bord de la mer à Maka et « Gol » à environ 20 lieues de Bargny. De ce lieu, il continue le long du rivage jusqu'au marais nommé Fasna à 16 lieues de Bargny et à quatre du comptoir de Portudal. C'est aussi à quatre lieues de celui de Joal dans le royaume du Barbecin ou royaume du Siine. Ce dernier s'étend des marais de Fasna jusqu'à la rivière de Sangomar qu'il longe jusqu'à celle

[695] Labarthe *Voyage au Sénégal 1784*, *op. cité*, page 40.
[696] Labarthe *ibid.*, page 42.

de « Gouk » il peut avoir quatorze lieues de côté. À partir de la rivière Saloum commence le royaume du même nom qui longe la mer jusqu'à Giouboukoukéli en pays mandingue. Le royaume de Saloum n'a que 6 lieues de côté et 12 de profondeur en s'adossant sur le grand désert qui appartient au Bourbadjolof.

Le royaume de Bar des Mandingues partirait de Gioubonkoukeli pour finir sur la rive droite de la Gambie que prolonge le royaume de Cassan.

On est frappé à la lecture de cette description par les soucis de trouver des limites qui ne semblent avoir aucun écho dans la mémoire des autochtones. Le village de Makalgaf que Doumet présente comme la limite de trois royaumes, participe beaucoup plus de l'imagerie de l'auteur que d'une réalité géopolitique. L'auteur lui-même le reconnaît lorsqu'il admet que les cartes que l'on a dressées de l'intérieur des terres de ces royaumes ne sont que des constructions de « l'idée et non de connaissance ; car il n'y est jamais venu de géographe et personne ne les a levées… Je me garderai d'induire en erreur en désignant les différents points qui servent de limites à ces royaumes… De ce pays je n'en connais que la côte ».

On ne peut manquer non plus de remarquer la petitesse de ces royaumes pour lesquels l'ouverture sur la mer semble le seul horizon. C'est sans doute ce qui a laissé dans tous les récits de voyage et les descriptions d'avant le XIXe siècle l'impression que la Sénégambie se réduisait à une bande de terre de 30 à 35 lieues entre les fleuves Sénégal et Gambie. Un corridor de commerce où se bousculent différents chefs locaux sans correspondance avec les différents terroirs historiques.

CHAPITRE 13

L'AVÈNEMENT D'UN ORDRE DIAMBOUR FIN XVIIe

Dès la première moitié du XVIIe siècle, de nouvelles forces sociales allaient modifier le cours des choses comme pour tourner le dos à la mer et jeter les bases d'une nouvelle élite civile.

Le XVIIe siècle apparaît aussi comme un moment de bouillonnement sociologique et de bouleversement institutionnel. Le règne de Daou Demba (1640-1647) en est un excellent repère. Il cristallise à la fois l'avènement d'un ordre Diambour et une crise de légitimité qui met en scène l'élite maraboutique avec le mariage de Yacine Boubou avec le marabout Ndiaye Sall suite à la mort de Birame Yacine Boubou en 1681 et l'avènement de Mafali Gueye en 1683.[697]

Un ordre Diambour semble s'ouvrir à la fin du XVIIe siècle par une crise de légitimité et l'apparition d'un ordre civil musulman préparé par la fronde de Kocc Barma.

L'ordre Diambour semble procéder d'une double origine. Les Garmi qui n'étaient pas Seughtêff et qui par conséquent se voyaient exclus de la légitimité traditionnelle pour accéder au trône se faisaient volontiers marabouts. Ils gagnaient ainsi plus de considération dans l'étiquette sociale. De même des femmes Garmi issues d'alliance avec des familles badolo se mariaient souvent avec des marabouts générant ainsi dans chaque section de l'aristocratie des branches Diambour qui allaient éclore à la faveur des XVIIe et XVIIIe siècles.

L'exclusivisme Guèdj consistant surtout de la part de Lat Soucabé à faire de sorte que le titre de Damel restât dans sa lignée maternelle, a aussi beaucoup joué dans l'éclosion d'un ordre Diambour.

Le Cayor offre un bel exemple au travers de la fronde des Diambours du Cayor dirigée par Kocc Barma qui annonce des ruptures majeures.

Le moment de Kocc Barma illustre bien les mutations à l'œuvre dans la société ouolof et surtout le nouvel ordre politique dont le XVIIe siècle sera le théâtre.

Il y a, à la fois, une crise de légitimité et la formation d'un parti Ndiambour présentant les contours d'une société civile formée au sein même de la communauté des hommes libres.

---

[697] Pour ces péripéties voir les détails dans *le recueil sur la vie des damel* de Tanor Lat Soucabé, *op. cité*, pages 109 et 110.

Ce parti trouve ses références et sa légitimité dans un corpus moral traditionnel comme dans la tradition musulmane. Dès lors semble s'ouvrir une alliance entre marabouts et Diambour pour faire pièce à la dérive autoritaire et à la tyrannie des rois.

L'épisode de la destitution de Dau Demba en 1647 et l'avènement de marabouts à la royauté illustrent bien ces mutations politiques et leurs incidences sociologiques.

Mamadou Diouf perçoit bien cette nouvelle donne lorsqu'il présente Kocc Barma comme l'épigone du mouvement des Lamanes et des Diambours. « Kocc Barma Fall était un homme libre de noble extraction, un Njambuur, chef de terre et de communauté. Son origine ne le destinait pas à prétendre au trône du Kajoor. Néanmoins il était membre du collège des électeurs du Damel ».[698]

Il nous semble bien établi que le groupe des hommes libres (Diambour) est bien le terreau à partir duquel se formera, au détour du XVIIe siècle, le parti qui allait bouleverser l'ordre Garmi. Le parti des hommes libres et le parti musulman semblent défier l'ordre Garmi et en bouleverser les bases jusqu'à l'avènement de Lat Soucabé en 1695.

La fermeture de l'horizon politique à tous ceux que le privilège de la naissance empêchait d'accéder à la royauté, semble être le point de ralliement de toute une nouvelle élite de lettrés et de notables qui s'accommodaient très mal avec un ordre qui bafouait le statut de Primus inter pares acquis dans la société.

Yoro Diaw présente de nombreuses anecdotes révélatrices d'un véritable malaise politique entre Daou Demba le roi du Cayor et le Lamane Diamatile Kocc.

Usant souvent de dérisions et de métaphores les propos et formules que la tradition prête à Kocc Barma sont toujours en écho à une opposition larvée entre Diambours et membres de l'ordre Garmi. « Mon enfant gardes toi bien de critiquer les excellentes règles nouvellement appliquées après une intelligente combinaison. Une équité digne d'éloges les guide toutes et est notamment remarquable dans celle qui place chacun dans ses droits naturels, c'est-à-dire celle qui décerne aux rois et aux princes l'ensemble des jouissances en y expulsant les sujets, qui n'ont aucun droit, en présence de ces grands élus de Dieu ».[699]

Cette réplique que Yoro Diaw attribue à Kocc Barma participe de ces exercices favoris du maître du verbe dans la tradition ouolof. Le jeu subtil des devinettes et allusions permet de contourner une censure et une étiquette que

---

698 Mamadou Diouf, *Histoire du Sénégal*, Paris, Maisonneuve et Larose, 2001, page 56.

699 Rousseau, *Le Sénégal d'autrefois, seconde étude sur le Cayor, compléments tirés des cahiers de Yoro Diaw*, page 102.

la légendaire susceptibilité de Daou Demba faisait entretenir avant le conflit ouvert qui l'obligera à s'exiler au Walo.[700]

Nous avons là le ferment d'un discours qui rend bien compte du jeu politique, de ses catégories, de ses enjeux et de l'équilibre des forces en présence.

La formule *Buur Dou Mbok* (un roi n'est jamais un parent) traduit bien un divorce consommé entre une aristocratie empêtrée dans une tyrannie qui de plus en plus la coupait de la communauté des hommes libres. Ce divorce annonce une crise politique dont les manifestations se retrouvent à l'échelle de toute la région avec la guerre des marabouts, l'avènement de Lat Soucabé et la formation des terroirs maraboutiques aux XVIIe et XVIIIe siècles.

Maka la capitale atlantique des Guedj

On peut sans risque de se tromper considérer le règne de Lat Soucabé et le pouvoir Guedj comme le modèle achevé de l'État post-atlantique. En neutralisant les Diambours et les marabouts de façon durable et systématique, de par sa durée sans solution de continuité entre 1695 et 1860, son instrumentalisation de l'appareil d'État au service de l'économie de violence et surtout l'adaptation de ses institutions à l'économie atlantique avec la recrudescence de l'influence des esclaves de la couronne ; tout concourt à donner à ce règne son statut de modèle bien représentatif du pouvoir en cette période. L'utilisation d'un corps de fonctionnaires et de chefs de guerre d'origine servile pour diriger les provinces et les ports semble se généraliser dans toute la Sénégambie, suite à l'exemple des Guedj. Pour la première fois semble-t-il, les esclaves de la couronne dont l'institution remonte à la formation des premières aristocraties prennent les contours d'une armée de métier entièrement dévouée au Roi et à sa lignée maternelle. Lat Soucabé a donc, soutient Searing, créé la première armée d'esclaves en se fondant sur la tradition dans les familles nobiliaires de se servir des esclaves comme gardes. Searing parle d'un dédoublement des corps administratifs plutôt que d'un remplacement des anciens dignitaires par des esclaves. Il s'agit d'une administration parallèle directement comptable devant le roi, avec comme responsabilité le contrôle des routes et la levée des taxes en plus de l'intendance et de la marche de la cour ; le tout sous la supervision d'un Fara Biir Keur.

La prééminence des esclaves de la couronne dans l'espace politique semble bien introduire une rupture par rapport à la constitution des armées traditionnelles par la fourniture de contingents par les kangam et autres chefs de provinces et la levée de troupes auprès des paysans badolos. Doumet a bien décrit la formation des troupes en précisant que le roi n'a point de troupes

[700] Rousseau citant Yoro Diaw *ibid.*, page 113.

entretenues ; les grands de son royaume, les généraux et très souvent les gouverneurs de provinces sont des captifs du roi qui a toujours un nombre de ces grands à sa suite et a pour sa garde chez lui un ou deux cents de ses gens qui constituent son armée en temps de paix. Mais, en temps de guerre ou à l'occasion du pillage de quelques « cantons », le roi convoque chez lui et fait assembler sous la direction de divers gouverneurs des gens portant des armes en fonction de l'expédition préméditée. « Tous ceux qu'il a mandatés ou fait assembler viennent armés à leurs dépens de fusil, de sagaie… ou de flèches et joignent le Roi qui se trouve à la tête de sa cavalerie composée quelquefois de 3 à 4 cents chevaux ; cette milice rassemblée ainsi à la hâte est toujours comme on le peut penser très mal armée. Les uns ont des fusils sans pierres, d'autres en ont… en platine ne valent rien ; leur poudre est mauvaise ou les balles ne sont point de calibre… Les plus grandes armées sont de 10 000 hommes y compris 3 ou 400 cavaliers chargés de piller dans leur propre royaume et au plus 20 000 y compris 1000 chevaux lorsqu'il a une guerre à faire ou à soutenir contre l'étranger »[701]. On comprend bien comment Lat Soucabé a pu fonder sa prééminence avec une armée de métier mieux dotée en fusils et en chevaux.

Le XVIIe siècle s'était terminé sur des ruptures majeures que la guerre des marabouts a révélées et accélérées. Cette période révèle à la fois une crise des institutions et un affaiblissement de la légitimité Garmi avec des décennies de guerres civiles, de famines et de destructions. Durant plus de 15 ans, écrit Tanor Lat Soucabé, le Cayor avait été ravagé par des guerres intestines ; le peuple souffrait et n'avait pas la possibilité de cultiver. Les notables tinrent conseil pour rétablir la situation. Ils décidèrent en commun d'avoir recours au roi du Baol, le Tègne Latsoukabé qui élit Maka comme capitale des deux royaumes.

Le jeu politique s'inscrivait désormais dans un nouveau cours qui subordonne la consolidation d'une dynastie à l'élargissement de sa base atlantique par l'influence auprès des Européens et la capacité à fournir des esclaves. C'est ainsi que se développait l'influence grandissante des esclaves de la couronne dans le jeu politique.

Il est symptomatique de noter que toute la force, la base matérielle, comme la source de la légitimité des Guedj se sont constituées en dehors du giron traditionnel de l'ordre Garmi. C'est à partir des marges atlantiques que l'hégémonie Guedj s'est d'abord constituée au Baol au détriment des populations sérères. L'espace politique s'est trouvé remodelé vers le pôle atlantique qui réorganise le cœur des royaumes du Cayor comme du Baol pour

---

[701] *Mémoire historique sur la partie de la côte d'Afrique. Depuis la rivière du Sénégal jusqu'à celle de Gambie*, Ministère des Colonies archives coloniales, daté vers 1764, par M. Doumet fonds C6.

en faire un espace tributaire, sources d'esclaves et de provisions pour l'économie Atlantique.[702]

La formation des territoires européens suite aux rivalités internationales et l'approvisionnement en armes à feu des élites au pouvoir plaçaient le Cayor et le Baol au cœur du dispositif Atlantique. Le pouvoir des Guedj devenait un incontournable intermédiaire qui pouvait à l'occasion faire le blocus des comptoirs européens de la côte. Pour Saint-Louis et Gorée le pouvoir des Guedj devenait un partenaire avec lequel il fallait compter mais, en retour, ce pouvoir se compromettait irrémédiablement avec la traite et les négociants de l'Atlantique. Cette situation ouvrait la voie à un compromis qui devenait nécessaire pour la consolidation du régime post-atlantique.

Le compromis avec les marabouts

La guerre des marabouts a, entre-temps, donné une nouvelle dimension à l'espace politique. La mémoire collective est encore marquée par l'épisode de la guerre des marabouts. Entre 1673 et 1678, les aristocraties Garmi au Cayor, au Walo au Jolof comme au Fouta et dans le pays maure, ont vu leur autorité remise en question et il fallait bien trouver la parade pour maintenir et consolider les pouvoirs légitimistes de l'espace atlantique. La territorialisation des marabouts ouvrait le registre d'un autre compromis qui marque la charnière entre le XVIIe et le XVIIIe siècle.

---

[702] James Searing, *West African slavery and the Atlantic commerce, the Senegal VALLEY, 1700-1860*. Cambridge university press, 1993, p. 18, 19.

CHAPITRE 14

LAT SOUCABÉ OU LE MODÈLE ACHEVÉ DE L'ÉTAT POST-ATLANTIQUE (1697-1719)

De tous les pouvoirs qui se sont formés après l'ouverture de l'Atlantique, celui de Lat Soucabé réunissant les couronnes du Baol et du Cayor, est le plus ancré dans l'Atlantique qui lui a donné une nouvelle symbolique, une légitimité et une base matérielle.

L'exemple de Lat Soucabé mérite une attention particulière car dans un espace cloisonné par le patrimonialisme des dynasties locales, il allait offrir l'un des rares projets hégémoniques locaux à avoir pleinement valorisé la nouvelle conjoncture et évité son influence délétère.

Le résultat est saisissant dans la continuité d'un ordre dynastique sortie de la houle océane qui lui donne un horizon et une base arrière. Pendant plus d'un siècle, entre 1695 et 1809[703] , l'héritage d'Amari Ngoné Sobel comme celui de Tié Ndella est réuni sous le même sceau d'un ordre nouveau que rien dans le système de légitimation traditionnelle n'annonçait.

Bien des récits situent Lat Soucabé dans le giron atlantique bien avant son avènement au trône. Il est pour ainsi dire un fils de la mer, car dans ses pérégrinations de jeunesse, des traditions le situent dans les alentours de Mbour où il a fréquenté les Européens de la Compagnie des Indes comme guide.

Rien dans les standards traditionnels de succession au Baol et au Cayor ne destinait Latyr Fall Soucabé à la tête de ces deux royaumes. Une infirmité lui valut le sobriquet de Soucabé et son ravalement social vis-à-vis de ses frères Garmi destinés à la succession du Tègne du Baol. Tanor Lat Soucabé lui attribue une adolescence de bohémien qui le conduit du village de son oncle Peul Ngote à Mbour sur la côte. C'est là que son destin atlantique fut scellé. « À Mbour, Lat Soucabé trouva le Directeur de la Compagnie française, André Bruë, et se mit à son service en accompagnant le personnel européen à la chasse à travers la végétation très dense et pleine de gibier à cette époque. Aidé de ses chiens, il rabattait ces animaux pour les chasseurs qui les tuaient à coup de fusils ; c'était la première fois qu'il voyait ces armes à feu. Il fut émerveillé de leur effet. »[704]

L'intermède des Buur Djoulit, suite à la guerre des marabouts et l'affirmation d'un ordre Diambour, semble avoir ouvert une brèche dans le

---

[703] Victor Martin et Charles Becker, *Kayor et Baol : Royaumes sénégalais et traite des esclaves au XVIIIe siècle*,

[704] Tanor Lat Soucabé Fall, *Recueil sur la vie des damel*, *op. cité*, page 112.

glacis de la légitimité traditionnelle au Cayor où l'ordre Garmi avait été un moment bouleversé par les marabouts.

La disgrâce de la linguère Yacine Boubou au profit de Maram Ngalgou suite à l'arrivée au trône du Cayor de Déthié Maram Ngalgou, poussa Yacine Boubou à se marier avec le cadi Ndiaye Sall. Cet épisode aboutit à l'avènement du prince Mafaly Gueye au trône en 1683-84. Ainsi s'ouvrait le temps d'une suspension de la légitimité traditionnelle que traduit bien l'intronisation d'un non Garmi et qui annonce un nouvel ordre des Diambours consacré par Lat Soucabé.

Il est l'un des fils de Thié Yacine, mais son ascendance maternelle par Ngoné Dièye l'excluait de la succession. Ce statut a sans doute ouvert une proximité politique avec les Diambour, une proximité scellée par une alliance matrimoniale avec le Djawrigne Mboul dont il épousa une des filles.[705] C'est du reste fort du soutien des notables de Baol qu'il allait s'imposer au détriment de ses frères paternels Lat Kodou et Biram Kodou qu'il élimina pour prendre la direction du Baol qu'il étendra au Cayor avec toujours l'assentiment des notables du Cayor. Durant plus de 15 ans, écrit Tanor Lat Soucabé, le Cayor avait été ravagé par des guerres intestines. Le peuple souffrait et n'avait pas la possibilité de cultiver. Les notables tinrent conseil pour rétablir la situation. Ils décidèrent en commun d'avoir recours au roi du Baol, le Tègne Latsoucabé qui élit Maka comme capitale des deux royaumes.

On le voit bien qu'une nouvelle force politique avait marqué son empreinte dans les institutions des pays ouolofs. L'ordre Diambour que représentent les notables semble prendre le dessus sur l'ordre Garmi secoué par le sursaut musulman et fragilisé par le divorce d'avec le peuple des badolos.

Sa nouvelle légitimité établie, l'horizon politique de Lat Soucabé s'ouvrait vers le Sine principal concurrent en direction des comptoirs de la Petite Côte. [706]

La politique de Lat Soucabé

Après la bataille de Nganiane et la farouche résistance des Sérères, Lat Soucabé songea aux armes à feu des commerçants de Mbour qu'il alla solliciter. En échange d'esclaves et de bœufs entre autres, Lat Soucabé pu acheter « trois cents fusils à pierre »[707] c'est là un acte fondateur dans le destin de Lat Soucabé et son succès. Une véritable machine de guerre se formait ainsi

---

[705] Jean Boulègue « Lat-Sukaabé fall ou l'opiniatreté d'un roi contre les échanges inégaux au Sénégal », in *Les Africains*, T. IX, Paris, Edition Jeune Afrique 1977, p. 169-193.

[706] La bataille de Nganiane marque une farouche résistance des troupes du Boursine qui feront echec à l'armée de Lat Soucabé.

[707] Tanor Lat Soucabé *op. cité*, page 114.

alimentée par le personnel servil à son service et le matériel inédit à sa portée et qui fera sa force et sa réputation. Lat Soucabé semble avoir joué un rôle de premier ordre dans la généralisation de l'usage des armes à feu. Le concours des négociants de la côte semble avoir été décisif dans l'adoption de ce nouvel outil de guerre.[708]Une description de Jean Godot reprise par Boulègue le présente avec une cohorte de 2000 esclaves.[709] Ce chiffre est une bonne indication des capacités de collecte et de mobilisation de Lat Soucabé ; ce qui faisait de lui un partenaire sérieux de l'économie atlantique. Pourtant la tradition comme les observateurs européens de l'époque ont convergé pour souligner l'ancrage populaire de Lat Soucabé que son ascendance Diambour, comme sa défiance par rapport à l'ordre Garmi pouvait expliquer dans un contexte où la royauté avait perdu de son aura de respectabilité et de légitimité.Tanor Lat Soucabé rapporte cette assemblée tenue à Maka au cours de laquelle Damel Lat Soucabé aurait tenu ce discours : « Vous m'aviez confié votre destinée. J'ai accepté volontiers. Je crois que je n'ai pas failli à mon devoir car voici dix ans que vos familles, vos récoltes et vos bestiaux sont à l'abri des pillages auxquels ils étaient soumis. Il me semble donc que vous me devez une récompense ou plutôt une rétribution, car je suis le gardien vigilant de vos biens. Je crois n'avoir pas exagéré en demandant à chaque propriétaire de troupeau un animal de chaque espèce : moutons, chèvres et bœufs et à chaque chef de concession, un grenier de mil. »[710] Ces propos semblent traduire une politique fiscale qui jure d'avec les pratiques de pillage et de rapines en vigueur durant toute cette période. Ils suggèrent aussi la base matérielle qui assure la pérennité de cette nouvelle légitimité que l'acquisition de chevaux et la provision en armes à feu vont renforcer. Boulègue parlera fort justement de programme d'une monarchie qui entendait affermir son autorité contre la turbulence et les excès de l'aristocratie en s'appuyant sur les couches les plus larges de la population ; ce que Labat confirmera quand il reconnaît à Lat Soucabé une propension à « gagner l'affection du peuple en empêchant les Grands d'exiger de leurs vassaux ce qu'ils avaient droit d'en tirer ».[711]

La recherche de l'appui des Diambours et badolos et sa défiance vis-à-vis de l'aristocratie légitimiste, associés à la recherche d'un gentleman agreement avec les marabouts, tels nous apparaît l'originalité de la démarche de Lat Soucabé. Une démarche qui traduit un sens politique aigu et un dessein qui n'a eu comme précédent en pays ouolof que le règne de Thié Ndella. Ce dessein donne de l'envergure à la figure de Lat Soucabé et en fait le prototype d'un chef d'un État post-atlantique viable. C'est du reste ce statut qui lui permettait de défier les négociants européens en remettant en question le statu quo issu

---

[708] Boulègue rapporte la demande du damelTègne auprès de André Bruë en vue de lui fournir douze laptots habiles dans le maniement des armes.

[709] In Jean Boulègue, *les Africains*, *op. cité*, page 176.

[710] Tanor Lat Soucabé Fall in *Recueil de la vie des Damel*, *op. cité*, page 114.

[711] Labat J, B, in Boulègue, lat Sukaabé Fall, *op. cité*, page 176.

des stipulations de 1679, suite à l'intervention de Ducasse. Les enjeux restaient encore le refus d'un monopole français et le cours forcé qui en était le corollaire ; de même que le rétablissement des droits sur les esclaves, les vivres, le bois et l'eau remis en question par la compagnie française.

La politique de Lat Soucabé, au gré des circonstances, alliait blocus contre le commerce français et entente avec les Anglais et une ouverture en direction des traitants libres d'origines hollandaise, danoise ou portugaise. Un mémoire de 1701 suggérait encore la nécessité de contenir le Damel qui « prend quand il lui plaist ce qui appartient à la compagnie et pille impunément ses cazes et ses magasins jusques dans l'isle même, comme il a fait au mois de juin dernier ».[712]

Le contexte de rivalité franco-anglaise explique pour beaucoup la témérité du Damel-Tègne qui ira jusqu'à tenir le Directeur de la Compagnie du Sénégal en captivité ; mais la période est encore à une liberté de mouvement des potentats locaux prompts à jouer leur partition dans le commerce anglais en fournissant le maximum d'esclaves pour satisfaire une demande européenne grandissante. Un passage du *Journal Historique* daté de juin 1730 étrennait encore son dépit face au Brak devant « la triste situation que la dépendance où nous met la nécessité de ces coquins ». [713]

Le Walo avait le soutien de Lat Soucabé avant sa mort le 9 juin 1720. Les deux royaumes partageaient, avec des fortunes diverses, le refus du monopole français auquel ils répondaient par de fréquents blocus ; mais tous les deux royaumes devaient aussi faire face à la menace des troupes maures.

---

[712] Mémoire du 29 décembre 1701, cité in Boulègue, *Les africains, op. cité*, page 189.
[713] « Journal historique » in *Bulletin de l'Ifan*, Tome XXXIX, série B, n° 3, 1977, page 248.

CHAPITR 15

LE HAUT-FLEUVE ENTRE BOUNDOU ET BAMBOUCK OU LA JONCTION FOULBÉ-MALINKÉ-SONINKÉ-MAURE

Le Haut-Fleuve Sénégal est un confluent qui regroupe plusieurs constructions politiques de souche soninké, malinké, maure et foulbé. Le Boundou, le Gadiaga, le Bambouk, le Khasso et le Kaarta sont traversés par de récurrents courants d'échange reliant le Sahara à l'espace soudanien. Commerçants, marabouts, guerriers et pasteurs sont les vecteurs d'une vie de relation qui donne à cette région un statut de carrefour de cultures et de marchandises. C'est un espace transculturel par excellence. Les traditions rapportées par Cheikh Moussa Camara rattachent le Boundou au Fouta de par l'origine de son peuplement et des élites qui l'ont constitué.

L'identité du Boundou semble provenir d'une territorialisation d'une partie des élites du Fouta que Cheikh Moussa Kamara décline en trois groupes : Peul, Maure et Thieddo. Cette dernière catégorie regroupant les populations de race noire ouolof, malinké ou soninké qui constituent le fonds anthropologique autochtone.

L'islamisation apparaît comme un puissant facteur de différenciation qui a fini par polariser les différents groupes sociaux avec la prééminence du groupe Torodo. « Si le Thieddo du Fouta abandonne son idiome au profit de la langue peule et se convertit à l'islam sans pour autant apprendre les sciences islamiques, il reste toujours Thieddo. De même qu'il le reste encore lorsque, acquis aux sciences islamiques, il n'abandonne pas sa langue. Le statut de lettré musulman est déterminant sous ce rapport car, poursuit Cheikh Mousa Camara, si devenu peul d'expression, il délaisse sa langue, apprend les sciences islamiques et pratique convenablement la religion musulmane en y persévérant, lui et sa descendance après lui, deviennent alors Torodbé.[714] Il s'agit là d'un itinéraire social récurrent dans tout le Sahel où le XVIIe siècle a ouvert cette dynamique de l'affirmation d'une élite civile musulmane dans des communautés paysannes de souche ouolof, maure, malinké ou soninké. La territorialisation des marabouts servait ainsi de mode d'occupation de l'espace dans l'ensemble de la Sénégambie septentrionale. Des dynasties musulmanes prenaient formes avec des patronymes Sy, Wane, Dieng, Tall avec bien souvent une pratique religieuse dont la tiédeur rappelait l'origine païenne encore fraiche dans leur trajectoire.

---

[714] Cheikh Moussa Camara « Histoire du Boundou » traduction Moustapha Ndiaye, *Bulletin de l'Ifan*, T. 37 série B, n° 4, 1975, page 789.

À l'ouest de la Falémé, dans les savanes au sud du désert du Ferlo qui servaient de refuges à des populations malinké, soninké sous une lâche autorité des Tunka du Gadiaga, des populations foulbé se sont implantées en petits villages et campements. À l'est les Giroubé, les Haminade à l'ouest, les Fulabé au nord et les Jallonké au sud. Toutes ces communautés foulbé étaient païennes avant l'arrivée, vers 1690, de marabouts foulbé venus du Fouta, portés par la vague du mouvement des marabouts de Nasr Al Din.

C'est à Boulébané, au confluent de la Falémé et du fleuve Sénégal que fut érigée la capitale du Boundou sous la direction de Malick Sy.[715]

À la fin du XVIIIe siècle, le royaume du Boundou était décrit par la mission Rubault entre les fleuves Gambie et Sénégal. Il était limité à l'est par le royaume du Bambouk au sud-est et au sud par le Tenda et le désert de Simbani ; au sud-ouest par l'État de Mériné à l'ouest par le Fouta et au Nord par le Gadiaga. Cette position en fait un espace fréquenté selon Rubault par les caravanes qui conduisent leurs esclaves de l'intérieur vers la côte. D'autres marchands de l'intérieur traversent le Boundou pour acheminer le sel de la côte ou celui fourni par les Maures. Mandingues et Soninké contrôlent cet axe commercial qu'ils partagent avec les Maures. Les Dioulas Mandingues et Soninké fournissent aux Maures du grain et des toiles de coton bleu. En retour, les Maures fournissent le sel que les Dioulas portent à l'intérieur en échange du fer, de l'or et des esclaves.

La position privilégiée du Boundou, son statut de carrefour commercial expliquent sans doute l'importance des revenus royaux tirés des taxes et autres redevances qui ont fait la fortune de l'Almamy du Boundou. « Les droits de douane, dans cet État, sont perçus rigoureusement et sont assez forts ; dans bien des villes on paie pour un âne chargé une barre en marchandises d'Europe. Dans celle où réside le roi, on exige un fusil et six livres de poudre ».[716] On comprend ainsi la force miltaire dont le Boundou pouvait se prévaloir et marquer sa prééminence aux confluents du Sénégal et de la Falémé. Cette prééminence devait se traduire par la mainmise du Boundou sur la rive droite de la Falémé au détriment du Bambouk.

Le Boundou et le pays du Bambouk

Les contours d'un État théocratique se dessinaient autour de l'Almamy avec une cour de nombreux dignitaires religieux. Mais le Boundou déclinait surtout les caractéristiques d'un État post-atlantique dans son implication dans les guerres avec ses voisins et surtout dans le commerce des esclaves. Un état de guerre permanent avec ses voisins du Gajaaga et du Bambouk alimentait la

---

[715] Andrew F Clark, "The Fulbé of Bundu(Senegambia: From Theocracy to secularization)" *The International journal of African Historical Studies*, vol. 29, n° 1, 1996, page 5-6.

[716] Durand Jean Baptiste, *Voyage au Sénégal*, *op. cité*, page 323.

capture d'esclaves qui à leur tour constituaient une main-d'œuvre servile pour des plantations agricoles. Les conditions naturelles ont pour ainsi dire délimité un espace du Boundou bien représentatif du terroir fulbé. Le désert du Ferlo au nord et la ceinture de la mouche Tsé-tsé au sud définissaient un espace de pâturages et de production agricole que l'aristocratie sissibé a bien mis à profit.

Né de l'expansion malinké sous la houlette du conquérant Abba Manko, le Bambouk s'est subdivisé en principautés malinké comme le Satadou et le Konkoudou. Mais l'unité du pays se retrouve dans l'étendue d'une nature réputée prospère.

Le Bambouk, en dehors des mines d'or qui ont fait sa réputation, est aussi une terre prospère, propice à la production agricole. À la fin du XVIIIe siècle, Golberry[717] faisait remarquer que si dans le Bambouk il se trouvait des parties arides, sèches et stériles, c'était vers les sommets des hautes montagnes de la chaîne de Tabaoura, mais les parties basses de cette contrée sont arrosées par un si grand nombre de rivières, de ruisseaux, de marigots d'eau douce, qui conservaient leur eau pure et saine pendant toute l'année et qui débordent pendant la saison des pluies. Il s'agit de terres toujours entretenues dans une humidité suffisante, couvertes d'une riche végétation. Des baobabs, des benténiers, des calebassiers, toutes les espèces de palmiers et d'acacias, des lianes « chargées des plus belles fleurs, croissent et prospèrent naturellement sur les terres du Bambouk. De toute part le miel y abonde... »[718] Cette végétation dans l'imagerie populaire est associée à l'abondance et à la fertilité du Niamandirou des Foulbé.

La culture du mil, du maïs et de l'indigo dans des plantations d'esclaves le long de la Falémé a fini de faire du Boundou le grenier du Haut-Fleuve qui attirait sur son sol des populations foulbé du Fouta Djallon, des Mandingues du Niani et du Wouli, des Soninké du Gadiaga et des commerçants Diakhanké.

Le terroir fulbé joue à plein régime dans cette savane où d'abondantes terres sont contrôlées par l'aristocratie. Un élevage transhumant définissait un mouvement pendulaire nord-sud durant la saison sèche et sud-nord au retour des pluies. Avec les populations soninké, malinké et khassonké les Fulbé du Boundou assuraient la garde de leurs troupeaux avec en contrepartie le partage du lait et de la progéniture.[719]

Ainsi, l'identité du Boundou semble moins liée à l'islam qu'il partage avec les régions gagnées par la vague des Buur Julit et leur territorialisation à partir de la seconde moitié du XVIIe siècle. Cette territorialisation qui a atteint le nord du Cayor avec la province du Ndiambour semble superposer un vernis

---

717 Golberry, *Fragmens d'un voyage en Afrique*, Tome 1, page 404.
718 Goberry tome 1, *ibidem.*, page 405.
719 Andrew F Clark *op. cite*, page 8.

islamique à une vie de relation dans laquelle le cheptel joue un rôle de premier plan. Entre le portage, le travail des champs, le puisage de l'eau dans de profonds puits, la production de viande de lait et de peaux, l'élevage a donné au Boundou une place centrale dans l'expansion foulbé. La position géographique du Boundou le plaçait au cœur du commerce des esclaves, de l'or, du sel et de la gomme.

Ce commerce, en retour, permettait un approvisionnement en armes auprès des Français comme des Anglais ; ce qui assurait la prééminence de l'aristocratie sissibé dans la région et contenait ses puissants voisins bambara du Kaarta. Cette prééminence a été renforcée par le statut de carrefour, à la jonction du désert, du pays de l'or, du pays mandingue autour de la Gambie et la forêt guinéenne.

Le Fouta Djallon

C'est vers 1727 que des immigrants foulbé ont investi le Fouta Djallon en déclarant une guerre sainte contre les païens Diallonké. Ils réussirent à établir une théocratie musulmane.[720]

Par-delà les péripéties politiques et religieuses de la théocratie du Boundou, son exemple illustre parfaitement le modèle de sédentarisation de communautés foulbé. Combinant l'agriculture, l'élevage et le commerce des esclaves, le Boundou a fini par devenir le grenier du haut Fleuve.

À la fin du XIXe siècle, migrations et colonisation ont défini bien avant l'expansion européenne, un paysage humain très fortement marqué par les ressorts de la puissance foulbé.

Les migrations foulbé en milieu soussou du Fouta Djallon ont abouti au refoulement des Soussou au sud du Konkouré et à l'ouest de la rivière Manga affluent de la Fatalla. À cette couche de foulbé pasteurs devaient se superposer des vagues mandingues qui constitueront l'aristocratie des Seïdianké autour de Timbo, dans laquelle les almamy étaient recrutés depuis Karamokho Alpha[721]. Si au plan politique l'aristocratie mandingue a gardé une certaine prééminence, le pays est resté marqué par une forte colonisation foulbé qui est le fait de pasteurs nomades qui avancent avec leurs troupeaux le long d'une rivière et demandent aux autochtones de faire paître leurs bœufs sur des terres inoccupées. Le chef de la tribu peul, généralement un marabout qui prend le titre de wali fonde à côté de son parc à bestiaux (Goré), une mosquée (missidi). Il paye le droit de parcage jusqu'au jour où, à la faveur de l'afflux

---

[720] Walter Rodney « Jihad and social revolution in Futa Djallon in the eighteenth century » *Journal of Historical Society of Nigeria*, IV, II (1968 : 269-284).

[721] Dr Maclaud, « Etudes sur la distribution géographique des races sur la côte occidentale d'Afrique de la gambie à la Mellacorée ». *Bulletin de géographie historique et descriptive*, N° 1, 1906, page 8.

des migrants, les colons foulbé imposent leur présence par un accaparement des puits et des pâturages au détriment des populations hôtes. C'est cette forme de colonisation que les Foulbé ont adoptée au détriment des Soussou et à la fin du XIXe siècle c'est par le même procédé que les Peuls du Wali ont pris le dessus sur les Diallonké de Goumba, le marabout senousi de Boussoura avec les Koniagui, les Foulbé des Timbi sur la Fatalla, le Wali de Bakdaja dans le nord de Koïn.[722]

Il apparaît ainsi que le mouvement saisonnier qui voyait les Peuls nomades quitter les plateaux du Fouta Djallon pour les bords de la Gambie, a abouti à une véritable colonisation foulbé qui va durablement marquer les marches sud de la Sénégambie.[723]

Figure 16 : Colonisation et sédentarisation foulbé

Pasteurs nomades foulbé dirigés par un marabout (Wali)	Populations autochtones : soussou, koniagui, Biaffatta, nalou, landouman/marginalisées
Parc à bestiaux (Goré) et Mosquée (missidi)	
Accaparement des terres de pâturage au détriment des terres de cultures	

Peuls du Fouta Djallon et du Fouladou ont fini par négocier une jonction pour faire pièce à la prépondérance mandingue. C'est ainsi qu'en haute Casamance la colonisation foulbé a abouti à l'établissement de Foulakunda à côté de Morikunda qui regroupent les implantations des Mandingues.

Figure 17 : Foulakunda et morikunda

Foula kunda	Morikunda
Élevage, agriculture	Tissage du coton /Commerce
Marginalisation des populations locales Nalou, Loundouman, Biaffata Mandjake	

Un espace fulbé semble avoir gardé une récurrence et une massivité spatiale à l'échelle de toute la Sénégambie du Fleuve Sénégal au Rio Grande. Le major Rennel suivant les traces de Mungo Park à la fin du XVIIIe siècle, décrivait l'espace fulbé depuis l'arrière-pays de la Sierra Léone autour de Timbo jusqu'à la rive droite du Sénégal où il jouxtait le pays ouolof, en

[722] Dr Macloud *op. cité*, page 9.
[723] Ken Swindell JAH 1980, *op. cité*, page 97.

passant par le Boundou entre la Gambie et la Falémé et au-delà le Fouladou, « le Wassela » et le Macina sur les bords du Niger.[724]

À la fin du XIXe siècle, dans toute la région septentrionale et orientale du Fouladou, l'élément peulh restait prédominant comme en fit écho l'épisode de Moussa Molo. Au sud-est l'occupation peulh restait plus disséminée sur les bords du Rio Cachéo en aval de Farim. Au sud-est toujours, l'influence foulbé atteignait le voisinage de la mer au détriment des Biaffata chassés des bords du Rio Grande. Les Nalou étaient repoussés dans les forêts près du littoral au détriment des Mandjake et des Biaffata. Les Foulbé étendaient leur colonisation sur les deux rives de la rivière Mansôa.

Des colonies foulacounda sont identifiées par Macloud dans le Badiar et chez les Koniagui. Les Foulbé ont traversé le Rio Grande à la fin du XIXe siècle et se disputent les pâturages de Dandoum avec d'autres pasteurs peulh du Bové et de Kadé. Dans le même temps les hordes peulh dénommées Houbbou occupaient la région boisée entre le Tinkisso et Farana de même entre le Rio Nuñez et le Rio Pongo. À partir de ces refuges, ces Houbbou razziaient troupeaux et esclaves jusqu'aux bords du Bafing.

À la fin du XIXe siècle, les Foulbé ont atteint la mer pour assurer résolument le contrôle des escales. Ils sont désormais de plain-pied dans l'économie atlantique qui ouvre des registres nouveaux dans leur pastoralisme séculaire. Ils ont une forte assise sur le Rio Compony et le Rio Grande et intégraient dans leur giron la Haute Casamance, la Haute Gambie et le Haut Cacheu. Ils ont intégré la riziculture avec des champs établis sur les terrains inondés par les hautes eaux ; « ils récoltent un peu de coton et ont des champs d'indigotiers et de sésame comme tous les habitants de la Casamance »[725].

Conclusion

La tradition orale comme les descriptions européennes nous permettent d'insérer tous les terroirs de la Sénégambie dans un cadre géopolitique intégré que définit l'héritage du Mali. Le Gabou, le Djolof et ses démembrements en Walo, Baol, Sine, Cayor apparaissent sur la scène atlantique en relation avec la perte d'influence de l'empire du Mali et la recomposition de nouvelles dynasties familiales. Plus que la juxtaposition de territoires définis avec des frontières précises, nous nous trouvons en présence d'un ensemble de communautés humaines dont l'unité politique commune reste la référence à une lointaine autorité mandingue révolue depuis le XIVe siècle mais dont l'héritage donne une titulature, une légitimité locale, un corpus de fonctionnaires et de statuts sociaux résiduels qui trouveront un nouveau cadre d'exercice dans le contexte atlantique qui s'ouvre au XVe siècle.

---

[724] *Major Rennel* in Mungo Park *op. cité*, page 345.
[725] Brosselard-Faidherbe, *La Casamance et le Mellacorée*, *op. cité*, page 53.

L'observateur européen verra comme unité indépendante ou statut autonome ce qui n'a de légitimité que dans l'ensemble géopolitique qui lui donnait cohérence et envergure. On comprend ainsi l'image d'indépendance qu'offraient aux yeux de Ça da Mosto en 1455 les Sérères et les Barbacins[726] par contraste avec la réduction des lieux de pouvoirs aux différentes capitales où résident les rois.

L'insaisissable territoire dans toute la zone atlantique, témoigne d'une transition que l'ouverture de l'Atlantique a stoppée. Du lamanat à la recomposition de la royauté, l'ouverture de l'Atlantique a désarticulé l'espace qu'aucun pouvoir local n'a plus pu organiser de manière autonome. Il est symptomatique de noter l'assimilation des titres de royautés à des lieux dits, comme Ale, Juale ou Rio Barbacin, qui sont des lieux de traite des Sérères et dont l'énumération, donne l'impression d'une multiplicité territoriale entre plusieurs ensembles alors que la réalité les intègre dans un même terroir que l'ordre politique du moment, décline en Royaume du Baol, Royaume du Sine, Royaume du Saloum.

Cette configuration géopolitique ne rend pas compte d'une cohérence culturelle partagée par des communautés de langues et de peuplement attestées très tôt dans toute la région du Sahel. C'est sans doute cette recherche de cohérence et de consistance qui ont servi de lit aux tentatives d'intégration nourries par les projets hégémoniques de Koli Tenguella comme de Lat Soucabé. Plus de cohérence et d'envergure perdues aux XVe et XVIe siècles, sortir des terroirs primitifs, reprendre l'héritage des centres traditionnels du pouvoir, élaborer des constructions politiques majeures, quitte à s'inventer une nouvelle légitimité ; c'est tout le sens des gestes d'un Koli Tenguella ou de Lat Soucabé qui ont tous les deux tenté de recomposer un espace politique en s'adossant à la mer.

---

726 Plus vraisemblablement, il s'agirait de différentes communautés sérères : les safen du sud-est de la presqu'île du Cap-Vert et des groupes Ndout, None et autres sèrères du Diéghem.

QUATRIÈME PARTIE

LES PORTES DE LA MER : DES ÉTATS POST-ATLANTIQUES AUX TERRITOIRES COLONIAUX

INTRODUCTION

Alors que la mer Méditerranée se présentait comme la « mare nostrum » des Grecs et des Romains, l'Atlantique apparaissait, depuis des millénaires, comme un espace où l'humanité entière semblait situer ses divinités, ses craintes, ses angoisses et aussi ses horizons. Pour un grand nombre de peuples entre l'Olympe en Grèce et le Sangomar en Afrique de l'Ouest, l'Atlantique a représenté un panthéon universel. Dans cette « mer des ténèbres » (Bahr al Dulamat) des Arabes, Coumba Bang, Mama Ngeec (déesses locales parmi les populations côtières sénégalaises) et Mamy Wata (la mère des eaux dans le pidgin anglophone d'Afrique de l'Ouest) rejoignaient le spectre des déesses de la Mer du Nord comme les « âmes errantes » des mythologies gréco-romaines.

Le XVe siècle semble ouvrir une séquence décisive dans l'histoire du monde. Il ouvrait un registre tout nouveau dans un espace mondial ouvert et non plus cloisonné. Cela permettait, pour la première fois, le passage du statut symbolique récurrent de l'Atlantique à un espace cohérent et dynamique. Dans cet espace réinventé, richesses, puissance, identités culturelles et représentations devenaient les enjeux de la modernité.

Mon principal objectif, dans cette partie, est de montrer la singularité et la récurrence de la voie maritime occidentale dans l'histoire universelle. Comment l'Atlantique ouest en général est devenu le foyer d'une marginalisation précoce de ses peuples côtiers avant même les procédures de domination induites par l'esclavage ou la colonisation. Le pari est de montrer que dans la symbolique ainsi que dans les représentations spatiales, l'Afrique de l'Ouest se trouvait dans une position subalterne, tenue pour établie, dès le début de l'histoire moderne.

L'Asie du sud-est par contre nourrissait une cosmogonie millénaire qui la plaçait au centre d'un monde sinisé.

Il s'agit donc de compléter le tableau des ressorts de l'évolution d'aires culturelles qui semblaient se tourner le dos dans des destins irrémédiablement cloisonnés.

En privilégiant les facteurs du temps long, on redécouvre la communauté des trajectoires horizontales, souvent aux mêmes latitudes mais toujours interconnectées avec des cadences heurtées ou durablement marquées par des immobilismes et des ruptures.

Dans ces cadences et leurs ruptures forcées on retrouve la place centrale de la réinvention de l'Atlantique au XVe siècle, après la longue nuit des liturgies de la houle. Ce rythme mondial du temps long rejoignait ainsi, l'islamisation et son corollaire, le commerce transsaharien avant les avatars du fait colonial.

Nous avons choisi de contourner le paradigme du « middle passage » de Gilroy qui adopte le vaisseau sur les flots (« ship in motion ») comme une figure symbolique centrale[727] dans les espaces entre l'Europe, l'Afrique, l'Amérique et les Caraïbes. La seule mémoire de l'esclavage atlantique, comme identité et unique horizon critique de la modernité, nous a semblé bien réducteur, même s'il est vrai que la perspective du « middle passage » transcende la structure de l'État-nation ou les particularismes ethniques.

Les terroirs comme formes autochtones d'appropriation de l'espace, les itinéraires du désert et ses caravanes, véritables sociétés en mouvement, les terres rizicoles et leur méridionalisation, restent le cœur des dynamiques sui generis des communautés indigènes d'Afrique et d'Asie.

Voilà autant de lignes de force qui s'ouvraient et intégraient les côtes, leur territorialité de vaisseaux et leur logique de comptoirs, pour définir les identités collectives au cœur de la modernité en Asie comme en Afrique. Cette modernité côtière semblait pourtant tourner le dos au cœur vivant d'un temps du monde. Les ressources du travail humain, l'adaptation des populations à l'environnement et leur congruence avec des réseaux sociaux locaux restaient toujours la matrice de l'évolution des sociétés autochtones.

Autant qu'à l'héritage confucéen qui a informé le monde sinisé de l'Asie orientale, je me suis aussi intéressé à l'héritage grec et à son rôle dans l'accumulation primitive des signes et symboles qu'il partage, de manière inattendue, avec les communautés côtières atlantiques.

Enfin, au cœur du Quattrocento, j'ai repris la saga des rois portugais inventant outre-mer un espace virtuel féodal pour compenser l'absence de propriété foncière pour une noblesse de plus en plus oisive. Ensuite, je retrace le portrait massif interprété sur les ports et les bateaux par les nouveaux croisés de la modernité occidentale que sont les naturalistes, les courtiers, les marins et les voyageurs. Précédant toutes relations commerciales, ces agents ont façonné, dès le XVe siècle, l'imagerie subalterne de la Sénégambie. Le même paradigme persistera dans les répertoires et catalogues pour ouvrir la voie à une représentation inversée de l'Afrique. Les rives de l'Atlantique demeurent le lieu de l'accumulation primitive des signes, des symboles, des mesures et des schémas qui accompagneront la formation et la définition des territoires côtiers.

Récits et documents écrits soulignent cette rencontre culturelle déterminante. L'océan Atlantique, jusque-là un océan ténébreux que peur et imaginaire remplissaient de créatures fantastiques, devenait à mesure que la navigation progressait, le locus même où s'élaboraient les identités et les cultures hybrides des groupes et nations impliqués dans leurs interrelations. L'économie mondiale moderne se constituait avec un processus parallèle de

---

[727] Gilroy, Paul. *The Black Atlantic: Modernity and Double Consciousness*. Cambridge: Harvard UP, 1992.

construction des paradigmes, catégories et représentations qui, jusqu'à présent, informent notre discours sur l'identité et l'altérité.

Navires, comptoirs et forts situés sur des bandes côtières bien délimitées deviennent les témoins de la territorialité européenne. Cette territorialité se décline en un espace mesuré, délimité et administré. L'invention de l'Atlantique allait ainsi générer un renversement paradoxal pour la Sénégambie en limitant sur ses côtes une perspective universelle que l'ouverture de la mer prétendait élargir au XVe siècle.

La force récurrente des dynamiques locales propres aux sociétés d'Asie et d'Afrique restera bien au centre de notre interrogation. Les peuples de la Sénégambie et leurs groupes sociaux, dans la fabrication de leur vie quotidienne, réussiront-ils encore à tourner le dos à la mer par le biais d'autres formes d'appropriation de l'espace ?

Cultures et appropriation de l'espace en terroirs ethniques semblent forger les destins collectifs qui ont précédé la mémoire traumatique de l'Atlantique et lui ont survécu.

La territorialisation des marabouts et l'intégration des élites dans des projets hégémoniques à l'image de ceux de Kolli Tenguella ou de Lat Soucabé, fondaient les États fulbé et ouolof des XVIe et XVIIe siècles. L'ère post-atlantique ouvrait une modernité hybride, souvent chaotique ; mais des ressorts locaux bien identifiables gardaient toujours leurs forces et leur permanence dans la longue durée.

La haie de bambou du village ou la frontière interne

« L'autorité de l'empereur s'arrête à la haie de bambou du village ».

Ce fameux dicton vietnamien rend compte d'une permanente négociation entre l'autorité et les communautés paysannes dans la distribution du pouvoir et des statuts.

Au-delà des particularismes géographiques de l'Asie ou de l'Afrique, il existe un espace international dans lequel les terroirs sont directement insérés. Il s'agit d'un espace commun aux communautés comme aux individus qui, malgré l'intermède colonial et les cloisonnements de l'État territorial, est resté le champ où les communautés culturelles et leurs relais sociaux expriment leur spécificité et leur vivacité.

En Sénégambie, les horizons classiques de l'empire sont depuis des siècles investis par les relais d'une société civile en gestation.

La religion, le commerce, l'émigration servent de relais, non plus à une dissidence sociale qui confinerait à des marges ou à des exclusions comme durant la période coloniale, mais plutôt à une négociation dans un espace international, des ressorts de la culture que sont la parenté, le rituel, le folklore, la langue ou l'appropriation de l'espace et qui, de facto, ouvrent l'horizon des ethnies et des terroirs.

En Sénégambie, différentes figures ont émergé du corps social, adossées à la mer depuis des siècles, sans la compromission des aristocraties. Des dynasties dissidentes ont ouvert une nouvelle légitimité : les diasporas vecteurs des réciprocités traditionnelles, les marabouts véritables hérauts du commerce des idées et des symboles, le marchand mandingue distribuant marchandises et techniques agraires, ou encore l'esclave de cour et le griot faiseurs de rois et inducteurs de mobilité sociale. Chacun de ces groupes a connu des tentatives de négociation de son statut avec l'Atlantique pour redéfinir l'ordre social. De ces groupes seuls deux éléments réussiront à franchir le cap du XXe siècle et relayer la fin des aristocraties. Les terroirs historiques trouvent dans le trio marabout-immigré-marchand, les nouveaux négociants culturels qui leur donnent une cohésion interne et une ouverture sur le monde.

Le marabout, le migrant et le marchand sont devenus les négociants des temps nouveaux, les seuls relais sociaux autonomes qui puissent définir une nouvelle société civile en Sénégambie. Ils sont depuis des siècles les négociateurs d'un espace international transculturel qui a une cohésion culturelle bien au-delà des barrières politiques que définit la côte.

La facticité des décrets d'empire et leur prétention à faire coïncider un répertoire des communautés humaines, un ordre politique et des frontières, ont laissé la voie à des logiques culturelles de terroir, vite investies par une société civile de lettrés de tradition musulmane, mais aussi par des diasporas marchandes devenues les véritables vecteurs d'une culture autochtone qui allait faire pièce à la modernisation par la mer.

CHAPITRE PREMIER

ENJEUX SYMBOLIQUES ET ENJEUX COMMERCIAUX DANS LA FORMATION DES TERRITOIRES ATLANTIQUES

Bien avant de devenir le théâtre d'enjeux stratégiques et mercantiles, l'Atlantique sud était surtout un champ symbolique partagé par toutes les cultures du monde.

Des Grecs anciens aux Arabes, Celtes, peuples ibériques ou africains de la côte occidentale, les mêmes peurs, les mêmes mythes, la même imagerie ont habité ce monde de ténèbres resté longtemps ce Panthéon universel où Leuk Daour, Mami Wata, Mama Ngeec et des femmes avec des corps d'animaux côtoyaient les âmes errantes de bien heureux jouissant d'un paradis éternel après leur mort.

C'est le monde des Îles des Dieux ou Îles des morts qu'Hésiode, dès le VIIIe, siècle situait aux confins de la terre. C'est aussi le monde où la mémoire orale, les récits et légendes antiques se confondent à travers les périples dont le premier fut réalisé sous le Pharaon Necos (610-594) A.J.-C. Celui de Hannon de Carthage au Vème siècle A.J.-C. et Scylax au IV.[728]

De Pline l'ancien à Isidore de Séville[729], la houle océane s'offrait à l'imaginaire du monde entier comme le lieu de toutes les aventures et de tous les mythes[730].

L'Atlantique et la descendance de Chronos

L'imagerie grecque tirait du chaos originel, l'union d'Uranus le ciel et de Géo la terre, qui donna naissance aux titans : une fantastique progéniture dont Okéanos qui enveloppa la terre. De l'union de ce dernier avec Tetis naissaient les eaux et les mystérieuses créatures qui les peuplent.

Un des Titans du nom de Chronos, le temps, s'employait à éliminer toute sa descendance ; ce que réussit à déjouer sa femme qui sauva de ce cruel destin ses fils : Zeus, Poseidon, Hera et Hades.

---

[728] Soray Jorge Godoy, *Las navegaciones por la costa atlantica Africana y las islas canarias en la antiguidad*, Canarias 1996.

[729] Évêque de Séville 600-636, il a associé son nom aux Etymologiae qui résument les connaissances géographiques du moyen-âge européen.

[730] Même le fantastique moderne continuera de trouver dans l'Océan et ses Îles son champ d'expression. « La saga de Robinson » de J. F Cooper, in *The Crater, Our Volcan's peak*, 1847 ; Jules Verne et *L'Ile Mystérieuse*, Paris 1874 et H G Wells The Island of Doctor Moreau, Londres, 1896.

La création du monde se nouait ainsi, au plan symbolique, dans un ordre et une hiérarchie dans laquelle la mer gardera une grande place.

La révolte de Zeus contre son père Chronos fit de lui le Dieu suprême qui conféra à son frère Poséidon le statut de Dieu de la mer.

Cette mythologie annonce bien une hiérarchie du monde dans laquelle la mer occupe une place privilégiée.

La mythologie grecque à travers la légende d'Ulysse se confond aussi dans l'imagerie fantastique dont la mer est l'objet dans toutes les cultures du monde. Cette mythologie trouve en l'Atlantique un champ topologique qui lui donne ses repères et sa consistance.

Atlas d'où le nom Atlantique est dérivé est le fils du titan Iapetus et de la nymphe Clyméné et frère de Prométhée. Atlas, selon la légende était du côté des titans dans la guerre qui les opposaient aux dieux de l'Olympe. Et en guise de punition, il fut condamné à porter pour toujours sur son dos les cieux et la terre et sur ses épaules la grande colonne qui les sépare.

Dans cette tâche gigantesque, il fut un moment secondé par Hercule.

Cette légende d'Atlas annonce bien au plan symbolique, la configuration du monde connu et les repères qui en jalonnaient l'horizon. Le Détroit dénommé alors colonnes d'Hercule, comme la montagne Atlas ou la colonne du Ciel participe du même ensemble géologique qui, comme un bouclier, fermait pour longtemps le monde gréco-romain sur la Méditerranée.

Platon, dans « Critias » comme dans la « Timée », donne un récit qui fait bien écho de la place de l'Atlantique dans l'imagerie comme dans la géopolitique du monde antique connu. « Il s'y trouvait en effet une île, située en face du détroit que vous appelez dans votre langue les Colonnes d'Hercule. Cette île était plus grande que la Libye et l'Asie réunies ; les navigateurs passaient de là sur les autres îles, et de celles-ci sur le continent qui borde cette mer vraiment digne de ce nom. Car pour tout ce qui est en deçà du détroit dont nous avons parlé, cela ressemble à un port dont l'entrée est étroite, tandis que le reste est une véritable mer, de même que la terre qui l'entoure a tous les titres à être appelée continent.

Or, dans cette île Atlantide, des rois avaient formé une grande et merveilleuse puissance qui dominait l'île entière, beaucoup d'autres îles, et même plusieurs parties du continent. De plus, dans nos contrées, en deçà du détroit, ils étaient maîtres de la Libye jusqu'à l'Égypte, et de l'Europe jusqu'à la Tyrrhénie. … Mais, dans les temps qui suivirent, eurent lieu de grands tremblements de terre, des inondations et, en un seul jour, en une seule nuit fatale, tout ce qu'il y avait de guerriers chez vous fut englouti à la fois dans la terre entrouverte, et l'île Atlantide disparut sous la mer. C'est pourquoi, aujourd'hui encore, on ne peut ni parcourir ni explorer cette mer, la navigation trouvant un insurmontable obstacle dans la quantité de vase que l'île a déposée en s'abîmant... »[731]

Cette description sera complétée dans le Critias.

« ... Poséidon, ayant eu en partage l'île Atlantide, installa des enfants qu'il avait eus d'une femme mortelle dans un endroit de cette île que je vais décrire. Du côté de la mer, s'étendait, par le milieu de l'île entière, une plaine qui passe pour avoir été la plus belle de toutes les plaines et fertile par excellence. Vers le centre de cette plaine, à une distance d'environ cinquante stades, on voyait une montagne qui était partout de médiocre altitude. Sur cette montagne habitait un de ces hommes qui, à l'origine, étaient, en ce pays, nés de la terre. Il s'appelait Evénor et vivait avec une femme du nom de Leucippe, ils engendrèrent une fille unique, Clito, qui venait d'atteindre l'âge nubile, quand son père et sa mère moururent. Poséidon, s'en étant épris, s'unit à elle...

"... Lui-même embellit l'île centrale, chose aisée pour un dieu. Il fit jaillir du sol deux sources d'eau, l'une chaude et l'autre froide, et fit produire à la terre des aliments variés et abondants. Il engendra cinq couples de jumeaux mâles, les éleva, et, ayant partagé l'île entière de l'Atlantide en dix portions, il attribua au premier né du couple le plus vieux la demeure de sa mère et le lot de terre alentour, qui était le plus vaste et le meilleur ; il l'établit roi sur tous ses frères et, de ceux-ci, fit des souverains, en donnant à chacun d'eux un grand nombre d'hommes à gouverner et un vaste territoire. Il leur donna des noms à tous. Le plus vieux, le roi, reçut le nom qui servit à désigner l'île entière et la mer qu'on appelle Atlantique, parce que le premier roi du pays à cette époque portait le nom d'Atlas. Tous ces fils de Poséidon et leurs descendants habitèrent ce pays pendant de longues générations..." [732]

L'Atlantique, le bouclier au-delà des colonnes d'Hercule

L'Univers de Platon, on le voit bien, révèle au plan symbolique comme au plan conceptuel que la mer au-delà des Colonnes d'Hercules (le détroit de Gibraltar) constituait un bouclier infranchissable pour l'esprit rationnel comme pour l'horizon du voyageur.

Les connaissances du monde classique se heurtaient toujours au mur bleu de la houle océane.

Dès le XIIe siècle avant notre ère les Phéniciens, maîtres de la navigation et du trafic en Méditerranée occidentale, se risquaient dans les eaux qui jouxtent les Colonnes d'Hercule.

Les habitants de l'antique Ghades (Cadix) entretenaient l'image d'une mer de terreur comme pour s'en réserver les richesses.

---

[731] Platon in *la Timéé.*
[732] Platon in *le Critias.*

La nature aussi s'était mise de la partie comme pour en interdire l'accès par la présence de forts vents d'alizé de direction sud-ouest.

Des sources grecques ou égyptiennes mentionnent des tentatives de circumnavigation de l'Afrique souvent infructueuses mais avec cependant de rares précisions qui puissent leur donner un grand crédit.

Pline l'ancien mentionne par exemple le voyage le long de la côte africaine du Grec Polybe à bord de bateaux prêtés par Scipion Emilien alors engagé dans la troisième guerre punique en 146 Av. J.-C.[733]

Hannon le carthaginois est aussi crédité d'un périple de 35 jours le long de la côte avec une impressionnante flotte de 60 navires.[734]

Des références fragmentaires à un certain Euthymenes de Massilia rendent compte d'un passage le long de la côte jusqu'à un fleuve que certains auteurs identifient au fleuve Sénégal.[735]

Hérodote mentionne aussi les tentatives réalisées sous le Pharaons Necos II entre 615 et 595 avant Jésus Christ de même que sous Xerxes.[736]

Selon Hérodote Necos II fit partir des Phéniciens sur des vaisseaux en leur ordonnant de revenir en passant par les colonnes d'Hercule. Les Phéniciens étant partis par la mer d'Érythrée naviguèrent sur la mer australe. Au bout de deux ans ils doublèrent les colonnes d'Hercule et revinrent en Égypte. À leur retour ils racontèrent qu'en naviguant autour de la Libye, ils avaient le soleil à droite suggérant ainsi une circum navigation du continent africain.

Le monde fermé sur la Méditerranée

Le sud de l'Europe est occupé par la Méditerranée, le nord par un grand fleuve qui englobe toute la terre, à l'ouest de l'Europe se trouvent les colonnes d'Hercule. La division entre l'Europe et l'Asie passant par le détroit de Bosphore et la limite de l'Asie constituée par le fleuve Tanaïs (le Don).

Ainsi se résumaient les connaissances antiques sur le monde habité.

Le monde restait encore un disque entouré par la mer (Okéanos) qui le délimite et limite son horizon.

L'espace atlantique restait ce lieu mystérieux où naviguent les âmes de ceux qui ont laissé leur enveloppe corporelle, ces lointaines îles féeriques où des bienheureux jouissent d'un paradis éternel.

---

[733] Pline, NH. 5.9-10, 6.199-200, F.W Walbank, *A Historical Commentary on Polybius*, vol. 3 (Oxford, 1979), p. 630-39.

[734] J. B. H. Warmington, *Cartage* (London, 1964), p. 74-6.

[735] W.W. Hyde, *Ancient Greek Mariners*, London, 1947.

[736] Hérodote, *livre IV, 168-198 Herodotus The History*, trans. George Rawlinson New York: Dutton & Co, 1862.

L'espace infini restait inconcevable jusqu'au XVe siècle dénotant les limites des connaissances géographiques comme celles des horizons géopolitiques.

Hector de Milet, dès le VIe siècle avant notre ère, fit un périple vers l'Asie à travers la Méditerranée. Au détour de ce voyage, il rédigea un traité de géographie, avec beaucoup de dessins et de schémas, représentant un monde tripartite composé des continents Europe, Asie et Afrique autour de la Méditerranée et entouré au-delà par l'immensité infinie des eaux de la houle océanique.

Le concept d'un monde fermé naissait ainsi et seule la prouesse de héros légendaires ou l'imaginaire débridé des poètes et des aventuriers ouvriront durant des siècles encore l'horizon au-delà des « antipodes » de ce monde connu.

Hérodote au siècle suivant fit la même référence à cette immensité océane, entourant le monde connu, et peuplée d'îles merveilleuses dont l'une serait la fameuse Atlantide décrite par Platon plus haut.

Ses descriptions peignaient des monstres à tête de chien ou sans tête vivant au sud du désert du Sahara.

Hérodote montrait un grand étonnement devant la comparaison faite entre l'Europe, l'Asie et l'Afrique. Son ton catégorique, lorsqu'il affirme que la taille de l'Europe dépasse la superficie de l'Afrique et l'Asie réunies, atteste encore des limites des connaissances du monde à cette époque.[737]

Hérodote du reste se montrera plus humble lorsqu'il s'agira de décrire l'immensité de l'Atlantique sud. Il avoue que ses connaissances se limitaient à la région de l'Atlas avec ses populations dénommées Atlantes. Son horizon selon lui s'arrêtait à cette dorsale de sable entre les Colonnes d'Hercule et la « colonne du Ciel » que constituait l'Atlas.[738]

Le triangle de Strabon

Dans une description qui empruntait ses concepts à la géométrie, Strabon identifiait l'Afrique à un triangle droit qui projeté, sur une surface plane, donnerait une figure dont la base serait le côté opposé à la Grèce, qui s'étend du Nil aux colonnes d'Hercule, comprenant : Carthage (Tunisie actuelle), Numidie (Algérie actuelle) et Maurétania (Maroc et Mauritanie actuels). L'autre côté de cet angle droit serait formé par le Nil vers Méroé (Soudan ancien), Aksoum (Éthiopie et Érythrée actuelles) jusqu'à l'Océan. Et

[737] Herodotus, *The History*, trans. George Rawlinson (New York: Dutton & Co., 1862.
[738] *Ibid.*, Herodotus, *The History*, trans. George Rawlinson (New York: Dutton & Co., 1862.

l'hypoténuse serait constituée par toute l'étendue du littoral entre l'Éthiopie et la Maurétanie.[739]

Strabon dut se résoudre à laisser dériver son imagination et admettre l'éventualité de l'existence de régions plus importantes en direction du sud et de l'est de ce triangle ; et c'est en s'excusant qu'il se contentera de répéter les légendes et mythes de ses prédécesseurs.[740]

L'histoire écrite de l'Afrique avait ainsi, dès le début de l'ère chrétienne, un chaînon manquant que Grecs et Arabes allaient chercher à inventer.

De la terra incognita de Ptolémée à la référence à la mythique Aguisimba[741], jusqu'à l'ouverture de l'Atlantique au XVe siècle, c'est une même quête d'une identité incomplète ou confinée dans le virtuel d'une réalité à inventer. Il s'agit, comme le suggérait Mudimbe : "A subtle integration of geographies of monstrosities witness to a search for marvel and to a love of the bizarre.[742]

Encore au premier siècle de notre ère Pline l'Ancien faisait une description des plus fantastiques de l'univers Atlantique où les vents et les vagues s'accouplaient au hasard pour donner de fabuleuses créatures allant des titans aux baleines et autres tortues géantes. Ce symbolisme de la fécondité se retrouvera chez les populations de la côte sénégambienne.

Mela est un géographe natif d'Espagne qui vécut sous Claudius au premier siècle de notre ère. Son œuvre fut publiée la première fois en 1471 sous le nom de Cosmographia avant d'être reprise sous le titre *De Orbis* Situ. La partie de la carte qui correspond au Cap de Bonne Esperance et une portion Nord du Continent américain est désignée "Terra incognita", correspondant au chaînon manquant du triangle de Strabon. La légende et la configuration de la partie orientale de l'Afrique sont bien plus fournies avec des références à Aethiopia, Troglodyte sur la Corne et Aegyptus traversé par le Nil trouvant sa source dans trois lacs. Regnum Melli et Caput Bonae Spei apparaissent comme de vagues et lointaines références ajoutées a posteriori. Le Galion et les monstres de mer ajoutent une touche de la mythologie atlantique de l'époque des publications de la carte.

---

739 Strabo, *The Geography of Strabo: Literally Translated, with Notes,* trans. H. C. Hamilton, esq., & W. Falconer (London: H. G. Bohn, 1854-1857), p. 279-284

740 *Ibidem.*

741 Abbé Halma, *Traité de géographie de Claude Ptolémée d'Alexandrie* ; Paris Eberhart, 1828, page CCV.

742 Mudimbe, 1994, page 80.

CHAPITRE 2

COSMOGRAPHIE ET HÉRITAGE DE PTOLÉMÉE

C'est Ptolémée d'Alexandrie qui, au IIe siècle de notre ère, fera l'une des descriptions de l'Afrique les plus ouvertes mais bien encore entachée d'inexactitudes.

Dans la géographie de Ptolémée (90-168), l'Afrique présente plusieurs régions appelées Ethiopia qui se ferment sur une Terra incognita.

Quant à l'Atlantique, il se réduit à une façade d'eau assez étroite et parsemée d'îles et sans communication avec l'océan Indien. L'œuvre de Ptolémée cependant fera autorité durant tout le Moyen Âge européen.

Dans sa « Géographie », l'Atlantikos et ses côtes gardent un tracé approximatif. Mais le repérage suivant la hauteur du soleil lui permit de déterminer des coordonnés en latitude et en longitude qui, malgré l'avancée que cela représente, n'en resteront pas moins entachées de beaucoup d'erreurs. Il s'avère, si l'on en croit Sagazan,[743] que quand Ptolémée étudiait les itinéraires des marins qui suivaient les côtes, ses coordonnées géographiques étaient calculées d'après les distances entre les relâches successives. Et il était simple de faire le calcul inverse et de préciser les distances en fonction de coordonnées. Il suffisait de connaître un point de l'itinéraire et d'en déduire les autres.

Mais ce procédé, poursuit Sagazan, s'il était applicable à la reconnaissance des positions côtières, ne l'était plus pour les points de l'intérieur. Déduction et approximation semblaient être les maîtres-mots de cette géographie.

Du reste le degré de latitude de Ptolémée ne mesurait que 78 km 750 au lieu de 111 km.

La description de Ptolémée offre un tableau de 12 provinces que sont : les deux Mauritanies, la nouvelle Numidie, la province d'Afrique, La Libye Cyrénaïque, la Marmarique, la Basse-Égypte, la Thébaides, la Libye intérieure et les deux Éthiopies.

De la longitude à hauteur du Mozambique actuel vers le quinzième degré, les dernières régions habitables juste après l'équateur constituent la Terra incognita que Ptolémée lui-même estime à environ seize degrés de latitude et

[743] Sagazan Gustave, « L'Afrique intérieure d'après Ptolémée », *Annales de Géographie*, 1951, T. 60 ; n° 319, p.110-126.

soixante-treize degrés de longitude, qui resteront hors de portée d'une connaissance effective des géographes.[744]

Cette carte semble provenir d'un Atlas de Ptolémée de 1561 avec son titre et sa légende en latin et italien.

Dans la géographie de Ptolémée, la côte africaine au Sud du Draa marocain restait pratiquement inconnue. Les estimations de Sagazan font correspondre cependant le Cap Soloenthium au Cap Blanc ; le Darados au Sénégal ; le Cap Rhyssadion au Cap-Vert et le Stachis à la Gambie.

C'est que, beaucoup plus qu'une géographie, l'œuvre de Ptolémée restait une cosmographie. Du reste c'est sous ce titre qu'apparaissait en 1475 la première traduction, peu après la naissance de l'imprimerie. L'œuvre de Ptolémée, jetait ainsi les bases de la géographie moderne, illustrée par l'un des premiers globes terrestres parvenus jusqu'à nos jours: le globe de Martin Behaim réalisé à Neurenberg en 1492.

Le travail de Ptolémée ouvrait aussi la voie à une représentation du monde qui rendait compte même partiellement des parties situées aux antipodes du monde connu. La doctrine de la sphéricité de la terre, établie dès le VIe siècle avant notre ère par Pythagore et ses disciples et vulgarisée au temps de Platon, connaîtra son heure de gloire avec Aristote, avant qu'Ératosthène ne tente de déterminer la circonférence de la terre à partir de degré de latitude.[745]

C'est au IIIe siècle que Solon ajouta au tableau la référence au Nil comme un arc séparant la Méditerranée et l'Atlantique et qu'au sud du Nil se trouvait le fameux Royaume d'Éthiopie. Solon, à l'évidence, était resté tributaire des informations dérivées des pistes transsahariennes assimilant le Nil au fleuve Sénégal.

Le Moyen Âge européen restera enferré dans une représentation tripartite du monde inspirée des traditions bibliques.

Suite au Déluge, le partage entre les fils de Noé donnait l'Asie des hommes libres ou des prêtres à Sem ; l'Afrique des esclaves ou des travailleurs à Cham, l'Europe des guerriers à Japhet.

Dans la cosmogonie antique, la terre, lieu d'incarnation de Dieu ne pouvait être autre chose que le centre à partir duquel tout l'univers s'organise.[746]

La géographie de Idrisi reprit à son compte la cosmogonie qui inscrit les trois continents, dans l'anneau océanique, séparés par un symbolique T dont la hampe représente la Méditerranée et les branches les deux fleuves dont l'une

---

[744] Luis de Marmol Carvajal *Description générale de l'Afrique*, trad de Nicolas Perrot, page 39, BNF.

[745] Carlos Sanz, *Mapas Antiguos del Mundo Madrid*, 1961, page 35.

[746] Etymologiarum sive Originum libri XX 1472.
St. Isidore de Séville, 600 - 636

le Tanaïs limite l'Europe et l'Asie ; l'autre le Nil séparant l'Asie de l'Afrique. L'océan limite et délimite ce monde fini et définitivement clos par l'anneau océanique infranchissable.

À la suite des certitudes canoniques l'imagerie de tous les peuples du monde a comblé ce vide chaotique. Pêle-mêle se formaient tout autour de l'Atlantique, du Nord comme du Sud, les cultes de la mer, les récits de l'audace de héros solitaires, la grâce des saints ou les liturgies de la houle.

Par-delà le caractère parcellaire et souvent approximatif des informations, il convient de noter que jusqu'au XIVe siècle les connaissances sur l'Atlantique restaient encore embuées dans des légendes. L'héritage de Ptolémée était encore vivace en Occident et demeurait la principale source de connaissances géographiques de l'Atlantique sud avant son ouverture au XVe siècle.

Il apparaît ainsi que les peuples du monde entier ont partagé, depuis des millénaires, la même lecture de l'espace atlantique qu'ils ont investi de leurs peurs et repères symboliques. L'expérience de la découverte progressait avec le maintien et la persistance d'un imaginaire fantastique hérité de la tradition antique.

On en trouve de nombreux échos dans la littérature de la Découverte. Le très riche Esmeralda de Situ Orbis de Duarte Pacheco Pereira parlait encore de l'existence en Afrique de cobras de taille gigantesque qui se transformaient en eau dans la mer.[747]

Même le roi Don Manuel I, dans une adresse aux Rois catholiques relative aux succès de l'armée d'Alvares Cabral, parlait du fait qu'à Sofala l'or était amené sur la côte par des hommes qui avaient quatre yeux : deux devant et deux autres derrière.[748]

Les progrès de la navigation et le déplacement du centre de gravité du commerce mondial de la Méditerranée orientale vers l'Occident donnaient lieu à une nouvelle forme de lecture du monde.

Désormais, l'Atlantique devenait le lieu de scénarisation par l'Europe des autres cultures et identités collectives.

La symbolique des mythes faisait place à un nouveau corpus de signes et représentations graphiques. L'Afrique, à partir de son littoral, est désormais mise en perspective, ses cultures représentées, ses communautés redéfinies dans une standardisation des mesures et des formes qui annonce les canons de la modernité à partir du XVIe siècle.

---

[747] Duarte Pacheco Pereira, *Esmeralda de situ orbis*, Lisboa, Sociedade De geografia, 1975.

[748] Jaime Cortesao A expediçao de Pedro Alvares Cabral e o descobrimento do Brasil, Lisboa INCM 1994, p. 186.

CHAPITRE 3

L'ESPACE DE L'ATLANTIQUE DU MARQUAGE RITUEL ET CULTUREL À LA FORMATION DES TERRITOIRES

L'Atlantique ne semble pas avoir été un monde étranger aux populations de la Sénégambie. À l'image de tous les peuples riverains de cet océan, les populations locales ont intégré, depuis des siècles, l'immensité de ses eaux dans leurs cultes et leur horizon.

La houle atlantique et son marquage rituel

Les tableaux de Cheri Samba[749] comme la peinture populaire des sous-verre[750], restent des vestiges iconiques de l'imagerie féminine associée à la mer et à ses divinités. Depuis des siècles et sur tout le pourtour de l'Atlantique, une même imagerie semble magnifier le marquage rituel et symbolique chez des communautés de la côte dans un rapport à la fois sacré et utilitaire entre la houle océane et les riverains.

Mama Ngeec le pangol protecteur de Joal est le protecteur du bras de mer entre Joal et Fadiouth. Il est réputé annoncer les dangers qui menacent les populations comme les événements heureux, en temps de sécheresse comme pour l'abondance du poisson. Les libations en l'honneur de Mama Ngeec sont faites par la famille maternelle Jaxanora pour célébrer un ancêtre qui serait venu du Gabou avec les Guelewar.[751]

Dans l'Atlantique nord dans la région des îles Shetland une légende prête aux phoques la faculté de se défaire de leur enveloppe de peau pour se transformer en être humain et le plus souvent en femme.

Une légende raconte qu'un pêcheur au détour d'un rocher découvrait deux femmes jouant sur la berge. Le pêcheur découvrait deux peaux de phoque qu'il se mit à examiner avec curiosité. Ce que voyant, les femmes crièrent en se précipitant pour les arracher des mains du pêcheur. L'une des

---

[749] Bogumil Jewsiewicki, Jean-Claude Lefebvre, Frieda SewaldChéri Samba; the hybridity of art Issue 1 of Contemporary African artists Edition illustrated Galérie Amrad African Art Publications, 1995 the University of Michigan, 102 pages.

[750] Bouttiaux-Ndiaye, A.
Senegal behind glass, images of religious and daily life. Munich, New York: Prestel Verlag, 1994.
L'auteur présente les épigones de la peinture sous-verres du Sénégal (Gora Mbengue, Mor Gueye, Babacar Lo, Ibrahima Sall, Magatte Ndiaye, Mbida [Birahim Fall], Alexis Ngom, Mallos [Maleyni Sow], Azu Bade [Amadu Seck], Paco Diagne, Metzo [Ahmad Diagne], Moussa Lo et Cheikh Mdao.

[751] Matin et Becker in le Brasseur *Détails historiques*, *op. cité*, page 12 3-124.

femmes réussit à saisir une des peaux et plongea dans la mer. L'autre s'accrochait désespérément en suppliant le pêcheur de lui rendre la peau. Mais le pêcheur semblait décidé à saisir une chance inespérée de se trouver la femme tant attendue. Il lui fit une cour si pressante que la femme accepta de mettre les habits féminins pour le suivre et finalement devenir son épouse.

Au bout de quelques années, ils eurent deux enfants et, une nuit, le mari surprit une conversation dans la cuisine entre sa femme et un inconnu. Intrigué, il se résolut pourtant à se taire en attendant d'en avoir le cœur net.

Le lendemain, en rentrant, il surprit sur la rade un couple de phoques vautré sur un rocher à deux pas de la mer. L'un des phoques se dressa sur la queue et les nageoires pour apostropher dans le dialecte local le pêcheur tout étonné : « Vous m'avez séparé de celle qui était ma compagne et c'est seulement hier que j'ai trouvé l'enveloppe corporelle dont la perte l'avait obligée à devenir votre femme. Je ne nourris aucune animosité envers vous puisque vous l'avez traitée avec bienveillance suivant vos coutumes. Mon cœur est rempli de joie et n'a aucune place pour la malice. Regardez votre femme pour la dernière fois. »

L'autre phoque le regarda avec un air gêné et triste que pouvaient laisser apparaître ses nouveaux traits. Et comme dans un sursaut de désespoir l'homme se précipita vers le rocher pour reprendre sa femme ; cette dernière et son compagnon disparurent rapidement dans la mer. Le pauvre pêcheur se trouva obligé de retrouver ses enfants orphelins et sa maison désolée. [752]

On notera le saisissant parallélisme avec Mamy Wata la mère des eaux qui ne sortait de la mer que pour refaire sa coiffure. La peau prenant ici la place de l'abondante chevelure de la sirène des eaux de la côte ouest-africaine.

D'autres variantes de la même légende se racontent sur les berges des eaux froides de l'Atlantique nord.[753]

Dans les eaux écossaises aussi des génies protecteurs sont réputés maîtres des eaux profondes et gardiens jaloux de l'intégrité des châteaux du pays contre d'éventuels pillages et rapines.[754]

Une histoire fantastique se raconte aussi dans cette région. C'est celle de l'Irlandais Scothinus qui, libéré de sa condition corporelle, marchait comme le Christ sur les eaux du canal entre l'Irlande et l'Angleterre. À mi-chemin il rencontra l'évêque S. Barry qui se déplaçait en barque et l'interrogea sur son miraculeux déplacement sur l'eau. À quoi le saint irlandais répondit qu'il ne

[752]Legendary fictions of the Irish Celts collected and narrated by Patrick Kennedy (London: Macmillan and Company, 1866), p. 122-124.

[753] George Douglas Scottish fairy and folk tales, London, (1901), p. 153-15; et W. W. Gibbings *Folklore and legends*, Scotland, London, 1889.

[754] Walter Gregor, *Notes on the Folk-lore of the North-East of Scotland*, London, (1881), p. 67.

cheminait pas sur la mer mais sur un pré fleuri et pour prouver son propos, retira du fond des eaux une poignée de fleurs rouges.[755]

Nous avons là un exemple de mythe dans lequel se fondent la liturgie de la mer et l'imagerie chrétienne représentée par le Christ et le magistère catholique.

Cette imagerie chrétienne trouve son paroxysme dans la légende se rapportant au périple de saint Brandon à la recherche de la terre promise.

Ce voyage suivant la légende aurait été le fait d'un prêtre irlandais accompagné de quatorze moines. Après une navigation de sept ans, il arriva à la vue de ce paradis perché sur une haute montagne avec de l'or à son sommet.

De tous les côtés ce paradis était entouré d'un mur plus blanc que la neige et orné de riches pierres précieuses. L'entrée était gardée par des feux, des lances et une menaçante épée comme celle de Damoclès.

Un ange permit aux moines d'entrevoir ce paradis terrestre avant qu'un autre ne leur fermât le passage.[756]

Cette légende reste, au plan symbolique, la première traversée de l'Atlantique et les espoirs nourris par le Moyen Âge européen pour relier l'orient à partir de l'ouest.

Bien avant Christophe Colombe et l'ouverture de l'Atlantique, l'imaginaire européen décrivait ainsi l'horizon d'un paradis terrestre que moult obstacles empêchaient encore d'atteindre.

Mami Wata ou les génies de l'Atlantique

Dans l'Atlantique sud une même imagerie féminine décrivait des « reines des eaux » que le pidgin anglophone a rendues par le nom générique de Mami Wata.

Comme dans les exemples cités plus haut, Mami Wata a la double faculté de nuisance comme de bienfaisance, sur les individus comme les communautés. Cette double faculté se traduit par le symbolisme des couleurs rouge et blanche.

Le rouge, la couleur du sang, est associé au danger, à la mort, au pouvoir et aussi à la masculinité. Ce symbolisme se retrouve dans le sacrifice et les offrandes pratiqués chez beaucoup de populations de la côte ouest-africaine.[757]

La couleur blanche chez les Igbo est associée à la beauté, à la fortune et aux forces ancestrales et généralement à la notion de clarté et de transparence.[758]

---

[755] Claude Kappler, *Monstruos, demonios y maravillos a fines de la edad media*, Madrid, 1986.

[756] L. A Vigneras" La busqueda de lo Paraiso y la legendarias Islas del Atlantico" In *Anuario de Estudios americanos* XX X(1973), p. 809 et suivantes.

[757] Drewal Henry J, Performing the Other: Mami Wata Worship in Africa, The Drama Review, 1988.

Sur la côte sénégambienne on retrouve les mêmes reines des eaux avec des noms féminins pour la plupart comme : Mame Ndiare, Mame Coumba Lambaye, Coumba Castel, Leuk Daour, Youmbourou Yata. Chacune assurant la protection d'un village de la côte Atlantique à l'image de Yoff, Rufisque, Gorée, Dakar, Ouakam et Ngor.

Il est symptomatique de noter que l'origine commune à tous ces génies est rattachée à Sangomar. Ce grand sanctuaire est une avancée orologique dans l'océan Atlantique. Tel le mont Olympe, c'est le foyer à partir duquel prennent naissance et vers lequel convergent les génies locaux.[759]

On retrouve chez les populations de la côte sénégambienne les mêmes tendances à personnaliser la mer et à lui donner des attributs humains et une sexualité comme dans l'imagerie grecque.

La mer au nord de la presqu'île du Cap-Vert est assimilée à un homme et celle au niveau de la Petite Côte à une femme et de leur accouplement naît la tempête.[760]

Ici comme ailleurs la mer est peuplée d'êtres mystérieux, fastes ou néfastes[761] ; des sirènes et des tortues ou des poissons-génies qui, à l'occasion, peuvent se changer en chat et se mélanger à la population.

L'imagerie lébou semble aussi se rattacher à une lointaine cohabitation avec les populations pêcheurs tyubalo le long du Fleuve Sénégal entre le XIe et le XIIIe siècle ce qui se traduit par une commune croyance en un génie à qui on fait un sacrifice pour avoir une bonne pêche.[762]

Les traditions lébou associent aussi la geste protectrice de ces divinités aux batailles décisives et incursions du Cayor sur les villages de pêcheurs dès le XVIe siècle.[763]

On retrouve ici les velléités hégémoniques de l'aristocratie des damels prompte à intégrer les villages de la côte dans leur patrimoine et faire pièce aux familles garmis du Djolof.

---

758 Gore, C., Mami Wata: Fact or Fancy, M.A.Thesis, *School of Oriental and African Studies*, University of London, 1989.

- Ritual, *Performance and the Media in Contemporary Urban Shrine Configurations in Benin City*, Nigeria, ASA Monographs, Routledge, 1998.

- Mami Wata, Encyclopedia of Sub-Saharan Africa, (ed.) Middleton, J., Charles Scribner's Sons, Macmillan, U.S.A., 1998c.

759 Zempleni, A., 1966. « La dimension thérapeutique du culte des rabs, ndöp, tuur et Samp, rites de possession chez les lébu et les Wolof ». *Psychopathologie Africaine*, III, Dakar, 295-439.

760 Balandier, G., Mercier, P., 1952. « Particularisme et évolution. Les pêcheurs lébou du Sénégal ». *Études sénégalaises*, n° 3, IFAN, Sénégal, Saint-Louis, 216 p.

761 *Ibid.*, p. 123.

762 *Ibid.*, p.107.

763 Angrand, A.-P., 1951. *Les lébous de la presqu'île du Cap-Vert. Essai sur leur histoire et leurs coutumes*, « La maison du livre », Dakar, 143 p.

L'action protectrice des génies de la mer prend ici un cours particulier en investissant le champ historique et se faisant l'écho des enjeux politiques du moment.

Pikine, Bargny et Diambour sont les grands moments de cette lutte qui se confondent dans l'imagerie lébou. Cependant, ils nous donnent des repères historiques qui insèrent bien les terroirs lébou de la côte dans le mouvement général des peuples de la Sénégambie.

Le voisinage belliqueux du Cayor comme l'antériorité mandingue et sérère de l'occupation humaine trouvent leur écho dans cette imagerie.

Il est significatif de noter la récurrence de l'opposition lébou avec la dynastie Guedj qui faisait de l'Atlantique l'apanage de cette lignée et acceptait difficilement les velléités d'indépendance de cette communauté de gens de la mer.

Ainsi la bataille de Pikine opposa les Lébou à Lat Soukabé N'Goné Dièye, Damel de 1697 à 1719. La bataille de Bargny eut lieu sous le règne du Damel Amary N'Goné N'Dêla qui régna sur le Cayor et le Baol de 1790 à 1809. Enfin, Diambour devait servir le Damel Amary N'Goné N'Dêla ou son successeur Birama Fatma Tioub qui régna de 1809 à 1832[764].

La tradition fédère dans un même élan épique la résistance des villages de pêcheurs unis symboliquement sous la banière de Mame Ndiaré : Leuk Daour (le génie protecteur de Dakar), Youmbourou Yata (Ouakam), Mama Babou MBaye (Ngor), Mame Maatoul (Bargny), Mame Sokhé MBaye(Bandia), Mame Coumba Bang (Saint-Louis),

Les génies de la houle océane empruntent les habits de reines combattantes contre l'envahisseur venu du continent. Le culte se fait mythe fédérateur de tous les ressentiments des populations de la côte contre les potentats locaux. Des nuées d'abeilles à la manière d'un fléau d'Égypte secoururent les lébous aveuglant et harcelant les hordes du Damel. Par le détour des traditions lébou, le culte de la mer et son rituel deviennent épopée. Du surgissement des méandres des eaux de l'Atlantique, la tradition adoube les génies des eaux qu'on retrouve à la tête des armées qui s'opposèrent aux forces du Damel du Cayor préludant l'indépendance des lébous en 1748[765].

---

[764] Assanne Sylla in Thiam, M., 1970. *Entretiens sur l'histoire des Lébou de la presqu'île du Cap-Vert*. Traduit par Sylla, A., Dakar, 30 p., p. 20-22.

[765] *Idem.*, page 23.

CHAPITRE 4

LES ARABES ET LA MER DES TÉNÉBRES OU BAHR AL-DULUMAT

Ce nom évocateur rattache la géographie arabe à l'émerveillement des Grecs devant la mystérieuse Atlantikos dont on retrouve l'écho chez Aristote comme chez Archimède.

Le Moyen Âge européen se heurtait toujours au mur de l'Atlantique et se rendait incapable de sortir des canons des écritures.

Pourtant quelques navigateurs chrétiens et musulmans s'aventuraient dans cette mer terrible qu'est l'Atlantique.

En 1013 au cœur de l'Andalousie musulmane huit frères de la famille al-Mugarribún[766] atteignaient la mer occidentale bien opportunément appelée mer ténébreuse qui entoure al-Bahr al-Mudlim al-Muhît.

La côte africaine au sud du Maroc fut parcourue pour la recherche de bans de pêche. Mais c'est l'astronomie qui allait être la première bénéficiaire de ces navigations et des observations des marins dans leurs tentatives de fixer leurs routes et identifier leurs positions.[767] Petit à petit s'imposait une conception sphérique du monde qui cependant posait encore plusieurs questions.

Comment les habitants de l'autre hémisphère se maintenaient-ils sans tomber ? Le problème des « antipodes » suscita une controverse sur la question de savoir si le disque terrestre, comme une monnaie, avait un revers ; dans quelle mesure ce revers était-il habité ?

Le Moyen Âge européen verra aussi se développer l'aventure maritime musulmane en Occident qui marquera définitivement le vocabulaire nautique. Avec les mots Amiral, tarif, douanes, frégate, chaloupe, azimut, canal, arsenal etc.; tout un corps de mots d'origine arabe qui témoigne d'une véritable thalassocratie arabe avant le XVIe siècle.

Cependant, l'Atlantique restait toujours dans ses méandres obscurs ; et ni la synthèse d'Aristote encore moins les avancées de Ptolémée ne débouchèrent sur une bonne connaissance de sa configuration. L'héritage de Ptolémée restera encore longtemps dans le glacis de la scolastique médiévale.

---

[766] la forme latine de ce nom donnera los Almagrurinos rapporté par l'auteur espagnol Vicente Basco Ibanez dans son En busca del gran Khan, cf Ibrahim H: Hallar, Descubrimiento de América por los árabes, Buenos Aires, 1959.

[767] Paul Zumtor, La medida del mundo, Madrid 1994, page 216.
Miguel Angel Ladero Quesada El mundo de los viajeros medievales. Madrid 1992.
Germaine Aujac, *La géographie dans le monde antique*. Paris 1975.

La géographie arabe aussi restera peu perspicace face au mur de l'Atlantique malgré les prouesses de ses épigones comme Ibn Hawqual, Ibn Batouta ou Al Masudi en d'autres lieux du monde connus.

La perspective de Ptolémée réadaptée par Al-Khuwârizmî, restait enferrée dans la cosmogonie musulmane qui dédouble les sept firmaments du ciel en autant de compartiments de l'univers terrestre.

Le monde est divisé en sept cercles géographiques égaux, le quatrième cercle représentant le centre du monde (l'Iran ou La Mecque) est placé au centre des six autres cercles disposés autour de lui.

L'œuvre magistrale d'Al Idrisi en garde aussi la marque et résume bien l'état des connaissances sur l'Atlantique sud.

« Cette première section du quatrième climat commence à la partie de l'Extrême Occident baignée par l'océan ténébreux dont émane la mer de Syrie (la Méditerranée), et s'étend vers l'Orient. Dans cette carte, on trouve al-Andalus, que les Grecs appellent Espagne. On l'appelle aussi péninsule d'al-Andalus, car elle est de forme triangulaire et se rétrécit du côté de l'Orient au point de ne laisser, entre la Méditerranée et l'océan Ténébreux qui l'entoure, qu'un intervalle de cinq jours, alors que son côté le plus large s'étend sur l'équivalent de dix-sept jours de marche. Personne ne sait ce qui existe au-delà de l'océan ténébreux, ni n'a pu rien en apprendre de certain, à cause des difficultés qu'opposent à la navigation: la profondeur des ténèbres, la hauteur des vagues, la fréquence des tempêtes, la multiplicité des animaux et la violence des vents. Il y a cependant dans cet océan un grand nombre d'îles, soit habitées, soit désertes ; mais aucun navigateur ne cherche à le traverser ni à aller vers la haute mer ; on y fait du cabotage, sans s'éloigner de la côte. Les vagues de cette mer déferlent tel un mur haut comme une montagne que rien ne peut fendre. Même s'il en était autrement, il serait impossible de les franchir. » [768]

Ici encore le géographe arabe confirme la communauté du cabotage et l'imaginaire maritime que partage le monde entier autour de l'Atlantique.

Pourtant, c'est à Idrissi que l'on doit l'une des premières références au monde Atlantique sud avec la mention de l'île d'Ulil qui semble s'identifier au Cap-Vert dans son récit.

Dans le Livre de Roger publié en 1154, un peu avant la conquête de Lisbonne, Al Idrissi faisait une saisissante description d'Ulil et de son trafic de sel avec la côte ouest africaine. Il situe l'île d'Ulil en pleine mer non loin de la côte. Dans cette île se trouvent les salines bien connues et du reste les seules

---

[768] Al-Idrîsî, Nuzhat al-mushtaq fî ikhtirâq al-âfâq (Amusement pour qui désire parcourir les différentes parties du monde), encore appelé "Livre de Roger". Sicile, 1154. Copie du XIIIe siècle, Maghreb. Soixante-huit cartes, selon le découpage ptoléméen du monde en sept climats. Manuscrit sur papier (352 feuillets, 26 x 21 cm). BnF, Manuscrits (Arabe 2221).

connues du pays des noirs. Le sel extrait de cette île serait selon Idrissi transporté par barques dans tout le Soudan après avoir traversé la distance séparant l'île de l'embouchure du Nil (le fleuve Sénégal).

À partir de ce fleuve le produit est déchargé au Taccrur, Barissa, Ghana, dans les villes d'Uangara et Tongha.

Un autre géographe arabe du nom d'Ibn Saïd qui mourut en 1282 donna une description plus précise de la position de l'Île du sel.[769]

Ibn Saïd après avoir situé l'embouchure du Nil (Sénégal) à 10 degré de longitude et 14 de latitude, précise que l'île du sel fait face à l'embouchure du Sénégal à un degré et demi de distance. Ibn Said y ajoute de menus détails sur les contours de l'île, la localisation de la population d'Ulil, le type d'habitation en canne et l'alimentation à base de poissons et de tortues. Il reprend à son compte la description du trafic du sel faite par Idrissi confirmant en partie les mentions d'El Bekri dès le XIe siècle et d'Ibn Khaldun au XIVe. Tous les deux firent aussi d'Ulil une île atlantique.

Pourtant une lecture attentive du texte de El Bekri suggère une vision plus nuancée qui ferait d'Ulil une localité atlantique mais avec une position plus côtière et un statut insulaire moins marqué. El Bekri parle d'une « mine de sel dans le pays des beni Djodala, à l'endroit nommé Aulil qui est situé sur le bord de la mer. Des caravanes partent de là avec du sel pour toutes les contrées voisines ».

Cependant El Bekri ajoute un passage qui explique l'assimilation hâtive que beaucoup d'auteurs ont pu faire par la suite et qui relativise le caractère approximatif des coordonnées fournies par Ibn Saïd.

« Tout auprès d'Aoulil est une péninsule nommée Aïoun. Au moment de la haute marée, ce lieu devient une île où l'on ne peut arriver de la terre ferme, mais lors du reflux l'on s'y rend facilement à pied ».[770]

Dans la présentation d'Al Bekri, Aoulil semble s'identifier à la région d'Arguin qui intègre bien l'ensemble des terroirs berbères qui jouxtent les populations noires du fleuve Sénégal. « La ville nègre la plus rapprochée de la contrée des beni Djodala se nomme Sanghana ; elle en est à six journées de distance et se compose de deux villes séparées par le Nil. Le pays des Djodala offre une suite non interrompue de lieux habités jusqu'à l'océan environnant. Immédiatement après Sanghana et dans la direction du sud-ouest se trouve la ville de Tekrour. »[771]

---

[769] Jaime Cortesão, *Os Descobrimentos Portugueses*, vol. 1, Lisboa, livros Horizonte, 1975, p. 65-66.

[770] El Bekri *Description de l'Afrique Septentrionale*, traduction Slane, Alger, 1913, p. 222-223.

[771] *Ibid.*, page 224.

Le témoignage d'Al Bekri semble donner plus de cohérence géographique avec l'ensemble des terroirs négro- berbères de part et d'autre du fleuve Sénégal.

À moins qu'il ne s'agisse de deux localités différentes, portant des noms très proches Aulil et Ulil, l'hypothèse d'un Ulil insulaire atlantique, situé bien au large en face de l'embouchure du fleuve Sénégal nous semble relever d'une variante arabe du mythe de l'Atlantide ou tout au moins le résultat des extrapolations à partir de coordonnées astronomiques très peu fiables.

Au détour de son fameux pèlerinage à La Mecque, Kanka Moussa affirmait aux habitants du Caire que son prédécesseur au trône du Mali était mort au cours d'une exploration de l'Atlantique. Ce roi du nom de Bakari II, voulut savoir où finissait « l'eau salée ». Il partit à la tête d'une expédition de plusieurs navires sans jamais revenir.[772] Entre le mythe et la réalité de cette expédition, au moins l'horizon s'ouvrait pour ces peuples des savanes.

[772] Ibn Fadl Al Omari, trad Gaudefroy-Demombynes, cité par Djibril Tamsir Niane, « Recherches sur L'Empire du Mali au Moyen-Âge », *Recherches Africaines*, n° 1, janvier 1959.

CHAPITRE 5

LE FINISTÈRE ATLANTIQUE ET L'ÈRE POST-ATLANTIQUE

Dès la première moitié du XVe siècle la poussée des Touareg et des Songhay à partir du nord devait aboutir à une méridionalisation de l'influence mandingue vers ses provinces atlantiques.

En 1435 Tombouctou et Oualata étaient conquis par les Touareg.

En 1468 Sonni Ali reprenait Tombouctou aux Touaregs avant d'entrer vers 1473 à Djenné. Une bonne partie du Macina était retranchée de l'autorité du Mali.

Un autre facteur de recomposition allait germer dans cette partie de l'empire où des Peuls originaires du Termes sous la direction d'un chef de la famille Diallo, s'étaient installés au début du XVe avec l'autorisation du gouverneur mandingue du Bagana.[773]En 1499, Askia Mouhamed s'emparait du Bagana, et en 1501, une partie du Diara, ce qui lui ouvrait la voie en direction du Galam.

La perte d'influence des souverains du Mali était aussi sanctionnée par l'attentisme de la couronne portugaise.

Devant les nombreuses sollicitations du Sultan du Mali Mahmoudou, le Portugal se contentera d'envoyer des ambassadeurs. Il en sera ainsi sous jean II comme sous Jean III entre 1481 et 1534. « Mamoudou II, avait imploré l'aide du Roi Jean III de Portugal contre les empiètements de Koli Tenguella sur ce qu'il considérait encore comme une partie de ses États; mais Jean III s'était contenté d'envoyer à Mamoudou II, en 1534, au lieu d'une armée, un simple ambassadeur nommé Peros Fernandez.[774]

En 1545, les armées Songhays sous la conduite de l'Askia Daoud mirent à sac la capitale du Mali et poussèrent le Mansa à la fuite scellant ainsi le destin de l'empire des Mandé, le contraignant à se replier dans son réduit du bas Niger et ses provinces occidentales. La rive droite du Niger cessait ainsi de compter parmi les place-fortes du Mali et tombera plus tard entre les mains des Bambaras de Ségou dirigés par Biton Koulibali vers 1660.[775]

---

[773] Maurice Delafosse, *Les Noirs de l'Afrique*, Paris Payot 1941, page 71.

[774] Delafosse, *Les Noirs d'Afrique*, *op. cit.*, page 76, 82.

[775] En 1599, Le Mansa Mamoudou III aidé des Peuls du Macina tentera en vain de s'emparer de Djenné et fut retourné par le feu nourri des arma du pacha Ammar.

Ce bouleversement dans la géopolitique du Soudan occidentale aux XVe et XVIe siècles ouvrait la voie à une patrimonialisation du pouvoir à l'échelon local dans les terroirs de l'espace atlantique jusque-là dans le giron du Mali.

Le domaine atlantique

Le 5 mai 1529, le Damel du Cayor adressait au roi du Portugal Jean III, le message suivant :

" Et parce que j'estimais beaucouyp votre père qui n'est plus, et que je lui étais toujours sincère et très fidèle, à lui et à tous les blancs ses vassaux qui sont rentrés dans mes terres, comme vous pouvez vous renseigner par les capitaines et les navigateurs qui viennent ici, je vous prie de donner une suite favorable à ma demande en m'accordant un endroit et l'autorisation de construire ce château dans ladite zone (rade de Dakar) ; et cela à mes frais ; votre altesse ne m'enverra que les maçons et les menuisiers ; je les paierai car il y a dans la région de la pierre et du bois. Pour ce qui me concerne, j'ai envoyé à votre père, pour son service, 15 esclaves plus ou moins ; quant à ce que je lui ai demandé, je n'ai rien vu. Maintenant je me permets de tout rappeler à votre altesse, et je vous supplie de bien vouloir me l'envoyer ; car tout cela c'est votre service et d'ailleurs je suis ici comme votre vassal et vous en tirerez grand profit car, dans ma vieillesse, je serai heureux de me retirer loin de mes ennemis dans ce château, et de penser qu'à ma mort je mourrai entouré de plus d'honneur qu'aucune grande personnalité Jaloffo, car je mourrai comme vassal du Roi du Portugal, si moi, mon peuple et tous mes vassaux y vivons en paix, car c'est ma terre, et nous y garderons les chevaux et les esclaves et tout y sera en sûreté avec un gérant de votre Altesse et un autre des miens. »[776]

Ce texte par-delà les avatars de l'écrit ou les biais du scribe ou du traducteur, reste un témoin majeur de la géopolitique de la Sénégambie aux XVe et XVIe siècles.

Le décor campe un domaine atlantique portugais, et une lointaine autorité locale qui peine à se définir une assise territoriale et une base matérielle du pouvoir.

« Moi, mon peuple et tous mes vassaux, en quête d'une terre pour y garder les chevaux et les esclaves en sûreté avec un gérant du Roi du Portugal et un autre du Damel », tel pouvait être l'horizon politique de toutes les royautés post-atlantiques de la Sénégambie. Une territorialité de vaisseaux et de forts et un lamanat en transition vers des royautés de seconde main, tel nous apparaissent les contours d'une géopolitique sénégambienne bien différente du modèle bureaucratique que nous avons décrit en Indochine.

---

[776] *Bulletin de l'Ifan*, TXXVIII, Série B., N° 3-4, 1966.

La côte, en définitive, semble avoir créé un nouvel espace économique qui a polarisé tous les terroirs de l'espace atlantique sénégambien. Elle a redéfini une nouvelle configuration politique en mettant en scène un nouveau personnel politique et un nouvel habillage institutionnel.

La saga portugaise

Le Portugal à peine sorti de sa guerre d'indépendance (1383-1411) se lançait dans l'expansion outre-mer avec l'occupation de Ceuta en 1415.

L'expansion en direction du détroit de Gibraltar et du Nord-est africain ouvrait véritablement le mur de l'Atlantique sud en direction du sud-ouest. Et pour la première fois un prince européen en la personne de Don Henrique se lançait dans une politique systématique d'occupation de régions englobées par la houle océane.

L'entreprise se révéla à la fois une ambition stratégique internationale et un dérivatif à la politique intérieure.[777]

La paix avec la Castille créait une impasse sociologique pour la basse noblesse qui voyait ses perspectives d'ascension sociale limitées.

Don Henrique allait s'appuyer sur ces couches sociales et toutes les personnes aspirant à de nouvelles opportunités sociales.

Dès 1425 pour Madères et 1439 pour les Açores, cet ensemble devenait très vite une région de peuplement mais surtout des points d'appui essentiels pour la navigation maritime.

Les vents d'Alizé imposaient aux caravelles un retour par le large qui rendait ces points d'appui indispensables dans le dispositif atlantique.

L'Atlantique, dès lors, cessait d'être une barrière pour devenir une voie d'accès à des espaces d'opportunités, à mesure que progressaient les techniques de navigation.

Une féodalité outre-mer

Il convient ici de noter que l'attrait des terres outre-mer était tel que bon nombre de membres et alliés de la couronne portugaise demandaient, par anticipation, des droits sur des terres supposées déjà découvertes ou en passe de l'être.

Le régime des terres concédées et leur statut suggèrent déjà la place des nouveaux territoires dans le dispositif politique du Portugal au XVe siècle. Déjà, sous le règne de D. Afonso V ce sont des seigneuries qui étaient concédées sur le modèle de la donation faite à l'infante D. Henrique. Mais D.

[777] Luis Filipe Thomaz, "A evoluçao da politica expansionista portugesa na primeira metade de quatrocentos", *De Ceuta a Timor*, Carnacide,Difel, 1994, p. 43-147.

Joao et D. Manuel se limitèrent à concéder des capitaineries sur le modèle de celles en vigueur aux Açores, Madères et au Cap-Vert.[778]

Au plan juridique, la prépondérance portugaise se révéla incontestable sur les terres africaines au bord de l'Atlantique. Les contestations castillanes furent rapidement résorbées par le Traité de Alcaçovas-Toledo de 1479-80. La Couronne portugaise s'employa par tous les moyens à assurer cette hégémonie. Ainsi Don Jao II tentera même à l'occasion du mariage du Prince D Afonso avec la princesse Joana fille des Rois catholiques de faire inclure les Canaries dans la dot ; alors que le premier traité entre les deux pays reconnaissaient la souveraineté de la Castille.

L'entreprise portugaise s'ouvrait sur une conception de l'espace bien significative de la mentalité et des exigences politiques du siècle. Don Afonso concédait à son frère Don Fernando toutes les îles qu'il venait à découvrir. Ainsi l'horizon qui se fermait sur la Reconquista contre les « moros », s'ouvrait sur l'immensité de l'Atlantique qui devenait le champ d'une possible extension du patrimoine familial de ce prince.

Cette perspective s'ouvrait à beaucoup de membres de la noblesse et donnait lieu à une frénésie de la découverte qui poussait beaucoup de monde à fonder une sollicitation de la couronne sur le moindre mirage ou la moindre forme de terre susceptible de devenir une donation.

Une lettre de février 1462 nous donne une idée de cette frénésie de la découverte qui se fondait sur un ajustement de la géographie imaginée à une réalité qui se construisait petit à petit, à mesure que progressaient les installations côtières.[779]

L'empire virtuel et la frénésie de la découverte

La liste des seigneuries et capitaineries dans l'Atlantique et la côte ouest-africaine peut apparaître comme la première représentation du continent africain par les Européens dans la période moderne.

Il s'agit d'un espace à découvrir et à soumettre suivant le modèle de la féodalité européenne. Cette liste n'est sans doute pas exhaustive. Elle révèle cependant le bouleversement sociologique rendu possible par l'horizon atlantique et par suite l'image d'un espace subalterne inventé pour servir la famille royale portugaise et son nombre croissant d'auxiliaires devenus oisifs.

---

[778] Luis Filipe Thomaz » Estructuras quasi-feudais na expansao portuguesa » in *Actas do I coloquio internacional da historia da Madeira*, e vols, Funcchal Governo Regional da Madeira 1989 vol 1 pp80-87, Antonio Vasconcelos de Saldaña, As capitanias. O regime señorial na expansao ultramarina portuguesa, Funchal, Centre de Estudo de Historia do Atlantico, 1992;

[779] Carta de doaçao das ilhas de lono e capraria a Joao Vogado 10 de fevreiro de 1462; Lectura nova "Ilhas" fl 97, Lisboa Instituto dos arquivos nacionais/Torre de Tombo.

En 1457 Don Afonso V donnait à son frère à titre de donation « toute île qu'il pouvait découvrir ».[780]

En ce moment-là, le mouvement des découvertes n'avait pas encore circonscrit tous les contours de l'Atlantique. Mais l'esquisse d'une tenure foncière virtuelle était déjà en place.

Les protagonistes de cette féodalité outre-mer apparaissaient dans un tableau vide que les chercheurs portugais ont pu dessiner grâce à un abondant fonds d'archives.

La lettre datée du 19 février 1462 présente bien la conception de l'espace atlantique nourrie par l'élite dirigeante du Portugal. Ce qui est à l'œuvre, ce n'est pas une politique systématique d'extension territoriale sur des terres réelles, identifiées ; mais plutôt une quête pour adapter les attentes croissantes d'une nouvelle noblesse, envers un domaine encore imaginaire mais déjà intégré dans l'ordre social féodal du Portugal. Il s'agit là d'un trait bien singulier de l'histoire atlantique avec le pouvoir générique des Européens sur des îles et des terres à découvrir (Ilhas por achar)[781]

La politique portugaise de donation n'était donc pas basée sur une réelle représentation de l'Atlantique, mais plutôt sur la réalisation d'un ordre féodal dont l'assise devait être inventée outre-mer. Comme le fait remarquer Olivera Costa : « Les îles en donation n'étaient pas présentées comme une nouvelle réalité mais plutôt la confirmation de quelque chose qu'on imagine réel. » [782]

La lettre destinée à Rui Gonçalves da Camara datée de juin 1473 est très suggestive du biais féodal de l'ouverture de l'Atlantique. Da Camara était un pionnier de l'occupation de Madère mais se trouva exclu de l'héritage de la capitainerie de Funchal détenu par son frère aîné. Aspirant à une position sociale prééminente, il se tourna vers la mer comme alternative et demanda la cession d'un domaine quelconque dans l'Atlantique. La seule restriction attachée à cette donation était de ne pas envoyer des vaisseaux au-delà des îles du Cap-Vert.

Gonçalvez obtint finalement la capitainerie de Sao Miguel et gouvernera de 1474 à 1497.

Le Glossaire des types de donation dans les archives portugaises est suffisamment explicite pour tracer la frontière mouvante de l'empire virtuel dont l'Atlantique est le berceau à partir du XVe siècle.

---

[780] Lettre de donation à l'Infante Don Fernando, 10 novembre 1457. Leitura Nova, "Misticos", Livro2, fl 156, Lisboa, Instituto dos Arquivos Nacionais/Torre do Tombo.

[781] Le corpus de ces lettres est publié in Joao da Silva Marques, *Descobrimentos portugueses*, 3 vols, Lisboa, INIC, 1988 réédité en 1971.

[782] João Paulo Oliveira e Costa, Um oceano a explorer, A Doaçâo de Ilhas desconhecidas pela Coroa portuguesa no seculo XV. Universida nova de Lisboa.

Figure 18 : Glossaire de la découverte

Dates	Territoires	Titres et type de tenure	Bénéficiaires
10/11/1457	Toutes îles découvertes	Seigneur	Infant D. Fernando, Duc de Beja
19/2/1462	Iles de Lono et Capraria,	Seigneur	João Vogado, chevalier de la cour, scribe du domaine
29/10/1462	Découvertes et îles aperçues aux environs des Canaries.	Seigneur	Infant D.Fernando, Duc de Viseu et Beja
12/1/1473	Iles aperçues à partir de Santiago	Seigneur	Enfants de l'Infante D Fernando, Duc de Viseu et frères
21/6/1473	île découverte Ilha por achar	Seigneur	Rui Gonçalves Da Camara, Chevalier de la maison Viseu, frère du second capitaine de Funchal
28/1/1474	Toutes îles découvertes	Seigneur	Fernao Teles de Menenes, Chevalier de la cour membre du conseil et gouverneur du domaine de la princesse.
30/6/1486	Île découverte	Capitainerie	Fernao Domingues Do Arco, Residant de l'île de Madère
3/3/1486	Île et Îles ou terre ferme	Capitainerie	Fernao Dulmo, Capitaine de la troisième île
4/8/1486	Îles découvertes	Capitainerie	João Afonso do Estreito
28/10/1499	Toute Île peuplée ou inhabitée	Capitainerie	João Fernandes, Resident de la troisième île
12/5/1500	Toute Île découverte	Capitainerie	Gaspar Corte-Real, noble du Palais.

* Conditions:

- Ne doit pas se situer au-delà du Cap-Vert.
- À l'exception de la Guinée.
- Le 10 novembre 1475 la Couronne précisait que les donations s'apliquaient aux îles habitées ou inhabitées.DP, III, pp 165-166.
- Par lettres datées des 12 et 24 julliet 1486, Afonso do Estreito chevalier résident dans l'île de Madère obtient le droit sur la moitié de ce qui allait être découvert.

• Cette donation était valide 40 jours après le départ avec Fernao Dulmo pour une durée de 2 ans.

À partir de 1460 la couronne portugaise réussit à assurer sa mainmise sur la côte ouest-africaine. Don Alfonso V ne voulait pas que des aventuriers profitassent des richesses de la côte de Guinée révélées par le bail de Fernao Gomes.

En 1474 Toscanelli envoyait une lettre au Roi du Portugal Afonso V pour le convaincre de tenter d'atteindre l'Inde par l'ouest au lieu de passer par le sud du continent africain. La lettre fut accompagnée par un planisphère pour illustrer ses vues. Christophe Colomb eut accès à ce planisphère avec un océan parsemé d'îles mais sans le continent américain.

Petit à petit s'annonçaient une ouverture et une rationalisation de l'espace que l'invention des territoires allait sanctionner.

CHAPITRE 6

L'INVENTION DES TERRITOIRES DE L'ATLANTIQUE : L'ESPACE ET SA COHÉRENCE GÉOMÉTRIQUE

Une culture du graphisme et de la balise

Le traité de Tordesillas de 1494 pose une limite chronologique à la dimension virtuelle de la politique outre-mer. L'Atlantique devenait alors un champ politique et diplomatique avec des règles et des procédures dépendant de l'équilibre des forces au XVIe siècle.

Après la percée du mur de l'Atlantique, nous assistons dans la seconde moitié du XVe siècle à deux phénomènes décisifs dans la représentation du monde.

Désormais c'est la cartographie qui projette les contours du continent africain observables à partir des grandes découvertes.

Pour la première fois, à la vision terrestre d'une Afrique mystérieuse inconnue et d'une lointaine Asie trans-gangétique, se substituait la perspective océanique européenne.

L'Atlantique devient à la fois la base de la continentalité des Amériques mais surtout la césure et le passage vers l'Asie.

Le planisphère de Ruysch de 1508 dont le titre est indiqué dans une banderole, Universalior Cogniti Orbis Tabula, Ex recentibus confecta observationibus (Carte du monde connu, réalisée à partir des récentes découvertes) avec ses toponymes en portugais reflètent bien la nature et l'origine des sources de l'information géographique.

La cartographie de l'Afrique de l'Ouest, après les portulans du Moyen Âge européen trouve ses pionniers dans l'œuvre de John Ogilby 1600-1676, Bastiaensz (1628), Sanson D'Abbeville (1659) Guillaume Delisle (1675-1726) et J. B. Bourguignon d'Anville (1697-1782).

La carte de Ramusio Giovani Battista 1485-1557, ["Parte del Africa" Venice G. Gastaldi 1550-1559], par exemple, est tirée de « Della navigationi e viaggi nel qual si contiene les descritione dele Africa ». Ramusio a compilé ses cartes en sa qualité de Secrétaire du Conseil des 10 à Venise. Il a occupé ce poste pendant 23 ans.

Cette carte présente le long de la côte des scènes de vie comme ce chef assis, les jambes croisées, entouré de ses suivants. Le fort portugais Elmina fondé en 1482 symbolise la présence européenne et ses vaisseaux comme relais.

Les fleuves Sénégal, Gambie, et Rio Grande apparaissent reliés par le Niger alors considéré comme venant de la même source que le Nil.

C'est la période où l'hégémonie portugaise est défiée par les Français sur le Sénégal et la côte de la malaguette.

La carte Willem Janszou Blaeu (1571-1638), "Guinea" Amsterdam, 1663, est un extrait du "Grand Atlas du même auteur. On retrouve avec force détails l'imagerie atlantique de l'époque représentée par un singe d'apparence humaine, des animaux près des rivières et montagnes, des enfants indigènes portant une énorme défense d'éléphant. On retrouve de même des perles, perroquets et autres fleurs et fruits, sans compter l'inévitable homme armé d'une lance le tout surplombé par cinq vaisseaux le long de la côte.

Hondius associait son nom à une version de l'Atlas de Mercator datée en 1606. (La version posthume de l'atlas Mercator étant de 1595).

La carte de Hondius Joducus (1546-1612), "Guinae Nova Descriptio", Amsterdam, J. Hondius, 1606, qui va de la côte de Rio Senego au cap Lopez, inclut un domaine portugais en perdition au moment où s'annonce la prépondérance hollandaise.

Ogilby est nommé cartographe royal en 1671 après avoir exercé plusieurs métiers comme libraire, éditeur et traducteur. Son « History of Africa » s'inspira beaucoup de sources hollandaises. La carte de John Ogilby (1600-1676), "Guinea", London, J. Ogilby, 1671, ressemble beaucoup à celle de Blaeu dans le symbolisme animal pour l'hinterland et les vaisseaux sur l'Atlantique. On remarquera aussi les anges et sirènes entourant le titre comme pour rappeler les liturgies de la houle.

Arrowsmith, fondateur d'une véritable dynastie de cartographes anglais, qui a élaboré un corpus de cartes, était l'hydrographe attitré du Prince de Galles en 1820 avant d'être au service de sa Majesté.

Ses cartes présentent dans le menu détail la côte du détroit de Gibraltar au Cap-Vert. On y retrouve les limites approximatives du Sahara et les montagnes de Kong qui semblent adossées au Cap-Vert, mais les informations semblent se limiter à la côte.

Dans ces figures les principaux cours d'eau comme le fleuve Sénégal, la Gambie, la Casamance, le Rio Grande, sont identifiés et représentés avec des tracés approximatifs au-delà de leur embouchure sur l'Atlantique. Cependant la confusion restait largement répandue sur les cours du Niger et du Sénégal assimilés au Nil. Dans sa description de l'Afrique, Alhassan Ibn Mohammed Alvazzan connu sous le nom de Léon l'Africain résume bien les confusions en la matière : « Le fleuve Niger dresse son cours par le milieu de la terre des noirs, lequel sort en un désert appelé Seu; c'est à savoir du côté du levant, prenant son commencement dans un grand lac, puis vint à se détourner devers ponant jusqu'à ce qu'il se joint à l'océan. Et selon qu'affirment et nous donnent à entendre nos cosmographes, le Niger est un bras provenant du Nil, lequel se perdant sous terre vient surgir en ce lieu-là, formant ce lac. »

Le lac en question suggère l'existence d'une vaste mer intérieure à laquelle se rattachent tous les grands cours d'eau de la région.

Delisle peut sans conteste être considéré comme un géographe au vu de la masse de données géographiques contenues dans ses cartes. L'intérieur du continent est représenté avec ses lacs et ses rivières. Il a élaboré ses cartes sur la foi des informations astronomiques et géographiques disponibles à l'époque ; ce qui le place toujours dans le domaine de l'approximation et de l'hypothèse à l'image du tracé du fleuve Sénégal assimilé à un bras du Nil.

La carte de Carrington Bowles (1724-1793). New pocket map of the coast of Africa from Santa Cruz to Angola, London C Bowles, 1752, semble s'inspirer de l'œuvre d'Anville. L'auteur est à la fois dessinateur et éditeur de carte ayant servi à la fois Georges II et Louis XV. Les toponymies comme les noms des royaumes trahissent toujours les approximations et les erreurs de perspective de la période.

La grande caractéristique de ces figures et cartes reste leur propension à reproduire des royaumes et à les identifier comme entités politiques dirigées par des rois.

Dans les cartes d'Abbeville, de Delisle et d'Anville, on voit répertoriés les royaumes de Genehoa, Tombutum, Mandinga, Royaume des Foules ou de Chieratic, Royaume des Zenega, Royaume des Jaloves, Royaume de Melli, Royaume d'Ualle ou de Brak, Royame de Thim, Royaume de Barbecins, Royaume de Cayor....

Pourtant malgré ses imprécisions, cette production cartographique permettra, le passage d'une représentation symbolique du monde à une rationa-lisation de l'espace avec une projection inspirée de la géométrie euclidienne.

Le XVIIe siècle semble s'ouvrir sur une lente dérive de l'art figuratif et ornemental des icônes sacrées et de la cosmogonie biblique vers des formes visuelles abstraites héritées de la géométrie.

Il y a comme une coïncidence entre un processus de désacralisation de la royauté en Europe et une rupture dans l'ordre du discours et de la représentation.

Les lieux et les objets parlent moins que les symboles et les signes qui les représentent.

Mais plus encore l'ordre dans lequel les représentations, formes et inscriptions sont élaborées et codifiées est plus suggestif que la réalité que l'on se propose de décrire.

Dès lors la carte a d'elle-même une autorité et une autonomie de sens que le terroir qu'elle est censée représenter n'a plus.

La carte définit les marques d'une nouvelle territorialité quasi inédite dans l'histoire des représentations.

Les marques de territorialité en Europe avant la cartographie moderne :

La carte est à l'opposé de l'imagerie médiévale enferrant l'espace dans une cosmologie sacrée où le ciel et la terre se confondaient hors du temps. Le paradis restant le repère et l'horizon de toute représentation du monde, l'Arche de Noé ou la geste d'Alexandre le Grand définissant une chronologie parallèle et non linéaire.

La représentation des royaumes se faisait suivant les itinéraires définissant les successions des lieux dits dans le royaume. Des représentations de ces itinéraires sont faites sous forme de dessins ou croquis des routes et le temps nécessaire pour aller d'une place à une autre[783]. Les rois percevaient leur royaume du dos de leur cheval et très peu par le prisme permanent du graphisme. John Ier en 1205 passait moins de quatre semaines à Londres ou Westminster tout le temps sur le départ.[784]

La chasse aussi ouvrait une connaissance plus précise du domaine où s'exerçait le pouvoir du roi[785].

Jusqu'au XIIIe siècle, on peut dire que la cartographie européenne restait une description approximative des lieux encore très marquée par la cosmogonie biblique, l'héritage de Ptolémée et les mythologies populaires.

C'est entre 1270 et 1300 que furent tentées les premières projections cartographiques qui permirent le passage d'un monde symbolique des représentations mythiques à celui de la mesure de la réalité telle qu'elle se présente à l'observation.

Pour en arriver là, il a fallu la conjonction de plusieurs facteurs et l'héritage cumulé des acquis scientifiques de plusieurs aires culturelles.

L'héritage perse, chinois, égyptien et arabe sera valorisé au service de cette entreprise d'ouverture de « l'océan ténébreux ».

L'arithmétique indo-musulmane, comme la géométrie euclidienne et l'astronomie de Ptolémée furent convoqués dans cette tâche qui allait jeter les bases de la modernité européenne.

Il convient de rappeler que jusqu'au XIVe siècle, le continent africain au sud du Sahara était représenté de manière approximative et conventionnelle et restait cette terra incognita suggérée par Ptolémée. Du reste, à la faveur de la Renaissance Ptolémée commençait à être traduit en latin (1406).

---

783 Hale John R., *Renaissance Europe, 1480-1520*, London Fontana Press 1971, p. 52.

784 Pound, N. J. G. *The medieval castle in England and Wales: a social and political history*, Cambridge University press, 1990, p. 83.

785 Machiavelli, *Nicolo Discourses on the first ten books of Titus Livy*, Transl Leslie J. Walker, S.J.Harmondsworth, Pengouin BOOKS 1870, III, 39:511. 1531.

Il n'existait pas vraiment une représentation du monde à partir d'une expérience sensorielle et une mesure rigoureuse des distances et des positions en latitude et en longitude.

Le XIVe siècle annonçait ainsi l'ouverture de l'Atlantique qui connaîtra son paroxysme aux XVe et XVIe siècles.

Michael Biggs décrit très bien le processus de maturation de la cartographie comme corps de connaissances et instrument de pouvoir. Il distingue deux moments décisifs dans ce processus : la Renaissance italienne et la manufacture graphique.

La redécouverte de Ptolémée par l'Occident chrétien à la faveur de la Renaissance est un moment décisif alors que le monde musulman était familiarisé avec son œuvre depuis des siècles. Il s'y ajoute la reproduction et les gravures sur bois assurant une reproduction des mêmes graphiques à une large échelle.

La méthodologie de Ptolémée permettait une représentation à petite échelle. Mais Léon Battista Alberti l'un des épigones de la perspective linéaire proposa l'un des premiers modèles avec une carte de Rome[786]. L'une des premières cartes avec une perspective linéaire explicite fut une carte de Nuremberg parue en 1492.[787]

Un bouleversement était en chantier dans cette période de triomphe de la rationalisation de l'espace.

Perspective et espace mathématique

L'espace devient un champ optique de quantités mesurables.

La distance des objets perçus par un observateur peut être rendue mathématiquement et avec exactitude sur la surface plane à deux dimensions d'un tableau ou d'un dessin.

Les artistes de la Renaissance découvrent ainsi que la même loi dans l'Univers relie chaque point dans l'espace à l'œil de n'importe quel observateur dans le monde.

La rationalisation de l'espace induisait, dès le départ, une harmonisation de l'espace de tout l'univers.

Le défi théorique et scientifique était comment établir la relation entre la distance des objets dans l'espace et leur taille à l'intersection de la pyramide optique.

---

[786] Gadol, Joan Leon Battista Alberti; Universal man of the early Renaissance, 2nd edition, Chicago: University of Chicago press 1973. Clayton Martin; Leonardo da Vinci: a singular Vision, New York Abbeville press 1996.

[787] Harvey P D A, *The History of topographical maps: symbols, pictures, and surveys*. London: Thames and Hudson, 1980, p. 147.

C'est la perspective qui se proposa alors de représenter les choses vues de loin ; en proportion suivant leur distance respective. Le tableau, le dessin, constitue l'intersection de la pyramide visuelle. (Alberti)

Chaque intersection de chaque triangle parallèle à la base doit former un nouveau triangle proportionnel au plus grand. De la sorte, les objets qui sont proportionnels les uns aux autres, correspondent les uns les autres dans tous leurs composants.

Un nouveau discours sur l'espace s'invente de nouvelles catégories et concepts inspirés de la géométrie euclidienne :

- La pyramide visuelle est formée de triangles
- La pyramide visuelle définit les surfaces dans l'espace
- Peindre consiste en une combinaison de surfaces en deux dimensions
- Le tableau du peintre est bien une intersection dans la pyramide optique.

À la faveur de la Renaissance, cartographes, artistes, peintres ou architectes mettent au point des règles permettant de représenter dans un plan, des figures de l'espace à partir du point que constitue l'œil.

Dans le Livre VI des *Éléments*, Euclide avait établi ce théorème: Si une ligne droite est tracée parallèlement à un côté d'un triangle ; elle couperait les autres segments résultants proportionnellement.

Ou plus explicitement, si une ligne droite coupe deux côtés d'un triangle et que cette ligne formant un nouveau triangle soit parallèle à un côté du premier grand triangle ; alors le plus petit triangle sera proportionnel au plus grand triangle.

Proportionnel signifiant côtés et angles gardent les mêmes relations entre eux-mêmes.

De telle sorte que si un côté du triangle est deux fois plus long que la base et que l'autre côté soit trois fois plus long ; tout triangle similaire produit, qu'il soit plus grand ou plus petit, verra ses côtés garder la même relation avec sa base ; c'est-à-dire proportionnellement au premier : dans le même ratio qu'une partie garde avec l'autre sur le plus petit triangle ; une partie gardera aussi le même ratio vis-à-vis de l'autre dans le plus grand triangle : ainsi tous les triangles de cette nature resteront proportionnels.

Par conséquent toute intersection de la pyramide visuelle parallèle à la surface vue doit être proportionnelle à cette dernière.

En d'autres termes la pyramide optique définit des surfaces dans l'espace

La peinture consiste en une combinaison de surfaces en deux dimensions ; ainsi, le tableau du peintre est une intersection dans la pyramide visuelle.

La diminution des objets dans l'espace change en fonction ou relativement au changement de position de l'observateur.

Un grand objet comme un petit ou un objet plus proche doivent être perçus sous le même angle visuel.

Le plus grand apport de la Renaissance est donc d'avoir établi que l'intersection de la pyramide visuelle sur laquelle on projette les objets proportionnellement seule permet de juger leurs dimensions. Sans intersection la diminution des objets ne peut être définie :

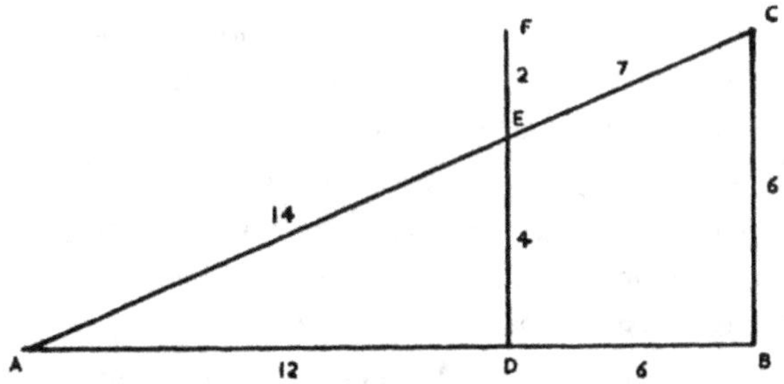

Fig. 4

FD étant l'intersection de la pyramide visuelle

ACB avec l'œil au point A et la base CB étant l'objet dans l'espace, la taille de ce dernier sur l'intersection FD sera DE. De même si on connaît la distance AB, la taille de l'objet BC et sa projection ED on peut calculer la distance DB.

L'apport de Brunelleschi

Filippo Brunelleschi, né en 1377 à Florence et mort en 1446 est un peintre, un orfèvre, un architecte de l'école florentine.

Sculpteur et architecte italien, Brunelleschi puise sa vigueur créatrice aux sources antiques pour rationaliser l'espace de la cité moderne et met en place les bases de la perspective, opposant ainsi au gothique tardif un nouveau système de représentation du monde.

On doit probablement à Brunelleschi d'avoir établi que les projections d'objets sur une intersection de la pyramide visuelle sont proportionnelles à ces objets parce que objets et projection forment des triangles similaires.

La projection bidimensionnelle restait la seule méthode d'approche pour rendre compte de la loi des proportions entre l'œil de l'observateur et la diminution des objets dans l'espace.

Brunelleschi voulait prouver que les objets dans l'espace diminuaient conformément à la loi des proportions continues, pour qu'un bâtiment vu de n'importe quel angle ou position ne perde sa cohérence métrique, il se devait d'inventer une nouvelle méthodologie.

La projection bidimensionnelle étant la seule solution mathématique pour déterminer la relation entre distance et diminution.

L'invention par Brunelleschi de la perspective linéaire donna à la Renaissance européenne, la conviction que l'œil qui observe perçoit en même temps un ordre métrique et une harmonie à travers l'espace.[788]

La perspective est le phénomène de perception visuelle par lequel l'œil perçoit en deux dimensions un monde en trois dimensions.

La perspective au sens de technique graphique recouvre les différentes approximations ou conventions par lesquelles on peut représenter sur une surface délimitée les effets de la perception visuelle.

La perspective visuelle ou oculaire est l'ensemble des transformations par lesquelles une portion du monde spatial tridimensionnel est perçue par la surface bidimensionnelle et courbe de l'œil, indépendamment des propriétés stéréoscopiques de la vision binoculaire frontale.

Le processus cognitif par lequel le cerveau reconstruit, mentalement dans l'espace, les formes des objets perçus sur la surface de la rétine participe si étroitement à l'expérience visuelle qu'il demeure largement préconscient.

Ainsi la géométrie descriptive est avant tout une méthode pour résoudre de façon graphique sur le papier des problèmes d'intersections et d'ombres entre volumes et surfaces définis de façon géométrique dans l'espace à trois dimensions.

Mais l'apport de la perspective dépasse la géométrie descriptive du quattrocento pour ouvrir un registre universaliste dans l'histoire des connaissances.

La perspective induisait aussi un paradigme spatial du rationalisme cartésien.[789]

La notion d'un rayon central construit un sujet observant qui s'imagine comme le foyer objectif de la représentation.

La Perspective incarne l'observateur comme à la fois l'origine et l'objet du regard et dans le même temps induit une troisième posture qu'on peut qualifier de métaphysique, divine, porteuse d'une vision angélique.

Il s'agit d'une posture désincarnée, angélique, dominatrice, impériale, centrale; un œil angélique en dehors du tableau, une nouvelle hiérarchie du monde et de l'espace.

---

[788] Brunelleschi and 'Proportion in Perspective' R. Wittkower Journal of the Warburg and Courtauld Institutes, Vol. 16, No. 3/4 (1953), 275-291.Page 289.

[789] Anamorphosis through Descartes or Perspective Gone Awry
Lyle Massey Renaissance Quarterly, Vol. 50, No.4 (Winter 1997) : 1148-1189.

Le rationalisme cartésien en reconnaissant le point de vue du « je » et celui des autres points de vue ; admet dans le même temps un point de vue transcendant ; un point de vue désincarné qui totalise du regard toutes les perspectives à partir d'un œil angélique hors du temps et de l'espace.

Perspective linéaire et rationalisme cartésien, semblent ainsi induire pour l'Europe la posture centrale de l'œil angélique qui définit et organise le reste du monde.

L'Afrique dans l'asymétrie de l'espace international

La scène internationale créée par les Grandes découvertes, fut mise à l'envers une fois représentée au travers de la Renaissance italienne.

La méthodologie nouvelle en matière de dessins et de représentation de l'espace propulse l'Afrique dans la position subalterne d'un continent en perspective.

La coïncidence entre l'invention de l'Atlantique et l'invention de la Perspective en peinture et dessin suggère deux grands moments dans le processus de la représentation du monde.

A / Le processus de représentation sur la surface plane d'un cadre ou d'un papier de l'espace tridimensionnel. Une configuration géométrique de l'espace qui utilise l'exactitude des mathématiques pour représenter sur une surface plane les formes, dimensions, places et objets.

B / L'ordre silencieux et la hiérarchie entre un point de vue et un objet soumis à l'observation distante d'un peintre ou du géographe du Roi.

La condition préalable pour créer une perspective selon la loi des proportions, est la coïncidence entre le point de vue de la personne qui regarde le tableau ou le dessin, avec la place, la distance et hauteur adoptées pour exécuter la représentation.

Cette condition produit un œil unique, immobile dans un espace homogène, un espace mathématique avec une intelligibilité universelle, démultipliée dans le monde entier par le processus de l'impression mécanique récemment inventé avec Gutemberg.

Les archives, les cartes, les récits de voyages et toute une littérature exotique du voyage ont peint alors une image massive de l'Afrique à partir de bateaux, ports et comptoirs ; inspirée de la perspective. Marins, aventuriers, négociants, naturalistes, courtiers et voyageurs sont apparus aux XVe et XVIe siècles comme les nouveaux croisés de la modernité européenne. Bien avant la traite négrière ou la colonisation, ces agents ont, dès le XVe siècle, forgé le paradigme d'une Afrique subalterne et marginalisée, soumise au regard de l'autre.

Des côtes de l'Atlantique, était à l'œuvre l'accumulation primitive de signes, symboles, mesures, schémas, dans des répertoires et catalogues qui ont pavé le chemin pour une représentation renversée de l'Afrique.

La frénésie de la découverte

On retrouve cette frénésie dans la *Chronique de Guiné* de Gomes Eanes de Zurara. Après Dinis Diaz, le premier à aborder la côte en 1444 dans un ardent refus « de se laisser glisser dans les délices de l'oisiveté »[790], une partie de l'équipage de 1445 que décrit Zurara, entretenait les mêmes expectatives : « quand bien même que nous ne ferions que voir ce pays et en rapporter des nouvelles au seigneur Infant, ce serait pour nous un moyen d'accroitre notre honneur. »[791]

L'aventure portugaise devait se parachever en 1841 lorsque le comptoir de Farim fut établi dans le Haut Cachéo. Des aventuriers portugais passèrent ensuite, traversèrent la zone de San-Domingo pour coloniser toute la région entre Adéane et Ziguinchor.[792]

À la faveur de l'ouverture de l'Atlantique, Portugais, Français, Hollandais et Anglais se sont installés sur des points d'appui tout le long de la côte ouest-africaine. Dans cette aventure, la côte africaine se voit jalonnée de comptoirs, de factoreries et de forts qui sont autant de lieux de transactions et de marquage de territoire à la gloire des souverains mandataires de cette entreprise.

Cependant, par-delà les desseins mercantiles, religieux ou stratégiques, cette période de la « découverte » et de l'implantation européenne sur les côtes représente un moment décisif dans la formation des paradigmes et catégories de représentations de l'espace et des populations sénégambiennes.

Les croisés de la modernité occidentale

L'explorateur, le navigateur, le négociant, le marchand, en même temps qu'ils participaient du commerce des marchandises, colportaient vers l'Europe un corpus de signes, schémas, rapports, récits, tableaux, portraits, répertoires et nomenclatures qui, pour la première fois, allait constituer le fonds d'une standardisation des mesures à l'échelle du monde entier.

Le moment de la « Découverte » – et la relation qui en est faite à travers tout le corps scriptural qui constitueront les archives et les relations de voyages

[790] Gomes Eanes De Zurara, Chronique de Guinnée, *Mémoires de l'Ifan*, 1960, p. 122-123.
[791] Gomes Eanes De Zurara, Chronique de Guinée, *Mémoire de l'Ifan*, Ifan-Dakar, 1960, page 147.
[792] Brosselard-Faidherbe *op. cité*, page 21.

européennes – est en fait une rencontre. Il s'agit d'une rencontre qui permet un regard croisé entre une lecture circonstanciée du monde par le truchement d'une culture autochtone et ses modes de représentation du vécu et une démarche du dehors qui, d'emblée, met les terroirs indigènes dans une position de scénarisation qui les rend subalternes.

Cette rencontre peut être assimilée à un « rapport très pratique et très matériel entre deux lieux dont le premier négocie ce qu'il doit prélever dans le second afin de le tenir sous le regard et d'agir à distance sur lui »[793].

Toponymie européenne et représentation de l'espace

Milieu naturel et environnement	Repères et marchés locaux	Elite musulmane	Chef locaux	Activités et mœurs
Gareel (collier) Bara Swartenyl (Nil noir) Broene Riddler (chevalier vert), Abedbaest, Senegael, R.Aberlongem, Four a sea, (Four a chaux ou amas coquilliers) R.agues, Dorp (village), Dorp, Driesprong(les trois chutes), Jamare, Johl, Abyfesie, Herten Eylandt (île aux cerfs) Bosaarde, Mambrin, Nomasnel, Doncken, Fea Jook), Git (jais), Bilor, Dorp, jacob, R. Ingrin, Dorp, Gatse , Laron, Dorp, Papin, Sapaterre, R.a sapaterre, Dorp,Margeloo, Dorp, I. Joucaet, Padie, Zeepaards eylandt (Ile aux hippopotames, Dorp, I, Dorp, Dorp, Byramline, Jeniboien), caiamanga (caiemangat : trou aux caimans), Nadorst (la pepie), Montecrus (du portugais), Regenrack,, Gouden Hoepen (mont dore), Merlkdorp (village au lait), Amaargoot, Banquerote,Duntgesaint(clairsem e), Killen (chenaux), Het Veer(la passe), Wayegat (trou aux vents), Pattesau, Porrie, Het veer habese(la passe habese, Walaide, Sambarieco), Jebe , Bossoube, Bomborie, Casequa, u, Tonde Jabe, Qualebeet,Voet Drouten (basse de deux pieds), Jaringen, Barobe, Tebegou, Bollen, Bourle, Dabee, Balliese, Gangal, Ringibou, Careden.	Grote palmyt (grand palmiste) Cleyne palmyt (petit palmiste) Marsboom (calebassier) amers de la barre du Sénegal ; Eylandt Houcoum (Iles d'Houcoum) Engels Eyland (Ile aux anglais Jan Baren (actuelle Sor) Rood Landt (pays rouge terrier rouge), Sabadou, Bociet , Maringuin, Palmiten Eyland t(île des palmiers Vogel eylandt (île aux oiseaux),Cock (escale du Cocq), R. a Morfil (marigot de Doue)' Byeurt (localité de l'embouchure) R. Byfece ofte cleyne rivier van Sénégal (rivière Byfece ou petite rivière du Sénégal)	AlySerinpate, Broot Marebouw (grand marabout, Cleyn marebouw (Petit marabout) Alkeyt Dorp(village de lalcaide, Marabouw	Brack Camalingen (dignitaire peul) Sambalamech (sanbalame, siratique) Conde Amar Pattay, Alcaide, Amar meleck, Meleck Zamba (Rainolds 1591)	Jannaet (matelots) Menscheeter (mangeurs d'hommes Merlkdorp (village au lait), Geplanderd (plantation

Figure 19 : La construction du territoire

Ces planches que l'on retrouve intégrées dans un ensemble connu sous le nom de Atlas Vingboons, constituent un important jalon dans la représentation

[793] Bruno Latour avec la collaboration d'Emilie Hermant CSI, *École des Mines de Paris* in Christian Jacob et Marc Baratin (sous la direction de) Le pouvoir des bibliothèques. La mémoire des livres dans la culture occidentale ; Albin Michel, p. 23-46, 1996.

graphique de cette région de la côte sénégambienne. Dans leurs approximations comme dans leurs confusions, elles influenceront les récits de voyages comme les autres productions cartographiques de la période. On y trouve à la fois les témoins topographiques des rivalités européennes sur la côte (L'île aux Anglais, l'île de Jean Barre) les potentats politiques du moment (marabouts et Siratique comme Sambalamech) et les desseins mercantiles des négociants européens. C'est du reste un vieux procédé qui date de Ptolémée avec une toponymie et une taxonomie souvent fantaisiste renvoyant vaguement à des localités, des rivières ou des montagnes pour désigner des populations locales[794].

Il suffit de regarder les croquis, images, dessins et les premières cartes de l'Afrique de l'Ouest au XVIIe siècle.

Les toponymes trouvés dans les nombreuses collections comme l'Atlas Vingboons avec leurs approximations et confusions influenceront les récits de voyage comme les autres productions cartographiques de la période. On retrouve les mêmes références chez les auteurs comme Jannequin dans une relation datée 1638 ; Chambonneau en 1675-1677, ou Lacourbe en 1685-86 et J. Barbot en 1681.

La moitié supérieure du fleuve Sénégal est décalée de 90 degrés vers le nord par rapport au cours réel ; ce qui est manifestement une erreur dans la reproduction de la carte originale ou plus vraisemblablement une volonté de gagner de la place aux yeux des commanditaires de l'expédition. Le tracé du fleuve Sénégal suggère aussi qu'il est le débouché de Tombouctou, ce que beaucoup de cartes ultérieures vont abusivement reprendre.[795]

De même beaucoup de récits de voyages vont reprendre les mêmes représentations topographiques et les mêmes toponymies.

L'atlantique comme lieu de mise en perspective

Les péripéties de l'implantation sur les berges du continent apparaissent comme un moment d'élaboration des premières esquisses de représentation de la Sénégambie. À partir des bateaux, des forts et comptoirs, la mise en images se mettait à l'œuvre.

Deux siècles durant navigateurs, explorateurs, géographes et naturalistes se mirent à peaufiner le même tableau des contours de l'espace sénégambien.

Par-delà les diversités des communautés humaines et des lieux, le graphique et le chiffre uniformisent sur la surface plane, en un ensemble

---

[794] Sagazan Gustave, « L'Afrique intérieure d'après Ptolémée », *Annales de Géographie*, 1951, T. 60 ; n° 319, p.110-126.

[795] Thilmans, G. « Les planches sénégalaises et mauritaniennes des Atlas Vingboons (XVIIe siècle) » *Bulletin de l'Ifan*, t.37, série B, n° 1, 1975, p. 95-116.

cohérent au plan optique, les terroirs de la région qui ne s'offraient pas encore à l'observation directe des Européens.

Il semble bien que ce soit là qu'il nous faut trouver la première « victoire de la caravelle sur la caravane ». Beaucoup plus qu'une diminution des flux commerciaux des pistes sahariennes au profit de l'Atlantique, c'est à une suraccumulation de signes et de représentations graphiques d'un seul côté que nous devons le statut de dépendance et son corollaire, la position subalterne dans l'ordre des représentations. Il s'est agi d'abord d'une mise en perspective. À partir de la côte, un décor est planté, les peuples sous le regard uniformisateur de l'observateur sont mis en représentation ensuite décrits, comptabilisés et enfin insérés dans des schémas spatiaux préétablis.

Il suffit de parcourir les planches, dessins, tableaux et cartes de la Sénégambie au XVIIe siècle pour s'en rendre compte.

Il apparaît bien, en parcourant ces figures, qu'on a simplement superposé une nomenclature de noms, recueillis à la faveur des expéditions et des relations de voyages à des moules graphiques préétablis. « Dès qu'une inscription profite des avantages de l'inscrit, du calculé, du plat, du dépliable, du superposable, de ce que l'on peut inspecter du regard, elle devient commensurable avec toutes les autres venus de domaines de la réalité jusque-là complètement étrangers ».[796]

La cartographie apparaissait ainsi au cœur de la démarche rationnelle par ses facultés d'abstraction, d'objectivation et d'homogénéisation de la différence. La terre, comme les océans cessaient d'être la demeure des dieux et des monstres pour devenir un espace mesurable et quantifiable comme le temps. Avec la cartographie une acre cesse d'être la surface de terre qu'un homme peut cultiver en un jour pour devenir la mesure d'un espace en deux dimensions, celle d'un territoire.[797]

---

[796] Bruno Latour, *op. cit.*
[797] Michael Gribbs, *putting the state on map*, *op. cit.*, p 378.

Figure 20 : La carte un espace bidimensionnel

Une culture indigène de l'espace	Un espace rationalisé
Factice ; éphémère circonstanciel	Représentation transportable sous forme de graphique ou dessin outil cognitif instrument de pouvoir
Vécu d'une culture Authentique représentation Témoignage vivant Représentations mentales de l'espace	intégré dans une pratique éditoriale valorisé par un pouvoir politique qui se l'approprie Représentations par le moyen de diagrammes, codes, discours ; couleurs ; symboles nomenclature qui suggère une hiérarchie du monde ; une hiérarchie de l'espace Définition d'un espace politique subalterne
Des communautés transculturelles en relations et bien intégrées depuis des siècles en terroirs	Les nomenclatures de cultures, pays et groupes ethniques cachent une unité que le travail du géographe a arbitrairement divisée en territoires

CHAPITRE 7

TERRITOIRES ET ENJEUX DE POUVOIRS

Une territorialité de vaisseau

De fait, il n'y a aucun monopole sur les lieux de transactions. Au gré des ententes et des rapports avec les potentats locaux les différents groupes de négociants essaient de marquer le terrain au détriment de leurs rivaux européens. « …on a fixé la limite jusqu'où ils [espagnols et portugais] peuvent aller faire du commerce dans le fleuve Gambra ; et ils ne peuvent aller plus loin sous peine de voir confisquer leurs marchandises et de perdre leur vie, car les concessionnaires eux-mêmes envoient à certaines époques leurs propres bateaux dans le fleuve, dans les endroits où il y a grande abondance d'or. Et dans tous ces lieux où nous commerçons, ils n'ont pas de forts, ni de châteaux ou de places fortes, mais commercent uniquement par permission et sauf-conduit des nègres ».[798]

Labat rapporte les desseins d'André Brue soucieux d'amener la Compagnie Royale d'Angleterre à engager tout le crédit de leurs deux compagnies auprès de leurs souverains respectifs pour pouvoir vivre en parfaite neutralité en Afrique au cas où les deux pays seraient en guerre en Europe. C'est dire à quel point la gestion de l'espace atlantique restait tributaire des enjeux politiques et diplomatiques sur le sol européen. Avant la guerre de 1688 et l'épisode tumultueux du sac du fort anglais de l'île Jacques sur la Gambie, la Compagnie du Sénégal avait une factorerie près de l'embouchure de la Gambie, vers l'intérieur, avec un rayon d'action sur les bords de mer qu'elle partageait avec la Compagnie Royale anglaise. Le mémoire de la Royal Company que cite Labat parle de la jouissance du commerce au-dedans et d'un grand négoce sur la côte au-dehors ; et dans les places où elle pouvait envoyer ses vaisseaux depuis le cap Blanc, Arguin, Cap-Vert, Rufisque, Joal, laissant ainsi le Fleuve Sénégal sous le giron français.[799] Durant cette guerre le rapport de force en faveur des Anglais permit l'envoi d'un navire de guerre, le Rochester paré de 50 canons qui s'employait à partir de 1701, à parcourir les côtes pour soutenir les bateaux anglais qui faisaient le commerce dans ces régions des côtes sénégambiennes réputées sous influence française.

Entre lettres patentes et arrêts du Conseil d'État[800], les bases légales de la territorialité européennes semblent ainsi des plus factices. Elles sont plus une

---

[798] *Ibid.*, p. 12-13.

[799] J B Labat, *op. cité*, tome IV, pages 329-330.

[800] Arrêt du conseil d'Etat du Roy du 24 Avril 1700 in Labat, Tome IV, Extraits des registres du Conseil d'État; pages 339 et suivantes.

lointaine conséquence d'un rapport de force sur le théâtre européen que la résultante d'une conquête et d'une occupation effectives.

On peut se faire une religion définitive au travers d'une lettre écrite de Gorée par Le Maître stipulant qu'il a payé au Roi Damel du Cayor 100 barres de fer pour avoir la permission de négocier avec lui. Cette lettre datée du 19 août 1698, semble servir de base à deux requêtes de la Compagnie du Sénégal demandant à ce qu'en maintenant en sa possession la concession du Sénégal, qu'il soit accordé à la Compagnie le droit de garder à son profit un bâtiment anglais saisi avec son chargement. Labat rapporte aussi le procès-verbal joint à cette requête, fait le 13 octobre 1699 par les officiers de l'Amirauté du Havre sur le rapport de Ducasse contenant la prise de possession de l'île de Gorée et des comptoirs qui en dépendaient. Le texte fait référence à une étendue réduite en l'obéissance du Roi par le sieur Compte d'Estrées et cédée à Sa Majesté par le Traité de paix conclu à Nimègue par les États de Hollande. Il s'en suit l'énonciation des traités de 1679 avec les rois de Portudal, Rufisque et Joal qui ont cédé la propriété dans l'étendue de trente lieues des côtes et six lieues dans l'intérieur des terres.

Des lettres patentes du Roi de France datées de 1681 stipulaient que la Compagnie du Sénégal jouirait des terres appartenant à la compagnie qui l'avait précédée, sur la foi tant de la concession du Roi de France que des traités passés avec les rois du pays ou à titre de conquêtes sur la côte du Sénégal et sur celle de la terre ferme d'Afrique aux six lieues de profondeur dans les terres. Sa majesté le Roi permettant à la compagnie de saisir les bâtiments étrangers que la compagnie y trouverait.[801]

On voit bien la différence de perspective en rapport à la territorialité. La mer n'étant pas considérée comme faisant partie du domaine royal pouvait être laissée aux « gens de la mer ». Labat lui-même rapporte de nombreuses occasions durant lesquelles des potentats locaux ont refusé de s'immiscer dans les querelles de positionnement entre Français et Anglais sur la côte.

La nature même des pouvoirs locaux ne les rendait pas si fortement attachés à un espace exclusif et bien circonscrit. La concession d'un comptoir ne semblait en rien compromettre une souveraineté exercée sur des hommes et des biens.

Ce qui précède montre que le fort, la place forte ou le château sont avec la flotte les témoins de cette territorialité outre-mer. Le commerce en définit le champ et l'horizon. Il n'est pas encore question de souveraineté politique qui reste toujours l'affaire des princes locaux.

---

[801] J. B. Labat, Tome IV, *op. cité*, page 343.

De la nature de l'autorité

Le témoignage du Vice-Amiral D'Estrées de 1670 nous donne une idée précise du rapport de force et de la nature de l'environnement politique.

« ... Les marchands n'osent rien porter à terre qu'ils n'ayent obtenu la permission du Gouverneur qui impose des droits pour le Roy, et ensuite pour lui. Il n'y a rien de réglé pour cela, l'on fait sa composition la meilleure que l'on peut. Ils sont d'humeur à demander; car lorsqu'un vaisseau veut faire de l'eau et du bois et qu'il a fait son présent au Commandant, il trouve à l'aiguade un noir qui se dit capitaine de l'eau et un autre du bois, à qui il faut encore donner. Après que l'on est demeuré d'accord et qu'ils vous ont donné leur parole, on peut mettre en toute assurance les marchandises à terre... Ils vivent sous la domination d'un Roy qui met des gouverneurs dans les lieux qui sont éloignés de lui et lors qu'il a guerre, ses gouverneurs ont ordre de lui envoyer les soldats qu'il leur demande ; leurs armes sont des flèches et des lances guayes, ils ont quelques mousquetaires qui sont pour la garde du roi... Ils sont assez soumis à leur couronne et à leurs commandants, témoignant pour eux beaucoup de zèle[802]...

Un autre témoignage de 1668 sous la plume d'Olfried Dapper nous peignait le Teigne du Baol sous les traits d'un souverain autoritaire : « Le pays du roi de Baool, appelé Louch Four par les habitants et Four l'Allemand par les gens de mer hollandais, fils illégitime du Grand Jalof commence à l'est du village de Kamino, situé à environ seize lieues de Porto d'Ale ou Port de Ale. Le roi habite à deux grandes journées de marche du bord de mer vers l'intérieur dans certains bourgs ou villes, ville principale du royaume nommée Lambaye ou il tient sa cour, comme aussi au bourg de Sangay et règne avec le titre de Tain... Le roi de Baol appelé Louch Four, fait paître plus de cinq mille bœufs et chacun des nobles et d'autres en font paître de même un grand nombre d'après leur richesse et puissance. Les rois de ces lieux, principalement Louch Four roi du Baool, ont coutume de prendre pour eux les biens des Portugais et autres gens décédés, au grand enrichissement de leur Trésor et refusent même de payer leurs dettes en prélevant sur les biens des défunts, en sorte que les étrangers qui habitent là et ont gagné quelques fortunes, sont souvent emprisonnés par eux pour la détention de leurs biens[803].....

---

[802] Le passage à la Petite Côte du Vice-amiral d'Estrées (1670) par G. Thilmans et N. I. de Moraes, *Bulletin de l'Ifan*, Tome 39, série B, n° 1, 1977.
[803] Dencha Four souverain du Baol (XVIIe siècle).
Thilmans et Moraes, in *Bulletin de l'Ifan*, Tome XXXVI, série B, n° 4, 1974.

Le miroir des frontières

La côte atlantique fut décrite avec détails dès 1701 par l'English *Pilot* publié par les services hydrographiques de Sa Majesté. Dans un rayon très limité sur la côte une description du milieu physique et une présentation sommaire des activités marchandes y sont faites[804].

Cependant par-delà ses limites et son confinement sur la côte, l'espace atlantique restera la matrice d'une culture de la mesure et du calcul qui fait écho à la rationalisation de l'espace international. Dans la même veine, la côte devenait la tête de pont de l'économie européenne.

Les territoires qui essaiment sur les berges de l'Atlantique ouvrent un registre nouveau dans la délimitation de l'espace selon une logique de frontières linéaires. L'effet miroir reproduit la frénésie territoriale en vogue sur le continent européen.

« an edge dividing one sovereignty from the next , the division is accentuated when each territory is blocked out in a separate color from neighboring state, implying that its interior is a homogeneous space traversed evenly by state sovereignty"[805]

La carte apparaît alors un corpus de connaissances dont la collecte est patronnée par un souverain en vue de soumettre une région et l'intégrer dans son giron.

La frontière linéaire définissait et délimitait un espace homogène soumis à un état lequel s'imagine dans un environnement international peuplé par la même forme politique avec les mêmes contours : un territoire.

Weber définissait l'État comme un organisme proclamant le légitime monopole de la violence. Il se referait sans doute au modèle de l'État territorial composé par une bureaucratie et régi par des lois rationnelles.[806]

L'État territorial se définit géographiquement ; mais surtout c'est un État qui mesure, calcule, et nombre ses composants : fonctionnaires, revenus et armée. C'est sans doute ce qui a fait coïncider la naissance de l'État moderne en Europe avec le développement de la statistique.

La catégorie d'État territorial semble depuis le début des temps modernes bien marquée culturellement. Elle renvoie à chaque fois à une vague synthèse de l'esprit d'une période et d'une culture.

---

[804] Seller, J. and Price, C. 1701.

[805] Michael Biggs, "Putting the state on the map, cartography, territory and European state formation" in *Society for comparative Study of society and History*, 10,1999, p. 374.

[806] Weber Max "Objectivity in social science and social policy" in *The methodology of the social science*, Edward A., Shils and Henry A., Finch, eds-49-110.New York free press 1904.
Economy and Society : An Outline of interpretive sociology, Guenther Roth and Claus Wittich eds : University of California Press 1922.

La cartographie définit et accompagne la formation de l'État territorial. Elle suggère une hiérarchie du monde lorsqu'elle est le fait du prince qui en fait un instrument de pouvoir une fois publié par un dispositif éditorial. L'absence de ce type de dispositif dans des sociétés mises en observation crée un ordre silencieux, une conspiration du silence qui légitime et entretient la domination.

La nébuleuse territoriale et le jacobinisme inadapté

Il se présente en Sénégambie une sorte de nébuleuse territoriale à laquelle seuls la mer et ses comptoirs donnent forme. C'est la rencontre fréquente sur un espace marchand avec ses lieux de contact et sa bureaucratie qui informent l'espace et lui donne une impression d'un espace cloisonné tout le long de la côte entre Saint-Louis et la Gambie. Les mêmes royaumes se sont invariablement succédé depuis des siècles : Walo, Cayor, Baol, Sine, Saloum, Barre avec une cohérence géographique que seuls les comptoirs pouvaient leur conférer. Ni les communautés humaines ni la légitimité politique traditionnelle ne pouvaient donner une épaisseur historique conforme à l'évolution des commu-nautés. C'est comme si sur la façade maritime des stands mercantiles servaient de vitrines à de lointains pouvoirs qui n'avaient plus de liens organiques avec les populations de l'hinterland. Seul semblait persister le lien interlope de razzia sporadique pour alimenter les comptoirs en esclaves et en vivres.

La description de Labat a une précision géométrique qui ne manque pas de détonner au regard de l'imbroglio politique qui a marqué les XVIIe et XVII^{Ie} siècles.

Le Cayor s'étend sur 30 lieues sur la Côte embrassant le Cap-Vert jusqu'au village de Brigni que beaucoup d'auteurs avant lui appelait Kamino.

Celui de Baol sur une douzaine de lieues finissait à la pointe Sarène. Le Sine sur 11 lieues finissait à la rivière Saloum qui ouvrait le royaume du même nom sur juste 5 lieues et se termine à la rivière Betonde qui annonce le royaume de Barre de l'aire mandingue. La précision des limites et des superficies ne rend aucunement compte du fait que sur une distance côtière de moins de 60 lieues, on est passé imperceptiblement des communautés ouolof, sérère et mandingues représentées dans une cohérence optique très factice. La description que Labat fait du royaume de Barre nous édifie sur les limites d'une telle représentation politique : « Le Roiaume de Barre commence à cette rivière et finit à celle de Guignac et à la pointe du Palmiste qui est à l'entrée de la Rivière de Gambie. Il n'a que 5 lieues de côte et n'est considérable que par le mouillage qui est très bon le long de la Petite côte qui lui procure quelques présens et la vente des denrées de ses sujets. »[807]

Ce passage est significatif d'une conception de l'espace politique qui est ici perçu avant tout comme espace marchand. Ce qui constitue les balises de cet espace, ce ne sont pas les communautés humaines, ce sont plutôt les points logistiques et les produits qui ouvrent une nouvelle relation de réciprocité entre un potentat local et les négociants de la côte.

Toute l'histoire politique emprunte un raccourci côtier qui commence dans le discours des Européens par un Roi des « Guiloffes » dont les États sont situés au sud-est du Lac de Panier Foule (Lac de Guiers) et à l'est du Cayor. Un prince réputé puissant avec un territoire si vaste qu'il dut recourir à des lieutenants-généraux pour administrer ses provinces. « Celui qui gouvernait le païs qu'on appelle à présent Cayor, se révolta le premier contre son souverain ; prit les armes et se fit reconnaître Roi du païs dont il n'était que le gouverneur. D'autres suivirent son exemple, et leur souverain légitime se trouva réduit à n'avoir que la plus petite partie de ses États, la plus mauvaise et la plus éloignée de tout commerce ».[808] Ce témoignage de Labat reprend la même image réductrice de l'histoire de la Sénégambie. Tout prend forme et consistance à partir de la côte d'où viennent les armes, la nouvelle légitimité et la nouvelle configuration politique.

La mer se présente ainsi comme un lieu de rencontre de deux logiques de gestion de l'espace. Une logique de terroir qui se fonde sur la légitimité traditionnelle, de l'héritage des titres et des symboles et une logique de territoire qui ambitionne de contrôler les hommes et les biens en les comptant, de circonscrire l'espace en le mesurant.

L'horizon de l'État est redéfini par Golberry dans la tourmente des années révolutionnaires. En des moments de remise en question durant lesquels la révolution sommait la puissance publique de se forger de nouveaux contours et de nouvelles ambitions pour la France métropolitaine comme pour ses positions outre-mer.

Le premier territoire local date de 1678 avec Ducasse, Directeur de la Compagnie du Sénégal qui se vit céder une étendue de 40 lieues de côtes et une largeur de 6 lieues autour du Cap-Vert. À partir de cette première territorialité côtière se dessinait une gestion de l'espace et des hommes dont l'horizon politique en 1787 partait du Cap Blanc à la rivière Mitombo en Sierra-Léone.

Pour se faire une idée juste de ce gouvernement, écrivait Golberry, « il faut le considérer comme institué pour diriger et pour protéger les affaires du commerce des Français dans cette partie de l'Afrique, pour y donner à la France, toute la considération et toute l'influence qu'elle doit y avoir, et qu'il

---

[807] Labat Tome IV, *op. cité*, page 130.
[808] Labat, *op. cité*, page 131.

lui sera facile d'acquérir ».[809] Le ton était donné dès cette période pour un État sous les tropiques, transposé dans un espace à contrôler et mettre en valeur. Les vues de Golberry en 1787 définissent bien le projet politique de la France avec une remarquable prémonition. « Une administration suprême à l'île du Sénégal, une administration intermédiaire à l'île de Gorée, et un comptoir majeur dans la rivière de Sierra Léone, seraient donc les trois établissements principaux de ce gouvernement, dont les opérations en exigeraient d'autres d'une moindre importance, au nombre desquels on devra surtout compter celui de Galam, un comptoir sur la Falémé, le fort de Podhor, un établissement à Baol, un comptoir armé dans une des îles Bissagos, et le comptoir du cap Palmes. »[810]

L'horizon politique de ce territoire se limitait à la fin du XVIIIe siècle à une navigation saisonnière du fleuve Sénégal aussi loin que la navigabilité le permettait sur la Falémé aux confins occidentaux du Bambouk et de ses placers d'or, les établissements du Galam et de Podor. Le long de la côte l'horizon politique s'étendait au Saloum avec le relais de Gorée. C'est dans cette optique qu'il faut placer l'accord signé en 1785 entre De Repentigny Gouverneur du Sénégal et Sandéné roi du Saloum désireux de se rapprocher des Français pour compenser une houleuse relation avec les Anglais. Le traité qui fut signé alors cédait à la France l'île de Kasthiambé, et donnait à la France l'exclusivité du commerce avec le Saloum, avec la possibilité d'établir un comptoir à « Kyahour » situé à trente-six lieues de Cahone et à 7 lieues sur la rive droite de la Gambie.[811] Cette localité étant un débouché du commerce d'esclaves organisé par les marchands traditionnels mandingues.

La signature de ce traité marquait bien un retour de la France après l'éclipse de la guerre de Sept Ans et le traité de Paris de 1863. Désormais la rive droite de la Gambie qui est le point de jonction entre Ouolofs et Mandingues, était ouverte à la France qui accédait ainsi au réseau intérieur soudano-guinéen.

C'est sans doute l'importance de ce réseau qui explique la richesse du Saloum dont le souverain est présenté par Golberry sous les traits d'un prince riche : « le seul des rois nègres de ces régions occidentales, qui soutienne son rang avec une sorte d'appareil, de magnificence et de dignité. »[812]

Au-delà du Saloum, les territoires européens empiétaient sur la Gambie avec Albreda pour les Français et Saint James qui limitait au profit des Anglais la zone d'influence française. Entre la Gambie et les îles Bissagos, Anglais et Français disputaient la prépondérance aux Portugais.

---

[809] Xavier Golberry *Fragments d'un voyage en Afrique*, Paris, Treuttel et Wurtz, tome 1, page 35.
[810] Golberry, tome I, page 70.
[811] Golberry, tome 2, page 129.
[812] Golberry Tome 2, *ibid.*, page 130

La Sénégambie française en 1787 recoupe l'ensemble ouest-africain et lui donne une historicité. Barry la décrit en ces termes :

« La Sénégambie…comprend l'ensemble des bassins des fleuves Gambie et Sénégal, depuis leurs sources dans les hauts plateaux du Fouta Jallon, jusqu'à leur embouchure dans l'océan atlantique. Il s'agit d'une vaste région ayant pour limites au nord la vallée du fleuve Sénégal, c'est-à-dire les deux rives, au sud le Rio Grande et à l'est le Bafing »[813].

Saint-Louis	Podor	Galam-Bambouk
Gorée	Albreda	Iles Bissagos.

[813] Boubacar BARRY, *La Sénégambie du XV*e *au XIX*e *siècle*, 1981, p. 37.

CHAPITRE 8

LES TERRITOIRES EUROPÉENS EN SÉNÉGAMBIE : ÉCONOMIE DE PLACE ET MARGES CÔTIÈRES

Les territoires européens en Sénégambie

Le territoire ou la projection en Afrique d'un État européen immature

Les États ibériques, en dépit de leur prétention universelle sur un empire « où le soleil ne se couchait jamais », étaient en fait des États immatures et faibles.

Rappelons avec Pierre Chaunu que les nouveaux États issus de la Reconquista anti-islamique étaient en réalité des États immatures. À la fin du XVIe siècle, l'Administration directe royale (Realengo) couvrait à peine les 2/3 du royaume du Portugal. Une grande partie du territoire restait sous le contrôle de la noblesse. Donc, quand l'État portugais s'est installé sur le rivage atlantique au XVe siècle, 45% de son territoire national était encore hors de son contrôle direct[814].

Ce fait, très peu relevé, a abouti à des conséquences très peu documentées dans l'histoire de l'Afrique de l'Ouest.

1. Un État faible a projeté outre-mer une image pauvre de la Royauté.

2. Le statut du pouvoir en Afrique devenait un moyen pour participer efficacement au système Atlantique. Une légitimité de la poudre et du mousquet remplaçait alors les critères traditionnels de légitimité politique.

3. Dans l'Atlantique nous avons assisté à la fabrication d'une nouvelle féodalité qui voit dans la mer et ses côtes un nouvel horizon après la fin des possibilités d'expansion sur le continent. L'Afrique de l'Ouest devient un espace à découvrir et à subjuguer dans le giron d'une Europe féodale.

4. La conception d'un espace Atlantique basée sur l'ajustement d'une géographie imaginée à une réalité qui a été construite progressivement, au fur et à mesure que progressait l'occupation de la côte ouest africaine.

La perspective Atlantique a ainsi identifié comme une monarchie tout système politique organisé autour d'un chef. La cartographie a ainsi donné un relief démesuré aux souverains de la côte. La carte datée 1674 "présentée par Hubert Laillot à Monseigneur Dauphin" illustre parfaitement cette imagerie géopolitique qui classe des "Empires, Monarchies, Royaumes, États, et Peuples." Ces images peuvent être trouvées, à la caricature, dans le travail de

---

[814] Chaunu, 1969, 218.

Labat qui a canonisé une énumération des « royaumes du Jalofes » identique aux royaumes de France, Espagne, Angleterre qui comprend Français, Espagnol, Portuguais, Anglais comme autant de « Nations ».

L'histoire du Walo, du Cayor, du Fouta a été écrite d'après le prisme déformant de la cartographie des XVIe et XVIIe siècles qui, en fait, a nourri tous les récits de voyage, en oubliant que, plus que des territoires avec des limites précises, c'étaient plutôt des régions avec des formes assez complexes d'autorité, des communautés trans-ethniques assez intégrées avec leurs propres formes hégémoniques et mode d'insertion à l'espace international.

Par conséquent les forteresses, les points commerciaux et les vaisseaux se sont trouvés être les seuls témoins de la territorialité d'outre-mer. Le commerce définit l'horizon international. La souveraineté politique n'est pas en jeu et restait dépendante du rapport de force entre princes locaux et domaines territoriaux européens.

Le territoire portugais en Sénégambie

L'implantation portugaise prit la forme d'un chapelet de points de traite tout au long de la côte. On peut identifier avec Francisco de Andrade les dix points majeurs qui marquent la présence mercantile du Portugal sur la côte occidentale de l'Afrique.

Au-delà d'Arguin, l'axe Cap-Vert -Sierra Léone définit une série de points où les Portugais sont en contact avec les indigènes dans une relation d'échange qui a commencé dès les premiers contacts au XVe siècle. Entre le 14e et le 8e de latitude s'échelonnaient la rade de Dakar, Portudal, Joal, le lieu désigné du nom de Berbecin par Valentin Fernandes (1510) et Alvares de Almada (1594) et qui correspond au fleuve Saloum et à l'aire culturelle sérère. La Gambie, le San Domingo, l'archipel des Bissagos, et le Rio Nuñez décrivent un réseau d'estuaires et de bras qui se prolonge en Sierra Léone.

De la rade de Dakar au fleuve Saloum les Portugais organisaient un florissant trafic d'esclaves, d'ambre et d'ivoire dans une constante rivalité avec les négociants et les bateaux français.

La Gambie, de son embouchure au port de Cantor, fournissait des esclaves, de l'ivoire et de la cire, mais aussi des étoffes et surtout de l'or en poudre échangé contre des bracelets de laiton.

L'hinterland reste une terre méconnue que l'imagerie portugaise peuple avec de vagues références au Grand Fulo[815] le chef du Fouta.

La même nébuleuse se retrouve dans la référence à un grand lac d'où seraient originaires les fleuves Sénégal et Gambie.

---

[815] Alvares da Almada.

Dans la même lancée, les Portugais entretiennent le mythe de la proximité d'Eldorado comme Tombouctou ou Sofala qui seraient les sources de l'or que l'imaginaire intègre à l'espace du commerce atlantique et que la réalité confine à la bordure du désert ou à la lointaine côte-est de l'océan Indien.

Le San Domingo est le lieu de traite de la Casamance où la méfiance des autochtones et l'insécurité causée par les luttes entre Bainouks et Cassangas obligent les Portugais à installer leur factorerie en mer sur un navire avant de construire un fort à Cacheu en 1594[816]. Dans ce lieu, contre les produits comme les esclaves, la cire ou l'ivoire, on échangeait du fer et des perles, de même que du coton en provenance de l'île de Foguo que les autochtones utilisent pour la confection d'étoffes.

Le Rio Grande est aussi un lieu d'implantation marqué cependant par une grande rivalité avec les Français pour la maîtrise du trafic d'esclaves, d'ivoire et surtout de l'or.

Les îles des Bissagos jalousement occupées par les populations qu'Andrade appelle les Bramas sont le lieu d'échange des esclaves contre des vaches ou des bassines[817] et des étoffes rouges que les navires font venir des fleuves voisins.

Le Rio Nuñez est le domaine du pain d'indigo qui entre dans la teinture des étoffes locales.

La Sierra Léone, en plus des esclaves, de la cire, de l'ivoire et de l'or est le domaine de la cola. C'est aussi un lieu qui est l'objet d'une grande rivalité avec les pirates français et anglais.[818]

Le domaine français

Entre le 16ᵉ et le 11ᵉ degré de Saint-Louis aux Îles Bissagos les postes français jalonnaient la côte avec quelques escales à l'intérieur. Saint-Louis, Podor, Galam, Farabana le long du fleuve Sénégal formaient un axe avec Gorée, Rufisque, Sali, Joal et l'île Bissago sur la côte. En réalité ces cinq derniers points n'étaient que « des escales sans comptoirs ni habitations françaises fixes. On n'y descendait guère à terre, ou si l'on y descendait pour le commerce, on logeait chez les maîtres des villages qui nous prêtaient leurs

---

[816] *Ibid.*, cité in « Relations de Francisco de Andrade sur les îles du Cap-Vert et la côte occidentale d'Afrique (1582) » par jean Boulègue *Bulletin de l'Ifan*, T. XXXIX, série B, Nᵒˢ 1-2, 1967.

[817] Graphie incertaine dans le texte de Andrade (vacas ou bacias); cependant toutes les deux références se retrouvent chez Almada.

[818] En 1578, Drake pilla des navires portugais près de l'Île de Santiago.

cases ou ce qui revenait au même, on y bâtissait une case de paille qu'on retrouvait quelquefois en bon état à la traite suivante »[819].

Le territoire néerlandais

L'activité mercantile hollandaise sur les côtes sénégambiennes commence vers 1594 pour se poursuivre jusqu'en 1677 avec la prise de Gorée par les Français.

Les marchandises proposées sont des barres de fer, des perles de l'alcool, des bassines en cuivre, des étoffes... contre de l'ambre, de la cire, de l'ivoire et des peaux[820].

Ce trafic se faisant entre négociants anglais, portugais, français, néerlandais et les « capitaines » indigènes responsables des différents produits, sous le contrôle vigilant de l'alcaïde prélevant les péages au nom des potentats locaux[821].

La démarche mercantile néerlandaise se distinguait par la pratique dite des « maisons ». Le commis était laissé à terre avec sa marchandise. Après un délai plus ou moins long, son navire ou un autre de la compagnie revenait le prendre avec les produits de sa traite.[822]

La présence anglaise

C'est en vertu d'une Charte Royale de 1588 que des marchands anglais se sont vus octroyer le droit de commercer entre les fleuves Sénégal et Gambie et sur la côte Occidentale de l'Afrique. Les marchands de sa Gracieuse Majesté devaient faire avec la concurrence des Espagnols et des Portugais pour le commerce des produits comme les peaux, la gomme, l'ivoire, l'ambre gris, l'or, les plumes d'autruche et un peu de grains.

Les places essentielles de ce commerce anglais sur la côte sont : le fleuve Sénégal, le lieu dénommé Beseguiache qui correspond à la rade de Dakar, Rufisque, Palmerin, Porto d'Ally, Gandimal, Joala, et le fleuve Gambie.[823]

L'expansion anglaise sur la côte atlantique devait, au départ, composer avec la préséance portugaise. Pour une courte période, de 1588 à 1593, les marchands anglais étaient les obligés du prétendant à la couronne portugaise, Don Antonio réfugié en Angleterre et soutenu par Elizabeth Ière. En vertu

---

819 « Mémoire d'Adanson sur le Sénégal », *Bulletin de l'Ifan*, Tome 42, n° 4, octobre 1980.

820 « Le flambeau de la navigation » de Dierick Ruiters traduit par Thilmans et Rossie, *Bulletin de l'Ifan*, T. XXXI, série B, n° 1, 1969.

821 *Ibid.*, page 114.

822 Les passages à la Petite côte de Pieter van Den Broecke (1606-1608)
Bulletin de l'Ifan, T. 39, série B, n° 3 1977, par Thilmans et De Moraes.

823 Le voyage de Richard Rainolds en Sénégambie (1591) par Jean Boulègue et R. Marquet, *Bulletin de l'Ifan*, T XXXIII, série B, n° 1 1971.

d'une lettre-patente assortie d'un contrat, les marchands anglais acceptaient de n'affréter que trois bateaux par an, d'admettre la présence sur chaque bateau d'un représentant de Don Antonio et de payer à ce dernier une redevance égale au vingtième des produits achetés.

Le domaine européen entre impératif de production et de ravitaillement et l'impérialisme économique

L'évolution d'une territorialité de vaisseau vers un système de comptoirs et de factoreries prend une dimension plus résolue dans la seconde moitié du XVIIIe siècle. Devant les coutumes âprement exigées par les potentats locaux et l'insécurité des transactions, le commerce européen s'accommodait mal d'un statu quo qui laissait entière la question du ravitaillement des vaisseaux et des ports et la prospérité du commerce atlantique.

Le mémoire sur le Sénégal du capitaine Godeheu en 1754 préconisait une installation sur la presqu'île du Cap-Vert pour régler définitivement la question du ravitaillement de Gorée et rendre plus visible l'influence de la compagnie et faire pièce à l'autorité du Damel Mawa. « Il faudrait obtenir de luy un terrain sur la grande terre dans l'endroit même où on va chercher de l'eau douce pour Gorée et pour les vaisseaux. Ce terrain une fois accordé, qui contient environ 39 arpents, on pourroit le mettre à l'abry d'insultes sans une grande dépense, y former des pâturages et y élever des bestiaux et des volailles. On s'assureroit également par-là de la faculté de faire de l'eau dont l'isle de Gorée manque, et que ce roy dans un caprice peut empêcher de venir prendre. Comme il cherche qu'à piller ses sujets, on verroit bientôt se former des villages autour de ce petit établissement dont les habitants reclameroient notre protection. »[824] C'est sans doute l'un des premiers témoins de territorialité depuis les velléités de Ducasse en 1690. « Prendre pied », « lieu de relâche », « s'établir » autant de termes du registre territorial allaient enrichir le vocabulaire comme les desseins des négociants de la culture atlantique. On en trouve du reste une expression plus achevée dans les desseins subversifs d'une lettre de Le Brasseur au Ministre datée du 5 mars 1778. Le titre « Projet de révolution dans les royaumes de Cayor et de Baol » traduit bien le nouveau cours des choses après l'occupation anglaise de Saint-Louis en 1758. Il s'agit de suivre l'exemple des Anglais qui ont armé les Maures Brakna pour réduire le Walo en un pourvoyeur de captifs. Par des traités secrets signés avec les mêmes Maures, les pousser à piller et ravager le Cayor et le Baol pour alimenter l'économie atlantique et assurer la sécurité de

---

[824] Bn ms franç 8993, « Mémoire sur le Sénégal par le capitaine Godehu ,f.3,r° cité in Becker et Martin, Kayor et Baol : Royaumes sénégalais et Traite des esclaves au XVIIIe siècle. *Revue française d'histoire d'outre-mer*, 62, 226-227, 1975, p. 270-300.

Gorée.[825] On retrouve l'écho de ces préoccupations dans une lettre datée du 29 avril 1777 du commandant de Gorée à ses supérieurs. « Depuis 1760 Monseigneur que le Roi a repris possession de cette île, il y a toujours eu des catastrophes à cette côte, mais, jusqu'en 1773, il a toujours été fort aisé de les rendre moins dangereux et même les prévenir parce qu'il avait un Roy à Cayor et un autre à Baol et lorsqu'on se brouillait avec l'un on était toujours sûr de l'autre, tant pour la traite des noirs que pour la subsistance. Aujourd'hui que Damel a les deux royaumes et qu'on lui a fait sentir les besoins extrêmes que nous avons de lui, il n'est plus possible d'aller dans le continent sans risquer d'être captif et sans y éprouver les vexations les plus affreuses, il ne paraît même pas possible que la France puisse conserver l'isle de Gorée dans une pareille position à moins qu'elle n'entretienne icy quatre batimens pour aller chercher des approvisionnements dans la rivière de Gambie. On doit cependant s'attendre à une révolution bien intéressante pour cette partie de la côte… les maures qui viennent de dévaster le royaume de Brak et d'en faire la campagne la plus déserte, ont résolu de détrôner Damel. »[826] Ce projet n'aura pas de suite car Saint-Louis allait retourner dans le giron français ; mais la stratégie consistera durant tout le XVIIIe siècle à jouer sur les rivalités entre les royaumes post-atlantiques, ou par un contrôle direct des terrains autour des comptoirs, assurer un approvisionnement régulier de ces premiers territoires européens de la côte.

Une territorialité de vaisseaux

Dans la seconde moitié du XVIIIe siècle, le décor des territoires de la mer est bien campé. Le rapport des forces et la maîtrise des mers ont dessiné une territorialité de vaisseaux bien marquée dans cette région, entre le cap Blanc et la Sierra Léone. La France et l'Angleterre dominent la côte et prennent le dessus sur le Portugal et la Hollande.

Du Cap Blanc à la Sierra Léone, c'est le domaine de la gomme avec en fond la traite des esclaves. Le partenariat avec les Maures organise cet espace autour d'Arguin et Portendic repris en 1779 par les Français sur les Anglais.

Saint-Louis, Gorée, Rufisque Joal, Portudal, Saloum définissent un chapelet de comptoirs repris en mains par les Français après 1779.

Sur la Gambie, la rivalité franco-anglaise se traduisait par la présence anglaise à l'embouchure avec le Fort Saint James ; tandis que la France, après avoir renoncé à plusieurs positions, dont Kintamsuola sur la rive gauche, devait se contenter du comptoir d'Albreda sur la rive droite.

[825] An, C6, 17, Lettre du 5 mars 1778 D'Armeny de Paradis au Ministre in Détail historiques, *op. cité*, page 116.

[826] Ministère des colonies, Archives coloniales Gorée 29 avril 1777, fonds C6.

De l'embouchure de la Gambie au cap Tagris en Sierra Léone, les axes principaux sont les fleuves Casamance, Cachèo et Rio Grande avec l'archipel des îles Bissagos. La France, l'Angleterre et le Portugal se disputaient la côte avec une prépondérance portugaise à Bissau et aux îles Bissagos. Quelques navires français y allaient en interlopes pour trafiquer des dents d'éléphants et de la cire. L'Angleterre quant à elle, jetait son dévolu sur la Sierra Léone. La France renonçait à garder un poste dans cette région tout en participant à la traite et tentant en 1779 de reprendre les positions anglaises en Sierra Léone.

Ainsi, en avril 1782[827] à part les enclaves portugaises et anglaises, la France semblait assurer une prépondérance commerciale sur toute la côte entre le Cap Blanc et la Sierra Léone. Au-delà de la Sierra Léone c'est un domaine anglais avec quelques enclaves hollandaises ou danoises.

Cette configuration de la côte terminait un XVIIIe siècle de rivalités commerciales qui ne manquera pas de prendre un cours militaire plus fréquent pour consolider les positions des uns et des autres mais surtout neutraliser les exigences des pouvoirs autochtones. « La guerre est devenue le premier effet d'une communication dont la paix devait être la première base. La mauvaise volonté des nègres et des maures a déterminé à faire des établissements militaires pour protéger un commerce qui n'existois pas encore ».[828]

L'esprit de Ducasse qui avait terminé le XVIIe siècle semblait revenir pour annoncer l'impérieuse nécessité de faire pièce à l'onéreux intermédiaire des princes locaux.

---

[827] Côtes d'Afrique, 3 avril 1782, FONDS C6.

[828] Mémoire, Fonds C6, Côtes d'Afrique, expositions des avantages que la France peut retirer des côtes occidentales d'Afrique, Texte de 1772, traduction d'un chapitre d'un ouvrage ayant pour titre : A treatise upon the trade from Great Britain to Africa By an African Merchant.

CHAPITRE 9

LES RELAIS DES DIASPORAS PORTUGAISES ET LES TERROIRS GOURMETTES

La sociologie, comme la géographie des terroirs de la côte, allait s'enrichir dès le XVe siècle, d'un nouveau groupe qui servira de relais entre les rois, les autochtones et le commerce Atlantique. Il s'agit des « Tangomaos » ou « Lançados » aventuriers de tout acabit, d'origine portugaise qui surent occuper les failles d'un système mercantile portugais dans lequel l'État n'a pas les moyens de contrôler et sauvegarder le monopole du commerce qu'il prétend détenir. Ils se présentent aussi comme les intermédiaires obligés des aristocraties locales devant l'absence de groupes locaux spécialisés dans le nouveau commerce et capables de servir de relais avec l'Atlantique.

Dès 1466, le roi Alfonso V accordait aux habitants de l'île de Santiago le droit de faire commerce avec la côte de Guinée. C'est le signal à un mouvement d'implantation ouvert à beaucoup d'Européens qui voyaient les côtes du continent s'offrir à leur soif d'aventure ou leur désir d'échapper aux contraintes et frustrations dans les métropoles européennes. Des Juifs fuyant l'inquisition, Espagnols, Portugais ou habitants des îles du Cap-Vert, trouvaient là une occasion de faire fortune sous l'aile protectrice des nouveaux souverains autochtones.

On trouve l'écho de cet établissement dans un regimento envoyé au facteur de l'île de Santiago en 1520 « Nous sommes informés que beaucoup des hommes blancs qui de cette île vont dans les bateaux et aux points de traite, se fixent là et se font Tangomaos, ce dont il s'ensuit un mauvais service pour Dieu et nous et un préjudice pour les points de traite comme vous savez bien... »[829]

Les « Lançados » apparaissaient comme des concurrents directs des représentants de la couronne, incapables de contrôler leurs activités et faire face aux Cap-Verdiens qui trouvaient en eux de solides alliés. Il s'y ajoute que la nature même des produits trafiqués par les Lançados, à l'image des armes ou du fer servant à leur confection, les mettait aux bancs de la législation marchande du Portugal.

En vérité, l'absence d'une implantation territoriale portugaise sur la côte mettait les Lançados dans une position très confortable pour s'adonner à un

[829] « regimento de Afonso Lopez de Avila, feitor do trato de Santiago" in padre Antonio Brasio Monumenta missionaria Africana. Agencia peral do ultramar. Lisboa, 2nda serie, vol I, 1958, XLVII, 758 p. Cité in Jean Boulègue les Luso-africains de Sénégambie XVIe-XIXe, Faculté des lettres travaux et documents, vol. 1, 1972.

commerce fort lucratif en étant les obligés des seuls chefs locaux au détriment de la lointaine couronne portugaise.

L'alliance entre les Lançados portugais et les chefs locaux se fondait sur un bénéfice mutuel récurrent. Pour les chefs locaux, les Lançados sont de bons intermédiaires, rompus aux activités d'échange et maîtrisant les langues européennes ; et pouvant au besoin constituer une force d'appoint en cas de conflit.

Les Lançados eux se voyaient en situation privilégiée dans un commerce dont, suivant le mot de Coelho : « il suffit de trois ans pour retirer un grand capital en y mettant peu. »[830]

Almada présente les Lançados comme un groupe au rayon très large traversant les terres et parcourant les fleuves, très loin vers l'intérieur, pour apporter l'ivoire et d'autres produits aux négociants français et anglais.[831]

Les terroirs Gourmettes et l'espace créole[832]

En l'absence d'une territorialisation effective dont le Portugal n'a jamais eu les moyens, les « Lançados » ont pu combler le vide en imprimant leur marque dans le paysage humain de la côte entre le Cap-Vert et la Gambie définissant ainsi un espace créole qui sera un des traits décisifs des sociétés post-atlantiques.

Les Lançados ont constitué dès le XV^Ie siècle un groupe transculturel formé de métis portugais identifiables par les traits culturels portugais mais fortement marqués par le cachet local africain. Alexis de Sainct-Lo parle de ce Cap-Verdien devenu Alcaide d'un village du Cayor qui a presque oublié sa langue maternelle.[833] Ils sont les descendants des premiers Lançados qui ont fait souche en se liant avec des femmes autochtones.

En 1620, l'Anglais Richard Jobson les décrit au bord de la Gambie comme une communauté humaine disparate mais bien visible dans le paysage ethnique de la région. « … ce sont des Portugais comme ils se nomment eux-mêmes, et quelques-uns d'entre eux leur ressemblent, d'autres sont mulâtres, entre le blanc et le noir, mais la plupart sont aussi noirs que les naturels du pays ; ils sont groupés par deux ou trois en un même lieu et sont tous mariés, ou plutôt vivent avec des femmes noires du pays, dont ils ont des enfants ;

---

830 Francisco de Lemos Coelho, Duas descriçoes seiscentistas de Guine, Damiao Peres. Lisboa, academia de historia portuguesa, 1953, in Boulègue, *op. cit.*, page 16.

831 Alvares de Almada Lisboa 1964, page 24.

832 À l'origine ce terme s'appliquait à ceux qui sur les navires se chargeaient du gros travail comme chercher de l'eau ou le bois, tirer les cordages, dans le contexte de la côte africaine il a fini par désigner tous les auxiliaires du commerce portugais.

833 Alexis de Sainct-Lo, Relation de voyage du Cap-vert, Paris, Targa, 1637. 222 p., page 56. Cité in Boulègue les Luso africains de Sénégambie Dakar 1972. Page11.

néanmoins ils n'ont ni église, ni prêtre, ni aucun ordre religieux. Il apparaît de toute évidence que ce sont eux qui ont été bannis ou se sont enfuis, soit du Portugal, soit des îles, qui se trouvent en cet état.[834] En 1670, le tableau qu'en fait le vice Amiral D'Estrées est presque identique. « Les Portugais qui ont des habitations dans la rivière de Gambie et dans les Estats du roy de Brassalmes (Bour Saloum) sont tous nègres et mulâtres et chrétiens mais ils n'ont aucune exercice de la religion, n'ayant point de prestres parmy eux. Ils n'ont nulle relations en Portugal quoy qu'ils rapportent leurs origines des premiers Portugais qui firent la découverte d'Affrique, à la différence de quelques familles de Blancs qui viennent traiter a ces costes dont une partie s'y établit et l'autre s'en retourne au Portugal. »[835]

L'impact sociologique des Lançados se mesure dans leur capacité à drainer d'autres populations autochtones et à intégrer des réseaux de commerce à l'échelle de toute la région. Des groupes de serviteurs libres ou esclaves gravitaient autour de ce noyau de souche portugaise. Dans une région peuplée des groupes « Faloupe » « Bainouk », « Cassangues », « Jabundos », « Arriatas », et « Balantas », ce noyau portugais s'est vite érigé en une communauté bien distincte Le royaume des Faloupes situé au sud du Cap Rouge par 12 degré de latitude jouxte celui des Bouramos qui occupe un périmètre très ample sur les deux rives du Rio Santo Domingo à huit lieues de l'embouchure de ce fleuve.

Almada situe, en l'année 1585, l'implantation du premier noyau autonome portugais. « Ils y formèrent un établissement séparé du village par le fleuve. Ils y ont construit, sans l'aide du gouvernement, un fort garni d'artillerie, au moyen duquel ils empêchent les Anglais et les Français d'y pénétrer. Ce fut un nommé Manuel Lopez Cardoso, habitant de l'île de Santiago, qui obtint du roi de Chapala la permission de le construire. ... »[836]. Le rayon d'activité des Lançados englobait toute la Sénégambie entre les îles du Cap-Vert, la Gambie et les terroirs ouolofs. À la fin du XVe siècle, Almada, partant du nombre des confessions durant le carême, estimait de 700 à 800 individus le nombre des Portugais pour le seul village cité plus haut.

L'activité de ces Lançados couvrait la côte et les autres fleuves. Avec les Français, comme avec les Anglais ils développaient ce cabotage sur de petites embarcations qui leur permirent de vendre des cuirs, de la cire, de l'ivoire et du fer qu'ils portaient en pays ouolof et maure contre des esclaves. Almada les décrit au sud de la Gambie à la fin du XVIe siècle. « Ces noirs banhûs surtout

---

834 Richard Jobson, *The golden trade or the discovery of the river Gambia*, London, Pengouin press, 1932, 218 p., page 37.

835 Amiral D'Estrées, mémoire tant sur l'arrivée des vaisseaux du Roy au Cap-vert et leur sesjour à ces rades que sur le commerce qu'on peut faire à ces costes jusques à la rivière Gambie, Bibliothèque Nationale mélanges Colbert, 1761. Page 230.

836 Alvares de Almada, Traité succinct, *op. cit.*, page 363.

sont très intelligents et, hommes comme femmes, ils servent les nôtres et vont avec eux dans les autres fleuves en tant que Gorumetes, gagnant leur salaires aussi sûrement que s'ils étaient nés et avaient été élevés parmi nous ».[837]

Des groupes de Lançados et de Gourmettes se retrouvaient dans beaucoup de localités de la Sénégambie. Ainsi Coelho en dénombre en pays ouolof, vers 1669. Et, dans la même période, La Courbe parle des villages de Gourmettes portugais qui allaient chercher la cire dans le milieu du pays.[838]

Il apparaît au cours du XVIIe siècle une africanisation des éléments portugais et leur insertion dans le paysage culturel local avec des traits spécifiques que trahissent la langue, le style vestimentaire et la forme de leur habitat. Le terme même de « Lançados » devait disparaître du vocabulaire local comme pour marquer cette rupture. Le relais que constituaient les îles du Cap-Vert d'où étaient venus bon nombre de Lançados, a beaucoup facilité l'intégration d'une communauté composée de métis et de blancs restés des intermédiaires incontournables dans les échanges entre Européens de toutes nationalités et princes autochtones. La longue coexistence entre Africains et Portugais sur le sol cap-verdien a préparé l'intégration et leur insertion dans les royaumes de la côte.[839] On les retrouve essentiellement sur la Petite Côte entre le Cap-Vert et l'embouchure de la Gambie avec comme places fortes: Rufisque, Portudal, Joal et, plus au sud, dans le royaume de Niomi sur la rive nord et celui de Cassao dans le Niani et Parifo dans le royaume de Kabu où des familles portugaises étaient installées dans des maisons de terre.

Les terroirs portugais gardent ainsi un cachet particulier en Sénégambie par leur autonomie et leur distance par rapport à l'empire portugais qui au XVIIe siècle avait perdu le monopole du commerce de Guinée. Cette singularité de la trajectoire des Portugais en Sénégambie dénote le caractère multiforme des modalités de l'implantation portugaise dans le monde. Godinho Magalhaes note « une pluralité de foyers de peuplement, aux intérêts souvent régionaux souvent en conflit avec les intérêts du centre de l'empire et de ses articulations maîtresses. La limite reste d'ailleurs floue entre la création de foyers luso-indigènes intégrés dans l'empire et les étonnantes randonnées des Lançados et renégats dans certains cas assimilés par les sociétés indigènes. »[840] L'exemple des « prazos » le long de la vallée du Zambèze,

---

837 Almada, Tratado breve dos rios de Guiné, publié par Brasio, Monumenta Missionaria Africana, Lisboa Agencia general de Ultramar segunda serie, vol III, 1964, pp 329-378. cité par Boulègue, *op. cit.*, 1972.

838 La Courbe Michel, Premier voyage du Sieur de la Courbe fait à la coste d'Afrique en 1685, publié par P. Cultru, Paris, Emile Larose, 1913, page 232.

839 Coelho parle des descendants de nobles' ouolofs refugiés à Santiago en 1489 à la suite d'une guerre de succession dans le Djolof.

840 Magalhaes Godinho, L'économie de L'Empire portugais aux XVe et XVIe siècles, Paris SEVPEN, 1969. 857 P

véritables îlot de métissage portugais dans un environnement culturel bantou, est bien significatif de cette diversité.

Cependant, l'exemple de la Sénégambie dénote une implication dans le jeu politique qui a fait de certains Portugais de véritables auxiliaires des potentats locaux. C'est une dimension des États post-atlantiques que de voir leur appareil administratif coloré par la présence de ces auxiliaires qui sont à la fois intermédiaires et agents des rois locaux.

Le Père Alexis parle, en 1634, de l'alkaire de Cap-Gaspard qui deviendra Dakar. Ce dernier originaire des îles du Cap-Vert était à l'origine un captif du roi du Cayor avant qu'il ne le nomme à ce poste de Gouverneur du Cap-Gaspard. Il avait presque oublié sa langue maternelle et son fils vécu en France pendant 5 ou 6 ans et servit dans l'armée du Roi de France au siège de La Rochelle.[841]

Plusieurs sources attestent de ce rôle d'intermédiaire joué par les Portugais. Jobson en 1618 décrit le commerce des « Anglais, Français, Flamands et Portugais...et des noirs, des mulâtres et des créoles naturels des îles de Santiago et Cabo Verde. Il y a beaucoup de Portugais qui vivent là, mariés, lesquels sont appelés tangomangos, qui servent d'interprètes pour les marchands et seigneurs de ces endroits, et entre ces Portugais il y en a qui vendent 1500 quintaux d'ivoire et savent toutes les langues dû au grand commerce que généralement ils exercent. »[842]

Si à l'image des prazos de la vallée du Zambèze ou même dans une région plus proche comme le Rio Cacheu,[843] des noyaux portugais gardaient une relative autonomie, en Sénégambie, les Portugais offraient plutôt cette image de maillon du pouvoir, un élément actif dans les nouveaux projets hégémoniques locaux. L'hégémonie Fulbé en montre un exemple saisissant avec le personnage de Ganagoga que présente Almada et Rainolds. [844]

Almada présente Ganagoga comme un envoyé du Duc de Casao à la cour du Grand Fulo dont il épousa la fille. De son vrai nom Joao Ferreira, le sobriquet Ganagoga lui a été donné pour sa maîtrise des langues qui en faisait un bon intermédiaire réputé dans le commerce sénégambien.[845] On retrouve ce Ganogoga au cœur de la querelle de succession qui survint au Fouta Toro vers

---

[841] P. Alexis de Sainct Lo, Relation du voyage du Cap-Vert; Paris, Targa 1637, cité in Jean Boulègue, *op. cit.*, 1972, page 30.

[842] Richard Jobson *The Golden trade or a discovery of the river Gambia*, London, Penguin press 1932 p. 6-7 cité in Boulègue, *op. cit.*

[843] Boulègue parle pour la fin du XVIIe siècle de véritables seigneurs locaux entre Gambie et Casamance, à l'image de de cet espagnol de Cuba Don Juan Maldonado qui possédait une maison fortifiée avec quelques pièces d'artilleries ;

[844] Rainolds Richard, le voyage de Richard Rainolds en Sénégambie (1591) traduit par R. Marquet et J. Boulègue in *Bulletin de l'Ifan,* T. XXXIII, série B, n° 1, 1971, p.1-13.

[845] Almada edition Lisboa, 1964, page 25.

1595-1600. L'oncle du roi : Galaya s'opposait au frère, Lamba qui fut évincé. Avec l'aide de Ganagoga, Galaya réussit à usurper le trône du Fouta.[846]

Cet épisode est relayé par l'écho dans les traditions d'une incursion portugaise au Bambouk témoignant d'une forte influence de l'élément portugais dans la géopolitique du XVIIe siècle sénégambien. Golberry rapporte cette tradition comme suit : « … L'invasion des Portugais… date suivant leur tradition, du commencement du neuvième siècle de l'hégire. Ils disent que les Portugais se rendirent maîtres de tout le pays de Bambouk et des mines d'or, qu'ils massacrèrent plusieurs de leurs princes et un grand nombre d'habitants ; qu'ensuite ils se détruisirent entre eux, qu'il en périt beaucoup de débauche et de maladies et que réduits à un petit nombre, les Bamboukains conspirèrent contre eux, et les mirent tous à mort le même jour. Ces événements sont souvent racontés par les Manding du Bambouk, tous ceux qui les fréquentent, assurent qu'ils ont conservé la plus grande haine pour les Portugais. Ils savent que cette nation existe, ils craignent son retour dans leur pays ; et ils ont la terreur des vengeances qu'ils y exerceraient. Cette terreur est sans doute la source de leur éloignement pour tous les blancs, quelle que soit la nation dont ils puissent être ; il existe encore dans le Bambouk des ruines d'anciens forts et de quelques maisons construites par les Portugais, et plusieurs mots de langue portugaise se trouvent encore mêlés dans le langage des Bamboukains. »[847]

L'impact de la culture lançado est toujours visible à la fin du XIXe siècle. Ils font toujours le commerce dans les escales de la Casamance qui étaient devenues après Cachéo, l'épicentre de la présence portugaise en Sénégambie. Ils sont les maîtres des flottilles de pirogues taillées dans le tronc des Benteniers (Sterculia senegalensis) appelées Faïa. Ces pirogues sont réputées d'un important tonnage qui permettaient aux métis portugais de convoyer des produits comme le coton, des pagnes et du sel en échange du riz qu'ils vendaient à la Compagnie de la Casamance qui à son tour l'exportait vers la Gambie, Gorée ou Saint-Louis.

Les habitants ou les premières élites civiles des territoires côtiers

Les « habitants » constituent une autre catégorie sociale hybride qui, à l'image des Tangomaos de l'espace guinéen, allait marquer durablement l'espace atlantique dans le bassin du Sénégal. Avec les Tangomaos de souche

---

846 Anonyme Relaçao da costa da Guiné (1605) publiée par Brasio T. VI, 1968 : 208-217. Idem Relacion y breve suma delas cosas del reyno del gran Fulo y succeso del rey lamba, que es cristiano, por la misericordia de Dios, cuias noticias carecen de todas dudas (1600) publio in Teisera da Mota: Un document nouveau pour l'histoire des peuls du Sénégal pendant les XVe et XVIe siècle, Lisbonne 1971.

847 Xavier Golberry Fragment d'un voyage en Afrique fait pendant les années 1785 et 1787 dans les contrées occidentales du continent. Paris, Trentel et Wurtz 1802, 2 vols., p. 421-422.

portugaise, l'une des premières élites civiles de la société coloniale s'est constituée sur les berges de l'Océan atlantique autour de Saint-Louis et Gorée.

Les habitants de Saint-Louis vont fournir la première génération de traitants métis et noirs. Descendants de signares, des maîtres de langues, gourmettes et laptots.[848]Ils sont tous chrétiens si l'on en croit l'Abbé Boilat, mais « sont regardés comme habitants noirs mahométans dont les familles ont toujours été libres et ont tenu ou tiennent un rang dans la société ».[849]

La maîtrise des langues locales et leur connaissance du pays et des mœurs faisaient des habitants les intermédiaires naturels entre les compagnies et les négociants de la côte et l'intérieur du pays notamment avec les populations maures ou dioulas.

Ils ont connu une réelle prospérité au XVIIe et XVIIIe siècles après la libéralisation du commerce notamment sous les deux occupations anglaises, pendant lesquelles leur influence politique allait s'affirmer.

À la fin du XVIIIe siècle, Golberry[850] estimait à environ 6000 habitants la population de Saint-Louis. Cette population se répartissait en 2.400 métis et noirs libres, 600 Français résidents temporaires (fonctionnaires, commerçants, soldats), 60 résidents permanents, 1.000 esclaves domestiques et 1.000 autres employés au Fort et dans les différents entrepôts. Du reste, la configuration de l'espace urbain exprimait bien cette distribution démographique.

Sindoni qui correspond au secteur Sud de l'île était occupé par des originaires du Cayor, le secteur Nord ou Lodo était réservé aux esclaves. Au centre, organisé autour du Fort s'était développé le domaine chrétien nommé Chrétian[851] véritable embryon de la société coloniale que Lamiral décrivait comme le domaine appartenant à « quelques riches habitants ». « Des maisons de briques fort simples avec des meubles à l'européenne et de la vaisselle blanche. »[852]

Les riches habitants de confession chrétienne, métis pour la plupart, affichant un train de vie européen, vont constituer une élite civile avec une forte assise économique servie par une grande influence politique.

---

[848] Marcson, M. D., European African interactions in the pre-colonial period, Saint-Louis, Senegal, 1758-1854-1976, p. 46.

[849] Boilat, D. *Esquisses sénégalaises*, Paris, p. 212.

[850] Golberry, X., *Fragments d'un voyage en Afrique pendant les années 1785 et 1787 dans les contrées occidentales du continent*, Paris, Trentel et Wurtz, 1802, 2 vol.

[851] Biondi, Jean Pierre, *Saint-Louis du Sénégal, Mémoires d'un métissage*, Dence, Paris, 1987, p. 43.

[852] Amiral, cité in Biondi, J.-P., *op. cit.*, p. 43.

Les mariages à la mode du pays

Dans le cadre du monopole des compagnies au XVIIe siècle, les femmes allaient être les premières à s'assurer une place dans l'ordre colonial. Les mariages à la mode du pays vont être la stratégie par excellence d'intégration aux affaires. À l'ombre de leurs compagnons européens des différentes compagnies, elles jouissaient de forts privilèges en contrepartie de leur charme. Détournant les biens de la compagnie, elles en louaient les esclaves, nourris par la même compagnie avec la complicité de leurs compagnons. Il y a là autant de formes perverses d'accès aux affaires dénoncées par Michel Adanson en 1749 dans un rapport adressé au ministre des Affaires étrangères Choiseul qui révèle comment se sont formés de véritables patrimoines signares qui ont permis à des familles métisses de rompre définitivement d'avec leur ascendance servile.

Le fils se retrouvant employé de la compagnie ; la fille sur les traces de sa mère devenait elle aussi signare. La multiplication des mariages du fait de la mort du conjoint européen ou simplement de son retour en Europe, faisait s'accumuler immeubles, esclaves dans la famille signare. En 1788, trois des plus gros armateurs noirs ou métis de Saint-Louis étaient des femmes[853]participant directement à la traite de la gomme, de la cire, de l'or et des esclaves. L'historiographie coloniale du XVIIIe retient les noms prestigieux de Marie Labouré une des plus importantes propriétaires de bateaux de traite d'esclaves (plus d'une centaine) à Saint-Louis. De même Caty Louette, maîtresse du capitaine Aussenac dont la maison en 1767 comptait environ 25 gourmettes, et 43 rappareilles.[854]

Elles utilisaient aussi le service de laptots qui leur servaient d'émissaires pendant la traite sur le Fleuve. Dans ce cadre, les laptots convoyaient le sel du Gandiole qu'ils échangeaient contre de l'or du Galam qui, travaillé à Saint-Louis, fournissait les bijoux dont se paraient ces dames.

Le système signare a donné naissance à un groupe de 30 à 40 familles de Noirs libres et mulâtres qui contrôlent le commerce avec les habitants du Fleuve[855]. Cette catégorie s'est surtout développée à l'occasion de la première occupation anglaise de 1758 à 1779.

La liberté du commerce pour tous les sujets de sa Majesté proclamée par les Anglais et l'institution d'un conseil du Gouverneur composé de 9 habitants et de 4 officiers préludaient la prépondérance métisse dans la vie politique de l'Île. Les péripéties de la Révolution française et l'élan d'enthou-

---

[853] *Ibidem,* p. 55.

[854] Gourmets : Esclaves mâles catholiques ; Rappareilles : esclaves domestiques féminin, cité in : Biondi, Jean-Pierre, *op. cit.*, p. 50.

[855] Marcson, M. D., *op. cit.*, p. 35.

siasme libérateur[856] qui l'a accompagnée, aiguillonnaient la conscience de groupe qui s'exprime dans les Cahiers de Doléances des habitants du Sénégal aux citoyens français du 15 avril 1789. Dénonçant l'exclusif de la Compagnie de la traite de la gomme, les habitants réclament la liberté totale du commerce avec les Maures.

La présence anglaise avait du reste détourné le trafic de la gomme vers Portendik plus concurrentiel. Ce qui ne manque pas de provoquer une gêne chez les habitants de Saint-Louis.

Le destin des habitants se nouait en cette période charnière de la fin du XVIIIe siècle au début XIXe. Le blocus anglais sur le commerce des esclaves, l'inflation des guinées à Saint-Louis du fait de la contrebande anglaise et enfin la contraction de la demande française en gomme provoquaient le marasme à Saint-Louis et annonçaient le crépuscule des métis. La prépondérance maure sur la région et l'affirmation d'une diaspora musulmane de petits traitants furent de puissants révélateurs de leur éclipse.

Les Lançados ont donc à l'image des métis de Saint-Louis, développé une culture créole restée vivace dans la langue et les vestiges culturels. La biologie et la couleur de leur origine se sont, dès la fin du XIXe siècle fondues dans la mêlée.

Brosselard en fait écho en constatant que « à l'exception de quelques nobles, dont les préjugés de caste sont restés vivants malgré le changement de couleur qui permet à peine de les distinguer des indigènes du pays, tous se sont mis à leur tour au travail, à l'exemple des Européens si actifs dans la rivière »[857].

La fin du XVIIIe et le début du XIXe ouvrait ainsi une période de récession dans le réseau Atlantique dont les principaux indicateurs sont : l'expansionnisme Trarza et la nouvelle sociologie atlantique.

---

[856] Le Décret du 18 janvier 1791 accordait la liberté du commerce au Sénégal pour tous les Français.
[857] Brosselard-Faidherbe, *op. cité*, page 20.

CHAPITRE 10

ESCLAVAGE ET NOUVELLE SOCIOLOGIE ATLANTIQUE : LE SYSTÈME ATLANTIQUE ET LA FORMATION D'UNE ÉLITE SERVILE

L'espace atlantique occidental que définit la côte de Portendik jusqu'à la Sierra Léone apparaît comme espace bien défini, mais surtout comme un pôle économique capable de polariser des activités marchandes sui generis.

C'est un système de comptoirs échelonné le long des berges de l'Atlantique et organisant un nouveau système d'échange marqué par des niveaux de profit jamais égalés dans l'histoire économique de la région. Autour de Saint-Louis par exemple ce système s'est identifié comme un territoire avec une localisation bien précise au milieu du fleuve Sénégal, à 5 lieues au-dessus de son embouchure. Avec une lieue de tour où siège la Compagnie avec sa hiérarchie du commandant aux commis.[858]

C'est le port déversoir des produits comme « de la toile, du coton, du cuivre, de l'étain, du fer, de l'eau-de-vie et quelques bagatelles de verre. »[859] En échange, les autochtones apportent des cuirs, de l'ivoire et surtout des captifs et de l'ambre gris. Il s'y ajoute la gomme portée par les Maures de la rive droite du fleuve Sénégal. « Le profit qu'on tire de ce commerce est de huit cents pour cent ».[860]

La nature de ces produits achève de faire de ces territoires les locus du système atlantique dont ils constituent un des maillons centraux. Les cuirs, l'ivoire et la gomme, suivant le témoignage de Lemaire, sont destinés à la France, tandis que les captifs rejoignaient les îles françaises d'Amérique pour y travailler le sucre.

L'éloignement de la destination et les coûts que cela induisait se répercutaient dans les termes de l'échange fortement défavorables aux autochtones. « On en a des meilleures à dix francs pièce et on les revend plus de cent écus. Pour quatre ou cinq pots d'eau de vie, souvent on aura un assez bon esclave ; ainsi la dépense est moins dans l'achat que dans le transport à cause des grandes dépenses des vaisseaux. »[861]

Les Néerlandais nous ont laissé une estimation des investissements de l'ordre de 35 000 florins dont 25 000 pour le coût de la cargaison, 6000 pour le salaire d'un équipage moyen de 25 hommes et 4000 pour leur nourriture. À ce

---

[858] *Les voyages du Sieur Lemaire sous Monsieur Dancourt Directeur de la Compagnie roiale d'Afrique*., Paris, 1695, page 72.
[859] Le maire, *ibid.*, page 72.
[860] Lemaire, *op. cit.*, page 73.
[861] Le maire, *ibid.*, page 73.

coût global il fallait ajouter le prix de l'amortissement du bateau autour de 15 000 florins, les menus frais en métropole et le paiement des coutumes aux souverains locaux. C'est sans doute ce niveau de l'investissement qui pouvait expliquer la rudesse de la concurrence et le zèle mis à surestimer la valeur des produits européens et sous-estimer les produits de la côte africaine comme l'ambre gris, l'or, les cuirs, l'ivoire, la cire et les esclaves. C'est dans la même veine que se justifie la pratique dite des « maisons » mentionnée plus haut consistant à laisser un commis à terre avec la marchandise et après un délai plus ou moins long, le navire de la compagnie revenait le prendre avec les produits de sa traite. Cette pratique nécessitait la collaboration et un partenariat suivi avec les chefs locaux dont les agents des compagnies devenaient de facto les obligés.[862] C'est ce partenariat qui servait de lit aux querelles de préséance entre chefs locaux des différents lignages des aristocraties de la côte. Ce partenariat était aussi entretenu par l'âpreté de la concurrence entre les pavillons européens. Pour les six mois de séjour sur la Petite Côte Van De Broecke notait, en 1606, la présence de 17 navires dont 6 anglais, 6 français dont 3 corsaires, 2 portugais, 2 néerlandais et un navire lubeckois. La distribution de ces pavillons donne une idée du niveau de l'influence respective des « nations européennes » mais aussi des virtualités territoriales qui se présentent à l'horizon des siècles suivants.

La chaîne de l'Atlantique paraissait bien relier un système mercantile international avec des communautés ethniques où les produits comme les agents ne semblaient pas avoir les mêmes fonctions sur une même échelle. Jusqu'à ce début du XVIIe siècle un niveau de production locale assez conséquent alimentait encore des échanges à l'échelon local. C'est le cas des tissages locaux produits par des hommes et confectionnés par les femmes en de jolis vêtements et de l'excellente teinture bleue. Ces vêtements sont revendus en côte de Guinée. Van Den Broecke signale aussi la production du bon savon et d'excellentes poteries avant que la traite des esclaves n'installe une asymétrie des échanges qui a scellé le sort de bien des communautés historiques de la côte.

Ainsi la transition politique dans laquelle se trouvaient bien des formations politiques ouest-africaines, s'est empêtrée dans une économie de la violence qui était un bon dérivatif pour le système atlantique à qui elle fournissait son contingent d'esclaves. Mais, dans bien des terroirs de la côte, le XVIIe siècle allait ouvrir une période de crise qui a entretenu et nourri les termes de l'échange défavorables aux communautés de la côte ouest-africaine.

---

[862] Guy Thilmans et Nize Isabel de Moraes, « Les passages à la petite côte de Pieter Van Den Broecke (1606-1609) », *Bulletin de l Ifan*, Tome XXXIX, série B, n° 3, 1977, pages 477-478.

L'Atlantique et les terroirs de l'esclavage

James Searing a eu raison de relever ce grand paradoxe, de l'histoire atlantique présentée comme le jeu d'un échange d'esclaves et de produits européens sans racine dans un système de production, qui pourtant lui donnait sa consistance et son assise. En fait, l'espace de l'ouest atlantique n'est pas simplement l'espace suggéré par les projets politiques et les représentations de la tradition orale ou le champ des échanges de marchandises. Il y a bien un espace de production de biens et de travail dont la description des réseaux marchands et la vie de cour ne rendent pas compte. Les partenaires de l'espace atlantique que sont les nobles, les négociants et leurs mandants respectifs, semblent détachés de l'espace de la production qui alimentait les réseaux atlantiques. L'image des seigneurs de la guerre a informé cette illusion, d'un système simplement prédateur, qui prélève par une machinerie de pillage et de raids les hommes et les biens pour le système atlantique.

Les esclaves par-delà leurs statuts politiques jouaient un rôle productif majeur dans un environnement où l'accès à la terre est facile et de ce fait le recrutement de travailleurs libres s'avère difficile. Ainsi les esclaves produisaient les grains destinés à l'entretien des caravanes. De même le transport des marchandises assuré par les esclaves a fini par faire de l'esclavage un système de production et un système logistique. Le Gajaga, le Fouta Toro et le Bas-Sénégal étaient réputés être des greniers de la Sénégambie mettant à profit le travail servile pour les besoins du système atlantique. La demande en céréales restait très importante du fait que la plupart des esclaves destinés au commerce atlantique provenait du Haut-Fleuve et leur transport se faisait à la faveur des hautes eaux coïncidant avec l'hivernage. Une fois sur la côte, une période d'attente souvent longue devait suivre en fonction du trafic maritime très dépendant des séquences climatiques qui déterminaient le mouvement des bateaux. Le Bas-Sénégal consacrait ses esclaves à la production du mil durant la saison des pluies de juillet à octobre et le tissage du coton durant la saison sèche. Cette situation à chaque bout de la chaîne présentait une grande demande en grains. Ainsi entre la côte atlantique et les terroirs de l'intérieur se tissait un système intégrant un système de capture et de prédation avec un système de production bien assis dans des terroirs de mil ou de riz.

Des tendances de fond ont structurellement donné à l'agriculture une place que nul témoignage écrit ne pouvait laisser soupçonner. La longue période de dessiccation qui a traversé le XVIIe et le XVIIIe siècle a créé une recrudescence de la demande en grains, soutenue par le récurrent besoin en grains du Sahara mauritanien soutenu par le commerce de la gomme.

L'ouverture de l'Atlantique a pour ainsi dire redonné aux vallées de la Gambie, du Sénégal et du Niger un attrait majeur. Le nouveau contexte les a transformées en terroirs de l'esclavage, avec la relative densité des populations et l'aptitude de l'environnement pour l'activité agricole, dans un contexte de baisse du régime des pluies. Les caravanes d'esclaves reliant les vallées de la Gambie, du Sénégal comme du Niger aux comptoirs de la côte, étaient de véritables greniers ambulants avec de lourdes charges en grains portées par chaque esclave.

La prégnance des facteurs structurels qui ont favorisé le maintien de l'activité agricole explique sans doute l'impact des facteurs conjoncturels comme les famines, les invasions de sautereaux ou les guerres entre royaumes dans l'augmentation des exportations d'esclaves. La propension des Européens de la côte à fomenter des guerres entre royaumes rivaux apparaît comme une intervention politique en vue de créer une offre d'esclaves que les seules lois du marché ou les nécessités économiques ne pouvaient assurer. C'est bien souvent une conjoncture de crise des terroirs agricoles, avec leur cortège de famines qui a favorisé le développement de régimes militaristes à l'image des Bambaras de Ségou ou du Kaarta.[863]

La modicité des estimations de Martin et Becker pour les exportations d'esclaves de la côte sénégambienne trouve sans doute une explication dans le maintien d'une production agricole fortement soutenue par la demande du Sahara, la nourriture des esclaves dans les zones de transit et sur les navires européens. À ces tendances structurelles devaient s'ajouter des facteurs sociologiques propres aux sociétés de la Sénégambie qui ont permis le maintien de l'activité agricole malgré la généralisation de l'économie de violence. Cette généralisation de la violence, malgré ses pesanteurs, n'a pas gommé la vie des terroirs avec leur logique sociale et leur système productif. Ce trait est particulièrement avéré pour les sociétés de l'espace atlantique qui servaient d'intermédiaires entre les négociants européens et l'hinterland. Jouissant du contrôle de l'accès vers l'intérieur des marchés d'esclaves et/ou de l'or, ces sociétés et leurs dirigeants pouvaient se contenter du paiement des coutumes par les Européens et laisser leurs esclaves s'adonner à des activités de production agricoles domestiques.

Pole atlantique et offre structurelle d'esclaves

À la faveur de l'occupation anglaise, un groupe d'intermédiaires africains avait vu le jour en mettant à profit la liberté du commerce favorisée par les Anglais pour intégrer le réseau traditionnel des Maures. Ces commerçants travaillant pour leur propre compte ou au service de négociants anglais ont fait

[863] Sékéné Mody Cissoko, « Famines et épidémies à Tombouctou et dans la vallée du Niger du XVIe au XVIIIe siècle » *Bulletin de l'Ifan*, série B, 30, N° 3, 1968, p. 806-821.

de Saint-Louis un pôle décisif du système atlantique. Leur émergence a sans doute bouleversé la conjoncture de la traite des esclaves. Ces commerçants, si l'on en croit Doumet, payaient leurs captifs jusqu'à 60 barres, alors qu'à Gorée ces mêmes captifs n'étaient échangés que pour 32 barres pour des captifs qu'il fallait transporter jusqu'à cette île. « Damel et ses Grands ne nous vendront à Gorée que ceux qui auront été pillés sur la côte qu'ils ne voudront point avoir la peine de transporter à Arbout (Mboul ?), auprès du roi où il y a les maures et des habitants du Sénégal agents des Anglais toujours établis. » [864] Cette structure de la demande en esclaves le long de la côte explique la moyenne de 400 esclaves qu'un souverain, comme celui du Cayor, pouvait fournir chaque année. De même, la disparité des prix et les coûts de la logistique pouvaient très souvent justifier une utilisation plus conséquente de la main-d'œuvre servile dans la production.

L'esclavage de production

La réalité d'un esclavage de production en Sénégambie sur une vaste échelle a été très peu relatée par les sources écrites comme par les traditions orales. On trouvera difficilement une description aussi détaillée que celle fournie par le *Tarrikh el-Fettach* sur les 24 tribus d'esclaves que le Songhay a héritées de l'empire du Mali. Entre autres, la tribu des Zendji entre Kanta et Sibiridougou qui fournissait du poisson sec comme des pirogues et l'équipage pour assurer certains transports. De même, les nombreuses plantations entre Gao et Fani dans lesquelles des groupes de 100 ou 50 esclaves sous la houlette d'un Fanfa assuraient une production de céréales pouvant atteindre 4000 sacs par an.[865]

L'histoire dynastique a pour ainsi dire gommé le champ de la production de la mémoire historique et de l'espace atlantique pour ne retenir que les hauts faits et les gestes de guerre. De même, l'économie de violence qui a marqué le XVIIe comme le XVIIIe siècle a saturé les témoignages écrits qui laissent l'impression d'une table rase économique qui ne donne aucune place à l'activité productive.

Tout au plus peut-on broder l'image de fond de ces activités d'arrière-cour, de cette main-d'œuvre peu visible à partir des sources du XVIIIe, de nombreux esclaves, généralement de sexe féminin, qui produisaient et préparaient l'essentiel des produits consommés par les cours royales. On complètera ce tableau par la production de grains pour la nourriture des

[864] *Mémoire historique sur la partie de la côte d'Afrique. Depuis la rivière du Sénégal jusqu'à celle de Gambie*, Ministère des colonies archives coloniales, daté vers 1764, Par M. Doumet fonds C6.

[865] Cheikh Anta Diop *Afrique noire précoloniale*, Présence africaine 1987, page 148.

caravanes, le tissage des habits et aussi le portage et la logistique assurée par la main-d'œuvre servile.[866]

Il y a là autant d'activités productrices invisibles à partir des sources qui ont ignoré les îlots de production qui donnent vie aux décors lancinants des cours. L'exemple de Maka la fugace capitale du Cayor que la tradition associe à Meissa Tende Dior, avec ses orgies et ses beuveries, loin des affres du travail servile, illustre bien ce phénomène. Le Brasseur cependant dans « Les détails historiques » [867]mentionne bien l'accent mis sur l'agriculture par le Damel Makodu Kumba Diarigne (1766-78) à partir de sa nouvelle capitale établie à Khandane, et cela après une longue période de famine. Mais là aussi il s'agit de recours au travail servile car comme le fait remarquer James Searing, la description de Le Brasseur même si elle ne fait pas explicitement référence au travail servile, ne laisse aucun doute sur le statut des « 300 travailleurs nus » qui ne pouvaient être que des esclaves.[868]

Ainsi, il n'est point exagéré de parler d'une économie de violence comme corollaire de l'économie Atlantique. La relative abondance des terres et surtout la configuration en terroirs qui fixe les communautés rurales sur leurs terres qui leur assurent leurs moyens de survie rendaient le recours à la force coercitive, indispensable produisent pour le marché ou la logistique de l'esclavage. Nous sommes bien loin du modèle européen avec par exemple le système des enclosures contraignant une partie de la paysannerie à aller grossir les rangs des fermiers ou du prolétariat en haillons des villes. En Sénégambie, l'abondance des terres encourageait l'attachement aux terroirs et à sa communauté rendant ainsi peu probable une offre structurelle de travail libre. Une mauvaise conjoncture ou des besoins saisonniers peuvent créer une demande en travail ; mais la violence apparaissait comme le seul facteur de mobilisation pour du travail. Du reste, l'environnement politique, marqué par l'émiettement de l'autorité publique rendait difficile l'existence d'un marché du travail à une échelle régionale. Le marché du travail est un marché organisé et entretenu par les seigneurs de la guerre, les marchands et les négociants européens. La force coercitive dont ils avaient le monopole leur donnait le pouvoir de créer l'offre d'esclaves et de l'acheminer vers les côtes, ou les pôles de production le long de la vallée du fleuve Sénégal ou de la Gambie dont les produits assuraient l'entretien des esclaves sur le continent comme en mer.

L'attente souvent longue de l'embarcation des esclaves sur les navires, ou l'espoir d'un meilleur prix, créait aussi une demande en travail servile que les vendeurs d'esclaves mettaient à profit pour cultiver des champs dont le produit servait à l'entretien des esclaves comme des porteurs qui n'étaient pas destinés

---

[866] Jeam Searing West African slavery and Atlantic commerce. Cambridge University press 1993, page 41.

[867] *Bulletin de l'Ifan*, 39, série B, 1, 1977, page 98.

[868]James Searing, *op. cité*, page 43.

à la vente. Le coût du stockage restait décisif dans le prix final des esclaves. Par exemple, pour les esclaves du Haut-fleuve, leur acheminement vers Saint-Louis ne pouvait se faire par le fleuve Sénégal qu'en période de hautes eaux. Des esclaves achetés en janvier par exemple, juste après le départ des bateaux devaient être gardés et entretenus pendant au moins 9 mois. C'est là un avantage que les vendeurs d'esclaves avaient sur les négociants européens qui eux devaient faire face à de lourds frais d'entretien des cargaisons humaines en attente d'être embarquées.

Dans le Gadiaga par exemple, les Dioulas utilisaient les esclaves achetés durant la saison sèche pour la culture du mil sur les terres du Dièri. Cette pratique leur permettait d'utiliser la main-d'œuvre servile pour les semailles au début de la saison des pluies et en même temps vendre leurs esclaves au prix fort au moment de l'arrivée des bateaux de Saint-Louis. Mungo Park, en 1797, rapporte le cas de ce marchand Jakhanké avec lequel il a partagé une caravane. La caravane venait de la région de Bamako et eut vent en Haute-Gambie d'une baisse de la demande sur la Gambie. Le Dioula jakhanké dont le village d'origine (Diakha sur le Bafing) était à mi-chemin entre la vallée du Niger et la côte, préféra mettre ses esclaves au travail agricole pendant un an plutôt que de prendre le risque de les convoyer sur la côte pour un mauvais prix.[869]

L'autre alternative qui se présentait pour les commerçants malinké originaires de la vallée du Niger, était d'affermer un lopin de terre près de la Gambie pour cultiver une saison et vendre la récolte avant de retourner. Cette pratique a certainement ouvert la voie à la migration du travail dont les Sarakholè seront les champions sur la Gambie à la faveur du boom de l'arachide au XIXe siècle.[870]

La socialisation du travail servile

La proximité des lieux de traite d'esclaves entraînait aussi une augmentation de l'offre de travail servile, car la crainte d'être vendu sur la côte entretenait pour ainsi dire la propension à servir comme esclave dans les pôles de production, les familles de notables ou les cours royales.

Même après la suppression du commerce des esclaves, la demande en main-d'œuvre se présentait toujours comme une forte nécessité. Du fait même des techniques de production très exigeantes en force de travail, dans un espace encore avec de faibles densités humaines, les migrations du travail

---

[869] Phillip D. Curtin 1975, *op cité*, page 171 ; Mungo Park, *Voyage à l'intérieur de l'Afrique fait en 1795, 1796, 1797*, trad J. Castera, tome 2, Paris Tavernier, Dentu, Carteret, An VIII, page 148.

[870] Ken Swindell, Serawoolies, Tillibunkas and strange farmers: The development of migrant groundnut farming along the Gambia River 1848-95. JAH, 21, 1980, page 97.

apparaissaient dans le contexte de la traite comme moyens logistiques qui rendaient les côtes encore plus rentables pour les cultures de rente.[871]

Figure 21 : De l'hinterland à la côte : Des caravanes d'esclaves aux migrants du travail

Caravanes d'esclaves depuis la vallée du Niger	Location de terres le long de la Gambie
Réduction du coût d'entretien des esclaves	Embryon de culture de rente
Antécédents aux migrations du travail.	

Ainsi à la différence de l'esclavage du Nouveau Monde et l'imagerie chaotique de la traversée de l'Atlantique, il y a bien un statut social et politique des esclaves qui a beaucoup marqué l'histoire des XVIIe et XVIIIe siècles en Sénégambie.

En effet, la possibilité de disposer d'un lopin de terre et d'y consacrer une partie du temps de travail, de même le temps libre que permet le statut domestique de beaucoup d'esclaves, ouvraient la voie à une socialisation de l'esclave que favorisait bien la communauté de culture et de religion.

Cheikh Anta Diop a bien établi comment l'esclavage domestique avait très tôt gagné l'espace public depuis le temps de l'empire du Mali. Les esclaves étant à la fois un élément du patrimoine familial mais aussi un corps servant de relais et auxiliaire du pouvoir. La distinction qu'il opère dans « l'Afrique noire précoloniale » entre Djam-Bour (esclaves du Roi), Djam neg nday (esclaves de la mère) et Djam neg bây (esclaves du père) rend bien compte de l'absence d'une quelconque autonomie entre la sphère domestique et l'espace public. La catégorie que les Ouolofs appellent Djam Sayoor s'apparente le plus au modèle de l'esclave européen resté sans attaches familiales, objet de toutes les exactions et brimades. C'est elle qui est destinée directement au marché atlantique ou aux îlots de production entretenus pas les marchands d'esclaves ou leurs partenaires de l'aristocratie ou des notables.

La nomenclature est plus subtile si l'on considère les Djam juddu qui sont nés esclaves et ont hérité leurs privilèges et titres qui leur donnent plus d'influence et plus de confiance au sein de la cour. Il s'y ajoute une catégorie d'élite dénommée esclaves de la Couronne (fekk bayyetil) qui est attachée à la couronne et non à une famille royale spécifique. Ces derniers résident dans la capitale avec des charges héréditaires de gardes rapprochées du roi. Ce statut

[871] Ken Swindell, *op. cité*, page 104.

semble ouvrir la voie à un nouveau pouvoir de négociation à la faveur de l'affaiblissement et la perte de légitimité de la monarchie qui s'annoncent dès la fin du XVIIe siècle.

L'esclavage semble donc être le lit d'une sorte de contrat social qui a établi une forme de complicité sociale entre maîtres et esclaves comme du reste entre l'aristocratie et les gens de castes inférieures en général. Les Gèr, écrivait Cheikh Anta Diop, ne pouvaient exploiter matériellement les ressortissants des castes inférieures sans déchoir aux yeux du peuple et à leurs propres yeux. Ils sont au contraire tenus de les assister à tout point de vue. Ce contrat moral a, semble-t-il, préservé l'ordre social et empêché sa subversion par des couches subalternes. Au contraire, de façon récurrente, ces couches subalternes ont été étroitement associées à l'exercice du pouvoir.[872] Attachés à une famille Garmi, les esclaves accédaient souvent à un statut privilégié lorsque leurs maîtres accédaient au pouvoir. Ainsi, de fidèles serviteurs et collaborateurs directs des rois et des garmis ils deviennent, tour à tour, administrateurs, généraux de guerre ou intendants de Cour, ils constituaient toujours un maillon essentiel du réseau de clientèle et d'alliance qui assurait le maintien du pouvoir. Cette alliance récurrente trouvera son plein régime à la faveur de l'ouverture de l'Atlantique qui a démultiplié le fait servile au point de le rendre massif.

Massification de l'esclavage et inflation du personnel servile

Martin et Becker estiment à une moyenne de 200-300 esclaves vendus par an aux traitants français ; avec des pics pouvant aller à 500. Ces chiffres sont loin de refléter la réalité quantitative du trafic à laquelle il faut ajouter le commerce interlope et les acquisitions anglaises à partir des comptoirs de la Gambie ou pendant l'intermède de l'occupation anglaise de Saint-Louis entre 1758 et 1779. De même, la nature des régimes locaux et leur demande croissante en produits de la côte assuraient une offre permanente d'esclaves dans l'espace sénégambien. Une situation d'endettement vis-à-vis du commerce européen de la part des souverains locaux alimentait aussi cette disponibilité de 0l'offre en esclave que les guerres civiles, les guerres et razzias entre royaumes ou les conjonctures de famine, entretenaient tout au long du XVIIIe siècle.

Cependant les nombreuses ruptures dans la traite occasionnées par les nombreux différends avec les souverains locaux au sujet des coutumes ou de l'anti-esclavagisme de certains marabouts, ont eu cette conséquence décisive de renforcer numériquement le nombre des captifs non négociables. Cette disponibilité numérique des captifs alimentait certes le marché atlantique mais

[872] Cheikh Anta Diop. *L'afrique noire précoloniale*, Paris, Présence africaine, 2nde édition, 1987, page 12.

surtout servait de base à un renouvellement permanent du personnel servile au service des nouveaux seigneurs de la guerre des régimes post-atlantiques comme de simples notables.

La dégénérescence servile

C'est un trait de l'esclavage très peu relevé et qui a eu pour conséquence une sorte de massification du phénomène servile et une dégénérescence sociale très marquée.

La capacité d'absorption des esclaves par le système atlantique ne permettait pas un flux continu capable d'absorber toute l'offre disponible sur la côte. La longueur des trajets entre l'Europe et la côte et entre la côte africaine et les Amériques, ne favorisait point un flux soutenu. Un mémoire de la fin du XVIIe siècle illustre bien cet état de fait qui fait écho à une atmosphère de gêne et de forte concurrence entre Européens.

Le sieur De Gaallon de La Rochelle exposant les obstacles à la bonne marche des compagnies françaises, insistait surtout sur le fait qu'il était fréquent de garder pendant un an ou 18 mois plus de 200 à 300 captifs aux fers en attendant l'arrivée des vaisseaux. Il arrivait même que la compagnie, devant le retard des bateaux, fût contrainte de vendre la moitié de ses cargaisons d'esclaves pour faire subsister l'autre. Et les captifs en surplus « mourroient de se voir si longtemps détenus dans les fers par l'incommodité qu'ils recevaient les uns des autres dans leur captiverie.... Pendant ce temps tous les employés sont occupés à les garder jour et nuit et les barques à leur aller chercher des vivres et du bois. »[873]

Il s'y ajoute que cette massification des esclaves a fini par déteindre sur bien des métiers. À la faveur de l'infortune d'un maître et à défaut d'un retour à la terre, bien des esclaves se sont résolus à embrasser des métiers jadis réservés à des groupes de castes endogamiques. Ce phénomène a eu comme conséquence une péjoration de l'image de ces métiers comme celui de tisserand ou cordonniers.[874]

Il y a, nous semble-t-il, un bouleversement sociologique né à la fois de cette inflation du personnel servile et de l'émiettement politique ouverte depuis le XVIe siècle.

L'instabilité politique entretient et se nourrit en même temps de la massification des couches serviles. Ainsi Garmi ou Diambour, qui n'occupaient pas une position de pouvoir, entretenaient une suite d'esclaves dévoués qui les accompagnaient dans des raids et pillages au détriment des badolos ou se mettaient au service d'un prétendant au trône en échange d'un

[873] Archives coloniales fonds C6, mémoire de De Gaallon, sans date (très probablement 1707).
[874] Yoro Diaw, *Études sur le Walo*, in James Searing, *op. cité*, page 42.

titre honorifique ou d'une charge provinciale. Ne faut-il pas trouver là l'origine de l'inflation des titres et statuts qui a conduit à la dégénérescence d'une royauté à peine sortie des limbes du lamanat.

La disponibilité numérique des esclaves et la possibilité pour un grand nombre de personnes de disposer d'une suite d'esclaves démultipliaient ainsi le nombre de hordes de pillards qu'aucun souverain n'avait la possibilité de contrôler dans un ordre politique ou une gestion cohérente de l'espace.[875]

C'est sans aucun doute ce qui donne à la politique de Lat Soucabé son originalité et sa force avec la création d'une armée de métiers dotée d'armes à feu. Labat relate les préparatifs d'une campagne de Lat Soucabé contre le Bourba Djolof au cours de laquelle le chef Guedj s'était mis en marche avec deux milles chevaux et une infanterie de deux milles hommes dont deux cents armés de fusils. À cet équipement s'ajoutaient 70 chameaux chargés de pierriers, mousquets, balles, poudre et vivres. Ce trait qui décrit les contours d'une armée de métier semble inédit dans le paysage politique au point de créer un nouvel ordre dans la configuration des élites.

L'ordre Garmi traditionnel qui se déclinait en 5 ordres Garmi, Diambour, Badolo, Diami Buur, diami Badolo, se lézarde pour laisser la scène aux Ceddo et aux marabouts devenus les nouveaux protagonistes du jeu politique. L'ordre Garmi traditionnel se dédouble ainsi d'une hiérarchie parallèle dans les capitales comme dans les provinces. Des provinces entières sont directement administrées par des esclaves de la couronne. La police du roi, la surveillance des routes et des marchés comme la collecte des redevances devenaient l'apanage des esclaves du roi que les observateurs européens assimilèrent rapidement à des souverains locaux. Une nébuleuse ceddo prend forme avec une prééminence des esclaves de la couronne pour désigner tout le personnel politique des États post-atlantiques par opposition au parti maraboutique né des flancs de l'ordre diambour.

La nature prédatrice d'un système économique peu producteur, fondé sur des pillages et razzia est en soi un aliment de cette sociologie servile. Il y a comme un phénomène d'auto-entretien de l'élément servile en nombre comme en fonction. Une nouvelle couche sociale que la nature du jeu politique faite de rivalités et de querelles de préséance entre princes rendait incontournable. L'environnement politique aussi participait de cet auto-entretien de la classe servile.

Tous les XVIIe et XVIIIe siècles restent marqués par la persistance d'une farouche résistance de populations sérères ou de la nouvelle élite musulmane que l'aristocratie malgré ses moyens de violence ne pouvait juguler. L'inaccessibilité de certains terroirs de forêt pour la cavalerie et le caractère souvent rudimentaire de l'armement rendaient improbable un rapport de force

---

875 Labat, Tome IV, p. 145-146.

décisif ; ce qui faisait traîner les conflits et leur donnait une massivité et une permanence qui entretenaient l'état de guerre dont se nourrissait et s'occupait l'élite servile.

Même la géographie semblait jouer sa partition dans cette saga.

La confusion permanente et la récurrence de l'état de guerre qui se dégagent des témoignages écrits comme de la mémoire vivante des traditions orales, semblent paradoxalement se résoudre dans la configuration d'un espace qui entre terroirs de forêt et terroir de savane reflète bien le conflit récurrent entre États post-atlantiques et communautés indépendantes (sérères, baïnouk) d'une part, et entre Islam et religion traditionnelle de l'autre. Au gré des rapports de force, cette frontière mouvante définissait l'espace entre le Sénégal et la Gambie et semblait donner au fait servile comme au fait maraboutique cette permanence et cette massivité qui ont marqué surtout le XVIIIe siècle.

Le rôle d'arbitre des esclaves de la couronne apparaît massivement au XVIIIe siècle, surtout au Cayor où on voit les guerriers Ceddo soutenir Makodou Kumba Jarigne contre le Damel Madior et favoriser sa prise du pouvoir. Le même Makodou devra, selon Le Brasseur, faire face à son Farba Kaba qui pouvait aligner plus de 4000 hommes prompts à faire des razzias dans l'aire où s'exerçait la légitimité de Makodou. Le Farba Kaba qui a pris la place du Fara Lambay sur l'échiquier politique, était chargé, selon Becker, des provinces sérères du Diobass, Mbadan, Sandok et Diegem, des Safen et Palor-silli des environs de Pout et assurant surtout le contrôle de la route qui reliait la capitale Lambaye à Portudal.[876]

Ces régimes gardaient un rôle essentiel dans le système atlantique dont les négociants assuraient la base matérielle comme les moyens de leur maintien. La vente des armes était réservée aux seuls rois ou chefs, en évitant « d'armer le peuple » pour ne pas décourager les pillages.[877] Ce contexte et ces conditions semblent bien annoncer la geste de Lat Soucabé dont le régime cristallise tous les éléments de la nouvelle sociologie atlantique.

Les rendez-vous manqués de l'aristocratie traditionnelle

La force politique que suggère l'union du Cayor et du Baol sous le même joug des Guedj fut un puissant révélateur pour la France. Et le XIXe siècle s'ouvre sur le triple enjeu politique qui le traversera jusqu'à son terme : le légitimisme des royaumes post-atlantiques, le militarisme maure et les desseins coloniaux des Européens.

Le mémoire de Monserat, traduit bien les desseins à l'ordre du jour au début du XIXe siècle. Il s'agit de contenir la récurrente menace des Maures. À

---

876 Martin et Becker, *Bulletin de l'Ifan*, série B, n°3, 1976, page 501.

877 « Observations sur l'isle de Gorée données par Mr de Rocheblave, Gouverneur à Mr Boniface son successeur » in Archives nationales Colonies C6 16, document s.d.

défaut d'une extension territoriale à partir de Saint-Louis, il s'agit de « faire gouverner par un prince dévoué à notre cause... par le moyen de quelques secours pécuniaires et le ferait agir comme il l'entendrait. ... quelques fortins placés sur les bords du Fleuve suffiraient à faire respecter la rive gauche et à nous maintenir en bonne intelligence avec la rive droite. Ces dispositions annoncent une véritable stratégie de mise en valeur d'un terroir comme le Walo sorti des tourments de la traite négrière et des razzias maures. « ... Le Walo ainsi appuyé se repeuplerait bientôt et pourrait se livrer avec sécurité à toute sortes de cultures indigènes et à la récolte des prodigieux gommiers qui restent sans être récoltés faute de bras et de sécurité ; l'on pourrait encore leur montrer la culture du tabac et surtout le riz qui y croit naturellement... leur sol leur fournit des emplacements de rizières aux trois-quart préparés par la nature... ce pays finirait par alimenter en grain le Sénégal, qui le plus souvent est forcé de s'approvisionner au-dehors. »[878]

En ce début du XIXe siècle, la Sénégambie présentait encore la même image d'une juxtaposition entre les territoires de la côte et les multiples terroirs de l'hinterland. La portée des canons et des troupes semblent être les seules lignes de démarcation qui tardent à se figer en frontières politiques. Monsérat cite les propos du Bourba Djollof Baba Bourry qui traduisent on ne peut mieux la nature des enjeux de pouvoirs et de l'horizon politique du moment. « ... mon pays produit toutes les denrées que le commerce français fait dans le fleuve Sénégal, je suis riche en bestiaux, morfil, peaux, pagnes et j'ai d'aussi productives forêts de gommiers que les maures, mais de mon royaume au lac de Pagné Full, où mes sujets pourraient rencontrer les premières embarcations du commerce, il y a deux journées de marche du pays inhabité qui est journellement parsemé de troupes vagabondes de maures, ce qui nous rend ce chemin impraticable, et c'est le seul qui pourrait être utilisé pour nos relations commerciales vu que l'on s'y procure de l'eau en toute saison, et très facilement tant pour les hommes que pour les bêtes de somme qui seraient employées aux charrois des divers produits. Si le gouvernement du Sénégal veut m'assurer que les chemins du Yoloff au Waloo seront libres et que les maures n'interrompront plus nos communications, je veillerai de mon côté à ce que toutes les productions de mon pays soient transportées sur les bords du fleuve du Sénégal ou du moins jusqu'au lac Pagné Full où les embarcations françaises traitent avec les gens du Waloo, et le Yambour Cayor. »[879]

Ces propos prêtés au Bourba Djolof reflètent bien la nature de la conjoncture et l'insécurité ambiante; mais ils révèlent surtout les limites du pouvoir et son incapacité à étendre géographiquement son influence et sa

---

[878] Boubacar Barry, « Mémoire inédit de Monserat sur l'histoire du Nord du Sénégal de 1819 à 1839 », *Bulletin de l'Ifan*, Tome XXXII, série B, n° 1, 1970, page 34.

[879] In Mémoire inédit de Monserat, *op. cité*, page 39.

maîtrise sur un territoire. La militarisation des diasporas maures devenues belliqueuses et inorganisées achèvent d'enlever aux potentats locaux la dernière possibilité d'entrer dans une nouvelle rationalité économique, légitime et productrice. Lorsque les navires anglais et français se mirent à interdire l'exportation des esclaves, très peu de membres de l'aristocratie ont saisi cette opportunité historique de se reconvertir dans la rationalité productrice. Vers 1860 quelques commerçants et propriétaires d'esclaves ont loué des terres dans les environs des escales de traite pour faire travailler la main-d'œuvre servile en rade dans ces centres.[880]

Leur reconversion incertaine, l'entrée dans le XIXe siècle semble ainsi compromise pour les aristocraties régnantes qui ont fait les beaux jours de l'économie atlantique esclavagiste.

Le XIXe siècle semble ouvrir une ère durant laquelle l'économie atlantique progressivement se reconvertit. L'aristocratie est forcée de tourner le dos à la mer et ses relais du fleuve Sénégal. Dans la géopolitique et l'économie régionale, la gomme et l'arachide ont pris le relais de la traite des esclaves et l'horizon des seigneurs de la guerre s'obscurcissait.

Désormais c'est le territoire de Saint-Louis et ses excroissances du fleuve et de la côte qui donnent le ton au détriment du Cayor, du Baol et du Boundou en proie à une profonde crise d'adaptation.

Le régne de Birima Fatma Thioub (1822-1832) marque ce retournement et une tentative de basculement dans une nouvelle rationalité économique par l'accent mis sur la production agricole et surtout le désir de limiter l'influence des esclaves de la Couronne. « L'accent mis sur la production agricole par le Damel Birima Fatma Cubb est l'ébauche d'une première réponse à la crise agricole résultant de la traite et à la recherche de nouvelles sources de revenus avec l'abolition de la traite négrière. On peut aussi dire que c'est une tentative d'affaiblir la puissance des Jaami-buur et de combler le fossé qui s'élargit entre les badoolo et le pouvoir monarchique. »[881] Ainsi semblent se décliner les nouveaux enjeux avec pour protagonistes : la colonie, les marabouts, les thieddos et les souverains légitimistes. Ces enjeux traverseront tout le XIXe siècle et on en retrouve l'écho dans la stratégie de la colonie formulée par Faidherbe « protéger les noirs sédentaires et cultivateurs contre les maures nomades et pillards, et en particulier chez les noirs marabouts et les noirs inoffensifs contre les brigandages des Thiédos. »[882]

---

[880] Capitaine Brosselard-Faidherbe, *Casamance et Mellacorée*, Paris Librairie Illustrée, page 20.

[881] Mamadou Diouf.- Le Kajoor au XIXe siècle: La conquête coloniale.- thèse pour le doctorat de 3e Cycle, Paris, 1980, page 190.

[882] ANS, 2 B 32, f° 69, verso cité in Mamadou Diouf : *Le Kajoor au XIXe siècle pouvoir ceddo et conquête coloniale*, Karthala 1990, page 190.

CHAPITRE 11

UN PROJET IMPÉRIAL D'INTÉGRATION : LE TRIANGLE ORAN-SAINT LOUIS -TOMBOUCTOU

L'histoire de la Sénégambie semble s'associer depuis des millénaires à la figure géométrique du triangle. Pour la première figure antique esquissée par Strabon, le XIVe et le XVe ont inventé le chaînon manquant par la découverte de la côte atlantique. Le commerce triangulaire entre l'Europe, l'Amérique et cette même côte sénégambienne a pris le relais du XVIe au XIXe siècle. À la charnière entre les XIXe et XXe siècles la même figure triangulaire résumait dans une saisissante synthèse les desseins politiques, les projets commerciaux et stratégiques d'une Europe devenue impériale et conquérante. Pour chacune de ces séquences de longue durée, la géométrie redéfinissait et construisait l'espace avec une cohérence optique extérieure.

Sous la plume de Levasseur en 1881 prenait forme cette nouvelle figure, un triangle rectangle dont Tombouctou occuperait le sommet d'un angle droit dont les côtés aboutissent à Saint-Louis et à Oran[883]. Envisager cette double direction et ce sommet, enfoncer les coins pour percer vers le Soudan occidental, tel semble être le modus operandi de la France impériale après les politiques de Ducasse, André Bruë et Faidherbe.

Le XIXe siècle s'accompagne avec le développement de la culture de l'arachide qui crée une nouvelle configuration du pouvoir qui jure d'avec le régime des seigneurs de la guerre des XVIIe et XVIIIe siècles. Les centres, siège des aristocraties traditionnelles, semblent céder le pas aux provinces et à leurs communautés qui, à l'échelle des terroirs, redéfinissent le paysage politique à mesure que se dessinent les territoires européens.

Les territoires français deviennent désormais les pôles du commerce et un refuge pour les populations fuyant les hordes des pillards thieddos comme des souverains légitimistes. Une pétition des négociants de Gorée en fait écho : « aujourd'hui… Lat Dior, par fanatisme religieux pousse ses hordes sur le Baol et le livre à un pillage effréné depuis quelque temps. Les nouvelles certaines que nous avons de ce pays et les tribus que nous voyons journellement se réfugier à Rufisque et ses environs prouvent que ce pays sera perdu et nul pour la production si on n'arrête pas Lat Dior à temps. »[884]

---

[883] Jules Gros, *Les voyages et découvertes de Paul Soleillet dans le Sahara et dans le Soudan*, Paris, Maurice Dreyfous, 1881, page XII.

[884] A.S, 13 G 307, *Lettre des membres de la chambre de commerce de Gorée, 5 juin 1873*. Cité in Rokhaya Fall page 279.

Ainsi, en cette charnière entre les XIXe et XXe siècles, semblent se dessiner les nouveaux enjeux politiques et économiques avec de nouveaux protagonistes, les négociants, les paysans, les marabouts et le pouvoir colonial.

L'effet combiné des conquêtes coloniales, des guerres entre différentes factions de l'aristocratie au Cayor, au Fouta, au Boundou comme au Gadiaga, la recrudescence de l'islam militant, la suppression de la traite des esclaves, restent les grandes marques du XIXe siècle. Les mouvements de populations, les famines et épidémies (fièvre jaune de 1878, de rougeole en 1881 et surtout en 1913) ont abouti à des bouleversements socioéconomiques à l'échelle de toute la Sénégambie.

Le tracé du chemin de fer semble avoir bouleversé la configuration de l'espace. L'axe soudano-guinéen qui reliait le haut fleuve, la haute-Gambie et les plateaux guinéens et qui ont fait les beaux jours du Gadiaga et du Boundou[885], cède le pas à de nouvelles villes devenues les épicentres d'un espace colonial. Thiès, Kaolack, Tambacounda le long du chemin de fer Dakar-Niger deviennent les pôles de ce nouvel espace devenu l'aire de la culture de l'arachide.

À mesure que se formait l'espace colonial, des villages entiers ou des communautés religieuses se sont évertués à tourner le dos au nouvel espace sous contrôle européen. C'est ainsi que beaucoup de marabouts peuls, avec leur suite, émigraient pour s'installer en dehors de l'espace colonial en évitant le tracé du chemin de fer et des vallées fluviales. La création de bien des centres religieux semble procéder de ce mouvement.

L'espace de la Sénégambie se polarise désormais en un domaine chrétien européen et urbain à l'ouest et un monde musulman, rural à l'est qui regroupe le Fouta Toro, la Haute-Casamance et le Boundou, véritable réservoir de main-d'œuvre.

L'intermède colonial semble avoir introduit une logique territoriale hiérarchisée avec des infrastructures, une offre administrative et institutionnelle qui ont enlevé aux terroirs traditionnels leurs dynamiques propres au profit des centres atlantiques de la côte. Les infrastructures de communication comme les routes, le chemin de fer, l'économie arachidière ont renforcé une polarisation atlantique dont le terroir ouolof a le plus bénéficié. Le terroir ouolof et fulbé semble avoir été les matrices les plus importantes de cette nouvelle configuration de l'espace atlantique. C'est à partir de ces terroirs que la vie politique à travers les quatre communes (Saint-Louis, Dakar, Gorée, Rufisque), l'islam confrérique des mourides et des tidianes, la formation des premiers groupes marchands autochtones où l'économie de l'arachide se sont forgés comme autant de ressorts d'une entrée dans le XXe siècle que les aristocraties traditionnelles ont manqué.

[885] Andrew Clark, *op. cité*, page 20.

La fin du XIXe siècle marque bien un tournant dans la configuration de l'espace sénégambien. La conquête semble consolider la prégnance d'un espace international où prospèrent désormais les logiques du capital et de l'échange de marchandise. Une économie de place prend forme sur la côte atlantique en organisant l'hinterland dans une logique extravertie. L'espace colonial devient un espace appendice de l'espace métropolitain.

Le projet de Samory et Mamadou Lamine, construit sur l'héritage des dioulas mandingues et soninké, se heurtait à un nouveau rapport de force au profit des territoires de la côte et leurs postes avancés de l'intérieur. L'empire de Samory Touré « moulé sur les routes du commerce »[886] succombait ainsi dans la dernière décennie du XIXe siècle et avec lui disparaissait l'une des dernières formations politiques du Soudan occidental.

L'ère coloniale qui s'ouvre marque le temps de la domination politique comme corollaire de l'intégration de la Sénégambie au système international de production et de distribution. L'épisode de Samory marque bien la disqualification forcée des élites traditionnelles pour négocier un passage vers la nouvelle modernité internationale. La fin des destinées singulières que marque la défaite des légitimismes de terroirs semble ouvrir la voie à des logiques de compromis que bien des élites économiques et religieuses vont adopter.

Le système colonial qui s'annonce, même avec une économie parasitaire basée sur la traite, imprime sa marque dans la configuration de l'espace qui concentre sur les côtes une économie qui organise désormais un hinterland pourvoyeur de main-d'œuvre et de matières premières. L'horizon politique reste limité comme le souligne Herbst : "the limits of British territory as the distance of a cannon shot, or five miles from each castle or fort, in order to bring European laws to the Africans while not interfering with domestic slavery"[887]La territorialité de vaisseau et de comptoirs se mue ainsi en un espace politique avec ses institutions, ses entreprises commerciales et financières. Un territoire colonial prend forme et décline ses limites autour d'un espace qui s'urbanise en organisant l'exclusion et la marginalisation des populations locales.

---

[886] Cathérine Coquery Vidrovitch et Henri Moniot, *L'Afrique de 1800 à nos jours*, PUF, Nouvelle Clio, 1974, 462 pages.

[887] Herbst, *op. cit.*, page 62.

CHAPITRE 12

TERRITOIRE ET ÉCONOMIE DE PLACE

Commercer ou administrer, voilà les deux termes du dilemme dans lequel s'est joué le destin de différentes colonies. Le pragmatisme anglais avait réglé la question depuis Disraeli évitant ainsi bien des avatars à Albion. La France, impériale quant à elle trouvera bien difficilement sa voie. Entre le provincialisme de ses hommes d'affaires et le chauvinisme de ses soldats, surtout après la défaite de Sedan, la France ne pouvait laisser d'autres puissances prendre sa place dans l'ouverture et l'occupation de régions qui s'ouvraient à peine au commerce mondial.[888] Un esprit public "the official mind" se déterminait à assurer un contrôle politique et militaire pour realiser ce dessein[889].

Le XIXe siècle qui marque une jonction entre l'Afrique précoloniale et l'installation des Européens a consacré le leg territorial dans la formation de l'état colonial en Sénégambie.

Ce legs s'est constitué, à partir de 1885, au détriment des hégémonies fulbé et manding incarnées par Ousmane Dan Fodio et Samory, et du légitimisme des souverains ouolofs comme Alboury Ndiaye ou Lat Dior.

De nouvelles frontières apparaissent avec des administrations nouvelles, de nouvelles légitimités. Des groupes, jadis homogènes, sont séparés et d'autres ont été réunis.

Deux modalités d'implantation ont marqué la formation des territoires coloniaux : une occupation fondée sur des places fortifiées dispersées sur le territoire et une occupation effective qui induit l'administration des populations autochtones. C'est cette deuxième modalité qui aboutira à la constitution d'une administration civile.

Les décrets de 1902 et du 18 octobre 1904 dessinaient les contours d'un ensemble territorial de 4.634.000 km^2. L'A.-O.F. ainsi constituée se présentait comme une lointaine excroissance d'un État jacobin, un bloc monolithique en théorie, du ministère des Colonies au commandant de cercle qui contrôle et lève des taxes sur toute activité, toute circulation de biens ou personnes. Un bloc politico- administratif se constituait ainsi de la forêt aux marges du désert sans tenir compte des données ethniques et géographiques.

---

[888] CW Newbury and AS Kanya Forstener, The French policy and the scramble for Africa, in Historical problems of imperial Africa, Robert O Collin, Burns J Mc, Ching E k, Princeton, 1993, page 25.

[889] *Ibid.*, page 28.

C'est sans aucun doute la force des terroirs qui donnait à l'autorité du commandant de cercle une place bien importante. Le mode d'occupation devait toujours compter avec l'étendue de l'espace et la modicité de l'occupation humaine. C'est ce contraste récurrent entre la dimension géographique du territoire et la modestie de la population, qui restait le cœur de la politique coloniale[890].

La faiblesse numérique de la population européenne est aussi pour beaucoup dans le confinement côtier de l'État colonial et son administration. En dehors des villes et des voies de communications majeures, l'action politique relevait plutôt du hasard des circonstances ; ce qui laissait le champ aux autorités par défaut des terroirs locaux.[891]

Le commandant de cercle avait des pouvoirs d'administration, de police, et de justice. Pour des milliers de personnes, le commandant de cercle restait le seul lien avec la métropole. Il assurait le travail des autochtones, définissait l'assiette, collectait la taxe et la vente de l'impôt en nature.

Les décrets de 1902 et 1904 donnaient aussi une base financière au gouvernement de l'A.-O.F. Ce crédit financier allait servir à financer un réseau d'infrastructures. En A.-O.F., le Gouverneur général est le dépositaire des pouvoirs de la République. Il est assisté par un Secrétaire général qui a autorité sur les directions générales : Finances, Travaux publics, Affaires politiques, administratives et sociales, Affaires économiques, Santé publique, Enseignements, Information, Transmission, Météorologie, l'Institut français d'Afrique noire. Ces directions générales avaient autorité sur les gouvernements locaux des différents territoires.[892]

---

[890] Robert Delavignette; in « The territorial Admnistrator in French Black Africa », ed Camille Garnier, Chicago, Chicago University press, 1977, page 21.

[891] David Killinggray, « The maintenance of law and order in British colonial Africa », African Affairs 85, 1986, p. 414-415.

[892] Joseph Roger de Bénoist ; *L'Afrique Occidentale française de 1944 à 1960*, Dakar, NEA, 1982, page 12.

Figure 22 : Les gouvernements locaux des territoires

Circonscription de Dakar et dépendances : territoire fédéral administré par le Gouverneur Général.	Dakar et sa banlieue, l'île de Gorée et à partir de 1937, la commune de Rufisque
La colonie du Sénégal	Saint–Louis en est la capitale sous l'autorité d'un gouverneur dès 1763 ; un conseil général en 1879; extension de la citoyenneté à ses habitants en 1916. Composée de 11 cercles, et de 14 communes mixtes.
La colonie du Soudan français	Capitale Bamako, deviendra le Haut-Sénégal-Niger en 1904 et redevient Soudan français en 1920. 17 cercles ; 2 communes mixtes.
La colonie de la Mauritanie	Territoire militaire devenu civil en 1904. Saint-Louis en fut la capitale en 1919 ; devient colonie en 1921. 10 cercles.
La colonie de la Guinée	Avec les établissements de la Côte de l'or et du Golfe de Guinée. Détachée du Sénégal en 1890 sous le nom de Rivières du sud. Devient territoire autonome en 1891 avant de devenir colonie en 1893. 16 cercles; 3 communes mixtes.
La colonie de la Côte d'Ivoire	Anciens établissements de la Côte de l'or avant de devenir colonie en 1893 avec pour capital Grand Bassam, puis Bingerville en 1900 et après Abidjan en 1931. 22 cercles, 3 communes mixtes.
La colonie du Dahomey	Capitale Porto Novo, colonie autonome des établissements du Bénin depuis 1893, avant de devenir Dahomey et dépendances en 1894. 9 cercles, 3 communes mixtes.
La colonie du Niger	Territoire militaire devenu civil en 1920 et colonie en 1921, sa capitale sera transférée de Zinder à Niamey en 1926. 14 cercles.
La colonie de la Haute-Volta	Érigée en 1919 avec les régions orientales du Soudan français avant d'être dissoute en 1932 et répartie entre la Côte d'Ivoire, le Soudan français et le Niger.

Ce quadrillage administratif et institutionnel forgeait une nouvelle imagerie de l'espace dans laquelle des ethnies de plusieurs terroirs sont regroupées sur un ensemble de territoires. [893]

Désormais, produire, vendre et gagner sortaient de l'horizon limité des terroirs locaux pour intégrer les flux internationaux organisés par la métropole. La polarisation autour des comptoirs prend désormais un nouveau trait : celui de la constitution d'un marché colonial qui se révèle un appendice du marché métropolitain.

Déjà, après l'abolition de l'esclavage en 1848, une indemnité fut attribuée aux propriétaires d'esclaves et la loi du 30 avril 1849 posait le principe de la

[893] C'est bien ce que montrent le cas des maures, des Peuls, des Bambaras (Sénégal/ Soudan), des Soussous et Malinké (Sénégal/Guinée), les Dioulas, les Songhay (Soudan), les Mossi, les Gromsi, les Lobis, les Ashantis, les Baoulé, les Agni (Côte d'Ivoire, Haute-Volta, Dahomey).

création de banques de prêt et d'escompte avec pour capital une partie de cette indemnité. Un décret du 22 décembre 1853 créait la Banque du Sénégal.[894]

Cette institution marque un saut décisif dans le champ de la distribution des biens et services. Elle symbolise une césure dans l'espace qui se polarise de plus en plus entre la côte et l'hinterland ; entre une place économique et institutionnelle atlantique et le pays profond des terroirs de l'intérieur.

Les institutions financières se révèlent des organismes dont l'activité consiste à fournir des services financiers pour l'espace colonial urbanisé. Il s'agit d'un registre nouveau dans le paysage sénégambien jusque-là dominé par le crédit marchandise. Il s'agit de moyens de diffusion du crédit à court, moyen et long termes qui servent à aiguillonner l'activité économique par les nouveaux moyens de paiement qu'elles fournissent à l'activité économique ; ils servent aussi au drainage des disponibilités financières à travers le système de dépôt.

Dans les territoires de l'A.-O.F. , il serait hasardeux de parler d'un marché autonome du fait de la nature extravertie des activités économiques. Cependant la même tendance qui, en métropole, marquait le changement du capitalisme familial vers le marché ouvert des sociétés anonymes, amenait en Afrique de l'Ouest la transformation des vieilles maisons de commerce en sociétés anonymes.[895]

Ainsi, en 1907 les établissements RYFF et ROTH deviennent la Société commerciale de l'ouest-africain (SCOA). En 1908, la société Peyrissac de Bordeaux devient société anonyme. En 1917 ce fut la création de la société commerciale et industrielle de la côte d'Afrique (ClAC) qui prend la suite de la maison Armandon. En 1919 c'est le tour de la maison Maurel et Prom. En 1921 on note la création de la société : « le commerce africain » et la transformation en holding des établissements Gradis de Bordeaux. Mais cette intégration s'est traduite aussi au lendemain de la Grande Guerre par la création de holding ou de sociétés de financement.

En 1920 déjà c'était la création de la Compagnie générale des Colonies, par un consortium de banques et d'entreprises de constructions, au sein duquel on notait: La Banque de Paris et des Pays-bas, le Crédit Lyonnais, le Crédit Foncier d'Algérie et de Tunisie, la Société générale, la Marseillaise de crédit. La composition de son conseil de 1923 rendait déjà compte de l'imbrication des intérêts économiques et des milieux politiques. En effet on y relevait les noms de Fougerolle (travaux publics), Delmas, l'ancien ministre des Colonies Messiny et du Gouverneur général Angoulvant. La présidence étant assurée par l'ancien ministre des Colonies André Lebon remplacé ensuite par

---

[894] Mireaux (Emile), *L'organisation du crédit dans les territoires d'outre-mer*. Recueil Sirey-Paris ; 1954.

[895] Jean S Canale. *Afrique noire. L'Ere coloniale 1900-1945*. Paris-Editions sociales 1977, p. 214.

Émile Moreau président de Paribas. Notons que c'est à la Compagnie générale des Colonies que fut concédée en 1926 la construction du Port de Dakar.

La « haute banque » aussi était présente dans ce nouvel espace financier par ses liens avec le groupe bordelais à l'exemple des Établissements David Gradis et fils qui, en 1921, s'associaient avec la Haute Banque protestante (Parunion) dans un holding (La nouvelle Société française pour le commerce avec les colonies et l'étranger).

De même, le Baron Jean Davillier qui deviendra après la Seconde Guerre mondiale président du Crédit Commercial de France, siège au Crédit Foncier de l'Ouest-Africain et aux Eaux et Électricité de l'Ouest Africain. On le retrouve aussi au conseil de Peyrissac.[896]

Cependant, l'espace financier trouvait une dimension internationale plus grande avec l'implantation de holdings internationaux. Ainsi de la fusion en 1928 d'un trust britannique de la savonnerie : Lever brothers et d'un trust néerlandais de la margarine Jurgens Van Den Bergh-Schicht, Unilever s'implantait au Sénégal avec la Nosoco, en Guinée, Soudan et Niger avec la Compagnie du Niger français ; et en Côte d'Ivoire avec la Compagnie française de la Côte d'Ivoire.

Ces noms et ces structures avec leurs locaux et enseignes ont ajouté des repères nouveaux au décor. Il s'agit de registres inédits dans la configuration de l'espace atlantique brusquement propulsé au rang de relais du commerce et de la finance internationale. Ces nouveaux noms et ces nouvelles enseignes, couronnent l'édification d'un espace colonial le long de la côte comme pour structurer et donner corps à ce qui, jusqu'au milieu du XIXe, siècle n'était encore qu'une territorialité de vaisseaux et de comptoirs.

Par conventions, décrets et lois, l'État et ses institutions ouvraient un espace économique urbain qui allait durablement polariser l'espace atlantique en territoire.

Des prêts à l'agriculture au crédit aux sociétés et particuliers ou placement des emprunts, des gouvernements généraux, l'espace colonial offrait de nouveaux services qui changeaient la configuration de la côte.

La loi de Finance du 13 avril 1900 portant modification du régime financier des colonies, par son article 33 donnait à l' A.-O.F. à l'instar des autres colonies françaises, une autonomie sur le plan financier. Mais ce régime d'autonomie est assorti d'une disposition soumettant les budgets de certaines colonies comme l'A.-O.F. à l'approbation par décret. C'est du reste cette disposition qui sera reprise et généralisée par l'article 69 du Décret du 30 décembre 1912 sur le régime financier des colonies.[897] Ainsi, l'initiative et l'établissement de toutes mesures financières appartenaient aux autorités

---

[896] Suret Canale, *ibid.*, pages 222 et suivantes.

[897] C. M. Merly et B. Sol *Le régime financier des territoires d'outre-mer*, Paris V° Éditions Larose 1952.

locales, leur approbation au pouvoir central. Il y a ainsi une unité de caisse qui se traduit par la nomination dans les territoires d'un comptable unique justiciable de la Cour des comptes. Il ne peut ouvrir un compte dans les écritures d'un territoire sans l'autorisation du ministre des Finances.

Ainsi, le régime financier ouvrait bien un espace de circulation des capitaux publics et privés dans des limites juridiques définies en territoires.

La loi du 30 avril 1946 couronnera cet ordonnancement financier en organisant l'établissement, le financement et l'exécution de plans d'équipement et de développement des territoires relevant du ministère de la France d'Outre-mer. Il s'agit de plans de développement économique et social visant la transformation de ces territoires en pays modernes pour tout ce qui concerne leur équipement public et privé ; ils engloberont la production, la transformation, la circulation et l'utilisation des richesses de toute nature des dits territoires. C'est ainsi que naissait le Fonds d'investissement pour le développement économique et social des territoires d'outre-mer (Fides). La voie était ouverte pour la formation de sociétés d'économie mixte dans lesquelles l'État et les collectivités publiques ou les établissements publics des territoires auront une participation majoritaire. Le Fides étant financé par des dotations de la métropole et par des contributions des territoires à partir des impôts et taxes locaux ou encore des avances de la Caisse centrale de la France d'outre-mer. Les territoires devenaient ainsi des excroissances de la métropole en matière économique et financière préludant la naissance de la Zone Franc.[898]

La situation coloniale, malgré le libéralisme économique proclamé, affichait en A.-O.F. un monopole de fait du capital français à travers ses sociétés anonymes.[899]

Sur 28 milliards de francs 1940 de capitaux privés importés, 21 milliards constituaient le capital des sociétés anonymes.[900]

La place des autochtones dans l'économie locale les situait aux marges de l'espace colonial. Leur confinement dans des rôles d'intermédiaires dans le circuit des échanges et aussi le caractère rudimentaire du système de production expliquent cette marginalisation.

---

[898] Louis Merat. *L'heure de l'économie dirigée d'intérêt général aux colonies*, Paris, Sirey 1936 92 p. et François Bloch Lainé, La Zone Franc, Paris, PUF, 1956, 512 p.

[899] S. H. Frankel. Capital Investment in Africa: It 1 s course and effects, New-York-Howard Fertig, 1969, p. 155,

Jean Dresch : « Les Investisssements en Afrique Noire », *Présence africaine*, n° 13, 1952, p. 232-241.

Archives Nationales de Paris SOM série Affaires économiques 1920-1940 carton 52.

Catherine Coquery Vidrovitch « enquête entreprise en 1970 subventionnée par le CNRS (RCP n°326) », in revue française d'Histoire d'Outre-mer n° 9, 222-223, page 422.

[900] J.S. Canale, Afrique Noire, *l'ère coloniale 1900-1945*, Paris éditions sociales 1977, 637 pages, p. 212 : Voir aussi Direction Générale des Finances de l' A.-O.F. : Présence des investissements privés juillet 1957; 1Q/652(167), (Page76)

On doit au géographe Jean Dresch la caractérisation d'économie de traite pour traduire cette configuration d'un système dans lequel le travail du producteur africain est orienté vers les produits dont a besoin le marché métropolitain et cela dans le cadre de méthodes de production précapitalistes sans fumure ni sélection de semences.[901]Ces produits à très bas prix de revient sont essentiellement pour l'A.-O.F. : les arachides, le coton, le sisal, le café, le cacao, le caoutchouc. Ces produits sont échangés dans les escales de traite et factoreries contre des produits européens à faible coût de production mais toujours surévalués. Il s'agit de tissus, d'alcool, de sucre, de riz et de pacotilles de toutes sortes. L'échange se faisait à la fin de la période pluvieuse et des récoltes.

Ainsi se définissait une nouvelle temporalité dans l'espace côtier autour d'un réseau de maisons commerciales d'import-export et leurs représentants. Le noyau de ce réseau s'organisait autour de la SCOA, la CFAO et les trois filiales d'Unilever : Nosoco, Niger-Français et compagnie française de Côte d'Ivoire. Ces trois sociétés contrôlant suivant les produits 50 à 90 des exportations et importations[902].

L'horizon du capital français durant la période qui a suivi la Grande Guerre, s'était tourné vers l'Empire ottoman, la Russie et les Républiques d'Amérique latine. Les banques françaises trouvant là des îlots de rentabilité en raison des titres d'emprunt et des commissions élevées offertes par ces gouvernements. Déjà en 1913 l'ensemble des colonies ne recevait que 9% des investissements privés. De cette part l'A.-O.F. recevait la portion congrue par rapport à l'Indochine et l'Afrique du Nord[903].

La nature et la structure de l'investissement donnaient un nouveau visage à l'espace atlantique et définissaient le type de relation avec l'hinterland. La place centrale du commerce, au détriment du secteur productif, perpétuait la récurrente polarisation côtière.

Suivant les données de l'enquête de 1943 citées par Jean Dresch, sur le total de 1891,3 millions de franc-or d'investissements, le commerce retenait 737,3 millions soit un pourcentage de 39%. Ce capital n'intervenant guère dans la production si ce n'est dans une mesure très faible par le moyen de filiales ou de participations dans des sociétés de production forestière, de transport et plus rarement des sociétés minières.

---

901 Gouverneur Général Reste rapports économiques au Ministre des colonies; Brazzaville 24 juin 1937, 100 p., *cf.*, C. C. Vidrovitch in *Revue Française d'Histoire d'outre-mer, op. cité*, page 402.

902 Jean Suret Canale, *op. cité*, reprenant les données de l'enquête de 1943.

903 Henri de Peyerimhof, « Entreprises et capitaux français à l'étranger », in *Intérêts économiques et rapports internationaux*, Paris 1914, p. 127-128. *Cf.* Jean bouvier *initiation au vocabulaire et mécanisme économique contemporain*, p. 332-333.

Répartition des Investissements privés d'après l'enquête de 1943	Valeur en millions de franc-or 1914	Pourcentage
Commerce	737,8	40%
Plantations	344	19%
Forêt	237	13%
Industrie	183	10%
Usines	143,5	8%
Banques	109	6%
Transport	67,8	4%
Sociétés immobilières	62,9	
Élevage	6	

Figure 23 : Structure de l'investissement privé 904

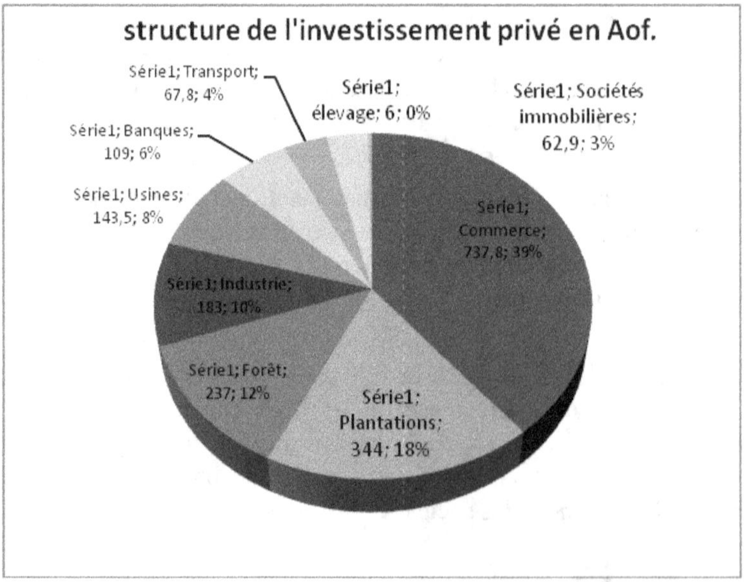

Figure 24: Répartition de l'investissement

---

904 Jean Dresch, *Les investissements en Afrique noire*, Présence africaine n° 13, 1952, p. 234.

Ainsi se dessine dans l'espace colonial, un réseau commercial intégré de commercialisation et de distribution avec comptoirs, hangars, services de manutention maritime et des camions et cargos. C'est ce réseau qui donnait au paysage de la Sénégambie le visage d'un relais de l'économie métropolitaine.

Cependant, un profond déséquilibre structurel entre le développement de la production et l'équipement restait le défi majeur de cette période coloniale. Après les avancées de Roume (1903)[905], Maginot (1917) et Albert Sarraut[906], c'est la crise des années 30 qui révèlera ce déséquilibre au grand jour.

Edmond Giscard D'Estaing s'en fait l'écho en 1932 en soulignant que le développement des moyens de transport et de ce qu'on peut appeler l'appareil économique du pays ne se comprend qu'avec le développement parallèle ou futur de la production générale.[907] La construction de ports, routes, chemins de fer et des voies navigables pour permettre le drainage des produits pour leur exportation devenait un impératif.

Cette infrastructure de drainage finissait par quadriller un espace mesuré et délimité qui s'imposera comme le territoire colonial.

L'Administration coloniale s'est employée à garnir l'espace d'infrastructures destinées à transformer les structures traditionnelles villageoises pour intégrer le pays conquis dans le système économique colonial. L'ingénieur Bélime se demandait du reste: « A quoi pourra servir notre conquête militaire si elle n'est point suivie d'une conquête économique. [908]»

C'est Albert Sarraut qui formulera le mieux la nouvelle optique et les modalités de sa mise en œuvre. Il s'agit de renoncer délibérément à la politique épuisante de cueillette en exploitant scientifiquement le domaine ; élargir ses moyens de fécondité et reconstituer au fur et à mesure qu'elles s'affaibliront, les facultés de production et ainsi favoriser le passage du stade de l'exportation du produit brut au stade de l'industrialisation et de la transformation de la matière première dans la colonie même.[909]

Du plan Sarraut ; seul l'office du Niger, entreprise pour l'aménagement du Niger, eut un début de réalisation à partir de 1922 et relancé par le Gouverneur général Carde en 1924.

---

[905] La mise en valeur de l'A.-O.F., Études de Georges Barthélémy député du Pas de Calais ; in programme définitif des grands travaux de l'A.-O.F. ; Dossier rapporté par le Gouverneur général 1920 ; 1P/478(40).

[906] Albert Sarraut ministre des Colonies in *La mise en valeur des colonies françaises*, Paris, Payot; 1923, 653 p.

[907] Edmond Giscard d'Estaing ; Rapport de mission 1932, bi III 484211, Archives nationales du Sénégal page 40.

[908] Rapport Belim sur le coton soudanais ; *Production, outillage, colonisation* ; novembre 1921 - 1Q/280(77) archives nationales du Sénégal.

[909] Albert Sarraut, *ibid.*, page 88.

L'espace duel

L'espace finit par juxtaposer un domaine colonial et un pays indigène encore organisé en terroir. Le territoire colonial demeure le réceptacle d'une économie de place tournée vers la métropole. Cette configuration dualiste malgré la forte réalité des interférences inspirera toute la politique coloniale. Cette option dualiste se retrouve sous la plume d'Edmond Giscard d'Estaing recommandant en 1932 : « Ne faire des dépenses que si elles sont rapidement rentables. Le plus grand service à rendre à l'Afrique économique, c'est-à-dire à celle qu'on veut faire communiquer avec l'extérieur serait de limiter étroitement les quelques zones à ''exploiter''; le reste du pays continuerait d'ailleurs sa vie autonome, développerait ses cultures et ses échanges propres et gravirait plus lentement les échelons du progrès économique dans la mesure où son pouvoir d'achat et ses facilités locales d'échanges s'élèveraient »[910].

Ainsi depuis l'esprit du plan Roume de 1903, l'horizon de la côte quittait les sentiers et pistes sablonneux pour emprunter des voies d'accès vers les centres de production et leurs liaisons par voies ferrées et les ports d'embarquement. Une nouvelle imagerie spatiale se déroule petit à petit à mesure que se mettait en place l'infrastructure coloniale. On notait ainsi l'extension de réseaux de sociétés commerciales le long de la voie ferrée. Les villes côtières détournent progressivement le rayonnement de villes traditionnelles comme Tombouctou, Kayes ou Sutuko pour basculer vers l'océan et ses places administratives.

Ports, voies ferrées, routes, ponts et bâtiments devenaient part du décor comme autant de témoins de la nouvelle territorialité coloniale.

Les terroirs et l'autorité des chefs coutumiers et marabouts dans la situation coloniale

Jeffrey Herbst faisait remarquer à propos du fait colonial que les Européens ne pouvaient tout changer dans la limite des quelques décennies qu'ils ont dominé le continent africain. Ils ont certes tracé des frontières jusque-là inconnues, créé une nouvelle économie basée sur l'extraction minière et les produits de rente ; mais surtout un réseau d'infrastructure conforme à une économie de traite. Ils devaient compter avec la géographie politique de l'Afrique et dans tous les cas ils n'avaient ni la volonté encore moins le pouvoir de changer le paysage.[911]

---

[910] Edmond Giscard d'Estaing Rapport de mission 1931, *op. cite*, p74. Voir aussi Tamas Szentes, How does the distorted socio-economic structure impede the expansion of accumulation, Center for Afro-Asian Research of the Hungarian Academy of Sciences, Budapest 1973, page 9.

[911] Jeffrey Herbst, *States and power in Africa. Comparative lessons in authority and control*. Princeton, New Jersey; Princeton University press, 2000, page 4.

Cette évidence de l'histoire coloniale prend son sens dans les doctrines et les politiques des différentes nations colonisatrices. C'est du reste tout le sens de l'héritage théorique de Lord Luggard (1858-1945) qui est l'épigone de la théorie coloniale.

La carrière de Lord Luggard et sa vie furent exemplaires car il est le modèle même de l'administrateur chevronné alliant vie pratique et démarche théorique. L'historiographie coloniale lui doit ce texte majeur qui porte le titre: « The dual mandate in British tropical Africa » qui est un travail de pionnier avec l'une des premières formulations de la théorie de l'indirect rule. Luggard a ouvert une perspective qui a nourri pratiquement tous les projets coloniaux des puissances européennes. La portée de son apport théorique est telle qu'il semble avoir effacé toute ligne de démarcation entre les systèmes coloniaux.

"The method of rule which shall give the widest possible scope to chiefs and people to manage their own affairs under the guidance of the controlling power" [912].

Il semble ainsi que plus qu'un présupposé doctrinal c'est le diktat du réel et l'impératif géographique qui ont inspiré la pratique coloniale. "So vast a country inhabited by many millions, must always be inadequate for complete British administration in the proper sense of the world...it was therefore imperative to utilize and improve the existing machinery"[913]. Luggard repose ici la constante de l'environnement physique que Herbst met au cœur de l'histoire des constructions politiques.[914]

Très tôt, Luggard a été impliqué dans une série de conflits et d'opérations de pacification qui le faisait apparaître à 30 ans comme un spécialiste des conflits frontaliers.[915] Il se fait remarquer par son grand sens de l'organisation et une audace sans pareille. En 1896 il accepte les propositions du British West charter land company qui l'engage pour une opération de pacification au

[912] Sir F. D. Lugard: *The Dual mandate in British Tropical Africa.*William Blackwood and sons Edinburgh and London, 1922, p.58.

[913] Frederik Lugard" memo no IX: Native Administration" in *political memoranda*, ed Frederick lugard London Frank Kass and co 1970 p 298, in Herbst page 83.

[914] Herbst, *op. cité*, page 13.

[915] On le retrouve en 1888 en Afrique de l'Est où il mène une vie d'aventurier pendant quelques années. En 1889, une société nommée **Imperial British of Africa** le prend comme agent. Pendant 4 ans, il va concevoir de grands projets, explorer, soumettre, annexer de vastes et multiples territoires. Il devient alors le conquérant qui s'enorgueillira d'avoir contribué à placer sous domination britannique une bonne partie du Nyassaland et de l'Ouganda. En 1892, voyant que le gouvernement ne le suivait pas dans ses ambitions, il rentra précipitamment en Grande Bretagne où il entreprenait une campagne devant l'opinion publique en faveur de l'annexion des territoires en Afrique de l'Est. C'est à cette période qu'il écrit son premier ouvrage « the Rise of Africa in power ». Dans la même période, espérant retourner en Afrique de l'Est investi cette fois d'une charge officielle, il se vit proposer la conduite d'une expédition militaire qui l'entraina sur les bords du Niger où l'Angleterre voulait stopper la pénétration française.

Bechuanaland. C'est à cette occasion qu'il se fit remarquer par Joseph Chamberlain qui trouve en lui l'homme de main de ses desseins impériaux. Il le nomme en 1897 Commissaire pour l'Hinterland au Nigéria. Ainsi il créa le *West African force* avec lequel il livra une périlleuse bataille contre les Français. Avec cette même force, il s'employa à soumettre plusieurs provinces du Nigéria. En 1900, il obtint le prestigieux poste de Haut-Commissaire du Nigéria du Nord.

Dans l'héritage de Luggard, le chef local est le chef de son propre appareil administratif avec un pouvoir de nomination, de sanction et de révocation. Il est administrateur au regard des populations indigènes, distribuant les terres et pourvoyant aux besoins des populations indigènes. Il a le pouvoir de répercuter la réglementation, l'Administration britannique au niveau local. Il dispose de forces de police et peut recouvrir aux forces de l'Armée coloniale. Il dispose donc d'une autorité réelle mais reste sous tutelle.

L'œuvre de Luggard est surtout importante par son timing qui lui donne une valeur historique indéniable.

De saisissants parallèles peuvent être retrouvés dans le discours d'un Paul Bert ou Delanessan avec le concept de "politique indigène".[916] C'est que cette perspective fait écho à une réalité historique qui intègre toujours les formes politiques antérieures dans l'archéologie de l'État. Elle établit clairement que l'État postcolonial ne pouvait être l'héritage mécanique de l'État colonial.[917]La politique coloniale se fondant presque partout sur une alliance politique avec les élites locales investies du droit de s'approprier les terres rurales et organiser des migrations internes à partir de régions abandonnées comme réserves de main-d'œuvre au profit des zones de production de rente. L'insuffisance des ressources ouvrant bien souvent la voie à l'usage des migrations forcées du travail pour toute mise en valeur de nouvelles terres.[918]

Les présupposés de l'indirect rule restent finalement une politique d'économie mais pas exactement une politique économique. Cette politique s'est développée avec les faveurs de certains milieux coloniaux souvent opposés à une prodigalité financière dans les colonies.

C'est dans la même veine que cette politique encourageait la coopération avec des groupes et élites locaux à qui le système traditionnel de réciprocité

---

[916] Stephen Robert. *The history of French Colonial Policy*; Frank Cass & Co Ltd, 1963, page 419.

[917] Crawford Young, *The African colonial State in comparative perspectives*, New Heaven, Yale University Press, 1994, pp 9-10.

[918] Martin Klein, "Colonial rule and structural change, the case of Sine-Saloum". In Rita Cruise O' Brien Editor, *The Political Economy of underdevelopment*, Dependence in Senegal, Sage Publication, Beverly Hills/ London 1979, page 66.

permettait de lever un tribut et le commercialiser à l'image des émirats du Nord Nigéria ou des confréries du Sénégal.[919]

En fait, le territoire colonial servait de cadre privilégié à l'économie coloniale. Une économie de place qui évoluait dans les infrastructures matérielles, économiques financières et juridictionnelles. Ce cadre a engendré une société coloniale hybride, avec un espace hiérarchisé. Jusqu'en 1920, les villes situées dans la région atlantique pouvaient être des communes. À partir de 1920 à 1929, on voit certaines villes des pays de protectorat érigées en communes mixtes. Cette possibilité sera élargie à l'ensemble de l'A.-O.F. en 1929. Ainsi, un certain nombre de villes vont avoir le statut de commune mixte: Mbour, Khombole, Tivaouane, Mékhé, Fatick, Foundioune, Gossas, Guinguinéo, Bambey, Mbacké, Kolda, Kébémer, Tambacounda et Louga.

[919] Samir Amin, "Underdevelopment and dependence in Black Africa- Origins and contemporary forms", *The Journal of Modern African studies*, vol. 10, n° 4, December, 1972, 503-524, page 520.

CONCLUSION GÉNÉRALE

Le Rio Grande prolonge les dynamiques séculaires de la Sénégambie au cœur de la civilisation du riz que le Saloum ouvre vers le sud pour justifier la récurrente poussée sahélienne.

C'est un monde de la mangrove et de la culture du riz, parcouru de plusieurs rivières et montagnes, que les Mandingues ont investi. Ce terroir se prolongeait jusqu'en Sierra Leone comme le grenier de l'Afrique de l'Ouest. Dans les zones montagneuses, on cultive le riz sec et dans les terres basses, c'est le domaine du riz gros. Les populations entretiennent aussi la culture du manioc, de l'igname, de la patate douce, de l'arachide, des melons et de plusieurs autres arbres fruitiers comme des palmiers, bananiers, papayers, goyaviers, orangers, citronniers.

À partir de 1820, la Sierra Leone devient un pôle économique très attrayant pour le commerce guinéen. L'installation de la colonie, avec un nombre croissant d'esclaves libérés, créait une demande croissante en bétail auprès des Foulbés. La politique de coopération du Gouverneur Mc Carthy avec L'almami du Fouta Djallon et le Ségou ouvrait une ère d'intenses activités marchandes après la suppression du commerce des esclaves. C'est ainsi que des commerçants foulbés et mandingues s'établissaient dans la banlieue est de Freetown où ils créaient un quartier dénommé « Foulah Town » qui deviendra le relais des populations de l'hinterland dans la nouvelle colonie devenue un marché pour l'intérieur et un entrepôt des produits européens.

La culture mandingue, reste le double héritage soninké et malinké qui s'est fondu dans le Finistère atlantique en un processus multiséculaire de mandinguisation que l'éponyme socé chez les Ouolofs assimile aux premiers occupants qui ont donné la terre des lamanes, le fer des numu, le glaive des rois et les réseaux des Dioulas.

La colonisation mandingue a aussi développé une civilisation du riz qui a fini d'intégrer une mosaïque de populations aux origines fort diverses. Les terroirs du riz se déclinent ainsi dans les régions basses près de multiples fleuves et marigots. Les vallées inondables adossées à une forêt dense définissent le paysage agraire mandingue qu'on trouve de la Gambie au Rio Grande.

À la fin du XIXe siècle, on identifiait encore les contours de ce paysage agraire. Sur les terrains où l'eau est endiguée, les populations de souches mandingues ou autochtones assuraient deux récoltes de riz. Au-delà de ces rizières apparaissent les villages confondus dans une abondante flore. Sur les clairières gagnées sur la forêt les communautés mandingues peules ou autochtones développent les cultures du mil, du maïs, du coton ou de l'indigo que le système colonial va s'employer à encourager et capturer.[920]

La tradition orale comme les descriptions européennes nous permettent d'insérer tous les terroirs de la Sénégambie dans un cadre géopolitique intégré que définit l'héritage du Mali. Le Gabou, le Djolof et ses démembrements en Walo, Baol, Sine, Cayor apparaissent sur la scène atlantique en relation avec la perte d'influence de l'empire du Mali et la recomposition de nouvelles dynasties familiales. Plus que la juxtaposition de territoires définis avec des frontières précises, nous nous trouvons en présence d'un ensemble de communautés humaines dont l'unité politique commune reste la référence à une lointaine autorité mandingue révolue depuis le XIVe siècle mais dont l'héritage donne une titulature, une légitimité locale, un corpus de fonctionnaires et de statuts sociaux résiduels qui trouveront un nouveau cadre d'exercice dans le contexte atlantique qui s'ouvre au XVe siècle.

L'observateur européen verra comme unité indépendante ou statut autonome ; ce qui n'a de légitimité que dans l'ensemble géopolitique qui lui donnait cohérence et envergure. On comprend ainsi l'image d'indépendance qu'offraient aux yeux de Ça da Mosto en 1455 les Sérères et les Barbacins[921] par contraste avec la réduction des lieux de pouvoirs aux différentes capitales où résident les rois.

L'insaisissable territoire dans toute la zone atlantique, témoigne d'une transition que l'ouverture de l'Atlantique a stoppée. Du lamanat à la recomposition de la royauté, l'ouverture de l'Atlantique a désarticulé l'espace qu'aucun pouvoir local n'a plus pu organiser de manière autonome. Il est symptomatique de noter l'assimilation des titres de royautés à des lieux dits comme Ale, Juale ou Rio Barbacin qui sont des lieux de traite des Sérères et dont l'énumération donne l'impression d'une multiplicité territoriale entre plusieurs ensembles alors que la réalité les intègre dans un même terroir que l'ordre politique du moment décline en Royaume du Baol, Royaume du Sine, Royaume du Saloum.

Cette configuration géopolitique ne rend pas compte d'une cohérence culturelle partagée par des communautés de langues et de peuplement attestées très tôt dans toute la région du Sahel. C'est sans doute cette recherche de cohérence et de consistance qui a servi de lit aux tentatives d'intégration nourries par les projets hégémoniques de Koli Tenguella comme de Lat Soucabé. Plus de cohérence et d'envergure perdues aux XVe et XVIe siècles, sortir des terroirs primitifs, reprendre l'héritage des centres traditionnels du pouvoir, élaborer des constructions politiques majeures, quitte à s'inventer une nouvelle légitimité ; c'est tout le sens des gestes d'un Koli Tenguella ou de Lat

---

[920] *Op. cité*, Brosselard-Faidherbe, *Casamance et Mellacorée*, page 61.

[921] Plus vraisemblablement, il s'agirait de différentes communautés sérères : les safen du sud-est de la presqu'île du Cap-vert et des groupes Ndout, None et autres sèrères du Diéghem.

Soucabé qui ont tous les deux tenté de recomposer un espace politique en s'adossant à la mer.

À la fin du XIXe siècle prenait corps le dessein colonial pour drainer vers les côtes les produits du réseau guinéen que Mandingues comme Foulbés ont contrôlé depuis des siècles.

« On pourra donc compter sur un nouveau et important courant commercial avec les provinces du sud-est de cette grande confédération, habitée par un million de gens semi-civilisés, très commerçants et volontiers courtiers. Le Fouta Djallon peut être comparé à un immense entrepôt de marchandises et de produits ; car les Foulahs se sont improvisés entrepositaires et transitaires du trafic qui existe actuellement entre les escales de la côte et les régions de l'est. »[922]Il fallait capturer ces courants à partir des ports européens de l'Atlantique.

Un État jamais achevé

Ce que l'examen de cette longue période permet d'établir reste une tradition pluriséculaire de tentatives de construction d'un État jamais achevé. Du lamanat à l'État post-atlantique, de l'État colonial aux légitimismes aristocratiques ou maraboutiques, une constante demeure: la difficile construction d'un État comme seul matrice du pouvoir et son enserrement dans des limites spatiales.

La force et la rémanence des terroirs dans l'espace atlantique montrent un processus de construction nationale multi-ethnique qui a débordé les cadres rigides des administrations et cadres institutionnels des territoires.

L'encadrement des marabouts a concerné aussi bien le milieu urbain que rural.

Il s'est développé sur les deux flancs de l'espace Garmi et colonial. Chaque fois, il a répondu à une triple sollicitation : trouver de nouvelles terres, un espace sécuritaire matériel et moral et une resocialisation de couches marginalisées ou désœuvrées. Il s'agit aussi de trouver une forme d'expression politique alternative qui fasse pièce à l'emprise coloniale.

Ainsi, à la faveur de la chute des derniers souverains légitimistes, le courant religieux se présente comme un nouveau champ d'identification à l'image du mouvement mouride qui, dès le départ, s'est identifié à l'ethnie ouolof.

L'islam en général et le phénomène mouride en particulier sont restés fondamentalement en phase avec la société traditionnelle, tout en portant l'économie arachidière et les réseaux sociaux urbains de souches rurales. Il a servi d'exutoire et de dérivatif à tous les déçus de l'ordre ancien : paysans

[922] *Idem*, Brosselard-Faidherbe à propos du Chemin de fer Mellacorée Niger in *Casamance Mellacorée*, *op. cité*, page 98.

pauvres réunis par l'insécurité et à la recherche de nouvelles terres cultivables, anciens esclaves en mal de socialisation, jeunes vagabonds déboussolés et séduits par le charisme et la réputation de sainteté des marabouts, mais aussi des marabouts en quête d'une spiritualité plus ardente. En somme tout un ensemble d'acteurs sociaux qui vont porter et animer les nouvelles structures d'encadrement des terroirs et des villes.

Toutes nouvelles structures vont constituer une hiérarchie parallèle à la hiérarchie jacobine administrative.

De grands marabouts, résidant à Touba et qui comptent dans leur giron plusieurs disciples ou talibés mais aussi de petits marabouts souvent le chef de village avec un nombre de talibés plus réduit mais qui dans les faits ont réalisé un quadrillage et su encadrer la vie quotidienne dans le Baol et le Cayor et plus tardivement vers les terres neuves du Saloum. Cette implantation ne s'est pas faite sans heurts comme c'est le cas à l'est du Baol où les colons mourides se sont heurtés à des pasteurs peuls dans les terres qu'ils occupaient (Darou Mousty).

L'encadrement se retrouvait au niveau de la répartition des terres, le forage des puits et la relation avec l'Administration. Les marabouts vont jouer le rôle de la chefferie traditionnelle surtout en ce qui concerne le règlement des conflits. L'impact décisif que l'encadrement des marabouts a eu sur les terroirs indigènes, a été d'avoir réalisé l'hétérogénéité familiale et ethnique du peuplement dans les campagnes.

La résidence Darou Kaïré ou Keur Ibra Fall en offre le prototype le plus saississant.

C'est un dara sis à 1 km de Thiès dans la bifurcation des deux voies ferrées Dakar-Saint-Louis et Saint-Louis-Kayes. Ce village est encadré par trois marabouts ouolofs du nom de Makhtar Thiam, Amadou Thiam et Amadou Khoudia Guèye avec leurs cohortes de disciples qui à partir de l'âge de 15 ans entrent dans les réseaux du commerce ou travaillent dans les champs. C'est ainsi qu'on retrouvera dans les escales le long de la voie ferrée comme dans les marchés de la sous-région, beaucoup de jeunes marchands ayant fait leur classe chez Cheikh Ibra Fall ou un dara mouride.

L'espace réconcilie ainsi les ruptures sociologiques et politiques. Dans la longue durée il intégrait les communautés des territoires de la côte et les terroirs de l'hinterland comme matrice de la post-colonie.

La vie de relation qui, plus que la terre, est le degré zéro de la vie des terroirs rend compte de ces processus par le bas qui ont fait la Sénégambie. Cruise O' Brien rapporte cette boutade d'un de ses informateurs en 1975 « qu'est-ce un peul sinon une personne qui se promène avec sa vache. Lorsqu'il se sédentarise et vend sa vache il devient un toucouleur, s'il use de la monnaie, émigre en ville pour acheter et vendre des habits, il devient un ouolof »[923]. L'auteur lui-même fait remarquer qu'un sérère devient ouolof en entrant dans la communauté mouride ou en adoptant la culture de l'arachide.

La Sénégambie dans son contexte régional et mondial s'est présentée comme un carrefour entre territoires et terroirs dans toute la longue durée de l'histoire moderne. Un espace construit en territoire a investi un espace vécu de communautés historiques mandingue, soninké, sérère, bainouk, fulbé, maure et ouolof.

L'irruption de la modernité occidentale au XVe siècle a eu comme corollaire l'introduction de nouveaux schémas spatiaux et procédures de gouvernement des hommes avec une nouvelle rationalité économique et politique.

Pour les autochtones, héritage et traditions légitimistes se confondent dans un mode d'appropriation de l'espace qui laisse désormais une place centrale à la mer avec ses sollicitations et ses offres de marchandises et de symboles. Aucune destinée singulière n'est encore possible et la mondialisation des dynamiques et des procédures devient la référence majeure de leur vécu et de leur quotidien. Extraversion des élites civiles, adaptation des élites cléricales et marginalisation des populations rurales seront les jalons d'une modernité qui a tardé à se greffer sur le corps vivant des terroirs.

Il convient d'identifier les impasses historiques d'une lecture eurocentrée de l'histoire qui a du mal à replacer les terroirs au cœur d'une histoire mondiale qu'ils n'ont jamais quittée.

Le territoire a semblé être une greffe externe des formes de gestion de l'espace à partir de comptoirs, place-fortes ou de lointaines métropoles. L'unilatéralisme et le centralisme de leurs procédures de formation ont produit tour à tour subordination et marginalisation.

Trois siècles d'histoire Atlantique ont peint un portrait massif d'un leadership local compromis dans une économie de violence qui a parasité toutes les lectures possibles des dynamiques locales sui generis[924]. L'aristocratie légitimiste s'est empêtrée pendant le dix-neuvième siècle entier dans un héroïsme suicidaire plutôt qu'un engagement rationnel vers la production[925], le commerce et l'administration des hommes et de l'espace. Ils ont ainsi raté le rendez-vous du développement économique et social au profit des marabouts et des élites urbaines.

---

[923] Donald Cruise O Brien "Politics of wolofisation", *Journal of modern African Studies*, vol. 36, n°1, 1998, page 35.

[924] Mamadou Diouf.- Le Kajoor au XIXe siècle : La conquête coloniale.- Thèse pour le doctorat de 3e Cycle, Paris, 1980, page 190.

[925] James F Searing, *West African Slavery and Atlantic Commerce*, Cambridge University Press, 1993, page 43.

Le système colonial français a révélé une cohésion incomplète de ses groupes hégémoniques.[926] Provincialisme et sectarisme étaient la mode en France alors que la Grande-Bretagne négociait un compromis historique entre l'aristocratie des propriétaires et les nouvelles élites urbaines. Par conséquent une politique coloniale cohérente qui donne une place aux terroirs et à leurs institutions restait peu probable pour la France. Dans les colonies l'inconsistance de l'État s'est révélée dans le clash permanent entre parlement, ministère des Colonies et administration locale.

Le parlement français en a été bien souvent le théâtre de débat politiques épiques, un feu nourri permanent entre membres du parlement de credo monarchiste, radical ou socialiste. Administrateurs et colons dans une continuité remarquable ont défini une exception outre-mer pour légitimer l'absence de normalisation des institutions. C'est le même sens pour l'entretien de systèmes fiscaux, de juridictions et entreprises parasites que seuls les critères de rentabilité immédiate pourraient justifier.

Répression, marginalisation, travail obligatoire, mépris culturel, juridiction d'exception, abus fiscaux, accaparement des terres et disparité des revenus et salaires restent autant de lignes de fracture entre terroirs et territoires.

Ces lignes de fractures ont créé une asymétrie dans la longue durée entre métropole et colonies. Un développement conjoncturel en métropole correspondant toujours avec un sous-développement structurel des colonies.[927]

Cette asymétrie au lieu de promouvoir la production locale, développait plutôt un courant externe permanent de transfert de ressources de toute nature pour payer une productivité importée et déjà réalisée à l'extérieur du pays.

La France a présenté dans ses colonies des traits moins évolués du capitalisme[928] tant sur la gestion d'une main-d'œuvre industrielle rare et fragmentée que dans l'adoption d'une forme obligatoire de gestion de la main-d'œuvre. Dans la situation coloniale, nous assistons à la réduction d'une société avec sa propre dynamique sociale et ses propres processus à un ensemble de dépendants ou de bandits propres à payer des impôts ou subir la répression. Il n'y a aucune place pour un esprit entrepreneurial local prompt à stimuler la production. Le pouvoir colonial s'est appuyé sur les forces traditionnelles comme les familles royales, les propriétaires fonciers, les marabouts ou les seigneurs de la guerre repentis pour rendre effective sa politique.

---

[926] Collins (R. O.), Burns (J. M. C.) and Ching (E. K.) Eds *Historical problems of imperial Africa*, Markus Wiener Publishers, Princeton, 1994.

[927] Alf Schwarz, « La sociologie en Afrique ou les véritables enjeux du paradigme du développement international » ; *Canadian Journal of African History*, vol. 13, n^os^ ½, page 94.

[928] Samir Amin, *Le développement inégal, Essai sur les formations sociales du capitalisme périphérique*. Paris, Edition de Minuit, 1973, page 338.

Le colonialisme a ainsi créé une série d'impasses économiques et sociales pour les populations locales. Il a changé leur production traditionnelle et la logique de leur terroir sans investir dans une industrie moderne, le développement d'un marché local ou une administration rationnelle. C'est tout le sens qu'il faut donner à la rupture annoncée par Lamotte en 1918. « La question est de savoir si nos colonies suivant le mouvement qui a entraîné depuis le commencement de cette guerre , tous les pays qui avaient des possessions extérieures, et ceux dont les possessions extérieures avaient concouru à la guerre , peuvent bénéficier d'une large extension de ce qu'on appelle « self-government » ou une sorte de Home rule... un élément intelligent de nos populations, dont nous affectons de faire fi dans les colonies où il s'est créé n'a pas la liberté complète de manifester son opinion et de le faire surtout partager par les masses. Si nous avons une masse qui arrive à la concevoir avant d'avoir reçu une direction de leurs dirigeants naturels ; nous n'avons qu'à voir l'exemple de ce qui s'est passé en Russie et qui nous montre combien il est dangereux d'attendre. C'est nous coloniaux de la métropole qui devons prendre l'initiative pour qu'on ne la prenne pas sans nous et contre nous ». [929]

La dichotomie entre territoire et terroir reste l'expression dans l'espace de la récurrente opposition entre traditions et modernité dans l'histoire coloniale.

Si nous considérons la tradition comme une forme de légitimité basée sur les religions du terroir, l'imaginaire social, les mythes et objets symboliques contre une modernité qui traduirait la rationalité dans la définition de buts et le recours aux sciences et techniques dans la gestion des moyens[930], aucune distinction entre colonies et métropole ne semble cloisonner les terroirs et les territoires pour les mettre dos à dos dans un même cadre géographique.

C'est sans doute ce qui explique l'opacité de l'appareil conceptuel colonial pour désigner l'espace comme pour en définir les modalités de gestion. Le terme colonistique fait écho à cette ambiguïté fondamentale de la question coloniale.

Colonistique était un terme obscur et hybride inventé au début du XXe siècle.[931] C'était un mélange de science coloniale et de politique coloniale pour adresser le dilemme récurrent du colonialisme français et belge.

---

[929] François Lamothe, *Union coloniale française ; section Indochine*, Séance du 24 octobre 1918.

[930] Emile Durkheim, *Les règles de la méthode sociologique*, Paris, Puf 1963 p 116.

[931] Charles de Lannoy. Cf. La Colonistique. Définition et méthode, Bruxelles, Hayes, 1913, p. 23. Lannoy était professeur à l'Université de Gand et fut le mentor de bon nombre d'auteurs de ce courant colonistique comme J. L. Delanessan, Principes de colonisation, Felix Alcan, Paris, 1897 ; Jules Harmand in *Domination et colonisation*, Ernest Flamarion, Paris, Bibliothèque de philosophie scientifique, 1910. G. Le Bon. *Psychologie politique et défense sociale*, (première edition 1911), Paris, *Les amis de G. Le Bon*, 1984.

C'est un ensemble de postures institutionnelles, politiques et économiques sur les colonies pour limiter les dérives et excès du colonialisme. Il procède du cœur de l'héritage républicain pour humaniser le système colonial.

J. L. Delanessan (1897), Jules Harmand (1910), ont inspiré une politique indigène (politique d'association), une perspective d'autonomie au plan des institutions, et un grand respect pour l'éducation, les langues et cultures autochtones.

La doctrine qui inspire cette politique prend souche à partir de deux principes pragmatiques:

1/ La politique coloniale ne doit jamais causer des soubresauts en métropole et par conséquent doit être menée sur le modèle peu onéreux du protectorat.

2/ Tout investissement financier doit avoir un retour immédiat, la devise est d'éviter toujours un "Sedan financier" et faire par conséquent un usage pragmatique de la politique coloniale qui combine à la foi les règles d'Administration directe et indirecte.

Le terroir ou le miroir de la tradition

Comme en Asie avec l'héritage traditionnel incontournable des cours de Hué ou d'Angkor, l'Afrique de l'Ouest a aussi gardé ses terroirs historiques dans toute la durée de l'histoire moderne. Le relais des forces traditionnelles a gardé une grande vivacité malgré la conquête coloniale.

Élites traditionnelles, élites civiles musulmanes et marchands sont restés les relais de l'intervention politique.

Les terroirs et leurs institutions traditionnelles ont conservé un rôle clé dans l'allocation de la terre, l'entretien des routes et chemins de fer, la gestion du travail ou la collecte des impôts. En exerçant la domination politique, l'autorité coloniale articule sa politique économique sur les attributs traditionnels des pouvoirs autochtones.

Le caractère incontournable des terroirs a amené une adaptation de l'État colonial au fonctionnement de la société indigène tout en gardant son agenda économique propre.

Les terroirs sont les vecteurs d'un investissement indirect qui quoique difficilement quantifiable, entre directement dans la formation de l'équipement économique. Il s'agit de la valeur des terres préparées et bonifiées par les autochtones avant leur appropriation par l'Administration. Des routes, sentiers et canaux entretenus par les autorités traditionnelles avant et durant la situation coloniale. Il s'agit aussi de toute la force de travail non payée en général. Il s'agit d'un bloc de facteurs mobilisé sous les auspices des autorités traditionnelles avant l'occupation française ou sollicité par le pouvoir colonial pendant la période coloniale.

Les terroirs définissent aussi le lieu d'une alliance politique avec des autorités traditionnelles investies du pouvoir de s'approprier les terres rurales, organiser les migrations internes[932] entre régions demeurant des réserves de main-d'œuvre pour les territoires de la côte et leur économie de rente.

Tout le système traditionnel de réciprocité des terroirs est ainsi approprié par des élites de statut ou de confessions au profit de cette économie de rente. Les élites maraboutiques ou les émirats du nord du Sénégal ou du Nigéria sont de parfaits exemples de ce système[933].

Il est vrai cependant qu'en Afrique de l'Ouest les autorités traditionnelles n'avaient pas la tradition de haut commandement économique des souverains asiatiques. Ces derniers réputés avoir été des entrepreneurs fiscaux qui opéraient par le moyen des industries fiscales telles que le contrôle sur l'opium, le sel et les alcools. Cette fiscalité ayant il est vrai, alimenté la machinerie financière qui a payé l'investissement public en Indochine.

Le territoire reste la tête de pont de l'économie moderne. L'édification d'un espace colonial le long de la côte a structuré et donné corps à ce qui, jusqu'au milieu du XIXe siècle, n'était encore qu'une territorialité de vaisseaux et de comptoirs.

Le territoire en plus d'être le siège de l'Administration, des maisons de commerce et institutions financières, présente la seule concentration de la main-d'œuvre moderne permanente autour du système ferroviaire. Le rail et ses gares restent le tracé géométrique qui avec les routes donnent contours et consistance au territoire colonial. L'industrialisation tardive complètera le tableau avec ses usines, entrepôts et hangars.

Albert Sarraut en 1921[934], André Maginot et Tardieu en 1929, et dans une optique ouvertement dualiste avec Edmond Giscard d'Estaing[935], le territoire développe un outillage économique qui redéfinit le centre de gravité économique régional. L'équipement économique se concentre sur quelques centres qui deviendront les têtes de pont de l'économie coloniale. Dans le même temps, l'équipement colonial déviant le débouché naturel de l'acier, du ciment et autres matériaux de construction de la métropole.[936]

---

932 Martin Klein, « Colonial rule and structural change, the case of Sine-Saloum. In Rita Cruise O' Brien Editor, *The Political Economy of underdevelopment*, Dependence in Senegal Sage Publication, Beverly Hills/ London 1979, page 66.

933 Samir Amin, "Underdevelopment and dependence in Black Africa - Origins and contemporary forms", *The Journal of Modern African studies*, vol. 10, n° 4, December, 1972, 503-524, p. 520.

934 A. Sarrault, *La mise en valeur des colonies françaises*, Paris, Payot et Cie, 1923, p. 116.

935 Rapport Edmond Giscard D'Estaing, 1932, Affaires politiques, Ansom, 539.

936 Matériaux français nécessaires au plan outre-mer 1942-1952 Ansom ; affaires économiques ; carton 58.

La Conférence impériale en 1934 dans l'élan général créé par la crise économique et la mode keynésienne a ouvert un dirigisme d'État pour une industrialisation coloniale limitée au traitement des matières premières.

Mais ce n'est qu'en 1945[937] que les sirènes de l'efficacité et de la rationalité économique commençaient à ouvrir des lueurs dans la longue nuit de l'histoire coloniale.

Un changement de paradigme ouvrait ainsi l'ère d'une « économie dirigée d'intérêt général »[938]

La mise en valeur des territoires devient aussi le développement des terroirs qui rompt avec le pacte colonial et intègre le bien-être des indigènes dans la politique coloniale. Éducation, alimentation ou logement décent sont désormais pris en compte[939].

Une France moderniste voit enfin le développement de sa colonie comme une condition pour sa propre survie.

Une France moderniste a émergé de la Seconde Guerre mondiale. Une impulsion dirigiste a mis la France sur une piste compétitive boostée par la Guerre de Corée. Électricité, gaz et transport redéfinissent l'espace avec un nouveau marché de consommation constitué par les Européens et une élite civile et rurale africaine. Commerçants, ouvriers et fonctionnaires rejoignent planteurs et marabouts pour forger des ruralités urbaines au cœur de l'espace régional où émergent des nations territoriales.

Le pragmatisme une fois de plus allait prendre le dessus sur la doctrine, l'idéologie et l'héritage des mouvements sociaux. L'État territorial devenait la référence et l'horizon politique.

En septembre 1946 le RDA lançait son manifeste[940] qui demandait la mise en œuvre de toutes les promesses de la victoire commune sur le fascisme. La conférence de Bamako des 11, 12 et 13 octobre annonçait le nouvel horizon du développement africain.

En 1959 le Parti fédéral africain[941] (PFA) adoptait une résolution qui définit deux champs du développement dans une confédération multinationale. Investissements productifs et investissements sociaux marqueront désormais un espace intégré des communautés humaines.

---

937 Marseille (J) *Empire colonial et capitalisme français, histoire d'un divorce*, Albin Michel 1984.

938 Paul Bernard, *Les nouveaux aspects du problème économique indochinois* ; Paris, 1937.

939 Paul Bernard, *Les nouveaux aspects du problème économique indochinois* ; Paris, 1937.

940 RDA, *Le RDA dans la lutte anti-impérialiste* ; Paris, Impressions rapides, 1948, p. 23-24.

941 PFA, Dakar 3 juillet 1959, *Congrès constitutif du PFA; Résolution de Politique générale document ronéo.*

Figure 25 : La reproduction du territoire

Investissements sociaux	Investissements productifs
Cliniques, maternités, centres de l'enfance, hôpitaux	À : Infrastructure générale : ports, routes, chemins de fer, aérodromes
Écoles de formation professionnelle	B : Agriculture et élevage ; organisation communautaire ; sociétés d'assurances, mutuelles et coopératives.
Centres culturels	C : Industries de transformation.
Bureau du chômage.	C : prospections minières et énergie

Le processus de l'Indépendance à partir de 1955 ouvre pour les nouvelles élites politiques l'horizon d'une construction de l'État moderne dans un environnement multiculturel.

Une solution par défaut a été adoptée dans la fabrique de l'État : Adopter le paradigme national et territorial dans la construction nationale pour des populations encore rivées dans un horizon rural.

Le résultat apparaît dans une perspective locale fragmentée et hybride. La sphère publique est encore dominée par un réformisme insécure ou la greffe paresseuse d'une « modernité de seconde main »[942] empruntée à Keynes, Von Hayec et aux théories économiques néo-libérales de Schumpeter voire à la rhétorique radicale de Staline, Mao ou Tito.

L'héritage colonial a structuré tout le champ des terroirs ruraux.

Désormais une relation ville-campagne organise l'espace et ses dynamiques sociales.

Réciprocité et échanges prennent une dimension ouvertement internationale.

La distribution des revenus comme la production pour la subsistance adopte les lois d'un marché entretenu par l'argent tiré des exportations de produits de rente.

Le paysan de plus en plus sort du système traditionnel de réciprocité pour entrer dans une nouvelle temporalité. Une période de soudure entre avril-mai

[942] Al Schwartz, *Le Tiers Monde et sa modernité de seconde main*, Natal, Fondaçao Jose Augusto, 1982.

s'impose et le contraint à hypothéquer sa récolte à venir auprès de traitants; maisons d'import-export ou autres usuriers.

Le corollaire de cette nouvelle situation des terroirs est une baisse du pouvoir d'achat paysan par rapport à la rémunération du travail en Europe [943]et un déséquilibre dans l'alimentation. Il s'y ajoute un déséquilibre dans la tenure foncière et la fiscalité rurale avec une pression démographique urbaine grandissante consécutive à l'exode rural.

Désormais l'horizon entre terroirs et territoires définit un espace public national.

Trois modèles de développement local accompagneront la construction de l'État-territoire en Afrique de l'Ouest.

– Garder les structures traditionnelles en leur donnant des fonctions modernes (Chefferies; confréries).

– Forger de nouvelles structures pour des fonctions traditionnelles (Sociétés indigènes de prévoyance; coopératives, développement communautaire, animation rurale[944]). Une rhétorique socialiste accompagne souvent ce modèle avec l'étiquette de Socialisme africain.

– Changer la structure et les fonctions avec des références libérales ou marxistes.

(Système de plantations contrôlé par les entreprises européennes, Coopératives d'autogestion; associations de producteurs; développement de communauté pour un district ou implantation de région de pôle de développement rural intégré à l'échelle d'une région).

Dans les régions de savanes l'agriculture saisonnière et l'économie de subsistance favorisant les formes collectives d'appropriation de la terre, du travail et des biens.

Tandis que dans la ceinture forestière entre le sud de la Côte d'Ivoire, le Nigéria, le Ghana et le Cameroun, prévalait l'économie de plantation avec des formes de réciprocité plus individualistes.

La compétence étrangère est souvent sollicitée pour stimuler la production rurale avec un plus grand usage de produits chimiques, de nouvelles techniques pour optimiser les rendements, sélection des semences, organisation communautaire, et stimulation du réseau de distribution[945].

Après le discours nationaliste, et une fois l'indépendance accordée, vient le temps de négocier avec la réalité. Le vrai défi pour une population rurale

---

[943] A Vanhaerverbeke, *Rénumération du travail et commerce extérieur; le cas du Sénégal*, Louvain, 1970, page 196.

[944] Gouvernement du Sénégal; Circulaire 32 du 21 mai 1962.

[945] Selected papers of Wolf Ladejinsky, *Agrarian reform as unfinished business*, L. J. Walinsky editor, Oxford University press, 1977, p. 279-280.

sans grande tradition de progrès scientifique et technique, reste: comment adapter à grande échelle les techniques qui ont fait la prospérité de l'Europe, de l'Amérique ou de l'Asie.

La seule façon de stimuler le progrès technique était à travers l'État et son appareil administratif.

Les fonctions générales considérées sont production, transformation, distribution et consommation. Les moyens sont la coopération et l'animation[946].

Élites modernes d'inspiration libérale ou marxiste ou même de credo religieux convergeront dans ces tâches avec l'assistance d'Européens et autres experts locaux.[947]

Les champs collectifs qui représentaient les impôts royaux traditionnels pour chaque village devenaient les champs des marabouts musulmans qui de facto remplacent les propriétaires des terres lamanales. Leurs influence et charisme ont permis un accès libre au travail dur sans investir dans un nouveau matériel.

En l'absence d'une bourgeoisie locale intéressée à prendre la direction de l'État territorial, une élite politique parasite prendra les rênes du pouvoir économique et social.

Sembène Ousmane a peint avec réalisme la trajectoire de l'État postcolonial. Son film *Xala* a utilisé l'analogie du dysfonctionnement sexuel pour décrire une nation entière captive de ses élites. La dépendance économique, le mimétisme culturel avec ses modèles de consommation devenaient les mots de passe et étiquettes pour entrer dans l'ère de l'indépendance et la globalisation.

Le paradigme de l'État territorial dans sa double trajectoire vers la modernité et la globalisation a fini dans l'impasse.

Son horizon jacobiniste et rationnel avec la standardisation de ses procédures a vainement attendu la transmission du développement et de la croissance des centres européens. L'impasse a abouti vers l'alternative d'une « déterritorialisation » par l'intégration régionale. (CDEAO)

Les identités du terroir et les communautés locales par l'émigration, l'entrepreneuriat informel et l'économie de frontière sont entrées dès les années 70, directement dans les arcanes de la mondialisation.

---

[946] Dia Mamadou, *Contribution à l'étude du mouvement coopératif en Afrique noire* ; Clermond-Ferrand; Société nationale des entreprises de presse, 1952.

[947] Paquet, J. « La politique de développement rural du Sénégal » in *Société d'études pour le développement économique et social* (SEDES) ; *Le développement rural dans les pays d'Afrique noire d'expression française* ; Paris Délégation générale à la recherche scientifique et technique (DGRST) 1965, page 78.

POSTAFACE

ÉCRIRE L'HISTOIRE DE LA SÉNÉGAMBIE À PARTIR DE SES TERROIRS

Mamadou Fall nous offre à lire un ouvrage qui dessine une perspective d'histoire globale qui interroge les processus de formation des terroirs de la « ceinture du riz » située entre l'équateur et le tropique du cancer : espace où se déploient « depuis des millénaires, les dynamiques sociales majeures de l'Afrique comme de l'Asie ». Il questionne « le quotidien de leur identité collective, leur vie de relations, leur parenté linguistique, les réseaux sociaux de production et d'échange de longue durée, toutes ces catégories qui définissent le terroir ».

Dans la première partie, l'auteur explicite l'approche méthodologique mise en œuvre dans l'ensemble du texte. La catégorie de « terroir » reste le maître-mot de ce travail. Elle a permis de produire une histoire par le bas qui renouvelle en profondeur les lectures du passé des sociétés sénégambiennes. Elle donne la possibilité de démanteler théoriquement les « stéréotypes et [...] nomenclatures imposés du dehors... les cloisonnements » qui voilent la « cohérence sociologique et culturelle que l'histoire politique ne pouvait laisser apparaître ».

L'analyse des données de l'environnement naturel, de la géomorphologie, les ressources écologiques saisit dans le vif les dynamiques lourdes d'une évolution des lieux anthropologiques qui impriment leurs marques sur les processus d'accommodation et d'adaptation des humains aux multiples dimensions de leur environnement immédiat et lointain. Il en ressort une définition clé des modèles de société basés sur des logiques de terroir. En mobilisant la notion de méridionalisation, Mamadou Fall suit à la trace les processus de mise en place des différents terroirs, au Vietnam et en Sénégambie, et les rapports qu'ils entretiennent avec les pouvoirs étatiques. Le concept de terroir révèle dans cette partie toute sa valeur heuristique et sa capacité à mettre en cohérence une histoire globale sur la longue durée. Il rend compte d'une dynamique autochtone et restitue aux sociétés asiatique et africaine leur capacité à l'autonomie en tant que sujet de leur propre histoire.

En lieu et place d'une présentation successive des cadres environnementaux d'où émergent les terroirs du « cercle du riz » dans le Nam Tien et la Sénégambie, il aurait été plus conforme au titre de la thèse et à son contenu de mettre en œuvre une approche véritablement comparative. Ce choix aurait permis de mettre simultanément en regard les éléments de convergence et de divergence entre les régions d'Afrique et d'Asie. La longue présentation sur les civilisations des terroirs agraires du Vietnam est particulièrement intéressante mais la cohérence d'ensemble du texte appelait une organisation mieux intégrée et non une présentation parallèle des expériences asiatiques et africaines. Somme toute, l'intérêt de cette partie réside dans la critique judicieuse de l'approche euro-centrée de l'histoire globale avec ses méthodes réductrices appliquées sans discernement aux expériences historiques non européennes.

La deuxième partie de l'ouvrage porte sur le rôle de la « poussée sahélienne » dans la formation des terroirs sénégambiens. Elle a permis de démontrer que l'Atlantique n'est ni la première ni l'unique expérience d'une intervention extérieure dans la région. L'étude de la connexion entre le monde sahélien et la Sénégambie permet d'examiner sous un jour nouveau le rôle majeur joué par l'islam, confession religieuse portée par les diasporas marchandes. Mamadou Fall montre qu'au-delà des aspects économiques non négligeables, les agents islamiques ont diffusé un modèle culturel et religieux qui a eu son mot à dire dans tous les processus historiques de la région. Ce modèle culturel s'est décliné dans le temps et dans l'espace sous des figures variables, contribuant à l'établissement de la continuité culturelle caractéristique des relations qui lient les sociétés de la Sénégambie.

C'est dans cette partie qu'est analysée la connexion entre la Sénégambie et l'Atlantique pour rendre compte des multiples reconfigurations des architectures sociales, politiques et économiques qui en ont résulté. Il y est procédé à une étude détaillée des faits marquants de cette jonction : le dynamisme du commerce maure et sa jonction à l'Atlantique dans l'espace politique des Émirats Trarza et Brakna, le fait maraboutique producteur d'une alternative à l'économie et à la culture des seigneurs de guerre, l'émergence et l'affirmation des enclaves atlantiques.

La troisième partie du texte opère une lecture toute novatrice sur une des questions les plus étudiées par l'historiographie de l'École de Dakar. Il développe une véritable thèse d'histoire sur la genèse et l'évolution des monarchies de la Sénégambie entre le XVIe et le XIXe siècle, résultat de la subversion du pouvoir lamanal, facilitée par l'impact de l'économie atlantique. Pour ce faire, Mamadou Fall a d'abord mis de l'ordre dans le foisonnement des événements restitués par les traditions dynastiques et les sources arabes et européennes. Après avoir mis en évidence les caractéristiques du pouvoir lamanal, il a minutieusement décrypté le processus qui mène à son déclin, la dislocation du Jolof et l'émergence consécutive des pouvoirs dynastiques qui inaugurent de nouveaux rapports aux terroirs et une nouvelle symbolique du pouvoir. La signification historique des rapports complexes entre matriarcat et patriarcat dans la genèse des monarchies sénégambiennes a fait l'objet d'une discussion serrée.

L'ouvrage met l'accent sur le déclin et la perte du pouvoir des Laman à l'échelle de la Sénégambie. Notons toutefois que la généralisation rapide de cette thèse tend à voiler la diversité des situations. Si le processus est poussé jusqu'à sa maturation la plus complète au Waalo et au Kajoor, il ne semble pas en être ainsi au Siin et au Saalum voire même au Bawol où les Lamaan ont mieux résisté et réussi à imposer un compromis au pouvoir dynastique. Il serait intéressant de s'interroger davantage sur les facteurs à l'origine de ces divergences dans l'évolution des monarchies sénégambiennes : rapport à l'Atlantique, niveau d'homogénéité ethnique, poids des marabouts dans le jeu politique, etc.

La quatrième partie questionne la confrontation entre les sociétés et les monarchies de la Sénégambie consécutive à l'intrusion des puissances européennes atlantiques dans la région. Dans cette partie, on est en présence d'une fine analyse du regard euro-centré sur la Sénégambie et des instruments culturels qui informent sa vision à partir de l'Atlantique. Les catégories à l'œuvre – territorialité, frontières, découverte, empire, modernité – sont alors analysées pour mettre en évidence leurs effets historiographiques. Il résulte de la rencontre asymétrique entre l'Europe et l'Afrique l'émergence de nouveaux terroirs intégrés à l'espace sénégambien par les diasporas créoles. Des analyses particulièrement stimulantes sont fournies sur les figures sociales nouvelles, l'esclave et le marabout, et leur rôle dans l'architecture des pouvoirs. La défaite et le déclin de l'aristocratie traditionnelle qui a eu du mal à s'accommoder à la nouvelle donne inaugurée par la mise hors la loi de la traite sont bien mis en évidence dans cette partie. Toutefois, avant d'affirmer le caractère irrémédiable de sa défaite, il importe de ne pas perdre de vue le recyclage de ce groupe social dans les rouages de l'administration coloniale et son infiltration dans les confréries soufies par d'efficaces stratégies matrimoniales.

La qualité première de ce travail réside dans la clarté avec laquelle y sont présentés les neuf objectifs que l'auteur s'est fixés en introduction. Avec une remarquable constance, toutes les démonstrations de Mamadou Fall ont visé l'atteinte de ces objectifs. L'étendue de l'espace couvert (Afrique de l'Ouest – Asie du Sud-Est – Europe occidentale) sur plus de dix siècles d'histoire aurait pu faire craindre que le récit et les analyses se perdent dans de fréquentes divagations. Il n'en a rien été. Cette prouesse tient certainement à la maîtrise des sources nombreuses et variées, que le candidat a eu le souci constant de croiser et de soumettre à une critique serrée, en rappelant les statuts et fonctions de leurs producteurs mais aussi en les replaçant dans le contexte historique de leur production. À partir des sources primaires (archivistiques, orales, imprimées, archéologiques) travaillées par un riche appareil conceptuel, Mamadou Fall a su mettre en perspective une histoire inscrite sur une très longue durée.

La seconde qualité de l'ouvrage tient à l'immense travail historiographique qui enjambe la période envisagée et embrasse des études portant sur des aires culturelles diverses et variées connectées avec efficacité autour des thématiques abordées. Les nombreuses incursions dans les disciplines les plus inattendues – art, cinéma, littérature, philosophie, anthropologie, géographie, géomorphologie, paléontologie, géométrie de l'espace, etc. – mises au service de ses démonstrations ont participé à mettre le travail de recherche accompli à la hauteur des ambitions théoriques et méthodologiques annoncées en introduction. Mamadou Fall a véritablement réussi à mettre l'Atlantique et l'Europe à leur place. Ce faisant, il a résolu le dilemme auquel l'historiographie de l'École de Dakar a été longuement confrontée dans son écriture de l'histoire de la Sénégambie : « Comment légitimer une perspective dynastique de l'historiographie dans le contexte d'un pouvoir toujours allogène et en rupture avec les communautés paysannes ? » S'appuyant sur la valeur scientifique incontestable des travaux consacrés à l'étude de l'histoire des sociétés sénégambiennes, il a mis en avant une approche par le bas qui établit un nouveau rapport aux sources et aux catégories dominant l'écriture de l'histoire de cette région. Mamadou Fall procède par une critique radicale des catégories qui établissent une hiérarchie préétablie des sociétés et des espaces. Il questionne les instruments méthodologiques *dont la lecture au premier degré a imposé « une vision euro-centriste ou étroitement administrative » d'une histoire qui place son centre de gravité sur le littoral et s'interdit d'envisager toute autre perspective. L'Europe dont il est question dans cet ouvrage est bien celle des monarchies du XIVe-XVe siècle qui, avec sa cartographie, son culte du nombre, de la perspective linéaire et de l'État territorial circonscrit dans des frontières linéaires. Elle s'est érigée prétentieusement en « matrice des normes ».*

Outre la critique perspicace des méthodes et concepts de l'historiographie, Mamadou Fall propose et met en œuvre tout au long de son ouvrage une véritable alternative méthodologique. Il remet en selle la catégorie de terroir, « espaces de vie et de cultures » pour suivre à la trace « les itinéraires sociaux et les identités collectives à travers les modes de configuration et de représentation de l'espace, les modalités sui generis d'adaptation et d'appropriation collectives de l'espace, les formes d'échange et de réciprocité ou les destins individuels illustrés par des récits de vie tirés des traditions orales ou écrites ». Ce parti pris méthodologique clairement affirmé et mis en application avec rigueur dans l'ensemble de l'ouvrage met l'accent sur le poids des facteurs internes dans les processus historiques. À partir de ce moment, l'Atlantique et ses sources écrites et orales, européennes et africaines, cessent d'être l'horizon indépassable qui dicte une histoire qui ne s'envisage que par le haut, avec les catégories politiques forgées à partir des expériences européennes.

Un des apports majeurs de cet ouvrage réside dans la démonstration irréfutable que l'enfermement de l'historiographie des sociétés africaines dans les catégories d'analyse empruntées à l'Europe des temps pré-modernes constitue un piège dont il faut la libérer. Le texte de Mamadou Fall montre les limites d'une histoire écrite à partir des catégories renvoyant à la découverte, à la ligne de démarcation des espaces hiérarchisés et quadrillés. Il a opéré une inversion de la perspective qui s'est révélée féconde. En lieu et place d'une histoire de l'État territorial telle que projeté par les textes européens et les traditions dynastiques, Mamadou Fall déplace le focal sur le terroir et sa forme politique, le lamanat, sous ses différentes figures historiques en montrant que son déploiement est largement antérieur à l'ouverture de l'Atlantique.

La mise en œuvre de cette approche donne les moyens d'une périodisation alternative qui ne s'enferme pas dans les temporalités des

États territoriaux, ceddo ou coloniaux, ou celles des compagnies de traite européenne. Elle permet également de sortir d'une écriture de l'histoire de l'Afrique ou de l'Asie comme réponse à une demande européenne. Elle reste à l'écoute des langages du terroir, dans ses pratiques rituelles, ses croyances, ses rapports à la terre, y compris quand ils sont perturbés par des facteurs externes. L'objectif central demeure véritablement une histoire des peuples par le bas.

Un seul exemple suffit pour illustrer la fécondité du renouvellement historiographique dont procède la thèse de Mamadou Fall : la transition du pouvoir lamanal à l'ordre dynastique garmi saisie à partir d'un décorticage minutieux des sources. L'atomisation de l'espace politique en États territoriaux nés de la dislocation du Jolof a souvent été lue à partir de l'Atlantique. Le texte de Mamadou Fall s'installe au cœur des terroirs confrontés à ces mutations qui mobilisent les héritages de plusieurs trajectoires historiques irréductibles à la seule influence de la houle océanique. L'Atlantique cesse alors d'être l'épicentre de ces transformations. Le processus dont rend compte le texte fait émerger sur la scène historique de nouveaux acteurs et un imaginaire et une symbolique nouveaux du pouvoir politique.

L'inachèvement des tentatives de construction de l'État territorial comme matrice exclusive du pouvoir enfermant une société homogénéisée dans un espace aux limites fixes, cartographiables et soumis à l'autorité d'une administration wébérienne est l'une des thèses majeures défendues dans ce texte. Mamadou Fall montre que l'ancrage de l'historiographie dans la recherche de ce modèle d'État en Sénégambie a constitué un voile opaque sur les continuités historiques et culturelles caractéristiques de cette région. La bibliothèque coloniale, y compris sa partie africaine faite des traditions orales des épopées dynastiques, fournit un matériel relativement fécond pour appuyer les thèses inscrites dans cette perspective historiographique nécessairement élitiste. Sans disqualifier l'apport de cette historiographie, l'ouvrage de Mamadou Fall ouvre une perspective féconde qui part de la dynamique propre aux terroirs historiques de la Sénégambie qui se transforment en absorbant avec une certaine efficacité les chocs externes : saharien, mandingue, soninké, atlantique. Cette approche méthodologique permet de saisir les dynamiques par le bas à travers une lecture fine des sources saisies à rebrousse-poil. Elle donne la possibilité d'éclairer le rôle d'interconnecteur que jouent les diasporas marchandes soninké, arabo-berbère, fulbé, mandingue et mulâtre qui ont participé à la construction du continuum culturel caractéristique des sociétés de l'espace qui va de l'Adrar mauritanien au Rio Grande voire au-delà. L'histoire de cette région sur la longue séquence du Xe au XIXe siècle ne se limite plus à celle de ses élites dynastiques ou maraboutiques.

Le travail de Mamadou Fall permet d'expliquer les héritages à l'œuvre dans les impasses contemporaines des sociétés sénégambiennes disloquées dans des États territoriaux dont les politiques divorcent radicalement avec les patrimoines historiques des communautés qui y vivent. Elle redonne une grande cohérence aux dynamiques internes en remettant à leur place les facteurs externes. Nous avons là une véritable thèse d'histoire, novatrice par nombre de ses approches des processus historiques. Elle montre qu'en modifiant la perspective méthodologique avec une critique des catégories dominant de l'historiographie, on se donne les moyens d'une autre histoire qui complète judicieusement les résultats substantiels acquis par les recherches antérieures sur la Sénégambie dont la synthèse a été faite par Boubacar Barry.

Pr Ibrahima Thioub

Historien

Recteur de l'Université Cheikh Anta Diop de Dakar

SOURCES

I. Archives

A.N.S - Rapport commercial 1903.

A.N.S 13-6-189. 1889.

A.N.S Louga 22 avril 1906 Dossier 11D/9 2.

A.N.S Q51 AOF - Sénégambie Niger, Cercle de Nioro - Rapport commercial, 1904.

A.N.S. Q25, Le Commandant Supérieur PI du Haut Sénégal, Kayes 18 octobre 1885.

A.S, 13 G 307, Lettre des membres de la chambre de commerce de Gorée, 5 juin 1873.

A.N.S 13-6-189. 1889.

A.N.S - Rapport commercial 1903.

A.N.S Louga 22 avril 1906 Dossier 11D/9 2

A.N.S Q51 AOF - Sénégambie Niger, Cercle de Nioro - Rapport commercial, 1904.

A.N.S. Q25, Le Commandant Supérieur PI du Haut Sénégal, Kayes 18 Octobre 1885.

Archives ; -Carta de doaçao das ilhas de lono e capraria a Joao Vogado 10 de fevreiro de 1462; Lectura nova"Ilhas"fl 97, Lisboa Instituto dos arquivos nacionais/Torre de Tombo.

Anonyme Journal historique contenant tout ce qui s'est passé au sujet de la concession du Sénégal depuis le 1er septembre 1729 au 1er septembre 1730, Archive F.O.M, DFC Sénégal pièce 30.

An, C6, 17, Lettre du 5 mars 1778 D'Armeny de Paradis au Ministre in Détail historiques.

AN.S, 13 G 307, Lettre des membres de la chambre de commerce de Gorée, 5 juin 1873.

Ans 13G189 Bakel - correspondance départ ANS 1889.

ANS Carton 213 AF Indochine DK 73.

ANS dossier 2d 9-21 rapport du 16 mai 1912.

ANS François Lamothe, Union Coloniale Française ; section Indochine ; Séance du 24 octobre 1918.

ANS- Kayes 18 Octobre 1885 - Le Commandant par intérim du Haut Sénégal au Gouverneur -Q25.

ANS, 2 B 32, f° 69.

ANS, Dossier 2D 9-20.

ANS. d'Estaing Edmond Giscard ; Rapport de mission 1932, bi III 484 211, Archives nationales du Sénégal.

ANS. Direction Générale des Finances de l'AOF: Présence des investissements privés juillet 1957.; 1Q/652(167).

ANS. La mise en valeur de l'A.-O.F. ; études de Georges Barthélémy député du Pas de Calais ; in programme définitif des grands travaux de l'A.-O.F. ; Dossier rapporté par le Gouverneur général 1920 ; 1P/478(40).

ANS. Rapport Belim sur le coton soudanais ; Production, outillage, colonisation ; novembre 1921- 1Q/280(77) archives nationales du Sénégal.

ANSOM Affaires politiques Indochine Carton 7 A 20 (38) Rapport de Lanessan 17 janvier 1893.

ANSOM Sénégal et dépendances IV Dossier 102 b.

ANSOM. Matériaux français nécessaires au plan outre-mer 1942-1952 Ansom ; affaires économiques ; carton 58.

Archives coloniales fonds C6, mémoire de De Gaallon, sans date (très probablement 1707)

Archives France Outre-mer DFC, Gorée, pièce 100.Archives nationales Colonies C6 « Observations sur l'isle de Gorée données par Mr de Rocheblave, Gouverneur à Mr Boniface son successeur » in Archives nationales Colonies C6 16, document s.d.

Archives Nationales de Paris SOM série Affaires économiques 1920-1940 carton 52.

Archives Gouvernement du Sénégal; Circulaire 32 du 21 mai 1962.

Archives Gouverneur général Reste, rapports économiques au Ministre des Colonies; Brazzaville 24 juin 1937; 100 p.

Archives Côtes d'Afrique 3 avril 1782, FONDS C6.

Archives nationales, C6, 14 Lettre journal du Conseil supérieur du Sénégal à la Compagnie.

Archives coloniales Fonds C6 État relatif à la défense du Sénégal et aux dépenses de cet établissement.

Archives Manuscrit sans date, seconde moitié du XVIIIe siècle, fonds C6.

Archives, Manuscrit, B.N 21690, f°138 r° et v°.

Archives, Lettre de donation à l'Infante Don Fernando, 10 Novembre 1457.Leitura Nova,"Misticos", Livro2, fl 156, Lisboa, Instituto dos Arquivos Nacionais/Torre do Tombo.

Ansom. Rapport Edmond Giscard D'Estaing, 1932, Affaires politiques, Ansom, 539.

Archives Mémoire, Fonds C6, Cotes d'Afrique, expositions des avantages que la France peut retirer des côtes occidentales d'Afrique, Texte de 1772, traduction d'un chapitre d'un ouvrage ayant pour titre : A treatise upon the trade from Great Britain to Africa. By an African Merchant.

Archives Ministère des colonies, Archives coloniales Gorée 29 avril 1777, fonds C6.

Mémoire de Mr. Brüe, Directeur et commandant général pour la compagnie royale de France au SENEGAL ; (1699, 6 pages).

Adresse de la compagnie Anglaise de Gambie remise à Brüe (1700, 9 pages).

Résultat de la compagnie d'Afrique anglaise (1704, 3pages).

Mémoire qu'André Brüe a présenté à Mr. Thomas Cosker, directeur et commandant général pour la compagnie royale d'Angleterre en Gambie touchant le commerce. (1760, 16 pages).

Extrait de la lettre des Sieurs Talladi et Badone à la compagnie royale du Sénégal au sujet de la prise du port de Gambie sur les portugais (1704, 17 pages).

Accords entre les deux compagnies royales africains d'Angleterre et de France (1705, 4 pages).

Habitants de Gorée, Monseigneur, (1447, 5 pages).

Copie de la Réponse de Mr. Le Brasseur à Mr. De Bellecombe et Cherreau (1776, 61 pages).

Gorée : Colonies : États des mœurs et coutumes fait par ordre de Mr. Le Brasseur commandant pour le roi et administrateur général de cette colonie (1775-1776, 7 pages).

Ministère de la Marine et des Colonies (île de Gorée) : Mémoire historique sur la Partie de la côte d'Afrique depuis la rivière du Sénégal jusqu'à celle de Gambie (1764, 38 pages).

Détails Historiques et Politiques sur la religion, les mœurs et le commerce des Peuples qui habitent la côte occidentale d'Afrique depuis l'Empire de Maroc jusqu'aux rivières de Casamance et de Gambie (1788, 30 pages).

Mémoire sur la nécessité d'un Établissement aux Isles des Idoles à la côte occidentale d'Afrique par le neuvième degré de latitude nord (37 pages).

Côtes d'Afrique, Mémoire : Exposition sur des avantages que la France peut retirer des côtes occidentales d'Afrique (M.D.C.C. LXXII, 10 pages).

Appendix A : L'importance du commerce de l'Afrique (1771).

Mémoire du Roi sur les avantages que présente la possession de l'île de Gorée ; (1768, 4 pages).

Mémoire du Roi pour servir d'Instruction au Chevalier De Boufflers, Maréchal de camp, Gouverneur du Sénégal et dépendances (1785, 58 pages).

Mémoire sur le commerce du Sénégal (1783, 19 pages).

Abrégé chronologique et historique sur des droits français de leur établissement et commerce sur la partie occidentale d'Afrique (11 pages).

Ministère de la marine et des colonies : Sénégal : Mémoire sur l'importance de la colonie du Sénégal (1784, 11 pages).

Mémoire du Roy pour servir d'Instruction au Sieur Boniface (1772, 11pages).

Ministère de la Marine et des Colonies : Sénégal : île de Gorée par le chevalier de Mesnager (1768,15 pages).

Ministère de la Marine et des Colonies : Sénégal, Mémoire sur le Sénégal (1758, 10 pages).

Côtes d'Afrique, Mémoire sur le Sénégal (1779, 18 pages).

Mémoire sur l'île vers Bissagos en Afrique (13 pages).

Mémoire sur la traite des Noirs depuis le Cap rouge jusqu'à l'entrée de la Rivière de Sierra Léone. (7 pages).

17 janvier 1683 ordre aux agents de la compagnie sur leur rapport de discipline, contre le commerce particulier et leur désordre dans les villages noirs.

Juin 1688 mémoire de sieur Chambonneau commandant du Sénégal à St-Louis au maquis de Seigneley 12 p.

12 mars 1671 article des traités de paix fait par le sieur Ducasse au nom de la compagnie du Sénégal avec le roi de Rufisque, Portugal et Joal, voisin du Sénégal conclu au mois de mars et avril 1675 2 pages.

26 juin 1693 Mémoire du Sieur de Lacombe sur le commerce de Guinée 36 pages.

1695 Mémoire concernant le commerce du Sénégal envoyé à Pontchartrais le 05 juin 1695 12 pages.

1699 le directeur de la compagnie du Sénégal au ministre de la Compagnie sur les entreprises des anglais et la côte d'Afrique dans la concession de la compagnie royale du Sénégal 3 pages.

1699 Mémoire sur l'affaire du Sénégal 16 pages.

1699 Mémoire pour justifier la propriété de la compagnie du Sénégal dans les terres fermes depuis le Cap- Vert.

24 décembre 1699 extrait du journal tenu par le sieur Brue directeur général du commerce de la compagnie du Sénégal 10 juin 1699, 8 pages.

C6. 4

Mémoire pour la compagnie du Sénégal 1710.

C6 5, le 13 février 1716 Brue directeur au conseil des marins sur la situation de la colonie 4 pages.

C6. 5 , 1716 mémoire pour le directeur de la compagnie royale du Sénégal.

C6 5, 9 décembre 1716 du fort de St-Louis à l'île du Sénégal : instruction par NJB cellé commandant et directeur particulier en Galam par Brue, 10 pages.

C6 7 23 Avril 1723 Mémoire sur le commerce du Sénégal.

C6. 8 Mémoire sur le commerce de Guinée 12 pages sans date.

C6 21 le Sénégal 1801.

An 10 courte réflexions sur l'exclusif du commerce au Sénégal.

Germinal an 10 Lacerre au Ministre au sujet des traités avec les tribus maures et rois africains.

C6 10 7 avril 1726 mémoire sur le Sénégal 6 pages.

C6 10 12 mars 1730 Traités du sieur Bart avec le roi d'Annababou 3 pages.

C6 12, 2-30 juin 1740 bilan du commerce de la compagnie des Indes au département du Sénégal 1 juillet 1738 au 31 mai 1740.

C6. 14 , 101 1er juillet 1758 tableau des habitants de l'Île de St-louis du Sénégal au total 1.401.

C6 14, Liasse 1761, SD Mémoire général sur le commerce du Sénégal 32 pages.

149- postérieur à 1760 mémoire sur la concession du Sénégal (par un agent secret anglais en France).

C6 15 176 34 á 35 mission chez Damel.

C6 15 21 octobre 1767, réclamation de Damel. 2 pages.

Additions au mémoire d'observation sur le Sénégal, 1783, 5 pages.

Mémoire (M.D.C.C.L, XXII, 10 pages.

Côtes d'Afrique (1782, 6 pages).

Le Sénégal (22 pages).

Afrique française (47 pages).

Des possessions françaises en Afrique (1814, 127 pages).

Extraits relatifs au commerce de la gomme tirés d'un mémoire sur la concession générale du Sénégal (1746, 4 pages).

À Monseigneur le Marechal de Castries Ministre et secrétaire d'État au département de la Marine 1784, 4 pages.

Envois des Palabres traités et conditions avec les rois et princes du fleuve et bas de la côte (1785, 11 pages).

Suite au mémoire sur le commerce présenté en 1784 à Monseigneur le maréchal de Castries par M. De Lajaille (1785, 11 pages).

Mémoire contre l'établissement d'une compagnie exclusive pour le commerce sur la côte du Sénégal, présenté à Monseigneur le maréchal de Castries, Ministre de la Marine ; par Monseigneur Mossieron, député extraordinaire du commerce de Nantes (1783, 7 pages).

Compagnie d'Afrique, Mémoire (- 8 pages).

Mémoire des habitants de Gorée (1443, 5 pages).

Mémoire du Roy pour servir d'instruction au Sieur Boniface (1772, 11 pages).

Colonie de Gorée (1772, 15 pages).

Compagnies d'Afrique et Sénégal, Mémoire, 1703, (27 pages).

Côtes d'Afrique (1782, 6 pages).

Notes sur les côtes d'Afrique (- 12 pages), Copie d'un manuscrit trouvé chez Mr. De la coste, ancien ministre de la marine, mort à Fontainebleau en 1814.

Mémoire sur les conditions à désirer en cas de négociations relatives à Terre neuve Les côtes d'Afrique et la colonie méridionale : copie d'un manuscrit trouvé chez Mr. De lacoste ancien ministre de la Marine, mort à Fontainebleau en 1814 (19 pages).

Détails historiques et politiques sur la religion, les mœurs et le commerce des peuples qui habitent la côte occidentale d'Afrique depuis l'Empire de Maroc jusqu'aux Rivières de Casamance et de Gambie (1788, 34 pages).

Colonie M.L.C (1777, 25 pages).

Mémoire du Roy pour servir d'instruction au Sieur Dumontet Commandant du Sénégal (1782, 31 pages).

Mémoire sur la traite des Noirs (1782, 9 pages).

Abrégé chronologique et historique des Droits français Etablissement et Commerce sur la partie occidentale d'Afrique, depuis la rivière de Gambie jusqu'à la rivière de Sierra Léone exclusivement (12 pages).

Ministère de la Marine et des Colonies : Sénégal, mémoire sur l'importance de la colonie du Sénégal (1784, 11 pages).

Ministère de la Marine et des Colonies : Sénégal, Île de Gorée, mémoire sur l'île de Gorée (1768, 15 pages).

Ministère de la marine et des colonies : Sénégal, Île de Gorée, mémoire sur les avantages que présente la possession de l'île de Gorée (1768, 4 pages).

Ministère de la marine et des colonies, Sénégal... (1758, (10 pages).

Mémoire sur la traite des Noirs depuis le Cap Rouge jusqu'à l'entrée de la Rivière de Sierra Léone (-,4 pages).

Mémoire sur la possibilité et les avantages de l'Échange de la colonie de la Guyane française avec les établissements que les Portugais ont sur la côte d'Afrique. (C^{60} n° 9, 3 pages).

Côtes d'Afrique, utilité du Sénégal, Droits de la France sur les côtes d'Afrique en 1777, Mémoire sur le SENEGAL (1777, 18 pages).

Ministère de la marine os colonies : Sénégal : Mémoire historique sur la partie de la côte d'Afrique depuis la Rivière du Sénégal jusque celle de Gambie (vers 1764, 7 pages).

Des possessions françaises en Afrique (1814, 104 pages).

Observations sur l'île de Gorée données par Mr. De Rocheblave, gouverneur, à Mr. Boniface son successeur (- 14 pages).

Mémoire des Négociants et Armateurs de Nantes contre un acte de violence et hostilité commis par les portugais (1775, 14 pages).

Mémoire sur Blondeau, capitaine de Navire de la rivière de Nantes à Messieurs les judges et consuls de cette ville. (1775, 7 pages).

Ministère de la Marine et des colonies, copie de la lettre écrite par M. de Belleconbe et Cherreau à M Le Brasseur 1776(6 pages).

Sénégal Mémoire sur la concession du Sénégal 1734, (29 pages).

Afrique française (C^{6}_{28}, 44 pages).

Ministère de la Marine et des Colonies (articles 3 à 17, 45 pages).

Détails sur l'établissement des Français dans la Rivière de Gambie et sur le caractère de quelques rois de ce pays. (- 8 pages).

Gorée : Colonies-États des mœurs et coutumes fait par ordre de Mr. Le Brasseur de cette colonie. (1775-1776, 7 pages).

Colonie M.D.L.C : Monseigneur (1777, 4pages).

Affaires Générales État Relatif à la Défense du Sénégal et aux défense de ces établissements (-, 17 pages).

Mémoire du Roy pour servir d'instruction sur Sieur Boniface 1784… 11 pages.

Observations sur l'île de Gorée données par Mr. De Rocheblave, gouverneur, à Mr. Boniface son successeur (- 11 pages).

État des libres domestiques noirs et mulâtres créoles français habitant l'Île du Sénégal avec le nombre de captifs qu'ils ont (- 3 pages).

Mémoire des Négociants et Armateurs de Nantes contre un acte de violence et hostilité commis par les portugais (1775, 11 pages).

Mémoire sur Blondeau, capitaine de navire de la rivière de Nantes à Messieurs les juges et consuls de cette ville. (1775, 7 pages).

Ministère de la marine et des colonies : Copie de la lettre écrite par M. M De Belle combe et Cherreau à Mr. Le Brasseur : copie de la défense de Mr. Le Brasseur à M.M. De Bellecombe et Cherreau (1776, 6 pages).

Sénégal : Mémoire sur la Concession du Sénégal (1734, 29 pages).

Mémoire du roi pour servir d'instruction au chevalier de Boufflers, Marechal de camp, gouverneur du Sénégal et dépendance, 1785 58 pages.

Notice historique sur la Compagnie du Sénégal (1784, 6 pages).

Mémoire sur les côtes et commerce d'Afrique depuis le Cap Blanc jusqu'à l'Équateur (-, 26 pages).

Ansom.

22G1á 37 statistique 1779, 1818, 1920.

22g8 (14 MI 1105á 11111) Statistique, statistique générale statistiques commerciales.

21 G á 46 182-1929 14 Mi 1092 á 1104, 31 ambulants 1918, cartes d'identités.

13G 252 á 298. Côte et intérieur de St-Louis au Cap-Vert 1820-1913.

13G294-13G295. 14 Mi 956 à 967, correspondance du commandant de poste avec les chefs indigènes.

Monographies, missions, notices

1g1 á 258 première période 1918-1901 14 MI 648 á 675.

1G20 Note arabe de Souleymane Sy lors de son voyage de Dakar à Bakel 1864.

1G35 Mission politique du capitaine André chargé de surveiller dans le Cayor et le Baol les agissements de Lat Dior. Croquis des routes du désert et du Baol que peut suivre Lat Dior.

1G 46 Mission soleillet 1878 1879.

1G 47 Missions Monteil dans le Djolof et le Ferlo 1879 1880.

1G 60 Missions à Kayes de Malic Seye Vilcoq traitant de St-Louis chargé d'accompagner un convoi de 170 ânes 1882.

1G 136 Mission Angot dans le Ndiambour et le Baol 1889.

1G224 Notices sur les Maures du Sénégal et du Soudan par le capitaine de Lartigues 1887.

1G 261 Mission du capitaine Valier dans le M Bafar, le Djolof et le Fouta- Ferlo 1904.

1g291, Monographie du cercle de Louga par l'administrateur Forige 1904.

1G226 Monographie du cercle de Thiès notice concernant la région comprise entre le Djolof et le Saloum par M. Rocoché 1903 1904.

1G315 Monographie du cercle de Médine 1903 1904.

1g337 Monographie du cercle de Thiès.

1G 348 Études de Paul Marty sur le Brakna 1920.

22 G8 Recensement de la banlieue de Saint-Louis par canton 1888-1889.

OMM/44 Affaires économiques.

Carton 13 Ravitaillement inter colonial 1 943 194 (21) situation alimentaire du Sénégal 1943 1944

Carton 14 Riz d'Indochine 1927 1948.

Aof carton 95 Sénégal Mission Bagot 1949

Carton 95 bis Mission Ruffel 1950.

Carton 97 A.-O.F. Mission 1918-1951

Carton 141 B Affaire banques françaises d'Afrique 1933-1936.

Arrêt cour d'appel de Paris 25 juillet 1933 ; Liquidation amiable, Règlement des honoraires Carton 142 Affaires banques françaises de l'Afrique 1930- 1935.

CARAN

Sous sérieux 200 Mi.

Sous Série Z Fond privée.Aix.

1 Z 1 á 4 Fonds Germain d'Erneville notable de St-Louis 1797- 1921 14Mi 1602.

1Z5 á18 Papiers de la Famille Devès commerçant et homme politique de Saint-Louis 1869-1931. 14 Mi 1692 á 1609.

0243 à 250 transport routier réfection de service automobile réseau routier, pistes, tarifs etc.-- -1898 -1920 14 Mi 1376 et 1377.

052 à 56 Chemin de fer du Djolof Projet 1908 -1919.

II. Sources orales publiées.

Abd al-Wadûd b. Ahmad Mawlûd al-Shamsadî (m. en 1944-5). « Histoire ancienne de l'Adrar mauritanien et des fils de Shams al-Dîn. » **Trad** H. T. Norris, 1972, p. 129-131.

ARRNAUD, Robert (1912). « La singulière légende des soninkés », in l'*Islam et la politique musulmane française en Afrique occidentale française,* Paris.

BATHILY, Ibrahima (1936). « Les Diawandos ou Diogorames, Traditions orales recueillies á Djenné, Corientzé, Ségou et Nioro », *L'Éducation Africaine*, XXV (94) : 173-193.

BECKER, Charles et Victor Martin (1972). « Chronique du Royaume du Sine Par Niokhobaye Diouf, suivie de Notes sur les traditions orales et les sources écrites concernant le royaume de Sine », *Bulletin de l'Ifan* Tome XXXIV, série B, n°4, page 741.

BOMBA, Victoria (1977). « Traditions about Ndiadiane Ndiaye, first Buurba Djolof », in *Bulletin de L'Ifan* T. 39, série B, N°1.

BOMBA, Victoria (1974). « The pre-nineteenth century political tradition of the wolof » *Bulletin de l'IFAN*, T. XXXVI, serie B, n°1.

CAMARA, Cheikh Moussa (1975). « Histoire du Boundou traduction Moustapha Ndiaye », *Bulletin de l'Ifan*, T. 37, série B, n°4.

FALL, Kumba Mbayar (1972). *Fille du damel Samba Laobé et Thierno Diop descendant de Lat Dior*. Par Lucie Colvin et Mbaye Gueye.

DELAFOSSE, Maurice (1913). *Chronique du Fouta Sénégalais, traduites de deux manuscrits arabes inédits de Siré Abbas Soh*, Paris.

DIENG, Bassirou (1993). *L'épopée du Cayor*, Editions Khoudia, ACCTm.

DIOP, (B MB). *Lat Dior et l'islam*. Bruxelles.

DIOUF, Niokhobaye (1972). « Chronique du Royaume du Sine », In Charles Becker et Victor Martin, *Bulletin de L'Ifan*, Tome XXXIV, série B, n° 4.

DYAO, Yoro (1912). In Henri Gaden, « légendes et coutumes sénégalises » *Revue d'ethnographie et de sociologie.*

DYAO, Yoro (1913). Sire Abbas Soh, Delafosse M, Gaden, H. *Chronique du Fouta sénégalais*. Paris : Larose. 328 p.

DYAO, Yoro (1912). « Légendes et coutumes sénégalaises, publiées et annotées » par H gaden, *Revue d'Ethnographie et de sociologie*. Paris. 3-4 p.

FALL, Tanor Latsoucabé (1974). « Recueil sur la vie des Damel », *Bulletin de l'Ifan*, TXXXVI, série B, N°1.

WADE, Amadou (1964). In Vincent Monteil, « Chronique du Walo sénégalais », *Bulletin de l'Ifan*, Tome XXVI, série B, n° 3-4.

GRAVRAND, R. P. (1981). « Le Gabou dans les traditions orales séreer et gelwar », *Ethiopiques*, n° 28.

LAPRADE, Pinet (1865). *Notices sur les sérères Annuaire du Sénégal et Dépendances*, p. 132-134.

LUCAS A, J. (1931). *Tradition des Ahl Barik Allâh* recueillie par Docteur A.-J. Lucas Médecin-Capitaine des troupes coloniales.

MOHAMED, Saïd ould Ahmedou, texte inédit.

MONTEIL, Vincent (1964). « Chronique du Wâlo Sénégalais de Amadou wade », *Bulletin de l'Ifan*, Tome XXVI, série B, n°3-4.

NORRIS, H. T. (1962). « The history of Shinguit according to the Idaw Ali Tradition » *Bulletin de l'Ifan*, T. XXIV, série B, n°s 3-4.

PAGEARD, Robert « Notes sur les Diawambé ou Diokoramé », *Journal de la Société des Africanistes*, Paris, XXIX, fasc II, p 239-260.

ROUSSEAU, R. (1933). « Le Sénégal d'autrefois, tirés des manuscrits de Yoro Dyâo », in *Bulletin du comité d'Etudes historiques et scientifiques de l'AOF* (6) : 237-298.

SAMB, Kani. *Baol ack Tègne Tiendella Fall*, document multigraphié sans date 1969, 36 pages.

« Seconde étude sur le Cayor », compléments tirés des manuscrits de Yoro Dyâo, in *Bulletin du comité d'Etudes de l'AOF*, 1933 (6) : 243-244.

SYLLA, Assanne (1970). In THIAM, M. *Entretiens sur l'histoire des Lébou de la presqu'île du Cap-Vert*. Traduit par Sylla, A., Dakar.

RÉFÉRENCES BIBLIOGRAPHIQUES

ABBAY, A. (2004). "Diversity and state-building in Ethiopia". *African Affairs*, 103 (413) : 593-614.

ABD AL-WADÛD B. AHMAD MAWLÛD AL-SHAMSADÎ (m. en 1944-5), (1972). *Histoire ancienne de l'Adrar mauritanien et des fils de Shams al-Dîn*. Trad. H. T. Norris : 129-131.

ABITBOL, Michel (1979). *Tombouctou et les Arma. De la conquête du Soudan nigérien en 1591 à l'hégémonie de l'Empire peulh du Macina en 1833*. Paris : G.-P. Maisonneuve et Larose.

ACHIM, Von Oppen. (2006). "The village as territory: Enclosing locality in northwest Zambia, 1950s to 1990s", *The Journal of African History*, 47(1) : 57-75.

ADAM, John and NANCY Hancock, (1970). "Land and Economy in traditional Vietnam", in *Journal of South east Asian studies*.

AFIGBO, A. E. (1991). "Background to Nigerian federalism: Federal features in the colonial state", *Publius*, 21(4, Federalism in Nigeria: Toward Federal Democracy) : 13-29.

AHMAD, M. (1971). "Failure of nation-building in pakistan?" , *Pakistan Forum*, 2(3) : 7-14.

AHMAT, S. (1980). "Nation building and the university in developing countries: The case of Malaysia", *Higher Education*, 9(6, Universities in Developing Countries) : 721-741.

AJAYI, J. F. A. (1961). "The place of african history and culture in the process of nation-building in africa south of the sahara", *The Journal of Negro Education*, 30(3, African Education South of the Sahara) : 206-213.

AL MASÙDI (1969). « Murùj adh-dhahab » in *Tadeusz Lewicki, Arabic external sources for the history of Africa to the south of Sahara. Polska Akademia nauk oddzial w krakovie prau komistji orientallistyly*, (9) : 40-41.

AL BAKRY, « 1968). « Routier de l'Afrique blanche et noire du Nord-Ouest », Traduction de Vincent Monteil, *BIFAN*, série B, XX, 1, Dakar.

AL MAS'UDI -, abû l-hasan 'alî b. al-husayn b. 'alî (m. en 345 / 956). (1962). Trad. Barbier de Meynard et Pavet de Courteille, revue et corrigée par Charles PELLAT. « Kitâb murûdj al-djahab wa ma'âdin al-djawhar (livre des prairies d'or et des mines de pierres précieuses) ». Paris, Société asiatique (« collection d'ouvrages orientaux »), ouvrage publié avec le concours du CNRS : VIII - 1462 p., 5 tomes.

ALF SCHWARTZ, (1982). *Le Tiers Monde et sa modernité de seconde main*. Natal : Fondaçao Jose Augusto.

« La sociologie en Afrique ou les véritables enjeux du paradigme du développement international », *Canadian Journal of African History*, 13(1/2).

ALAM, J. (1996). "Behind the verdict: What kind of a nation are we?", *Economic and Political Weekly*, 31(25) : 1612-1620.

AL-BAKRÎ, ed. de GOEJE (1965). Texte arabe.

ALBERT Schreiner , (1900). *Les institutions annamites en Basse Cochinchine avant la conquête coloniale*. Claude & Cie Saigon, 3 Volumes, tome I.

AL-HUSSEINI, J. (2000). "UNRWA and the palestinian nation-building process", *Journal of Palestine Studies*, 29(2) : 51-64.

AL-IDRÎSÎ, nuzhat al-mushtaq fî ikhtirâq al-âfâq (Amusement pour qui désire parcourir les différentes parties du monde), encore appelé "Livre de Roger". Sicile, 1154. Copie du XIIIe siècle, Maghreb. Soixante-huit cartes, selon le découpage ptoléméen du monde en sept climats. Manuscrit sur papier (352 feuillets, 26 x 21 cm). BNF, Manuscrits (Arabe 2221).

ALISON Bell,(2005). "White ethnogenesis and gradual capitalism: Perspectives from colonial archaeological sites in the Chesapeake", *American Anthropologist*, 107(3) : 446-460.

ALMADA Alvares de, (1842). *Nouvelles annales des voyages*, tome II, *Relation des rivières de Guinée deuxième partie.*

ALMADA Alvares de, (1964). *Tratado Breve*, Lisboa.

ALMADA Alvares, (1841). « Traité succint sur les rivières de Guinée du Cap-Vert, depuis le Senegal jusqu'au fleuve Sainte-Anne », publié par Diego Köpke, in *Nouvelles annales des voyages*, tome II, juin 1842.

ALMADA, A., (1964). "Tratado breve dos rios de Guiné", publié par Brasio, Monumenta Missionaria Africana, Lisboa Agencia general de Ultramar segunda serie, vol. III.

ALONSO, A. M. (1994). "The politics of space, time and substance: State formation, nationalism and ethnicity". *Annual Review of Anthropology*, 23 : 379-405.

ALLEN, D. (2010). "New directions in the study of nation-building: Views through the lens of path dependence". *International Studies Review*, 12(3) : 413-429.

AMIN Samir, (1973). *Le développement inégal, Essai sur les formations sociales du capitalisme périphérique*. Paris : Edition de Minuit.

AMIN Samir, (1972). "Underdevelopment and dependence in Black Africa - Origins and contemporary forms", *The Journal of Modern African studies*, 10(4) : 503-524.

AMIRAL D'Estrées, (1761). « Mémoire tant sur l'arrivée des vaisseaux du Roy au Cap-Vert et leur séjour à ces rades que sur le commerce qu'on peut faire à ces cotes jusques à la rivière Gambie ». *Bibliothèque nationale*, Mélanges Colbert.

AMITH, J. D. (2005). "Place making and place breaking: Migration and the development cycle of community in colonial mexico", *American Ethnologist*, 32(1) : 159-179.

AMSELLE J-L., (s. d.). « Ethnies et espaces, pour une anthropologie topologique », in *Au cœur de l'Ethnie*.

ANDERSON, D., & CARRIER, N. (2009). "Khat in colonial kenya: A history of prohibition and control", *The Journal of African History*, 50(3) : 377-397.

ANDERSSON, J. A. (2002). "Administrators' knowledge and state control in colonial zimbabwe: The invention of the rural-urban divide in buhera district, 1912-80", *The Journal of African History*, 43(1) : 119-143.

ANGRAND, A.-P., (1951). *Les lébous de la presqu'île du Cap-Vert. Essai sur leur histoire et leurs coutumes*, Dakar : *La maison du livre*, 143 p.

ARCIN André, (1911). *Histoire de la Guinée française, Rivières du sud-fouta dialo-région du sud soudan*, éditions challamel.

ARIES Phillip, GEORGES Duby, General Editors. *A History of private life, Revelations of the medieval worldm.*

ARIOLI Angelo, (1992), *Islario maravilloso. Periplo árabe medieval, Julio Ollero Editor*, Madrid, pág. 215.

Arrêt du conseil d'Etat du Roy du 24 avril 1700 in Labat Tome IV, Extraits des registres du Conseil d'État ; pages 339 et suivantes.

ARRNAUD Robert, (1912). « La singulière légende des sonynké », in *l'Islam et la politique musulmane française en Afrique occidentale française*, Paris.

ARTHUR, Goldhammer, (1987). translator, Vol 2, Harward university press, Cambridge, Massachussets, London.

ASHFORD, D. E. (1964). "Contradictions of nationalism and nation-building in the muslim world", *Middle East Journal*, 18(4) : 421-430.

ASHIZAWA, K. (2008). "When identity matters: State identity, regional institution-building, and japanese foreign policy", *International Studies Review*, 10(3) : 571-598.

ASPINALL, E., & BERGER, M. T. (2001). "The break-up of indonesia? nationalisms after decolonisation and the limits of the nation-state in post-cold war southeast asia", *Third World Quarterly* (The Post-Cold War Predicament) 22(6) : 1003-1024.

ATKINSON, D., & COSGROVE, D. (1998). "Urban rhetoric and embodied identities: City, nation, and empire at the vittorio emanuele II monument in rome, 1870-1945", *Annals of the Association of American Geographers*, 88(1) : 28-49.

AUJAC Germaine, (1975). *La Géographie dans le monde antique.* Paris.

AUJAS, (1931). « La région du Sine-Saloum, le port de Kaolack », *BSEHAOF*, 3 : 97-98.

AYGEN, Z. (2007). "A ship sailing east with its voyagers travelling west: Architectural saints, city fathers and design patrons in the late ottoman empire", *Journal of Design History*, (Design and Polity Under and After the Ottoman Empire) 20(2) : 93-108.

AYRES, A. (2008). "Language, the nation, and symbolic capital: The case of Punjab". *The Journal of Asian Studies*, 67(3) : 917-946.

BA Abdourahmane, (2002). *Le Takrur des origines à la conquête par le Mali [VIe-XIIIe siècles]*, CRIAA, IFAN UCAD, Dakar, Nouakchott.

BABOU, C. A. (2005). "Contesting space, shaping places: Making room for the muridiyya in colonial Senegal, 1912-45", *The Journal of African History*, 46(3) : 405-426.

BACUEZ, P. (1998). « Une ethnographie dans son contexte: Adminis-tration coloniale et formation identitaire (zanzibar) (ethnography in its context: The colonial administration and the making of identities (zanzibar)) », *Cahiers d'Études africaines*, 38(149) : 103-133.

BAKHTIN Mikhail (1978). Bakhtin, Mikhail (1981). *The dialogic imagination*, ed. et trad. Micchael Holquist. Austin University of Texas Press.

BALANDIER, G., MERCIER, P. (1952). « Particularisme et évolution. Les pêcheurs lébou du Sénégal. Études sénégalaises », IFAN, Sénégal, Saint-Louis.

BALMER , W T. (1925). *A history of the Akan peoples of the Gold coast.* London : Atlantis.

BANERJEE, A., & IYER, L. (2005). "History, institutions, and economic performance: The legacy of colonial land tenure systems in india", *The American Economic Review*, 95(4) : 1190-1213.

BARBARA, J. (2008). "Rethinking neo-liberal state building: Building post-conflict development states", *Development in Practice*, 18(3) : 307-318.

BARKEY, K., & PARIKH, S. (1991). "Comparative perspectives on the state", *Annual Review of Sociology*, 17 : 523-549.

BARKIN, J. S., & CRONIN, B. (1994). "The state and the nation: Changing norms and the rules of sovereignty in international relations", *International Organization*, 48(1) : 107-130.

BARNER-BARRY, C., & HODY, C. (1994). "Soviet marxism-leninism as mythology". *Political Psychology*, 15(4) : 609-630.

BARROWS, L, (1974). General Faidherbe, *the Maurel and Prom company and French expansion in Senegal*, tome I, PHD University of California, Los Angeles.

BARRY, B. (1998). *La Sénégambie du XVe au XIXe siècle*, L'Harmattan.

BARRY B. (1969). « Le royaume du Wâlo du traité de Ngio en 1819 à la conquête en 1855 », BIFAN, B, XXXII, (1).

BARRY B. (1970). « Mémoire inédit de Monserat sur l'histoire du Nord du Sénégal de 1819 à 1839 », BIFAN, B, XXXII, (1).

BARTH F. (1969). *Ethnic groups and boundaries. The social organization of culture difference, Bergen Oslo Universitet Forlaget.* London, George Allen and Unwin, p. 10-14.

BATHILY Abdoulaye (1985).- Guerriers marchand et tributaires.- Thèse d'Etat : Université de Dakar;

– Les portes de l'or: le royaume de Galam de l'ère musulmane au temps des négriers. Paris L'Harmattan, 1989.

BATHILY Ibrahima (1936). « Les Diawandos ou Diogorames, Traditions orales recueillies á Djenné, Corientzé, Ségou et Nioro », *L'Education Africaine*, XXV (94) : 173-193.

BAUDRILLARD Jean (2003). *La violence du global, La violence du monde; conférence.* Paris : Le Félin : Institut du monde Arabe.

BAUER, B. S., & Covey, R. A. (2002). "Processes of state formation in the inca heartland (cuzco, peru)", *American Anthropologist*, 104(3) : 846-864.

BAX, M. (1987). "Religious regimes and state formation: Towards a research perspective". *Anthropological Quarterly*, 60(1) : 1-11.

BECK, C. J. (2009). "State building as a source of islamic political organization", *Sociological Forum*, 24(2) : 337-356.

BECKER Charles et VICTOR Martin (1972). « Chronique du Royaume du Sine Par Niokhobaye Diouf, suivie de Notes sur les traditions orales et les sources écrites concernant le royaume de Sine ». BIFAN, B, XXXV (4) : 741.

BECKER et MARTIN (1977). « Journal historique et Suite du Journal historique (1729-1731) », *BIFAN*, B, 39(2).

BECKER et MARTIN (1975). « Mémoire sur le Sénégal par le capitaine Godehu, f.3,r° cité in, Kayor et Baol : Royaumes sénégalais et Traite des esclaves au XVIIIe siècle », *Revue française d'histoire d'outre-mer*, 62 (226-227) : 270-300.

BECKER. *Essai de chronologie du Cayor et du Baol au cours du XVIII° Siècle texte inédit.*

BÉNOIST Joseph Roger de (1982). *L'Afrique Occidentale Française de 1944 à 1960.* Dakar : Nea.

BERGER, M. T. (2001). "The nation-state and the challenge of global capitalism", *Third World Quarterly*, The Post-Cold War Predicament), 22(6) : 889-907.

BERGER, M. T. (2003). "Decolonisation, modernisation and nation-building: Political development theory and the appeal of communism in Southeast-Asia, 1945-1975", *Journal of Southeast Asian Studies*, 34(3) : 421-448.

BERNARD Paul (1937). *Les nouveaux aspects du problème économique indochinois.* Paris.

BERRY, B. J. L. (1989). "Howard G. roepke lecture in economic geo-graphy comparative geography of the global economy: Cultures, corporations, and the nation-state", *Economic Geography*, 65(1) : 1-18.

BERSSELAAR, D. v. d. (2005). "Imagining home: Migration and the igbo village in colonial Nigeria". *The Journal of African History*, 46(1) : 51-73.

BESLEY, T., & Persson, T. (2010). "State capacity, conflict, and development", *Econometrica*, 78(1) : 1-34.

BESSAC, H. (1964). « Fragments de poterie archéologiques du Fouta », *Notes africaines*, n° 103.

BESTEMAN, C. (1996). "Violent politics and the politics of violence: The dissolution of the somali nation-state", *American Ethnologist*, 23(3) : 579-596.

BHARGAVA, R. (2000). "History, nation and community: Reflections on nationalist historiography of India and Pakistan", *Economic and Political Weekly*, 35(4) : 193-200.

BIGGS, Michael (1999). "Putting the state on the map, cartography, territory and European state formation" in *Society for comparative Study of society and History*. 10.

BIONDI, Jean Pierre (1987). *Saint-Louis du Sénégal, Mémoires d'un métissage*. Paris ; Dence.

BLACKBURN, C. (2009). "Differentiating indigenous citizenship: Seeking multiplicity in rights, identity, and sovereignty in Canada". *American Ethnologist*, 36(1) : 66-78.

BLANCO, C. (2006). "Reform of the state: An alternative for change in latin America". *Annals of the American Academy of Political and Social Science*. Chronicle of a Myth Foretold: The Washington Consensus in Latin America) 60(6) : 231-245.

BOCOUM, Hamady (2000). *L'âge du fer au Sénégal*, Dakar, Nouakchott, IFAN, CRIAA.

BOILAT, D. (s. d.). *Esquisses sénégalaises*. Paris.

BOMBA, Victoria (1977). « Traditions about Ndiadiane Ndiaye, first Buurba Djolof », *BIFAN*, B, 39 (1).

BOMBA Victoria, (1974). « The pre-nineteenth century political tradition of the wolof » BIFAN, B, XXXVI (1).

BONNARDEL, Van chi (1977). Exemple de migrations multiformes intégrées : les Niominka, Îles du bas Saloum. BIFAN, B, XXXIX (4).

BOONE James L, NANCY L. BENCO (1999). "Islamic Settlement in north Africa and the Iberian Peninsula", *Annual review of Anthropology* Vol. 28 : 54.

BARRY, Boubacar (1972). *Le royaume du Walo*. Paris : Maspéro.

BOULÈGUE, Jean (1977). « FALL Lat-Sukaabé ou l'opiniâtreté d'un roi contre les échanges inégaux au Sénégal », in *Les Africains*, Paris : Jeune Afrique IX : 169-193.

BOULÈGUE J et MARQUET R. (1971). « Le voyage de Richards Rainolds en Sénégambie, 1591 », BIFAN, B, XXXIX (1-2).

BOULÈGUE, J. (1967). « Relations de Francisco de Andrade sur les îles du Cap-Vert et la côte occidentale d'Afrique (1582) », *BIFAN*, B, XXXIX (1-2).

BOULEGUE, J. (1972). *Les Luso-africains de Sénégambie XVIe-XIXe*, Faculté des lettres travaux et documents, vol. 1.

BOULEGUE, Jean. « Contribution à la chronologie du royaume du Saloum », *BIFAN*, B, XXVIII, n°3-4.

BOULEGUE, Jean (1968).- « La Sénégambie du milieu du XVe siècle au début du XVIIe », Thèse Université Paris I.

BOULEGUE, Jean, (1987). *Le Grand Djolof.* Blois : Edition Façades,.

BOURMAUD, P. (2009). « Construction nationale et discrimination au proche-orient: De la fin de l'empire ottoman à nos jours ». Vingtième Siècle. *Revue d'Histoire*, (Proche-Orien t: foyers, frontières et fractures), (103) : 63-67.

BOUTTIAUX-NDIAYE, A. (s. d.). *Senegal behind glass, images of religious and daily life*. Munich, New York: Prestel.

BOWIL, E. W. (1958). *The Golden trade of the moors*. London.

BOYD, R. G. (1969). "Revolutionary nation-building: The Chinese model". *International Journal*, 25(1) : 69-93.

BOYER, Jean (1939). *Revue Indochinoise Juridique et économique*. N° III.

Brasio Anonyme Relaçao da costa da Guiné (1605) publiée par T VI 1968 PP 208-217.

BRASIO, Padre Antonio (1958). « Regimento de Afonso Lopez de Avila, feitor do trato de Santiago" Monumenta missionaria Africana. Agencia peral do ultramar. Lisboa, 2nda serie, vol I, 1958, XLVII, 758p.

BRAUDEL, Fernand (1959). "Histoire des Civilisations: le passé explique le présent" publié dans L'encyclopédie française et repris en 1997 dans *Les Ambitions de l'Histoire* (Paris, Éditions de Fallois, 1997).

BRENIER, Henri (1944). *Essai d'Atlas statistique de l'Indochine*, Hanoï IDEO.

BRENNEIS, D. (2008). "Telling theories" Ethos Troubling the Boundary between Psychology and Anthropology: Jerome Bruner and His Inspiration) 36(1) : 155-169.

BRIGAUD, Felix, (1962). « Histoire traditionnelle du Sénégal », *Etudes Sénégalaises* (9) : 355 p.

BRISON, K. J. (1999). "Imagining a nation in kwanga village courts, east Sepik province, Papua New Guinea". *Anthropological Quarterly*, 72(2) : 74-85.

BROCHEU, Pierre (1995). *The Mekong Delta , ecology, economy, and revolution*, University of Wisconsin- Madison center for South Asian Studies.

BROOKS, Geoges E. (s. d.). *Landlords and strangers: Ecology, Society, and trade in Western Africa , 1000-1630*. Westview Press, Boulder, San Francisco, Oxford , p 8,9.

BROSSELARD-FAIDHERBE, *Casamance et Mellacorée*. Paris : Librairie Illustrée.

BROWN, K. (2003). "Trees, forests and communities: Some historiographical approaches to environmental history on Africa", *Area*, 35(4) : 343-356.

BRUBAKER, R. (2010). "Migration, membership, and the modern nation-state: Internal and external dimensions of the politics of belonging", *The Journal of Interdisciplinary History*, 41(1) : 61-78.

BRYANT, R. L. (1993). "Forest problems in colonial burma: Historical variations on contemporary themes", *Global Ecology and Biogeography Letters*, The Political Ecology of Southeast Asian Forests: Transdisciplinary Discourses) 3(416) : 122-137.

BRYANT, R. L. (1996). "Romancing colonial forestry: The discourse of 'forestry as progress' in British Burma", *The Geographical Journal*, 162(2) : 169-178.

Bulletin de l'ifan TOME XXXVI serie B n° 4, 1974.

Bulletin de l'Ifan T 39, série B, n° 3 1977.

Bulletin de l'Ifan TXXVIII Série B, n° 3-4, 1966.

Bulletin de l'Ifan, 39, série B, 1, 1977.

Bulletin des Amis du Vieux Hué, 1932.

BURGHART, R. (1984). "The formation of the concept of nation-state in Nepal", *The Journal of Asian Studies*, 44(1) : 101-125.

BUTTINGER, Joseph (1958). *The smaller dragon A political history of Vietnam*. Atlantic books New York, London.

CABÁN, P. A. (2002). "Puerto rico: State formation in a colonial context". *Caribbean Studies*, 30(2) : 170-215.

CADAMOSTO, Alvise de (1895). *Relations des voyages à la Côte occidentale d'Afrique 1455-57*, Paris, Scheffer.

CALHOUN, C. (1993). "Nationalism and ethnicity", *Annual Review of Sociology*, 19 : 211-239.

CAMARA, Cheikh Moussa, (1975). « Histoire du Boundou traduction Moustapha Ndiaye », *BIFAN*, B, 37(4).

Cambridge History of South-east Asia; vol 1; Cambridge University press; Singapore 1994; Page 91

CAMERON, G. Thies. (2004). "State building, interstate and intrastate rivalry. À study of post-colonial developing country extractive efforts, 1975-2000", *International Studies Quarterly*, 48(1) : 53-72.

CAMERON, G. Thies. (2005). "War, rivalry, and state building in Latin America", *American Journal of Political Science*, 49(3) : 451-465.

CAMERON, G. Thies. (2007). "The political economy of state building in sub-saharan Africa", *The Journal of Politics*, 69(3) : 716-731.

CAMERON, G. Thies. (2009). "National design and state building in sub-saharan Africa", *World Politics*, 61(4) : 623-669.

CANAGARETNA, S. M. (1987). "Nation building in a multiethnic setting: The sri lankan case", *Asian Affairs*, 14(1) : 1-19.

CANALE, J. S. (1977). *Afrique Noire, l'ère coloniale 1900-1945*. Paris : éditions.

CANALE, Jean Suret (s. d.). "The social and historical significance of the Peul Hegemonies in the Seventeenth, eighteenth and nineteenth centuries". *Essays on African History: from the slave trade to neocolonialism*, transl Christopher Hurst. London.

CAREY, P. (2000). "Tearing a nation apart". *The World Today*, 56(3) : 8-10.

CARLOS, Sanz (1961). *Mapas Antiguos del Mundo*. Madrid.

CARNACK, Robert M. (1972). "Ethnohistory: A review of its development, definitions, methods, and aims", *Annual review of anthropology*, 1 : 227-246.

CARNEY, Judith A. (2001). *Black rice.The African origins of rice cultivation in the Americas*, Harvard University press.

« Carta annua do anno de 1609 cartorio dos jesuistas maço 68, doc 427 », in *Monumenta Missionaria Africana*, série 2, vol. IV : 363-398, Lisboa.

– Carta de doaçao das ilhas de lono e capraria a Joao Vogado 10 de fevreiro de 1462; Lectura nova"Ilhas"fl 97, Lisboa Instituto dos arquivos nacionais/ Torre de Tombo.

CARTER, A. (1995). "The nation-state and underdevelopment". *Third World Quarterly*, 16(4) : 595-618.

Carvajal Luis de Marmol Description générale de l'Afrique, trad de Nicolas Perrot, Page 39, BNF.

CATTON, P. E. (1999). "Counter-insurgency and nation building: The strategic hamlet programme in South vietnam, 1961-1963". *The International History Review*, 21(4) : 918-940.

CEUPPENS, B., & Geschiere, P. (2005). "Autochthony: Local or global ? new modes in the struggle over citizenship and belonging in africa and Europe". *Annual Review of Anthropology*, 34 : 385-407.

DIOP, Cheikh Anta (1991). *Civilization or Barabarism: an authentic Anthro-pology*, Chicago Revie press.

CISSOKO, Sékéné Mody (1969). « La royauté mansaya chez les mandingues occidentaux d'après leurs traditions orales », *BIFAN*, B, t. ? (n° ?) : 325-338.

CISSOKO, Sékéné Mody, *Histoire de l'Afrique occidentale, Moyen Âge et temps modernes (VIIe s-1850)*. Paris : Présence Africaine.

CISSOKO, Sékéné Mody (1969). « La royauté (Mansaya) chez les Mandingues occidentaux d'après leurs traditions orales' » *BIFAN*, B XXXI (2) : 329.

CISSOKO, Sékéné Mody (1968). « Famines et épidémies à Tombouctou et dans la vallée du Niger du XVIe au XVIIIe siècle » *BIFAN*, B, 30(3) : 806-821.

CLARK, Andrew F. (1996). "The Fulbé of Bundu (Senegambia: From Theocracy to secularization", *The International journal of African Historical Studies*, 29(1) : 1996.

CLARK, E. S. (2013). "Noble drew ali's "Clean and pure nation": The moorish science temple, identity, and healing. Nova Religio", *The Journal of Alternative and Emergent Religions*, 16(3) : 31-51.

CLARKE, J. (2003). "Turning inside out? globalization, neo-liberalism and welfare states". *Anthropologica,* 45(2) : 201-214.

Coelho Francisco de Lemos, Duas descriçoes seiscentistas de Guine, Damiao peres. Lisboa, academia de historia portuguesa (1953).

COHEN, Ronald (1978). "Ethnicity: Problem and focus in Anthropology", *Annual Review of anthropology*, vol 7.

COHEN, D. W., & Odhiambo, E. S. A. (1987). "Ayany, malo, and ogot: Historians in search of a luo nation (ayany, malo et ogot: Des historiens à la recherche d'une nation luo)". *Cahiers d'Études Africaines, Mémoires, Histoires, Identités* 27(107/108) : 269-286.

COLIN, G. Ch. E. (1969). "Le commerce sur le Haut Sénégal condition de son développement", Société de Géographie Commerciale, Paris, *Bulletin 1882* - 3 in: COLIN W. Newbury "Trade and Authority in West Africa 1850 to 1880 - Colonialism in Africa 1870-1960". Vol.I - Gann and Duigan edit. Cambridge University Press.

COLLINS, R. O., Burns J. M. C. and CHING, E. K. (1994). Eds *Historical problems of imperial Africa, Markus Wiener Publishers*, Princeton.

COMAROFF, J., & Comaroff, J. L. (2001). "Naturing the nation: Aliens, apocalypse and the postcolonial state". *Journal of Southern African Studies*, Special Issue for Shula Marks) 27(3) : 627-651.

CONDON, J. C. (1967). "Nation building and image building in the Tanzanian press". *The Journal of Modern African Studies*, 5(3) : 335-354.

CONNOR, W. (1972). "Nation-building or nation-destroying ?" *World Politics*, 24(3) : 319-355.

COPANS J. (1978). « Ethnies et régions dans une formation sociale dominée. Hypothèses à propos du cas sénégalais », *Anthropologie et Sociétés*, 2(1) : 95-115.

COPLAN, D. B., & QUINLAN, T. (1997). "A chief by the people: Nation versus state in lesotho. Africa", *Journal of the International African Institute*, 67(1) : 27-60.

CORTESAO, Jaime (1994). *A expediçao de Pedro Alvares Cabral e o descobrimento do Brasil*, Lisboa INCM.

CORTESÂO, Jaime (1975). *Os Descobrimentos Portugueses*, vol. 1, Lisboa, livros Horizonte.

COSTELLO, F. (2002). "Nation building ?" Fortnight, (401) : 14-15.

COWAN, J. K. (2008). "Fixing national subjects in the 1920s southern Balkans: Also an international practice". *American Ethnologist*, 35(2) : 338-356.

CRONE, G. R. (1937). *The voyage of Ça da Mosto and other documents on western Africa in the second half of the fifteenth century..*

CULTRU, P. (1913). *Premier voyage du Sieur de Lacourbe fait à la coste d'Afrique en 1685*. Paris.

CUOQ, J. (1975). *Recueil des sources arabes concernant l'Afrique occidentale du VIII° au XVI° siècles*. Paris, CNRS.

CURTIN, Ph D (1964). *The Image of Africa Wisconsin Press*. Madison.

CURTIN, Philip D. (1975). *Economic change in Pre-colonial Africa : Senegambia in the era of the slave trade 2 vols*. Madison, Wisconsin.

CHAMPAGNE, D. (1983). "Social structure, revitalization movements and state building: Social change in four native American societies". *American Sociological Review*, 48(6) : 754-763.

CHAN, S. C. (2005). "Temple-building and heritage in china". *Ethnology*, 44(1) : 65-79.

CHANDHOKE, N. (1999). "A nation searching for a narrative in times of globalization". *Economic and Political Weekly*, 34(18) : 1040-1047.

CHANG, D. W. (1968). "Nation-building in Singapore". *Asian Survey*, 8(9) : 761-773.

CHARLES, S. Bird, MARTHA, B., KENDALL, and Kalilou TERA (1995). *Ethymologies of Niamakala. In Status and identity in West Africa, Bloomington and Indianopolis*, Indiana University Press.

CHASE, Dunn C., and HALL eds. *Core-Periphery relations in pre capitalist worlds*, Boulder, Co West view.

CHAVANE, Bruno de(1985). *Les villages de l'ancien Tékrour*. Paris : Khartala.

CHAVANE, Bruno (1980).- *Recherche archéologique sur la moyenne vallée du Sénégal*.- Thèse , Université Aix en Provence.

CHESNEAUX, Jean (1955). *Contribution à l'histoire de la nation vietna-mienne.* Paris : éditions sociales 1955.

CHURCHILL, S. (1996). "The decline of the nation-state and the education of national minorities". *International Review of Education / Inter-nationale Zeitschrift Für Erziehungswissenschaft / Revue Internationale De l'Education*, 42(4) : 265-290.

DA MOTA TEXEIRA (1969). « Un document nouveau pour l'histoire des Peuls au Sénégal pendant les XV° et XVI° siècles », *Boletin de Guine Portuguesa*, XXIV.

DAKHLIA, J. (1993). "Collective memory and the story of history: Lineage and nation in a north african oasis". *History and Theory*, Beiheft 32: History Making in Africa), 32(4) : 57-79.

DAPPER, O. (1686). *Description de l'Afrique* traduit du flamand, Amsterdam, Wolfgang, Waesberge, Boom &Van Someren.

DE ALMADA, André Alvares (1964). *Tratado Breve Dos rios de Guiné Do Cabo Verde*, Editorial L.I.A.M, Lisboa.

DE LANNOY, Charles (1913). *La Colonistique. Définition et méthode*. Bruxelles : Haye.

DELAFOSSE, Maurice (1912). *Haut -Sénégal- Niger*.Paris : Maisonneuve et Larose Vol. I.

DELAFOSSE, Maurice (1912). *Le haut-Sénégal Niger, Le pays , les peuples, les langues, l'histoire, les civilisations*, Tome I, Paris : Larose.

DELAFOSSE, Maurice (1941). *Les noirs de l'Afrique*. Paris : Payot.

DELAFOSSE, Maurice (1913). *Chronique du Fouta Sénégalais*, traduites de deux manuscrits arabes inédits de Siré Abbas Soh. Paris.

DELANESSAN, J. L. (1897). *Principes de colonisation*. Paris : Felix Alcan.

DELAVIGNETTE, Robert (1977), in « The Territorial Admnistrator in French Black Africa », ed Camille Garnier, Chicago, Chicago University press.

DELBRÜCK, J. (1994). "Global Migration – Immigration – Multiethnicity: Challenges to the concept of the nation-state". *Indiana Journal of Global Legal Studies*, Symposium: Global Migration and the Future of the Nation-State), 2(1) : 45-64.

DELOUSTAL, In *Bulletin des Amis du Vieux* Hué 1932 , P 204.

DELOUSTAL, Raymond (1925). *Revue Indochinoise*.

DENISON, D. R., & MISHRA, A. K. (1995). "Toward a theory of organizational culture and effectiveness". *Organization Science*, 6(2) : 204-223.

DERRIDA, Jacques (1972). "La mythologie blanche: La métaphore dans le texte philosophique." *Marges de la philosophie*. Paris : Minuit.

DESAI, R. (2007). "The last empire ? from nation-building compulsion to nation-wrecking futility and beyond". *Third World Quarterly*, The Long War: Insurgency, Counterinsurgency and Collapsing States), 28(2) : 435-456.

DEVISSE, J. I. Hrbek (1990). *Histoire générale de l'Afrique. Volume III: L'Afrique du VIIe au XIe siècle*. Paris : UNESCO / NEA, chapitre 13.

DIA, Mamadou (1952). *Contribution à l'étude du mouvement coopératif en Afrique noire* ; Clermond-Ferrand : Société nationale des entreprises de presse.

DIALLO, Boubacar (1993). *Les Soninko* dans Devisse Jean – sous la direction de. - *Vallées du Niger*. Paris : ERMN.

DIENG, Bassirou, (1993). *L'épopée du Cayor*, Editions Khoudia, ACCT.

DIETZ, T., & KALOF, L. (1992). "Environmentalism among nation-states". *Social Indicators Research*, 26(4) : 353-366.

DIOP, B. MB., *Lat Dior et l'islam*. Bruxelles.

DIOP, Brahim (1996-1998). « Habitat et occupation du sol dans l'espace sénégambien », *Revue sénégalaise d'histoire*.

DIOP, Cheikh Anta (1987). « Afrique noire précoloniale », *Présence africaine*.

DIOUF, Mamadou (1980).- *Le Kajoor au XIXe siècle : La conquête coloniale*.-Thèse pour le doctorat de 3e Cycle, Paris.

DIOUF, Mamadou (1980).- *Le Kajoor au XIXe siècle: La conquête coloniale*.- Thèse pour le doctorat de 3e Cycle, Paris.

DIOUF, Mamadou (2001). *Histoire du Sénégal*. Paris : Maisonneuve et Larose.

DIOUF, BECKER et MARTIN (1912). « Chronique du royaume du Sine » par Niokhobaye Diouf, *BIFAN, B*, 34 : 702-777.

DIRAR, U. C. (2004). "From warriors to urban dwellers: "ascari" and the military factor in the urban development of colonial eritrea (des guerriers devenus résidents urbains. les ascaris et le facteur militaire dans le développement urbain de l'érythrée)". *Cahiers d'Études Africaines*, 44(175) : 533-574.

DOAK, K. M. (2001). "Building national identity through ethnicity: Ethnology in wartime japan and after". *Journal of Japanese Studies*, 27(1) : 1-39.

O'BRIEN, Donal, Cruise (1998). "The Shadow-politics of wolofisation", *The Journal of modern African Studies*, vol. 36, n°1.

DONELHA, André (1977). *Description de la Serra Leoa et des rios de Guiné du Cabo Verde*, Junta des incestigaçoes cientificas do ultramar lisboa.

DOOLITTLE, A. A. (2001). "From village land to "native reserve": Changes in property rights in Sabah, malaysia, 1950-1996". *Human Ecology*, 29(1) : 69-98.

DOUGLAS, George (1901*). Scottish fairy and folk tales.*

DOUMET, M. (1764). *Mémoire historique sur la partie de la côte D'Afrique. Depuis la rivière du Sénégal jusqu'à celle de Gambie*, Ministère des colonies archives coloniales, fonds C6.

DREICER, G. K. (2000). "Building myths: The 'evolution' from wood to iron in the construction of bridges and nations". *Perspecta*, Reading Structures (31) : 130-140.

DRESCH, Jean, (1952). « Les investissements en Afrique Noire ». *Présence africaine,* 13 : 232-241.

DREWAL, Henry J. (1988). *Performing the Other: Mami Wata Worship in Africa, The Drama Review*.

DUANY, J. (2000). "Nation on the move: The construction of cultural identities in puerto rico and the diaspora". *American Ethnologist*, 27(1) : 5-30.

DUCHÊNE Albert (1938). *Histoire des Finances Coloniales de la France*. Paris : Payot.

DUINA, F., & BLITHE, F. (1999). "Nation-states and common markets: The institutional conditions for acceptance". *Review of International Political Economy*, 6(4) : 494-530.

DUMONT, René (1984). *Finis les lendemains qui chantent. La chine décollectivise* Paris : Seuil.

DUNCANSON, D. J. (1969). "Vietnam as a nation-state". *Modern Asian Studies*, 3(2) : 117-129.

DURAND, Jean Baptiste leonard (1802). *Voyage au Sénégal*. Henri Agasse. Paris.

DURKHEIM, Émile (1963). *Les règles de la méthode sociologique*. Paris : Puf.

DU VAL, K. (2008). "Indian intermarriage and métissage in colonial Louisiana". *The William and Mary Quarterly*, 65(2) : 267-304.

DYAO, Yoro in Henri Gaden (1912). « légendes et coutumes sénégalises » *Revue d'ethnographie et de sociologie*.

DYAO, Yoro, SOH, Sire Abbas, Delafosse M, GADEN, H. (1913). *Chronique du Fouta sénégalais*. Paris : Larose.

DYAO, Yoro (1912). « Légendes et coutumes sénégalaises, publiées et annotées par H. Gaden ». *Revue d'Ethnographie et de sociologie*. Paris.

ECKERT, A. (2004). "Regulating the social: Social security, social welfare and the state in late colonial Tanzania". *The Journal of African History*, 45(3) : 467-489.

– *Economy and Society: An Outline of interpretive sociology, Guenther Roth and Claus Wittich eds* : University of California Press (1922).

EIDSON, J. (2000). "Which past for whom? local memory in a german community during the era of nation building". *Ethos*, History and Subjectivity, 28(4) : 575-607.

EKBLADH, D. (2004). "How to build a nation". *The Wilson Quarterly* (1976-), 28(1) : 12-16, 18-20.

EL BEKRI (1918). *Description de L'Afrique septentrionale* trad. Slane. Alger : Adolphe Jourdan.

EL BEKRI (1913). *Description de l'Afrique Septentrionale*, traduction Slane, Alger.

ELSADDA, H. (2007). "Imaging the "New man": Gender and nation in arab literary narratives in the early twentieth century". *Journal of Middle East Women's Studies*, 3(2) : 31-55.

ELLIS, S. (2002). "Writing histories of contemporary Africa". *The Journal of African History*, 43(1) : 1-26.

ELLIS, S. (2007). "Tom and toakafo: The betsimisaraka kingdom and state formation in Madagascar, 1715-1750". *The Journal of African History*, 48(3) : 439-455.

EMERSON, R. (1961). "Crucial problems involved in nation-building in africa". *The Journal of Negro Education*, African Education South of the Sahara, 30(3) : 193-205.

ENDERS, J. (2004). "Higher education, internationalisation, and the nation-state: Recent developments and challenges to governance theory". *Higher Education*, 47(3) : 361-382.

ENDFIELD, G. H., & O'Hara, S. L. (1999). "Degradation, drought, and dissent: An environmental history of colonial michoacan, west central mexico". *Annals of the Association of American Geographers*, 89(3) : 402-419.

ENGLEBERT, P. (2005). "Compliance and defiance to national integration in barotseland and Casamance". *Africa Spectrum*, 40(1) : 29-59.

ENGLEHART, N. A. (2007). "Governments against states: The logic of self-destructive despotism". *International Political Science Review / Revue Internationale De Science Politique*, 28(2) : 133-153.

ES SA'ADI (Abderrahman ben Amir) (1900). *Tarikh es Soudan*, traduction O. Houdas, Paris : Leroux.

ES SADI, (1964). *Tarikh Es-Soudan*, O. Houdas. Paris : Maisonneuve.

Ethnies, tribalisme, et Etat en Afrique. Paris : éditions La Découverte, 1999.

ETZIONI, A. (2004). "A self-restrained approach to nation-building by foreign powers". *International Affairs (Royal Institute of International Affairs 1944-)*, 80(1) : 1-17.

EVANS, P. B. (1989). "Predatory, developmental, and other apparatuses: A comparative political economy perspective on the third world state". *Sociological Forum*, Special Issue: Comparative National Development: Theory and Facts for the 1990s) 4(4) : 561-587.

EYSEL, K. (1993). "Christa wolf's kassandra: Refashioning national imagination beyond the nation". *Women in German Yearbook*, (9) : 163-181.

FAIDHERBE, L. (s. d.). *Capitaine Brosselard, Casamance et Mellacorée*, Paris : Librairie Illustrée.

FAIDHERBE, Louis (1854). « Les arabes et les berbères des bords du Sénégal », *Bulletin de la Société de géographie de Paris*.

FALK, R. (2002). "Revisiting Westphalia, discovering post-westphalia". *The Journal of Ethics*, 6(4) : 311-352.

FALL, Rokhaya(1983).- Thèse pour le Doctorat de Troisième cycle Université de Paris 1.

FALL, Tanor Latsoucabé, « Recueil sur la vie des Damel ». BIFAN, B, XXXVI , N°1.

FALL, Yoro, Silla (s. d.) *Problématique d'un site de la vallée du Sénégal*. ASAD.

FERDINAND, de Jong. (2005). "A joking nation: Conflict resolution in Senegal". *Canadian Journal of African Studies / Revue Canadienne Des Études Africaines, Contested Casamance / Discordante Casamance)*, 39(2) : 389-413.

FERNANDES, Valentin (1951). *Description de la côte occidentale d'Afrique1506-1510* Trad Theodore Monod, Raymond Mauny, A, T Da Mota, Bissau.

FERNANDES, Valentin (1938). In « Description de la côte d'Afrique de Ceuta au Sénégal, 1506-1507 », *Bulletin du comité d'études historiques et scientifiques de l'AOF*. Paris : Larose.

FIELD, L. W. (1995). "Constructing local identities in a revolutionary nation: The cultural politics of the artisan class in Nicaragua, 1979-90". *American Ethnologist*, 22(4) : 786-806.

FISHER, G. (2008). "The spiritual land rush: Merit and morality in new chinese buddhist temple construction". *The Journal of Asian Studies*, 67(1) : 143-170.

FOX, R. A. (1999). "Tending" and "intending" a nation: Conflicting visions of American national identity". P*olity*, 31(4) : 561-586.

FRANKEL, S. H. (1969). *Capital Investment in Africa: Its course and effects*, New-York-Howard Fertig.

FRAZIER, E. F. (1961). "Urbanization and its effects upon the task of nation-building in Africa south of the Sahara". *The Journal of Negro Education*, African Education South of the Sahara), 30(3) : 214-222.

FROLOVA-WALKER, M. (1998). "National in form, socialist in content": Musical nation-building in the soviet republics. *Journal of the American Musicological Society*, 51(2) : 331-371.

FRYD, V. G. (2000). Georgia O'keeffe's "radiator building": Gender, sexuality, modernism, and urban imagery". *Winterthur Portfolio*, 35(4) : 269-289.

FULLER, B., HAGE, J., GARNIER, M. A., & SAWICKY, M. B. (1992). "Nation building and scbool expansion under the fragile french state". *Social Forces*, 70(4) : 923-936.

FULLER, M. (1988). "Building power: Italy's colonial architecture and urbanism, 1923-1940". *Cultural Anthropology*, 3(4) : 455-487.

FUNG, E. S. K. (2005). "State building, capitalist development, and social justice: Social democracy in china's modern transformation, 1921-1949". *Modern China*, 31(3) : 318-352.

GADOL, Joan Leon Battista Alberti (1973). *Universal man of the early Renaissance*, 2nd edition, Chicago: University of Chicago press. CLAYTON Martin; *Leonardo da Vinci: a singular Vision*, New York : Abbeville.

GAFAREL, Paul (1893). *Le Sénégal et le Soudan français*. Paris : Delagrave.

GIBBINGS, W. W. (1889). *Folklore and legends*. Scotland : London.

GIFFARD, P. L. *L'arbre dans le paysage sénégalais*. Dakar : CTFT.

GILROY, Paul (1992). *The Black Atlantic: Modernity and Double Consciousness*. Cambridge: Harvard UP.

GINWAY, M. E. (1998). "Nation building and heroic undoing: Myth and ideology in "bom-crioulo"". *Modern Language Studies*, 28(3/4) : 41-56.

GODOY, Soray Jorge (1996). *Las navegaciones por la costa atlantica Africana y las islas canarias en la antiguidad*, Canarias.

GOLBERRY, X (1802). *Fragment d'un voyage en Afrique fait pendant les années 1785 -86 et 1787 dans les contrées occidentales de ce continent*. Paris : Trentel et Wurtz An X.,vol 1.

GOODMAN, Y., & LOSS, J. (2009). "The other as brother: Nation-building and ethnic ambivalence in early jewish-israeli anthropology". *Anthropological Quarterly*, 82(2) : 477-508.

GORE, C. (1998). *Mami Wata, Encyclopedia of Sub-Saharan Africa*, (ed.) Middleton, J., Charles Scribner's Sons, Macmillan, U.S.A.

GORE, C. (1989). *Mami Wata: Fact or Fancy, M.A.Thesis, School of Oriental and African Studies*, University of London.

– (1998). *Ritual, Performance and the Media in Contemporary Urban Shrine Configurations in Benin City, Nigeria*. ASA Monographs, Routledge.

GÖRG, C., & BRAND, U. (2000). "Global environmental politics and competition between nation-states: On the regulation of biological diversity". *Review of International Political Economy*, 7(3) : 371-398.

GÖRLICH, J. (1999). "The transformation of violence in the colonial encounter: Intercultural discourses and practices in Papua new guinea". *Ethnology*, 38(2) : 151-162.

GOSCHA Christopher E. (2000). "The borders of Vietnam's early wartime trade with Southern China". *A contemporary perspective Asian Survey* , 40(6) : 987-1018.

GOUDSMIT, I. A. (2006). "Praying for government: Peasant disengagement from the bolivian state". *Bulletin of Latin American Research*, 25(2) : 200-219.

GOULD, P. (2005). "Catharine sedgwick's cosmopolitan nation". *The New England Quarterly*, 78(2) : 232-258.

GOUROU, Pierre (1956). *Les paysans du delta tonkinois*. Paris : Editions d'Art et d'histoire.

GOVAN, Winston Mc (1990). "The establishment of long distance trade between Sierra Leone and its hinterland ; 1787-1821", *JAH* : 31.

GRAVRAND, R. P. (1981). « Le Gabou dans les traditions orales séreer et gelwar », *Ethiopiques*, 28.

GRAVRAND, H. (s. d.). *Visage africain de l'Eglise*, Paris : Orante : 18-24.

GREGOR, Walter (1881). *Notes on the Folk-lore of the North-East of Scotland.* London.

GRITSCH, M. (2005). "The nation-state and economic globalization: Soft geo-politics and increased state autonomy?" *Review of International Political Economy*, Aspects of Globalization, 12(1) : 1-25.

GROS, Jules (1881). *Les voyages et découvertes de Paul Soleillet dans le Sahara et dans le Soudan*. Paris : Maurice Dreyfous.

GUERNUT B o II (1937).

GUILLEN, M. F. (2001). "Is globalization civilizing, destructive or feeble? A critique of five key debates in the social science literature". *Annual Review of Sociology*, 27 : 235-260.

GUILLEN, M. F. (2001). "Is globalization civilizing, destructive or feeble? A critique of five key debates in the social science literature". *Annual Review of Sociology*, 27 : 235-260.

GUSDORF, G. (1992). *La perspective occidentale du développement* ; C A O Van Nieuwenhiujze Eds. Paris. Mouton : La Haye.

GWARZO, T. H. (2003). "Activities of islamic civic associations in the northwest of nigeria: With particular reference to kano state". *Africa Spectrum*, 38(3) : 289-318.

HABERMAS, Jürgen (1974). *La technique et la science comme idéologie*. Paris : Gallimard.

HACOHEN, M. H. (2009). "The strange fact that the state of Israel exists": The cold war liberals between cosmopolitanism and nationalism. *Jewish Social Studies*, 15(2) : 37-81.

HAGMANN, T., & MULUGETA, A. (2008). "Pastoral conflicts and state-building in the Ethiopian lowlands". *Africa Spectrum*, Horn of Africa 43(1) : 19-37.

HAINES, C. (2004). "Colonial routes: Reorienting the northern frontier of British India". *Ethnohistory*, 51(3) : 535-565.

HAIR, P. E. H. (1967). "Ethnolinguistic continuity of the Guinnea Coast". *Journal of African History*, VIII(2) : 247-268.

HALE, John R. (1971). *Renaissance Europe, 1480-1520*. London : Fontana Press.

HALFMANN, J. (1998). "Citizenship universalism, migration and the risks of exclusion". *The British Journal of Sociology*, 49(4) : 513-533.

HALMA, Abbé (1828). *Traité de géographie de Claude Ptolémée d'Alexandrie*. Paris : Eberhart.

HALL, C. (2009). "Macaulay's nation". *Victorian Studies*, Special Issue: Papers and Responses from the Sixth Annual Conference of the North American Victorian Studies Association, 51(3) : 505-523.

HALLAR, Ibrahim H. (1959). *Descubrimiento de América por los árabes*, Buenos Aires.

HALLER, M., & RESSLER, R. (2006). "National and European identity: A study of their meanings and interrelationships". *Revue Française de Sociologie*, Sociologie des valeurs: Théories et mesures appliquées au cas européen, 47(4) : 817-850.

HAMA, Boubou (1968). *Histoire des songhay*. Niamey.

HAMAYOTSU, K. (2002). "Islam and nation building in southeast asia: Malaysia and indonesia in comparative perspective". *Pacific Affairs*, 75(3) : 353-375.

HANN, C., & PELKMANS, M. (2009). "Realigning religion and power in central asia: Islam, nation-state and (post)socialism". *Europe-Asia Studies*, 61(9) : 1517-1541.

HANRIEDER, W. F. (1978). "Dissolving international politics: Reflections on the nation-state". *The American Political Science Review*, 72(4) : 1276-1287.

HARLEY, J. B. (1992). "Rereading the maps of the columbian encounter". *Annals of the Association of American Geographers*, The Americas before and after 1492: Current Geographical Research, 82(3) : 522-536.

HARLEY, J. B. (s. d.). *The History of Cartography*, Vol Two, pp. 112-142.

HARMAND, Jules (1910). *Domination et colonisation*. Ernest Flamarion. Paris : Bibliothèque de philosophie scientifique.

HARUNA, P. F. (2001). "Reflective public administration reform: Building relationships, bridging gaps in Ghana". *African Studies Review*, 44(1) : 37-57.

HARVEY, P. D. A. (1980). *The History of topographical maps: symbols, pictures, and surveys*. London: Thames and Hudson.

HAVILAND, H. F. Jr. (1963). "Building a political community". *Inter-national Organization*, The Atlantic Community: Progress and Prospects, 17(3) : 733-752.

HAWKSLEY, C. (2006). "Papua new guinea at thirty: Late decolonisation and the political economy of nation-building". *Third World Quarterly*, From Nation-Building to State-Building, 27(1) : 161-173.

HEATHCOTE, N. (1964). "United Nations and nation-building". *International Journal*, 20(1) : 20-32.

HEATHCOTT, J., & AMBROSE, P. (2009). "Industrial urbanism as an archival project: The work of the building arts foundation. Art Documentation". *Journal of the Art Libraries Society of North America*, 28(1) : 44-47.

HELMS, M., W. (1993). *Craft, and the kingly ideal: Art, trade and power*, Austin : University of Texas press.

HENDRY, J. (2007). "Building bridges, common ground, and the role of the anthropologist". *The Journal of the Royal Anthropological Institute*, 13(3) : 585-601.

HERB, G. H. (2004). "Double vision: Territorial strategies in the construction of national identities in germany, 1949-1979". *Annals of the Association of American Geographers*, 94(1) : 140-164.

HERBST, Jeffrey (2000). *States and power in Africa. Comparative lessons in authority and control*. Princeton, New Jersey ; Princeton University press.

HÉRODOTE (1862). *Livre IV,168-198 Herodotus: The History*, trans. George Rawlinson New York: Dutton & Co.

HOBSON, J. M. (1998). "The historical sociology of the state and the state of historical sociology in international relations". *Review of International Political Economy*, 5(2) : 284-320.

HOEY, B. A. (2003). "Nationalism in indonesia: Building imagined and intentional communities through transmigration". *Ethnology*, 42(2) : 109-126.

HORTON, L. (2006). "Contesting state multiculturalisms: Indigenous land struggles in eastern Panama". *Journal of Latin American Studies*, 38(4) : 829-858.

HOWARD, Allen M. (1976). "The relevance of spatial analysis for African Economic history: The Sierra Leone-Guinnea system" in *Journal of African History* XVII; 3 : 365- 388.

HUNTER, L. (1996). "Ideology as the ethos of the nation state". *Rhetorica: A Journal of the History of Rhetoric*, 14(2) : 197-229.

HURST, A. (2003). "State forestry and spatial scale in the development discourses of post-colonial Tanzania: 1961-1971". *The Geographical Journal*, 169(4) : 358-369.

HUTCHINSON, J. (1987). "Cultural nationalism, elite mobility and nation-building: Communitarian politics in modern Ireland". *The British Journal of Sociology*, 38(4) : 482-501.

HYDE, W.W. (1947). *Ancient Greek Mariners*. London.

IBN BATOUTA (s. d.). *Voyages, publiés par Defremery et Sanguinetti*. Paris 1853-1858, tome 4.

IBN BATOUTA (1929). *Travels in Asia and Africa 1325-1354*, tr. and ed. H. A. R. Gibb. London: Broadway House.

IBN FADL AL OMARI (1959). trad Gaudefroy-Demombynes, cité par Djibril Tamsir Niane, « Recherches sur L'Empire du Mali au Moyen Âge », *Recherches Africaines* (1).

IBN HAWQAL II. *Bibliothèque Nationale*, Paris, MS. Arabe 2214, fols. 52v-53.

IBN KHALDOUN (1999). *Histoire des Berbères et des dynasties musulmanes de l'Afrique septentrionale.* Paris, Société nouvelle Librairie orientaliste Paul GEUTHNER S. A, Nouvelle édition publiée sous la direction de Paul Casanova.

IBN KHALDUN, *The Muqaddimah: an introduction to history (translated by Franz Rosenthal, 1969)*, Princeton University Press, Princeton, New Jersey.

IBN YÛBAYR (1988). *A traves del Oriente, el siglo XII ante los ojos*, Traduction de Felipe Maillo Salgado. Barcelona.

« Importance des voyages scientifiques entre l'Orient et al-Ándalus », in *Revue de l'Occident musulman et de la Méditerranée*, Paris, 1985 : n° 40

"Issue 1 of Contemporary African artists". Edition illustrated *Galérie Amrad African Art Publications*, 1995 the University of Michigan 102 pages.

JANNEQUIN, Claude (1639). *Voyage de Lybie au Royaume de Senega*. Paris.

JEAN LÉON L'AFRICAIN (1957). *Description de l'Afrique* trad. A. Epaulard 2 vols. Paris.

JEATER, D. (2001). "Speaking like a native: Vernacular languages and the state in southern Rhodesia, 1890-1935". *The Journal of African History*, 42(3) : 449-468.

JENNESS, D. (1991). "When does a nation start teaching its history?" *OAH Magazine of History, History Education Reform*, 6(1) : 12-17.

JENNINGS, M. (2003). "We must run while others walk": Popular participation and development crisis in Tanzania, 1961-9. *The Journal of Modern African Studies*, 41(2) : 163-187.

JENSEN, L. S. (2008). "Government, the state, and governance". *Polity*, 40(3) : 379-385.

JEWSIEWICKI, Bogumil, LEFEBVRE, Jean-Claude Jean-Claude, FRIEDA, Sewald, CHÉRI, Samba (s. d.). *The hybridity of art.*

JOBSON, Richard (1932). *The Golden trade or a discovery of the river Gambia.* London : Penguin press.

JOIRE J. (1955). « Découvertes archéologiques dans la région de Rao », *BIFAN,* B, XVII (2-4).

JONES, A. (2006). "Narrative-based production of state spaces for international region building: Europeanization and the Mediterranean". *Annals of the Association of American Geographers*, 96(2) : 415-431.

JONES, P. S. (1999). "To come together for progress: Modernization and nation-building in South africa's bantustan periphery - the case of Bophuthatswana". *Journal of Southern African Studies*, 25(4) : 579-605.

JORDAN, R. S., & RENNINGER, J. P. (1975). "The new environment of nation-building". *The Journal of Modern African Studies*, 13(2) : 187-207.

JORIO, R. D. (2003). "Narratives of the nation and democracy in Mali: A view from Modibo keita's memorial" (la nation racontée et la démocratie au Mali: Vue du mémorial de Modibo Keïta). *Cahiers d'Études Africaines*, 43(172) : 827-855.

« Journal historique » in *BIFAN*, B, XXXIX (3).

JUA, N., & KONINGS, P. (2004). "Occupation of public space anglophone nationalism in Cameroon" (occupation de l'espace public. le nationalisme anglophone au Cameroun). *Cahiers d'Études Africaines*, 44(175) : 609-633.

KANE, Omar (1996). « Les racines d'une nation » in Moustapha Tambadou, *Les convergences culturelles au sein de la Nation Sénégalaise*. Dakar, Ministère de la Culture.

KANE, Omar (s. d.). « Essai de chronologie des satigis du XVIIIe siècle », *BIFAN*, B, XXXII (3) : 755-765.

KANE, Oumar (1999). « La place des Almoravides dans l'islamisation des Noirs du Tékrour : l'état de la question », *Actes du Colloque International sur le mouvement almoravide*, Nouakchott, du 14 au 17 avril 1996, Université de Nouakchott.

KANTÉ, Nambala (1993). *Forgerons d'Afrique noire.* Paris : L'Haramatan.

KAPPLER, Claude (1986). *Monstruos, demonios y maravillos a fines de la edad media*. Madrid.

KAYAOGLU, T. (2007). "The extension of westphalian sovereignty: State building and the abolition of extraterritoriality". *International Studies Quarterly*, 51(3) : 649-675.

KEITH, R. C. (1979). "The relevance of border-region experience to nation-building in china, 1949-52". *The China Quarterly*, (78) : 274-295.

KENNEDY, Patrick (1866). Legendary fictions of the Irish Celts collected and narrated by London: Macmillan and Company.

KENNY, J. T. (1995). "Climate, race, and imperial authority: The symbolic landscape of the British hill station in india". *Annals of the Association of American Geographers*, 85(4) : 694-714.

KENT, G., LIGHTFOOT, Antoinette Martinez (1995). "Frontiers and boundaries in Archeological perspectives". *Annual review of Anthro-pology*, 24(472-492 ; 473).

KEPE, T., & SCOONES, I. (1999). "Creating grasslands: Social institutions and environmental change in mkambati area, South Africa". *Human Ecology*, 27(1) : 29-53.

KHAN, A. (2006). "Feats of engineering: Theory, ethnography, and other problems of model building in the social sciences". *American Ethnologist*, 33(4) : 566-570.

KHUMALO, B. (1998). "Restoring the soul of the nation". *Agenda*, The New Man ?, (37) : 46-48.

KIERNAN, V. G. (1965). "State and nation in Western Europe". *Past & Present*, (31) : 20-38.

KILLINGGRAY David (1986). « The maintenance of law and order in British colonial Africa », *African Affairs*.

KIM, J. (2009). "The making and unmaking of a "transborder nation": South Korea during and after the cold war". *Theory and Society*, 38(2) : 133-164.

KIMMERLING, B. (1992). "Sociology, ideology, and nation-building: The Palestinians and their meaning in Israeli sociology". *American Sociological Review*, 57(4) : 446-460.

KINLOCH, G. C. (2003). "Changing racial attitudes in Zimbabwe: Colonial/ Post-colonial dynamics". *Journal of Black Studies*, 34(2) : 250-271.

KIRK, N. (2006). "Australians for australia: The right, the labor party and contested loyalties to nation and empire in Australia, 1917 to the early 1930s". *Labour History*, (91) : 95-111.

KIVELSON, V. A. (1999). "Cartography, autocracy and state powerlessness: The uses of maps in early modern Russia". *Imago Mundi*, (51) : 83-105.

KLAUS, S. L. (1991). "Some of the smartest folks here": The van nesses and community building in early washington. *Washington History*, 3(2) : 22-45.

KLAWANS, S. (1988). "Beaux-arts modernism in the art institute's daniel F. and ada L. rice building". *Art Institute of Chicago Museum Studies*, 14(1) : 82-98+107.

KLEIN, Martin (1979). "Colonial rule and structural change, the case of Sine-Saloum". In Rita Cruise O' Brien Editor, *The Political Economy of underdevelopment, Dependence in Senegal*, Sage Publication, Beverly Hills/ London.

KNIGHT, D. B. (1982). "Identity and territory: Geographical perspectives on nationalism and regionalism". *Annals of the Association of American Geographers*, 72(4) : 514-531.

KNUDSEN, T., & ROTHSTEIN, B. (1994). "State building in Scandinavia". *Comparative Politics*, 26(2) : 203-220.

KOLARS J. F. and NYSTUEN, J. D. (1974). *The Geography: The study of location; culture and environment*. New York.

KONTJE, T. (2006). "Exotic heimat: Province, nation, and empire in thomas mann's "buddenbrooks"". *German Studies Review*, 29(3) : 495-514.

KOOPMANS, R., & STATHAM, P. (1999). "Challenging the liberal Nation-State? postnationalism, multiculturalism, and the collective claims making of migrants and ethnic minorities in britain and germany". *American Journal of Sociology*, 105(3) : 652-696.

KOTHARI, R. (1972). "Political reconstruction of Bangladesh: Reflections on building a new state in the seventies". *Economic and Political Weekly*, 7(18) : 882-885.

KOTHARI, R. (1972). "State building in the third world: Alternative strategies". *Economic and Political Weekly*. Annual Number, 7(5/7) : 233-235+237+239+241+243-244.

KOTHARI, R. (1995). "Globalisation and revival of tradition: Dual attack on model of democratic nation building". *Economic and Political Weekly*, 30(12) : 625-633.

KOTHARI, R. (1995). "Under globalisation: Will nation state hold?" *Economic and Political Weekly*, 30(26) : 1593-1603.

KRAMERS, J. H. (1932). "La question Balkhi-Istahri-Ibn Hawkal et l'Atlas de l'Islam", *Acta Orientalia* 10 : 9-30.

KRASNER, S. D. (2001). "Abiding sovereignty". *International Political Science Review / Revue Internationale De Science Politique*, Transformation of International Relations: Between Change and Continuity. Transformations des relations internationales: entre rupture et continuité, 22(3) : 229-251.

KROEBER A. L. (1963). "History and sciences in anthropology, 1935, et An Anthropologist looks at History". Berkeley : University of California.

KRONEBERG, C., & WIMMER, A. (2012). "Struggling over the boundaries of belonging: A formal model of nation building, ethnic closure, and populism". *American Journal of Sociology*, 118(1) : 176-230.

Krzyzaniak Lech journal of african history, xix, 2 (1978), 159-172, "New light on early food-production in the central sudan".

KUMAR, K. (2010). "Nation-states as empires, empires as nation-states: Two principles, one practice?" *Theory and Society*, 39(2) : 119-143.

KUO, Y. (2009). "The emperor and the people in one body": The worship of Confucius and ritual planning in the xinzheng reforms, 1902-1911". *Modern China*, 35(2) : 123-154.

KWAMENA-POH, Michael, JOHNTOSH, Richard, WALLER Michael Tidy. (1982). *African history in maps Longman.*

LA COURBE, Michel (1913). « Premier voyage du Sieur de la Courbe fait à la coste d'Afrique en 1685 », publié par P. Cultru. Paris : Emile Larose.

« La Petite Côte d'après Francisco de Lemos Coelho (XVIIe siècle) », *BIFAN*, B, XXXV (2) : 266-267.

LA VIOLETTE, Adria (2000). *Ethno Archéology in Jenné, Mali, Cambridge Monograhs in African Archeology*, 49, Bar International Series 838.

LABARTHE, P. (1802). *Voyage au Sénégal pendant les années 1784 et 1785 d'après les mémoires de Lajaille*. Paris : Dentu.

LABAT. (1728). *Nouvelle relation de l'Afrique occidentale*. Paris : Guillaume cavelier, Tome IV.

LACHENMANN, G. (1993). "Civil society and social movements in Africa: The case of the peasant movement in Senegal". *The European Journal of Development Research*, 5(2) : 68-100.

LACHENMANN, G. (1994). *Civil society and social movements in Africa*. J.-P. Jacob, Ph. Lavigne Delville, Éds, 61-95.

LADEJINSKY, Wolf (1977). *Selected papers of Wolf Ladejinsky, Agrarian reform as unfinished business*. L. J. Walinsky editor, Oxford University press.

LAINÉ, F. B. L. (1956). *La Zone Franc*. Paris, PUF.

LAMIRAL, (1789). *L'Afrique et les peuples africains considérés sous tous leurs rapports avec notre commerce et nos colonies*. Paris.

LANGER, E. D. (2009). "Bringing the economic back in: Andean Indians and the construction of the nation-state in nineteenth-century Bolivia". *Journal of Latin American Studies*, 41(3) : 527-551.

LANNOY, Charles de (1913). *La Colonistique. Définition et méthode*. Bruxelles : Hayes.

LAPRADE, Pinet (1865). « Notices sur les sérères ». *Annuaire du Sénégal et Dépendances*.

LARIS, P., & WARDELL, D. A. (2006). "Good, bad or 'necessary evil'? reinterpreting the colonial burning experiments in the savanna landscapes of west africa". *The Geographical Journal*, 172(4) : 271-290.

LARSON, E. W., & AMINZADE, R. (2007). "Nation-states confront the global: Discourses of indigenous rights in fiji and Tanzania". *The Sociological Quarterly*, 48(4) : 801-831.

LATHAM, M. E. (2006). "Redirecting the revolution? the USA and the failure of nation-building in south Vietnam". *Third World Quarterly*, From Nation-Building to State-Building, 27(1) : 27-41.

LATOUR, Bruno avec la collaboration HERMANT, Emilie CSI (1996). « Ecole des Mines de Paris » in Christian Jacob et Marc Baratin (sous la direction de) *Le pouvoir des bibliothèques. La mémoire des livres dans la culture occidentale.* Paris : Albin Michel.

LAUNAY, R. (1999). "Stereotypic vision: The "moral character" of the senufo in colonial and postcolonial discourse (une image stéréotypée: Les "caractères moraux" des sénoufo dans le discours colonial et post-colonial)". *Cahiers d'Études Africaines*, 39(154) : 271-292.

LE BON, G. (1984). « Psychologie politique et défense sociale », (1ère edition 1911). Paris : Les amis de G. Le Bon.

LE BRASSEUR, J. A. (1977). « Détails historiques et politiques », mémoires inédit (1778) in Becker et Martin, *BIFAN*, B, 39(3).

LE MAIRE (1695). « Les voyages du Sieur le Maire aux îles canaries, Cap-Vert, Sénégal et Gambie ». Paris.

LE THAN KHOÏ (1955). *Le Vietnam Histoire et civilisation*. Paris : Edition de Minuit.

LEE, C. J. (2005). "The 'native' undefined: Colonial categories, anglo-african status and the politics of kinship in British central Africa, 1929-38". *The Journal of African History*, 46(3) : 455-478.

LEETE, A. (2005). "Religious revival as reaction to the hegemonization of power in Siberia in the 1920s to 1940s". *Asian Folklore Studies*, 64(2) : 233-245.

LEMARCHAND, R. (1972). "Political clientelism and ethnicity in tropical Africa: Competing solidarities in nation-building". *The American Political Science Review*, 66(1) : 68-90.

LENINE, V. I. (1970). *Le développement du capitalisme en Russie ; processus de formation du marché intérieur pour la grande industrie*. Moscou : Editions en langues étrangères.

LÉON L'AFRICAIN, Jean (1957). *Description de l'Afrique* trad. A. Epaulard 2vols. Paris.

Les Cahiers d'Outre-Mer, n° 44, 11e année, octobre-décembre 1958, p. 334-388 et Les Diola : étude sur l'habitat des riziculteurs de Basse-Casamance. Travaux du Département de Géographie n°6.

Levi-Faur, D. (1997). "Friedrich list and the political economy of the nation-state". *Review of International Political Economy*, 4(1) : 154-178.

LEVTZION, Nehemia, IBN-HAWQAL (1968). "The Cheque, and Awdahost". *JAH*, 9, (2).

LEVY BRUHL, Lucien (1922). *La Mentalité primitive*. Paris : Alcan.

LEWIS, L. (1994). "Ethnicity and nation-building: the surinamese experience". *Caribbean quarterly*, ancestral impulses and caribbean multi-ethnicity, 40(3/4) : 72-83.

LEWIS, M. W. (1991). "Elusive societies: A regional-cartographical approach to the study of human relatedness". *Annals of the Association of American Geographers*, 81(4) : 605-626.

LI, T. M. (2005). *Beyond "the state" and failed schemes. American Anthropologist*, 107(3) : 383-394.

LIKAKA, O. (2006). "Colonial response to population depletion in early congo, ca. 1890-1936". Anthropos, 101(2) : 403-412.

LIVINGSTONE, D. A. (1975). "Late quaternary climatic change in Africain". *Annual review of ecology and systematics*, 6.

LONG, J. C. (2009). "Rooting diaspora, reviving nation: Zionist landscapes of palestine-israel". *Transactions of the Institute of British Geographers*, 34(1) : 61-77.

LOREN, D. D. (2000). "The intersections of colonial policy and colonial practice: Creolization on the eighteenth-century Louisiana/Texas frontier". *Historical Archaeology*, Evidence of Creolization in the Consumer Goods of an Enslaved Bahamiam Family, 34(3) : 85-98.

LOUGHLIN, J. (1996). "Europe of the regions" and the federalization of Europe. Publius, Federalism and the European Union, 26(4) : 141-162.

LUBATKIN, M., ROLAND Calori, VERY, P., & VEIGA, J. F. (1998). "Managing mergers across borders: A two-nation exploration of a nationally bound administrative heritage". *Organization Science*, 9(6) : 670-684.

LUCAS, A. J. (1931). *Tradition des Ahl Barik Allâh* recueillie par Docteur A.-J. Lucas Médecin-Capitaine des troupes coloniales.

LUGARD, Frederik (1970). "Memo no IX: Native Administration" in *Political memoranda*, ed Frederick lugard London Frank Kass and co.

LUGARD, Sir F. D. (1922). *The Dual mandate in British Tropical Africa*. William Blackwood and sons Edinburgh and London.

LUIS DEL MARMOL, Carvajal (MDCLXVII). *La descripcion general de Africa con todos los successos de guerras que a avido*; 3vols Granada, Malaga, 1573-1599.Trad par Nicolas Perrot Sieur D'Ablancourt. Paris.

LURO, E. (1878). *Le Pays d'Annam étude sur l'organisation politique et sociale des annamites*. Paris : Ernest Leroux.

Lynch, D. C. (2004). "Taiwan's self-conscious nation-building project". *Asian Survey*, 44(4) : 513-533.

Maclnnes, J. (2006). "Castells' catalan routes: Nationalism and the sociology of identity". *The British Journal of Sociology*, 57(4) : 677-698.

MACINTOSH, Susan Keech and RODERICK, J. MACINTOSH (1986). "Recent Archeological research and dates from West Africa". *JAH*, 27.

MACLAUD, Dr (1906). « Etudes sur la distribution géographique des races sur la côte occidentale d'Afrique de la gambie à la Mellacorée ». *Bulletin de géographie historique et descriptive*, N°1.

MACHIAVELLI, Nicolo (1870). *Discourses on the first ten books of Titus Livy*, Transl Leslie J. Walker, S. J. Harmondsworth, Pengouin BOOKS, III, 39:511. 1531.

MAGALHAES, Godinho, Vitorino (1969). *L'Economie de l'Empire portugais aux XVe et XVIe siècles*. Paris : SEVPEN, EPHE – VIe section, CRH (« Ports – Routes – Trafics », 26).

MAKGALA, C. J. (2004). "Taxation in the tribal areas of the bechuanaland protectorate, 1899-1957". *The Journal of African History*, 45(2), 279-303.

MALINOWSKI, B. (1961). *The dynamics of culture change. An inquiry into race relations in Africa*. New heaven : Yale University press.

MANÉ, Mamadou (1978). « Contribution à l'histoire du Kaaabu, des origines au XIXe siècle », *BIFAN*, B, 40(1) : 100.

MANN, G. (2003). "Fetishizing religion: Allah koura and french 'islamic policy' in late colonial french soudan (mali)". *The Journal of African History*, 44(2) : 263-282.

MANN, G. (2009). "What was the "indigénat"? the 'empire of law' in french west africa". *The Journal of African History*, 50(3) : 331-353.

MARCEL, Gaultier (1935). *Minh Mang*. Paris : Larose.

MARCSON, M. D. (1976). *European African interactions in the pre-colonial period, Saint-Louis, Senegal, 1758-1854*. PHD University of Princeton.

Mark, Peter (2002). *Portuguese style and luso-African identitity*. Indiana University Press.

MARMOL CARVAJAL, Luis del (MDCLXVII). *La descripcion general de Africa con todos los successos de guerras que a ávido*. 3vols Granada, Malaga, 1573-1599, trad par Nicolas Perrot Sieur D'Ablancourt, Paris.

MARQUES, Joao da Silva (1971). *Descobrimentos portugueses*, 3vols, Lisboa, INIC, réédité.

MARSEILLE, J. (1984). *Empire colonial et capitalisme français, histoire d'un divorce*. Albin Michel.

MARTIN et BECKER (1976). *BIFAN*, B, 38(3).

MARTIN et BECKER (1974). Mémoire inédit de Doumet. *BIFAN*, B, 1.

MARTIN et BECKER, « Chronique du Royaume du Sine », In *BIFAN*, B, T. XXXIV(4).

MARTIN et BECKEr, (1976). « Les Teeñ du Baol : Essai de chronologie » BIFAN, B, 38(3).

MARTIN Victor et BECKER Charles (s. d.). *Kayor et Baol : Royaumes sénégalais et traite des esclaves au XVIIIe siècle*.

MARTIN, V., BECKER, C. (1974). *Répertoire des sites protohistoriques du Sénégal et de la Gambie*. Kaolack document ronéotypé.

MARTIN-GRANEL, N. (1999). « Malaise dans le patrimoine (discomfort in the patrimonial estate) ». *Cahiers d'Études Africaines*, Prélever, exhiber. La mise en musées, 39(155/156) : 487-510.

MARTY, Paul (s. d.). *L'Emirat des Trarzas*. Paris : Editions Ernest LEROUX, (« collection de la revue du monde musulman ».

MARX, K. (1975). Articles du *New York Daily Tribune* 1853, Lettre à Vera Zassoulitch 1881, in Sur les sociétés précapitalistes. CERM. Paris : Editions Sociales.

MARX, A. W. (1996). "Race-making and the nation-state". *World Politics*, 48(2) : 180-208.

MARX, A. W. (2002). "The nation-state and its exclusions". *Political Science Quarterly*, 117(1) : 103-126.

MARX, C. (1997). "History comes full circle": Nkrumah, kenyatta, Mandela über nation und ethnizität in afrika. *Historische Zeitschrift*, 265(2) : 373-393.

MASSEY, Lyle (1997). "Anamorphosis through Descartes or Perspective Gone Awry", *Renaissance Quarterly*, 50(4) : 1148-1189.

MASSON, J. R. (1989). "The first map of Swaziland, and matters incidental thereto". *The Geographical Journal*, 155(3) : 335-341.

MAUNY, Raymond, « Tableau géographique de l'ouest africain au Moyen Âge d'après les sources écrites, la tradition et l'archéologie », Dakar : IFAN.

DELAFOSSE, Maurice (1912*). Le Haut Sénégal-Niger*. Paris : Larose.

Maurizo Gribaudi, Espaces, Temporalités, Stratifications, exercices sur les réseaux sociaux. Editions de l'Ecole des Hautes études en sciences sociales.Paris 1998.

MBAYE, Rawane (1976).- *L'Islam au Sénégal*.- Thèse, Université de Dakar.

MCARTHUR, P. H. (2004). "Narrative, cosmos, and nation: Intertextuality and power in the Marshall islands". *The Journal of American Folklore*, 117(463) : 55-80.

MC CLENDON, T. (2006). "You are what you eat up: Deposing chiefs in early colonial natal, 1847-58". *The Journal of African History*, 47(2) : 259-279.

MCINTOSH, R. J. and MCINTOSH, S. K. (1891). "The Inland Niger Delta before the Empire of Mali :Evidence from Jénné-Jeno". *J.A.H* (22) : 18-19.

MEDINA-DOMÉNECH, R. (2009). "Scientific technologies of national identity as colonial legacies: Extracting the spanish nation from equatorial guinea". *Social Studies of Science*, 39(1) : 81-112.

MEGGERS BETTY J. (1982). "Archeological and ethnographic evidence compatible with the model of forest fragmentation", Ghillean T Prance, *Biological Diversification in the tropics*, New York : Columbia University press, 1982.

« Mémoire d'Adanson sur le Sénégal », *BIFAN*, B, 42 (4) 1980.

Mémoire inédit de Doumet (1769) (1974). « Le Kayor et les pays voisins au cours de la seconde moitié du XVIIe siècle », *BIFAN*, B, XXXVI(1).

MERAT, Louis (1968). *L'heure de l'économie dirigée d'intérêt General aux colonies*. Paris : Sirey.

MERCIER, P. (1968). *Tradition changement, histoire, les Sombas du Dahomey septentrional*. Paris : Anthropos.

Merly, C. M. et SOL, B. (1952). *Le régime financier des territoires d'outre-mer*. Paris : V ° Éditions Larose.

MEYER, B. (2002). "Christianity and the ewe nation: German pietist missionaries, ewe converts and the politics of culture". *Journal of Religion in Africa*, The Politics of Mission, 32(2) : 167-199.

MEYEROWITZ, E. L. (1951). *The sacred state of the Akan*. London : Faber and Faber.

MÉZIÈRES BONNEL DE, A. (1920). *Recherches sur l'emplacement de Ghana (fouilles à Koumbi et Settah et sur le site de Tékrour)*. Paris : Imprimerie Nationale.

MICHEL, P. (1973). *Les bassins des fleuves Sénégal et Gambie, études géomorphologique*. Dakar : ORSTOM.

MIGUEL, E. (2004). "Tribe or nation ? nation building and public goods in kenya versus tanzania". *World Politics*, 56(3) : 327-362.

MILNE, R., & CHAPPELL, D. (2011). "Ethnic redistribution in bipolar societies: The crafting of asymmetric policy claims in two asia-pacific states". *Perspectives on Politics*, 9(4) : 785.

MIQUEL, André (1975). *La géographie humaine du monde musulman jusqu'au milieu du XI*[e]. Paris, 2 vol.

MIREAUX, Émile (1954). « L'organisation du crédit dans les territoires d'outre-mer ». Paris : Recueil Sirey.

MIZUNO, N., & OKAZAWA, R. (2009). "Colonial experience and postcolonial underdevelopment in africa". *Public Choice*, 141(3/4) : 405-419.

MOHAMED SAÏD ould Ahmedou, *texte inédit.*

MOHANTY, M. (1968). "Nation building in the confrontation phase". *Economic and Political Weekly*, 3(21) : 809-810.

MOHR, A. (2011). "Capitalism, chaos, and Christian healing: Faith tabernacle congregation in southern colonial Ghana, 1918 - 26". *The Journal of African History*, 52(1) : 63-83.

MOLARD RICHARD, J. (s. d.). « Groupements ethniques et civilisations nègres d'Afrique » in *Les Cahiers d'outre-mer.*

MOLLIEN, G. Th. (1967). *L'Afrique occidentale en 1818.* Paris : Calman Levy.

MOLLIEN, Gaspard Théodore (1822). *Voyage dans l'intérieur de L'Afrique, aux sources du Sénégal et de la Gambie*, tome premier 2e édition. Paris : Arthus Bertrand.

Moniteur du protectorat de l'Annam et du Tonkin 1886 2e partie. Circulaire du Résident Général de la République Française en Annam et au Tonkin aux résidents et vice-résidents chef de poste.

« Monographies des provinces de Long-xuyen, Cantho et Chau-doc » in *La Revue Indochinoise*; Saigon 1907.

MONTEIL, Charles (1929). « Les Empereurs du Mali », in *Bulletin du comité d'études de l'AOF*, (III-IV) : 818,865.

MONTEIL, Vincent (1964). « Chronique du Wâlo Sénégalais de Amadou wade », *BIFAN*, B, XXVI, (3-4).

MONTEILLET, J., FAURE, H., PIRAZZOLIP, A. (1981). « L'invasion saline du ferlo à L'holocène supérieur (1900 BP) » in *Paleo ecology of Africa and the surrounding islands*, (13) : 212.

MOORE, Francis (1804). "Travels into the inland parts of AFRICA", in *Ssociété anglaise d'Afrique* trad. Lallemant A J N, Paris.

MOORE, M. (2004). "Revenues, state formation, and the quality of governance in developing countries". *International Political Science Review / Revue Internationale De Science Politique*, The Nation-State and Globalization: Changing Roles and Functions. Les États nations et la globalisation: Roles et fonctions en mutation), 25(3) : 297-319.

MOORE, R. A., Jr. (1969). "The use of the army in nation-building: The case of Pakistan". *Asian Survey*, 9(6) : 447-456.

DE MORAES, Nize Isabel (1973). « La Petite Côte d'après Francisco de Lemos Coelho » *BIFAN*, B, XXXV (2) :

DE MORAES, Nize Isabel (1993). « À la découverte de la petite côte au XVIIe siècle (Sénégal et Gambie) » Tome 1, *Initiations et Etudes Africaines* n°37, Université de Dakar, Ifan.

DE MORAES, Nize Izabel (1993). « Lettre du père Balthasar Barreira au père Joao Alvares » in A la découverte de la petite côte, *Initiations et Etudes africaines*, n° 17, Université de Dakar.

MORRIS, L. (1997). "Globalization, migration and the nation-state: The path to a post-national Europe?" *The British Journal of Sociology*, 48(2) : 192-209.

MORTON, P. A. (1998). "National and colonial: The musée des colonies at the colonial exposition, Paris, 1931". *The Art Bulletin*, 80(2) : 357-377.

MUKTA, P. (1999). "The 'civilizing mission': The regulation and control of mourning in colonial india". *Feminist Review*, (Negotiations and Resistances), (63) : 25-47.

MUNSON, Patrick J. (1980). « Archaeology and the prehistoric origins of the Ghana empire. » *JAH* (21,3) : 457 - 466.

MURPHY, D. (2008). "Birth of a nation? the origins of senegalese literature in French". *Research in African Literatures*, 39(1) : 48-69.

NAGENGAST, C. (1994). "Violence, terror, and the crisis of the state". Annual *Review of Anthropology*, (23) : 109-136.

NAGY, R. (2006). "Postapartheid justice: Can cosmopolitanism and nation-building be reconciled?" *Law & Society Review*, 40(3) : 623-652.

NÄSSTRÖM, S. (2003). "What globalization overshadows". *Political Theory*, 31(6) : 808-834.

NELSON, M., NATCHER, D. C., & HICKEY, C. G. (2005). "Social and economic barriers to subsistence harvesting in a northern alberta aboriginal community". *Anthropologica*, 47(2) : 289-301.

NER, Marcel (1950). « Caractères généraux de l'œuvre de Fustel de Coulanges » conférence faite à la *Société des Etudes Indochinoises*.

NETON, A. (s. d.). *L'Indochine et son avenir économique*. Paris : Penin et Cie.

NETTLE, Daniel (1956). "Langage diversity in West Africa an Ecological approach", in *Journal of Anthropological archeology*, 15.

NEWBURY, CW. and AS, Kanya Forstener (1993). "The French policy and the scramble for Africa", in *Historical problems of imperial Africa*, Robert O Collin, Burns J Mc, Ching E k, Princeton.

NEWBURY, C. (2004). "Accounting for power in northern Nigeria". *The Journal of African History*, 45(2) : 257-277.

NEWMAN, D., & FALAH, G. (1997). "Bridging the gap: Palestinian and israeli discourses on autonomy and statehood". *Transactions of the Institute of British Geographers*, 22(1) : 111-129.

NGALAMULUME, K. (2004). "Keeping the city totally clean: Yellow fever and the politics of prevention in colonial Saint-Louis-du-Senegal, 1850-1914". *The Journal of African History*, 45(2) : 183-202.

NGUYEN, Tu Chi (1980). "Le Lang traditionnel au Bac Bo, sa structure organisationnelle ses problèmes" in *Etudes Vietnamiennes*, 61.

NIANE, Djibril Tamsir (1959). « Recherhe sur L'empire du Mali au Moyen Âge ». *Recherches Africaines* , 1.

NICOLAS, G. (s. d.). "Faits ethniques et usages du concept d'ethnie" in *Cahiers internationaux de sociologie,* LIV : 95 126.

NIGAM, A. (2004). "Imagining the global nation: Time and hegemony". *Economic and Political Weekly*, 39(1) : 72-79.

NIGAM, A. (2004). "Imagining the global nation: Time and hegemony". *Economic and Political Weekly*, 39(1) : 72-79.

NORRIS, H. T. (1975). *The Tuaregs, Their Islamic legacy and its diffusion in the Sahel*. England. Warminster, Wilts.

NORRIS, H. T. (1962). « The history of Shinguit according to the Idaw Ali Tradition » *BIFAN*, B, XXIV (3-4).

NORRIS, H. T. (1972). *Saharan myth and Saga*. Oxford : Clarendon press.

NUGENT, D. (1994). "Building the state, making the nation: The bases and limits of state centralization in "modern" peru". *American Anthropologist*, 96(2) : 333-369.

NUMNONDA, T. (1978). "Pibulsongkram's thai nation-building programme during the japanese military presence, 1941-1945". *Journal of Southeast Asian Studies*, Japan and the Western Powers in Southeast Asia), 9(2) : 234-247.

NYAMBARA, P. S. (2002). "Madheruka and shangwe: Ethnic identities and the culture of modernity in gokwe, northwestern zimbabwe, 1963-79". *The Journal of African History*, 43(2) : 287-306.

O BRIEN, Donald Cruise (1998). "Politics of wolofisation". *Journal of modern African Studies*, 36(1) : 35.

ODHIAMBO, C. (2009). "Whose nation ? romanticizing the vision of a nation in bole butake's "betrothal without libation" and "family saga"". *Research in African Literatures*, 40(2) : 159-172.

OGBORN, Miles (1680-1780), *Spaces of modernity. London's geographies.* New York : The Guilforf Press

OGILBY, J. (1670). *Africa being an accurate description of the region of Egypt, Barbary, Libya*. London : Thomas Johnson.

OH, J. C. H. (1967). "The federation of Malaysia: An experiment in nation-building". *American Journal of Economics and Sociology*, 26(4) : 425-437.

OISHI, T. (2007). "Indian Muslim merchants in mozambique and south africa: Intra-regional networks in strategic association with state institutions, 1870s-1930s". *Journal of the Economic and Social History of the Orient*, Spatial and Temporal Continuities of Merchant Networks in South Asia and the Indian Ocean), 50(2/3) : 287-324.

OLDS, K., & Yeung, H. W. (2004). "Pathways to global city formation: A view from the developmental city-state of Singapore". *Review of International Political Economy*, 11(3) : 489-521.

OLIVEIRA e Costa João Paulo (s. d.). *Um oceano a explorer, A Doação de Ilhas desconhecidas pela Coroa portuguesa no seculo XV*. Universida nova de Lisboa.

ORY, P. (1894). *La commune annamite au Tonkin*. Paris : Augustin Challamel.

OSBORN, E. L. (2003). "'Circle of iron': African colonial employees and the interpretation of colonial rule in french west africa". *The Journal of African History*, 44(1) : 29-50.

OSBORN, E. L. (2004). "'Rubber fever', commerce and french colonial rule in upper guinée, 1890-1913". *The Journal of African History*, 45(3) : 445-465.

OTTAWAY, M. (2002). "Nation building". *Foreign Policy*, (132) : 16-18+20+22+24.

OTTAWAY, M. (2002). "Nation building". *Foreign Policy*, (132) : 16-18+20+22+24.

PAGEARD, Robert (s. d.). « Notes sur les Diawambé ou Diokoramé », *Journal de la Société des Africanistes*, Paris, XXIX (II) : 239-260.

PALMA, S. (2005). "The seen, the unseen, the invented: Misrepresentations of african "otherness" in the making of a colony. Eritrea, 1885-1896 (le vu, le non vu, l'inventé. trompeuses représentations de l'altérité africaine dans la construction d'une colonie. L'érythrée 1885-1896)". *Cahiers d'Études Africaines*, 45(177) : 39-69.

PAQUET, J. (1965). « La politique de développement rural du Sénégal » in Société d'études pour le développement économique et social(SEDES) ; *Le développement rural dans les pays d'Afrique noire d'expression française*. Paris : Délégation générale à la recherche scientifique et technique (DGRST).

PARK, Mungo (s. d.). *Voyage à l'intérieur de l'Afrique fait en 1795, 1796, 1797, trad j Castera*, tome 2, Paris Tavernier, Dentu, Carteret, An VIII.

Pasquier, Pierre (1907). *L'Annam d'Autrefois*. Paris : Augustin Challamel.

PATANKAR, B., & OMVEDT, G. (1977). "The bourgeois state in post-colonial social formations". *Economic and Political Weekly*, 12(53) : 2165-2167+2169-2177.

PÉLISSIER, Paul (1966). « Les paysans du Sénégal, Les civilisations agraires du Cayor à la Casamance », Saint-Yriex : Fabrègue.

PELUSO, N. L. (1991). "The history of state forest management in colonial java". *Forest & Conservation History*, 35(2) : 65-75.

PEREIRA, Duarte Pacheco (1956). *Esmeraldo de situ orbis* trans R. Mauny Bissau.

PEREIRA, Duarte Pacheco (1975). *Esmeralda de situ orbis*, Lisboa : Sociedade De geografia.

PERINBAM, B Marie (1974). "Notes on dyula origins and nomenclature", *BIFAN*, B, XXXVI.

PERINBAM, B. Marie (1972). "Trade and society in the western Sahara and the western Sudan: an overview", in *BIFAN*, B, XXXIV, 4.

PETRAS, J. (2002). "9/11: One year of empire-building". *Economic and Political Weekly*, 37(34) : 3504-3513.

PEYERIMHOF, Henri de (1914). « Entreprises et capitaux français à l'étranger », in *Intérêts économiques et rapports internationaux*. Paris.

PFA, Dakar 3 Juillet 1959, *Congrès constitutif du PFA; Résolution de Politique générale*. Document ronéo.

PFEIFER, P. E., & DEUTSCH, S. J. (1980). "A three-stage iterative procedure for space-time modeling". *Technometrics*, 22(1) : 35-47.

PHAF, I., EXEL, G. J. V., & BERKEL, M. (1988). "Caribbean imagination and nation-building in antillean and surinamese literature". *Callaloo*, (34) : 148-171.

PHAN HUY CHU (1925). *Revue Indochinoise*.

PHILASTRE (1875). *Le code annamite* Tome 2. Article CCCXCVI.

PHILLIP, D. Curtin (1975). *Economic Change in pre-colonial Africa: Senegambia in the era of slave trade*, Madison.

PHUONG, Than Taï in *Guernut Carton 31 B u*.

PLESS, N. M., & Maak, T. (2004). "Building an inclusive diversity culture: Principles, processes and practice". *Journal of Business Ethics*, 54(2) : 129-147.

PLINE, N. H. 5.9-10, 6.199-200, F. W WALBANK (1979). *A Historical Commentary on Polybius*, vol. 3 Oxford.

PORTERES, Roland (1962). « Berceaux Agricoles Primaires Sur le Continent Africain ». *The Journal of African History*, Vol. 3, No.2, Third Conference on African History and Archaeology: School of Oriental and African Studies, University of London, 3-7 July 1961. 195-210.

POUND, N. J. G. (1990). *The medieval castle in England and Wales: a social and political history*, Cambridge University press.

POUVATCHY, Joseph R. (1986). "Cambodian-Vietnamese relations", *Asian survey*, 26(4) : 440-451.

PRITSAK, O., & RESHETAR, J. S., Jr. (1963). "The ukraine and the dialectics of nation-building". *Slavic Review*, 22(2) : 224-255.

QUESADA, Miguel Angel (1992). *Ladero El mundo de los viajeros medievales*. Madrid.

RAFFENEL, Anne (1856). *Nouveau voyage dans le pays des nègres*, Paris : Librairies centrales des chemins de fer.

RAINOLDS, Richard (1971). « Le voyage de Richard Rainolds en Sénégambie (1591) » traduit par R. Marquet et J. Boulègue in BIFAN, B, XXXIII (1) : 1-13.

RAJAH, J. (2011). "Punishing bodies, securing the nation: How rule of law can legitimate the urbane authoritarian state". *Law & Social Inquiry*, 36(4) : 945-970.

RAMASWAMY, S. (1999). "Sanskrit for the nation". *Modern Asian Studies*, 33(2) : 339-381.

RAMASWAMY, S. (2001). "Maps and mother goddesses in modern india". *Imago Mundi*, 53 : 97-114.

RANGER, T. (2004). "Nationalist historiography, patriotic history and the history of the nation: The struggle over the past in Zimbabwe". *Journal of Southern African Studies*, 30(2) : 215-234.

RDA (1948). *Le RDA dans la lutte anti-impérialiste*. Paris : Impres-sions rapides.

Recherches africaines. Conakry (2) : 40-53.

REJAI, M., & ENLOE, C. H. (1969). "Nation-states and state-nations". *International Studies Quarterly*, 13(2) : 140-158.

Revue Indochinoise, Tome : III Juillet - Décembre 1924 Nlle serie.

REY, Pierre Philippe (2001). Al-*Andalus : Héritage scientifique et pensée européenne* – Publication de l'Unesco version Html.

RICHARDSON, James (s. d.). *Travels in the Great Desert of Sahara, 1815, 1816*, London : Harrison and Co, vol II.

RICHARDSON, B. C. (1996). "Detrimental determinists: Applied environmentalism as bureaucratic self- interest in the fin-de-siecle British caribbean". *Annals of the Association of American Geographers*, 86(2) : 213-234.

RIZZO, L. (2007). "The elephant shooting: Colonial law and indirect rule in kaoko, northwestern Namibia, in the 1920s and 1930s". *The Journal of African History*, 48(2) : 245-266.

ROBERT, Stephen (1963). *The history of French Colonial Policy*; Frank Cass & Co Ltd.

ROBIN, Law (1980). *The horse in west African history*, London : oxford University press.

ROBINSON, W. I. (1998). "Beyond nation-state paradigms: Globalization, sociology, and the challenge of transnational studies". *Sociological Forum*, 13(4) : 561-594.

RODNEY, Walter (1968). "Jihad and social revolution in Futa Djallon in the eighteenth century", *Journal of Historical Society of Nigeria*, IV, II : 269-284.

RODRIGUEZ, A. (2011). "Building the nation, serving the frontier: Mobilizing and reconstructing china's borderlands during the war of resistance (1937–1945)". *Modern Asian Studies*, China in World War II, 1937–1945: Experience, Memory, and Legacy), 45(2) : 345-376.

ROKKAN, S. (1969). "Models and methods in the comparative study of nation-building". *Acta Sociologica*, 12(2) : 53-73.

ROLAND, Axtmann. (2004). "The state of the state: The model of the modern state and its contemporary transformation". *International Political Science Review / Revue Internationale De Science Politique*, The Nation-State and Globalization: Changing Roles and Functions. Les États nations et la globalisation: Roles et fonctions en mutation), 25(3) : 259-279.

RON, Martin. (1988). "The political economy of britain's north-south divide". *Transactions of the Institute of British Geographers*, 13(4) : 389-418.

ROQUE, R. (2003). "The razor's edge: Portuguese imperial vulnerability in colonial moxico, angola". *The International Journal of African Historical Studies*, Special Issue: Colonial Encounters between Africa and Portugal), 36(1) : 105-124.

ROUGHAN, N. (2009). "The association of state and indigenous law: A case study in 'legal association'". *The University of Toronto Law Journal*, 59(2) : 135-178.

ROUSSEAU, R. (1933). « Le Sénégal d'autrefois, tirés des manuscrits de Yoro Dyâo », in *BCEHSAOF*, (6) : 237-298.

RUTHERFORD, D. (2009). "Sympathy, state building, and the experience of empire". *Cultural Anthropology*, 24(1) : 1-32.

SAFRAN, W. (1992). "Language, ideology, and state-building: A comparison of policies in France, Israel, and the Soviet union". *International Political Science Review / Revue Internationale De Science Politique*, Resolving Ethnic Conflicts. La solution des conflits ethniques, 13(4) : 397-414.

SAGAZAN, Gustave (1951). « L'Afrique intérieure d'après Ptolémée », *Annales de Géographie*, 60(319) : 110-126.

SAHLINS, Marshall (1994). "Cosmologies of capitalism: the transpacific sector of the world system" in *Culture, power, history*, Nicholas B Dirks, ed. Princeton University press. Princeton : New Jersey.

SAINCT-LO, Alexis de (1992). « Relation de voyage du Cap-Vert ». Paris : Targa, 1637. 222 pSaldaña Antonio Vasconcelos de, As capitanias. *O regime señorial na expansao ultramarina portuguesa*, Funchal, Centre de Estudo de Historia do Atlantico.

SALGADO, (1988). « A Traves del Oriente » el siglo XII ante los ojos, Traduction de Felipe Maillo Salgado Editions del Serbal, Barcelona.

SAMB, Kani (1969). *Baol ack Tègne Tiendella Fall*, document multi-graphié sans date 196, 36 pages.

SARRAUT, Albert (1923). *Ministre des colonies ; la mise en valeur des colonies françaises*. Paris : Payot.

SCHILLER, N. G., BASCH, L., & CRISTINA Szanton Blanc (1995). "From immigrant to transmigrant: Theorizing transnational migration". *Anthropological Quarterly*, 68(1) : 48-63.

SCHLER, L. (2005). "History, the nation-state, and alternative narratives: An example from colonial Douala". *African Studies Review*, 48(1) : 89-108.

SEARING, James (1993). *West African slavery and atlantic commerce, The Senegal River 1700-1860*. Cambridge University press.

– (1933). « Seconde étude sur le Cayor compléments tirés des manuscrits de Yoro Dyâo », in *BCEHSAOF*, (6) : 243-244.

SEGATO, R. L. (1998). "The color-blind subject of myth; or, where to find Africa in the nation". *Annual Review of Anthropology*, (27) : 129-151.

SEGOBYE, A. K. (2005). "Weaving fragments of the past for a united Africa: Reflections on the place of African archaeology in the development of the continent in the 21st century". *The South African Archaeological Bulletin*, 60(182) : 79-83.

SEUFFERT, N. (2005). "Nation as partnership: Law, "race," and gender in aotearoa new zealand's treaty settlements". *Law & Society Review*, 39(3) : 485-526.

SHALAN, J. (2002). "Writing the nation: The emergence of Egypt in the modern arabic novel". *Journal of Arabic Literature*, 33(3) : 211-247.

SHAW, M. (1997). "The state of globalization: Towards a theory of state transformation". *Review of International Political Economy*, The Direction of Contemporary Capitalism), 4(3) : 497-513.

SHETH, D. L. (1989). "State, nation and ethnicity: Experience of third world countries". *Economic and Political Weekly*, 24(12) : 619-621+623-626.

SHETH, D. L. (1992). "Movements, intellectuals and the state: Social policy in nation-building". *Economic and Political Weekly*, 27(8) : 425-429.

SHUE, V. (2008). "Rule as repertory and the compound essence of authority". *Modern China*, The Nature of the Chinese State: Dialogues among Western and Chinese Scholars, I), 34(1) : 141-151.

SINOPOLI, Carla M. (1994). "The Archeology of Empires", *Annual review of Anthropology*.

SLATER, D. (1998). "Post-colonial questions for global times". *Review of International Political Economy*, 5(4) : 647-678.

SLUYTER, A. (2001). "Colonialism and landscape in the americas: Material/Conceptual transformations and continuing consequences". *Annals of the Association of American Geographers*, 91(2) : 410-428.

SMITH, É. (2006). « La nation "par le côté: Le récit des cousinages au Sénégal (the nation "side by side": The narrative of "cousinages" in Senegal) ». *Cahiers d'Études Africaines*, Parentés, plaisanteries et politique), 46(184) : 907-965.

SOBOUL, Albert (1975). *Précis d'histoire de la Révolution française*. Paris : Editions Sociales.

SPEAR, T. (2003). "Neo-traditionalism and the limits of invention in british colonial Africa". *The Journal of African History*, 44(1) : 3-27.

SPIVAK, Gayatric. (1987). *Other worlds, essay in cultural politics*. New York : Routledge.

SRINIVAS, S. (2010). "Industrial welfare and the state: Nation and city reconsidered". Theory *and Society*, Special Issue in Memory of Charles Tilly (1929–2008): Cities, States, Trust, and Rule), 39(3/4) : 451-470.

ST. ISIDORE DE SÉVILLE. Etymologiarum sive Originum libri XX 1472.

STABLER, H. (1927). "À nation's water power". *Economic Geography*, 3(4) : 434-446.

STEEDLY, M. M. (1999). "The state of culture theory in the anthropology of southeast asia". *Annual Review of Anthropology*, 28 : 431-454.

STEINBERG, P. E. (2005). "Insularity, sovereignty and statehood: The representation of islands on portolan charts and the construction of the territorial state". *Geografiska Annaler.Series B, Human Geography*, Special Issue: Islands: Objects of Representation, 87(4) : 253-265.

STEINMETZ, G. (2008). "The colonial state as a social field: Ethnographic capital and native policy in the german overseas empire before 1914". *American Sociological Review*, 73(4) : 589-612.

STOLCKE, V. (2006). "Commentary on viranjini munasinghe, "theorizing world culture through the new world: East indians and creolization"". *American Ethnologist*, 33(4) : 582-584.

STRABO, *The Geography of Strabo: Literally Translated, with Notes, trans. H. C. Hamilton, esq., & W. Falconer*. London: H. G. Bohn, 1854-1857.

SUMNER, William Graham (1941). "Social darwinism in Richard Hofstader", *The New England Quaterly*, 14(3) : 457-477. « Social Darwinism », *American journal of sociology* XII (March 1907) : 695-716.

SWINDELL, Ken (1980). "Serawoolies, Tillibunkas and strange farmers: The development of migrant groundnut farming along the Gambia River 1848-95". *JAH*, (21).

SYLLA, Assanne in Thiam, M. (1970). *Entretiens sur l'histoire des Lébou de la presqu'île du Cap-Vert*. Traduit par Sylla, A., Dakar.

SZENTES, Tamas (1973). *How does the distorted socio-economic structure impede the expansion of accumulation*, Center for Afro-Asian Research of the Hungarian Academy of Sciences : Budapest.

TAMARI, Tal (s. d.). "linguistic evidence for the history of West African castes" in *Status and identity in West Africa*.

TAN, E. K. B. (2003). "Re-engaging chineseness: Political, economic and cultural imperatives of nation-building in Singapore". *The China Quarterly*, (175) : 751-774.

TAUTAIN, L. (1885). "Ethnologie des peuples du Sénégal" in *Revue d'ethnographie*. Paris : Ernest leroux.

TEISERA, da Mota (1971). Relacion y breve suma de las cosas del reyno del gran Fulo y succeso del rey lamba, que es cristiano, por la misericordia de Dios, cuias noticias carecen de todas dudas (1600). Un document nouveau pour l'histoire des peuls du Sénégal pendant les XVe et XVIe siècle, Lisbonne.

THILMANS et DE MORAES. *Les passages à la Petite côte de Pieter van Den Broecke (1606-1608)*.

THILMANS et ROSSIE (1969). « Le flambeau de la navigation » de Dierick Ruiters traduit par BIFAN, B, XXXI (1) : 106-119.

THILMANS, G. et DE MORAES, N. I. (1974). « Le Lion-Noir 1623-24, in Dencha Four, souverain du Baol (XVIIe siècle) », *BIFAN*, B, XXXVI (4) : 691-713.

THILMANS, G. (1971). « Le Sénégal dans l'œuvre d'Olfried Dapper », *BIFAN*, B, XXXIII (3).

THILMANS, G. et DE MORAES, N. I. (1977). « Le passage à la petite cote du Vice-amiral d'Estrées (1670) », *BIFAN*, B, Tome 39, (1) : 471-517.

THILMANS, G. et DE MORAES, N. I. (1977). « Les passages à la petite côte de Pieter Van Den Broecke (1606-1609) », *BIFAN*, B, XXXIX (3) : 471-517.

THILMANS, G. (1971). « Le Sénégal dans l'œuvre d'Olfried Dapper », *BIFAN*, B, XXXIII, (3) : 529-530.

THILMANS, G. (1975). « Les planches sénégalaises et mauritaniennes des Atlas Vingboons (XVIIe siècle) », *BIFAN*, B, 1 : 95-116

THOMAZ, Luis Filipe (1989). "Estructuras quasi-feudais na expansao portuguesa" in *Actas do I coloquio internacional da historia da Madeira*, e vols, Funcchal Governo Regional da Madeira 1 : 80-87.

THOMAZ, Luis Filipe (1994). "A evoluçao da politica expansionista portugesa na primeira metade de quatrocentos", *De Ceuta a Timor, Carnacide,Difel* : 143-147.

THURSTON, T. L. (1997). "Historians, prehistorians, and the tyranny of the historical record: Danish state formation through documents and archaeological data". *Journal of Archaeological Method and Theory*, New Approaches to Combining the Archaeological and Historical Records, 4(3/4) : 239-263.

TICE, R. D. (1974). "Administrative structure, ethnicity, and nation-building in the Ivory coast". *The Journal of Modern African Studies*, 12(2) : 211-229.

TILLY, Charles (1975). *The Formation of national States in Western Europe (1975) Tilly, Charles; Ardant, Gabriel*. Princeton, N.J. Princeton University Press.

TOBY Dodge. (2006). "Iraq: The contradictions of exogenous state-building in historical perspective". *Third World Quarterly*, From Nation-Building to State-Building, 27(1) : 187-200.

TRONVOLL, K. (1998). "The process of nation-building in post-war eritrea: Created from below or directed from above?" *The Journal of Modern African Studies*, 36(3) : 461-482.

TULL, D. M. (2010). "Troubled state-building in the DR congo: The challenge from the margins". *The Journal of Modern African Studies*, 48(4) : 643-661.

VANHAERVERBEKE, A. (1970). *Rénumération du travail et commerce extérieur; le cas du Sénégal.* Louvain.

VAUGHAN, O. (2003). "Chieftaincy politics and communal identity in western Nigeria, 1893-1951". *The Journal of African History*, 44(2) : 283-302.

VEER, P. V. D. (2002). "Religion in south Asia". *Annual Review of Anthropology*, 31 : 173-187.

VERNE, Jules (1874). *L'île Mystérieuse*.

VIDROVITCH, Catherine Coquery. Enquête entreprise en 1970 subventionnée par le CNRS (RCP n°326), in *Revue française d'Histoire d'Outre-mer* n°9 222-223.

VIDROVITCH, Cathérine Coquery et MONIOT, Henri (1974). *L'Afrique de 1800 à nos jours*. PUF : Nouvelle Clio.

VIGNERAS, L. A. (1973). "La busqueda de lo Paraiso y la legendarias Islas del Atlantico" In *Anuario de Estudios americanos*, XX X.

VISVANATHAN, S. (2003). "Interrogating the nation". *Economic and Political Weekly*, 38(23) : 2295-2302.

WADE, Amadou in Vincent Monteil (1964). « Chronique du Walo sénégalais », BIFAN, B, XXVI, (3-4) : 440-498.

WALKER, I. (2007). "What came first, the nation or the state? political process in the comoro islands". *Africa: Journal of the International African Institute*, 77(4) : 582-605.

WEBB, James, LEWIS, Adrian Jr (1983). *Shifting sands, an economic history of the Mauritanian Sahara, 1500-1850*. PH D : John Hopkins University press.

WEBB, James L.A. (1995). "The evolution of the Idaw al-Hajj commercial diaspora". In *Cahiers d'études africaines*, XXXV (2-3) : 138-139.

WEBER, Max (1904). "Objectivity in social science and social policy" in *The methodology of the social science*, Edward A., Shils and Henry A., Finch, eds- 49-110.New York Free press.

WELLS, H. G. (1896). *The Island of Doctor Moreau*. Londres.

WERBNER, R. (2002). "Cosmopolitan ethnicity, entrepreneurship and the nation: Minority elites in Botswana". *Journal of Southern African Studies*, Special Issue: Minorities and Citizenship in Botswana, 28(4) : 731-753.

WESTERN, J. (1985). "Undoing the colonial city?" *Geographical Review*, 75(3) : 335-357.

WICKRAMASINGHE, N. (1995). "History outside the nation". *Economic and Political Weekly*, 30(26) : 1570-1572.

WILLIS, J. (2005). "Hukm: The creolization of authority in condominium Sudan". *The Journal of African History*, 46(1) : 29.

WITTKOWER, R. (1953). "Brunelleschi and 'Proportion in Perspective". *Journal of the Warburg and Courtauld Institutes*, 16(¾) : 275-291.

WOODSIDE, A. B. (1971). *Vietnam and the chinese model a comparative study of Nguyen and ching civil Government in the first half of the nineteenth century*. Harvard university Press Cambridge Massachussettes.

WYRTZEN, J. (2011). "Colonial state-building and the negotiation of Arab and berber identity in protectorate morocco". *International Journal of Middle East Studies*, Relocating Arab Nationalism, 43(2) : 227-249.

XAVIER, Golberry (s. d.). *Fragmens d'un voyage en Afrique*, tome 2, page 262.

YAKUT, *Muadjam al-buldan*., éd. M. al-Khānidjī, 10 vol. et suppl., Le Caire, 1906-1907.

YEH, E. T. (2009). "From wasteland to wetland? nature and nation in china's Tibet". *Environmental History*, 14(1) : 103-137.

YELENGI, N. T. (2005). « Intégration de l'autorité coutumière dans les structures politico-administratives coloniales et postcoloniales au Congo/Zaïre ? » *Anthropos*, 100(2) : 415-426.

YOUNG, Crawford (1994). "The African colonial State in comparative perspectives", New Heaven : Yale University Press.

YVES, Henry (1932). *Economie agricole de l'Indochine*. Hanoï.

ZEMPLENI, A. (1966). « La dimension thérapeutique du culte des rabs, ndöp, tuur et Samp, rites de possession chez les lébu et les Wouolof ». *Psychopathologie Africaine*, III : 295–439.

ZUMTOR, Paul (1994). *La medida del mundo*. Madrid.

ZURARA, Gomes Eanes de (1960). « Chronique du Guinée », traduction L. Bourdon, *Mémoire de l'Ifan* n° 60.

INDEX

A

B

C

D

E

F

G

H

I

J

K

L

M

N

O

P

R

S

T

U

V

W

X

Y

LISTE DES FIGURES

TABLE DES MATIÈRES

653682 - Mai 2016
Achevé d'imprimer par

1livre.com
du rêve à la réalité !

www.ingramcontent.com/pod-product-compliance
Lightning Source LLC
LaVergne TN
LVHW011220061026
849535LV00001BA/114
* 9 7 8 2 3 4 3 0 6 1 8 4 9 *